6F级燃气-蒸汽联合循环发电设备与运行

（电仪分册）

国电电力发展股份有限公司
国电电力发展股份有限公司浙江分公司
国电湖州南浔天然气热电有限公司 编
上海电力大学

U0334363

同济大学 出版社
TONGJI UNIVERSITY PRESS

内 容 提 要

本书以国电湖州南浔天然气热电有限公司6F级燃气-蒸汽联合循环机组为例。一次部分介绍了发电机、变压器、电动机、高压开关电器、互感器、避雷器、电气主接线、厂用电接线、UPS装置、直流系统等电气设备的结构特点及接线的基本形式与运行、典型操作及事故处理等；二次部分介绍了发电厂常用继电保护的基本原理及线路、发电机变压器组、母线、电动机等的保护构成；仪控部分介绍了自动控制的基本概念和典型控制策略、Mark VIe DCS 的配置和运算模块，分析了6F级燃气轮机及其配套的汽轮机、余热锅炉、辅助设备的主要控制功能。

本书可作为从事燃气-蒸汽联合循环电厂中电气设计、调试、运维的技术人员、管理人员的培训教材，也可供电力工程专业师生阅读参考。

图书在版编目(CIP)数据

6F级燃气-蒸汽联合循环发电设备与运行.电仪分册/
国电电力发展股份有限公司等编.--上海：同济大学出
版社，2019.12
　　ISBN 978-7-5608-8872-9

Ⅰ.①6… Ⅱ.①国… Ⅲ.①燃气—蒸汽联合循环发电
—发电机组—运行 Ⅳ.①TM611.31

中国版本图书馆 CIP 数据核字(2019)第 270742 号

6F 级燃气-蒸汽联合循环发电设备与运行（电仪分册）

国电电力发展股份有限公司
国电电力发展股份有限公司浙江分公司
国电湖州南浔天然气热电有限公司　编
上海电力大学

责任编辑　张平官　朱　勇　　责任校对　徐春莲　　封面设计　陈益平

出版发行　同济大学出版社　　www.tongjipress.com.cn
　　　　　（地址：上海市四平路 1239 号　邮编：200092　电话：021-65985622）
经　　销　全国各地新华书店
印　　刷　启东市人民印刷有限公司
开　　本　787mm×1092mm　1/16
印　　张　32.25
字　　数　805000
版　　次　2019 年 12 月第 1 版　　2019 年 12 月第 1 次印刷
书　　号　ISBN 978-7-5608-8872-9

定　　价　118.00 元

《6F 级燃气-蒸汽联合循环发电设备与运行》

编 委 会

序

　　燃气轮机被誉为机械制造业"皇冠上的明珠"，是迄今为止热功转换效率最高的动力机械，具有热效率高、建设周期短、占地少、污染小、启停快等优点。据统计，2017 年全球天然气发电量占总发电量的比例为 23.4%，我国天然气发电量占总发电量的比例仅为 3%，远低于全球平均水平，我国天然气发电行业发展空间较大。

　　国电湖州南浔天然气热电有限公司（简称南浔公司）是国电电力发展股份有限公司所属首家天然气热电公司，目前建成运营 2 台 6F 级燃气-蒸汽联合循环发电机组，总装机容量 23.2 万 kW。南浔公司自成立以来，一直高度重视技术资料的收集整理工作，在总结机组建设、安装、调试、运行、检修、维护等方面实践经验的基础上，联合上海电力大学，组织编写了《6F 级燃气-蒸汽联合循环发电设备与运行》丛书。该丛书全面系统地介绍了 6F 级燃气-蒸汽联合循环发电机组的技术原理、运行操作及典型案例，内容深入浅出，对燃气-蒸汽联合循环电站、特别是 6F 级燃气-蒸汽联合循环电站运维人员具有一定的指导意义。

　　未来，随着天然气资源的开发和应用，燃气发电机组装机容量在我国电力装机中的比重必将逐渐加大，燃气发电在我国电力工业中的作用必将逐渐增强。希望本丛书能够为燃气发电从业人员提供一些理论参考。

国电电力发展股份有限公司总经理

2019 年 10 月

前　言

燃气-蒸汽联合循环发电技术由于热效率高、建设周期短、占地少、污染物排放量少等优点,自 20 世纪 80 年代以来,在世界很多国家得到了广泛应用。伴随着我国天然气"西气东输"工程的建设,进入 21 世纪,燃气轮机及其联合循环发电也日益成为我国电力系统的重要组成部分。当前,随着世界范围内人们对环保质量要求的提高,以燃烧洁净燃料天然气为主的燃气轮机及其联合循环发电技术将会迎来更大的发展。

国电湖州南浔天然气热电有限公司是国电电力发展股份有限公司所属首家天然气热电公司,目前建成运营 2 台 6F 级燃气-蒸汽联合循环发电机组,总装机容量 23.2 万 kW。自成立以来,国电湖州南浔天然气热电有限公司对技术资料进行了广泛、深入的钻研,在安装、调试、运行、检修、维护等方面积累了许多经验。鉴于我国目前燃气-蒸汽联合循环电站编写的专业书籍较少,特别是针对 6F 级燃气-蒸汽联合循环电站运维人员的培训教材尤其缺乏,国电湖州南浔天然气热电有限公司本着总结技术、不断提高的宗旨,组织技术力量,与上海电力大学合作,共同编写了这套《6F 级燃气-蒸汽联合循环发电设备与运行》丛书。丛书分为"热机分册"和"电仪分册"两册。

"电仪分册"着重对 6F 级燃气-蒸汽联合循环发电的各电仪设备及控制系统进行阐述,从国电湖州南浔天然气热电有限公司燃气-蒸汽联合循环机组的实际情况出发,系统、全面、有针对性地对 6F 级燃气-蒸汽联合循环机组电仪设备及控制系统进行技术原理介绍、运行工况分析、操作难点指导、案例情况剖析,深入浅出。全书共分为 15 章:第 1—4 章着重介绍发电机、变压器、电动机的工作原理、运行状态分析、运行维护及故障处理;第 5—8 章介绍了电力系统的组成和技术特点,发电厂主要电气设备的工作原理和基本结构,国电湖州南浔天然气热电有限公司电气主接线和厂用电系统的接线方式与典型操作、运行与维护以及出现的异常和处理;第 9—11 章介绍了输电线路、发电机变压器组、母线、电动机的保护原理及保护构成,以及电力系统自动装置的工作原理。第 12—13 章介绍了自动控制原理、Mark VIe 控制系统硬件及软件、燃气轮机控制及保护原理;第 14 章介绍了联合循环汽轮机、余热锅炉及辅机的控制方式;第 15 章介绍了联合循环机组 APS 技术。

本书主编为俞路军,副主编为吴文军、童蕴真,参与编写的人员有宋金煜、罗萍萍、黄伟、康英伟、黄蕾斐、丁建南、樊明、吴超、马腾飞、李康康、杨希山、段小文、郑康东。本书是一部为 6F 级燃气-蒸汽联合循环电站运维人员提供基本理论、系统设备、机组实际操作、典型事故处理及培训的实用性较强的教材。

由于作者水平有限,书中如有不足之处,恳请广大读者批评指正。

编者

2019 年 10 月

目　录

第 1 章　同步发电机

1.1　同步发电机的基本知识

1.1.1　同步发电机的结构

1. 发电机主要部件

同步发电机主要由静止和旋转两大部分组成。静止部分称为定子,旋转部分称为转子(图1-1)。

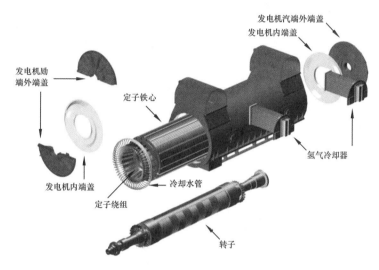

图 1-1　发电机主要部件

2. 定子

定子由定子铁心、电枢绕组、机座三大部分组成。

1) 定子铁心

定子铁心是构成发电机磁路和固定定子绕组的重要部件(图 1-2)。

为了减少铁心的磁滞和涡流损耗,定子铁心采用导磁率高、损耗小、厚度为 0.5mm 的优质冷轧硅钢片冲制而成。每层硅钢片由数张扇形片组成一个圆形,每张扇形片都涂有耐高温的水溶性无机绝缘漆。

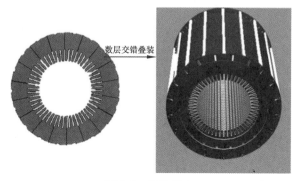

图 1-2　定子铁心

2）电枢绕组

电枢绕组是由条形线棒构成的短节距双层式绕组,条形线棒嵌装在沿整个定子铁心圆周均匀分布的矩形槽中。一根线棒分为直线部分和两个端接部分,直线部分放在槽内,它是切割磁力线感应电动势的有效边,端线按绕组接线形式有规律地连接起来(图 1-3)。

图 1-3　电枢绕组端部

3）机座

机座是用钢板焊成的壳体结构,它的作用主要是支持和固定定子铁心和定子绕组(图 1-4)。

图 1-4　机座(外壳)

3．转子

转子由转子铁心和转子绕组(励磁绕组)组成。

1）转子铁心

转子铁心采用高强度合金钢整体锻造而成,具有良好的导磁性能和机械性能。在转子本体上加工有用于嵌入励磁绕组的平行槽。纵向槽沿转子轴圆周分布,从而获得两个实心磁极。转子轴的磁极均设计有横向槽,以降低由于磁极和中轴线方向挠曲所引起的双倍频率的转子振动。转轴由一个电气上的有效部分(转子本体)和两处轴颈组成。转子本体圆周上约有 2/3 开有轴向槽,用于嵌放转子绕组。转子本体的两个磁极相隔 180°(图 1-5)。

图 1-5　转子铁心　　　　　　　　　　　　图 1-6　转子绕组

2）转子绕组

转子绕组由嵌入槽中的多个串联线圈组成,转子绕组通入直流(励磁电流)产生恒定的一对磁极的磁场。转子绕组由带有冷却风道的含银脱氧铜空心导线构成。线圈的各线匝之间通过隔层相互绝缘(图 1-6)。

3）转子护环

采用整体式转子护环来抑制转子端部绕组的离心力。转子护环由非磁性高强度钢质材料制成,以降低杂散损耗。每个护环悬空热套在转子本体上。采用一开口环对护环进行轴向固定。

4．轴承

1）轴承

转子支撑在动压润滑的滑动轴承上。轴承为端盖式轴承。轴承润滑和冷却所用油是由汽轮机油系统提供,通过固定在下半端盖上的油管轴瓦座和下半轴瓦实现供油。

2）轴承油系统

发电机轴承、励磁机或滑环轴轴承均与汽轮机润滑油供应系统相连。

发电机轴承都配备高压油顶轴系统,高压油顶起转轴,在轴瓦表面和轴颈之间形成润滑油膜,减小汽轮发电机组启动阶段轴承的摩擦。

1.1.2　同步发电机的基本原理

同步发电机的电磁结构模型如图 1-7 所示。定子上装有三相绕组,每相结构完全相同,它们在空间上互差 120° 电角度。转子上有直流励磁绕组,当直流电流通过电刷和滑环流入转子绕组后,产生主磁通,主磁通由 N 极经气隙、定子铁心,再经气隙进入 S 极,构成主磁路。原动机拖动转子旋转,电枢导体切割转子磁场产生感应电势。由于三相绕组对称,在电枢绕组中产生对称三相交流电势。

交流电动势的频率 f 取决于电机的极对数 p 和转子每分钟的转速 n_1。由于电机每一转对应 p 对磁极,而转子每秒钟的转速为 $\frac{n_1}{60}$,因此,每秒钟有 $\frac{pn_1}{60}$ 对磁极切割电枢导体,使它的感应电动势交变 $\frac{pn_1}{60}$ 个周期,而每秒钟变化的周期数称为频率,所以感应电动势的频率应为

$$f_1 = \frac{pn_1}{60} \tag{1-1}$$

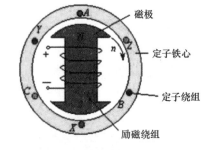

图 1-7 同步发电机的电磁结构模型

1.1.3 同步发电机的额定值

额定功率 P_N:输出的电功率;

额定电压 U_N:定子绕组额定线电压;

额定电流 I_N:定子绕组额定线电流;

额定功率因数 $\cos\varphi_N$:额定工况下发电机的功率因数;

额定转速 n_N;

接法 Y。

$$P_N = \sqrt{3} U_N I_N \cos\varphi_N \tag{1-2}$$

1.2　同步发电机的励磁系统

燃机发电机和汽轮发电机的励磁形式均为高起始响应的全静态可控硅整流励磁系统。两台燃气轮机发电机励磁变压器电源接自 6kV 中压母线,两台汽轮发电机的励磁电源取自发电机机端,通过晶闸管整流器整流,将交流电流转变为直流电流,并经灭磁开关送入发电机磁场线圈。晶闸管整流器的输出大小由相位控制器控制,并经过脉冲放大器放大。

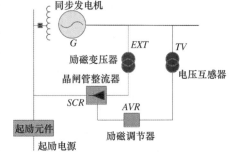

图 1-8　同步发电机励磁系统

励磁系统的主可控硅装置采用三相全波桥式整流,由六个臂组成,整流元件每臂采用一个元件,并有足够的电流裕度和足够的承受反向电压的能力,可控硅元件有快速熔断器保护和交流侧设置抑制尖峰过电压的保护措施。每个臂有两个并联的元件支路,当 1个支路退出运行时,能满足包括强励在内的所有运行状态。可控硅整流器具有较高的可靠性。

励磁系统的特性与参数满足电力系统和发电机的各种运行方式的要求,能自动调整和维持发电机电压为额定值,设有完善的保护和信号报警装置。

励磁变压器采用三相干式变压器,采用 Y,d11 接线。励磁变压器高压绕组与低压绕组之间有静电屏蔽。

发电机灭磁采用逆变和灭磁开关方式。灭磁开关带灭磁电阻,灭磁电阻采用线性电阻。

1.3　同步发电机对称负载运行

1.3.1　同步发电机空载运行

当原动机带动同步发电机在同步转速下运行,励磁绕组通入适当的励磁电流,电枢绕组不带任何负载时的运行情况,称为空载运行。空载运行是同步发电机最简单的运行方式,其气隙中的磁场仅有直流励磁电流产生的励磁磁场,称为空载磁场或主磁场,磁场的强弱仅由励磁电流决定。

当转子以同步速度旋转时,主极磁场在气隙中形成一个旋转磁场,它"切割"对称的三相定子绕组后,在定子绕组内感应出频率为 f_1 的一组对称三相电势,称为空载电动势,忽略高次谐波时,励磁电动势的有效值 E_0(相电动势)为

$$E_0 = 4.44 f_1 N_1 K_{N1} \Phi_1 \tag{1-3}$$

式(1-3)中,$N_1 K_{N1}$ 为定子每相绕组的有效匝数,Φ_1 为每极的主磁通量。这样,改变直流励磁电流 I_f,便可得到不同的主磁通量 Φ_1 和相应的空载电动势 E_0,从而得到 E_0 与 I_f 之间的关系曲线 $E_0 = f(I_f)$,称为发电机的空载特性曲线。

由于 $E_0 \propto \Phi_1$,$I_f \propto F_f$(转子磁势),所以空载特性曲线实际上就是电机的磁化特性曲线。如图 1-9 所示。

当 I_f 很小即磁通 Φ_1 很小时,整个磁路处于不饱和状态,绝大部分磁动势消耗于气隙,所以,空载特性曲线下部是一条直线。与空载特性曲线下部相切的直线称为气隙线。随着 I_f 的增大,即 Φ_1 的增大,铁心逐渐饱和,空载特性曲线就逐渐弯曲。为了合理地利用材料,空载电压等于额定电压的运行点通常设计在空载特性曲线开始弯曲的附近。

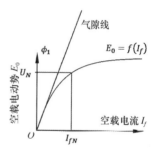

图 1-9　同步发电机空载特性曲线

1.3.2　同步发电机对称负载运行

当同步发电机带上三相对称负载以后,电枢绕组中流过三相对称电流,这时电枢绕组就会产生电枢磁动势及相应的电枢磁场;若仅考虑其基波,则电枢磁动势与转子同向、同速旋转。因此,发电机负载运行时,气隙内的磁场由电枢磁动势与励磁磁动势共同作用所产生。通常将电枢磁动势基波 $\bar{F}_a$ 对励磁磁动势基波 $\bar{F}_{f1}$ 的影响称为电枢反应。

电枢反应的作用(增磁、去磁或交磁)取决于电枢磁动势基波和励磁磁动势基波在空间的相对位置。相对位置不同时,电枢磁场对主磁极磁场的影响就不同。利用相量图来分析电枢反应的作用。

1. 时-空相量图

电流和电动势是时间函数,磁动势和磁场是空间分布函数。如只考虑它们的基波分量,则可以分别用时间相量和空间向量表示。

在空间按正弦分布的励磁磁动势基波用空间矢量 $\bar{F}_{f1}$ 表示的方法,一般选取绕组的轴线为空间参考轴(简称相轴),用 $\bar{F}_{f1}$ 的长度来表示正弦分布空间磁势波的波幅,$\bar{F}_{f1}$ 的位置在转子极轴线上,$\bar{F}_{f1}$ 的方向和励磁电流符合右手螺旋,即 S→N 的方向。空间矢量 $\bar{F}_{f1}$ 也以转子角速度 $\omega = 2\pi f$ 旋转。

电枢磁势 F_a 的位置,当某相电流达到最大值时,它正好转在该相绕组轴线上。

由于转子是旋转的，只能画某一时刻的相量图，如图 1-10 所示的位置。以 A 绕组轴线为相轴，励磁磁动势基波 $\bar{F}_{f1}$ 超前 $+A$ 轴 $90°$，此时，A 绕组感应电势 $\dot{E}_0$ 最大，$\dot{E}_0$ 相量应该画在时间轴 $+j$ 轴上，假设 $\dot{E}_0$ 和电枢电流 $\dot{I}$ 同相，即 $\psi = 0$。电枢磁势 $\bar{F}_a$ 的位置正好在 $+A$ 轴上，把 $+j$ 轴与 $+A$ 轴重合，如图 1-11 所示。得出如下结论：空载电势落后 $\dot{E}_0$ 励磁磁动势基波 $\bar{F}_{f1}$ $90°$，电枢电流 $\dot{I}$ 和电枢磁势 $\bar{F}_a$ 同相。

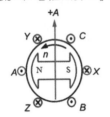

图 1-10　转子位置

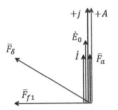

图 1-11　时空相量图

2. 不同 ψ 角的电枢反应

当 $0 < \psi < 90°$ 时，根据前述画时空相量图的结论，画出时空相量如图 1-12 所示。

定义转子磁极轴线为直轴（d 轴），和直轴垂直的轴为交轴（q 轴）。把电枢磁势 $\bar{F}_a$ 分解为直轴分量 $\bar{F}_{ad}$ 和交轴分量 $\bar{F}_{aq}$。直轴分量 $\bar{F}_{ad}$ 对励磁磁动势基波 $\bar{F}_{f1}$ 起去磁作用，交轴分量 $\bar{F}_{aq}$ 对励磁磁动势基波 $\bar{F}_{f1}$ 起交磁作用。电枢电流 $\dot{I}$ 也可分解为直轴电流分量 $\dot{I}_d$ 和交轴电流分量 $\dot{I}_q$，也可以理解为直轴电流分量 $\dot{I}_d$ 产生电枢磁势直轴分量 $\bar{F}_{ad}$，交轴电流分量 $\dot{I}_q$ 产生电枢磁势交轴分量 $\bar{F}_{aq}$。

当 $-90° < \psi < 0$ 时，根据前述画时空相量图的结论，画出时空相量如图 1-13 所示。把电枢磁势 $\bar{F}_a$ 分解为直轴分量 $\bar{F}_{ad}$ 和交轴分量 $\bar{F}_{aq}$。直轴分量 $\bar{F}_{ad}$ 对励磁磁动势基波 $\bar{F}_{f1}$ 起助磁作用，交轴分量 $\bar{F}_{aq}$ 对励磁磁动势基波 $\bar{F}_{f1}$ 起交磁作用。

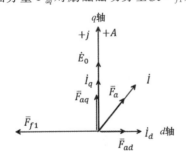

图 1-12　$0 < \psi < 90°$ 时的时空相量图

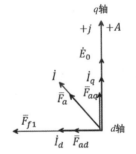

图 1-13　$-90° < \psi < 0$ 时的时空相量图

3. 电枢反应与同步电机的能量传递

当同步发电机空载时，负载电流 $I = 0$，没有电枢反应，因此也不存在由转子到定子的能量传递。当同步发电机带有负载时，$\dot{I} \neq 0$，将产生电枢反应磁动势 $\bar{F}_a$，将 $\bar{F}_a$ 分解为直轴分量 $\bar{F}_{ad}$ 和交轴分量 $\bar{F}_{aq}$。

图 1-14 和图 1-15 分别表示了 $\bar{F}_{aq}$，$\bar{F}_{ad}$ 与转子电流相互作用产生电磁力的情况。

在图 1-14 中，根据电磁力的左手定则，电枢反应磁动势的交轴分量 $\bar{F}_{aq}$ 产生的磁场与转子电流作用，产生电磁力，并形成和转子转向相反的电磁转矩。发电机要输出有功功率，原动机必须增大驱动转矩，克服 $\bar{F}_{aq}$ 引起的阻力转矩，才能维持发电机的转速保持不变。能量就是这样由原动机输送给同步机转子再传递到定子电枢绕组而最后输出的。

图 1-14　$\bar{F}_{aq}$ 的作用　　　　　　　　　图 1-15　$\bar{F}_{ad}$ 的作用

图 1-15 表示直轴分量 $\bar{F}_{ad}$ 产生的磁场与转子电流作用的情况。它们产生的电磁力不形成转矩，因此不需要原动机增加驱动转矩，增大输给同步发电机能量。但是直轴电枢反应对主磁极磁场起着去磁（或磁化）作用，为维持同步发电机的端电压保持不变，须相应地增加（或减小）同步机转子的直流励磁电流，引起无功变化。

在交轴电枢反应磁动势和励磁磁动势的相互作用下，电机转子受到一个电磁转矩，从而实现了电机内部的能量转换。直轴电枢反应磁动势对励磁磁动势起去磁或增磁作用，使气隙磁场削弱或增强，进而改变发电机的端电压，从而决定了电机的主要运行特性。为了维持发电机的转速不变，必须随着有功负载的变化调节由原动机输入的功率。为保持发电机的端电压不变，必须随着无功负载的变化相应地调节转子的直流励磁电流。

1.4　隐极同步发电机的电势方程式和相量图

同步发电机负载运行时，除了主极磁动势 $\bar{F}_{f1}$ 之外，还有电枢磁动势 $\bar{F}_a$。如果不计磁饱和（即认为磁路为线性），则可应用叠加原理，把主极磁动势和电枢磁动势的作用分别单独考虑，再把它们的效果叠加起来。设 $\bar{F}_{f1}$ 和 $\bar{F}_a$ 各自产生主磁通 $\dot{\Phi}_0$ 和电枢磁通 $\dot{\Phi}_a$，并在定子绕组内感应出相应的励磁电动势 $\dot{E}_0$ 和电枢反应电动势 $\dot{E}_a$，把 $\dot{E}_0$ 和 $\dot{E}_a$ 相加，可得电枢一相绕组的合成电动势 $\dot{E}_\delta$（亦称为气隙电动势）。各磁动势、磁通及电动势的关系可表示如下：

$$I_f \rightarrow \bar{F}_{f1} \rightarrow \dot{\Phi}_0 \rightarrow \dot{E}_0$$

$$\dot{I} \rightarrow \bar{F}_a \rightarrow \dot{\Phi}_a \rightarrow \dot{E}_a$$

此外，电枢电流 $\dot{I}$ 还要产生电枢漏磁场，由此在电枢绕组中产生漏磁电动势 E_σ，即

$$\dot{I} \rightarrow \dot{\Phi}_\sigma \rightarrow \dot{E}_\sigma$$

采用发电机惯例，以输出电流作为电枢电流的正方向，因此，同步发电机各物理量正方向的规定如图 1-16 所示。根据基尔霍夫电压定律，可写出隐极同步发电机电枢绕组任一相的电压方程为

$$\dot{E}_0 + \dot{E}_a + \dot{E}_\sigma = \dot{U} + \dot{I} r_a \qquad (1-4)$$

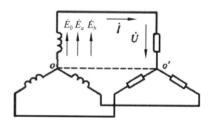

图 1-16　同步发电机正方向的规定

与变压器一样，电枢绕组漏磁电动势 $\dot{E}_\sigma$ 的表达式为

$$\dot{E}_\sigma = -j \dot{I} x_\sigma \qquad (1-5)$$

漏抗 x_σ 的值较小，用标幺值表示时，x_σ^* 在 $0.1 \sim 0.2$，但它仍较电枢绕组电阻要大。

因为电枢反应电动势 E_a 正比于电枢反应磁通 Φ_a，不计磁饱和时，Φ_a 又正比于电枢磁动势 F_a 和电枢电流 I，即 $E_a \propto \Phi_a \propto F_a \propto I$。在时间相位上，$\dot{E}_a$ 滞后 $\dot{\Phi}_a$ 90°电角度；若不计定子铁心损耗，$\dot{\Phi}_a$ 与 $\dot{I}$ 同相位，$\dot{E}_a$ 滞后 $\dot{I}$ 90°电角度。所以电枢反应电动势 $\dot{E}_a$ 的表达式为

$$\dot{E}_a = -j\dot{I}\,x_a \tag{1-6}$$

式中,x_a 是与电枢反应磁通相应的电抗,称为电枢反应电抗;将式(1-5)和式(1-6)代入式(1-4),经过整理,可得

$$\dot{E}_0 = \dot{U} + \dot{I}\,r_a + j\dot{I}\,x_\sigma + j\dot{I}\,x_a \tag{1-7}$$

$$\dot{E}_0 = \dot{U} + \dot{I}\,r_a + j\dot{I}\,x_t \tag{1-8}$$

式(1-8)中,$x_t = x_\sigma + x_a$ 称为同步电抗。同步电抗是表征同步电机对称稳态运行时电枢反应和电枢漏磁这两个效应的一个综合参数,不计磁饱和时,它是一个常值。

图 1-17 表示与式(1-7)相对应的相量图,图中既有时间相量(如电动势),又有空间向量,它是一个时-空相量图。

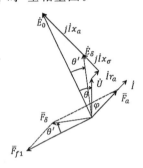 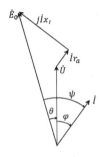

图 1-17 隐极同步发电机时-空相量图　　　　图 1-18 隐极同步发电机电势相量图

图 1-18 表示与式(1-8)相对应的相量图。式(1-8)中,$\dot{E}_0$ 表示主磁极磁场的作用,x_t 表示电枢基波旋转磁场(电枢反应)和电枢漏磁场的作用,r_a 表示电枢绕组的电阻。

1.5　同步发电机的运行特性

同步发电机在对称负载下稳定运行时,在转子转速 n=常数,负载的功率因数 $\cos\varphi$=常数的条件下,发电机的励磁电流 I_f,负载电流 I,定子端电压 U 三个量中,保持其中一个量不变,另外两个量之间的函数关系称为同步发电机的运行特性。

其中空载特性、短路特性及零功率因数负载特性是其基本特性,通过它们可以求出同步电机稳态运行时的同步电抗和漏抗。而外特性和调整特性等主要用来计算电机的性能。

1.5.1　空载特性

同步发电机被原动机拖动到同步转速,励磁绕组中通入直流励磁电流,定子绕组开路时的运行,称为空载运行。

空载运行时,由于电枢电流等于零,同步发电机的电枢电压等于空载电势 E_0,电势 E_0 决定于空载气隙磁通,磁通取决于励磁绕组的励磁电流 I_f。因此,空载时的端电压或电势是励磁电流的函数,即 $E_0 = f(I_f)$,称为同步发电机的空载特性。如图 1-19 所示。

空载特性曲线很有实用价值,可以用它判断电机磁路的饱和情况、铁心和励磁绕组是否发生短路故障,此外可以求取发电机的电压变化率、未饱和的同步电抗值等参数。

1.5.2　短路特性

短路特性是指发电机在额定转速下,定子三相绕组短路时,定子稳态短路电流 I 与励磁电流 I_f 的关系曲线,即 $I = f(I_f)$,短路特性如图 1-20 所示。

在短路时,发电机端电压为零,由于电枢绕组电阻很小,可略去不计,发电机的电势仅

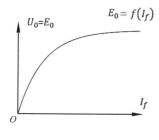

图 1-19　空载特性

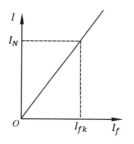

图 1-20　短路特性

用来平衡稳态短路电流在同步电抗上的电压降。因为此时发电机相当于一个电感线圈,稳态短路电流是感性的,它所产生的电枢磁势起去磁作用,所以铁心不饱和,因此,短路特性曲线是一条直线。

短路特性可以用来求未饱和的同步电抗和短路比,还可以用来判断励磁绕组有无匝间短路等故障。显然励磁绕组存在匝间短路时,因安匝数减小,短路特性会降低。

1.5.3　国电南浔公司发电机空载短路特性

1. 燃机发电机空载短路特性曲线(图 1-21)

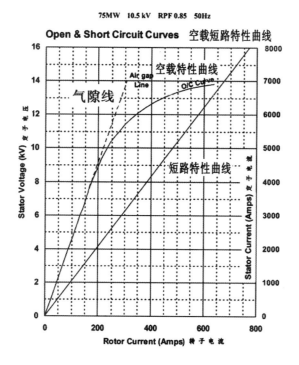

图 1-21　燃机发电机空载短路特性曲线

2. 抽凝式汽轮发电机空载短路特性曲线（图 1-22）

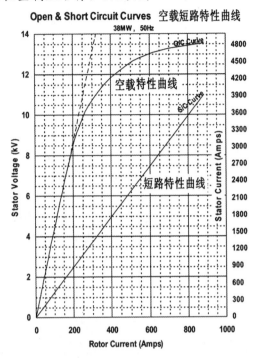

图 1-22　抽凝式发电机空载短路特性曲线

3. 背压式汽轮发电机空载短路特性曲线（图 1-23）

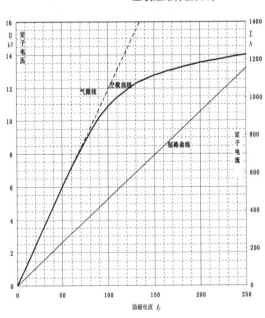

图 1-23　背压式发电机空载短路特性曲线

1.5.4　外特性

外特性指发电机在 $n=n_N$，$I_f=$ 常数，$\cos\varphi=$ 常数时端电压 U 随负载电流 I 变化的关系曲线，即 $U=f(I)$。

图 1-24 表示不同功率因数的负载时,同步发电机的外特性。从图中可见,在感性负载和纯电阻负载时,外特性是下降的,因为电枢反应的去磁作用,且定子漏抗压降也使端电压降低。在容性负载且 φ 角达到 $\dot{I}$ 超前 $\dot{E}_0$ 时,由于电枢反应的助磁作用和容性电流的漏抗压降使端电压上升,所以外特性是上升的。

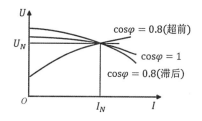

图 1-24   同步发电机的外特性

发电机电枢电流 $I=I_N$ 时,在感性负载下要得到 $U=U_N$ 应供给较大的励磁电流,此时称发电机在过励状态下运行,而在容性负载下得到 $U=U_N$ 可供给较小的励磁电流,此时称发电机在欠励状态下运行。

1.5.5   调整特性

当发电机的负载发生变化时,为了保持端电压不变,必须同时适当地调节发电机的励磁电流。调整特性指发电机在 $n=n_N$,$U=U_N$,$\cos\varphi=$ 常数时励磁电流 I_f 与电流 I 变化的关系曲线,即 $I_f=f(I)$。

图 1-25 表示带有不同功率因数的负载时,同步发电机的调整特性。由图中可见,在感性负载和纯电阻负载时,为补偿电枢电流所产生的去磁性电枢反应和漏阻抗压降,随着电枢电流的增加,必须相应地增加励磁电流,故此时的调整特性是上升的。在容性负载时,调整特性亦可能是下降的。

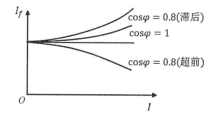

图 1-25   同步发电机的调整特性

调整特性可以使运行人员了解在某一功率因数时定子电流到多少而不使励磁电流超过制造厂的规定值,并能维持额定电压。利用这些曲线,可使电力系统的无功功率分配更趋合理。

1.5.6   短路比

短路比是同步发电机的一个重要数据,其大小对发电机的设计和运行都有很大的影响。所谓短路比,就是发电机在空载额定电压的励磁电流 I_{f0} 下定子绕阻的稳态短路电流 I_k 与额定电流 I_N 的比值,即

$$S.C.R=\frac{I_k}{I_N} \tag{1-9}$$

如图 1-26 所示,短路比也可以用励磁电流来表示,$\dfrac{I_k}{I_N}=\dfrac{I_{f0}}{I_{fk}}$,所以,式(1-9)可以写成

$$S.C.R=\frac{I_{f0}(U=U_{N\phi})}{I_{fk}(I=I_N)} \tag{1-10}$$

式(1-10)中,I_{fk} 为短路时产生额定电流所需的励磁电流。因此,短路比又等于产生空载额定电压所需的励磁电流 I_{f0} 与产生短路额定电流所需的励磁电流 I_{fk} 之比。

由励磁电流 I_{f0} 按气隙线查出的空载电动势为 E_0',而由励磁电流 I_{fk} 按气隙线查出的空载电动势为 E_0''。在短路试验时,$E_0'' \approx I_N x_{d(n-sat)}$,于是

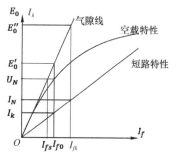

图 1-26   同步发电机短路比的求取

$$S.C.R=\frac{I_{f0}}{I_{fk}}=\frac{E_0'}{E_0''}=\frac{E_0'}{U_N}\cdot\frac{U_N}{E_0''}\approx\frac{E_0'}{U_N}\cdot\frac{U_N}{I_N x_{d(n-sat)}^*}=\frac{E_0'}{U_N}\cdot\frac{1}{x_{d(n-sat)}^*} \tag{1-11}$$

式(1-11)中 $x^*_{d(n-sat)}$ 是同步电抗(不饱和值)的标幺值。

从图 1-26 可知，如果电机的磁路不饱和，空载时产生 U_N 只需要 I_{fs} 大小的励磁电流就够了。当有饱和时，需要 I_{f0}，比值 $\dfrac{I_{f0}}{I_{fs}}$ 反映了发电机在空载电压为 U_N 时磁路的饱和程度，该比值称为空载额定电压时的磁路饱和系数，用 k_μ 表示。于是，短路比

$$S.C.R = \frac{E'_0}{U_N} \cdot \frac{1}{x^*_{d(n-sat)}} = \frac{I_{f0}}{I_{fs}} \cdot \frac{1}{x^*_{d(n-sat)}} = k_\mu \frac{1}{x^*_{d(n-sat)}} \tag{1-12}$$

可见，短路比等于用标幺值表示的直轴同步电抗不饱和值的倒数再乘上空载额定电压时主磁路的饱和系数 k_μ（通常 $k_\mu = 1.1 \sim 1.25$），所以它是一个计及饱和影响的参数。

短路比的大小对同步发电机的影响主要表现在如下几个方面：

(1) 影响电机运行的静态稳定度。短路比大，则 x_d 小，静稳定极限就高。

(2) 短路比大，则电压随负载的波动幅度就小，励磁电流随负载波动也小。

(3) 短路比大，则短路电流较大。

(4) 影响电机的尺寸。短路比大，即电机的气隙大，转子的额定励磁安匝增多，故要增加电机的尺寸，增加用铜量和电机的造价。

近年来，随着单机容量的增大，为了提高材料利用率，短路比有所降低。一般汽轮发电机的短路比为 0.4～1.0。

1.5.7 同步发电机的损耗与效率

同步发电机在将机械能转变为电能的过程中，电机内部会产生各种损耗。同步发电机的损耗分电气损耗和机械损耗两类，而电气损耗又包括基本损耗和附加损耗两部分，现将各损耗简述如下。

1. 定子绕组的基本铜损耗 p_{Cu}

指定子电枢绕组通过电流的电阻损耗，它的大小取决于负载时绕组的电流密度、导线铜的重量及设计计算依据的温度。由于导线截面上电流密度不均所增加的损耗归入附加损耗。

2. 定子铁心的基本铁损耗 p_{Fe}

指定子铁心齿、轭在交变磁场中引起的磁滞及涡流损耗，它的大小取决于铁心磁通密度的大小、磁通变化频率、铁心重量、电工钢片性能及加工工艺等。同步发电机在正常运行时，转子铁心处于恒定磁场中，故无铁损。

3. 励磁损耗 p_f

指转子励磁回路的损耗，包括励磁绕组电阻、电刷与滑环的接触电阻、变阻器内的损耗等。若装有同轴励磁机，还须计入励磁机的损耗。

4. 附加损耗 p_{ad}

(1) 附加铜损耗：由于漏磁通、集肤效应引起的定子绕组中的附加铜损耗。

(2) 附加铁损耗主要包括：

① 由定子齿、槽引起的气隙磁通波动而导致转子或磁极表面的发热损耗；

② 由定、转子齿、槽相对位置的变化引起磁通脉动而在定、转子铁心产生的涡流损耗；

③ 定子的高次谐波磁通和齿谐波磁通在转子或磁极表面产生的高频涡流损耗；

④ 由转子磁场的高次谐波磁通和齿谐波磁通在定子表面产生的高频涡流损耗；

⑤ 定子绕组端接部分金属部件由于端部漏磁通而引起的附加损耗等。

附加损耗在总损耗中所占比例不大，但有时在不利条件下会发生某项损耗特别大，引起局部过

热。可采用一些措施来减小附加损耗,如采用短距、分布电枢绕组,以减小高次谐波的影响;又如电枢绕组导线采用多股并联并进行换位,以减小因漏磁的趋表效应而引起的附加铜损耗;又如合理布置电机的金属构件,并用非磁性材料作压环及绑线,以减小定子端部漏磁引起的附加铁损耗等。

5. 机械损耗 p_{mec}

包括通风损耗和摩擦损耗,在机轴上装冷却风扇所引起的风扇和通风系统的损耗;转子旋转时,冷却气体与转子表面的摩擦损耗;电刷与滑环的摩擦损耗;轴承的摩擦损耗等。

效率的定义为

$$\eta=\frac{P_2}{P_1}\times100\%\tag{1-13}$$

式中,P_1 为输入有功功率,P_2 为输出有功功率。

同步发电机效率一般不采用实测法来求取,而是通过损耗及输出功率求取,即

$$\eta=\left(1-\frac{\sum p}{P_2+\sum p}\right)\times100\%\tag{1-14}$$

式中,$\sum p$ 为总损耗,$\sum p=p_{Cu}+p_{Fe}+p_f+p_{ad}+p_{mec}$。

随着电机功率的增大,单位功率的损耗相对减小,因而大功率电机的效率相对就高,效率也是同步发电机重要的运行指标之一。一般,小容量电机 $\eta=82\%\sim92\%$,大中型同步发电机 $\eta=95\%\sim98\%$。

图 1-27 为燃机发电机效率曲线,图 1-28 为抽凝式发电机效率曲线,图 1-29 为背压式发电机效率曲线。

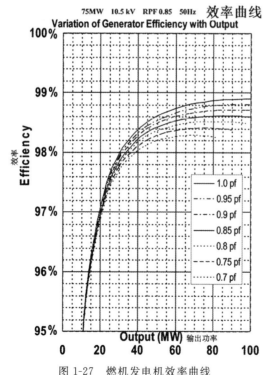

图 1-27　燃机发电机效率曲线

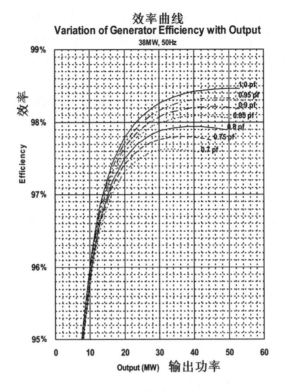

图 1-28　抽凝式发电机效率曲线

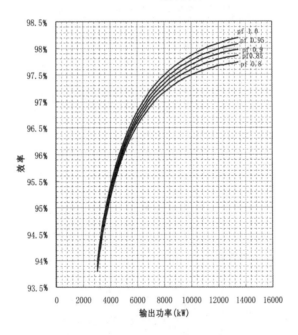

图 1-29　背压式发电机效率曲线

1.6　同步发电机并联运行(并网)

在现代发电厂中,通常将几台同步发电机并联起来接到共同的汇流条上,这种方式称为并联运行。这样,一方面可以根据负载的变化来调整投入运行的机组数目,使原动机和发电机在较高的效率下运行;另外,也便于轮流检修,提高供电的可靠性。距离很远的许多发电厂又通过升压变压器和高压输电线彼此再并联起来,形成一个巨大的电力系统。这样,负载变化时电网电压和频率的变化就会很小,可以提高供电的质量及供电的可靠性。

我国电力系统(电网)容量日益扩大,由于电网的容量远远大于某一台发电机组的容量,因而并联在电网上的发电机组有功功率与无功功率的调节对电网的频率和电压影响都很小,可以近似认为电网的频率和电压都是恒定不变的,即 f 和 U 均为常数。这种情况称为同步发电机与无限大电网并联。下面主要讨论同步发电机并联在"无限大电网"的运行状况。

1.6.1　同步发电机并联运行的条件和方法

1. 并联运行的条件

将同步发电机并联到电网的过程称为投入并联、并列或称并车。在并车时,为了避免在发电机和电网中产生冲击电流,及由此在电机转轴产生冲击转矩,要求待并发电机应满足下列条件:

(1) 发电机的空载电动势与电网电压大小相等,相位相同,即 $\dot{E}_0 = \dot{U}$。

(2) 发电机与电网的频率应相同。

(3) 发电机与电网的相序应一致。

(4) 发电机与电网的电压波形应相同。

上述条件中,除相序一致是绝对条件外,其他条件都是相对的,因为通常电机可以承受一些小的冲击电流。下面说明一下为什么投入并联时必须满足这些条件。

图 1-30 表示两台同步发电机,其中 S 代表系统中已工作的等效发电机,G 代表将要并入电网的发电机。

若相序不同而并网,则相当于在发电机的出线端加上一组负序电压;这是一种严重的故障,电流冲击和转矩冲击都很大,必须避免。

若波形不同,例如电网为正弦波,而发电机的感应电动势为非正弦波,则将在电机和电网内产生一系列谐波环流,使电机损耗和温升增高。

若发电机的频率与电网的频率不同,$\dot{E}_0$ 与 $\dot{U}$ 之间便有相对运动,两相量间的夹角将在 $0° \sim 360°$ 之间发生变化,差值电压 $\Delta\dot{U}$ 忽大忽小。频率相差愈大,这个变化愈剧烈,投入并联的操作就愈困难;若投入电网,也不易拉入同步,而会引起很大的冲击电流和功率振荡。

当 $\dot{E}_0$ 与 $\dot{U}$ 大小不等(图 1-31)或相位不同(图 1-32)时,若把发电机投入并联,则在发电机与电网组成的回路中将产生一定的冲击电流;在严重的情况下,该电流可达

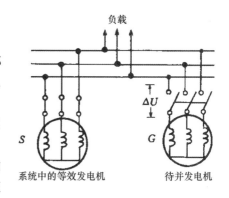

图 1-30　并列示意图

图 1-31　$\dot{E}_0$ 和 $\dot{U}$ 大小不等

到额定电流的 5～8 倍,此时,由于电磁力的冲击,定子绕组端部就可能受到损伤。由于很大的电磁转矩和机组的扭振,机组的轴系也可能受到损伤。

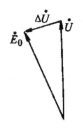

图 1-32 $\dot{E}_0$ 和 $\dot{U}$ 相位不同

综上所述,为了避免电流、功率和转矩的冲击,发电机投入并联时应该满足上述条件。一般情况下,条件(3)、(4)可由设计、制造和安装来予以满足。所以在投入并联时,只要注意检查条件(1)、(2)就可以了。

根据发电机电动势的频率 $f_1 = \dfrac{pn_1}{60}$ 大小和 $\dot{E}_0 =$ 4.44$f_1 N_1 k_{N1} \Phi_1$ 可知,在整步过程中,要使发电机的频率、电动势与电网相同,只要分别调节原动机的转速和发电机的励磁电流就可以达到。电动势的相位则可通过调节发电机的瞬时速度来调整。

凡已励磁的发电机,符合四个并列条件而进行并列时,叫作准同期并列。不符合并列条件而进行并列时,叫作非同期并列。非同期并列时可能产生很大的冲击电流,会严重损坏发电机及其他相关电气设备。所以,非同期合闸是电力系统恶性事故之一,应该杜绝。

2. 同步发电机启动

机组启动时应逐渐加速,要监视轴承的振动和供油是否正常,注意观察是否有异常的噪声,如摩擦声、电干扰声、碰击声等。当达到额定转速时,必须检查轴承的出油温度,空气冷却器的供水等情况都正常。

投入励磁系统,调节励磁,使定子电压逐步地升到额定值。

3. 燃机发电机并网规定及并网条件

燃机发电机并网控制由 Mark VIe 中配置的同期装置来实现。发电机同期并列操作可采用自动准同期和手动准同期两种方式,正常情况下,应选用自动准同期方式,若发电机准同期并列时,出现同步表指针抖动、不动或不规则的摆动,在原因未查明前不准并列。选用手动准同期并列方式,必须由总工程师批准后才能执行。

对于机组新安装或大修后或一次回路、二次回路检修后,有可能出现发电机相序与系统相序不一致情况,必须由检修检查确认。机组检修后启动前必须进行假同期试验,假同期试验时,燃机发电机出口闸刀在断开状态,检查发电机 PT 二次侧相序和其二次电压值应正常;经核相正确后,方允许机组进行并网。

1) 发电机与电网并列的条件

(1) 发电机与系统电压相等,电压差不超过 2%。

(2) 发电机与系统频率相等,周波差不大于 0.3Hz。

(3) 发电机与系统相位一致,相位差不超过 10°。

(4) 发电机首次并列及大修后应检查其与系统相序一致。

2) 燃机发电机并网操作

(1) 检查确认♯1 燃机发电机及励磁系统由检修改热备用的操作票已经执行完毕。

(2) 确认♯1 燃机发电机出口开关 52G 在"热备"状态。

(3) 确认♯1 燃机发电机出口开关 52G 操作电源开关已经合上。

(4) 合上♯1 燃机发电机出口闸刀,检查确已合上。

(5) 确认 DCS 相关电气画面上无任何异常报警信号。

（6）打开燃机励磁"AVR"画面，确认励磁通道已经选择"Master 1"或者"Master 2"。

（7）确认 Mark VIe 控制系统励磁"AVR MODE"已经自动选择"AUTO"状态。

（8）当燃机转速≥95％SPD 额定转速后，确认灭磁开关 41E 已经自动合上。

（9）检查发电机线电压已升至 10.5kV，且三相电压平衡。

（10）检查发电机三相电流指示接近零。

（11）检查励磁电压约 71V，励磁电流约 262.7A。

（12）当机组处于全速无负荷时，点击 Synch 子菜单，

（13）在 Synch 画面上将 Sync Ctrl（同期控制）选择为 AUTO SYNC。

（14）观测同期系统自动调整发电机电压、频率和初相角，当发电机电压、频率和初相角与电网一致时，控制系统发出同期合闸信号，♯1 燃机发电机出口断路器 52G 自动合上。

（15）确认♯1 燃机发电机出口断路器 52G Breaker 显示"close"。

（16）确认 Mark VIe 控制系统自动将同期装置退出，控制转为 SYNC OFF。

（17）检查确认♯1 燃机已自动带上初始负荷，startup status 栏目显示"LOADING"。

（18）检查♯1 燃机发电机三相电流指示平衡。

（19）适当调节♯1 燃机发电机无功，使其滞相运行。

（20）检查 Mark VIe 控制系统画面正常，无报警。

（21）操作完毕，汇报上级。

3）燃机发电机解列操作

（1）检查♯1 主变压器及高压厂变运行正常。

（2）检查♯1 燃机 400V MCC 母线电源由主电源供电正常。

（3）点击 Start-up 子菜单。

（4）点击 Master Control 栏目下的 Stop 键发停机令。

（5）确认 Stop 灯亮，检查负荷缓慢平稳下降。

（6）待♯1 燃机发电机负荷下降至 1MW 左右时，确认机组逆功率动作解列发电机。

（7）确认♯1 燃机发电机出口开关 52G 确已断开。

（8）确认♯1 燃机发电机火磁井关确已断开。

（9）断开♯1 燃机发电机出口开关 52G 操作电源小开关。

（10）断开♯1 燃机发电机出口闸刀。

（11）励磁系统停役后，须将空调及时关闭或调至除湿，以免设备特别是励磁进出线母排结露。

（12）操作完毕，汇报上级。

4. 汽机发电机并网条件

汽机发电机并网控制由外部配置的一套微机型自动控制同期装置（SID-2AS）来实现。发电机同期并列操作可采用自动准同期和手动准同期两种方式，正常情况下，应选用自动准同期方式，若发电机准同期并列时，出现同步表指针抖动、不动或不规则的摆动，同步指示灯与同步表不一致等现象，在原因未查明前不准并列。选用手动准同期并列方式，必须由总工程师批准后才能执行。

对于机组新安装或大修后或一、二次回路检修后，有可能出现发电机相序与系统相序不一致，必须由检修检查确认。机组检修后启动前必须进行假同期试验，假同期试验时，将汽机发电机出口开关摇至"试验"位置，检查发电机 PT 二次侧相序和其二次电压值应正常；经核相正

确后，方允许机组进行并网。

1）发电机与电网并列的条件

（1）发电机与系统电压相等，电压差不超过±5%。

（2）发电机与系统频率相等，周波差不大于 1.5Hz。

（3）发电机与系统相位一致，相位差不超过 18°。

（4）发电机首次并列及大修后应检查其与系统相序一致。

2）汽机发电机并网操作

（1）检查确认♯1 汽机发电机及励磁系统由检修改热备用的操作票已经执行完毕。

（2）确认♯1 汽机发电机出口开关 52ST1 在"热备"状态。

（3）确认♯1 汽机 GCB 开关 DCS 相关电气画面上无任何异常报警信号。

（4）确认♯1 汽机转速大于 2950r/min，且高速暖机结束。

（5）打开 DEH"start up"画面，将汽轮发电机初始负荷给定选择至 10%左右。

（6）在♯1 汽机 DCS"主接线图"画面上点击"升压并网"操作框，检查"发电机并网顺序控制投入允许条件"中所有条件均满足。

（7）点击"升压并网"操作框内的"启动"按钮，启动♯1 汽机发电机并网顺控。

（8）自动执行第一步"汽机发电机合励磁开关"，在"主接线图"画面确认汽机发电机励磁开关已合闸。

（9）自动执行第二步"汽机发电机励磁投入"，检查♯1 汽机发电机定子电压升至 10.5kV 左右。

（10）检查发电机三相电流指示接近零。

（11）检查励磁电压约 40V，励磁电流约 285A。

（12）自动执行第三步"向 DEH 请求同期"，打开 DEH"start up"画面，点击"Extern Sync On"变黄，切换回"升压并网"操作框，检查第三步反馈完成。

（13）自动执行第四步"自动准同期装置投入"，待同期条件满足后，确认♯1 汽机发电机出口开关 52ST1 自动合上。

（14）检查自动准同期装置自动退出运行。

（15）检查♯1 机组已带上初负荷，检查发电机三相电流指示平衡。

（16）观察♯1 汽机发电机无功，适当调节励磁，保持♯1 汽轮发电机滞相运行。

（17）检查♯1 汽机 DCS 上汽轮机控制系统画面正常，无异常报警。

（18）在♯1 汽机发电机保护屏内将下列保护压板置断开位置：

① 1RLP15：投误上电保护压板；

② 1RLP16：投启停机保护压板。

（19）检查♯1 汽机发电机保护屏上无报警信号。

（20）操作完毕，汇报上级。

3）汽机发电机解列操作

（1）检查♯1 主变压器运行正常。

（2）检查♯1 高压厂变运行正常。

（3）检查♯1 机组 6kV 段中压母线工作电源开关 52UA 确在合闸状态。

（4）检查♯1 机组 6kV 段中压母线电源由高压厂变供电正常。

（5）将♯1 汽机发电机负荷减至 0.5MW 左右。

（6）确认♯1 汽机发电机低功率保护动作，♯1 汽轮发电机出口开关 52ST1 跳开。

（7）检查♯1 汽机发电机出口开关 52ST 确已断开。

（8）检查♯1 汽机发电机灭磁开关确已断开。

（9）断开♯1 汽机发电机出口开关 52ST 操作电源小开关。

（10）励磁系统停役后，需将空调及时关闭或打至除湿，以免设备特别是励磁进出线母排结露。

（11）操作完毕，汇报上级。

5. 自同步法

准确同步法的优点是合闸时没有冲击电流，缺点是操作复杂，它对每一并车条件都要进行检查和调节，所以费时较多。当电力系统出现故障，而又急需发电机并入电网予以补充时，准确同步法就嫌太慢；而且由于电网的频率和电压可能因事故而发生波动，准确同步法往往很难实行。这时可采用简单的同步方法，称为自同步法。这一方法是在已知发电机的相序与电网的相序一致的情况下，先将励磁绕组通过适当的电阻短接，同时把发电机转子拖动到接近同步转速（相差 2%～5%），在没有通直流励磁电流的情况下，将发电机投入电网，然后再将直流电加于励磁绕组上，调节励磁使发电机的转子由自同步作用牵入同步。这种方法的优点是操作简单、迅速，不需要增加复杂的并联装置；缺点是合闸后有电流冲击。

1.6.2　同步发电机的电磁功率

发电机投入电网的目的在于向电网输出功率，以满足电网上负载变化的需要。为此应首先研究发电机的能量转换过程。

1. 功率与转矩平衡方程式

同步发电机是将转轴上输入的机械功率通过电磁感应作用转换成电功率输出。

同步发电机在对称负载下稳定运行时，由原动机输入的机械功率 P_1 在扣除发电机的机械损耗 p_{mec}、铁耗 p_{Fe} 和附加损耗 p_{ad} 后，剩下来的就通过电磁感应作用，通过气隙磁场的作用，转换为定子上的电功率 P_{em}。P_{em} 是由电磁感应作用而产生的电功率，因此称它为电磁功率。于是得

$$P_{em} = P_1 - (p_{mec} + p_{Fe} + p_{ad}) \tag{1-15}$$

若发电机带有同轴励磁机，则 P_1 中还应减去励磁机的输入功率才是 P_{em}，若由另外的直流电源供给励磁，则励磁损耗与发电机损耗无关。

电磁功率 P_{em} 是通过电磁感应作用传递到定子绕组的全部电功率，从其中减去定子绕组的铜耗 p_{Cu} 之后，才是发电机定子出线端输出的电功率 P_2，因此有

$$P_2 = P_{em} - p_{Cu} \tag{1-16}$$

把式（1-15）两边同时除以发电机转子机械角速度 $\Omega\left(\Omega = \dfrac{2\pi n_1}{60}\right)$：

$$\frac{P_{em}}{\Omega} = \frac{P_1}{\Omega} + \frac{p_{mec} + p_{Fe} + p_{ad}}{\Omega} \tag{1-17}$$

得出

$$T_{em} = T_1 - T_0 \tag{1-18}$$

式中，T_{em} 为作用于转子的电磁转矩；T_1 为原动机作用于转子的驱动转矩；T_0 为对应于 $p_{mec} + p_{Fe} + p_{ad}$ 各种损耗所产生的制动力矩。由于上述各种损耗在电机空载情况下就存在，故 T_0 称为空载制动力矩。

T_{em} 属于发电机的制动力矩,它的方向与转子转向相反。当转子以等速旋转时,拖动力矩和制动力矩处于平衡状态,即两者大小相等、方向相反。

电磁功率 P_{em} 在机电能量转换过程中是一个十分重要的物理量,通过它来联系机械功率和电功率。对于隐极同步电机,电机电磁功率为 $P_{em} = p_{Cu} + P_2$,由于电枢电阻很小,忽略定子铜耗,得

$$P_{em} \approx P_2 = mUI\cos\varphi \tag{1-19}$$

式(1-19)中,U、I、$\cos\varphi$ 分别是定子绕组一相的电压、电流和功率因数;m 为相数。

2. 功角特性

在同步发电机中,电磁功率 P_{em} 是通过电磁感应作用由机械功率转换而来的全部电功率,因此电磁功率是能量形态变换的基础。下面推导电磁功率另外的表达式。

对于隐极同步电机,通过不饱和的同步发电机电动势相量图,得

$$P_{em} = m\frac{E_0 U}{x_t}\sin\theta \tag{1-20}$$

对于并联于无限大电网上的同步发电机,发电机的端电压 U 即为电网的电压,因此,电压 U 及频率 f_1 为常数。发电机运行过程中,如果不调节励磁电流 I_f,则 E_0 也为常数。在正常运行情况下,电机参数也可认为保持不变。于是,电磁功率的大小将只取决于 θ 角的大小,故 θ 称为功率角(或功角)。当 U 与 θ 不变时,由 $P_{em} = f(\theta)$ 画出的曲线便称为功角特性曲线,如图 1-33 所示。隐极同步发电机的功角特性曲线是一正弦曲线,当 $\theta = 90°$ 时,出现最大电磁功率 $P_{em\ max}$。

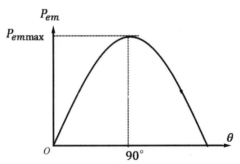

图 1-33　隐极同步发电机的功角特性曲线

下面以隐极同步发电机为例进一步来分析功角 θ。角度 θ 有两重含义,如图 1-34 所示,θ 是指 $\dot{E}_0$ 与 $\dot{U}$ 的相位角,即把 θ 理解为时间角。由于 $\dot{I}(r_a + jx_\sigma)$ 很小,$\dot{E}_\delta \approx \dot{U}$,$\theta' \approx \theta$。功角 θ 也可以理解为转子磁势 $\overline{F}_{f1}$ 和合成磁极 $\overline{F}_\delta$ 之间的空间相位角,即转子磁极中心线与合成等效磁极中心线在空间相差的电角度。

所以并联在电网上运行的同步发电机,其工作过程可以理解为两个磁场的相互作用,由这两个磁场在空间的相对位置来确定发电机输向电网的有功功率。当转子磁场超前合成磁场 θ 角时,转子磁极上受到合成磁极的电磁拉力使转子受到一电磁力矩 T_{em},电磁力矩的方向与转子旋转方向相反,属于制动力矩性质。发电机轴上的输

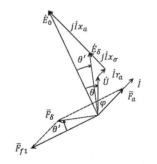

图 1-34　隐极同步电机的时-空矢量图

入机械力矩 T_1 克服总的阻力矩 $T_{em}+T_0$ 做功,将输入的机械功率转换为电功率。

3. 同步发电机静态稳定

并联在电网上运行的同步发电机,在电网或原动机发生微小扰动时,运行状态将发生变化,当扰动消失后,发电机能恢复到原先的状态下稳定运行,则称发电机是静态稳定的,反之,就是不稳定的。

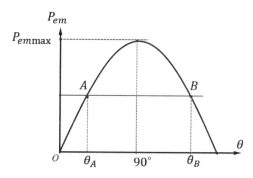

图 1-35　隐极同步发电机的功角特性及静态稳定分析

假设同步发电机运行在图 1-35 中 A 点,受到微小扰动时,功角增加,则电磁功率 P_{em} 增加,由于转速来不及变化,电磁力矩增加。此时拖动力矩 T_1 小于总阻力矩 $T_{em}+T_0$,同步发电机转速下降,转子磁势转速也下降,功角 θ 回到原来工作点 A 点,所以 A 点是稳定点。如果工作在 B 点,受到微小扰动时功角增加,从图中可以看出,电磁功率 P_{em} 反而减小。于是作用在发电机转子上的电磁力矩也减小,转子加速,θ 继续增大。如此下去,使发电机的转速大大超过同步转速,这种现象称为"失去同步",简称"失步"。同步电机在失去同步时,如不采取保护措施,转子转速将会达到很高,从而导致破坏。所以 B 点是不稳定点。

由上文可知,判断同步发电机能否保持静态稳定的标志是 θ 角增大后,电磁功率 P_{em} 是否增大。如以数学形式来表示,可写为 $\dfrac{\mathrm{d}P_{em}}{\mathrm{d}\theta}>0$ 或 $\dfrac{\mathrm{d}P_{em}}{\mathrm{d}\theta}<0$。导数 $\dfrac{\mathrm{d}P_{em}}{\mathrm{d}\theta}$ 是同步发电机保持稳定运行能力的一个客观衡量,故称之为整步功率系数或比整步功率,用符号 P_{syn} 来表示。其值愈大,表明保持同步的能力愈强,发电机的稳定性愈好。对于隐极电机,对功角特性求导,得

$$P_{syn}=\frac{\mathrm{d}P_{em}}{\mathrm{d}\theta}=m\frac{E_0 U}{x_t}\cos\theta \tag{1-21}$$

如 $P_{syn}>0$,则能保持静态稳定;如 $P_{syn}<0$,则不能保持静态稳定。所以,隐极同步发电机的静态稳定功角范围是 $0°\sim90°$。

发电机在运行过程中,如果考虑到电网电压、电网频率以及输入力矩 T_1 有时会发生突然变化,为了保证供电的可靠性,发电机额定运行时的功角 θ_N 应比 $90°$ 要小得多,即应使发电机的额定运行点距其稳定极限一定距离。为此,同步发电机中最大电磁功率与额定功率之比定义为静态过载倍数或过载能力,用符号 k_M 表示,即

$$k_M=\frac{P_{em\,max}}{P_N} \tag{1-22}$$

由于忽略电枢电阻后,对于隐极电机,有

$$k_M=\frac{P_{em\,max}}{P_N}=\frac{1}{\sin\theta_N} \tag{1-23}$$

一般要求 $k_M\geqslant1.7$,所以,同步发电机运行时,$\theta_N\leqslant36°$。

1.6.3　同步发电机有功功率的调节

当发电机并入电网后,该发电机尚处于空载状态($E_0=U,I=0$),这时原动机输入的机械功率 P_1 与电机的空载损耗 $p_0=p_{mec}+p_{Fe}+p_{ad}$ 相平衡,没有多余部分可以转化为电磁功率,因此,$\theta=0°,P_{em}=0,T_1=T_0$。此时相量如图 1-36 所示。

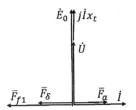

图 1-36　隐极同步发电机准同步并网相量图　　图 1-37　准同步并网后增加励磁时的相量图

如果加大励磁电流,使 $E_0>U$,发电机有电流输出。由于发电机转子转速不变,$\dot{E}_0$ 转速不变,所以 $\dot{E}_0$ 和 $\dot{U}$ 的夹角 θ 依然为零。相量如图 1-37 所示。转子励磁磁势 $\overline{F}_{f1}$ 和合成磁势 $\overline{F}_\delta$ 同相,电磁功率 $P_{em}=0,T_1=T_0$。此输出电流是无功电流。

增大原动机输入的机械功率 P_1 及相应的输入转矩 T_1,$T_1>T_0$,使转子瞬时加速,转子励磁磁势 $\overline{F}_{f1}$ 开始超前合成磁势 $\overline{F}_\delta$,相应地使 $\dot{E}_0$ 超前于 $\dot{U}$ 一个 θ 角,如图 1-38 所示。$P_{em}>0$,发电机开始向电网输出有功电流,即出现交轴分量 F_{aq},从而转子会受到相应的电磁转矩 T_{em} 的制动作用;当 θ 增大到某一数值以使电磁转矩 T_{em} 正好与剩余转矩(T_1-T_0)相等时,发电机转子就不再加速,而在此 θ 处稳定运行,此时,原动机输入的有效机械功率与电机输出的电磁功率平衡,即功率平衡关系为 $P_1-p_0=P_{em}$。

由此可见,要增加发电机输出的有功功率,必须增加原动机的输入功率,使 θ 角增大,从而改变 P_{em},以达到新的平衡关系。

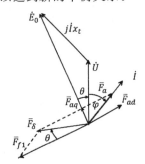

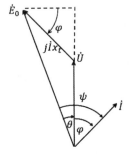

图 1-38　调节原动机输入功率的相量图　　　　图 1-39　隐极同步发电机相量图

1.6.4　隐极同步发电机无功功率的功角特性曲线

同步发电机无功功率的表达式 $Q=mUI\sin\varphi$,由图 1-39 可得,$Ix_t\sin\varphi=E_0\cos\theta-U$,代入无功功率表达式:$Q=mUI\sin\varphi$,得

$$Q=m\frac{E_0U}{x_t}\cos\theta-m\frac{U^2}{x_t} \tag{1-24}$$

由式(1-24)可知,当 E_0、U、x_t 为常数时,无功功率 Q 与功率角 θ 之间为余弦关系,$Q=f(\theta)$ 称为隐极同步发电机的无功功率功角特性,相应曲线如图 1-40 所示。由图 1-40 可知,功角增加时无功功率减少,当 θ 等于 $\cos^{-1}\dfrac{U}{E_0}$ 时,输出无功功率为零,即 $\cos\varphi=1$。功角进一步减

少时，$Q<0$，同步发电机进相运行，向电网输出容性无功功率。

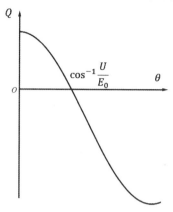

图 1-40　隐极同步发电机无功功率功角特性

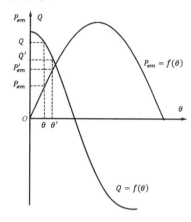

图 1-41　调节有功功率对无功功率的影响

1.6.5　调节有功功率对无功功率的影响

当发电机的励磁电流 I_f 不变时，调节原动机输入的力矩 T_1 能够改变发电机输向电网的有功功率 P_{em}。由于励磁电流 I_f 不改变，则空载电动势 E_0 不变。根据有功功率功角特性知，调节有功功率时，功角 θ 的值会变化，由无功功率功角特性知，功角变化，无功功率也随之变化。

通过分析可知，调节同步发电机有功输出，同步发电机输出无功功率也会改变，即调节有功会影响无功。如图 1-41 所示。

1.6.6　调节励磁电流对发电机运行影响

如图 1-42 所示，在一定的励磁电流时，同步发电机有功功率功角特性曲线和无功功率功角特性曲线分别为 a 和 c。同步发电机输向电网的有功功率 P_{em}，对应功角为 θ 角，输向电网的无功功率为 Q。增加励磁电流 I_f，空载电势 E_0 增加，有功输出不变，有功功率功角特性曲线和无功功率功角特性曲线分别变为 b 和 d，由于有功功率 P_{em} 不变，功角由 θ 角减小为 θ' 角，输出的无功功率由 Q 增加为 Q'。

通过分析可知，调节励磁电流只能调节无功功率，增加励磁电流无功功率增加，减少励磁电流无功功率减少。

1.6.7　无功功率的调节方法

同步发电机与电网并联运行时，调节发电机的励磁电流，就可以调节其无功功率。

为了分析简单，假定调节发电机励磁时原动机提供的输入功率保持不变，于是根据功率平衡关系可知，在调节励磁电流的前后，发电机的电磁功率及输出的有功功率也应该近似不变，即

$$\left.\begin{array}{l} P_{em}=mUI\cos\varphi=\text{const} \\ P_{em}=m\dfrac{E_0 U}{x_t}\sin\theta=\text{const} \end{array}\right\} \tag{1-25}$$

由于电网电压 U 和发电机的同步电抗 x_t 均为定值，所以

$$\left.\begin{array}{l} I\cos\varphi=\text{const} \\ E_0\sin\theta=\text{const} \end{array}\right\} \tag{1-26}$$

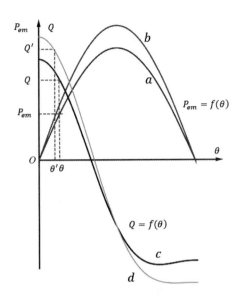

图 1-42　调节励磁电流对无功功率的影响

图 1-43 中,$\dot{E}_0$ 为发电机在功率因数等于 1 时的空载电动势。在 $\cos\varphi=1$ 时,发电机的全部输出均为有功功率,此时的励磁称为"正常励磁"。

调节发电机的励磁,E_0 将随之变化。由于 $E_0\sin\theta=$ const,$I\cos\varphi=$ const,所以 $\dot{E}_0$ 的端点只能落在如图 1-42 所示的垂直线上,$\dot{I}$ 的端点只能落在水平线上。

增加发电机的励磁电流,使它超过"正常励磁"(这种情况称为过励),则励磁电动势将从 $\dot{E}_0$ 变为 $\dot{E}_0'$,而其端点仍落在垂直线上,相应地,电枢电流将从 $\dot{I}$ 变为 $\dot{I}'$,而其端点仍落在水平线上。此时,电枢电流将滞后于电网电压;换言之,除有功功率外,发电机还将向电网送出一定的滞后无功功率。

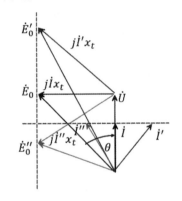

图 1-43　同步发电机无功功率的调节

如果减小发电机的励磁电流,使其小于正常励磁(这种情况称为欠励),则空载电动势将从 $\dot{E}_0$ 变为 $\dot{E}_0''$,相应地,电枢电流将从 $\dot{I}$ 变为 $\dot{I}''$。此时电枢电流将超前于电网电压;换言之,除有功功率外,发电机还将向电网送出一定的超前无功功率。

调节励磁电流,就可以调节无功功率这一现象,也可以用电枢电流的相位与电枢反应的性质(增磁、去磁)之间的联系来解释。

因为隐极同步发电机并联在无限大容量电网上,其端电压 U 恒定不变,故定子绕组的合成磁通应基本不变。当增加励磁电流并达到"过励"时,主极磁通增多,为了维持电枢绕组的合成磁通不变,发电机应输出滞后电流,使去磁性的电枢反应增加,以补偿过多的主极磁通。反之,减少励磁电流而变为"欠励"时,主极磁通减弱,为了维持合成磁通不变,发电机必须输出超前电流,以减少去磁性的电枢反应,甚至使电枢反应变为增磁性,以补偿不足的主极磁通。所以,调节励磁电流就可以调节无功功率。

综上所述,当发电机与无限大容量电网并联运行时,调节励磁电流的大小就可以改变发电机输出无功功率,不仅能改变无功功率的大小,而且还能改变无功功率的性质。当过励时,电枢电流是滞后电流,发电机输出感性无功功率;当欠励时,电枢电流是超前电流,发电机输出电容性无功功率。单独调节励磁电流时只能调节无功功率,而不能调节有功功率,这是隐极同步发电机与电网并联运行时的特点。

1.6.8　保持无功功率不变调节发电机有功输出

同步发电机与电网并联运行时,向电网输出一定的有功功率和一定的无功功率。相应的空载电势 $\dot{E}_0$ 和电枢电流 $\dot{I}$ 及电势相量如图 1-44 所示。因为要保持无功功率不变,即

$$\left.\begin{array}{l} Q = mUI\sin\varphi = \text{const} \\[2mm] Q = m\dfrac{E_0 U}{x_t}\cos\theta - m\dfrac{U^2}{x_t} = \text{const} \end{array}\right\} \tag{1-27}$$

由于电网电压 U 和发电机的同步电抗 x_t 均为定值,所以

$$\left.\begin{array}{l} I\cos\varphi = \text{const} \\[2mm] E_0\cos\theta = \text{const} \end{array}\right\} \tag{1-28}$$

增加原动机的输入功率,功角 θ 增加,因为要保持无功功率不变,$E_0\cos\theta = \text{const}$,所以空载电势 E_0 增加,空载电势 $\dot{E}_0$ 在水平线上向左移动,从 $\dot{E}_0$ 变为 $\dot{E}_0'$,$j\dot{I}x_t$ 变为 $j\dot{I}'x_t$,电枢电流 I 增加。由于 $I\cos\varphi = \text{const}$,电枢电流 $\dot{I}$ 在垂直线上移动,$\dot{I}$ 变为 $\dot{I}'$。

综上所述,当发电机与无限大容量电网并联运行时,调节发电机输出的有功功率,发电机输出的无功功率要改变,要保持无功功率不变,需要同时调节励磁电流。

1.6.9　V(U)形曲线

在向电网输送一定的有功功率的情况下,发电机电枢电流 I 和励磁电流 I_f 之间的关系 $I = f(I_f)$,称为发电机的 V 形曲线。

如图 1-45 所示,在输出不同的有功功率时,电流的有功分量不同,V 形曲线也不同,形成一组曲线。每一曲线都有一个最小电枢电流值,此时,$\cos\varphi = 1$,把曲线中所有最低点连起来,就得到与 $\cos\varphi = 1$ 对应的线,这条线微微向右倾斜,即说明输出功率增大时必须相应增加一些励磁电流才能保持 $\cos\varphi$ 不变。在 $\cos\varphi = 1$ 的左边为欠励状态,功率因数是超前的,表示发电机输出的无功功率为容性;在 $\cos\varphi = 1$ 的右边为过励状态,功率因数是滞后的,表示发出的无功为感性。

在 V 形曲线上的左侧有一个不稳定区。虚线 aa' 表示发电机的静态稳定极限。当发电机输出某一有功功率而励磁电流小于 aa' 上对应的数值时,发电机将不能稳定运行。对应于虚线上的点,发电机的功率角 $\theta = 90°$,此时,励磁电动势 $\dot{E}_0$ 超前电网电压 $\dot{U}$ 90°,发电机产生的最大电磁功率与驱动功率相平衡。由于发电机的输入功率不变,如果再减小励磁电流,则由于发电机所产生的最大电磁功率减小,驱动转矩将大于电磁转矩与空载转矩之和,使电机加速以致失去同步。

V 形曲线有助于发电厂运行管理人员了解电枢电流 I 与励磁电流 I_f 之间的关系,从而控制发电机的运行状况。根据负载大小,给定励磁电流 I_f,就能知道电枢电流 I 的大小,以及功率因数 $\cos\varphi$ 的数值;反之,也可以在励磁电流 I_f 不变时,了解负载变化对电枢电流 I 和功率因数 $\cos\varphi$ 的影响;若要维持功率因数不变,当负载变化后,可根据 V 形曲线正确地调节发电机的励磁电流 I_f。

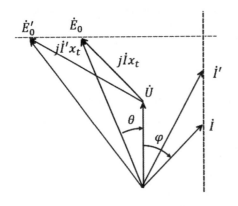

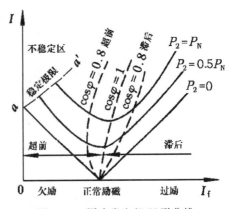

图 1-44　调节有功功率保持无功功率不变的相量图　　　　图 1-45　同步发电机 V 形曲线

1.6.10　国电南浔公司发电机 V 形曲线

1. 燃机发电机 V 形特性曲线(图 1-46)

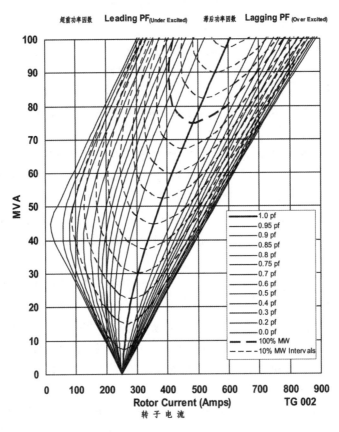

图 1-46　燃机发电机 V 形特性曲线

2. 抽凝式汽轮发电机 V 形特性曲线（图 1-47）

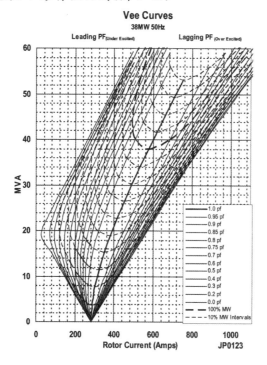

图 1-47　抽凝式汽轮发电机 V 形特性曲线

3. 背压式汽轮发电机 V 形特性曲线（图 1-48）

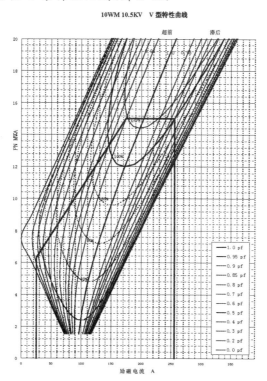

图 1-48　背压式汽轮发电机 V 形特性曲线

1.6.11　国电南浔公司发电机 *P-Q* 容量曲线

在稳定运行条件下,发电机的安全运行极限决定于下列四个条件:

(1) 原动机输出功率极限。

(2) 发电机的额定容量,即由定子绕组和铁心发热决定的安全运行极限。在一定电压下,决定了定子电流的允许值。

(3) 发电机的最大励磁电流,通常由转子的发热决定。

(4) 进相运行时的稳定度。当发电机功率因数小于零(电流超前于电压)而转入进相运行时,同步发电机的有功功率输出受到静稳定条件的限制。此外,对内冷发电机还可能受到端部发热限制。

上述条件,决定了发电机工作的允许范围。图 1-49 所示的三幅图依次为燃机发电机、抽凝式汽轮发电机、背压式汽轮发电机的 *P-Q* 容量曲线。

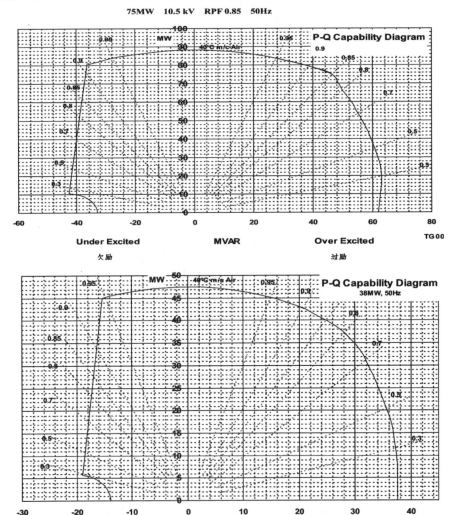

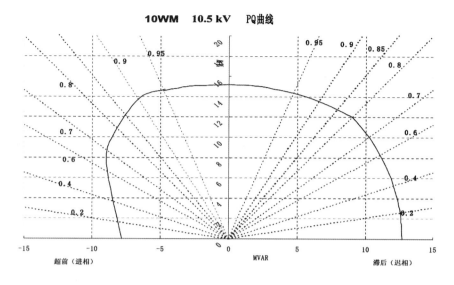

图 1-49　发电机的 P-Q 容量曲线

1.7　同步发电机特殊运行

1.7.1　同步发电机的进相运行

随着电力系统的扩大,电压等级的提高,输电线路的加长,线路上的电容电流也越来越大。

在轻负荷时,线路上的电压会升高,例如在节假日、午夜等低负荷的情况下,如果不能有效地吸收剩余的无功功率;枢纽变电所母线上的电压可能超过额定电压的 $15\%\sim20\%$。此时最好利用部分发电机进相运行,以吸收剩余的无功功率,进行电压调整。

如前所述,如果调整发电机的励磁电流,使 $E_0 < \dfrac{U}{\cos\theta}$,发电机即从迟相运行转为进相运行,也就是从发出无功功率转为吸收无功功率。励磁电流越小,从系统吸收的无功功率越大,功角 θ 也越大,所以,在进相运行时,允许吸收多少无功功率,发出多少有功功率,决定于静态稳定的极限角。另外,进相运行时,会使发电机端部发热,端部发热是由端部漏磁所引起的。发电机进相运行时,定子端部铁心、端部压板以及转子护环等部分,通过相当大的端部漏磁。由于转子端部漏磁对定子有相对运动,所以在定子端部铁心齿部、压板、压指等部件中感应涡流,引起涡流损耗和磁滞损耗。

发电机进相运行时,限制发电机容许出力的另一个因素是发电机端部发热。进相运行时,发电机的端部漏磁是由定子绕组端部漏磁和转子绕组端部漏磁组成的合成磁通。它的大小除与发电机的结构、型式、材料、短路比等因素有关外,还与定子电流的大小、功率因数的高低等因素有关。

发电机在进相(欠励磁)运行时,其端部发热比迟相(过励磁)运行严重。原因是在相同的视在功率下,发电机随着功率因数 $\cos\varphi$ 由迟相向进相转移时,端部的漏磁通密度增大,引起定子端部的发热也逐步趋向严重。从而成为限制发电机进相运行容量的因素之一。综上所述,发电机从迟相转为进相运行时,静态稳定储备下降,端部发热严重。这两方面的影响都与发电机的出力密切相关。

1.7.2　同步发电机的调相运行

所谓调相运行,是指同步发电机只发出无功或只吸收无功的运行方式。在下列情况下,同步发电机有必要作调相运行：

（1）汽轮发电机的汽轮机处于检修期间。

（2）汽轮发电机的技术经济指标很低。

发电机调相运行时，根据系统需要，可以过励磁运行，也可以欠励磁运行。当系统感到无功功率不足，负荷在电厂附近时，调相机作过励磁运行；当电厂在低负荷且接有长距离输电线路时，则作欠励磁运行，吸收无功功率。

图 1-50 所示为过励调相运行时忽略有功损耗的相量。图 1-51 所示为欠励调相运行时忽略有功损耗的相量。

发电机作调相运行时，可以与原动机（水轮机或汽轮机）不分离，也可以将原动机拆开，电机单独运行。发电机与原动机不分离时，运行的灵活性较大，在不改动设备的情况下，既可作调相运行，又可作为系统的旋转（热）备用，随时可转为正常的发电运行方式。

图 1-50　过励调相运行时相量图　　　　图 1-51　欠励调相运行时相量图

启动发电机作调相运行非常简便，可先利用原动机作动力，让蒸汽进入汽轮机，拖动发电机，待并入电网后，再将进汽（或进水）量减至最小，到能维持调相运行为止。以上叙述的均为与原动机不分离运行的优点，但这种方式也有其缺点，主要是在调相运行时必须带着原动机旋转，损耗较大；另外，将原动机改为无工质运行，只对水轮机较合适，若将汽轮机改为无工质运行，由于发热和散热条件的复杂性，是否允许运行，必须进行详细分析和试验才能决定。通常，因较大的损耗将使汽轮机叶片和发电机端部等部件发生过热，为了防止过热，必须让小部分蒸汽通过汽轮机叶片，这样，就产生一个所谓的最小允许有功功率，该功率约为额定容量的 $10\%\sim20\%$，具体视汽轮机的类型和容量而定。

发电机在和原动机拆开作调相运行时，可以减少有功损耗，但这样做，就不可能再利用原动机来启动了，在此情形下，常采用电动机拖动启动或降压启动。电动机拖动启动就是利用一台小容量的电动机（其容量约为发电机容量的 $3\%\sim5\%$）拖动发电机，克服发电机的阻力，待转速上升至接近额定转速时，再将发电机并入系统。降压启动就是将发电机经电抗器接入电网，借助异步转矩进行启动，待升速至接近额定转速时，将电抗器短接，然后投入励磁拖入同步。

1.8　同步发电机异常运行

发电机一般应在其额定值范围以内运行，这种运行是安全的。但有时也可能遇到某些特殊情况，如定子或转子电流超过额定值（过负荷）、异步运行、不对称负荷等，这些都属于同步发电机的异常运行或称同步发电机的非正常工作状态。研究这些运行情况，对电机和电网的影响也是很重要的，因为由此可找出允许继续运行的条件和要求，以提高电力系统运行的可靠性。

1.8.1 发电机的过负荷运行

发电机的定子电流和转子电流均不能超过由额定值所限定的范围。但是,当系统发生短路故障、发电机失步运行、成群电动机自启动以及强行励磁装置动作等情况时,发电机的定子和转子都可能短时过负荷。电流超过额定值会使绕组温度有超过允许限度的危险,严重时,甚至还可能造成机械损坏。很显然,过负荷数值越大,持续时间越长,上述危险性越严重。因此,发电机只允许短时过负荷。过负荷的允许数值不仅和持续时间有关,还和发电机的冷却方式有关。发电机过负荷的允许值和允许时间应由制造厂规定。

发电机不允许经常过负荷,只有在事故情况下,当系统必须切除部分发电机或线路时,为防止系统静态稳定破坏,保证连续供电,才允许发电机作短时过负荷运行。

1.8.2 发电机的异步运行

同步发电机进入异步运行状态的原因很多,常见的有:励磁系统故障、误投发电机灭磁开关而失去励磁、短路故障使发电机失步等。下面仅就发电机失去励磁后的异步运行状态作简要介绍。

现代大型汽轮发电机无励磁运行问题,已引起国内外电力工作者的重视,并进行了大量的试验、研究工作。目前研究结果表明,发电机失去励磁后,如将有功负荷迅速减少到额定功率的 40%~50%,就有可能在低转差率下进入异步运行。这种异步运行受到时间的限制,在所限定的时间内,运行人员可设法找出故障并尽快排除,使发电机通过适当的方式再同步,恢复正常运行。

失磁的发电机在一定的时间内能够以异步状态运行,并继续向系统输送有功功率,这也是提高电力系统安全、稳定运行的重要措施,目前许多国家都已采用这一措施。众所周知,在电力系统中,即使允许大型发电机组异步运行十几分钟,甚至几分钟,都是很难得的。

允许发电机失磁异步运行的时间和输送功率受到多种因素的制约。首先,受到定子和转子发热的限制;其次,由于转子的电磁不对称所产生的脉动转矩将引起机组和基础的振动,也应有所限制;另外还有一个重要的约束因素,就是要考虑电力系统是否能供给足够的无功功率,因为失磁的发电机要从原来输送无功功率转变为大量吸收系统的无功功率,这样在系统无功功率不足时,将导致系统电压的大幅度下降。这些因素很可能危及机组和整个系统的安全、稳定运行。因此,某一台发电机能否失磁异步运行,以及允许异步运行时间的长短和输送功率的多少,必须根据发电机的型式、参数、转子回路连接方式以及外接电力系统的性质等条件,进行具体分析,必要时尚需经过试验,才能最后确定。

1. 发电机失磁后观察到的现象

失磁后的异步运行状态与原先的同步运行状态相比,有许多不同之处,其现象可由表计的变化看出,主要如下:

(1) 转子电流表的指示降为零或降到接近于零。

(2) 定子电流表摆动且指示增大。

(3) 有功功率表指示减小且也发生摆动。

(4) 无功功率表指示负值,功率因数表指示进相,发电机母线电压表指示值下降且摆动。

(5) 转子各部分温度升高。

2. 发电机失磁后的异步运行过程

发电机失去励磁后,其电磁功率减小,在转子上出现转矩不平衡状况,过剩的机械转矩,驱使同步发电机加速,转子被加速后,超出同步转速运行,这个过程通常要经过 2~6s,以致最后失去同步。

当发电机超出同步转速运行时,发电机转子和定子旋转磁场之间有了相对运动,于是在转子励磁绕组、阻尼绕组以及转子的齿与槽楔中,将分别感应出频率为转差频率的交流电流,这些电流产生制动的异步转矩,发电机开始向系统输送有功功率。转速的升高一直继续到发电机出现的制动异步转矩和原动机的输入转矩相等为止。实际上,这时发电机处于异步运行状态。随着转速的升高,即转差率增大,将引起调速器动作,关小汽门,减少进汽量,减小原动机的输入转矩,出现了新的平衡状态,转速不再升高,发电机在某一转差率下维持稳定运行,故称这种运行状态为稳态异步运行。

汽轮发电机短时间异步运行是允许的,可输出的有功功率大,转差率甚小,电压降低也很小,不会出现转子损耗过大而使电机受到损伤的现象。

当励磁恢复后,电磁转矩又将汽轮发电机平稳地拉入同步。但是,长时间的异步运行也是不允许的,因为会引起发电机和铁心端部过热,转子绕组也由于感应电流产生相当多的热量,引起发热和损伤,所以汽轮发电机的异步运行受到时间限制,一般规定汽轮发电机的异步运行时为 15～30min,不宜过长。

1.9 同步发电机运行维护

1.9.1 同步发电机运行参数的规定

1. 发电机电压、电流、频率、功率因数的规定

(1)发电机电压的规定:发电机正常运行的电压为额定电压,其变动范围应在额定电压的 ±5%(9.975kV～11.025kV)以内。

(2)发电机电流的规定:发电机三相不平衡电流,不得超过额定值的 8%,其中最大相电流不得超过额定电流。

(3)发电机频率的规定:发电机频率调整应按调度有关规定执行,发电机有功负荷应根据系统频率进行调整,正常情况下,系统频率应维持在 50±0.20Hz 范围运行,当频率高于50.2Hz 或低于 49.8Hz 时,应将发电机有功负荷降低或增加,并按低频要求处理。

(4)功率因数的规定:发电机功率因素及无功的调整应根据机端电压及系统的无功需求而定,但定子电流、励磁电流一般不应超过额定值,且应尽可能保持发电机在滞相运行状态。当系统无功过剩机组发生进相时,在发电机 AVR 低励限制功能正常投用的情况下,发电机可在其限制范围内进相运行。发生进相运行时,应监视发电机各部件的温度变化不超过规定的限额值。发电机进相运行期间应注意以下事项:

① 经常监视进相深度是否在低励限制范围内,如果到了限制值而低励限制不动作,则应立即手动增加发电机励磁;

② 发电机机端电压不要低于 9.975kV,如果这时厂用电电压低于运规规定的低限值,则应减少进相深度;

③ 进相期间应监视发电机端部铁心温度低于 120℃。

2. 发电机辅助设备监视

检查接地电刷接触是否良好;发电机冷却系统的运行情况应良好,冷却器的冷却管路系统应畅通,水源应充分,发电机空气冷却器运行正常。

3. 发电机各部件温度监视

(1)监视发电机定子铁心温度≤120℃。

（2）监视发电机定子线圈温度≤120℃。

（3）监视空气冷却器进风温度≤100℃、出风温度≤40℃。

（4）监视发电机空气热区风温≤80℃。

（5）监视发电机轴承的出油温度≤65℃，轴瓦温度≤80℃。

1.9.2　发电机绝缘电阻的规定

（1）作为备用状态的发电机超过半个月，启动前应测量发电机各部及励磁回路绝缘电阻。绝缘电阻测量完毕应对地放电，发现绝缘电阻不合格时及时联系设备检修人员查明原因，未查明原因前禁止启动。

（2）绝缘电阻具体要求：

① 同步发电机定子线圈用 2500V 摇表测量，在相同的温度和空气湿度条件下，测得的结果与前次测得的结果比较，不得低于 $1/5\sim1/3$，R_{1min} 大于 $100M\Omega$；

② 同步发电机转子线圈冷态（25℃）用 500V 摇表测量，测得的绝缘电阻大于 $1M\Omega$。

1.9.3　同步发电机冷却系统运行规定

1. 燃机发电机

（1）燃机发电机的 4 台空气冷却器安装在机座的上方，正常时，均应投入运行。若有一台冷却器退出运行，此时发电机功率应不大于 75% 的额定功率运行，同时加强监视发电机各部分温度不超规定值。

（2）冷却器入口水温≤33℃，冷却水的最高温度≤40℃。每只冷却器冷却水的流量要求为 $200m^3/h$。

（3）空气冷却器进风温度要求≤100℃、出风温度要求≤40℃。

（4）发电机空气热区风温要求≤80℃。

（5）冷却器检修时，应调节 8 个手动滑阀，将冷却器内部的水放空。

2. 汽机发电机

（1）汽机发电机的 4 台空气冷却器安装在机座的下方，正常时均应投入运行。当其中一组因故退出运行时，发电机允许带 75% 额定负荷，此时应监视各部分温升不超过允许值。

（2）当发电机空气冷却器的冷却水进水温度超过 33℃，而发电机的进风温度大于 40℃ 而定子温升已超过上限时，应减少负载运行，使定子温升不得超过上限值。

（3）汽轮发电机冷却温度变化大时，应及时调整冷却器的进水阀门。

1.9.4　燃机发电机和汽机发电机运行负荷的规定

（1）发电机按铭牌数据允许长期连续运行。正常运行时，发电机定子电流不允许超过额定值。发电机带有功负荷的速度由燃机和汽机决定，负荷带得过快时，应注意发电机冷却气体的温度变化应在规定范围内。

（2）在事故情况下，为防止系统静态稳定的破坏，同步发电机允许短时事故过负荷运行，事故情况下，定子电流过负荷的数值与允许时间参照表1-1。

表 1-1　　　　　　　　　事故情况下定子电流过负荷的数值与允许时间

时间(s)	10	30	60	120
定子额定电流的百分数	218	150	127	115

事故情况下,转子过负荷的数值与允许时间参照表1-2。

表1-2 　　　　　　　事故情况下转子电流过负荷的数值与允许时间

时间(s)	10	30	60	120
转子额定电流的百分数	209	146	125	113

1.9.5 燃机发电机和汽机发电机运行中监视

(1)在有功负荷和无功负荷增减时,经调整无效,应立即汇报值长,通知有关人员进行处理。

(2)监视发电机各部位温度、频率、电压、功率因数、负荷及振动情况。

(3)若发电机进相运行,应立即增加发电机励磁电流,如定子电流过大时,汇报值长,手动减少发电机的有功负荷,使发电机回到迟相运行状态。

1.9.6 燃机发电机和汽机发电机运行中检查

(1)发电机在运行中,值班人员应经常监视各种表计在允许范围内按规范要求运行,如偏离允许值,应及时调整。

(2)发电机在运行的检查中,发现问题应及时报告主值、值长,迅速处理,做好记录,其检查项目如下:

① 发电机、励磁系统及辅助设备的检查,励磁间的温度要控制在合适的范围内;

② 监视发电机主要参数在规定范围内;

③ ALARM栏目下无异常报警;

④ 发电机保护盘指示灯正确,无异常报警信号;

⑤ 发电机各部分温度不得超过规定值,机组运转声音正常;

⑥ 发电机风温各项参数指示正常。检查每台冷却器的水流量、温度和通风口,检查冷却器无漏水、跑水现象;

⑦ 发电机轴接地电刷应接触良好。

1.10 同步发电机辅助系统

1.10.1 燃气发电机辅助系统

1. 润滑油系统

润滑油系统的主要作用是在机组正常运行时,向燃气轮机、燃气轮机发电机轴承、燃气轮机负荷齿轮箱等供应压力油作为润滑及冷却用,向各转子联轴器供应润滑油作为冷却,以及在机组盘车期间向燃气轮机转子提供顶轴油,并向跳闸油系统、液压油系统供油。

润滑油系统由油箱、交流润滑油泵、事故直流润滑油泵、润滑油冷却器、润滑油过滤器、顶轴油泵、阀门、油雾去除装置及相关管道组成。轴承供油和回油管线为各自公共母线,供油管线安装在回油管线中,既可以冷却润滑油回油,又能提高系统运行的安全性。

润滑油箱除储存润滑油、分离油气外,还作为交流润滑油泵、事故直流润滑油泵、润滑油冷却器、润滑油过滤器及相关阀门管道的基础,此外,润滑油箱中还装有电加热器用来加热冷态启动时的润滑油。

润滑油箱容积:23.470m³。油箱高油位报警:406mm(离油箱顶部);油箱低油位报警:690mm(离油箱顶部)。润滑油箱负压在－254～－300mmH₂O。润滑油油温高于165℉(73.9℃)报警,高于175℉(79.4℃)机组跳闸。当润滑油油箱油温低于21.1℃时,启动电加热器,当润滑油油箱温度低至 10℃时,Mark VIe 闭锁交流润滑油泵启动,当温度高于 23.8℃时,停运电加热器。

润滑油系统配有 2 台立式轴流式交流润滑油泵,每台容量各为 100%,交流润滑油泵的额定流量为 216m³/h,额定压力为 0.53MPa。作用是向燃气轮机发电机供应压力润滑油作为润滑和冷却。

在机组正常运行时,系统运行一台交流润滑油泵,另一台交流润滑油泵作为备用。6FA 燃气轮机不设主油泵,正常运行时,交流润滑油泵向各轴承提供压力油,作为冷却和润滑。当交流润滑油泵出口母管压力低至(345±5)kPa 或运行交流润滑油泵所在 MCC 电压不正常时,润滑油压力开关 63QA-2 动作,备用交流润滑油泵启动。

润滑油系统配有 1 台直流润滑油泵,为交流润滑油泵提供备用。当交流润滑油泵失电、盘车投入 57min 后,♯2 轴承金属温度高于 65℃、温度测点坏或者轴承润滑油压力母管低至 103±3)kPa 时,开关 63QA-3 动作或交流润滑油泵停运,燃气轮机跳闸并自动启动直流润滑油泵。直流润滑油泵启动后,将轴系平面的润滑油压力维持在最低值,起到轴承断油的最后一道防线作用。从直流润滑油泵出口的润滑油不经过冷油器和过滤器,直接向轴承供油。在直流润滑油泵运行期间,若交流润滑油泵投运且油压正常,自动停运直流润滑油泵。

润滑油系统配有 2 台相同的 100%容量的水-油交换板式冷却器,冷却介质是采用闭冷水,其作用是将润滑油冷却至 54℃,再供应给各个轴承进行润滑和冷却。冷却器出口处都安装观察孔,用于手动运行设备时观察流油情况。

润滑油经过冷油器后,流入过滤器去除油中的颗粒和杂质,在机组运行中,过滤器对燃气轮机、燃气轮机发电机的轴承起到保护作用。在过滤器前后设有差压表,以便监视滤网的堵塞情况,当润滑油过滤器压差高至(103±2)kPa 时,Mark VIe 系统将发出报警,则需更换滤芯。系统设置的两组过滤器在润滑油管道上并联布置,因此在机组运行时可以在线更换滤芯。在冷油器和过滤器后面的润滑油母管上安装有压力调节阀 VPR2-1,通过该阀自动调节轴承润滑油母管压力,它是进入轴承之前的润滑油管路上的最后一个部件。

油雾去除装置的主要作用是清除润滑油系统运行中产生的可燃油气,将油收集到油槽,并返回到润滑油箱中,同时,该装置的过滤装置设备是排出的空气符合环保要求。依靠该装置上排烟风机的抽吸作用,使油箱内建立一定的真空,从而保证各轴承油挡处的密封。

油雾去除装置主要由 2 台离心式排烟风机、1 个油雾过滤器、2 只逆止阀及相关管道组成。油雾去除装置安装在油箱顶部,正常运行时,一台排烟风机运行,另一台备用。当润滑油箱真空低至(1±0.05)kPa(101.5±5.08mmH₂O)时,备用排油烟风机自动启动。

如图 1-52 所示,润滑油由交流油泵建立油压,使润滑油依次流经润滑油冷却器、润滑油过滤器,向燃气轮机和发电机轴承以及联轴器供油,除此之外,一部分润滑油分流出来经过过滤作为液压油、跳闸油、顶油的工作流体。润滑油系统还配备 1 台事故直流润滑油泵,在厂用电中断或交流油泵事故造成润滑油压下降时,事故直流油泵自启动,使得机组安全运行。润滑油在各轴承工作完后,依靠自身重力流回润滑油箱,2 个冗余设置的油雾分离器吸走润滑轴承过后产生的烟雾。机组正常运行时,油温正常值为 54℃,最高允许油温为 71℃,最低允许温度为 32℃。

2. 液压油系统

在燃气轮机系统中,液压油系统用来向机组中的液压执行机构提供液压油。例如,压气机进口导叶在启动与停机过程中的开大与关小,气体燃料控制阀以及燃料速闭阀,都是用液压油

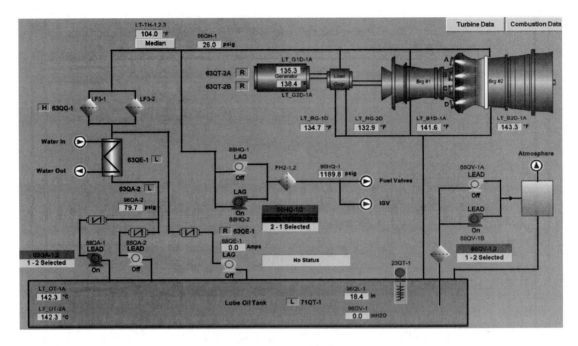

图 1-52　润滑油系统仿真机界面

作为动力来操作的。液压油取自润滑油系统，经过 88HQ 液压油泵加压后，送入 FH2-1/2 滤油器进行过滤后，送入液压油母管，供到操作系统中去。

系统由 2 台交流主液压油泵、双联过滤器、液压油储能装置及相应的辅助设施组成。

主液压油泵为柱塞式油泵，额定流量为 50.6L/min，最大压力为 24.1MPa。每台液压油泵都能够维持机组正常运行的需要，2 台冗余设置的液压油泵交替切换运行。当机组运行期间一台油泵出现故障时，另一台油泵将自动启动，保证机组安全、可靠运行。当液压油泵进口压力低至 (55±3.5)kPa 时，闭锁液压油泵启动；当液压油泵出口压力低至 7.24MPa 时，备用液压油泵自动启动；火灾保护跳闸时，液压油泵自动停运。

液压油系统配备对偶过滤器，用来清洁和处理液压油，保证液压执行机构的性能。当液压油过滤器压差高至 (413±20)kPa 时，63FH-1 液压油过滤器压差开关动作，Mark VIe 系统报警。

储能装置的设置是为了在系统运行中，用于吸收或补偿液压油母管压力的变化，同时满足在燃料控制阀等快速打开时所需要的最大液压油量以及液压执行机构任何缝制的需要，也同样用于备用泵紧急启动前维持液压油系统的压力，以及吸收油泵出口的高频脉动分量，稳定系统油压。

3. 跳闸油系统

跳闸油系统取自润滑油系统的溢流阀前，工作之后，将依靠自身重力回到润滑油箱。跳闸油系统供应压力油至燃料模块、进口导叶模块等，它是燃气轮机基本的控制和保护系统，在机组发生异常和事故情况下，遮断保护动作，打开油动机泄压阀，将所有的压力油放回油箱，然后依靠油动机的弹簧力迅速关闭燃料速闭阀、燃料控制阀切断燃料，从而在极短的时间内切断轴系设备的驱动能量输入源，实现机组的快速停机，防止事故的扩大。同时，压气机进口可调导叶也将关至最小。

4. 顶轴油系统

燃机转子低速转动时,轴颈和轴瓦的相对滑动速度减小,为了避免由此引起的润滑油油膜不稳定,导致轴瓦和轴颈发生干摩擦,需要通过顶轴油将燃机转子适当顶起,使转子轴颈顶离轴瓦,从而避免轴瓦和轴颈损坏。同时,在启动盘车时,还可大大地减小启动力矩,从而减小盘车电机的功率。

顶轴油系统取自润滑油系统,2 台顶轴油泵从主润滑油母管吸油增压过滤后,送到顶轴油供油管,向燃气轮机轴承供应顶轴油。当机组启动后,转速上升到 21％额定转速时,顶轴油泵停止转动;当机组停机,转速下降到 20％额定转速时,顶轴油泵恢复工作,停机时,只要润滑油系统在运行,顶轴油系统就在运行。

5. SFC 静态启动装置

两台燃气-蒸汽联合循环发电机组共用一套静态频率转换器——SFC 装置(SFC 装置输出开关 89SS-1 至♯1 燃机发电机,89SS-2 至♯2 燃机发电机)。SFC 系统在工作过程中,由厂用 6kV 1 段母线供电,通过 SFC 装置向发电机送入不同电压和频率的电源,发电机作为同步电动机带动大轴旋转,以满足启动燃气轮机过程中不同的需求。

静止变频器 SFC 系统包括一个可控硅变频器,可在开机期间将透平带入自持转速。静止变频器与发电机电枢绕组相连,励磁绕组由静止励磁装置通过集电环和电刷馈电。它包含一个位于电网侧的可控硅门桥,可从电网中接收交流电再将其以直流形式送往中间回路。另外,电机侧也有可控硅门桥,可从中间电路中接收直流电再将其送往发电机电枢绕组。两桥之间由环路连接,环路包含一个平滑电抗器。静止变频器由连接到开关柜的变频隔离变压器供电。

工作过程:机组在盘车状态,SFC 启动激活后,SFC 控制发指令进行相关连接,Mark VIe 透平控制系统提供相应的指令和速度设定值信号给 SFC;SFC 根据 Mark VIe 指令,控制其输出,逐步将机组加速到清吹转速的设定值,机组保持在清吹转速;清吹结束之后,SFC 输出降低,机组被允许惰走到点火转速(14％额定转速),机组点火,SFC 输出再次启动增加输出,保持在恒定转速下暖机 30s;暖机结束后,SFC 将机组加速到自持转速,SFC 输出扭矩逐步减少,燃机透平产生的动力将机组加速到额定转速,在 86％转速左右,SFC 停止输出,并脱扣。

1.10.2　汽轮发电机润滑油系统

1. 润滑油系统的作用

润滑油系统是向汽轮机和发电机的轴承、顶轴油系统以及机组调节保安系统提供一定压力和温度的过滤后的洁净润滑油。润滑油系统对于轴承的主要作用是润滑轴承、冷却轴承、吸收轴承振动、清洗并带走轴承磨损物颗粒,防止发生轴承烧毁、转子轴颈过热弯曲等事故。

2. 润滑油系统组成

润滑油系统由主油箱、主油泵、注油器Ⅰ、注油器Ⅱ、主油泵启动排油阀、交流润滑油泵、直流润滑油泵、高压启动油泵、冷油器、润滑油过滤器、净化装置、润滑油压力控制器及过压阀等组成。

3. 润滑油系统工作流程

如图 1-53 所示,离心式主油泵由汽轮机主轴直接带动,正常运转时,主油泵出口油压为 1.57MPa,出油量为 3.0m³/min,该压力油除供给调节系统及保安系统外,大部分是供给两只注油器的。两只注油器并联,注油器Ⅰ出口油压为 0.10～0.15MPa,向主油泵进口供油,而注油器Ⅱ的出口油压为 0.22MPa,经冷油器、滤油器后供给润滑油系统。润滑油带走轴承在运行中产生的热量后,经过回油管回到油箱。在各轴承中产生的油烟依靠润滑油箱的负压伴随着回油进入润滑油箱中,然后经油雾分离器分离后,由润滑油排油烟风机排到大气中。

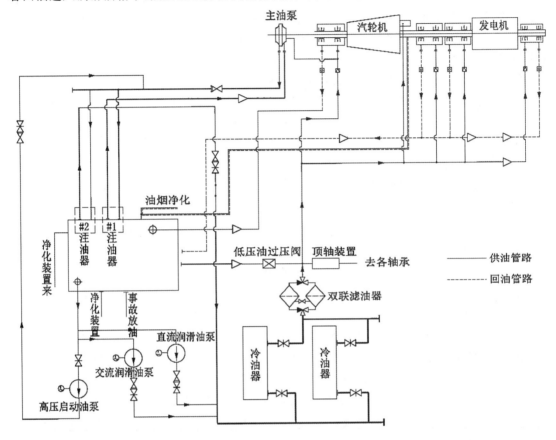

图 1-53　汽轮机润滑油系统

4. 润滑油系统主要设备

汽机本体润滑油系统由 1 个主油箱、1 个主油泵、2 只注油器、1 台高压交流启动油泵、1 台交流润滑油泵、1 台直流润滑油泵、2 台冷油器、1 套双联润滑油过滤器和 1 台润滑油聚集分离式油净化装置等组成。

1) 润滑油箱

润滑油箱除储存润滑油、分离油气外,还作为交流润滑油泵、事故直流润滑油泵、润滑油冷却器、润滑油过滤器及相关阀门管道的基础。

2) 主油泵

机组正常运行时,由主油泵为系统供油。离心式主油泵由汽轮机主轴直接带动,该压力油除供给调节系统及保安系统外,大部分是供给两只注油器的。

3) 注油器

该机组配有 2 只注油器,2 只注油器并联组成,进口油压均为 1.5MPa,其中♯1 注油器出口油压为 0.10~0.15MPa,出口油量为 1600L/min,向主油泵进口供油,而♯2 注油器的出口油压为 0.22MPa,出口油量为 900L/min,经冷油器、滤油器后供给润滑油系统。

4) 高压交流启动油泵

在汽轮机启动过程中,由高压交流启动油泵供给调节系统、保安系统和通过注油器供给各轴承润滑用油。

5）交流润滑油泵

在润滑油箱内部安装有 1 台交流润滑油泵,在机组启动以及润滑油压低时,须启动交流润滑油泵。

6）直流润滑油泵

直流润滑油泵在润滑油压力低于跳闸值或交流电源失电的情况下,供应润滑油,保障机组安全停运及停运后的供油。

7）冷油器

冷油器选用管壳式换热器,在任何环境温度机组满负荷下,冷油器都能满足一台运行、另一台检修的要求。

8）润滑油过滤器

该系统过滤装置为双联滤油器,双联滤油器是由 2 只单筒过滤器及二位六通换向阀组成,结构简单,使用方便,并带有旁通阀及滤芯污染堵塞发信器,以达到保证系统安全的目的。在不停机的情况下可清洗或更换滤芯来保证主机正常的连续工作。

9）油烟净化排放装置

油烟净化排放装置配备了 2 台 100% 的排烟风机。正常情况下,一台运行,另一台备用。

5．润滑油系统概述

1）汽轮机正常运行期间润滑油工作流程

离心式主油泵由汽轮机主轴直接驱动,正常运转时主油泵出口油压为 1.57MPa,出油量为 3.0m³/min,该压力油除供给调节保护系统外,大部分是供给两只注油器的。

两只注油器并联运行:注油器 I 出口油压为 0.10～0.15MPa,向主油泵进口供油以维持正压;注油器 II 的出口油压为 0.22MPa,经冷油器、滤油器后向各轴承供给压力、温度、品质合格的润滑油。润滑油带走各轴承油膜在运行中产生的热量后,经回油管回到油箱。

在各轴承中产生的油烟依靠润滑油箱的负压抽吸伴随着回油进入润滑油箱中,然后经油雾分离器分离后,由排油烟风机抽吸排放到大气中,并维持油箱一定的负压。

系统润滑油经一段时间使用后油质下降,需净化处理达标后才能继续使用,因此,每台汽轮机需设置一台润滑油聚集分离式油净化装置。

2）机组启动阶段润滑油工作流程

机组启动时应先开低压交流润滑油泵,以便在低压下驱除油管道及各部件中的空气,然后再开启交流启动油泵,进行调节保护系统的试验调整和机组的启动。

在汽轮机启动初期,转子转速低,主油泵出口油压低,达不到要求。由交流启动油泵供给调节保安系统和通过注油器供给各轴承润滑用油。为了防止压力油经主油泵泄走,在主油泵出口装有逆止阀。同时还装有主油泵启动排油阀,以便主油泵启动过程油流顺畅。

当汽轮机升速至接近额定转速时(主油泵出口油压高于交流启动油泵出口油压时),交流启动油泵通过调整出口管道上的阀门可逐渐减少其供油量,然后停用交流启动油泵并投入自启动联锁保护,改由主油泵向整个机组正常供油。

（注:在停机转子惰走阶段,可先启动交流启动油泵,在停机后的盘车过程中再切换成交流润滑油泵供润滑油。）

3）油系统故障失压时润滑油工作流程

油系统正常运行时,润滑油压力为 0.12MPa 左右。润滑油系统主要技术规范见表 1-3。

润滑油路中设有一个低压油过压阀,当润滑油压高于 0.15MPa 即能自动开启,将多余油量排回油箱,以保证润滑油压维持在正常范围内。油动机排油直接引入油泵组进口,当甩负荷或紧急停机引起油动机快速动作时,不致影响油泵进口油压,从而改善了机组甩负荷特性。

当主油泵出口油压因故障降低至 1.3MPa 时,由压力开关触发交流启动油泵自动启动投入运行,向调节保安系统和润滑系统补充供油,并报警。

当润滑油压因故障下降至 0.055MPa 时,由润滑油压力控制器触发交流润滑油泵自动启动,向润滑系统补充供油,并报警。

当润滑油压因故障下降至 0.04MPa 时,由润滑油压力控制器触发直流润滑油泵自动启动,向润滑系统补充供油,同时触发跳机,并报警。

表 1-3   润滑油系统主要技术规范

序号	项目	单位	技术规范	备注
1	油泵进口油压	MPa	0.1～0.15	
2	主油泵出口油压	MPa	～1.57	
3	润滑油压降低报警值(启交流润滑油泵)	MPa	0.05～0.055	
4	润滑油压降低保护值(启直流润滑油泵)(停机)	MPa	0.04	
5	润滑油压降低保护值(停盘车)	MPa	0.015	
6	润滑油压升高报警值(停交流润滑油泵)	MPa	0.16	
7	主油泵出口油压低报警值	MPa	1.27	
8	轴承回油温度报警值	℃	65	
9	轴承回油温度停机值	℃	75	

6. 润滑油系统运行

1)投入前的准备

(1)润滑油系统检修工作结束,工作票已终结,管道和设备完整良好。

(2)用手转动各油泵联轴器,应能较轻便的盘车。检查油泵转子是否灵活,应在油泵送电前进行,防止检查时油泵突然启动伤人。

(3)各种控制电源、信号电源投入。

(4)各设备电机测绝缘合格,接地线完好,待机械准备好后送电。

(5)系统中的各种表计一、二次表门打开,油位计投入正常,所有放油门关闭,热工各种保护报警良好投入。

(6)润滑油箱排烟机的入口门打开,正常运行中,一台排烟机投入,一台备用。

(7)润滑油净油系统具备投入条件。

(8)开式水系统投入运行。

(9)油箱清扫干净、回油过滤装置安装好。

(10)检查冷油器一侧运行,一侧备用。

(11)向油箱注油至高油位。注油过程中,核对油箱实际油位与油位计指示相符,油位报警值应正确。

(12)润滑油系统已检查,已处于启动前正常状态。

2)润滑油系统启动

(1)当油箱油温低于 10℃时,禁止启动油泵。当油箱油温低于 21℃时,禁止启动盘车。

根据油箱油温情况投入电加热,当油温大于42℃时,停止电加热。

(2)启动主油箱一台排烟风机运行,调整排烟风机入口挡板,维持主油箱内负压在 -300～-100Pa之间,检查排烟风机运行正常,将另一台排烟风机入口挡板开启,联锁投入。

(3)选择一台冷油器投入运行,打开水侧放气阀进行排气,当有连续水流后,将其关闭。

(4)确认油系统准备好,交、直流润滑油泵具备启动条件,启动交流润滑油泵,检查油泵运行正常,旋转方向正常,润滑油压力正常。检查油箱油位正常,否则继续补油至正常位。检查轴承座及油管道法兰无渗漏现象。

(5)检查开启冷油器注油门,观察备用冷油器油流窥视窗有连续油流流过。

(6)油循环运行期间应加强对冷油器出口滤网差压的检查(当进油滤网前后压差达到报警值时,及时联系检修对滤网进行更换)和油箱顶部回油滤网的检查,及时联系检修对各滤网进行清理和更换(大修后的机组油循环,各轴瓦应安装进油滤网,油质合格后机组启动前应拆除该滤网,严禁轴瓦进油滤网未拆除的情况下冲动转子。进油滤网在润滑油系统冲洗时使用,在汽轮机正常运行时,必须解列)。

(7)根据情况启动高压启动油泵运行,检查油泵出口压力、电流、振动均正常,系统无泄漏,油泵出口油压>1.27MPa(注意,油循环合格后,方可允许启动高压启动油泵向超速遮断系统进油)。

(8)高压启动油泵运行正常后,停运交流润滑油泵,检查润滑油压正常。

(9)按规程,试验部分要求进行交、直流润滑油泵和高压启动油泵联动试验。

(10)机组定速后,检查主油泵出口油压正常(1.6MPa左右),检查润滑油压正常(0.12MPa左右),确认高压启动油泵电流有所降低,停运高压启动油泵,投入高压启动油泵联锁。

(11)机组升速过程中,密切监视主油箱油位,并根据油温情况及时开大润滑油冷却器冷却水门,维持润滑油温在45℃～50℃范围内。

3)汽机润滑油系统运行维护

(1)正常运行中,进入轴承的润滑油压在0.12MPa左右,各轴承进油温度应为40℃～45℃,各轴承回油温度应低于65℃。

(2)机组正常运行时,一台排烟风机运行,保证润滑油箱微负压-300～-100Pa。

(3)按规定投入油净化装置。

(4)润滑油箱油位正常维护值为300mm左右,油位高报警值为440mm(背压机400mm),油位低报警值为140mm(背压机200mm)。

(5)检查润滑油系统无泄漏现象。

(6)检查主油泵出、入口压力、润滑油压力、温度,各轴承回油温度正常。

(7)检查各轴承回油观察窗回油正常无水雾。

(8)检查冷油器冷却水调整门开度的变化,若冷却水门全开仍无法维持正常油温时,切换冷油器,在紧急情况下也可2台冷油器并联运行。

(9)检查冷油器注油门开启,备用冷油器排空气门开启。

(10)检查油净化装置连续运行。

(11)汽轮机盘车期间维持大机润滑油温在20℃～40℃。

(12)主油箱事故放油门、冷油器切换阀挂"禁止操作"标志牌,上述阀门操作时,必须经值长同意方可进行。

7. 润滑油系统的运行工况

1) 启动工况

汽轮发电机组启动过程的主要供油装置为交流润滑油泵、启动油泵、射油器等，事故油泵不参加工作。

汽轮机启动前，为使调节系统液压部套，供油设备及管路中充油和排气，并为盘车过程提供润滑油，首先应开启交流润滑油泵。充油排气过程运行时间一般取决于调节系统液压部套和供油系统设备及压力供油管的充油面积。一般情况下不得少于 5min。

为使供油系统中的润滑油达到规定的油温（40℃～45℃），可利用交流润滑油泵或高压油泵继续工作打油循环。

充油排气和打油循环以后，方可启动顶轴系统和盘车装置，进行盘车。

冲转前，开动启动油泵，射油器投入工作，当♯2 射油器建立了正常的供油压力后，可停止交流润滑油泵。启动高压启动油泵，并建立 1.27MPa 以上的工作压力时，调速系统方可投入工作。

当机组升速达 2980r/min 后，且主油泵出口油压将达到 1.6MPa 以上时，高压启动油泵将自动停止，主油泵投入工作。

在冲转升速过程中，为避免主油泵内空转和摩擦发热，在主油泵出口的油路上设置主油泵启动排油阀，排除部分油量，以维持主油泵内的温升。

2) 正常运行工况

当汽轮发电机组在额定转速 3000r/min 下运行时，主油泵供应润滑油系统所需的全部油量。来自主油泵的压力油进入危急保安系统，同时也为在油箱内部的射油器提供动力油。从♯1 射油器排出的油供主油泵入口用油，从♯2 射油器排出的油通过冷油器、润滑油过滤器供汽轮发电机组轴承用油。轴承入口油压可以通过溢油阀的自动调整作用维持在调定值下工作，通常轴承入口油压为 0.12MPa 左右。

润滑油供油系统是个封闭系统，所有工作后的油回到组合油箱，通过滤网再供给润滑系统。当油箱中油位过高或过低时，油位指示器都会发出警报。

3) 正常停机工况

汽轮发电机组正常停机过程中，主要供油设备是交流润滑油泵，它将提供停机过程中的轴承润滑油。

正常停机时，检查交、直流油泵、高压启动油泵联锁正常投入，然后手动启动交流润滑油泵，汽机打闸停运，不建议采用汽机打闸、油泵联启的方式。

在停机过程中，转速降低很快，要注意监视交流润滑油泵的运行情况。

4) 事故停机工况

由于电厂发生供电事故，厂用电被停止或中断时，机组将被迫打闸停机，此时，为了维持汽轮发电机转子惰走及其后的手动盘车所需轴承润滑，需启动直流事故油泵，以实现供油。

在正常停机中，如果交流润滑油泵发生故障不能投入运行时，应启动高压启动油泵供油，若高压启动油泵启动故障，启动直流事故油泵。此外，当润滑油压低于 0.015MPa 时，盘车跳闸，改为手动间断盘车。

8. 润滑油冷油器的切换

1) 切换的注意事项

（1）冷油器的切换、投入和停用应经值长同意，主管在场，在机组长监护下进行，紧急情况下例外。

（2）冷油器投运前必须将油侧空气赶尽，切换中严密监视润滑油压、油温、推力轴承、支持轴承金属温度及回油温度的变化，一旦出现问题应立即停止操作，将切换阀退回原状态。切换后，应注意只有油压、油温稳定后方可将切换阀手轮压紧。

（3）退出后的冷油器如需放油时，应注意润滑油压、主油箱油位不应下降。

（4）冷油器在投、停或运行中，严禁水侧压力大于油侧压力。

（5）操作过程中应加强联系与汇报工作，发现异常，应立即停止操作，并恢复原状。

2）切换

（1）初次或检修后的冷油器投入前，必须打开油侧放油门，只有确认无积水、无杂质后方可投入。

（2）检查冷油器切换阀手柄位置，确认冷油器运行及备用情况。

（3）确认冷油器充油阀在开启位置。

（4）确认备用冷油器至主油箱放空气门开启，从窥视窗观察应有连续的油流通过。

（5）检查备用冷油器进水门开启，出水门关闭，开启备用冷油器水侧放空气门，待放空气门有水冒出时，关闭备用冷油器放空气门。注意水中是否有油花，若有，说明该冷油器泄漏，应停止切换操作，联系处理。

（6）松开冷油器切换阀压紧螺母及切换手轮 1～2 扣，按照切换阀上标示的旋转方向，缓慢转动切换阀手柄（严禁拔掉套筒上的销子），并及时调整备用冷油器出水门，使润滑油温保持在 40℃～45℃。当切换阀转动到大于 60% 位置时，将备用冷油器出水门全开，通过回水调整门调整油温，然后将切换阀扳到位。切换中严密监视润滑油压、油温的变化，出现问题时立即停止操作，将切换阀退回原状态，切换后，应注意只有油压、油温稳定后方可将切换阀手轮压紧。

（7）关闭退出运行的冷油器冷却水出水门；若备用，注油门及冷却水进水门保持开启状态；若检修，则注油门及冷却水进、出水门关闭。

（8）退出后的冷油器如需放油时，应注意润滑油压、主油箱油位不应下降。

（9）若无法满足油温要求，可将切换阀指向中间位置，使两台冷油器并列运行。

9．润滑油滤油器运行及切换

1）运行及切换注意事项

（1）润滑油滤油器在机组冲洗阶段投入运行，在汽轮机组正常运行时，必须将滤油器滤芯拆除，转换手柄处于中间位置并锁定。

（2）滤油器的切换、投入和停用应经值长同意，在主管在场，机组长监护下进行，紧急情况下除外。

（3）切换滤油器时，应保证通信畅通。

（4）滤油器投运前，必须将油侧空气赶尽，切换中严密监视润滑油压，一旦出现问题，立即停止操作，退回原状态。切换后，注意监视油压变化情况。

（5）退出后的滤油器如需放油检修，应注意润滑油压、油箱油位不应下降。

（6）操作过程中，应加强联系与汇报工作，发现异常，应立即停止操作，并恢复原状。

2）切换

（1）检查滤油器上、下转换手柄位置，确认滤油器运行及备用情况。

（2）开启滤油器注油阀，确认有油流通过。

(3)开启备用滤油器至主油箱放空气门,观察备用滤油器至主油箱排气窥视窗有连续的气体排出。

(4)备用滤油器内空气排净后,观察备用滤油器至主油箱排气窥视窗有连续的油流通过,确认备用滤油器内空气排净。

(5)松开滤油器上转换手柄锁紧螺母,缓慢操作滤油器上转换手柄至中间位置,期间注意监视油压变化情况。

(6)确认正常后,松开滤油器下转换手柄锁紧螺母,缓慢操作滤油器下转换手柄,由运行滤油器侧拉至另一侧的极限位置并锁定。期间加强联系并注意监视油压变化情况,发现油压异常降低,应立即停止操作,恢复原状。

(7)确认油压稳定,缓慢操作滤油器上转换手柄,由中间位置拉至和滤油器下转换手柄同一侧的极限位置并锁定。期间加强联系并注意监视油压变化情况,发现油压异常降低,应立即停止操作,恢复原状。

(8)关闭滤油器注油阀,关闭滤油器至油放气阀,完成切换操作。

注:滤油器上、下转换手柄在中间位置时,两台滤油器均投运。

10. 润滑油系统停运

(1)确认高压汽缸上壁金属温度低于150℃,主机盘车装置、顶轴油泵均已停运,润滑油系统继续运行 8h,并且各轴承金属温度均在正常范围内,方可停止交流润滑油泵。停运时,注意防止主油箱满油。

(2)退出油泵联锁,停止交流润滑油泵。

(3)解除备用排烟风机联锁,停止排烟风机运行。

1.10.3 顶轴油系统和盘车装置

1. 顶轴油系统作用

当轴系低速转动时,轴颈和轴瓦间的相对滑动速度减小,为了避免由此引起的润滑油油膜不稳定,导致轴瓦和轴颈间发生干摩擦,需要通过顶轴油,将转子适当顶起,使转子轴颈顶离轴瓦,从而避免轴瓦和轴颈损坏。同时,在启动盘车时,还可大大地减小启动力矩,从而减小盘车电机的功率。在机组盘车时或跳闸后,顶轴油系统都能顺利投入运行,向每个轴承注入高压润滑油,以承受转子的重量。

2. 顶轴油系统主要设备

顶轴油泵为两台 100%高压容积泵,一台运行,一台备用。保证顶轴油系统可靠地运行,并有有效地防止漏油的措施。

顶轴油系统必须设置安全阀以防超压。顶轴油系统退出运行后,可利用该系统测定各轴承油膜压力,以了解轴承的运行情况。每个轴承的顶轴油管道中要配置止回阀及固定式压力表。压力表配有双一次门。

顶轴油系统全部管道采用不锈钢管。顶轴油系统采用集装式油泵底盘,集装发货到现场,便于安装。

3. 顶轴油泵启动

(1)确认交流润滑油泵已运行,顶轴油泵入口压力大于 0.10MPa。

(2)确认顶轴油系统阀门位置正确。

(3)启动一台顶轴油泵,检查顶轴母管油压、各瓦顶轴油压正常,另一台顶轴油泵作投入备用。

（4）检查顶轴油母管油压小于16MPa,各轴承顶轴油压正常。

（5）停机过程中,机组转速达1250r/min时,检查顶轴油泵自停,否则手动停运。

（6）停机过程中,机组转速达1200r/min时,检查顶轴油泵自启,否则手动启动。

4. 顶轴油泵运行中的检查与维护

（1）顶轴油泵运行中应检查顶轴油泵及系统的漏油情况及振动噪声或压力波动等情况,异常情况应立即联系检查处理。

（2）运行中,应检查顶轴油泵入口油压保证大于0.10MPa,润滑油温在(30±2)℃之间。

（3）检查入口过滤器压差不超过0.08MPa。

（4）检查顶轴油泵出口油压正常。

5. 盘车装置作用

本机组采用低速盘车,盘车转速为4r/min,其主要作用如下:

（1）机组停机后,减小蒸汽轮机部件因不均匀冷却所引起的转子变形,防止转子受热不均产生弯曲而影响再启动或损坏设备。

（2）机组启动前,可以减小机组启动时转子的转动惯性力,同时避免因静止状态下突然升速使摩擦力太大损伤轴承。

（3）机组启动前,避免因阀门漏汽和轴封送气等因素造成的温差使转子弯曲。

（4）机组大小修后,应进行机械检查,以确认机组是否存在动静摩擦、主轴弯曲变形是否正常等。此时一般应先点动盘车电动机,确认无异常后,再连续盘车。

（5）较长时间的连续盘车还可以消除因机组长期停运和存放或其他原因引起的非永久性弯曲。

该机组盘车装置装于后轴承座的上盖上,为减速机、齿轮复合减速、切向啮合的低速盘车装置。机组在停机时盘车装置可以低速盘动转子,避免转子热弯曲。当机组冲转转速高于盘车转速时能自动脱开。但在启动盘车设备前,为大幅度减少启动摩擦力矩及保护轴瓦合金不受损坏,须先启动轴承高压顶轴油系统,顶起转子,然后投入回转设备进行盘车。

盘车装置是自动啮合型的,能使汽轮发电机组从静止状态转动起来,并能在正常油压下以足够的转速建立起轴承油膜。盘车装置的设计应能做到自动退出而不发生撞击,并应带有机组正常运行时的盘车装置电动机空转试验功能。设置压力开关和压力联锁保护装置,防止在油压建立前投入盘车以及顶轴油压过低时盘车自动作。

盘车装置运行中如发生供油中断或油压降低到不安全值时,应及时报警,并停止运行。

6. 盘车装置的启动

（1）汽机冲转前至少12h或停机转速到零后应投入连续盘车。

（2）检查确认主机润滑油系统、顶轴油系统投用正常。

（3）盘车单电机试转正常。

（4）确认就地切换开关位置正确,"就地/遥控"开关在"遥控"位置。

（5）确认各轴承顶轴油压正常。

（6）确认润滑油压大于0.015MPa,润滑油温高于20℃。

（7）在DCS上点击盘车启动。

（8）就地检查盘车应自动开始啮合,啮合到位后装置应正常运转,盘车转速约4r/min。注意盘车电流回落时间小于等于20s,盘车电流正常,并测量转子偏心和大轴晃动度,大轴偏心值小于0.09mm。

（9）盘车启动后，就地检查大轴转动正常，各轴承无渗漏，各瓦顶轴油压、瓦温正常，倾听各转动部分声音正常。

（10）根据情况做盘车及顶轴油泵低油压联跳试验若正常，试验结束后维持连续盘车。在汽机冲转前至少连续盘车12h，若盘车中断，应重新计时。特殊情况下，不少于4h，但应经总工程师批准。

（11）若盘车电流超过正常值，且伴有动静摩擦声、差胀超限、轴弯超限、机组内部轴承或盘车传动机构处有明显异声，应立即停止盘车，查明原因，消除缺陷后方可投入连续盘车。在盘车停止期间要设法每隔30min翻动转子180°。

7. 盘车运行有关规定

（1）汽机冲转前12h，必须投入盘车。在连续盘车期间，如因工作需要或盘车故障使主轴停止，必须再连续盘车12h方可允许再次启机。

（2）机组安装后，初次启动或大修后第一次启动前应采用就地手动方式盘车，正常后，方可投入连续盘车。

（3）盘车运行时，应监视顶轴油泵及盘车马达电流正常，维持润滑油温在(30±2)℃，各轴承金属温度应正常，且油压应充足，转子偏心度不超过0.076mm。

（4）盘车时，汽缸内有明显摩擦声，应停止连续盘车，改为每隔半小时转180°，不允许强行投入连续盘车。

（5）中断盘车时，做好记号，在重新投入盘车时应先转180°，然后停留上次盘车停运时间的一半，方可投入连续盘车。

（6）确认轴封供汽停止、汽缸内壁金属温度低于150℃时，方可停止盘车装置的运行。

（7）在机组抢修等特殊情况下，当汽缸内壁金属温度在200℃以下时，经总工程师批准后，方可停止连续盘车，此时要每30min盘动大轴180°，直到汽缸内壁金属温度低于150℃为止。

（8）盘车过程中，若汽缸内有明显的摩擦声，或盘车电流增大时应停止连续盘车，改为定期盘动转子180°，不允许强行投入连续盘车。连续盘车时应做好转子的位置标识，记录惰走时间。当转子伸直后，重新投入连续盘车时，应先盘动180°，停留一段时间，停留时间为盘车停用时间的1/2左右。

1.10.4 发电机的通风冷却系统

发电机均直接与燃机和汽轮机连轴，系三相、全封闭、具有阻尼绕组隐极式转子的同步发电机。发电机的励磁方式均为可控硅静态励磁。两台燃气轮机发电机励磁变接自厂用中压母线，属厂用电励磁；两台汽轮发电机励磁变引自发电机出口，属机端励磁。

燃机发电机、抽凝式汽轮发电机及背压式汽轮发电机内部定子线圈、转子线圈、定子铁心及其他结构件均采用空气冷却，电机的结构及冷却系统简单，运行维护简便。

1. 发电机通风冷却系统

发电机的通风冷却系统是一个封闭式循环系统，循环空气的动力来自转子旋转。两个安装在转子上的轴向风扇对发电机的冷却空气起着强迫循环作用。这些风扇吹出的冷风分为两部分：一部分冷却定子，另一部分冷却转子。

转子的空气循环是径向的，冷空气从两边的护环下进入，在转子本体每个嵌线槽下方都有铣出的轴向风道作为进风道，空气径向穿过转子线圈上的通风孔，经过转子槽楔上的孔排出，实现槽内空气的均衡分布。

定子部分冷却空气一路直接流向气隙，然后经过磁路铁心的径向通风孔带出了铁心和线圈中损耗所产生的热量。另一路由机座的轴向通风管流至机座中间的进风格,然后带出铁心和线圈中损耗所产生的热量。定子线圈采用常规的空气冷却型式:铜线产生的热量先传给绝缘层,再传给硅钢片,通过空气循环由出风口排出。强迫循环的部分气流流过定子两端,冷却定子端部。带走发电机热量之后的空气经过空气-水冷却器的冷却再补充给轴向风扇。在封闭回路里循环的空气由 4 个空气-水冷却器进行冷却,带走机器损耗所产生的热量。如图 1-54 所示,燃气发电机测温元件布置及安装位置如图 1-55 和图 1-56 所示。元件编号及安装位置如表 1-4 所列。

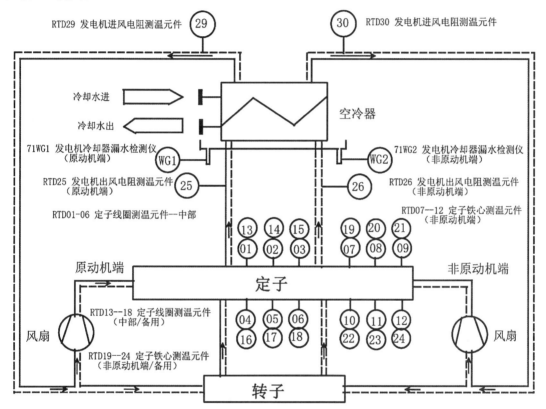

图 1-54 燃气发电机的通风冷却系统

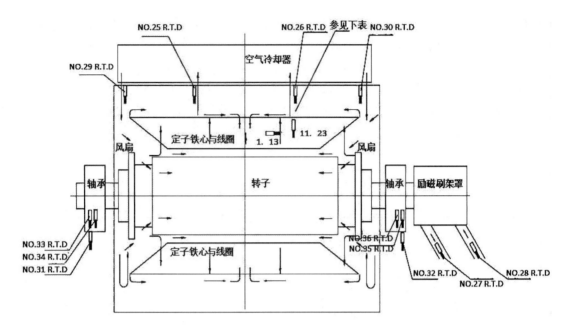

图 1-55　发电机测温元件布置图

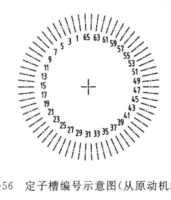

图 1-56　定子槽编号示意图(从原动机端看)

表 1-4　　　　　　　　　　　　　　　　测温元件编号及位置

测温元件编号	安装位置	备注
1,13	4 槽线圈层间	U 相
2,14	15 槽线圈层间	V 相
3,15	26 槽线圈层间	W 相
4,16	37 槽线圈层间	U 相
5,17	48 槽线圈层间	V 相
7,19	48～49 槽铁心齿部	第 16 档铁心内
8,20	60～61 槽铁心齿部	第 16 档铁心内
9,21	36～37 槽铁心齿部	第 16 档铁心内
10,22	48～49 槽铁心轭部	第 16 档铁心内
11,23	60～61 槽铁心轭部	第 16 档铁心内
12,24	36～37 槽铁心轭部	第 16 档铁心内

续表

测温元件编号	安装位置	备注
25	原动机端出风口	
26	非原动机端出风口	
27	励磁出风口	
28	励磁进风口	
29	原动机端进风口	
30	非原动机端进风口	
31	原动机端轴承排油	
32	非原动机端轴承排油	
33	原动机端轴瓦	
34	原动机端轴瓦	
35	非原动机端轴瓦	
36	非原动机端轴瓦	

2. 发电机空气冷却器系统设备规范

发电机空气冷却器系统设备规范如表 1-5 所列。

表 1-5　　　　　　　　发电机空气冷却器系统设备规范

	燃机发电机空冷器	抽凝汽机发电机空冷器	背压汽机发电机空冷器
型号	KJWQ-1440	KJWQ-830	KJWQ-450
冷却器功率(kW)	1440	830	450
冷却空气量(m^3/s)	23	17	11
冷却水量(m^3/s)	200	200	100
水压降(Pa)	1.8×10^4	1.496×10^4	8.727×10^3
水路数	2	2	2
风压降(Pa)	410	353	222
进水温度(℃)	≤33	≤33	≤33
冷却气体温度(℃)	≤40	≤40	≤40
水路连接	并联	并联	并联
冷却器组数	4	4	4

3. 空冷器

每个冷却器由装有鳍片的管束和可拆卸的水室构成,冷却器的进水口和出水口在同一边。

1) 燃机发电机

燃机发电机的 4 台空气冷却器安装在机座的上方,正常时均应投入运行。若有一台冷却器退出运行,此时,发电机应在不大于 75% 的额定功率下运行,同时,加强监视发电机各部分温度不超规定值。

(1) 冷却器入口水温≤33℃,冷却水的最高温度≤40℃。每只冷却器冷却水的流量要求 $200m^3/h$。

（2）空气冷却器进风温度要求≤100℃、出风温度要求≤40℃。

（3）发电机空气热区风温要求≤80℃。

（4）检修冷却器时,应调节 8 个手动滑阀,将冷却器内部的水放空。

2）汽机发电机

汽机发电机的 4 台空气冷却器安装在机座的下方,正常时均应投入运行。当其中一台因故退出运行时,发电机允许带 75％额定负荷,此时应监视各部温升不超过允许值。

（1）当发电机空气冷却器的冷却水进水温度超过 33℃,而发电机的进风温度高于 40℃,而定子温升已超过上限时,应减少负载运行,使定子温升不得超过上限值。

（2）汽轮发电机冷却温度变化大时,应及时调整冷却器的进水阀门。

4. 空气冷却器的投运操作

1）燃机发电机

（1）机组启动前检查空冷器是否均安装就位,拧紧水室上的螺钉,以防漏水。

（2）连接进出水管。

（3）打开进水阀门和水室上的排气阀门,保证水室充满水后,关闭排气阀门。

（4）开始通水。

（5）检查水室垫片的紧密性。

（6）检查进出水的温度和进出空气的温度。

（7）在空冷器允许的范围内根据温度调节总的进出水量。

2）汽机发电机

（1）打开进水阀,打开通气孔塞,排走空气。

（2）当空气排掉后,关闭通气孔塞,运行 1h 后再放气。

（3）接通正常水源,检查流量是否正常,检查连接法兰是否漏水。

5. 空气加热器

同步发电机配有空气加热器。当机组停机时启动加热器,以保证机内相对湿度低于50％,防止发电机内部凝结水汽,起到防潮作用。

1）燃机发电机

燃机发电机配置 8 组加热器,每组 3 个,每个 200W,加热器总容量 4 800W。燃机发电机加热器与发电机励磁开关之间有相互联锁,当燃机发电机励磁开关 41E 断开时,加热器会自动投入,运行人员应检查燃机控制盘上燃机发电机加热器 23HG 状态,显示红色,确认加热器投运。

2）汽机发电机

汽机发电机配置 6 组加热器,每组 3 个,每个 200W,加热器总容量 360W。汽机发电机加热器与发电机励磁开关之间没有相互联锁,当汽机发电机停运后,要手动将汽机发电机加热器投运。

第 2 章　变压器及其运行

2.1　变压器的基本知识

2.1.1　变压器的结构

变压器的结构主要由铁心、带有绝缘的绕组、油箱及附件、绝缘套管等组成。如图 2-1 所示。铁心和绕组是变压器进行电磁感应的基本部分，称为器身。油箱作为变压器的外壳，起着冷却、散热和保护作用。变压器油是器身的冷却介质，起着冷却和绝缘作用。套管主要起绝缘作用。下面分别介绍这几部分的结构形式。

图 2-1　油浸变压器

1. 铁心

铁心是变压器的磁路部分。为了提高磁路的导磁系数和降低铁心的涡流损耗，目前大部分铁心采用厚度为 0.35mm 或小于 0.35mm、表面涂有绝缘物的晶粒取向硅钢片制成。铁心分为铁心柱和铁轭两部分。铁心柱上套绕组，铁轭将铁心柱连接起来，使之形成闭合磁路。

铁心又分成心式和壳式两种。图 2-2 和图 2-3 所示是单相心式变压器。为了清楚起见，图中同时画出了线圈，这种铁心结构的特点是，铁轭靠着绕组的顶端和底面，而不包围绕组的侧面。由于心式铁心结构比较简单，绕组的布置和绝缘比较容易，因此电力变压器主要采用心式铁心结构。

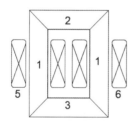
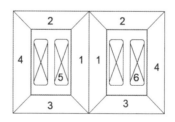

1—心柱；2—上磁轭；3—下磁轭；4—旁磁轭；5—低压线圈；6—高压线圈

图 2-2　单相心式变压器铁心　　图 2-3　单相壳式变压器铁心

为了提高绕组的机械强度和便于绕制，一般都把绕组作成圆形。这时，为了充分利用绕组内的圆柱形空间，铁心柱的截面一般做成阶梯形，如图 2-4 所示。阶梯的级数愈多，截面愈接近于圆形，空间利用情况就愈好，但制造工艺也愈复杂。

变压器铁轭的截面有矩形、T 形，也有阶梯形的。在使用热轧硅钢片时，为了减少变压器的空载电流和铁心损耗，铁轭截面一般比心柱截面大 5%～10%。若用冷轧硅钢片全斜接缝时，铁轭截面与心柱截面相等。

在容量较大的变压器中，为了改善铁心的冷却条件，在叠片间设置油道，以利散热。

2. 绕组

绕组是变压器的电路部分，它由铜或铝的绝缘导线（圆的或扁的）绕制而成。一台变压器

图 2-4 三相变压器的铁心

图 2-5 同心式绕组

中,电压高的绕组称为高压绕组,电压低的绕组称为低压绕组。高、低绕组同心地套在铁心柱上,如图 2-5 所示。为了减小绕组和铁心间的绝缘距离,通常低压绕组靠近铁心柱,高、低压绕组间以及低压绕组与铁心柱之间留有绝缘间隙和散热通道。根据绕制的特点,绕组可分为同心式、交叠式。

3. 油箱及主要附件

油浸式变压器中使用的变压器油,是从石油中提炼出来的矿物油,其介质强度高、黏度低、闪燃点高、酸碱度低、杂质与水分极少。它在变压器中既作为绝缘介质又是冷却介质,在使用中要防止潮气侵入油中,即使进入少量水分,也会使变压器的绝缘性能大为降低。

油箱是油浸式变压器的外壳,是用钢板焊成的,器身就放置在油箱内。

储油柜(也称油枕)是一个圆筒形的容器,储油柜底部有管道与油箱连通,柜内油面高度随油箱中的油热胀冷缩而变动,储油柜一侧端面装有油位表,通过油位表可观察油枕内的油位,当油枕内油位低于 5% 或高于 95% 时,会输出报警信号。

为防止空气中的水分进入储油柜内的油中,储油柜经过一个呼吸器(又称吸湿器)与外界空气连通,呼吸器中盛有能吸潮气的物质,通常为硅胶,大型变压器为了加强绝缘油的保护,不使油与空气中的氧相接触,以免氧化,采用在储油柜内增加隔膜或充氮等措施。

气体继电器是油浸式变压器及油浸式有载分接开关所用的一种保护装置。气体继电器(以下简称继电器)安装在变压器箱盖与储油柜的联管上,在变压器内部故障而使油分解产生气体或造成油流冲动时,使气体继电器的接触点动作,以接通指定的控制回路,并及时发出信号或自动切除变压器。

4. 分接开关

无载调压分接开关利用改变变压器线圈匝数,以实现电压调整。当需要调整电压时,首先必须将变压器从网路上切除,使变压器处于完全无电压的情况下才能操作分接开关。这种分接开关又称无载调压分接开关。

为了保证接触良好,不论变压器是否需要改变电压,每年必须对开关至少转动一次,以清除接触表面上的氧化膜及油污等,每次应连续转动 2 周。如果变压器不需要改变电压,在转动后应返回到原来位置上。分接开关操作完毕后,为判断其接触是否良好,应测量绕组的直流电阻。对变压器进行检修时,必须对分接开关进行检查。

有载调压分接开关也称带负荷调压分接开关,其基本工作原理是在变压器的绕组中引出若干分接抽头,通过有载调压分接开关,在保证不切断负荷电流的情况下,由一个分接头切换到另一个分接头,以达到变换绕组的有效匝数,即改变变压器变比的目的。在切换过程中需要过渡电路。切换开关装在油箱内,切换在油中进行。

5.绝缘套管

变压器的绝缘套管将变压器内部的高、低压引线引到油箱的外部,不但作为引线对地的绝缘,而且担负着固定引线的作用。绝缘套管一般是瓷质的,它的结构主要取决于电压等级,1kV以下的采用实心瓷套管;10～35kV采用空心充气或充油式套管,110kV及以上时,采用电容式套管。为了增加外表面放电距离,套管外形做成多级伞状裙边,电压愈高,级数愈多。

2.1.2　变压器的冷却方式

为了保证变压器散热良好,必须采用一定的冷却方式将变压器中产生的热量带走。常用的冷却介质是变压器油和空气两种。前者称为油浸式,后者称为干式。油浸式变压器又分为自冷式、油浸风冷式及强迫油循环式等三种。油浸自冷式依靠油的自然对流带走热量,没有其他冷却设备。油浸风冷式是在油浸自冷式的基础上,另加风扇给油箱壁和散热管吹风,以加强散热作用。强迫油循环式是用油泵将变压器中的热油抽到变压器外的冷却器中冷却后再送入变压器。冷却器可以用循环水冷却或强迫风冷却。

油浸自冷式冷却系统没有特殊的冷却设备,油在变压器内自然循环,铁心和绕组所发出的热量依靠油的对流作用传至油箱壁或散热器。

油浸风冷式冷却系统,也称油自然循环、强制风冷式冷却系统。它是在变压器油箱的各个散热器旁安装一个至几个风扇,把空气的自然对流作用改变为强制对流作用,以增强散热器的散热能力。

强迫油循环风冷式冷却系统用于大容量变压器。这种冷却系统是在油浸风冷式的基础上,在油箱主壳体与带风扇的散热器(也称冷却器)的连接管道上装有潜油泵。油泵运转时,强制油箱体内的油从上部吸入散热器,再从变压器的下部进入油箱体内,实现强迫油循环。

强迫油循环水冷却系统由潜油泵、冷油器、油管道、冷却水管道等组成。工作时,变压器上部的油被油泵吸入后增压,迫使油通过冷油器时利用冷却水冷却油。因此,这种冷却系统中,铁心和绕组的热先传给油,油中的热再传给冷却水。

主变压器采用的是强迫油循环风冷却方式。变压器上部的热油经过油泵从变压器油箱上部导入冷却器的冷却管内,在流动时被空气冷却,再从下部经油泵压入变压器油箱内。冷却用空气由风机从冷却器本体送至风扇箱一侧,吸取变压器油的热量从冷却器前面释放。强迫油循环冷却器由冷却器本体和风机组成。冷却器是通过将镀锌翅片插在冷却管上,扩管机拉动圆锥形扩管头,使冷却管与翅片紧密地结合在一起,保证良好的导热性。

冷却器运行时,需要达到以下标准:变压器投入或退出运行时,工作冷却器均可通过控制开关投入与停止;当运行中的变压器顶层油温或变压器负荷达到规定值时,辅助冷却器应自动投入运行;冷却器冷却系统按负荷情况自动或手动投入或切除相应数量的冷却器。

2.1.3　变压器的基本原理

变压器是通过电磁感应关系,把一种等级的交流电压与电流转变为相同频率的另外一种等级的交流电压与电流,从而实现电能转换的静止电器。

变压器结构的主要部分是两个(或两个以上)互相绝缘的绕组,套在一个共同的铁心上,两个绕组通过磁场耦合,但在电的方面没有直接联系,能量的转换以磁场作为媒介。通常两个绕组中接到电源的一个称为一次侧绕组,接到负载的一个称为二次侧绕组。如图 2-6 所示。

当一次侧绕组接上电压为 u_1 的交流电源时,一次侧绕组内就有交流电流通过,从而在铁心中建立交变磁通 ϕ。该磁通同时交链一、二次绕组,根据电磁感应定律,在一、二次绕组中产

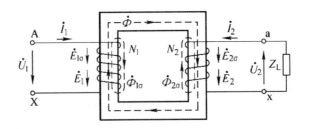

图 2-6   变压器原理示意图

生的感应电动势分别为

$$e_1 = -N_1 \frac{\mathrm{d}\Phi}{\mathrm{d}t} \tag{2-1}$$

$$e_1 = -N_2 \frac{\mathrm{d}\Phi}{\mathrm{d}t} \tag{2-2}$$

式中 N_1——一次绕组的匝数;

N_2——二次绕组的匝数。

由于一般变压器的一、二次绕组匝数不等,即 $N_1 \neq N_2$,因此 $e_1 \neq e_2$。一、二次绕组具有不等的电动势,也即一、二次绕组的电压不等,起到了变压的作用。但其频率还是相同的。

如果在变压器的二次侧接上负载 z_L,则在 e_2 的作用下,二次侧将有电流通过,因此,二次侧输出电功率,达到了传递电能的作用。

由上所述可知,一、二次绕组的匝数不等是变压器改变电压的关键。另外,在变压器一、二次绕组之间没有电的直接联系,只有磁的耦合。而交链一、二次绕组的磁通起到了联系一、二次绕组的桥梁作用。

以后所述的各种变压器,尽管其用途和结构可能差异很大,但变压器的基本原理则是一样的.其结构的核心部分都是绕组和铁心。利用一、二次绕组匝数的不同及不同的绕组连接法,可使一、二次侧具有不同的电压、电流和相数。

2.1.4 变压器的额定数据

变压器制造厂按照国家标准,根据设计和试验数据而规定的每台变压器的正常运行状态和条件,称为额定运行情况。表征变压器额定运行情况的各种数值如功率、电压、电流、频率等,称为变压器的额定值。额定值一般标记在变压器的铭牌或产品说明书上,变压器的额定值主要有以下一些。

1) 额定容量 S_N

额定容量是变压器的额定视在功率,以伏安、千伏安或兆伏安表示。由于变压器的效率高,两绕组变压器一、二次侧的额定容量通常都设计得相等。

2) 额定一次侧电压 U_{1N} 和二次侧电压 U_{2N}

额定电压以伏或千伏表示,按规定二次侧额定电压 U_{2N} 是当变压器一次侧施加额定电压 U_{1N} 时,二次侧的开路电压。对于三相变压器,额定电压是指线电压。

3) 额定一次侧电流 I_{1N} 和二次侧电流 I_{2N}

根据额定容量和额定电压算出的线电流,称为额定电流,以安(A)表示。

对单相变压器:

$$I_{1N} = \frac{S_N}{U_{1N}} \tag{2-3}$$

$$I_{2N} = \frac{S_N}{U_{2N}} \tag{2-4}$$

对三相变压器：

$$I_{1N}=\frac{S_N}{\sqrt{3}U_{1N}} \tag{2-5}$$

$$I_{2N}=\frac{S_N}{\sqrt{3}U_{2N}} \tag{2-6}$$

4）额定频率

频率以赫兹（Hz）表示，我国工业频率为 50Hz。

5）连接组

在变压器的铭牌上，除标有以上诸额定值外，还标出连接组。

此外，额定运行时的效率、温升等数据也是额定值。

2.2 变压器运行分析

2.2.1 正方向的规定

变压器各电磁量规定方向如图 2-7 所示。

电源电压 $\dot{U}_1$ 正方向由 $A \rightarrow X$，一次侧电流 $\dot{I}_1$ 正方向从 A 流进。这相当于把一次侧绕组看作交流电源的负载，采用所谓"负载"惯例。

磁通 $\dot{\phi}$ 的正方向与电流的 $\dot{I}$ 正方向之间符合右手螺旋关系。

感应电势的正方向（即电位升高的方向）与产生该电势的磁通的正方向之间符合右手螺旋关系。把二次侧绕组电势看作电源电势，当 a,x 之间接负载时，二次侧电流 $\dot{I}_2$ 的正方向从 a 流进，而负载端电压 $\dot{U}_2$ 的正方向从 $x \rightarrow a$。

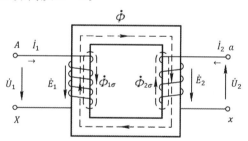

图 2-7　变压器各电磁量规定正方向

2.2.2 变压器的空载运行

所谓变压器的空载运行状态，是指一次绕组接额定频率、额定电压的交流电源以及二次绕组开路时的运行状态。如图 2-8 所示。

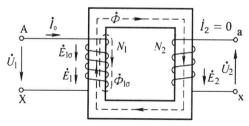

图 2-8　单相变压器空载运行示意

1. 空载运行时磁势分析

空载运行过程:原方电压—空载电流—空载磁动势—空载磁通—主磁通和漏磁通。即

$$\dot{U}_1 \longrightarrow \dot{I}_0 \longrightarrow \bar{F}_0 = \dot{I}_0 N_1 \longrightarrow \dot{\Phi} \quad \text{主磁通}$$
$$\longrightarrow \dot{\Phi}_{1\sigma} \quad \text{原方漏磁通}$$

主磁通与漏磁通在性质上有明显的差别。

1) 磁路性质不同

主磁路由铁磁材料构成,可能出现磁饱和,所以主磁通与建立主磁通的空载电流之间可能不成正比关系;而漏磁路绝大部分由非铁磁材料构成,无磁饱和问题,则一次绕组漏磁通与空载电流之间成正比关系。由于主磁路磁阻小,所以主磁通占总磁通绝大部分,而漏磁路磁阻大,漏磁通很小,仅占 $0.1\% \sim 0.2\%$。

2) 功能不同

主磁通通过电磁感应将一次绕组能量传递到二次绕组,起能量传递作用,漏磁通只在一次绕组感应电势,不起传递功率作用。

2. 空载运行时电势分析

$$\dot{U}_1 \longrightarrow \dot{I}_0 \longrightarrow \bar{F}_0 \longrightarrow \dot{\Phi} \longrightarrow \dot{E}_2$$
$$\longrightarrow \dot{E}_1$$
$$\dot{\Phi}_{1\sigma} \longrightarrow \dot{E}_{1\sigma}$$

1) 主磁通产生的感应电势

根据电磁感应定律,交变磁通将在一、二次绕组中感应电势。

设主磁通按正弦规律变化,即:$\Phi = \Phi_m \sin\omega t$,$\Phi_m$ 为主磁通的最大值,ω 是电源角频率。

在规定的正方向下,一次绕组中主磁通感应电势的瞬时值为

$$e_1 = -N_1 \frac{\mathrm{d}\Phi}{\mathrm{d}t} = -\omega N_1 \Phi_m \cos\omega t = \omega N_1 \Phi_m \sin(\omega t - 90°) = E_{1m} \sin(\omega t - 90°)$$

$E_{1m} = \omega N_1 \Phi_m$ 为一次绕组感应电势的最大值,感应电势滞后产生该电势的磁通 $90°$。

一次绕组感应电势的有效值为

$$E_1 = E_{1m}/\sqrt{2} = 4.44 f N_1 \Phi_m$$

主磁通在二次绕组所感应的电势为

$$e_2 = -N_2 \frac{\mathrm{d}\Phi}{\mathrm{d}t} = -\omega N_2 \Phi_m \cos\omega t = \omega N_2 \Phi_m \sin(\omega t - 90°) = E_{2m} \sin(\omega t - 90°)$$

$E_{2m} = \omega N_2 \Phi_m$ 为二次绕组感应电势的最大值。

二次绕组感应电势的有效值为

$$E_2 = E_{2m}/\sqrt{2} = \omega N_2 \Phi_m/\sqrt{2} = 4.44 f N_2 \Phi_m$$

感应电势有效值的大小,与主磁通的频率、绕组匝数及主磁通最大值成正比。感应电势频率与主磁通频率相等,电势相位滞后主磁通 $90°$。

2) 漏磁通产生的感应电势

一次绕组除了有主磁通感应的电势外,漏磁通还将感应漏电势:

$$e_{1\sigma} = -N_1 \frac{\mathrm{d}\Phi_{1\sigma}}{\mathrm{d}t} = -\omega N_1 \Phi_{1\sigma m} \sin(\omega t - 90°)$$

$$\dot{E}_{1\sigma} = -j\frac{\omega N_1}{\sqrt{2}}\Phi_{1\sigma m}$$

考虑漏磁通通过的路径是非铁磁材料,磁路不存在饱和性质,所以漏磁路是线性磁路。也就是说,一次绕组漏电势与空载电流成线性关系。因此,常常把漏电势看作为电流在一个电抗上的电压降,即

$$\dot{E}_{1\sigma} = -j\dot{I}_0 x_{1\sigma} \tag{2-7}$$

式中 $x_{1\sigma}$ 为比例系数,反映的是一次侧漏磁场的存在和该漏磁场对一次侧电路的影响,故称之为一次侧漏电抗。由于漏磁路不存在饱和现象,为线性磁路,所以漏电抗是常数。

3. 空载运行时的各物理量

1）空载电流

变压器空载运行时,一次绕组的电流为空载电流。

空载电流主要用来建立空载磁场,即主磁通 Φ_m 和一次绕组的漏磁通 $\phi_{1\sigma}$；另外,空载电流还用来补偿空载时变压器内部的有功功率损耗。所以,空载电流有有功分量和无功分量两部分,前者对应有功功率损耗,后者用来产生空载磁场。

在电力变压器中,空载电流的无功分量远远大于有功分量,所以,空载电流基本上属于无功性质,空载电流又称为激磁电流或励磁电流。

空载电流的数值不大,为额定电流的 $2\%\sim10\%$。一般来说,变压器的容量越大,空载电流的百分数越小。

由图 2-9 可知,在变压器中为了建立正弦波形的主磁通,激磁电流必须是尖顶波。

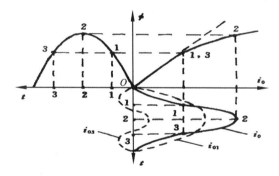

图 2-9　磁路饱和时的空载电流波形

2）空载磁势

空载磁势是一次侧空载电流所建立的磁势, $\bar{F}_0 = \dot{I}_0 N_1$,它产生主磁通 ϕ_m 和漏磁通 $\phi_{1\sigma}$。

变压器空载运行时,铁心中只有空载磁势产生的磁场。空载磁场实际分布情况很复杂,为了分析方便,把磁通根据其所经过的路径不同分为主磁通和漏磁通,以便于把非线性问题和线性问题分别讨论。

3）主磁通

铁心材料具有良好的导磁性能,主磁路磁阻很小,主磁通占绝大部分,主磁路沿铁心闭合。因为铁心具有饱和性,主磁路的磁阻不是常数,所以,主磁通和产生它的空载电流之间为非线性关系。

主磁通交链一次和二次绕组,使其分别感应电势。二次绕组的感应电势相当于负载的电源,说明通过主磁通的耦合作用,变压器实现了能量的传递。只有交变的主磁通才能在绕组中

感应电势,所以,变压器只能传递交流电能,并且不改变交流电的频率。

4) 漏磁通

漏磁通的路径是非铁磁材料,磁路不饱和,漏磁通和产生它的空载电流之间为线性关系。只在一次绕组感应电势,不起传递功率作用。

5) 空载损耗

变压器空载时,二次绕组开路,所以输出功率为零,但变压器要从电源中吸取一小部分有功功率,用来补偿变压器内部的功率损耗,这部分功率转化为热能散逸出去,称为空载损耗。

空载损耗包括一次绕组空载铜损耗和铁心的铁耗,它是交变磁通在铁心中引起的磁滞损耗和涡流损耗。由于空载电流很小,绕组的电阻也很小,空载铜损耗可忽略不计,故一般认为空载损耗近似等于铁耗,即 $p_0 \approx p_{Fe}$。

空载损耗较小,一般占额定容量的 $0.2\% \sim 1\%$。空载损耗虽然不大,但因为电力变压器在电力系统中用量很大,且常年接在电网上,所以,减小变压器空载损耗具有重要的经济意义。

4. 空载运行时的电势方程式及变比

$$\dot{U}_1 = -\dot{E}_1 + \dot{I}_0(r_1 + jx_{1\sigma}) = -\dot{E}_1 + \dot{I}_0 z_1 \qquad (2\text{-}8)$$

$$\dot{U}_2 = \dot{E}_2$$

$z_1 = r_1 + jx_{1\sigma}$ 称为一次绕组漏阻抗。

感应电势可以看成为空载电流在阻抗上的压降,即

$$-\dot{E}_1 = \dot{I}_0(r_m + jx_m) = \dot{I}_0 z_m \qquad (2\text{-}9)$$

式中　$z = r_m + jx_m$——励磁阻抗;

　　　　x_m——励磁电抗,对应于主磁通的电抗;

　　　　r_m——励磁电阻,对应于铁心铁耗的等效电阻,即有

$$p_{Fe} = I_0^2 r_m$$

对于一般电力变压器,空载电流在一次绕组引起的漏阻抗压降很小,因此在分析变压器空载运行时,可将忽略不计,则有

$$U_1 \approx E_1 = 4.44 f N_1 \phi_m \qquad (2\text{-}10)$$

当忽略一次绕组漏阻抗压降时,外施电压由一次绕组中的感应电势所平衡,即在任意瞬间,外施电压与感应电势大小相等,相位相反,所以又称为反电势。当电源频率和匝数为常数时,铁心中主磁通的最大值与电源电压成正比。反之,当电源电压一定,铁心中主磁通的最大值也一定,产生主磁通的励磁磁势也一定。这一点对于分析变压器运行十分重要。

变压器的变比定义为原方相电势和副方相电势之比,即

$$k = \frac{E_1}{E_2} = \frac{N_1}{N_2} \qquad (2\text{-}11)$$

上式表明,变压器的变比也等于一、二次绕组的匝数比。可近似用一、二次绕组的相电压之比来表示变压器的变比,即

$$k = \frac{E_1}{E_2} \approx \frac{U_{1\varphi}}{U_{2\varphi}} \qquad (2\text{-}12)$$

5. 空载运行时的等效电路

由于 $\dot{U}_1 = \dot{I}_0 z_1 + \dot{I}_0 z_m$,画出等效电路如图 2-10 所示。

等效电路讨论:

一次绕组漏阻抗是常数,相当于一个空心线圈的参数。

励磁阻抗不是常数,励磁电阻和励磁电抗均随主磁路饱和程度的增加而减小。因为励磁电抗对应于主磁通,主磁路为非线性,主磁通与建立它的励磁电流之间为非线性,所以主磁路磁阻不是常数。

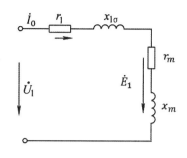

图 2-10　空载运行时的等效电路

电源频率一定,随着电源电压的升高,主磁通增大,铁心饱和程度增加,磁路越饱和,磁阻越大,则励磁阻抗越小;而主磁通的增加,一方面使铁耗增大,另一方面励磁电流的平方也大大增加,铁耗增加的速度比不上励磁电流平方增大的速度,所以励磁电阻也随饱和程度增大而减小。

空载运行时,铁耗较铜耗大很多,所以励磁电阻较一次绕组的电阻大很多;由于主磁通也远大于一次绕组的漏磁通,所以励磁阻抗远大于漏电抗。则在对变压器分析时,可以忽略一次绕组的漏阻抗。

从等效电路可知,空载励磁电流的大小主要取决于励磁阻抗。从变压器运行的角度,希望其励磁电流小一些,所以要求采用高磁导率的铁心材料以增大励磁阻抗。励磁电流减小,可提高变压器的效率和功率因数。

2.2.3　变压器的负载运行

变压器一次绕组接交流电源,二次绕组接负载的运行方式,为变压器的负载运行方式。如图 2-11 所示。

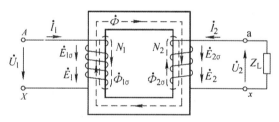

图 2-11　单相变压器负载运行原理

1. 负载运行时的磁势关系

$$\overline{F}_0 = \overline{F}_1 + \overline{F}_2$$

$$\dot{I}_0 N_1 = \dot{I}_1 N_1 + \dot{I}_2 N_2$$

$$\dot{I}_1 N_1 = \dot{I}_0 N_1 + (-\dot{I}_2 N_2)$$

一次绕组的磁势由两个分量组成,一个分量是励磁磁势,近似等于空载磁势,用于建立主磁通;另一个分量是用来平衡二次绕组磁势的作用,以维持主磁通恒定。

变压器空载时,二次绕组电流为零,二次侧输出功率为零,一次绕组电流为空载电流,很小,变压器从电源吸收很小的功率提供空载损耗。

负载时,二次侧电流不为零,有功率输出,一次电流发生变化,在一、二次侧电压基本一定时,如果二次绕组电流增大,表明二次输出功率增大,则一次电流也增大,变压器从电源吸收的功率增加。一、二次绕组之间没有电的直接联系,但由于两个绕组共用一个磁路,共同交链一个主磁通,借助于主磁通的变化,通过电磁感应作用,实现了一、二次绕组间的电压变换和功率传递。

2. 电势平衡方程式

变压器负载运行时,各物理量的关系可表示如下:

$$
\begin{array}{c}
\dot{I}_1 \rightarrow \bar{F}_1 \quad\longrightarrow\quad \dot{\phi}_{1\sigma} \rightarrow \dot{E}_{1\sigma} \\
\dot{E}_1 \\
\bar{F}_0 \rightarrow \dot{\phi} \\
\dot{I}_2 \rightarrow \bar{F}_2 \quad\quad \dot{E}_2 \\
\dot{\phi}_{2\sigma} \rightarrow \dot{E}_{2\sigma}
\end{array}
$$

$$\dot{U}_1 = -\dot{E}_1 + \dot{I}_1(r_1 + jx_{1\sigma}) = -\dot{E}_1 + \dot{I}_1 z_1$$

$$\dot{U}_2 = \dot{E}_1 - \dot{I}_2(r_2 + jx_{2\sigma}) = \dot{E}_2 - \dot{I}_2 z_2$$

$$\dot{U}_2 = \dot{I}_2 z_2$$

$z_2 = r_2 + jx_{2\sigma}$ 为二次绕组漏阻抗。

变压器负载运行时的基本方程式汇总如下:

$$\dot{U}_1 = -\dot{E}_1 + \dot{I}_1(r_1 + jx_{1\sigma}) = -\dot{E}_1 + \dot{I}_1 z_1$$

$$\dot{U}_2 = \dot{E}_2 - \dot{I}_2(r_2 + jx_{2\sigma}) = \dot{E}_2 - \dot{I}_2 z_2$$

$$k = \frac{E_1}{E_2} = \frac{N_1}{N_2}$$

$$\dot{I}_1 = \dot{I}_0 + (-\dot{I}_2/k)$$

$$-\dot{E}_1 = \dot{I}_0(r_m + jx_m) = \dot{I}_0 z_m$$

$$\dot{U}_2 = \dot{I}_2 z_L$$

3. 绕组折算

利用变压器的基本方程式,可对变压器运行性能进行分析计算。但是,由于一、二次绕组匝数不相等,所以,一、二次绕组感应电势不等,再加上一、二次绕组之间无电的直接联系,所以,计算变得很复杂。

为了分析求解方便,在电机学中对变压器和电机的分析常采用折算法。所谓折算,就是把一次和二次绕组的匝数变换成同一匝数的方法,即把实际变压器模拟为变比为 1 的等效变压器来研究。

折算原则:在折算前后,变压器内部的电磁关系一定不能改变,所以折算是在磁势、功率、损耗和漏磁场储能等均保持不变的原则下进行的。

1) 电势的折算

根据折算前后主磁通和漏磁通保持不变的原则,有

$$\frac{E_2'}{E_2} = \frac{4.44 f N_1 \phi_m}{4.44 f N_2 \phi_m} = \frac{N_1}{N_2} = k$$

$$\frac{E_{2\sigma}'}{E_{2\sigma}} = \frac{4.44 f N_1 \phi_{2\sigma}}{4.44 f N_2 \phi_{2\sigma}} = \frac{N_1}{N_2} = k$$

$$E_{2\sigma}' = k E_{2\sigma}$$

$$E_2' = k E_2$$

2）电流的折算

根据折算前后磁势保持不变的原则,有

$$I_2' N_1 = I_2 N_2$$

$$I_2' = \frac{I_2}{k}$$

3）阻抗的折算

根据折算前后二次绕组电阻上的铜耗不变的原则,有

$$I_2'^2 r_2' = I_2^2 r_2$$

$$r_2' = k^2 r_2$$

同理,根据折算前后二次侧绕组漏电抗上所消耗的无功功率保持不变的原则,有

$$x_{2\sigma}' = k^2 x_{2\sigma}$$

4. 等效电路

1）T 形等效电路

根据折算后变压器的一、二次绕组的电势方程,可画出一、二次绕组的等效电路。等效电路如图 2-12 所示,称其为 T 形等效电路。

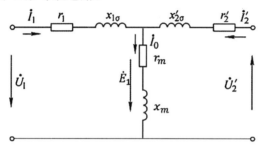

图 2-12　变压器的 T 形等效电路

2）近似等效电路

在 T 形等效电路中,含有串联和并联支路,复数运算时比较麻烦。考虑 I_1 和 I_2' 近似相等,可将 I_0 支路移到电源端,得到近似等效电路如图 2-13 所示。这样的近似所引起的误差在工程计算上是允许的。

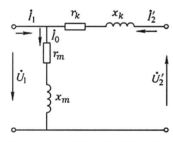

图 2-13　变压器近似等效电路

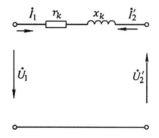

图 2-14　变压器简化等效电路

3）简化等效电路

电力变压器中,空载电流很小,所以近似计算时忽略空载电流,等效电路将进一步简化为简单的串联电路。如图 2-14 所示。

简化等效电路中的串联阻抗称为变压器的短路阻抗。

$$z_k = z_1 + z_2' = r_k + j x_k$$

$$r_k = r_1 + r_2'$$
$$x_k = x_{1\sigma} + x_{2\sigma}'$$

分别称为短路电阻和短路电抗。

2.2.4 标幺值

1. 标幺值的定义

所谓标幺值,是指用实际值与同一单位的某一选定的基准值之比,即

$$标幺值 = \frac{实际值(任意单位)}{基准值(与实际值相同单位)}$$

标幺值是相对值,无单位。某物理量的标幺值用原来的符号右上角加"*"表示。

2. 基准值的选取

在电机中,常选各物理量的额定值作为基准值:

额定相电压和相电流作为相电压和相电流的基准值;额定电压和电流作为线电压和线电流的基准值;

电阻、电抗和阻抗采用同一个基准值,这些参数都是一相的值,所以阻抗基准值是额定相电压与额定相电流的比值;

有功功率、无功功率及视在功率采用同一个基准值,以额定视在功率为基准;

单相功率的基准值为 $U_{1N\varphi}I_{1N\varphi}$;

三相视在功率的基准值为 $\sqrt{3}U_N I_N$ 或 $3U_{N\varphi}I_{N\varphi}$;

变压器有一、二次侧绕组之分,一、二次侧各物理量的基准值,应选择各自侧的额定值。

3. 标幺值的特点

额定电压、额定电流和额定视在功率的标幺值为1。

变压器绕组折算前后各物理量的标幺值相等,也就是说,采用标幺值计算时,不必再进行折算。

例如:

$$U_2^* = \frac{U_2}{U_{2N}} = \frac{kU_2}{kU_{2N}} = \frac{U_2'}{U_{1N}} = U'^*_z$$

某些物理量的标幺值相等,可以简化计算。如短路阻抗标幺值等于阻抗电压的标幺值:

$$z_k^* = \frac{z_k}{z_N} = \frac{I_{N\varphi}z_k}{U_{N\varphi}} = \frac{U_k}{U_{N\varphi}} = U_k^* \tag{2-13}$$

2.2.5 变压器等效电路参数测定

1. 空载试验

空载试验接线如图 2-15 所示。试验电压加在低压侧,高压侧开路。

为了便于测量和安全起见,空载试验一般在低压侧加电压,高压侧开路。试验时,将试验电压从零逐渐上升到 $1.2U_N$ 左右,逐点测量空载电流 I_0 及其相应的外加电压 U_1 和输入功率 p_0(即空载损耗),得到变压器空载特性曲线 $I_0 = f(U_0)$ 及 $p_0 = f(U_0)$。

由于励磁阻抗的大小与铁心饱和程度有关,所以空载电流和空载损耗随外加电压的大小变化,即与铁心饱和程度有关,因此,计算时应取额定电压点计算励

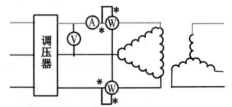

图 2-15 空载实验接线图

磁参数。

　　空载时,变压器从电源吸取的功率为铁耗和空载时低压绕组的铜耗之和,由于空载电流很小,所以铜耗也很小,可忽略不计,则空载损耗近似认为为变压器铁耗。忽略很小的绕组电阻和电抗,则可计算出变压器变比及励磁参数:

$$z_m = k^2 \frac{U_0}{I_0} \tag{2-14}$$

$$r_m = k^2 \frac{p_0}{I_0^2} \tag{2-15}$$

$$x_m = \sqrt{z_m^2 - r_m^2} \tag{2-16}$$

　　注意:这里的变比 k 为高压侧对低压侧的变比,U_0、I_0 均为相值,各励磁参数为低压侧的数值,如果要得到高压侧各参数值,必须进行折算,即乘以 k^2。

　　2. 短路试验

　　短路试验接线如图 2-16 所示。试验电压加在高压侧,低压侧短路。

　　短路试验时,电流较大,外加电压很小,为了便于测量,通常是在高压侧加电压,将低压侧短路。由简化等效电路可以看出,短路电流的大小,由外加电压和变压器本身的漏阻抗决定,即 $I_k = \dfrac{U_k}{z_k}$,由于短路阻抗很小,短路电流将很大。为了避免过大的短路电流,短路试验必须在较低的电压下进行,通常以短路电流达到额定值为限,此时,外加电压为额定电压的 5%～10%。

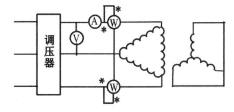

图 2-16　短路实验接线图

　　根据二次侧短路时的简化等效电路,可计算短路阻抗为

$$z_k = \frac{U_k}{I_k} \tag{2-17}$$

$$r_k = \frac{p_k}{I_k^2} \tag{2-18}$$

$$x_k = \sqrt{z_k^2 - r_k^2} \tag{2-19}$$

　　绕组电阻随温度变化,短路试验一般是在室温下进行,故按国家标准,需将绕组电阻换算到标准工作温度 75℃时的数值,对铜绕组变压器,可按下式换算:

$$r_{k70℃} = r_{k\theta} \frac{235 + 75}{235 + \theta} \tag{2-20}$$

$$z_{k70℃} = \sqrt{r_{k75℃}^2 + x_k^2} \tag{2-21}$$

　　短路试验时,变压器从电源吸取的功率全部转化为一、二次绕组的铜耗和铁耗,但由于试验时外加电压很低,铁心中的磁通很小,铁耗可忽略,这样可认为短路损耗即为变压器铜耗,有

$$p_k \approx p_{Cu} = I_k^2 r_k$$

　　阻抗电压指短路试验时,使短路电流达到额定值时所加的电压,常用其与额定电压的百分比值来表示,即

$$u_k = \frac{U_k}{U_{1k}} \times 100\%$$

　　阻抗电压是变压器重要参数之一,其数值标在变压器铭牌上,它反映了变压器在额定负载

时内部漏阻抗压降的大小。

从正常运行角度,希望短路阻抗越小越好,这样内部阻抗压降就小,输出电压随负载变化的波动就小;而从限制短路电流的角度,又希望短路阻抗大一些。

中小型变压器的阻抗电压一般为 4%～10.5%,大型变压器阻抗电压一般为 12.5%～17.5%。

2.2.6 变压器的运行特性

变压器负载运行时的运行特性主要有外特性和效率特性。

外特性是指变压器二次侧电压随负载变化的关系特性,又称为电压调整特性,常用电压变化率来表示二次侧电压变化的程度,它反映变压器供电电压的质量。

效率特性是用效率来反映变压器运行时的经济指标。

1. 变压器的电压变化率和外特性

电压变化率指的是外施电压为额定值、负载功率因数一定时,二次侧额定电压与二次侧带负载时的实际电压的电压算数差与二次侧额定电压的比值:

$$\Delta U = \frac{U_{2N} - U_2}{U_{2N}} \times 100\% = 1 - U_2^*$$

简化计算公式为

$$\Delta U = \beta(r_k^* \cos\varphi_2 + x_k^* \sin\varphi_2) \tag{2-22}$$

$\beta = \dfrac{S}{S_N} = I_1^* = I_2^*$ 为变压器输出电流的标幺值,称为负载系数。额定负载时,$\beta = 1$。

变压器的电压变化率有以下性质:

(1) 电压变化率与变压器漏阻抗有关。负载一定时,漏阻抗标幺值越大,电压变化率也越大。

(2) 电压变化率与负载系数成正比关系。当负载为额定负载、功率因数为指定值(通常为 0.8 滞后)时的电压变化率称为额定电压变化率,用 ΔU_N 表示,约为 5%,所以一般电力变压器的高压绕组都有 ±5% 的抽头,用改变高压绕组匝数的方法来进行输出电压调节,称为分接头调压。分接头开关分为两类,一类是在断电状态下操作的分接开关,称为无励磁分接开关;另一类是变压器带电可操作的,叫有载分接开关。由于有载调压变压器在调压过程中可以带电操作,故得到了广泛的应用。

(3) 电压变化率不仅与负载大小有关,还与负载性质有关。实际变压器中,$x_k^* \gg r_k^*$,所以,纯电阻负载时电压变化率较小;感性负载时,φ_2 为正,电压变化率 ΔU 也为正,表明二次侧实际电压低于二次侧额定电压;容性负载时,φ_2 为负,当 $|x_k^* \sin\varphi_2| \gg r_k^* \cos\varphi_2$,$\Delta U$ 为负值,表明二次侧实际电压高于二次侧额定电压。

当一次侧为额定电压,负载功率因数不变时,二次侧电压 U_2^* 与负载电流 $\beta = I_2^*$ 的关系曲线 $U_2^* = f(\beta)$ 称为变压器的外特性,用标幺值表示的外特性如图 2-17 所示,从图中可以看出,阻性负载和感性负载时,随着负载系数的增大,变压器输出电压降低;对于容性负载,随着负载系数增大,变压器输出电压有可能增大,高于额定电压。

2. 变压器的损耗与效率

变压器是利用电磁感应作用来传递交流电能的。在电机学中,将这种能量传递过程用功率平衡关系来表示。变压器在进行能量传递过程中,内部有绕组的铜耗和铁心的铁耗,使变压器输出功率小于输入功率。输出有功功率与输入有功功率之比称为变压器的效率,用 η 表示:

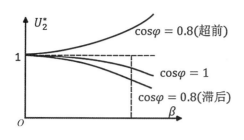

图 2-17 用标幺值表示的外特性

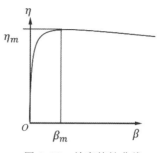

图 2-18 效率特性曲线

$$\eta = \frac{P_2}{P_1} \times 100\%$$

变压器的损耗包括两部分,一部分是电流在绕组上引起的电阻损耗,称为铜耗 p_{cu},包括一、二次绕组的铜耗,由于电阻损耗与电流平方成正比,所以铜耗随负载电流变化而变化,这部分损耗又叫可变损耗;另一部分损耗是变压器铁心中的磁滞损耗和涡流损耗,称为铁耗 p_{Fe},铁耗 $p_{Fe} \propto \phi^2 \left(\frac{f}{50} \right)^{1.3}$,一般变压器一次绕组电压为额定电压,保持不变,故变压器运行过程中,铁耗可看作为不随负载变化的一种损耗,称为不变损耗。

根据前面知识,有 $p_{Fe} \approx p_0$,而变压器负载运行时的铜耗与负载电流的平方成正比,变压器额定负载时的铜耗等于短路损耗 p_{kN},则不同负载率下变压器的铜耗可表示为 $p_{cu} = \beta^2 p_{kN}$。

变压器效率计算公式:

$$\eta = \frac{\beta S_N \cos\varphi_2}{\beta S_N \cos\varphi_2 + P_0 + \beta^2 p_{kN}} \tag{2-23}$$

由式(2-23)可知,负载系数不同,效率不同,效率随负载系数的变化关系即效率特性曲线如图 2-18 所示。

当变压器的铁耗与铜耗相等(即不变损耗与可变损耗相等)时,有最大效率:

$$\beta = \sqrt{\frac{p_0}{p_{kN}}} \tag{1-24}$$

由于变压器实际运行时,其一次绕组常接在电源电压上,所以其铁耗总是存在,而铜耗随负载大小而改变。因为接在电网上的变压器不可能长期满载运行,铁耗却常年存在,所以铁耗小一些对变压器全年运行的平均效率有利。

2.3　三相变压器

电力系统采用的是三相供电制,所以电力系统中用得最多的是三相变压器。

当三相变压器的一、二次绕组以一定的接法联接,带上三相对称负载,一次绕组接对称的三相电源时,其工作在对称情况,此时各相电压、电流大小相等,相位相差120°,因此可取三相中任意一相进行分析计算,也即将三相问题简化为单相问题,则第 1 章介绍的分析方法和结论完全适用于三相电路。

本节就三相变压器的磁路系统、三相变压器的联接组别等进行讨论.

2.3.1　三相变压器的磁路系统

三相变压器主要有两种结构形式,一种是由 3 台单相变压器组合而成,称为三相组式变压器或三相变压器组,另一种形式是三柱式铁心变压器,称为心式变压器。两种形式的变压器磁路系统完全不同。

1. 三相组式变压器的磁路系统

把 3 台独立的单相变压器的绕组按一定方式作三相联接,构成一台三相变压器。如图 2-19 所示。

特点:各相磁路彼此独立,各不相关,各相主磁通以各自的铁心构成回路。若在三相绕组接三相对称电源,三相主磁通对称,三相空载电流也对称。

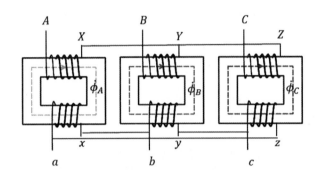

图 2-19　三相组式变压器铁心结构

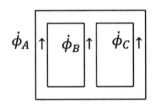

图 2-20　三相心式变压器铁心结构

2. 三相心式变压器磁路系统

特点:各相磁路彼此相关,每相磁通通过另外两相才能构成闭合回路。如图 2-20 所示三相心式变压器磁路系统,三相之间不很对称,即三相磁路长度不相等,中间一相较短,两边两相较长。所以,当外施三相电压对称时,三相磁通相同,由于三相磁路的磁阻不相等,三相空载电流略有不同。但因为电力变压器空载电流标幺值很小,所以,这种不对称对变压器负载运行的影响很小,一般忽略不计。

与三相组式变压器比较,心式变压器具有节省材料、效率高、占地面积小、维护方便等优点;但大型和超大型变压器,为了制造和运输方便,并减少电站的备用容量,常采用三相组式变压器。

2.3.2　单相变压器的连接组别

1. 同名端

一个线圈任意一端通入电流,产生磁通,在另一个线圈任意一端也通入电流,产生磁通,如果这两个磁通同方向,则这两端为同名端。如图 2-21 所示。

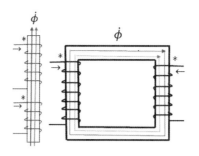

图 2-21　两个线圈的同名端

2. 两种标号法

(1) 同名端标首端,见图 2-22。

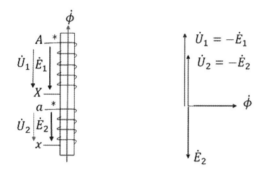

图 2-22　同名端标首端电压相量图

(2) 非同名端标首端,见图 2-23。

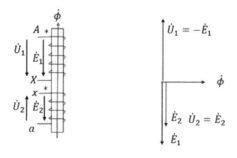

图 2-23　非同名端标首端电压相量图

通过画相量图分析得出:同名端标首端原副方电压同方向,非同名端标首端原副方电压反方向。

3. 时钟法表示法

为了形象地表示高、低压绕组间电压的相位关系,通常用时钟表示法。原方电压相量作为分针,永远指向 12 点,副方电压电压相量作为时针,它的时数为变压器的连接组别。

根据时钟法表示法知,同名端标首端的变压器是 12 点钟,用 $I,i12$ 表示。非同名端标首端的变压器是 6 点钟,用 $I,i6$ 表示。

2.3.3　三相变压器的连接组别

三相变压器高、低压绕组的连接方式、绕组标志的不同,都使高、低压绕组对应的线电压之间相位差不同,连接组号是用来反映三相变压器对应线电压之间相位关系的。

1. Y,y₀ 连接

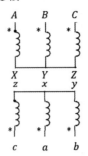

图 2-24　Y,y₀ 绕组接线图

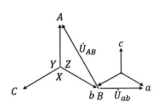

图 2-25　相量图

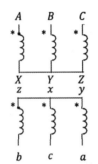

图 2-26　Y,y₀ 绕组接线图

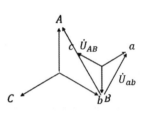

图 2-27　相量图

2. Y,d 连接

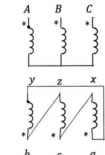

图 2-28　Y,d 绕组接线图

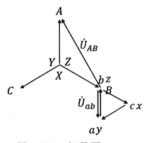

图 2-29　相量图

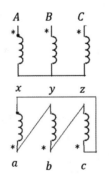

图 2-30　Y,d 绕组接线图

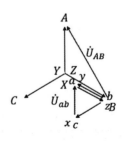

图 2-31　相量图

3. D,y 连接

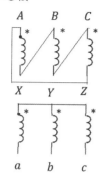

图 2-32　D,y 绕组接线图

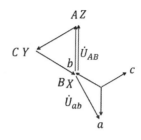

图 2-33　相量图

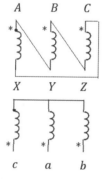

图 2-34　D,y 绕组接线图

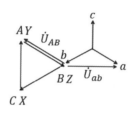

图 2-35　相量图

对变压器绕组联接组别的几点认识：

1）绕组标志（同名端或首末端）改变时,联接组号也改变。

2）Y,y 和 D,d 连接的变压器联接组号均为偶数,Y,d 和 D,y 连接的变压器联接组号均为奇数。

3）电力变压器有五种联接组,分别是：

（1）Y,d11 联接组:用于低压侧电压超过 400V,高压侧电压在 35kV 以下,容量 5600kVA 以下的场合。

（2）YN,d11 联接组:用在高压侧需要中性点接地,电压一般在 35～110kV 以上的场合。

（3）Y,yn0 联接组:用在低压侧为 400V 的配电变压器中,供给三相负载和单相照明负载,高压侧电压不超过 35kV,容量不超过 1800kVA。

（4）YN,y0 联接组:用于高压侧中性点需要接地的场合。

（5）Y,y0 联接组:用在只供三相动力负载的场合。

最常用的联接方式是 Y,y0 和 Y,d11 两种。

2.4　变压器的并联运行

两台或两台以上的变压器的原副方接到对应的母线上,共同向负载供电,称为变压器并联运行,如图 2-36 所示。

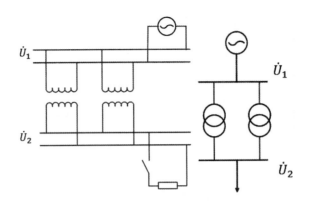

图 2-36 变压器并联运行接线

2.4.1 变压器并联运行优点

(1) 提高供电的可靠性。并联运行的变压器,如果其中一台发生故障或检修,另外的变压器仍照常运行,供给一定的负载。

(2) 提高运行效率。并联运行变压器可根据负载的大小调整投入并联的台数,从而减小能量损耗,提高运行效率。

(3) 减少备用容量,并可随用电量的增加,分批安装变压器,减少初次投资。

2.4.2 变压器理想的并联条件

(1) 各变压器的一次和二次额定电压相等,即各变压器变比相等。

(2) 各变压器一次和二次线电压的相位差相同,即各变压器连接组别相同。

(3) 各变压器的阻抗电压标幺值相等,短路阻抗角也相等。

2.4.3 变比不相等时变压器的并联运行

两台变比不等的变压器并联运行,把变压器的原方折算到变压器的副方,得出的等效电路如图 2-37 所示。

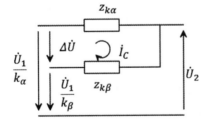

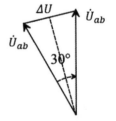

图 2-37 两台变比不等的变压器并联运行简化电路图   图 2-38 两台组别不同的变压器并联运行相量图

$$\text{电压差 } \Delta \dot{U}=\frac{\dot{U}_1}{k_a}-\frac{\dot{U}_1}{k_\beta}, \quad \text{空载环流 } \dot{I}_C=\frac{\Delta \dot{U}}{z_{ka}+z_{k\beta}} \tag{2-25}$$

并联变压器即使有很小的电压差存在,由于短路阻抗值很小,也会在并联变压器中产生很大的环流。如变压器变比差为 1% 时,环流可达额定值的 10%。环流不同于负载电流,在变压器空载时,环流就已经存在,它的存在将占用变压器的一部分容量,使变压器空载损耗增加,带负载能力降低。因此,变压器制造时,应对变比差加以严格控制,一般要求

$$\Delta k=\frac{|k_a-k_\beta|}{\sqrt{k_a k_\beta}}\leqslant 0.5\% \tag{2-26}$$

2.4.4　联接组别不同时的并联运行

连接组别是表示原副方电压相位关系,两台变压器组别不同,则副方电压会有相位差。相位差最小的角度是 30°。假设一台 Y,y12 连接的变压器和一台 Y,d11 连接的变压器并联运行,相量图如图 2-38 所示。

电压差 $\Delta U = 2U_{ab}\sin 15° = 0.52U_{ab}$,如此大的电压差和很小的短路阻抗,将在变压器中引起很大的环流,可能超过额定电流的许多倍,从而烧坏变压器。因此,连接组别不同的变压器绝不允许并联运行。

2.4.5　短路阻抗标幺值不等时的并联运行

由图 2-39 可得

$$\dot{I}_a : \dot{I}_\beta = \frac{1}{z_{k\alpha}} : \frac{1}{z_{k\beta}} \quad 或 \quad \dot{I}_a^* : \dot{I}_\beta^* = \frac{1}{z_{k\alpha}^*} : \frac{1}{z_{k\beta}^*},$$

$$\beta_a : \beta_\beta = \frac{1}{z_{k\alpha}^*} : \frac{1}{z_{k\beta}^*} \tag{2-27}$$

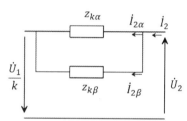

图 2-39　两台短路阻抗不等的变压器并联运行简化等效电路图

各变压器负载电流与它们的短路阻抗标幺值成反比。当各并联变压器阻抗电压标幺值相等时,各变压器负载率相同。否则,阻抗电压标幺值不等的变压器并联运行时,阻抗电压标幺值大的变压器满载运行,阻抗电压标幺值小的变压器已经过载;而阻抗电压标幺值小的变压器满载运行时,阻抗电压标幺值大的变压器又处于欠载运行。

如果并联运行各变压器阻抗电压标幺值相等,负载率相同,则负载分配最为合理。由于容量相近的变压器阻抗值相近,所以一般并联运行变压器的容量比不超过 3∶1。

在计算变压器并联运行时的负载分配问题时,还经常采用下面的计算方法:

第 i 台变压器负载系数为

$$\beta_i = \frac{S}{z_{ki}^*} \sum \frac{S_{jN}}{z_{kj}^*} \tag{2-28}$$

2.5　变压器的运行、维护及事故处理

2.5.1　变压器的运行标准

变压器在运行中一旦发生故障,将给电厂带来巨大经济损失.所以应当了解运行标准,掌握运行规律,以避免事故的发生。变压器的运行标准如下。

1. 允许温升

变压器运行时,绕组和铁心中的电能损耗都转变为热量,使变压器各部分的温度升高。变压器在环境温度为 +20℃ 下带额定负荷长期运行,使用期限 20～30 年,相应的绕组最热点的温度 98℃。变压器正常运行时,不准超绝缘材料所允许的温升。

2. 允许负载

变压器有负载时,因铜损和铁损而发热。变压器运行时,有一个允许连续稳定运行的额定负载,即变压器的额定容量。变压器三相负荷不平衡时,应严格监视最大电流相的负荷不得超过额定值,不平衡值不得超过额定电流的 10%。

3. 允许过负荷

变压器的过负荷能力，是指为满足某种运行需要而在某些时间内允许变压器超过其额定容量运行的能力。按过负荷运行的目的不同，变压器的过负荷一般又分为正常过负荷和事故过负荷两种。

1）变压器的正常过负荷能力

变压器的正常过负荷能力，就是以不牺牲变压器正常寿命为原则制定。同时还规定，过负荷期间负荷和各部分温度不得超过规定的最高限值。

2）变压器的事故过负荷

变压器的事故过负荷，也称短时解救过负荷。当电力系统发生事故时，保证不间断供电是首要任务，变压器绝缘老化加速是次要的。所以，事故过负荷和正常过负荷不同，它是以牺牲变压器寿命为代价的。事故过负荷时，绝缘老化率容许比正常过负荷时高得多，即容许较大的过负荷，但我国规定绕组最热点的温度仍不得超过 140℃。

4. 允许电压波动

当变压器原线圈所加电压升高时，由于其铁心磁化过饱和，从而使铁损耗迅速增大而造成铁心过热，在这种情况下变压器只能轻载运行。当电压升高时，还有可能使绝缘损坏。

根据上述情况，国家有关标准规定，变压器线圈所加电压一般不超 105％，并要求副线圈电流不大于额定电流。

2.5.2 变压器的运行方式

1. 正常运行

变压器在制造厂规定的冷却条件下，可按铭牌规范长期连续运行。变压器的运行电压一般不应高于该运行分接头额定电压的 105％，则变压器二次侧可带额定负荷。无载调压变压器在额定电压的 +5％ 范围内改变分接头位置运行时，其额定容量不变（如主变、低压厂变）。如为 -7.5％ 和 -10％ 分接时，其容量相应降低 2.5％ 和 5％。有载调压变压器在改变分接头时，额定容量也不变。

正常运行的变压器，负荷电流不得超过额定值。变压器三相负荷不平衡时，必须严格监视最大电流相的负荷不得超过额定值，不平衡值不得超过额定电流的 10％。

2. 变压器过负荷规定

变压器有两种过负荷状态，正常过负荷和事故过负荷。正常过负荷是依据变压器峰谷负荷，绝缘寿命互补的前提下的过负荷。正常过负荷允许值根据变压器的负荷曲线、冷却介质温度及过负荷前变压器所带负荷情况来确定；变压器事故过负荷只允许在系统事故情况下，并严格控制在规定允许的时间内运行。

变压器过负荷时，应调整负荷电流使其恢复正常值，如果不能恢复正常，则运行时间应严格控制在规定允许的时间内，并汇报值长。

分裂式变压器单线圈运行时，变压器的负荷不得超过额定容量的 50％。干式变压器当环境温度不超过 20℃ 时，带 130％ 负荷长期运行。当在强迫风冷 AF 运行方式下，变压器能够带 150％ 负荷长期运行。

变压器过负荷时应注意：存在较大缺陷的变压器不准过负荷运行（如：严重漏油、色谱分析异常、冷却系统不正常等）。全天满负荷运行的变压器不宜过负荷运行。变压器过负荷运行，应投入全部工作冷却器运行，必要时，投入备用冷却器，加强对上层油温的监视。过负荷的大小和持续时间应做好记录。主变压器的过负荷应以发电机的过负荷能力为限。

3. 变压器冷却装置的运行规定

正常运行时,油浸式变压器及干式变的冷却电源均要送上,电源控制开关应投"自动",冷却装置的控制开关应投"自动"。强油循环冷却变压器运行时,必须投入冷却器。空载和轻载时,不应投入过多的冷却器。

主变运行时,其冷却装置必须可靠投入运行,主变退出运行后,方可停用风扇、油泵。当风扇和油泵全停,主变带额定负荷允许运行 30min。但油温不超过允许值。

油浸风冷的高厂变当风扇全停,在油温不超过规定值时,允许长期运行的负荷电流不得超过规定值。高厂变采用油浸风冷,正常运行,变压器的冷却装置控制箱内的风扇启动回路中"手/自动"切换开关投"自动",各台风扇电源开关均合上,冷却风扇按设定的绕组温度自启动。

4. 变压器分接头运行规定

变压器检修后,在投运前,应确认有载调压开关顶部的瓦斯继电器中的残留气体放净,检查油位正常,油路通畅。投运前,至少进行一轮升压、降压的操作试验,切换操作正常,电动操作机构良好,方可正式带负荷运行。任何状态下就地分接开关操作箱门要关严,防止灰尘、雨水浸入。

无载调压分接开关的切换,必须在变压器停电并做好安全措施后由检修人员进行。值班人员在分接开关切换后,应检查其位置的正确性,由高试人员测量直流电阻,三相电阻的不平衡值应符合标准。

有载调压分接开关的切换调整,可在额定容量范围内根据厂用母线电压的高低带负荷调节。调节方式分远方电动、就地电动、就地手动 3 种。正常情况下,采用电动调压。只有在电动失灵时才允许手动调整,每次调整后,应检查分接开关位置指示与机构位置的一致性。

有载调压变压器严禁在变压器严重过负荷情况下进行分接头开关的切换;在正常过负荷情况下,不得频繁调整分接开关,严禁用"手动"方式操作有载调压开关。操作有载调压开关时应注意:有载调压开关原则上每次操作一档,隔 1min 后再调下档,当电动操作时,不得连续按住转换开关,以防连续切换数级。操作有载调压开关时,应严密监视电压变化、指示灯的变化,分接头位置指示正确。调整结束,应检查三相电压平衡、分接开关位置指示与机构位置的一致性。调压过程中出现异常时,应停止操作,查明原因。必要时,断开有载调压电源。

2.5.3　变压器投运前的试验

(1)变压器各侧开关的传动试验。

(2)新安装或二次回路工作过的变压器,应做保护传动试验。

(3)冷却系统电源的切换试验。

2.5.4　投运前的检测

(1)检查接地系统是否正确。

(2)油箱接地是否良好,接地螺栓应可靠接地。

(3)铁心(夹件)必须有效接地。

(4)检查各组件的接地是否正确可靠,如电容式套管法兰部位的试验末屏等。

(5)中性点引线及接地电阻接地良好,避雷器及接地线接地良好。

(6)检查气体继电器、压力释放阀、油位计、温度计及套管型电流互感器等的测量回路,保护、控制、信号回路的接线是否正确。各保护装置和断路器的动作应良好可靠。

2.5.5 变压器运行中的检查

1. 变压器运行中的正常检查项目

（1）检查变压器上层油温、油位正常，油色透明。

（2）检查变压器内有无异音，各部分有无漏油、渗油现象。

（3）检查变压器本体及外部套管应清洁，无破损裂纹，无放电痕迹，变压器本体无杂物。

（4）检查吸湿器应完好，硅胶无变色。

（5）检查变压器的安全释压阀应完好。

（6）检查故障气体监测仪无报警信号。

（7）检查变压器的充油套管油色、油位正常，无渗、漏油现象，套管监测仪无报警信号。

（8）检查变压器的冷却系统运行正常，PLC 程序控制装置无异常报警信号，强油循环的潜油泵运转正常，无过热现象；油流计指示正常，风扇运行正常（无反转、振动、声音异常等现象）。

（9）检查各引线接头无过热现象，各端子箱、控制箱门关好，外壳接地良好。

（10）对于有载调压装置，应检查其操作机构箱是否完好，分接头位置是否正确且就地与远方指示是否一致，有载调压装置机构箱内的恒温装置是否运行正常。

（11）检查干式变压器声音是否正常，线圈及铁心有无局部过热现象和绝缘烧焦的气味。

（12）检查变压器室门窗是否完好，房屋有无漏水渗水，照明是否充足及空气温度是否适宜。

（13）对于 Y，y0 接线形式的变压器的中性线电流，不应超过额定电流的 25%。

2. 变压器加强巡视检查的情况

（1）新设备或经过检修、改造的变压器在投运 24h 内。

（2）系统事故大冲击后。

（3）过负荷运行期间。

（4）带重大缺陷运行期间。

（5）在特殊天气运行时。

3. 变压器送电操作规定

（1）变压器送电前，应进行绝缘电阻测量，其绝缘电阻应符合要求达到的阻值，若绝缘电阻不合格，则不允许将变压器投入运行，告检修处理。

（2）强油循环风冷变压器投入运行前，其冷却装置应投入运行。油浸风冷变压器投入运行前，应将其风扇控制开关投"自动"位置。

（3）变压器充电，必须在保护较完备的电源侧进行，主变、高厂变用发电机作零起升压充电，低压厂用变压器必须从高压侧充电。

（4）新投入、检修后的变压器在安装或进行过有可能变动相序的工作，应核对相序无误后，方可送电投入运行。

（5）变压器新安装以及大修更换线圈后，必须做耐压试验，正常后方可进行额定电压下的冲击试验 3～5 次。冲击试验间隔 5min，正常后方可带负荷。

（6）变压器在正常或事故情况下并列倒换操作，必须考虑同期。

（7）有中性点接地刀闸的变压器，在投入前合上中性点接地刀闸，合闸后，按运行方式的要求再确定是否拉开。

4. 变压器的并列运行

（1）变压器并列运行的基本条件：线圈接线组别相同；线电压相等；短路阻抗标幺值相等。

（2）新安装或变动过内外连接线的变压器，并列运行前，必须核定相序正确。

（3）进行变压器的充电、并列操作时，应监视变压器负荷电流，发现异常情况，应查明原因。

（4）厂用电倒换操作时，应防止非同期，高厂变与启备变、低厂变不允许长期并列运行，仅在倒换厂用电运行方式时允许短时并列，在倒换时，应注意满足合环条件。

5. 变压器的停电操作规定

变压器在停电前应先拉开负荷侧开关，然后再拉开电源侧开关，经检查确认开关三相在开位后，方可拉开有关刀闸及停止变压器冷却装置。

2.5.6　变压器异常运行及事故处理

1. 变压器的异常处理原则

（1）在变压器运行中值班人员发现有任何异常现象（如漏油、油位过高或过低、温度突变、声音不正常、冷却系统不正常等），应报告值长，联系检修人员，设法尽快消除，并将详细情况记录在值班日志上。

（2）若发现异常现象有威胁安全运行的可能性时，应立即将变压器停运转进行检修，若有备用变压器，应尽可能将备用变压器投入运行。

2. 运行中的变压器发生下列情况之一，应汇报值长，要求安排停电检查

（1）套管式瓷瓶破裂，未见放电时。

（2）引线发热变色，但未熔化。

（3）上部有杂物危及安全，不停电无法消除。

（4）负荷及冷却条件正常的情况下，变压器上层油温上升达最高允许值。

（5）声音异常，有轻微放电声。

（6）变压器油质不合格。

3. 变压器发生下列情况之一，必须立即断开电源，停止其运行

（1）不停电不能抢救的人身触电和火灾。

（2）套管破裂，表面闪络放电。

（3）引线端子熔化，断线起弧。

（4）油枕或安全阀向外喷油。

（5）有强烈不均匀的噪声，内部有爆炸放电声。

（6）在正常的负荷和冷却条件下，上层油温急剧升高超过允许值，且继续上升。

（7）变压器外壳破裂漏油。

（8）大量漏油使瓦斯继电器看不见油位。

（9）冷却装置故障无法恢复，油温超过允许值且持续上升。

（10）干式变压器绕组有放电声，并有异味。

4. 变压器油位异常

（1）当油枕的油位高于或低于环境温度的标线时，应根据季节气候及变压器的冷却条件，分析油位变动的原因，加强油位的监视，并联系检修班补油或放油。

（2）如果因温度升高使油位可能高出油位表（计）指示时，则应放油，使油位下降至适当的高度，以免溢油。如果油位的异常升高是由于呼吸器密封系统阻塞而引起的，应采取措施加以消除，在变压器呼吸系统未恢复正常前禁止任意放油。

(3) 如果漏油使油位下降到标线下限,应迅速采取措施,消除漏油。

(4) 变压器油位下降,补油前禁止将重瓦斯保护改投信号。

(5) 如果油位明显降低,且无法恢复正常。应将变压器退出运行。

5. 变压器温度过高,不正常的升高或发出温度报警后的处理

(1) 检查是否由负荷或环境温度的变化引起,同时核对相同条件下的温度记录。

(2) 检查变压器远方温度和就地温度计的指示是否正常。

检查冷却装置运行是否正常,若温度升高的原因是由于部分冷却系统故障造成,则值班人员应汇报值长,投入备用冷却器运行。没有备用冷却器者,减少变压器的负荷,使温度不超过额定值。

(3) 检查外壳及散热器温度是否均匀,有无局部过热现象。

(4) 若发现油温较平时同一负荷和冷却温度下高出10℃以上,或变压器负荷不变,油温仍不断上升,应汇报值长,要求减负荷或将变压器停下检修。

6. 运行中的变压器发出"轻瓦斯动作信号",应进行如下检查处理

(1) 检查变压器本体、油位、油温是否正常,有无喷漏油情况。

(2) 检查二次回路是否有故障,或二次回路是否有人工作造成误动作。

(3) 若信号动作是因油中剩余空气逸出或强油循环系统吸入空气而动作,而且信号动作间隔时间逐次缩短,则应做好事故跳闸的准备。如有备用变压器,应切换为备用变压器运行,不允许将运行中变压器的重瓦斯改投信号;如无备用变压器,应报告上级领导,将重瓦斯改投信号,同时应立即查明原因加以消除。

(4) 若是油面下降引起瓦斯继电器动作发信,应立即检查油面下降原因,并禁止将重瓦斯改投"信号位置"。

(5) 若瓦斯继电器内存在气体时,应记录气量,鉴定气体,进行色谱分析,记录每次瓦斯动作的时间。

(6) 若瓦斯继电器内气体是无色、无臭而不可燃,色谱分析结果判断为空气,则应放气恢复信号监视,变压器可继续运行。

(7) 若瓦斯气体是可燃的,色谱分析其含量超过正常值,经常规试验加以综合判断,如变压器内部已有故障,必须将变压器停运,以便分析动作原因和进行检查试验。

7. 变压器有载调压装置远动失灵处理

(1) 运行人员应首先检查其电源是否完好,若电源完好,应立即通知检修人员检查控制回路,如有故障,应立即消除。

(2) 若查不出原因或故障一时无法消除,在必须调节分接头时,可以切换到近控电动调节。近控调节时,集控室要有专人与现场联系,每调整 档分接头,均要监视母线电压的变化,核对画面显示分接头指示与就地实际分接头位置指示相符。

(3) 如就地电动调节也失灵,检修一时无法处理好,且系统又急需要调节时,在得到值长或总工命令后,应切断电动调节电源,联系好后,可就地手动调节。步骤如下:手动操作时,将专用手柄插入传动孔内,往复轻轻摇动使齿轮装置与手柄吻合。按现场升压(或降压)指示方向,摇动手柄调整到相邻一挡位置,注意分接头位置指示正常。手动调整结束,应检查现场位置指示与遥控盘上位置指示一致。

8. 变压器事故跳闸处理的原则

继电保护动作将变压器开关切除,在没有查明原因消除故障之前,不得将变压器恢复送

电,但在紧急情况下,经调度许可,对反映外部故障的保护动作跳闸的变压器,可以强送电一次,而对反映内部故障的保护动作跳闸的变压器,禁止强送。

厂用变压器跳闸,厂用母线失压,应迅速查明备用电源投入的情况,当确认备用电源自动投入装置未动作时,且有保护动作掉牌信号,不允许强送。

确认由于人员误操作或开关机构失灵跳闸的变压器,应立即恢复送电。

确认由于保护装置误动被切除的变压器,应将保护暂停使用,或排除保护故障后,尽快恢复送电。

9. 变压器重瓦斯保护动作的处理

应查看变压器差动保护、速断保护是否同时动作。若差动保护或速断保护或压力释放阀(防爆门)同时动作,在未查明原因以前,不许再投入运行。

不论重瓦斯保护动作于跳闸或信号,值班人员均应检查变压器外壳各部及油的情况,查看是否出现异常现象,瓦斯继电器有气体时,应立即取气样和油样进行色谱分析。

根据变压器跳闸时的现象(系统有无冲击,电压有无波动)、外部检查及色谱分析结果,判断变压器故障性质,找出原因。若当时系统无冲击,表计无波动,瓦斯继电器无气体,检查变压器外壳各部及油色均正常,经继保人员确认属保护误动作时,排除故障后,对变压器强送一次(有条件应零起升压),在强送或零起升压过程中,出现任何异常,应立即断开变压器各侧电源开关,将变压器隔离。若保护检查未发现问题,将情况汇报值长,听候处理。若当时系统有冲击,表计有波动,检查气体为可燃气体,应立即停用变压器,对其进行检查,在变压器未经检查及试验合格以前不许再投入运行。

重瓦斯试投信号期间,在系统无冲击,表计无反应的情况下发出掉牌信号,可以不必立即将变压器停下,但应将情况向值长汇报,听候处理。

变压器重瓦斯保护动作应同时启动消防回路(当差动启动消防投入时),消防回路启动后,按消防规定处理。

10. 变压器差动或电流速断动作跳闸的处理

跳闸同时伴有瓦斯保护动作信号或系统无其他故障情况下出现冲击扰动,应视为变压器内部故障,将变压器停电,未查明原因及消除故障,不得恢复送电。

跳闸时系统无故障,瓦斯保护也未动作,应对差动范围内的设备及引线进行全面检查,测量变压器绝缘电阻,通知继保人员检查保护动作是否正确,并将情况报告值长,能否恢复送电,听候处理。

变压器充电过程中,差动或电流速断保护动作跳闸,而对变压器及其引线进行检查,未发现问题,送电前测量绝缘电阻合格,经继保人员对保护及二次回路检查确认无误后,允许再充电一次。充电时应加强监视,判断是否因励磁涌流引起,如再动作,在查明原因并消除缺陷前,不许再充电。

11. 变压器后备保护(零序保护、负序电流、对称短路距离保护)动作跳闸的处理

跳闸时,经检查没有其他故障迹象,经继保、变电人员核实后,可将变压器重新投入运行,若再跳,不得强送。

若因变压器主保护拒动而引起后备保护动作,在确认后,应按主保护动作处理。

若因外部故障引起变压器保护越级跳闸且故障设备已隔离,应对变压器系统进行全面检查,若未发现问题,可将变压器投入运行。

12. 变压器着火的处理

将变压器停电,断开各侧开关,停用冷却器,通知消防人员。严禁在未断开电源之前灭火。

有备用变压器的应将备用变压器投入运行。

主变或高厂变着火时,应将该单元机组解列停机。

隔离火源,以防蔓延。

变压器顶盖着火,应打开变压器事故放油门,使油面低于着火处。

外壳爆破起火,应将全部油放尽,排入油池。

用干粉或二氧化碳、四氯化碳灭火器灭火,地面及油坑着火时,可用黄沙或泡沫灭火器灭火。

当变压器附近的设备着火、爆炸或发生其他情况,对变压器构成严重威胁,必要时,值班人员应将变压器停运。

13. 变压器运行时声音异常或噪声较大

如果声音时大时小,时有时无,没有规律,根据我们的经验,主要是高次谐波影响产生的噪声。如钢铁厂化工厂用电炉的单位,会有电弧产生;另外,单位里的设备如使用硅整流装置,均会产生高次谐波。再则,也有可能是电网上传递过来的,或附近单位的设备传递和发射过来的。

高次谐波对变压器的影响主要是增加附加损耗,温度(温升)要有所增高。如果是自己负载产生的,只要分别关掉某一路开关,声音没有或减少了,则某路开关即为故障源。

检查是否输入电压过高,存在过励磁现象。

如果声音不是电磁声,而是机械声音的异常,在排除变压器外部紧固件松动的情况后,则要根据电气试验和色谱分析,进行综合分析,采取必要的措施,判断变压器内部是否存在故障。

14. 变压器渗漏油

这是油浸式变压器最常见的毛病,产生的主要原因有,材质、材料本身的原因;部件本身制造质量或材料有气孔,缩孔有夹层;密封件老化、开裂和材质不好;工艺装配不到位。

15. 直流电阻有异常

直流电阻异常在预防性试验和平时多有发生,需要引起注意,根据情况不同,分别处理。

产生的原因主要是各连接部分存在接触不可靠或有氧化现象;高压导电杆与部件的接触压接或焊接不到位,产生接触电阻。

处理方法是检查开关引线的连接状态,及各线圈的引线、各部分连接处的状态。

2.5.7 变压器非正常工作状态(变压器偏磁现象)

1. 变压器直流偏磁的原因

当直流输电系统在双极不对称或单极运行时,将有一定的直流电流通过直流系统接地极流入大地,同时在大地表面形成不等电位,这时,直流电流通过变压器中性点进入变压器绕组,产生直流磁通,此时,变压器铁心中包含恒定直流磁通和交流磁通,产生直流偏磁,即变压器出现偏磁现象。

变压器正常工作在交流过励磁情况下,铁心磁通密度增加,励磁电流产生畸变,变压器工作在磁化曲线非线性的区域,励磁电流波形为尖顶波,且正负半波对称。如图2-40所示。

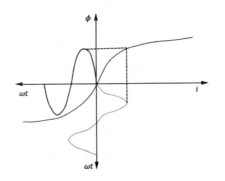

图2-40 变压器无直流偏磁时磁通和励磁电流的波形

变压器在直流偏磁下,直流与交流磁通相叠加,与直流偏磁方向一致的半个周波的铁心饱和程度增加,另外半个周波的饱和程度减小,对应的励磁电流波形呈现正负半波不对称的形状。如图 2-41 所示。

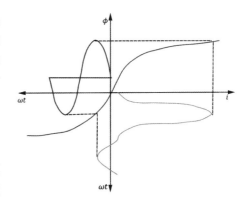

图 2-41 变压器直流偏磁时磁通和励磁电流的波形

2. 变压器直流偏磁的危害

1) 变压器噪声和振动加剧

由于变压器磁滞伸缩的原因,当变压器发生直流偏磁时,铁心的伸缩、振动幅度将增大,从而导致噪声增大;同时,由于磁滞伸缩产生的震动是非正弦的,其噪声包含多种谐波分量,当某一分量与变压器构件发生共振时,噪声将更大,有可能导致变压器内部零件松动、绝缘受损。容易出现铁心绑带松脱、铁心柱弯曲、铁心片叠片串片等问题。

2) 电压波形畸变

由于变压器铁心发生直流偏磁,严重时,铁心可能工作在深饱和区,从而使变压器漏磁通增加,使电压波形发生畸变。

3) 产生谐波

正、负半波对称的周期性励磁电流中只含奇次谐波。由于直流偏磁的作用,使半波深度饱和的变压器励磁电流中出现了偶次谐波。此时,变压器成了交流系统中的谐波源,可能会造成补偿电容器组发生谐波放大甚至谐振,危害电容器组的安全运行。

4) 变压器无功损耗增加

由于直流偏磁引起变压器饱和,励磁电流大大增加,使变压器无功损耗增加,它可使系统电压下降,严重时,可使整个电网崩溃。

5) 继电保护系统故障

由于变压器直流偏磁引起的波形严重畸变,会导致部分继电保护装置不能正确动作,其产生的零序次谐波(如 3/6/9 次谐波)可能导致零序电压或电流启动的继电保护装置误动。

2.6 国电南浔公司变压器

2.6.1 分裂绕组变压器

1. 分裂绕组变压器的用途

随着变压器容量的不断增大,当变压器副方发生短路时,短路电流数值很大,为了能有效地切除故障,必须在副方安装具有很大开断能力的断路器,从而增加了配电装置的投资。如果采用分裂绕组变压器,则能有效地限制短路电流,降低短路容量,从而可以采用轻型断路器以节省投资。现在大型电厂的启动变压器和高压厂用变压器(简称厂变)一般均采用分裂绕组变压器。例如某电厂高压厂变采用分裂绕组变压器后,采用的接线如图 2-42 所示。国电南浔公司主变采用分裂绕组变压器,两台发电机升压后,共同向电网供电,接线如图 2-43 所示。

2. 分裂绕组变压器的结构原理

分裂绕组变压器是将普通双绕组变压器的低压绕组在电磁参数上分裂成两个完全对称的绕组,这两个绕组间仅有磁的联系,没有电的联系,两个分裂绕组的容量之和等于变压器的额定容量。为了获得良好的分裂效果,这种磁的联系是弱联系。由于低压侧两个绕组完全对称,

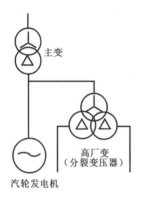

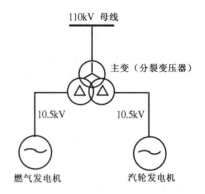

图 2-42　某电厂高压厂用分裂绕组变压器接线图　　　图 2-43　国电南浔公司主变分裂绕组变压器

所以，它们与高压绕组之间所具有的短路电抗应相等。两个分裂绕组是相互独立供电的。它的绕组排列和绕组原理接线如图 2-44 和图 2-45 所示。

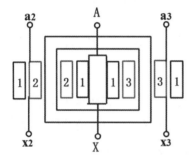

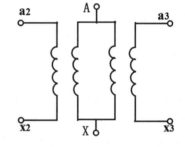

图 2-44　绕组排列情况　　　　　　　　　　图 2-45　绕组原理接线图

　　三相分裂绕组的结构布置形式有轴向式和径向式两种。在轴向式布置中，被分裂的两个绕组布置在同一个铁心柱内侧的上、下部，不分裂的高压绕组也分成两个相等的并联绕组，并布置在同一铁心柱外侧的上、下部。绕组排列和原理接线如图 2-46 和图 2-47 所示。

　　在径向式布置中，分裂的两个低压绕组和不分裂的高压绕组都以同心圆的方式布置在同一铁心柱上，且高压绕组布置在中间，绕组排列和原理接线如图 2-44 和图 2-45 所示。两种布置的共同特点是两个低压分裂绕组在磁的方面是弱联系，这是双绕组分裂变压器与三绕组普通变压器的主要区别。

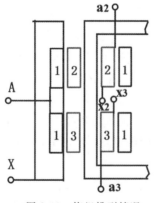

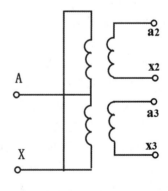

图 2-46　绕组排列情况　　　　　　　　　　图 2-47　绕组原理接线图

3. 分裂绕组变压器的运行方式

分裂绕组变压器有三种运行方式。

1）分裂运行

两个低压分裂绕组运行,低压绕组间有穿越功率,高压绕组开路,高低压绕组间无穿越功率。在这种运行方式下,两个低压分裂绕组间的阻抗称为分裂阻抗。由于两个低压绕组之间没有电的联系,而绕组在空间的位置,又布置得使它们之间有较弱的磁的耦合,所以,在分裂运行时,漏磁通几乎都有各自的路径,互相干扰很少,这样,它们都具有较大的等效阻抗。

2）穿越运行

两个低压绕组并联,高、低压绕组运行,高、低压绕组间有穿越功率,在这种运行方式下,高、低压绕组间的阻抗称为穿越阻抗。穿越阻抗的物理现象是当该变压器不作分裂绕组运行,而改为普通的双绕组运行时,原副绕组之间所存在的等效阻抗。这个等效阻抗的百分比是比较小的。

3）半穿越运行

当任一低压绕组开路,另一低压绕组和高压绕组运行时,高低压绕组之间的阻抗称为半穿越阻抗,这一运行方式,是分裂绕组变压器的主要运行方式。由于分裂绕组 2 和 3 的等值阻抗与不分裂运行时,即普通双绕组变压器运行时相比大得多,所以半穿越阻抗的百分比也是比较大的,因此工程上用来有效地限制短路电流。

根据上面的分析,可得分裂绕组变压器的特点如下:

(1) 能有效地限制低压侧的短路电流,因而可选用轻型开关设备,节省投资。

(2) 在降压变电所,应用分裂变压器对两段母线供电时,当一段母线发生短路时,除能有效地限制短路电流外,另一段母线电压仍能保持一定的水平,不致影响供电。

(3) 当分裂绕组变压器对两段低压母线供电时,若两段负荷不相等,则母线上的电压不等,损耗增大,所以分裂变压器适用于两段负荷均衡又需限制短路电流的场所。

(4) 分裂变压器在制造上比较复杂,例如当低压绕组发生接地故障时,很大的电流流向一侧绕组,在分裂变压器铁心中失去磁的平衡,在轴向上由于强大的电流产生巨大的机械应力,必须采取结实的支撑机构,因此在相同容量下,分裂变压器约比普通变压器贵 20%。

2.6.2　国电南浔公司主变压器(简称主变)

1. 主变技术规范如表 2-1 所列。

表 2-1　　　　　　　　　　　　　　主变压器技术规范

设备命名编号	♯1 主变/♯2 主变
型号	SFFP-150000/121
型式	三相分裂线圈铜绕组无励磁调压油浸式变压器
制造厂	南通晓星变压器有限公司
额定容量(MVA)	150/100/50
额定电压(kV)	$121\pm2\times2.5\%/10.5$
额定电流(A)	715/5499/2750(高压/燃机侧/汽机侧)
相数	3
频率(Hz)	50
接线组别	YNd11d11
空载损耗(kW)	80(100%额定电压)

续表

设备命名编号		＃1 主变/＃2 主变	
负载损耗(kW)		370(75℃)	
空载电流(A)		0.2(100％额定电压)	
短路阻抗		阻抗电压:U12＝10.5％(正序);U13＝10.5％(正序) 分裂阻抗电压:U23＝ 26％	
允许温升(K)		绕组 70,顶层油 55	
变压器重量(t)	总重	145	
	油重	24.5	
	运输重(充气)	120	
噪声水平(dB)		75	
冷却方式		强迫油循环风冷(ODAF)	
冷却装置	冷却器	3 组	
	油泵(每组 1 台)	380V,3kW,7A	
	风机(每组 1 台)	380V,1.1kW,3.7A	
变压器绝缘油牌号		克拉玛依＃25 环烷基变压器油	
分接头切换方式		无电压切换	

3. 分接头布置

位置	电压(kV)	电流(A)	无压切换开关的联接
1	127050	682	
2	124025	698	
3	121000	715	
4	117975	734	
5	114950	753	

2. 主变结构介绍

(1) 主变内部铁心采用高导磁率的矽钢片冲叠而成,为三相五柱式。铁心柱上的主变线圈,两低压线圈绕在内层,高压线圈绕在外层,在高、低压线圈之间,高压线圈与主油箱之间均设有绝缘油的油流通道。以达到变压器铁心充分冷却,铁心的接地从变压器顶部引出并与变压器外壳相连。

(2) 主变的主油箱采用箱式全封闭结构,现场安装,不需要吊心检查。变压器的油有两大用处:散热和绝缘。

(3) 主变采用单油枕,布置在主变压器的顶部,油枕内部装有胶囊,使绝缘油与外界空气隔绝,又使绝缘油自由膨胀。

作用:

① 调节变压器油位,起储油补油的作用;

② 减少空气与绕组、铁心的接触,减少油的劣化速度;

③ 其侧面装有油位计(油标管),可以很直观的观察油位。

(4) 为释放由于变压器内部故障或其他原因引起的主油箱内异常升高的压力,主变配置了"弹簧自复式压力释放装置",位于变压器顶部。

防爆管(喷油管)装于变压器的顶盖上面,喇叭型的管子接于储油枕或与大气连接,关口用薄膜封住。当变压器内部有故障的时候,油箱内温度升高,油剧烈分解产生大量的气体,使油箱内的压力剧增,这时,防爆管的薄膜破碎,油以及气体由管口喷出,防止变压器的油箱爆炸或是变形。

(5) 油呼吸器由一铁管和玻璃容器组成,内装干燥剂(硅胶),当储油枕内的空气随变压器油的体积膨胀或是缩小时,排出或是吸入的空气都要经过呼吸器,呼吸器内部的干燥剂吸收空气中的水分,对空气进行过滤作用,保持油的干燥和清洁。

经常用的硅胶本身为浅蓝色,受潮后变为粉红色,可以重复利用。

(6) 散热器(冷却器)其工作原理为:变压器上层油温高于下层油温,通过散热器形成对流,经过散热器冷却后流回油箱,起到降低变压器温度的作用。一般小型变压器采取自然冷却的方法。主变压器为了提高变压器油的冷却效果,采用强迫有循环风冷。

(7) 绝缘套管。变压器各侧绕组引出线必须采用绝缘套管,以便于连接各侧引线。

(8) 调压开关(切换器)其工作原理为:通过改变变压器绕组的匝数来调整电压比的装置。主变采用的是无载调压装置。调节的时候必须停电,并且调节完毕后必须测量绝缘电阻。

调压装置不是直接放在变压器油中的,而是和变压器本体分开;调压装置有自己的储油枕和自己的保护装置(瓦斯保护)。

(9) 气体继电器(瓦斯继电器)是变压器的主保护,装在变压器的油箱和储油枕的连接管上。当变压器内部故障的时候,气体继电器上触点接信号回路,下触点接断路器跳闸回路。

变压器除此之外还有温度计、热虹吸、吊装环、人孔支架等附件。

3. 变压器冷却装置的运行方式

主变共装有 3 组冷却器,每组冷却器配置 1 台油泵,3 台冷却风扇。

主变冷却控制箱采用两路独立电源供电,两路电源可任意选一路作为工作或备用。当冷却器自动投退控制回路投用时,一路电源故障时,另一路电源能自动投入。

主变每组冷却器的工作状态分为:工作、辅助、备用、停止。正常情况下,3 组冷却器 1 组选择"工作",1 组选择"辅助",1 组选择"备用"。当冷却器自动投入回路投用时,冷却器自动投、退是根据发电机灭磁开关投、退,顶层油温、运行负荷而定。

主变任一个冷却器确定为"工作冷却器"时,送上电源后,待发电机灭磁开关一合上,该主变压器冷却器油泵和冷却风扇即投入运行。

主变任一个冷却器确定为"辅助冷却器"时,送上电源后,当主变负荷达到 75%(主变电流大于 536A)时或主变压器油温达到 55℃后,该组冷却器油泵和冷却风扇自动投入运行;当主变负荷小于等于 75%(主变压器电流小于或等于 536A)时或主变压器油温低于 45℃时,该组冷却器油泵和冷却风扇自动停运。

主变任一个冷却器确定为"备用冷却器"时,当工作或辅助冷却器出现故障时,备用冷却器能自动投入运行。

4. 主变本体监测和保护装置

1) 变压器油温监测

装有采用温包式油温测量装置的温度指示表,供就地油温指示及远方报警。变压器高、低压线圈温度监测。

装有采用温包式线圈温度测量装置的温度指示表,供就地线圈温度指示、远方报警及冷却器控制。

2) 变压器油位监测

装有带油位报警接点的圆盘指针式油位计,供就地油位指示及远方报警。

3) 油流监测

装有无油流报警接点的油流计,供冷却器控制及报警。

4) 变压器绝缘油中可燃气体含量的监测

变压器运行中,油中溶有异常气体是变压器发生事故的最初预兆,主变本体上安装了智能型油气体在线监测装置,该装置能按实际需要的检测周期,对油中可燃气体 H_2、CO、C_2H_2 及 C_2H_2 的浓度进行自动监测,监测装置中的电化学气体传感器对 H_2、CO、C_2H_2 及 C_2H_2 具有足够的灵敏度,反应准确。

在线监测装置其基本工作原理是变压器油中的可燃气体通过渗透膜进入传感器中的电化学气体检测器,在那里与氧气结合产生一个与油内气体反应速率成比例的电信号,该信号经 CPU 数据处理系统进行运算判断、分析并及时发出报警信号,实现了变压器油中气体的在线监测。

2.6.3 国电南浔公司高压厂变

高压厂变技术规范见表 2-2。

表 2-2 高压厂变技术规范

设备命名编号		#1 高压厂变
型号		SZ11-10000
型式		三相双绕组铜导体有载调压型户外油浸式降压变压器
制造厂		南通晓星变压器有限公司
额定容量(MVA)		10
额定电压(kV)		10.5±8×1.25%/6.3
调压范围		±10%
调压级数		17 级
额定电流(A)		549/916(高压/低压)
相数		3
频率(Hz)		50
接线组别		Dd0
短路阻抗		Ud=4%
空载损耗(kW)		10
负载损耗(kW)		41
空载电流(A)		3(额定电压)
允许温升(℃)		绕组 65,油面 50
变压器重量(t)	器身吊重	12.81
	油重	6.57
	总重	27.1
	上节油箱吊重	3.66
	运输重(带油)	23.63
噪声水平(dB)		75

续表

设备命名编号	♯1 高压厂变		
冷却方式	自冷(ONAN)		
变压器绝缘油牌号	克拉玛依♯25 变压器油		
分接头切换方式	有载切换		
绝缘水平(kV)			
高压绕组	105kV(雷电冲击耐受电压、全波)		
低压绕组	75kV(雷电冲击耐受电压、全波)		
分接头布置			
位置	电压(kV)	电流(A)	无压切换开关的联接
1	10.4	555.2	
2	10.4125	554.5	
3	10.425	553.8	
4	10.4375	553.1	
5	10.45	552.5	
6	10.4625	551.8	
7	10.475	551.2	
8	10.4875	550.5	
9	10.5	549.9	
10	10.5125	549.2	
11	10.525	548.6	
12	10.5375	547.9	
13	10.55	547.2	
14	10.5625	546.6	
15	10.575	546	
16	10.5875	545.3	
17	10.6	544.7	

2.6.4　国电南浔公司低压厂变

低压厂变技术规范见表 2-3。

表 2-3　　　　　　　　　　　　低压厂变技术规范

设备命名编号	型式	容量(kVA)	额定电压(kV)(高压/低压)	额定电流(A)(高/低压)	接线组别	阻抗电压	允许温升(℃)	接地方式
♯1 低压厂变	干式AN/AF	2500/3500	6.3±2×2.5%/0.4	229/3608 321/5052	Dyn11	Uk=8%	115	直接接地
♯2 低压厂变	干式AN/AF	2500/3500	6.3±2×2.5%/0.4	229/3608 321/5052	Dyn11	Uk=8%	115	直接接地
♯1 公用变	干式AN/AF	1600/2240	6.3±2×2.5%/0.4	147/2309 205/3233	Dyn11	Uk=6%	115	直接接地

续表

设备命名编号	型式	容量(kVA)	额定电压(kV)(高压/低压)	额定电流(A)(高/低压)	接线组别	阻抗电压	允许温升(℃)	接地方式
♯2 公用变	干式AN/AF	1600/2240	6.3±2×2.5%/0.4	147/2309 205/3233	Dyn11	Uk＝6%	115	直接接地
♯1 厂前区变	干式AN/AF	800/1120	6.3±2×2.5%/0.4	73/1155 103/1617	Dyn11	Uk＝6%	115	直接接地
♯2 厂前区变	干式AN/AF	800/1120	6.3±2×2.5%/0.4	73/1155 103/1617	Dyn11	Uk＝6%	115	直接接地
♯1 水处理变	干式	1600	6.3±2×2.5%/0.4	147/2309	Dyn11	Uk＝6%	115	直接接地
♯2 水处理变	干式	1600	6.3±2×2.5%/0.4	147/2309	Dyn11	Uk＝6%	115	直接接地

2.6.5 变压器正常运行检查和监视

1. 油浸式变压器检查项目

(1) 主变、高压厂变的油温和高、低压线圈温度的就地指示和 CRT 上相同，且数值正常，风扇运行与组别开关选择一致，风扇运行状态与线圈温度相符。

(2) 油位正常，各油位表、温度表不应积污和破损，内部无结露。

(3) 变压器油色正常，本体各部位不应有漏油、渗油现象。

(4) 变压器声音正常，无异声发出，本体及附件不应振动，各部温度正常。

(5) 硅胶颜色正常，呼吸器油杯油位正常，外壳清洁完好。

(6) 冷却器无异常振动和异声，油泵和风扇运转正常。

(7) 主变压器油流表指示正常。

(8) 变压器外壳接地、铁心接地及中性点接地装置完好。

(9) 变压器一次回路各接头接触良好，不应有过热现象。

(10) 变压器冷却器控制箱内各开关在运行规定位置。

(11) 变压器消防水回路完好，压力正常。

(12) 套管瓷瓶无破损、裂纹，无放电痕迹，充油套管油位指示正常。

(13) 主变在线监测仪运行正常。

2. 干式变压器检查项目

(1) 变压器温度控制装置温度指示正常，无绕组温度高报警信号。

(2) 变压器周围环境温度无过高，冷却风扇运转情况与线圈温度相对应。

(3) 无异声、焦臭、变色和异常振动情况。

(4) 变压器周围无漏水，外表清洁完好。

(5) 变压器柜前、后门应关闭。

3. 有载调压开关的巡视检查项目

(1) CRT 指示和就地指示应能正确反映实际档位。

(2) 有载调压开关计数器动作应正常，并做好动作次数的记录。

(3) 油位、油温、油色指示正常，无渗油。

（4）硅胶颜色正常,呼吸器油杯油位正常,外壳清洁完好。

（5）瓦斯继电器应正常,无渗油,防爆装置正常。

（6）电动操作机构状态良好。

（7）有载调压开关的瓦斯继电器在运行报警时,应立即停止有载分接开关的操作,并速查明原因及时处理。

（8）变压器过负荷时,禁止进行分接开关切换操作。

第3章 异步电动机

3.1 异步电动机的基本知识

三相异步电动机的基本结构可分为定子和转子两大部分。定子槽内置有三相对称绕组；转子槽中则嵌有笼条或线圈,它自成闭路不和定子绕组相连接。在定子和转子之间有气隙,定子、转子的铁心以及气隙组成了电机的主磁路。为了减小磁路的磁阻,也即减小电机的励磁电流,异步电机的气隙长度应在机械安全允许的条件下尽可能地缩小。异步电机的定子固定在机座内,转子则承托在电机两侧端盖的轴承座上。端盖有封闭式和不封闭式两种。异步电动机的结构示意如图 3-1 所示。以下就异步电机的主要结构部件作一简单介绍。

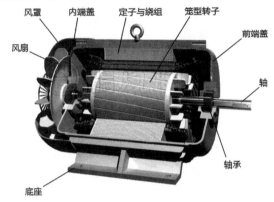

图 3-1 异步电动机结构示意

3.1.1 异步电机的结构

1. 定子

定子由定子铁心、定子绕组、机座三部分组成。

1）定子铁心

定子铁心是电机的磁路部分,是用 0.5mm 厚的硅钢片冲成所需的形状,叠成一定的厚度,压紧成圆筒形。定子铁心内圆分布的槽用来嵌放定子绕组。如图 3-2 所示。

2）定子绕组

定子绕组是电机的电路部分。小容量的异步电机多采用单层绕组,而容量较大的异步电机一般均采用双层短距绕组,异步电机定子绕组的结构与同步电机的定子绕组基本上类同。定子绕组中通入三相对称电流时产生旋转电枢磁势。如图 3-3 所示。

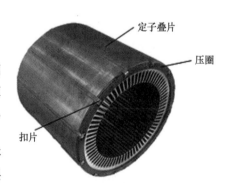

图 3-2 定子铁心

3）机座

机座或称机壳,它的作用主要是支撑定子铁心,同时也承受整个电机负载运行时产生的反作用力。它不是电机的磁路部分。中小型电机的机座通常采用铸铁成型,大型电机的机身较大,浇铸不方便,常用钢板焊接成型。如图 3-4 所示。

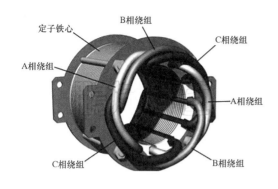

图 3-3 定子绕组

图 3-4 机座

2. 转子

异步电机的转子由转子铁心、转子绕组和转轴等部件组成,如图 3-5 所示。

图 3-5 转子

转子铁心也是异步电机主磁路的一部分,常用定子铁心冲剪下来的同型号同规格的圆形硅钢片加工叠成,并用热套或用键将它固定在转轴上。冲剪好的转子钢片,在其外圆上同样也开有槽,以便嵌放转子线圈或转子导条之用,如图 3-6 所示。

转子绕组是转子的电路部分,它自成闭路,不与定子绕组相连。按转子绕组结构的不同,异步电机的转子可分为鼠笼式和绕线式两种。

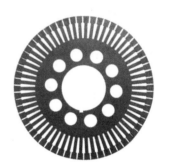

图 3-6 转子铁心

1）鼠笼式转子

鼠笼式转子绕组结构简单,将导条放置在转子铁心槽内后,两端伸出部分各自用端环短接,所以,整个转子绕组形状似一个笼子,称为鼠笼式电机。如图 3-7 所示。

2）绕线式转子

绕线式转子绕组和定子绕组相似,它是将线圈嵌放在槽内并连接成三相对称绕组。一般为星形接法。它的三个出线端分别焊接在三个同轴旋转且与轴绝缘的滑环上,然后通过电刷把三相电流从滑环处引出,然后分别串联在附加电阻箱上,三相附加电阻箱是一个三相可同时调节的电阻。图 3-8 是它的接线示意图。

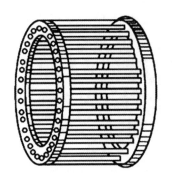

图 3-7　鼠笼式转子绕组

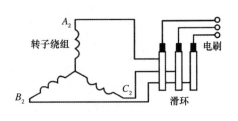

图 3-8　绕线式转子绕组

3.1.2　异步电动机的工作原理

定子绕组中通入三相电流后,三相电流产生的合成磁场是随电流的交变而在空间不断地旋转着,这就是旋转磁场。异步电动机所以能够转动起来,其必要条件就是定子绕组产生旋转磁场。旋转磁场的方向决定于定子三相绕组电流的相序;旋转磁场的速度决定于外加电源频率 f 和定子绕组的磁极对数 p,即

$$n_1 = \frac{60 f_1}{p} \tag{3-1}$$

式中,n_1 称为同步转速。

由于定子旋转磁场与静止的转子之间有相对运动,所以转子上的绕组导体便切割定子旋转磁场的磁力线而产生感应电流,其方向用右手定则确定。带电流的转子绕组与定子旋转磁场相互作用将产生电磁力,其方向用左手定则确定。这些电磁力对转轴形成一个与旋转磁场同方向的电磁转矩,驱使转子沿旋转磁场的方向以转速 n 旋转,这就是异步电动机的工作原理。如图 3-9 所示。

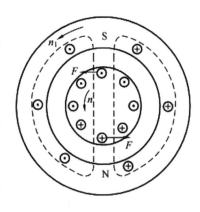

图 3-9　异步电动机的工作原理

很明显,转子的转速 n 不可能达到旋转磁场 n_1 的转速,否则,两者之间没有相对运动,转子绕组内就不会产生感应电流及产生电磁力而使转子旋转。所以,转子的转速总是小于同步转速,故称这种电动机为异步电动机。

3.1.3　异步电动机的额定值

(1)额定电压 U_N:额定电压为加在定子绕组上的线电压。

(2)额定电流 I_N:额定电流为定子绕组的线电流。

(3)额定转速 n_N:电动机在额定电压 U_N、额定频率 f_N、转轴上有额定输出时的转子转速。

(4)额定频率 f_N。

(5)额定功率因数 $\cos\varphi_N$。

(6)额定功率 P_N:指电动机轴上输出的机械功率,即

$$P_N = \sqrt{3} U_N I_N \cos\varphi_N \eta_N \tag{3-2}$$

3.2 异步电动机的三种运行状态

转子的转速 n 永远不可能达到定子旋转磁场 n_1 的转速,定子旋转磁场 n_1 与转子的转速 n 之差对定子旋转磁场 n_1 的比值称为转差率。用符号 s 表示,即

$$s = \frac{n_1 - n}{n_1} \tag{3-3}$$

转差率是异步电机运行时的一个重要物理量。当 $0 < n < n_1$ 时,$0 < s < 1$,异步电机工作在电动机运行状态。异步电动机在额定负载条件下运行时,一般额定转差率 $s = 0.01 \sim 0.06$。

当 $n > n_1$ 时,$s < 0$,异步电机工作在发电机运行状态。当 $n < 0$ 时,$s > 1$,异步电机工作在电磁制动运行状态。

3.3 三相异步电动机的运行分析

三相异步电机的定子和转子之间只有磁的耦合,没有电的直接联系,它是靠电磁感应作用,实现定、转子之间的能量传递的。

异步电机与变压器内部的电磁关系是相通的。所以,借助变压器的基本工作原理来研究异步电机是合理而且有效的。分析变压器内部电磁关系的方法也同样适用于异步电动机。

3.3.1 异步电动机的空载运行

1. 主磁通和定子漏磁通

三相定子绕组加上三相对称电压,产生三相对称电流。三相电流产生磁场,根据磁通所走的路径不同,可以把它分为两部分,一部分磁通与定子绕组和转子绕组同时交链,称为主磁通 ϕ_1;另一部分只和定子绕组交链的磁通,称为定子漏磁通 $\phi_{1\sigma}$,如图 3-10 所示。由于主磁通交链定子绕组和转子绕组,所以靠它把定子侧的电能传递到转子侧。而漏磁通只和定子绕组交链,所以不会传递能量。

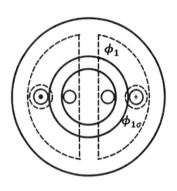

图 3-10 磁通分布图

2. 主磁通产生的感应电势

旋转磁场的转速为同步速,定子绕组以同步速切割磁场产生感应电动势。感应电势的频率 $f_1 = \dfrac{p n_1}{60}$,其表达式为

$$\dot{E}_1 = -j4.44 f_1 N_1 K_{N1} \dot{\phi}_1 \tag{3-4}$$

其中,N_1 为定子绕组每相串联匝数;K_{N1} 为基波绕组系数;ϕ_1 为每极基波磁通。

3. 漏磁通产生的感应电势

漏磁通只交链定子绕组,只会在定子绕组中产生感应电势。根据变压器的分析,漏磁通产生的感应电势的表达式为

$$\dot{E}_{1\sigma} = -j \dot{I}_0 x_{1\sigma} \tag{3-5}$$

式中,$x_{1\sigma}$ 为定子绕组漏电抗。

4. 空载电流

当电机转轴上不带机械负载运行时,称为空载运行,空载运行时,转子转速很高,接近同步速。所以,转子绕组中感应电势很小,转子电流也很小。如果忽略转子电流,则此时定子电流

称为空载电流,也称为励磁电流。

根据变压器的分析,空载电流$\dot{I}_0$和$\dot{E}_1$的关系为

$$\dot{E}_1=-\dot{I}_0(r_m+jx_m)=-\dot{I}_0 z_m \qquad (3\text{-}6)$$

式中　z_m——激磁阻抗;

　　　　r_m——铁耗等效电阻;

　　　　x_m——激磁电抗。

5. 电势方程式和等效电路

异步电机定子绕组相当于变压器的原方绕组,感应电势也是包括主磁通和漏磁通产生的电势,规定各电磁量方向和变压器一致,则异步电机方程式和变压器的方程式完全相同,即

$$\dot{U}_1=-\dot{E}_1+\dot{I}_0(r_1+jx_{1\sigma})=-\dot{E}_1+\dot{I}_0 z_1 \qquad (3\text{-}7)$$

其中　$z_1=r_1+jx_{1\sigma}$——定子漏阻抗;

　　　　r_1——定子绕组电阻。

由于z_1很小,$\dot{I}_0 z_1$也很小,所以$\dot{U}_1\approx-\dot{E}_1$,即

$$U_1\approx E_1=4.44fN_1K_{N1}\phi_1$$

将$-\dot{E}_1=\dot{I}_0 z_m$代入$\dot{U}_1=-\dot{E}_1+\dot{I}_0 z_1$,得$\dot{U}_1=\dot{I}_0(z_1+z_m)$,其等效电路如图 3-11 所示。

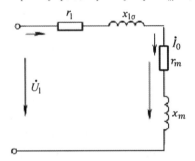

图 3-11　异步电机空载等效电路

3.3.2　异步电动机的负载运行

异步电动机带上机械负载时,转子转速低于同步速,所以转子绕组以转速差n_1切割定子旋转磁场,产生感应电势$\dot{E}_2$和转子电流$\dot{I}_2$,所以负载时的合成磁势是由定子电流和转子电流共同产生的。

1. 转子感应电势的频率f_2和转子感应电势$\dot{E}_2$

转子导体切割磁场的速度n_1-n,转子绕组极对数为p,则感应电势的频率为

$$f_2=\frac{p(n_1-n)}{n_1}=sf_1$$

感应电势为　　　　　　　　$$\dot{E}_2=-j4.44f_2 N_2 K_{N_2}\dot{\phi}_1 \qquad (3\text{-}8)$$

2. 转子磁势相对于定子的转速

转子三相或多相绕组切割旋转磁场产生感应电势,由于三相或多相绕组是对称绕组,所以转子绕组中感应电势和电流也是对称的。对称绕组中通入对称电流,会产生圆形旋转磁势。

旋转磁势相对于转子的转速与转子转速无关,只与转子电流的频率有关。即$n'=\dfrac{60f_2}{p}$。

转子磁势相对于定子的转速等于转子转速加上转子磁势相对于转子的转速,即

$$n+n'=n+\frac{60f_2}{p}=n+\frac{60sf_1}{p}=n+sn_1=n_1$$

所以,不论转子转速如何变化,定子磁势和转子磁势都是以同步速 n_1 对定子旋转的,即定子磁势和转子磁势在空间上是相对静止的,这也是产生电磁力矩实现机电能量转换的必要条件。

3. 电势方程式

异步电机负载运行时,定子电压、电势、电流的方向和空载时完全相同,只是空载时电流为 $\dot{I}_0$,而负载时电流为 $\dot{I}_1$。所以,定子电势的方程式为

$$\dot{U}_1=-\dot{E}_1+\dot{I}_1z_1 \tag{3-9}$$

与定子电流类似,转子电流除了和定子电流共同作用产生主磁通以外,还产生只交链转子绕组的漏磁通 $\dot{\phi}_{2\sigma}$,转子漏磁通变化在转子绕组中产生漏电势 $\dot{E}_{2\sigma s}$,其表达式为

$$\dot{E}_{2\sigma s}=-j\dot{I}_{2s}x_{2\sigma s} \tag{3-10}$$

异步电动机正常运行时,转子绕组是短路的,即

$$\dot{U}_2=0$$

仿照变压器方程式得

$$0=\dot{E}_{2s}-\dot{I}_{2s}(r_2+jx_{2\sigma s})$$

或

$$\dot{E}_{2s}=\dot{I}_{2s}(r_2+jx_{2\sigma s})=\dot{I}_{2s}z_{2s} \tag{3-11}$$

式中,$z_{2s}=r_2+jx_{2\sigma s}$ 为转子旋转时的漏阻抗;r_2 为每相转子绕组电阻;$x_{2\sigma s}$ 为每相转子绕组漏电抗。

转子电流为

$$\dot{I}_{2s}=\frac{\dot{E}_{2s}}{r_2+jx_{2\sigma s}}$$

$$\dot{I}_{2s}=\frac{\dot{E}_{2s}}{r_2+jx_{2\sigma s}}=\frac{-j4.44f_2N_2K_{N_2}\dot{\phi}_1}{r_2+jsx_{2\sigma}}=\frac{s\dot{E}_2}{r_2+jsx_{2\sigma}} \tag{3-12}$$

或

$$\dot{I}_{2s}=\frac{\dot{E}_2}{\dfrac{r_2}{s}+jx_{2\sigma}}=\dot{I}_2 \tag{3-13}$$

式中,$\dot{E}_2=-j4.44f_1N_2K_{N_2}\dot{\phi}_1$ 是转子不转时转子绕组感应的电势;$x_{2\sigma}$ 是转子不转时转子绕组漏电抗。对比式(3-12)和式(3-13)知,式(3-13)的电流应该就是转子不转时的电流,所以,从式(3-12)转到式(3-13),就相当于把旋转的转子等效为静止的转子。

4. 异步电机等效电路

异步电机和变压器一样,只有磁的耦合,没有电的联系。为了分析计算方便,要设法把定子和转子直接用电来联系,由于定转子两侧频率不同,首先需要把转子频率折算为定子频率,即把 f_2 折算为 f_1,也就是把旋转的转子等效为静止的转子。式(2-16)就是转子等效为静止时的方程式。

异步电机定、转子相数、匝数都不相同,与变压器一样,也要进行折算。折算后的方程为

$$\dot{I}_2' = \frac{\dot{E}_2}{\dfrac{r_2'}{s}+jx_{2\sigma}} \tag{3-14}$$

把 $\dfrac{r_2'}{s}$ 分解成 r_2' 和 $\dfrac{1-s}{s}r_2'$ 两项的和,则 T 形等效电路可用图 3-12 表示。图中 $\dfrac{1-s}{s}r_2'$ 表示全机械功率的等效电阻。

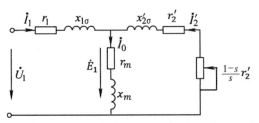

图 3-12　异步电机 T 形等效电路

因为异步电动机和变压器主磁通所走磁路的磁阻差异较大,参照变压器等效电路化简的方法,经过校验,得到异步电机比较准确的 Γ 形等效电路,如图 3-13 所示。

图中 $\dot{I}' = c\dot{I}_2'$,$c = 1 + \dfrac{x_{1\sigma}}{x_m}$,称为校正系数。

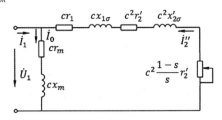

图 3-13　异步电机 Γ 形等效电路

3.4　异步电动机的功率方程式和力矩方程式

3.4.1　异步电动机的功率方程式

异步电动机运行时是把输入的电功率转换为轴上输出的机械功率。转换过程中会损失部分功率,所以,电动机效率小于 1,可以用 T 形等效电路来分析整个功率传输过程。

1. 输入功率 P_1

异步电动机从电网输入的电功率为

$$P_1 = m_1 U_1 I_1 \cos\varphi_1 \tag{3-15}$$

式中,U_1,I_1 分别为定子绕组的相电压和相电流;$\cos\varphi_1$ 是异步电机定子功率因数;m_1 是定子相数。

2. 定子铜耗 p_{cu1}

由 T 形等效电路可知,定子电流 I_1 通过定子绕组时,定子电阻 r_1 要消耗功率,其消耗的功率称为定子铜损耗,用 p_{cu1} 表示。定子铜损耗为

$$p_{Cu1} = m_1 I_1^2 r_1 \tag{3-16}$$

3. 铁心损耗 p_{Fe}

由 T 形图可知,激磁电流流过铁心损耗等效电阻 r_m 时,r_m 要消耗功率,其消耗的功率称

为铁心损耗,用 p_{Fe} 表示。铁心损耗为

$$p_{Fe} = m_1 I_0^2 r_m \tag{3-17}$$

4. 电磁功率 P_{em}

异步电机运行时,定子侧输入电功率 P_1,减去定子铜损耗 p_{cu1} 和铁心损耗 p_{Fe} 后,剩下的功率全部传递到转子侧。由于定、转子之间没有电路直接连接,是通过磁通耦合把功率传到转子侧的,所以这部分功率称为电磁功率,用 P_{em} 表示。

电磁功率为

$$P_{em} = P_1 - p_{Cu1} - p_{Fe} \tag{3-18}$$

5. 转子铜损耗 p_{cu2}

由 T 形图可知,转子电流 I_2' 通过转子绕组时,转子电阻 r_2' 要消耗功率,其消耗的功率称为转子铜损耗,用 p_{cu2} 表示。转子铜损耗为

$$p_{Cu2} = m_1 I_2'^2 r_2' \tag{3-19}$$

6. 全机械功率

由 T 形等效电路可知,转子电流 I_2' 流过电阻 $\dfrac{1-s}{s} r_2'$ 要消耗功率,其消耗的功率称为全机械功率,用 P_{mec} 表示。全机械功率为

$$P_{mec} = m_1 I_2'^2 \frac{1-s}{s} r_2' \tag{3-20}$$

根据等效电路知

$$P_{em} = p_{Cu2} + P_{mec}$$

$$P_{em} = p_{Cu2} + P_{mec} = m_1 I_2'^2 r_2' + m_1 I_2'^2 \frac{1-s}{s} r_2' = m_1 I_2'^2 \frac{r_2'}{s}$$

对比 P_{em}、p_{Cu2}、P_{mec} 三个表达式,可以得出

$$p_{Cu2} = s P_{em} \tag{3-21}$$

$$P_{mec} = (1-s) P_{em} \tag{3-22}$$

7. 输出功率 P_2

全机械功率减去机械损耗 p_{mec} 和附加损耗 p_{ad} 后,才是转轴上输出的机械功率 P_2,即

$$P_2 = P_{mec} - (p_{mec} + p_{ad}) = P_{mec} - p_0 \tag{3-23}$$

式中,$p_0 = p_{mec} + p_{ad}$,称为空载损耗。

3.4.2 异步电机力矩方程式

功率除以机械角速度等于力矩,把式(3-23)两边除以转子机械角速度 $\Omega = \dfrac{2\pi n}{60}$,得到

$$T_{em} = T_0 + T_2 \tag{3-24}$$

式中,$T_{em} = \dfrac{P_{em}}{\dfrac{2\pi n}{60}} = \dfrac{(1-s)P_{em}}{\dfrac{2\pi(1-s)n_1}{60}} = \dfrac{P_{em}}{\dfrac{2\pi n_1}{60}} = \dfrac{P_{em}}{\Omega_1}$,称为电磁力矩;$T_0 = \dfrac{p_0}{\dfrac{2\pi n}{60}}$,称为空载力矩;$T_2 = \dfrac{P_2}{\dfrac{2\pi n}{60}}$,称为负载力矩。$\Omega_1 = \dfrac{2\pi n_1}{60}$,为定子机械角速度。

由式(3-24)知,电磁力矩 T_{em} 为拖动力矩,拖动力矩克服阻力矩做功,将输入的电功率转换为轴上输出的机械力矩。

3.5　电磁力矩

3.5.1　电磁力矩的分析式

根据异步电机转子回路的方程式可知,电磁功率表达式也可以用 $P_{em}=m_1 E_2' I_2' \cos\psi_2$ 来求解,电磁力矩为

$$T_{em}=\frac{P_{em}}{\dfrac{2\pi n_1}{60}}=\frac{m_1 E_2' I_2' \cos\psi_2}{\dfrac{2\pi n_1}{60}}=\frac{pm_1}{2\pi f_1}4.44 f_1 N_1 K_{N1} \phi_1 I_2' \cos\psi_2=C_T \phi_1 I_2' \cos\psi_2 \qquad (3\text{-}25)$$

式中,$C_T=\dfrac{pm_1}{2\pi}4.44 N_1 K_{N1}$,称为力矩常数。

从式(3-25)知,电磁力矩是主磁通和转子电流的有功分量作用产生的,当电压保持不变,主磁通也不变,电磁力矩和转子电流的有功分量成正比。

3.5.2　电磁力矩参数表达式

根据异步电机比较准确的 Γ 形等效电路,可以求得转子电流为

$$I_2'=\frac{U_1}{\sqrt{\left(r_1+c\dfrac{r_2'}{s}\right)^2+(x_{1\sigma}+cx_{2\sigma})^2}} \qquad (3\text{-}26)$$

把式(3-26)代入式(3-25),得

$$T_{em}=\frac{pm_1}{2\pi f_1}\frac{U_1^2\dfrac{r_2'}{s}}{\left[\left(r_1+\dfrac{cr_2'}{s}\right)^2+(x_{1\sigma}+cx_{2\sigma}')^2\right]} \qquad (3\text{-}27)$$

式中,U_1 为相电压。

3.5.3　异步电动机的转矩特性

三相异步电动机的机械特性是指在定子电压、转子电阻、频率和其他参数固定的条件下,电磁转矩与转差率之间的函数关系曲线称为转矩特性曲线,如图 3-14 所示。

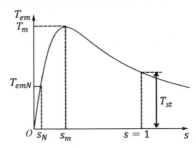

图 3-14　转矩特性曲线

1. 最大力矩 T_m,过载能力 k_m

用数学求极值方法求取最大值,令 $\dfrac{\mathrm{d}T_{em}}{\mathrm{d}s}=0$,得到

$$s_m=\frac{cr_2'}{\sqrt{r_1^2+(x_{1\sigma}+cx_{2\sigma}')^2}} \qquad (3\text{-}28)$$

$$T_m=\frac{pm_1}{4\pi f_1 c}\frac{U_1^2}{\left[r_1+\sqrt{r_1^2+(x_{1\sigma}+cx_{2\sigma}')^2}\right]} \qquad (3\text{-}29)$$

由上述两式得出如下结论：

最大力矩和电源电压的平方成正比，与转子电阻无关；临界转差率与外加电压无关，而与转子电阻成正比。

因此，改变电压大小可以改变最大力矩，但最大力矩转差率不变，如图 3-15 所示。

改变转子回路电阻，最大力矩不变，而最大力矩转差率增加.选择一个合适的电阻，还可以使得启动力矩等于最大力矩，如图 3-16 所示。

异步电机额定负载力矩要小于最大力矩，否则，如果电网电压降低时，最大力矩下降很多，有可能会小于额定负载力矩，电机就要停转。最大力矩和额定力矩之比称为过载能力，用 k_m 表示，即

$$k = \frac{T_m}{T_N} \tag{3-30}$$

通常，$k_m = 1.8 \sim 2.5$。

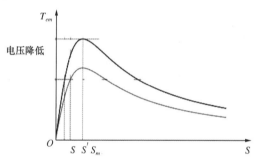

图 3-15   电压不同时的转矩特性曲线

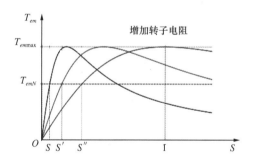

图 3-16   转子回路电阻不同时的转矩特性曲线

2.启动力矩

电机启动时 $n=0$、$s=1$，此时电磁力矩称为启动力矩，其表达式为

$$T_m = \frac{pm_1}{2\pi f_1} \frac{U_1^2 r_2'}{\left[(r_1 + cr_2')^2 + (x_{1\sigma} + cx_{2\sigma}')^2\right]} \tag{3-31}$$

由式(3-31)可知，启动力矩和电压的平方成正比，与转子电阻有关。适当增加转子电阻，可以增加启动力矩。

3.5.4　机械特性

三相异步电动机的机械特性是指电动机电磁转矩 T_{em} 与转速 n 之间的关系，即，$n = f(T_{em})$；机械特性曲线如图 3-17 所示。

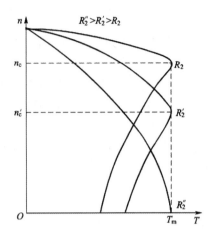

图 3-17　三相异步电动机的机械特性曲线

3.6　异步电动机的工作特性

异步电动机的工作特性是指在额定电压和额定频率运行的情况下，电动机的转速 n、定子电流 I_1、功率因数 $\cos\phi_1$、电磁转矩 T_{em}、效率 η 等与输出功率 P_2 之间的关系。

3.6.1　转速特性

$$n = f(P_2) \tag{3-32}$$

异步电动机在额定电压和额定频率下，输出功率变化时转速变化的曲线称为转速特性。

当电动机空载时，输出功率 $P_2 = 0$，转速接近同步转速，所以 $s \approx 0$，负载增大时，会使转速略有下降。所以异步电动机的转速特性为一条稍向下倾斜的曲线。

3.6.2　转矩特性

$$T_2 = f(P_2) \tag{3-33}$$

异步电动机在额定电压和额定频率下，输出功率变化时，转矩的变化曲线称为转矩特性。

$$T_2 = \frac{P_2}{\Omega} = \frac{P_2}{\dfrac{2\pi n}{60}} \tag{3-34}$$

当电动机空载时，输出功率 $P_2 = 0$，$T_2 = 0$。随着输出功率增大，会使转速略有下降，异步电动机的转矩特性为一条稍向上翘的曲线。

3.6.3　定子电流特性

$$I_1 = f(P_2) \tag{3-35}$$

异步电动机在额定电压和额定频率下，输出功率变化时，定子电流的变化曲线称为定子电流特性。

空载时，转子电流 $I_2 \doteq 0$，此时，定子电流几乎全部为励磁电流 I_0。随着负载的增大，转子转速下降，转子电流增大，定子电流及磁动势也随之增大，抵消转子电流产生的磁动势，以保持磁动势的平衡。定子电流随着 P_1 增加而增加。

3.6.4　功率因数特性

$$\cos\phi_1 = f(P_2) \tag{3-36}$$

异步电动机在额定电压和额定频率下，输出功率变化时，定子功率因数的变化曲线称为功率因数特性。

由异步电动机等效电路求得的总阻抗是电感性的。所以对电源来说,异步电动机相当于一个感性阻抗,其功率因数总是滞后的,它必须从电网吸收感性无功功率。空载时,定子电流基本上是励磁电流,主要用于无功励磁,所以功率因数很低,为 $0.1\sim0.2$。当负载增加时,转子电流的有功分量增加,定子电流的有功分量也随之增加,即可使功率因数提高。在接近额定负载时,功率因数达到最大。

但负载超过额定值时,s 值就会变得较大,因此,转子漏抗变大,转子电流中的无功分量增加,因而使电动机定子功率因数又重新下降。

3.6.5 效率特性

$$\eta = f(P_2) \tag{3-37}$$

异步电动机在额定电压和额定频率下,输出功率变化时,效率的变化曲线称为效率特性。由效率公式

$$\eta = \frac{P_2}{P_1} = \frac{P_2}{P_2 + \sum P} = \frac{P_2}{P_2 + (p_{Fe} + p_{mec}) + (p_{Cu1} + p_{Cu2} + p_{ad})} \tag{3-38}$$

可知,异步电动机中的损耗也可分为不变损耗和可变损耗两部分,$p_{Fe} + p_{mec}$ 为不变损耗,$p_{Cu1} + p_{Cu2} + p_{ad}$ 为可变损耗。

从空载到额定负载运行时,主磁通基本不变,$p_{Fe} + p_{mec}$ 基本不变。空载时,$P_2 = 0$、$\eta = 0$,当输出功率 P_2 增加时,可变损耗增加较慢,所以效率上升很快。当可变损耗等于不变损耗时,异步电动机的效率达到最大值。随着负载继续增加,可变损耗增加很快,效率就要降低,如图 3-18 中曲线所示。

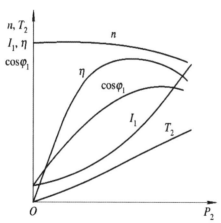

图 3-18　三相异步电动机的工作特性曲线

3.7　异步电动机启动

3.7.1　异步电动机启动概述

三相异步电动机接通电源瞬间称为启动,通电瞬间由于惯性,转子转速 $n = 0$,转差率 $s = 1$。异步电动机等效电路如图 3-19 所示。

启动电流　　　　　　$$I_{st} = I_1 = \frac{U_2}{\sqrt{(r_1 + r_2')^2 + (x_{1\sigma} + x_{2\sigma}')^2}} \tag{3-39}$$

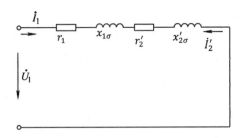

图 3-19　异步电动机等效电路

转子功率因数
$$\cos\psi_2=\frac{r_2'}{\sqrt{r_2'^2+x_{2\sigma}'^2}}\tag{3-40}$$

由于电机漏阻抗 z_1 和 z_2' 很小,所以启动电流很大,即 $I_{st}=(5\sim8)I_{1N}$。

很大的启动电流会使线路压降增加,影响线路上其他设备,也会使绕组绝缘老化速度加快,减少电机寿命。

由于 $x_{2\sigma}'\gg x_2'$ 很小,所以 $\cos\psi_2=\dfrac{r_2'}{\sqrt{r_2'^2+x_{2\sigma}'^2}}$ 很小,虽然启动电流很大,但启动力矩 $T_{st}=C_T\phi I_2'\cos\psi_2$ 并不是很大,$T_{st}=(1.1\sim1.4)T_N$。

通过分析,三相异步电动机启动时启动电流大,启动力矩不大。为了减少启动电流,可以增加定子和转子阻抗或降低定子电压。

3.7.2　鼠笼异步电动机直接启动

直接启动就是利用开关或接触器将电动机的定子绕组直接接到具有额定电压的电网上,也称为全压启动。如图 3-20 所示。

直接启动的优点是启动设备简单、操作简便。缺点是启动电流大,使电网电压降低,影响自身及其他负载工作。频繁启动时造成热量积累,易使电动机过热。

容量在 7.5kW 以下的三相异步电动机一般均可采用直接启动,也可以用下式来确定三相异步电动机是否可以直接启动:

$$\frac{I_{st}}{I_N}<\frac{3}{4}+\frac{\text{变压器容量(kVA)}}{4\times\text{电动机功率(kW)}}\tag{3-41}$$

若满足上式要求,电动机就可以直接启动。

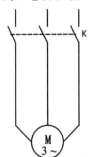

图 3-20　鼠笼异步电动机直接启动

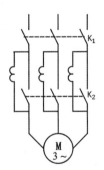

图 3-21　定子串电抗器启动

3.7.3　三相异步电动机降压启动

若电动机容量较大,启动电流倍数不满足上述公式,则不能直接启动。此时若仍是轻载启动,启动时的主要矛盾是启动电流大而电网允许冲击电流有限的矛盾,对此只有减小启动电流才能予以解决。而对于笼型异步电动机,减小启动电流的主要方法就是降低电压。

降低笼型异步电动机定子绕组的电压来启动的方法,称为降压启动。由于启动转矩与电源电压的平方成正比,所以在减小启动电流的同时,启动转矩也减小了。这说明降压启动方法都会使启动转矩降低,不能用于满负载启动,只适用于轻载或空载启动场合。

1. 定子串电抗器启动

如图 3-21 所示,启动时,开关 K_1 闭合、K_2 打开,定子绕组串入合适的电抗器,待启动后,开并 K_2 闭合。由于启动电流在电抗器上产生电压降,使得加在定子绕组上电压小于额定电压,即 $U_{st} < U_{stN}(U_{stN} = U_N)$。由于启动电流与启动力矩都与启动电压成正比,所以

$$U_{st} = sU_{stN}, k < 1,$$

$$I_{st} = kI_{stN} \tag{3-42}$$

$$T_{st} = kT_{stN} \tag{3-43}$$

2. 星形-三角形(Y-△)启动

如图 3-22 所示,星形-三角形启动是电动机启动时,闭合 K_1、K_2 打到 Y"启动"侧,把定子绕组接成星形,以降低启动电压,减小启动电流。待电动机启动后,K_2 打到△"运行"侧,再把定子绕组改接成三角形,使电动机全压运行。Y-△启动只能用于正常运行时为△形接法的电动机。

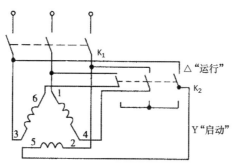

图 3-22　星形-三角形换接启动线路

由于启动电流和电压成正比,启动力矩和电压平方成正比,所以,△接法的电动机接成 Y 接法时,有

$$T_{st} = \frac{1}{3} T_{stN} \tag{3-44}$$

$$I_{st} = \frac{1}{3} I_{stN} \tag{3-45}$$

3. 自耦变压器启动

这种方法是利用自耦变压器来降低加在定子绕组的电压,达到减少启动电流的目的,如图 3-23 所示,图 3-24 所示是自耦变压器启动原理电路。

启动时,K 打到启动侧,电压经过自耦变压器降压加在定子绕组上启动,减少启动电流,待转速升高到接近额定速时,再把 K 打到运行侧,自耦变压器被切除,电动机正常运行。

由于启动电流和电压成正比,自耦变压器原边电流等于 $\frac{1}{k_A}$ 倍副边电流,所以,启动力矩和电压平方成正比,即

$$T_{st} = \frac{1}{k_A^2} T_{stN} \tag{3-46}$$

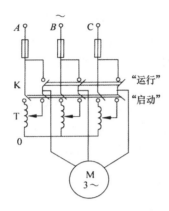

图 3-23　自耦变压器启动

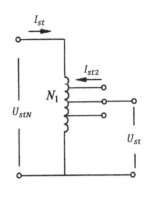

图 3-24　自耦变压器启动原理电路

$$I_{st} = \frac{1}{k_A^2} I_{stN} \tag{3-47}$$

3.7.4　绕线式异步电动机串电阻启动

绕线式异步电动机启动时接线如图 3-25 所示。串入电阻后异步电动机的最大力矩不变,而最大力矩时的转差率随电阻增加而增加。同时启动力矩也随电阻增加而增加,而启动电流减小。选择一个合适电阻可以使启动力矩等于最大力矩,转子加速度最大。随着转速上升,电磁力矩下降。为了缩短启动时间,把串入电阻逐段切除,以提高启动过程中的电磁力矩。直至全部切除电阻,电机以转速 n 稳定运行,如图 3-26 所示。

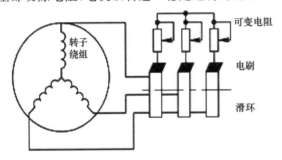

图 3-25　绕线式异步电动机串电阻启动

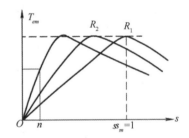

图 3-26　绕线式异步电动机串电阻启动过程

3.8　异步电动机调速

在现代工业生产中,为了提高生产效率和保证产品质量,常要求生产机械能在不同的转速下进行工作。三相异步电动机由于结构简单、运行可靠、价格便宜,在工业上得到了广泛的应用。但是它的调速性能则不如直流电动机,所以对调速性能要求较高的一些工业设备,例如交通运输设备、轧钢设备以及起重机械等,仍不得不采用昂贵而可靠性稍差的直流电动机。近年来,由于变频调速的发展,异步电动机的调速性能有了很大的提高,在工业生产中得到广泛的应用。根据异步电动机的转速公式

$$n = (1-s)\frac{60 f_1}{p}$$

可知,异步电动机的调速方法有以下几种:

(1) 改变电动机的转差率 s。

(2) 改变电源频率。

（3）改变电动机定子绕组的极对数 p。

3.8.1　绕线式异步电动机串电阻调速

转子回路串电阻后，最大力矩不变，最大力矩时的转差率增加。假设负载为恒力矩负载，则因 $T=f(s)$ 曲线的变化导致工作转差率不同，如在图 3-27 中，由 s_a 变为 s_b 时，转子有不同的工作转速。

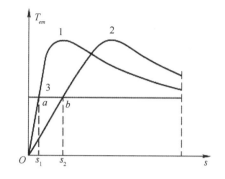

图 3-27　绕线式异步电动机串电阻调速

这种调速的优点是调速平滑性好，附加设备简单，操作也比较方便。缺点是人为地串入调速电阻后增大了转子铜损耗，使效率降低，即调速的经济性差。通常在中小型异步电机中用得较多。

3.8.2　定子绕组的变压调速

定子绕组的变压调速一般用于鼠笼式电动机。

这种调速方法的基本依据是电压变化时，$T=f(s)$ 曲线随之发生变化，从而使工作点转移。图 3-28 所示是变压调速时异步电动机的 $T=f(s)$ 曲线变化情况。因为最大电磁力矩 $T_{\max}$ 正比于电压的平方，而临界转差率 s_m 却与电压无关，因此，当电压降低时，特性曲线的变化是由 a 变为 b，但 s_m 值均相同。由图可见，对于恒力矩负载，$T_{em}=T_0+T_2$ 为常数，则其调速范围充其量只能由 s_a 变到 s_b，无太大的实用价值。但对于泵和风机类负载，如图 3-29 所示的抛物线状特性，则调速范围可拓宽，即便交点落在 $s_f>s_m$ 区域，仍是 $\dfrac{\mathrm{d}T_{em}}{\mathrm{d}s}>\dfrac{\mathrm{d}T_1}{\mathrm{d}s}$，属于稳定运行区域。所以，变压调速对这一类负载具有实用意义。但是，当转子转速过低时，转子损耗增大，经济效益不高。

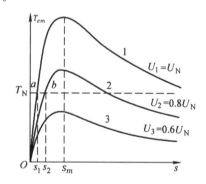

图 3-28　异步电动机恒转矩负载变压调速

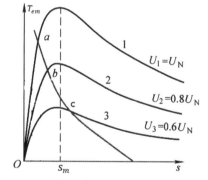

图 3-29　异步电动机泵与风机负载变压调速

3.8.3　变频调速

当转差率基本不变时，电动机转速与电源频率成正比，因此改变频率就可以改变电动机的转速，这种方法称为变频调速。

把异步电动机额定频率称为基频，变频调速时，可以从基频向下调节，也可以从基频向上调节。

1. 从基频向下调节

异步电动机正常运行时，$U_1\approx E_1=4.444f_1N_1k_{N1}\phi_1$，从基频向下调节时，若电压不变，则主磁通将增大，使磁路过于饱和而导致励磁电流急剧增加、功率因数降低，因此在降低频率调速的同时，必须降低电源电压。根据机械负载的情况，在调速中可采用不同的降低电压方法。

例如,在拖动恒转矩负载时,保持主磁通不变,以保证最大转矩基本不变,此时须按照 $\frac{U_1}{f_1} \approx \frac{E_1}{f_1}$ 保持不变的规律来调节电压,也就是所谓的调频调压。在异步电动机拖动风机负载低速运行时,为了减小电动机铁耗,可使主磁通低于其额定值,为此,电压应比 $\frac{U_1}{f_1}$ 保持不变时的电压更低一些。

2. 从基频向上调节

同步转速以上变频调速,通常维持电枢电压恒定原则,这样,频率与主磁通乘积恒定,属于恒功率调速性质。因此,从基频向上调节不适合于拖动恒转矩负载。

目前,变频调速通过使用变频器来实现。变频器是一种采用电力电子器件的固态频率变换装置,作为异步电动机的交流电源,其输出电压的大小和频率都可以连续调节,可使异步电动机转速在较宽范围内平滑调节。变频调速是异步电动机各种调速方法中性能最好的,因此,变频调速在国内外各行业中得到了日益广泛的应用。

3.8.4 变极调速

变极调速也是改变定子磁场转速 n_1 达到转子调速的方案。由于 n_1 与极对数 p 成反比,故转子转速随着 p 的变化而一级一级地改变,因此就调速的平滑性来说,是较差的,但这一调速方法有操作方便和附加设备简单的优点。

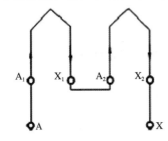
图 3-30 四极电机一相绕组接线

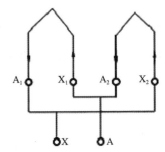
图 3-31 两极电机一相绕组接线

1. 定子绕组极数的改变方法

在图 3-30 所示的接线中,两个半相线圈接成串联,定子绕组产生的是四极旋转磁动势,在图 3-31 所示的接线中,当两个半相线圈接成并联时,半相中的电流方向就变反,定子绕组产生两极磁动势。

2. 不同连接方法时,功率及力矩的关系

在变极调速时,根据定子绕组的不同连接方法,电动机在两种不同转速下的输出功率或力矩会有不同的比例关系。

1) Y/YY

通过分析可得,调速前后电动机的输出功率 $P_{NTY} = 2P_{NY}$,电动机的输出力矩 $T_{NTY} \approx T_{NT}$。

可见,在高速时电动机轴上的允许输出功率将比低速时近似地大一倍。输出力矩近似不变。因此 Y/YY 接法适合于恒力矩负载的调速。

2) △/YY

通过分析可得,调速前后电动机的输出功率 $P_{NTY} = \frac{2}{\sqrt{3}} P_{N\triangle} = 1.15 P_{N\triangle}$,电动机的输出力矩

$T_{NYY} \approx \dfrac{1}{2} T_{N\triangle}$。因此,$\triangle$/YY 接法适合于恒功率负载的调速。

3.9　异步电动机变频启动及运行

3.9.1　高压变频器

1. 概述

本工程中锅炉高压给水泵的调速方式采用变频调节,高压变频器采用广州智光电气股份有限公司生产的 ZINVERT 系列高压变频装置。每台余热锅炉有 2 台 6kV 给水泵,一用一备,全厂 2 台余热锅炉共 4 台给水泵,每台均采用"一拖一"的变频方式,即采用一套变频器可以拖动一台给水泵运行。

ZINVERT 系列高压变频调速系统为直接高压输出电压源型变频器,它通过采用多级 H 桥功率单元箱级联的方式实现了高压完美波形输出,无须升压即可直接拖动普通异步电动机,无需加装任何滤波器,谐波指标严格符合国标对电网谐波最为严酷的要求。

ZINVERT 系列高压变频调速系统适用于标准中压三相交流电动机,具有以下特点。

1) 输入谐波小

无须功率因数补偿及谐波抑制装置,对同一电网上用电的其他电气设备不产生谐波干扰。

2) 高功率因数

ZINVERT 系列高压变频调速系统在全速范围内维持高功率因数,满载功率因数可达 0.95 以上,从而减少由于功率因数低而引起的用户电力变压器设备的利用率和用户端的功率因数补偿问题。

3) 高效率

ZINVERRT 系列高压变频调速系统满载具有高于 95% 的高效率,远高于传统类型调速的系统。

4) 输入电压适应性强

电网输入侧电压波动值在 $-15\% \sim +15\%$ 的额定电压范围内,通过电压波动补偿算法来自动补偿输出,保证额定输出;网侧电压在 65% 额定值至 115% 额定值内不停机,保证电机持续运行。

5) 输出谐波小

ZINVERT 系列高压变频调速系统输出谐波很小,无须输出滤波装置即可适配各种电机。

6) 高可靠性、维护方便

ZINVERT 高压变频调速系统具有功率单元自动旁路技术,使系统能够带故障运行,从而大大增加了系统的可靠性与用户设备的可利用率。

2. 主要组件

(1) 旁路柜:根据需要选用,该组件在系统故障情况下将电机切换至工频电网,执行旁路功能,根据用户要求、工艺需要具有手动、自动多种方案选择,国电南浔公司选择手动旁路柜。

(2) 变压器柜:装有移相整流变压器,为各个功率单元提供交流输入电压。

(3) 功率柜:装有模块化设计的多个功率单元级联式的逆变主回路,向电机提供变频调速之后的输出电压。

(4) 控制柜:装有主控核心部件,控制变频调速系统的工作并处理通过采集获得的数据,具备各类数据通信和 DCS 系统等用户控制系统的接口功能。

3．高压变频器功能简介

1）掉电再启动功能

ZINVERT 高压变频调速系统考虑到由于母线切换、电网故障等引起的电压瞬时失电情况,专门设计了掉电再启动功能,可设置最长等待时间为 30s(功能参数代码 H03)。在电压恢复正常后,ZINVERT 系列高压变频调速系统可在 0.1～1s 内自行再启动高速旋转的电机,启动电流平滑无冲击,保证用户负载的持续稳定运行。对于不同的应用场合,可根据自身电网情况合理设置可能最长的等待掉电恢复时间,也可通过设置(功能参数代码 H02)取消此功能。

2）工频旁路功能

当变频调速系统发生故障停机或对变频调速系统进行检修时,采用工频旁路运行方式提高设备的利用率和供电的可靠性。配置了手动工频旁路功能,接线原理如图 3-32 所示,采用隔离开关作为旁路切换。当变频调速系统发生故障停机或对变频调速系统进行检修时,分开 K_1,将 K_2 打至工频,电动机直接接电网工频运行。

4．高压变频器运行注意事项

(1) 变频器送电时,必须先送 380V 控制电源,再送高压电源,检查变频器控制柜上运行指示灯点亮,检查变频器控制面板上故障、报警指示灯熄灭,控制器液晶屏上无故障和报警信息,才能启动变频器运行。

(2) 手动旁路柜闸刀的切换操作必须在高压电源开关断开且开关拉至试验或者检修位置时进行。

(3) 严禁使用高压摇表对变频器摇绝缘,这会使控制单元中的开关器件受损。对电机摇绝缘时,一定要断开变频侧闸刀 K_1、K_2,利用旁路测线路及电机绝缘。

(4) 严禁打开正在运行的变频器控制柜门,否则会引起风道被旁路导致变频器烧损的严重后果。变频器空气过滤滤网堵塞报警时,应及时通知检修人员清理滤网或更换。否则,变频器可能会跳闸或烧损。

(5) 由于变频机构内存在许多感性和容性元件,高压电源断开后,至少 30min,直流电压才会降到安全值,在安全措施未做好前,严禁进行旁路柜、变压器柜、功率柜以及电机主回路的操作,直到功率模块各单元上放电电压指示灯点亮时,才可进行功率柜内操作。

(6) 工频运行时,旁路柜带高压电,因此,变频器检修过程中,不得打开旁路柜。

(7) 变频器投运中,变频器系统所有柜门必须关闭,否则,系统五防功能将禁止高压开关合闸。

3.9.2 低压变频器

本工程♯1 抽凝机组的两台凝结水泵配一套 ABB 公司生产的型号为 ACS580 的低压变频器,两台凝结水泵独立运行,变频器只带其中一台凝结水泵运行,如图 3-33 所示。

当凝结水泵 A 正常变频运行时,A 泵电源开关 F1 闭合,A 泵变频输入开关 Q_2 和 A 泵变频输出开关 Q_3 闭合,此时要求 A 泵工频回路开关 Q_1 断开,B 泵工频回路开关 Q_4 闭合,B 泵电源开关 F2 断开,B 泵呈工频备用状态。当 A 泵出现故障时,A 泵电源开关 F1 跳闸,Q_2、Q_3 开关也自动断开,B 泵电源开关 F_2 应立刻自动闭合,B 泵自动进入工频运行状态。当运行中变频器出现故障时,A 泵电源开关 F_1、Q_2、Q_3 开关自动跳开,B 泵电源开关 F_2 应立刻自动闭合,B 泵自动进入工频运行状态。

凝泵低压变频器布置在变频器成套装置柜内,变频器为风冷方式,柜子内部装设冷却风扇,另外还设置了一台变频器切换开关柜,用于两台凝泵变频、工频运行切换操作。

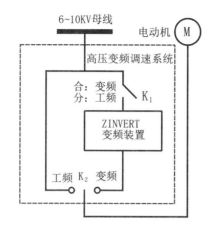

图 3-32　手动旁路柜的工频旁路接线原理图

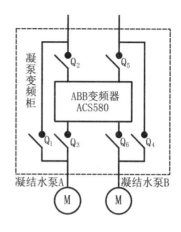

图 3-33　凝泵低压变频柜

3.10　燃机 SFC 静态变频启动装置

3.10.1　静态变频启动装置 SFC 的工作原理

　　燃气轮机组静态变频启动装置 SFC 系统是一套将恒定电压和恒定频率的三相交流电源变成可变电压和可变频率的交流电源。SFC 系统包括变压器、直流电抗器、转换器和逆变器几个主要部分。转换器是一个 3 相 6 脉冲桥式连接电路的整流器,它将恒定电压的三相工频交流电转换成可变电压的直流电。逆变器也是一个 3 相 6 脉冲桥式连接电路,但它将转换器产生的直流电逆变成幅值和频率可变的三相交流电。

　　由于同步电机可以可逆运行,既可做发电机运行,又可以做电动机和调相机运行。采用 SFC 启动时,同步发电机变为同步电动机使用,拖动燃气轮机旋转。SFC 装置变频启动时,SFC 装置输出的幅值和频率可变的对称三相交流电接到同步发电机的电枢(定子)绕组上,产生定子旋转磁场,旋转磁场的转速为 $n_1 = \dfrac{60 f_1}{p}$,启动时 SFC 频率很低,电动机转速也很低,通过 SFC 控制输出频率增加来控制燃机发电机这个"变频电机"的转速。直至燃气轮机可以自己维持旋转。在燃机点火后升速到 2100r/min 左右时,燃机就可以通过燃料燃烧实现自保持转速,此时 SFC 退出,SFC 的启动过程完全是由程序控制的,它与发电机的启动是同时的。

3.10.2　静态变频启动装置 SFC 组成

　　SFC 装置主要由整流器(Converter)、谐波滤波器(Harmonic Filter)、逆变器(Inverter)、变压器(Transformer)、DC 电抗器(DCL)、电源开关、励磁柜以及控制系统等组成。

3.10.3　SFC 的系统工作过程

　　两台燃气-蒸汽联合循环发电机组共用一套静态频率转换器——SFC 装置(SFC 装置输出开关 89SS-1 至 ♯1 燃机发电机,89SS-2 至 ♯2 燃机发电机)。SFC 系统在工作过程中,由厂用 6kV 1 段母线供电。

　　机组在盘车状态,SFC 启动激活后,SFC 控制发指令进行相关连接,Mark VIe 透平控制系统提供相应的指令和速度设定值信号给 SFC;SFC 根据 Mark VIe 指令,控制其输出,逐步将机组加速到清吹转速的设定值,机组保持在清吹转速;清吹结束之后,SFC 输出降低,机组被允许惰走到点火转速的 14%,机组点火,SFC 输出再次启动增加输出,保持在恒定转速下暖机 30s;暖机结束后,SFC 将机组加速到自持转速,SFC 输出扭矩逐步减少,燃机透平产生的动力将机组加速到额定转速,在 86% 额定转速左右,SFC 停止输出,并脱扣。

3.10.4 SFC 系统启动及停运程序

1. SFC 启动

(1) 在燃机 Mark VIe 启动报警"START Check1"检查画面中,确认"SFC Start Permissive"显示绿色许可状态。

(2) 在燃机 Mark VIe 控制系统变频启动装置"SFC"画面中,确认"SFC Fault Alarm"无报警。

(3) 在燃机 Mark VIe 控制系统变频启动装置"SFC"画面中,确认"SFC Ready To Start"栏显示"Ready"。

(4) 在就地变频启动装置小室内 SFC 装置控制面板上无异常报警和故障信号,SFC 装置控制面板上"Ready"绿灯亮。

(5) 当燃机变频启动条件满足后,在 Mark VIe 系统"STARTUP"界面中"MODE SELET"方式下选择"AUTO"方式。点击"MASTER CONTROL"下"START",燃机变频启动。

(6) SFC 装置输出下列内部操作指令:

① 启动 SFC 装置内冷却风机。

② 合上 SFC 装置至♯1 燃机隔离开关 89SS-1(或 SFC 装置至♯2 燃机隔离开关89SS-2)。

③ 对 SFC 装置组合开关 QS235 进行操作,断开 SFC 装置接地闸刀 57SFC,合上 SFC 装置至♯1 燃机输出开关 89SFC1(或 SFC 装置至♯2 燃机输出开关 SFC2)。

④ 合上 SFC 电源隔离变压器 6kV 开关。

⑤ 启动燃机发电机励磁,变频器可控硅整流器脉冲激活,SFC 按照设定速度参数启动。

2. SFC 停运

1) 正常停运

(1) 当燃机发电机转速达到 2400r/min 时,SFC 输出扭矩逐渐减少。

(2) 当燃机发电机转速达到 2520r/min 时,SFC 输出扭矩输出为零。

(3) 燃机发电机定子转速控制锁定,变频器可控硅整流器脉冲停止。

(4) 停止励磁请求。

(5) SFC 装置输出下列内部操作指令:

① 断开 SFC 电源隔离变压器 6kV 开关。

② 断开 SFC 装置至♯1 燃机隔离开关 89SFC1(或 SFC 装置至♯2 燃机隔离开关 89SFC2)。

③ 断开 SFC 装置至♯1 燃机输出开关 89SFC1(或 SFC 装置至♯2 燃机输出开关 89SFC2)合上 SFC 装置接地闸刀 57SFC。

④ 延时 3min,SFC 装置及冷却风机停运。

2) 紧急停运

当出现信号:

EXTERNAL TRIP(外部跳闸)或 SFC PLC 文本上出现跳闸信息。并且信号 SFC READY 灯灭了。SFC 内部操作程序就会按下列顺序停机:

① 变频器可控硅整流器脉冲停止。

② 停止励磁请求。

③ 断开 SFC 电源隔离变压器 6kV 开关。

④ 断开 SFC 装置至♯1 燃机隔离开关 89SS-1(或 SFC 装置至♯2 燃机隔离开关 89SS-2)。

⑤ 断开 SFC 装置至♯1 燃机输出开关 89SFC1(或 SFC 装置至♯2 燃机输出开关 89SS-2)合上 SFC 装置接地闸刀 57SFC。

⑥ SFC 停止。

⑦ SFC 装置冷却风扇停运。

3.10.5　SFC 日常检查及运行注意事项

1. SFC 日常检查

(1) 检查 SFC 装置各部件运行声音正常,无异常振动,无异常的鸣叫。

(2) 检查 SFC 装置各柜柜体是否发热,排风口应无烧焦等异味。

(3) 检查 SFC 装置室内通风、照明良好,通风设备能够正常运转,室内环境温度不高于 40℃,环境湿度在 20%～90% 之间。

(4) 检查控制面板及设备状态指示灯指示正常,无报警信号。

(5) 检查过滤网应没有堵塞,如发现过滤网积有灰尘,通知检修,将之取下,换上干净的滤网。并要求定期清洗空气过滤器。

(6) 检查装置各部分电流、电压正常,并按规定方式运行。

2. 运行注意事项

(1) 装置一次电源送电前,必须将装置相关设备所有的柜门关闭。

(2) 禁止在通电和运行时打开相关设备电源隔离变压器、装置变频器功率模块柜、装置电抗器柜及装置闸刀切换柜柜门。

(3) 正常启动运行要求远方启动完成。

(4) 投入运行前,应确认燃机发电机及励磁系统已具备启动条件。

(5) 当励磁系统出现自动调节失灵时,应禁止投入运行。

(6) 测绝缘时,要确认电源隔离变压器开关确在断开位置,才能对电源隔离变压器高压侧进行绝缘测量。隔离变压器低压侧连接可控硅电子元件,运行人员不要进行测量,以防损坏元器件。

3.11　异步电动机运行维护

异步电动机在发电厂的厂用电气设备中占重要地位,它能否正常运行对安全发供电具有直接影响。为此,对于运行中的异步电动机应和其他设备一样,要认真进行检查和维护。对异常状态要做到及时发现,并认真分析和正确处理。下面就异步电动机运行中应注意的几个主要问题说明如下。

3.11.1　对电动机负载电流和温度的监视

异步电动机的大部分故障都会引起定子电流增大和电动机温度升高,所以,电流和温度的变化基本反映出电动机运行是否正常。因此,值班人员应随时监视和检查电动机的定子电流和电动机的温度是否超过其额定值。

电动机在运行中如果长期过热,会加速绝缘老化和降低绝缘的机械强度及绝缘性能,缩短电动机的寿命。根据电动机使用的绝缘等级,规定了电动机的允许温升,它表示电动机的允许温度与规定的环境温度的差值。采用 A 级绝缘材料,这种电动机在规定环境温度为 35℃时,其允许温升为 60℃。采用 E 级绝缘材料,这种电动机规定环境温度为 40℃时,其允许温升为

65℃。如果环境温度高于或低于规定值,电动机可以根据实际环境温度减少而增加其负荷。

3.11.2 电压的许可变动范围

电动机的电磁转矩与外加电压的平方成正比。因此,电动机外加电压的变动直接影响电动机的转矩。若电源电压降低,则电动机转矩减小,转速下降,使定子电流增大;同时,转速下降又引起冷却条件变坏,这样,会引起电动机温度升高。若电源电压稍高时,可使磁通增大,使电动机转速提高,导致转子和定子电流减小;同时冷却条件改善,结果电动机温度略有下降。倘若电源电压过高,由于磁路高度饱和,激磁电流将急剧上升,发热情况反而恶化;而且过高的电压将影响电机绝缘。所以,一般电动机外加电压的变动范围不得超过其额定电压的 -5%~10%。

另外,还须注意三相电压是否平衡。如果三相电压不平衡,则三相电流也不平衡,电流大的一相定子绕组发热量也大。按规定,相间电压的差值不应大于额定电压的 5%。在各相电流都未超过其额定值的情况下,各相电流的差值不应大于额定电流的 10%。

3.11.3 防止三相电动机的单相运行

三相异步电动机如果一相电源断线或一相保险丝熔断,三相电动机变成单相运行时,假若电动机的负载未变,即两相绕组要担负原三相绕组所担负的工作,则这两相绕组电流必然增大。电动机所用保险丝的额定电流是按电动机额定电流的 1.5~2.5 倍来选择的,而保险丝的熔断电流又是它自己额定电流的 1.3~2.1 倍,因此,电动机所用保险丝的最小熔断电流是电动机额定电流的 1.3×1.5=1.95 倍。很显然,单相运行时电流小于保险丝的最小熔断电流,所以电动机的保险丝不会因单相运行而熔断。长期单相运行必使电动机过热而烧毁。三相电动机发生单相运行时,不仅电流发生变化,而且也会产生异常的声音。值班人员发现上述异常状态时,应及时断开电源。

3.11.4 异步电动机启动时应注意的事项

(1)新装、新修或停止时间较长的电动机,在启动前应进行绝缘电阻检查。对 500V 以下的电动机用 500V 摇表测定,其绝缘电阻值不应小于 0.5MΩ。对 3kV 及以上的电动机用 1000~2500V 摇表测定,其绝缘电阻值每 1kV 工作电压不应小于 1MΩ。

异步电动机启动前,还应对电源电压、启动设备、电动机所带动的机械、电动机接线以及周围是否有障碍物等方面进行认真检查,经检查一切正常后方能启动。

(2)启动时,应先试启动一下,观察电动机能否启动和其转动方向。如发现不能启动,应检查电路和机械部分;如转动方向不对,可把三相电源引线中的任意两根的接头互相调换一下位置。

(3)合闸后,如无故障,电动机应能很快地进入正常运行状态。如果发现转速不正常或声音不正常,应立即断开电源进行检查。若电动机启动后立即跳闸或保险丝熔断,此时电动机不应再启动,应进行详细检查。

(4)电动机在冷状态下,连续启动次数不应超过 2 次,在热状态下,连续启动次数不应超过 1 次。如再需启动一次,必须使电动机适当冷却后(约 1h 以后)才能重新启动。

3.11.5 异步电动机故障的检查步骤

异步电动机故障的形成也有一个从发生、发展到损坏电机的过程,在这个过程中必然会出现一些异常现象,因此,值班人员应加强对运行中的电动机的监视和检查,如温度有无变化、声音是否正常,若发现问题,应认真分析,及时处理。当电动机发生故障但原因不明时,可按下列步骤进行检查:

（1）检查电动机的电源电压是否正常。

（2）如电源电压正常，应检查开关和启动设备是否正常。

（3）如果开关和启动设备都完好，应检查电动机所带动的负载是否正常，必要时，可卸下皮带或联轴器，让电动机空载运转。如电动机本身发生故障，可卸下接线盒检查接线有无断裂和焦痕。

（4）如果接线良好，应检查轴承是否损坏，润滑油是否干涸、变质或缺油。

（5）如果轴承和润滑油都正常，这时需要打开电机检查定子绕组有无焦痕和匝间短路，并检查转子是否断条，气隙是否均匀，有无扫膛现象。

3.12　异步电动机故障处理

电动机在运行过程中，由于维护和使用不当，如启动次数频繁、长期过负荷、电动机受潮、机械性碰伤等，都有可能使电动机发生故障。

电动机的故障可分为三类。

第一类是由于机械原因引起的绝缘损坏，如轴承磨损或轴承熔化、电动机尘埃过多、剧烈振动、润滑油落到定子绕组上引起绝缘腐蚀而使绝缘击穿造成故障等。

第二类是由于绝缘的电气强度不够而引起绝缘击穿，如电动机的相间短路、匝间短路、一相与外壳短路接地等故障。

第三类是由于不允许的过负荷而造成的绕组故障，如电动机的单相运行，电动机的频繁启动和自启动、电动机所拖动的机械负荷过重、电动机所拖动的机械损坏或转子被卡住等，都会造成电动机的绕组故障。

3.12.1　电动机启动时的故障

电动机启动时，当合上断路器或自动开关后，电动机不转，只听嗡嗡的响声或者不能转到全速，这时故障的原因可能如下：

（1）定子回路中一相断线，如低压电动机熔断器一相熔断，或高压电动机断路器及隔离开关的一相接触不良，不能形成三相旋转磁场，电动机就不转。

（2）转子回路中断线或接触不良，使转子绕组内无电流或电流减小，因而电动机就不转或转得很慢。

（3）在电动机中或传动机械中，有机械上的卡住现象，严重时，电动机就不转，且嗡嗡声较大。

（4）电压过低。电压过低时，电动机转矩小，启动困难或不能启动。

（5）电动机转子与定子铁心相摩擦，等于增加了负载，使启动困难。

值班人员发现上述故障时，应立即拉开该电动机的断路器及隔离开关，启动备用电机并用摇表检查故障电动机的定子和转子回路。

3.12.2　电动机定子绕组单相接地故障

发电厂的厂用电动机分布在锅炉、汽机、化学及运煤等车间，而这些地方容易受到蒸汽、水、化学药品、煤灰、尘土等的侵蚀，使得电动机绕组的绝缘水平降低。此外，电动机长期过负荷，会使绕组的绝缘因长期过热而变得焦脆或脱落，这都会造成电动机定子绕组的单相接地。在中性点不接地系统中，若一相全接地，则接地相的对地电压为零，未接地两相的对地电压升高 1.73 倍，同时，在接地点有三倍的正常运行时的对地电容电流流过，因此，在接地点可能产生间歇性电弧（电弧周期性地熄灭和重燃）。由于电弧对相间绝缘的热作用，使定子绕组绝缘温度升高,绝缘过早损坏。若长期使电动机单相接地运行,则电动机会因过热而烧坏。

当电动机发生单相接地时,因各相之间的相间电压不变,所以允许短时间运行一段时间后切断电源,用相应电压等级摇表进行检查。检查时,如测得相对地(外壳)的绝缘电阻值很低,说明绝缘已经受潮。若绝缘电阻为零,则说明这一相与外壳相碰,已经接地,不能再继续运行,应进行吹灰及清理工作。运行现场若不能消除,应由检修人员进行修理,将转子抽出后,用红外线灯泡干燥或将电动机置于干燥室内烘干,一直到绝缘电阻合格为止。

3.12.3 电动机的自动跳闸和故障停运

1. 电动机的自动跳闸

当运行中的电动机发生定子一相断线,绕组层间短路,绕组相间短路等故障以及电力系统电压下降时,在继电保护的作用下,该电动机的断路器便自动跳闸。电动机跳闸后,应立即启动备用电机,断开故障电机的电源,以保证整个系统的正常运行。待备用电机启动正常后,应对故障电动机进行检查。检查的项目包括拖动的机械有无卡住;电动机、定转子绕组、电缆、断路器、熔断器等有无短路的痕迹;保护装置是否误动作等,必要时,须对电动机进行绝缘电阻的测量。

有些电动机没有备用电机,因此,对于重要的厂用电动机,若跳闸后没有明显的短路象征,为了保证供电,允许将已跳闸的电动机进行强送电一次。

2. 电动机的故障停运

(1) 运行中的电动机有下列情况之一时,应先启动备用电机,然后再将故障的电动机停止运行:

① 定子电流超过正常运行的数值;

② 电动机发生严重的振动;

③ 轴承温度剧烈上升,并超过规定值;

④ 铁心温度及出风温度超过正常值;

⑤ 电动机内部有火花或绝缘有焦臭味。

(2) 电动机运行中遇有下列情况之一时,应立即停运,然后启动备用电机:

① 电动机所属回路发生人身事故;

② 电动机及其所属电器设备起火或冒烟;

③ 电动机所带动的机械损坏至危险程度;

④ 发生异响和迅速发热的同时,电动机转速急剧下降。

(3) 故障电动机停止运行后,有下列情况之一时,不得强送电:

① 电动机及其启动装置或电源电缆上有明显短路损坏现象;

② 电动机及所属回路发生人身事故;

③ 电动机所带动的机械损坏至危险程度;

④ 电动机冒烟;

⑤ 电动机开关由差动或速断保护动作而跳闸。

3.12.4 其他事故处理

(1) 下列情况下,对于重要的厂用电动机可以先启动备用电动机,然后停故障电动机:

① 发现电动机有不正常的声音或绝缘烧焦味时;

② 电动机内或启动调节装置内发现火花;

③ 电动机电流超过正常运行值;

④ 电动机出现不正常的振动（超过振动许可标准）；

⑤ 电动机轴承的温度及温升超过规定值；

⑥ 密闭式冷却电动机的冷却水系统发生故障。

（2）运行中的电动机，在继电保护装置动作或由于电气方面原因跳闸后，一般应经电气值班人员检查后再行启动。如是重要厂用电动机又无备用电机时，允许在做以下四项检查而情况正常时，将已跳闸的电动机试启动一次：

① 检查电源正常；

② 电机控制信号回路核查无异常；

③ 电机本体无明显异常；

④ 所带动机械部分无明显异常。

如发现有以下情况之一时，不可启动：

① 发生需要立即停机的人身事故；

② 电动机所带动的机械损坏；

③ 在电动机启动调节装置或电源电缆上有明显的短路或损坏现象；

④ 电动机跳闸后发现冒烟焦味等现象。

（3）重要厂用电动机失去电压或电压下降时，在 1min 内禁止值班人员手动切断厂用电动机（这类电动机以及失电 1min 后允许切断电源的电动机数量由各专业在辅机运行规程中详细规定）。但对绕线式电动机，当失去电源后，应立即遮断电动机，并将启动电阻恢复到启动状态。

（4）有下列情况之一时，应立即停用电动机，并通知有关部门进行检查：

① 开关合闸后电动机不旋转或不能转到正常转速；

② 电动机启动或运行时，空气间隙中冒出火花和烟气；

（5）电动机启动或运行中，当保护装置动作使开关跳闸时，运行人员一般应检查下列项目，必要时，应通知电气检修会同检查：

① 是否由于联锁跳闸；

② 熔丝是否完好，开关触头是否接触良好；

③ 被带动的机械有无故障；

④ 测定电动机与电缆的绝缘电阻是否正常；

⑤ 保护装置定值是否太小，启动时过流闭锁装置是否正常；

⑥ 电动机本体有无烟火或烧焦气味。

经上述检查均未发生问题时，可试启动一次，试启动成功后，可投入运行，否则应查明原因，消除故障后，方准使用。

（6）电动机在运行中声音异常，电流表指示上升或下降至零，一般应检查下列项目：

① 是否由于系统电压降低；

② 判明电动机是否单相运行；

③ 绕组是否有匝间短路现象；

④ 机械负荷是否增大。

应查明原因做出相应处理，消除故障后方准运行。

（7）电动机过热，电流表指示正常 。

检查冷却系统是否正常，若不正常应消除故障，并设法加强冷却。

（8）电动机起火：必须先将电动机的电源切断，才可使用电气设备专用灭火器进行灭火。

第 4 章　直流电动机

4.1　直流电动机的基本知识

4.1.1　直流电动机的结构

直流电动机是由固定的定子和旋转的转子（又称电枢）两大部分组成，如图 4-1 所示。

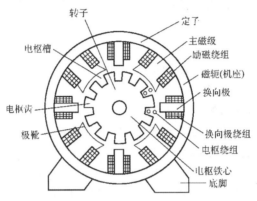

图 4-1　直流电动机的基本结构

1. 定子部分

定子主要由主磁极、机座、换向极、端盖和电刷装置等部件组成，如图 4-2 所示。

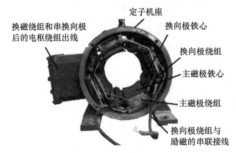

图 4-2　定子的主要部件

1）主磁极

主磁极的作用是建立主磁场，主磁极由主磁极铁心和套装在铁心上的励磁绕组构成，如图 4-3 所示。

主磁极铁心靠近转子一端的扩大部分称为极靴，它的作用是使气隙磁阻减小，改善主磁极磁场分布，并使励磁绕组容易固定。为了减少转子转动时由于齿槽移动引起的铁耗，主磁极铁心采用 1~1.5mm 的低碳钢板冲压一定形状叠装固定而成。主磁极上装有励磁绕组，整个主磁极用螺杆固定在机座上。主磁极的个数一定是偶数，励磁绕组的连接必须使得相邻主磁极的极性按 N、S 极交替出现。

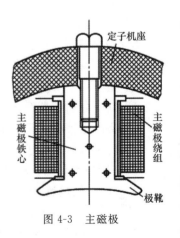

图 4-3　主磁极

2）机座

机座有两个作用，一是作为主磁极的一部分，二是作为电机的结构框架。机座中作为磁通通路的部分称为磁轭。机座一般用厚钢板弯成筒形以后焊成，或者用铸钢件（小型机座用铸铁件）制成。机座的两端装有端盖。

3）换向极

换向极是安装在两相邻主磁极之间的一个小磁极，如图4-4所示。它的作用是改善直流电机的换向情况，使电机运行时不产生有害的火花。换向极结构和主磁极类似，是由换向极铁心和套在铁心上的换向极绕组构成，并用螺杆固定在机座上。换向极的个数一般与主磁极的极数相等，在功率很小的直流电机中，也有不装换向极的。换向极绕组在使用中是和电枢绕组相串联的，要流过较大的电流，因此与主磁极的串励绕组一样，导线有较大的截面。

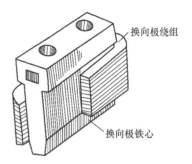

图 4-4　换向磁极

4）电刷装置

电刷装置是电枢电路的引出（或引入）装置，它由电刷、刷握、刷杆和连线等部分组成，如图4-5所示。电刷是石墨或金属石墨组成的导电块，放在刷握内用弹簧以一定的压力安放在换向器的表面，旋转时，与换向器表面形成滑动接触。刷握用螺钉夹紧在刷杆上。每一刷杆上的一排电刷组成一个电刷组，同极性的各刷杆用连线连在一起，再引到出线盒。刷杆装在可移动的刷杆座上，以便调整电刷的位置。

图 4-5　电刷装置

2. 转子部分

直流电机的转动部分称为转子，又称电枢。转子部分包括电枢铁心、电枢绕组、换向器、转轴、轴承、风扇等，如图4-6所示。

图 4-6　转子部分

1）电枢铁心

电枢铁心既是主磁路的组成部分，又是电枢绕组支撑部分；电枢绕组就嵌放在电枢铁心的槽内。为减少电枢铁心内的涡流损耗，铁心一般用厚0.5mm且冲有齿、槽的型号为DR530或DR510的硅钢片叠压夹紧而成，如图4-7所示。小型电机的电枢铁心冲片直接压装在轴上，大型电机的电枢铁心冲片先压装在转子支架上，然后再将支架固定在轴上。为改善通风，冲片可沿轴向分成几段，以构成径向通风道。

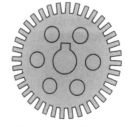

图 4-7　电枢铁心

2）电枢绕组

电枢绕组由一定数目的电枢线圈按一定的规律连接组成，它是直流电机的电路部分，也是感生电动势产生电磁转矩进行机电能量转换的部分。线圈用绝缘的圆形或矩形截面的导线绕成，分上、下两层嵌放在电枢铁心槽内，上、下层以及线圈与电枢铁心之间都要妥善地绝缘，并用槽楔压紧，如图 4-8 所示。大型电机电枢绕组的端部通常紧扎在绕组支架上。

3）换向器

在直流发电机中，换向器起整流作用，在直流电动机中，换向器起逆变作用。因此换向器是直流电机的关键部件之一。换向器由许多具有鸽尾形的换向片排成一个圆筒，其间用云母片绝缘，两端再用两个 V 形环夹紧而构成，如图 4-9 所示。每个电枢线圈首端和尾端的引线，分别焊入相应换向片的升高片内。小型电机常用塑料换向器，这种换向器用换向片排成圆筒，再用塑料通过热压制成。

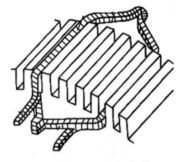

图 4-8　电枢绕组

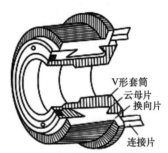

图 4-9　换向器

4.1.2　直流电动机的励磁方式

直流电动机产生磁场的励磁绕组的接线方式称为励磁方式。实质上就是励磁绕组和电枢绕组如何联接，就决定了它是什么样的励磁方式。如图 4-10—图 4-13 所示，以直流电动机为例有四种励磁方式。

1. 他励直流电动机

这种电机的励磁电流是由另外的直流电源供给，如图 4-10 所示，其特点是励磁电流 I_f 与电枢电压 U 及负载电流 I 无关。

2. 并励直流电机

这种电动机的励磁绕组与电枢绕组并联，如图 4-11 所示，其特点是励磁电流 I_f 不仅与励磁回路电阻有关，还受电枢端电压 U 的影响。

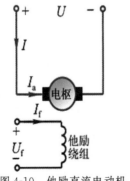

图 4-10　他励直流电动机

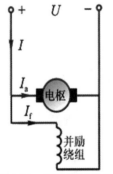

图 4-11　并励直流电动机

3．串励直流电动机

这种电动机的励磁绕组与电枢绕组串联,如图 4-12 所示,其特点是励磁电流 I_f 电枢电流 I 相等,电枢电流变化励磁电流就变化,串励电动机极少采用。

4．复励直流电动机

这种电机的励磁绕组即有并联线圈,又有串联线圈,串励绕组和并励绕组共同接在主极上,并励匝数较多,串励匝数较少,如图 4-13 所示。所以具有串励和并励电机的特点。若串、并励磁势方向相同,为积复励(常用),若串、并励磁势方向相反,为差复励。

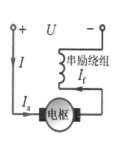
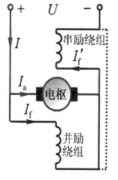

图 4-12　串励直流电动机　　　　　　　图 4-13　复励直流电动机

4.1.3　直流电动机的额定值

额定值也是制造厂为了保证直流电动机长期可靠地运行规定的数据。额定值通常标在各电机的铭牌上,故又叫铭牌值。

1．额定功率 P_N

指电动机在铭牌规定的额定状态下运行时直流电动机轴上输出的机械功率。

$$P_N = U_N I_N \eta_N \tag{4-1}$$

2．额定电压 U_N

指额定状态下电枢出线端的电压。

3．额定电流 I_N

指电动机在额定电压、额定功率时的电枢电流值。

4．额定转速 n_N

指额定状态下运行时转子的转速。

5．额定励磁电流 I_{fN}

指电动机在额定状态时的励磁电流值。

4.2　直流电动机的感应电势和电磁转矩

4.2.1　直流电动机电枢绕组的感应电势

直流电动机电枢绕组的感应电势是指一对正、负电刷之间的电势,也称为电枢电势,用 E 表示。

$$E = \frac{pN}{60a}\phi n = C_e \phi n \tag{4-2}$$

式中,N 为电枢绕组的总导体数;a 为并联支路对数;ϕ 为一个磁极内的平均磁通;p 为磁极对数;n 为转子转速。

4.2.2 直流电动机的电磁转矩

直流电动机的电磁转矩是指电枢上所有载流导体在磁场中受力所形成的转矩的总和。

$$T_{em}=\frac{pN}{2\pi a}\phi I_n=C_T\phi I_a \tag{4-3}$$

式中,I_a 为电枢电流。

4.3 直流电动机的基本方程式

4.3.1 电势方程式

以并励电动机为例。

$$E=U-I_a r_a-2\Delta U_k=U-I_a\left(r_a+\frac{2\Delta U_b}{I_a}\right) \tag{4-4}$$

$$E=U-I_a R_a \tag{4-5}$$

式(4-4)中,$2\Delta U_b$ 为电刷接触电阻压降,r_a 为电枢绕组电阻。

式(4-5)中,R_a 为电枢回路总电阻,包括电刷接触电阻。

4.3.2 功率方程式

式(4-5)两边同时乘以 I_a,得 $EI_a=UI_a-I_a R_a I_a$,由于

$$I_a=I-I_f,\ EI_a=U(I-I_f)-I_a R_a I_a=UI-UI_f-I_a^2 R_a$$

$$EI_a=\frac{pN}{60a}\phi n I_a=\frac{pN}{2\pi a}\phi I_a\ \frac{2\pi n}{60}=T_{em}\Omega=P_{em}$$

$$P_{em}=P_1-p_f-p_{Cu} \tag{4-6}$$

式(4-6)中,P_1 为输入电功率,p_{cu} 为铜耗,p_f 为励磁损耗,P_{em} 为电磁功率。

$$P_{em}=P_2+P_0 \tag{4-7}$$

式(4-7)中,P_2 为输出功率,p_0 为空载损耗。

4.3.3 转矩方程式

式(4-7)两边同时除以机械角速度 $\Omega=\frac{2\pi n}{60}$,得

$$\frac{P_{em}}{\Omega}=\frac{P_2}{\Omega}+\frac{p_0}{\Omega}$$

$$T_{em}=T_2+T_0 \tag{4-8}$$

4.4 直流电动机的运行特性

4.4.1 并励直流电动机的工作特性

直流电动机工作特性是指在 $U=U_N,I_f=I_{fN}$,电枢回路不外串电阻的条件下,转速 n、转矩 T_{em}、效率 η 与输出功率 P_2 之间的关系曲线。

实际运行中,电枢电流 I_a 是随 P_2 增大而增大,又便于测量,故也可把转速 n、转矩 T_{em}、效率 η 与电枢电流 I_a 之间的关系曲线称为工作特性。

1. 转速特性

转速特性是指 $U=U_n,I_f=I_{fN}$,电枢回路外串电阻 $R_\Omega=0$ 时,$n=f(I_a)$的关系。

根据电势方程式 $E=C_e\phi n$ 和电压方程式 $E=U-I_a R_a$,可得

$$n=\frac{U_N}{C_e\phi}-\frac{R_a}{C_e\phi}I_a=n_0-\frac{R_a}{C_e\phi}I_a \tag{4-9}$$

由式(4-9)知,影响电动机转速的两个因素:电枢回路的电阻压降,电枢反应的去磁作用。

随着电枢电流的增加,电枢回路的电阻压降使转速下降,而电枢反应的去磁作用会使 n 趋于上升。如图 4-14 所示,并励电动机负载变化时,转速变化很小。

他励(或并励)电动机在运行时,励磁绕组绝对不能断开。若励磁绕组断开,$I_f=0$,电枢电流迅速增大,若负载较小,则会造成"飞车"事故。

2. 转矩特性

转矩特性是指当 $U=U_n$,$I_f=I_{fN}$,电枢回路外串电阻 $R_\Omega=0$ 时,$T_{em}=f(I_a)$ 的关系。转矩特性曲线如图 4-14 所示。

根据转矩公式 $T_{em}=C_T\phi I_a$,忽略电枢反应,转矩特性是一条过原点的直线。考虑饱和时,I_a 较大时,电枢反应的去磁作用使曲线偏离直线。

3. 效率特性

效率特性是指当 $U=U_N$,$I_f=I_{fN}$,电枢回路外串电阻 $R_\Omega=0$ 时,$\eta=f(I_a)$ 的关系。

当负载电流从零逐渐增大时,效率也随之增大,当负载电流增大到一定程度,效率达最大,之后随负载电流的继续增大,效率反而减小。

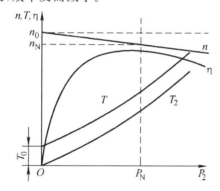

图 4-14　并励直流电动机的工作特性

4.4.2　并励直流电动机的机械特性

直流电动机 $n=f(T_{em})$ 的关系称为机械特性。

$$n=\frac{U_N-I_aR_a}{C_e\phi}=\frac{U_N}{C_e\phi}-\frac{R_a}{C_eC_T\phi^2}T_{em} \tag{4-10}$$

电枢回路外串电阻 R_Ω 时,有

$$n=\frac{U_N}{C_e\phi}-\frac{R_a+R_\Omega}{C_eC_T\phi^2}T_{em} \tag{4-11}$$

如不计磁饱和效应(忽略电枢反应影响),则磁通为常数,当外串电阻 R_Ω 为零时,并励电动机机械特性为一稍微下降的直线,称为固有机械特性。若外串电阻不为零,称为人为机械特性,$n_0=\dfrac{U_N}{C_e\phi}$ 称为理想空载转速。如图 4-15 所示。

4.5　直流电动机的启动

直流电动机接上电源后,转速从零上升到稳态转速的过程称为启动过程。

直流电动机启动的基本要求如下:

(1)启动转矩要大。

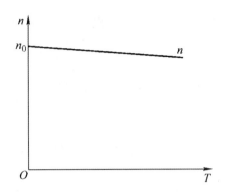

图 4-15　并励直流电动机的机械特性

（2）启动电流要小，限制在安全范围之内。

（3）启动设备简单、经济、可靠。

直流电机在启动时，$n=0$，$E=C_e\phi n=0$，$I_a=\dfrac{U}{R_a}$可突增至额定电流的十多倍，又由于 $T_{em}=C_T\phi I_a$，所以既要尽量减小启动电流，又要保证产生足够的启动转矩。一般直流电动机启动电流不得超过 $(1.5\sim2.0)I_N$。直流电动机的启动方法分为直接启动，电枢回路串电阻启动和降压启动，下面以并励直流电动机为例分别说明。

4.5.1　直接启动(即全压启动)

所谓直接启动，就是直接在电动机上施加额定电压进行启动。

这种方法操作简便，不需任何启动设备，无限流措施，启动电流很大，可达额定电流的几十倍，对电机的换向、温升以及机械可靠性都很不利，所以只有容量很小的直流电动机才可以直接启动。

4.5.2　电枢回路串变阻器启动

如图 4-16 所示，全部电阻串入电枢，加全压启动，电枢电流下降到设定下限，切除一级电阻 R_{st1}，电枢电流再次下降到设定下限，切除第二级电阻 R_{st2}，电枢电流再次下降到设定下限，切除第三级电阻 R_{st3}，启动结束。

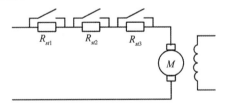

图 4-16　直流电动机串变阻器启动

电枢回路串电阻启动过程如图 4-17 所示，全部电阻串入电枢绕组后，启动力矩达到最大值 T_{max}，转速迅速上升，随着转速上升启动力矩逐渐下降到 T_{min}。为了保持启动过程中转矩有较大的值，以加速启动过程，切除 R_{st1}，由于机械惯性，转速和电枢电动势不能突变，电枢电阻减小将使启动转矩又达到最大值 T_{max}，转子加速度最大，转速继续快速上升。依次逐渐切除 R_{st2}、R_{st3}，直到 $T_{em}=T_L$，转速恒定，电机启动结束。

电枢回路串变阻器启动优点：启动设备简单，操作方便。缺点：电能损耗大，设备笨重。

4.5.3　降压启动

当他励直流电动机的电枢回路由专用的可调压直流电源供电时，可以采用降压启动的方

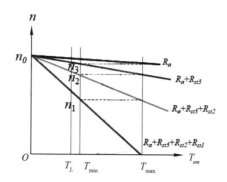

图 4-17　直流电动机串变阻器启动时的机械特性

法。启动电流将随电枢电压降低的程度成正比地减小。启动前,先调好励磁,然后把电源电压由低向高调节,最低电压所对应的人为特性上的启动转矩 $T_{\max} > T_L$ 时,电动机就开始启动。启动后,随着转速上升,可相应提高电压,以获得需要的加速转矩,启动过程的机械特性如图 4-18 所示。

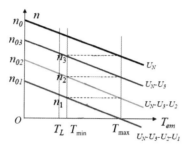

图 4-18　直流电动机降压启动时的机械特性

采用降压启动的优点是没有启动电阻,启动过程平滑,启动过程中能量损耗少。缺点是需要专用降压设备,成本较高。

4.6　直流电动机的调速

直流电动机在调速方面具有良好的性能,具有在宽广的范围内平滑而经济的调速。因此在调速要求较高的生产机械上得到广泛应用。

调速是在负载力矩或负载功率不变的情况下,人为地改变电机的转速。从直流电动机的转速公式 $n = \dfrac{U - I_a R_a}{C_e \phi}$ 可知,电枢串电阻、降低电枢电压、减弱磁通可以改变电机转速。

4.6.1　电枢串电阻调速

由串电阻的机械特性(图 4-19)可知,所串电阻越大,斜率越大,转速越低。

电枢串电阻调速的优点是设备简单,操作方便。缺点是属有级调速,轻载几乎没有调节作用,低速时,电能损耗大,接入电阻后特性变软,只能下调。此种调速方法一般用于调速性能要求不高的设备上,如电车、吊车、起重机等。

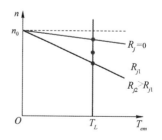

图 4-19　电枢串电阻调速的机械特性

4.6.2 调节电枢电压调速

应用此方法,电枢回路应用直流电源单独供电,励磁绕组用另一电源它励。

目前用得最多的可调直流电源是可控硅整流装置(SCR),在很广的范围内平滑调速。由图 4-20 可知,电压改变后,电动机的机械特性硬度保持不变。调节电枢电压调速的缺点是调压电源设备复杂,一般下调转速;优点是硬度一样,可平滑调速,且电能损耗不大。以上两种方法属电枢控制。

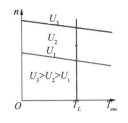

图 4-20 改变电枢电压调速的机械特性

4.6.3 弱磁调速

改变 ϕ 的调速,增大 ϕ 可能性不大,因电机磁路设计在饱和段,所以只有减弱磁通。可在励磁回路中串阻实现。

设负载转矩不变,则 $T_{em} = C_T \phi I_a = C_T \phi' I_a'$,得 $\dfrac{I_a'}{I_a} = \dfrac{\phi}{\phi'}$,忽略电枢电阻的压降 $\dfrac{n'}{n} = \dfrac{C_e \phi U - I_a' R_a}{C_a \phi' U - I_a R_a} = \dfrac{\phi}{\phi'}$,减少磁通可使转速上升。机械特性如图 4-21 可知,弱磁调速缺点是调速范围小,只能上调,磁通越大,电流越弱,使换向变坏;优点是设备简单,控制方便,调速平滑,效率几乎不变,调节电阻上功率损耗不大。

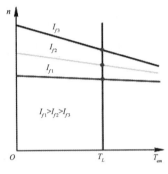

图 4-21 改变电枢电压调速的机械特性

4.7 直流电动机常见故障及检修

直流电动机常见故障及维修如表 4-1 所列。

表 4-1 直流电动机常见故障及维修

故障现象	故障部位	故障原因	检修方法
通电后 不能启动	供电部分	熔断器熔断体熔断	更换
		启动器接触不良	更换或修复
	负载	负载太重	减轻负载或更换大容量直流电动机
		电枢卡阻	查明卡阻原因后修复
	电刷、换向器	电刷与换向器接触不良	更换或修复
		电刷偏离中性线	用感应法调整
		换向器线圈接反	按要求重接
	励磁回路	励磁电路断路	修复或重绕线圈
		串励线圈(复励电动机)接反	调换换向极线圈端子位置
	启动变阻器	启动变租器损坏	更换
	电枢回路	电枢电源偏低	调整到额定值
		电枢回路断	查出断路点修复
		电枢回路接地故障	查出接地点排除
		启动设备故障	视情况修复或更换
	轴承	轴承太紧	加注润滑脂或更换

续表

故障现象	故障部位	故障原因	检修方法
机壳带电	励磁绕组	励磁绕组绝缘不良	烘干或重绕励磁绕组
		出线头碰机壳	修复
机壳过热甚至冒烟	负载	电动机长期过载运行	减轻负载
	电源	电源电压过高或过低	视情况进行调整
		正、反转或启动、停转过于频繁	避免不必要的正、反和启动、停转
	绕组、换向器、电刷	绕组、换向器或电刷故障	查明情况修复或更换零部件
运行时振动严重	机座	底座固定不平	加固
	电枢转子	动平衡不良	进行动平衡调整
		转轴弯曲	更换或修复
		转轴与联轴器不同心	更换或修复
转速不稳	供电部分	电源电压不稳	查出原因排除
		控制系统某元器件不良	更换或修复
	电刷	电刷偏离中性线	调整
	励磁电路	励磁电路接触不良	修复
		换向器绕组极性接反	调换换向极线圈端子位置
		串励绕组极性接反	调换其接线端子位置
转速不符合机械要求(偏高或偏低)	电枢回路	励磁或电枢绕组电压值不符合要求	改变电枢绕组端电压(优点是调速平滑。范围宽,机械特性硬度不变)或通过改变电枢绕组中串联电阻值改变电枢电流
换向不良	换向器、电刷	电刷压力过大或过小	调整电刷压力
		电刷与换向器接触不良	修复或更换
		换向器表面粗糙,云母片有毛边,且高出换向片	研磨或更换
		换向器脏污	清洁处理
		电刷在磁极几何中性线位置不对	调整
		刷握与换向器的表面距离太大	调整
		更换的电刷电阻率与原电刷相差太大	更换型号相同或性能相近的电刷
		电刷研磨不良且间距不等	研磨或更换
		换向器的拉紧螺栓松动	紧固
		换向极、补偿绕组、并联回路接触不良	修复或更换
		励磁或电枢绕组短路	修复或重绕绕组
		周围空气中有影响电刷与换向器正常接触的油污、有害气体或耐磨性粉尘	加强通风
		电刷润滑性能差或不能形成氧化膜	更换润滑脂

续表

故障现象	故障部位	故障原因	检修方法
环火	换向器、电刷	电刷位置不合适	调整
		电刷振动	修复
		换向片间电压偏高	调整
		换向器不良	更换或修复
	电枢、励磁绕组	电枢绕组断路或短路	修复或重绕绕组
		励磁绕组极性接反	纠正
	控制系统	控制系统负反馈极性接反	纠正
电刷下打火严重	负载	负载过重	减轻负载
	转子	转子动平衡不良	校正转子动平衡
	电刷、换向器	电刷型号不对或尺寸不合适	更换型号相同或性能相近的电刷
		电刷质量不良	更换
		电刷偏离中性线	调整
		各电刷臂之间距离不相等	调整
		同一电刷臂上的各刷握不在一条直线上	调整
		同一电刷臂上的各刷握不在一条直线上	调整
		电刷压力不合适	调整
		电刷与换向器接触不良	更换或修复
		换向器极性接错	纠正
		换向片与均压线接触不良	修复
		换向器表面粗糙	更换或研磨
	电枢、励磁绕组	电枢供电回路接触不良	视具体情况调整
		电枢供电各支路电流不平衡	修复
		电枢绕组与换向器铜片连接错误	纠正
		励磁绕组断、短路	查出断、短路点修复或重绕绕组
		内部接线断或虚焊	重焊或修复

第 5 章　电力系统概述

5.1　电力系统的组成和技术特点

5.1.1　电力系统的组成

　　在电力工业发展的初期,发电厂都建在用户附近,规模很小,而且是孤立运行的。生产的发展和科学技术的进步使得用户的用电量和发电厂的容量与数目不断增加,现代电厂多数建设在能源产地附近或能源便于输送的地方,以便减少发电厂所需燃料的巨额运输费用,这样,电厂与电能用户之间就往往隔有一定的距离,为此就必须建设升压变电所和架设高压输电线路,而当电能输送到负荷中心后,则必须经过降压变电所降压,再经过配电线路,才能向各类用户供电。这样一来,一个个发电厂孤立运行的状态再也不能继续下去了。当一个个地理上分散在各处、孤立运行的发电厂通过输电线路、变电所等连接形成一个"电"的整体以供给用户用电时,就形成了现代的电力系统。换句话说,电力系统就是由发电厂、变电所、输电线路以及用户组成的统一整体。如果把发电厂的动力部分(如火电厂的锅炉、汽轮机,水电厂的水库、水轮机以及核电厂的反应堆等)也包含在内时,则称为动力系统。与电力系统相关联的电力网络,它是指电力系统中除发电机和用电设备以外的一部分。所以,电力网络是电力系统的一个组成部分,而电力系统又是动力系统的一个组成部分。

　　在电力系统中,由于各种电气设备大都是三相设备,它们的参数是对称的,所以,可将三相电力系统用单线图来表示。用单线图表示的动力系统、电力系统及电力网如图 5-1 所示。

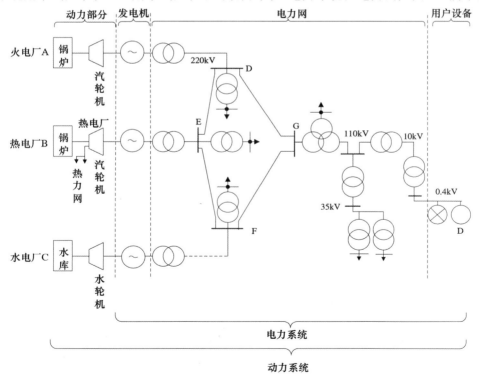

图 5-1　动力系统、电力系统、电力网络示意

电力系统随着电力工业的发展逐步地扩大,使电力能源利用更合理,提高经济效益,可以互相支援,减少系统备用容量,以利用地区时差及不同资源之间的调节,取得错峰和调峰的效益,多采用远距离输电,优化电力资源。

5.1.2 电力系统运行特点

电能的生产、输送、分配和使用与其他工业部门产品相比具有下列明显的特点。

1. 电能不能大量储存

电能的生产、输送、分配和使用,可以说是在同一时刻完成的。发电厂在任何时刻生产的电能恰好等于该时刻用户所消耗的电能,即电力系统中的功率,在每时、每刻都必须保持平衡。

2. 暂态过程非常迅速

电能是以电磁波速度 $3 \times 10^8 \, \text{m/s}$ 传送的,电力系统中任何一处的变化,都会迅速影响到其他部分的工作。在电力系统中,由于运行情况改变或发生事故而引起的电磁、机电暂态过程非常短暂的。因此,要求电力系统中必须采用自动化程度高、动作快、工作可靠的继电保护与自动装置等设备。

3. 电力生产和国民经济各部门之间的关系密切

由于电能具有传输距离远,使用方便,控制灵活等优点,目前已成为国民经济各个部门的主要动力,随着人民生活水平的提高,生活用电也日益增加。电能供应不足或突然停电都将给国民经济各部门造成巨大损失,给人民生产生活带来极大不方便。

5.1.3 对电力系统的基本要求

1. 保证供电可靠

中断向用户供电,会使生产停顿、生活混乱,甚至于危及人身和设备的安全,会给国民经济造成极大损失。停电给国民经济造成的损失,远远超出电力系统因少售电所造成的电费损失。为此,电力系统运行的首要任务是保证对用户安全可靠地连续供电。

提高电力系统供电可靠性的措施大致有以下一些:

(1) 每个电网都要留有适当的备用容量,设计时一般按 15%～20% 考虑。

(2) 对重要用户,采用双电源供电。

(3) 改善电网结构,合理分配负荷,提高抗拒外部影响和干扰的能力。

(4) 采用自动装置,例如对高压架空输电线路采用自动重合闸。

(5) 在系统容量不足的情况下,安装按周波自动减负荷装置,一旦系统出力不够,可自动切除某些次要线路负荷,保证对重要用户的供电。

2. 保证电能质量

电能质量应满足以下三项指标:频率、电压和波形。

1) 频率

频率是电能质量的主要指标之一。

我国电力(除台湾地区外)采用交流 50 Hz,规定频率容许偏差为 ± 0.5 Hz,对装机容量达到3000MW及以上的电力系统其频率容许偏差控制在 ± 0.2 Hz 以内。

系统频率变化较大时,对电力系统的稳定运行和用户的正常工作都将产生严重影响。例如低频率运行可造成发电厂设备出力下降,汽轮机叶片断裂,汽耗、煤耗、厂用电升高;系统稳定受到破坏,用电设备如电动机转速和出力降低,影响产品质量,废品率上升,自动化设备误动作。

　　因此,保证频率偏差不超过规定值,维持电力系统的有功平衡,是保证电能质量的一项重要工作。

　　在电网并列运行的机组,当外界负荷变化引起电网频率偏移时,网内各运行机组的调节系统将根据各自的静态特性改变机组的有功功率,以适应外界负荷变化的需要,这种由调节系统自动调节功率以减小电网频率改变幅度的方法,称为一次调频。一次调频是一种有差调节,不能维持电网频率不变,只能缓和电网频率的改变程度。一次调频的频率偏差死区是指:在此频率偏差范围内,频率变化时,负荷不随频率变化。例如,某电厂 300MW 机组一次调频死区设置为 ±2r/min,即转速在 $2998\sim3002$r/min 变化时,负荷不随转速变化。一次调频的响应时间是指:从电网频率变化超过机组一次调频死区时,开始到机组实际出力达机组额定有功出力的 $\pm3\%$ 的时间,例某电厂 300MW 机组的负荷响应时间要求是 30s 内。一次调频机组负荷调节限制是指:为了保证发电机组稳定运行,参与一次调频的机组对负荷变化幅度可加以限制,但限制幅度应在规定范围内,例某电厂 300MW 机组的一次调频负荷调节限制是 $\pm3\%$ECR,即 10MW。

　　通过调频器调整机组的负荷,称为二次调频,二次调频可以做到无差调频。二次调频实现的方法有以下两种:

　　(1)调度员根据负荷潮流及电网频率,给各厂下达负荷调整命令,由各发电厂进行负荷调整。

　　(2)采用自动控制系统(AGC),由计算机对各厂机组进行遥控,来实现调频全过程。

　　2)电压

　　电压质量是电能质量的另一主要指标。

　　电压偏移超过允许范围时,对用电设备的运行具有很大的影响。电网电压随着负荷大小的不断变化而上下波动,特别是某些大容量冲击负荷(如电弧炉、轧钢机等)所造成的大幅度电压波动将会严重干扰电力系统的稳定运行和电能质量。因此,保证电压质量,即保证端电压的波动和偏移在允许范围之内,是电力系统运行的主要任务之一。电力系统电压允许偏差一般为额定电压的 $\pm5\%$。

　　实现无功功率在额定电压下的平衡是保证电压质量的基本条件。电网运行中无功不足将使电压下降,反之则电压升高。

　　(1)发电机的电压监视和调整:在保持有功不变的情况下,电压升高要增加励磁电流,使励磁绕组温度升高。电压升高还会使定子铁心磁密增大,温度升高。同时,电压升高还会对发电机绝缘不利;而降低发电机运行电压会降低稳定性,影响电力系统的安全。若发电机输出功率不变,电压降低,定子电流要增大,定子绕组的发热增加,则温度升高。单元机组还会因电压降低而影响发电厂辅机的工作性能。

　　发电机组励磁调节系统是电力系统中最重要的无功电压控制系统,响应速度快,可控制量大。自动电压调控系统(AVC)使通过改变发电机 AVR 的给定值来改变机端电压和发电机输出无功的。基本原理是发电侧远程接收主站端 AVC 控制指令,通过动态调节励磁调节器的电压给定值,改变发电机励磁电流来实现无功自动调控。

　　在发电机正常运行时,其端电压在额定值的 $\pm5\%$ 范围内变化时,发电机仍可保持额定出力不变。当定子电压降低 5% 时,定子电流可增加 5%;当定子电压升高 5%,定子电流可降低 5%,在这样的变化范围内,定子绕组和转子绕组的温度都不会超过允许值。但当发电机定子电压低于额定值电压 95% 运行时,其定子电流也不应超过额定值的 5%,发电机要降低出力运行,否则,定子绕组的温度要超过允许值。发电机运行电压的下限,是根据稳定运行的要求来确定的,一般不应低于额定值的 90％。发电机运行中,若其端电压达到额定值的 105％以上,铁心内磁通密度增加,则铁耗增加,会引起铁心温度和定子绕组温度升高,所以此时必须降低出力运行;当发电机的运行电压达到额定值的 110％以上时,引起铁心过度饱和,使定子旋转磁场的漏磁通大大增加,在定子本体机架回路感应出很大的电流(有时可达数万安培),会导致机架的一些接缝处过热,甚至产生火花,使机架损坏,所以发电机的最高允许运行电压应严格遵守制造厂家规定,一般为额定值的 110％。

(2) 变压器的电压监视和调整:变压器的运行电压一般不应高于该运行分接额定电压的 105％。对于特殊的使用情况(例如变压器的有功功率可以在任何方向流通),允许在不超过 110％的额定电压下运行。当系统电压低于变压器的额定值时,对变压器本身不会有任何不良影响,只是降低供电质量。当系统电压高于变压器的额定值时,变压器的涌流增加,使磁通饱和,引起二次绕组电压波形发生畸变,造成二次侧电压中含有高次谐波,降低了供电质量,因此,运行人员应根据规定的电压值及时进行调整。

变压器在运行中,随着一次侧电源电压的变化及负荷的大小变化,二次侧电压也会发生较大的变化。从用电设备的角度来说,总是希望电源电压尽可能地稳定,当负荷发生变动时,电源电压变动越小越好,那样也就保证了供电电压的质量。为使负载电压在一定的范围内允许变动,根据负荷的变化情况进行调压,以保证用电设备的正常需求和供电电压的质量。

变压器调压的方法分为有载调压和无载调压两种。

3) 波形

交流电压和电流的波形必须是严格的正弦波,不得包含有谐波。

电力系统中的谐波来源于以下两个方面:

(1) 发电机发出的电能中存在一定数量的三次谐波,因此在设计中通常将变压器的一侧绕组接成三角形接线,以滤去三次谐波,使之不能输送到高压电网中去。

(2) 随着科学技术进步和自动化水平提高,电力设备中出现大量新工艺、新设备,其中如工业、交通等部门大量采用的电弧炉、整流器、逆变器、变频器、弧焊机、感应加热设备、气体放电灯以及有磁饱和现象的机电设备、电气机车等,在使用时均会向电网注入大量的谐波电流,引起供电电压正弦波形的畸变。

谐波被称为电网的"公害"或"污染",其对电力系统可能造成的危害主要有以下几个方面:

(1) 由于谐波使电力系统距离、高频、复合电压启动等继电保护装置误动作,造成电网解列、大面积停电。

(2) 引发系统谐振。

(3) 使中小型发电机转子损坏、寿命缩短。

(4) 对旋转电机(包括发电机和电动机)产生附加功率损耗和发热,并可能引起振动,降低设备出力。

(5) 增加线路、变压器损耗;加速介质老化,降低设备寿命,并使照明灯具闪烁。

(6) 高压架空线中流过谐波电流还将对通信、载波信号、无线电广播、电视等产生噪声和干扰。

(7) 谐波还将造成电能计量的误差,等等。

因此,必须采取措施消除谐波。电力变压器利用三角形连线消除三次谐波。其原理是:变压器中的三次谐波是由于铁心的磁饱和造成的,将变压器的高压侧线圈或低压侧线圈接成三角形,则三次谐波磁通 ϕ_3 会在三角形连接的三相绕组中产生三次谐波电动势 e_{A3}、e_{B3}、e_{C3},这三相电动势大小相等、方向相同,在三角形中形成三次谐波环流 i_3, i_3 会产生一个与 ϕ_3 数值相等且相位相差 $180°$ 的 ϕ_3',能达到相互抵消,取得消除三次谐波影响的作用。另外,还可采用如多相整流、滤波、用电容吸收、保持三相负荷平衡等方法,以尽量消除谐波的影响。

3. 提高电力系统运行经济性

节约能源是当今世界上普遍关注的一个大问题。电能生产的规模很大,消耗能源很多。在电能生产、输送过程中,应尽力节约、减少损耗,同时降低成本也成为电力部门的一项重要任务。为提高经济效益,就要采用高效、节能的大容量的发电机组;降低厂用电率;合理发展电力系统,减少电能输送、分配过程中的损耗;合理规划电力系统,选用最经济运行方式调度各电厂的负荷,使发电机组处于最佳经济状态下运行。

5.2　电力系统的电压等级

5.2.1　电力系统的额定电压

电力系统中的电器和用电设备都规定有额定电压,电压是电气设备的第一技术指标。只有在额定电压下运行时,其技术经济性能才最好,也才能保证安全可靠运行。为了使电力工业和电工制造业的生产标准化、系列化和统一化,世界上的许多国家和有关国际组织都制定有关于额定电压等级的标准。我国所制定的 1000V 以上电压的额定电压标准如表 5-1 所列。

表 5-1　　　　　　　　　　　　　　　额定电压标准(单位:kV)

用电设备额定电压	交流发电机额定电压	变压器额定电压	
		一次线圈	二次线圈
3	3.15	3 及 3.15	3.15 及 3.3
6	6.3	6 及 6.3	6.3 及 6.6
10	10.5	10 及 10.5	10.5 及 11.0
—	15.75,18,20 等	15.75,18,20 等	—
35	—	35	38.5
(60)	—	60	66
110	—	110	121
(154)	—	154	169
220	—	220	242
330	—	330	363
500	—	500	525
750	—	750	—

注:1. 变压器的一次线圈栏内的 3.15kV、6.3kV、10.5kV、15.75kV 等电压适用于发电机端直接连接的升压变压器。

　　2. 变压器二次线圈栏内的 3.3kV、6.6kV、11kV 电压适用于阻抗值在 7.5% 以上的降压变压器。

以下所说的额定电压均指额定线电压。

1．网络的额定电压

网络的额定电压等于用户设备的额定电压,也等于母线的额定电压,也等于线路的额定电压,也就是通常所说的额定电压。具体数值见表 5-1 中的第一列。

2．发电机的额定电压

发电机通常运行在比网络额定电压高 5％的状态下,所以,发电机的额定电压较用电设备的电压高出 5％。具体数值见表 5-1 中的第二列。

3．变压器的额定电压

(1) 变压器的一次线圈(原线圈)是接受电能的,其额定电压与用电设备的额定电压相等,但直接与发电机相连接时,就等于发电机的额定相电压。

(2) 变压器的二次线圈(副线圈)相当于供电电源,考虑到变压器内部的电压损耗,故当变压器的短路电压小于 7.5％或直接与用户连接时,则二次绕组额定电压比用电设备的高 5％;当变压器的短路电压大于 7.5％时,则二次绕组额定电压比用电设备的高 10％。

下面简单说明一下为什么发电机、变压器的原、副线圈的额定电压各不一致以及它们与用电设备的额定电压之间的关系。如前所述,根据保证电能质量标准的要求,用户处的电压波动一般不得超过其额定电压的±5％。当传输电能时,在线路、变压器等元件上,总会产生一定的阻抗压降,电网中各部分的电压分布大致情况如图 5-2 所示(图中 U_N 为额定电压)。

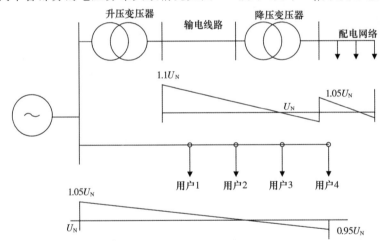

图 5-2　电力网各部分电压分布示意

因此,当一般情况下规定线路正常运行时的压降不超过 10％时,为保证末端用户的电压不低于额定电压的 95％,需要使发电机的额定电压比用电设备的额定电压高 5％。

对于变压器来说,其一次侧接电源,相当于用电设备,二次侧向负荷供电,又相当于发电机。所以它的一次侧电压应等于用电设备的额定电压;只有当发电机出口与升压变压器联接时,升压变压器的一次侧电压才应与发电机电压相配合,这时,它的额定电压应比用电设备高出 5％。由于变压器本身还有阻抗压降,为了保证电能质量,在制造时就规定变压器的二次线圈电压一般应该比用电设备的额定电压高出 10％,只有当内部阻抗较小时,其二次线圈电压才可以较用电设备的额定电压高出 5％。

4. 我国电力系统的平均额定电压

电力系统的平均额定电压 $U_{av} \approx 1.05 U_N$，并适当取整，具体为 3.15kV、6.3kV、10.5kV、37kV、115kV、230kV、345kV、525kV。

5. 变压器的分接头及其变比

为了调节电压，变压器的高压绕组以及三绕组变压器的中压绕组一般有不同的分接头抽头，用百分数表示，即表示分接头电压与主抽头电压的差值为主抽头电压的百分之几。

（1）额定变比，即主抽头额定电压之比。

（2）实际变比，即实际所接分接头的额定电压之比。

5.2.2　电压等级的选择

输配电网络额定电压的选择在规划设计时又称电压等级的选择，它是关系到电力系统建设费用的高低、运行是否方便、设备制造是否经济合理的一个综合性问题，因而是较为复杂的。下面只作一简略的介绍。

我们知道，在输送距离和传输容量一定的条件下，如果所选用的额定电压愈高，则线路上的电流愈小，相应线路上的功率损耗、电能损耗和电压损耗也就愈小，并且可以采用较小截面的导线以节约有色金属。如果导线截面积不减小，选用的额定电压愈高，则输送容量愈大。但是，电压等级愈高，线路的绝缘愈要加强，杆塔的几何尺寸也要随导线之间的距离和导线对地之间的距离的增加而增大。这样，线路的投资和杆塔的材料消耗就要增加。同样，线路两端的升压、降压变电所的变压器以及断路器等设备的投资也要随着电压的增高而增大。因此，采用过高的额定电压并不一定恰当。一般来说，传输功率愈大，输送距离愈远，则选择较高的电压等级就比较有利。

根据以往的设计和运行经验，电力网的额定电压、传输距离和传输功率之间的大致关系如表 5-2 所列。此表可作为选择电力网额定电压时的参考。

表 5-2　　　　　　　　　　电力网的额定电压、输电距离与传输功率的大致关系

额定线电压 （kV）	传输功率 （kW）	输电距离 （km）
6	100～1200	4～15
10	200～2000	6～20
35	2000～10000	20～50
110	10000～50000	50～150
220	100000～500000	100～300
330	200000～1000000	200～600
500	1000000～1500000	150～850
750	2000000～2500000	500 以上

5.3　电力系统的负荷和负荷曲线

5.3.1　负荷

通常，把用户的用电设备所取用的功率称之为"负荷"。因此，电力系统的总负荷就是系统中所有用电设备所消耗功率的总和。它们大致分为异步电动机、同步电动机、电热炉、整流设

备、照明设备等若干类别,在不同的用电部门与工业企业中,上述各类负荷所占的比重是各不相同的。

另外,把用户所消耗的总用电负荷再加上网络中损耗的功率就是系统中各个发电厂所应供给的功率,把它称为系统的供电负荷。供电负荷再加上发电厂本身所消耗的功率就是系统中各个发电厂所应发出的总功率。

5.3.2 负荷曲线

电力系统各用户的负荷功率总是在不断变化,电力负荷随时间变化的关系一般用负荷曲线来描述。根据负荷的特性,负荷曲线可分为有功功率负荷曲线、无功功率负荷曲线等;按所涉及的范围,负荷曲线可分为用户负荷曲线、变电所负荷曲线、发电厂负荷曲线以及电力系统负荷曲线等;根据持续的时间,负荷曲线又可分为日负荷曲线、周负荷曲线和年负荷曲线等。

在电力系统中经常用到的负荷曲线共有 3 种。

1. 日负荷曲线

日负荷曲线反映负荷在一天 24h 内随时间变化的规律。典型的日负荷曲线如图 5-3 所示。不同地区,不同负荷,其负荷曲线也是不相同的。一天之内最大的负荷称为日最大负荷 $P_{\max}$,也称尖峰负荷;一天之内最小的负荷称为日最小负荷 $P_{\min}$,也称低谷负荷;最小负荷以下的部分称为基本负荷,简称基荷。若在一天内用户所消耗的总电能为 A,则全天的小时平均负荷为

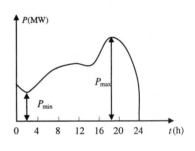

图 5-3 日负荷曲线

$$P_V = \frac{A}{24}$$

为了反映负荷曲线的起伏情况,系统中常用到负荷率 K_P 的概念:

$$K_P = \frac{P_V}{P_{\max}}$$

K_P 值大,则表示日负荷曲线平坦,即每天的负荷变化小,系统运行的经济性较好;K_P 值小,则表示日负荷曲线起伏大,发电机的利用率较差。

2. 年持续负荷曲线

在电力系统的分析计算中,还经常用到年持续负荷曲线,如图 5-4 所示。它是以电力系统全年内每个小时的负荷按其大小及累计持续运行时间的顺序排列而成的。

将全年中负荷所消耗的电能与一年内最大负荷相比,得到的时间 $T_{\max}$ 称为年最大负荷利用小时数,即

$$T_{\max} = \frac{A}{P_{\max}}$$

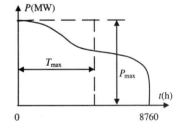

图 5-4 年持续负荷曲线

$T_{\max}$ 的物理意义是,如果用户始终保持最大负荷 $P_{\max}$ 运行,则经过 $T_{\max}$ 时间后,它所消耗的电能恰好等于其全年的实际耗电量。$T_{\max}$ 的大小,在一定程度上反映了实际负荷在一年内变化的大小。$T_{\max}$ 较大,则负荷曲线比较平坦;$T_{\max}$ 较小,则负荷随时间的变化较大。它在一定程度上反映了负荷用电的特点。对于各种不同类型的负荷,其 $T_{\max}$ 大体上在一定的范围内。因此,若已知各类用户的性质,则可得到 $T_{\max}$,由 $A = T_{\max} \times P_{\max}$ 可以估计出全年的用电量。在导线截面选择和计算电网的电

能损耗时,均要用到 T_{max}。

3. 年最大负荷曲线

年最大负荷曲线即表示一年内每月的最大负荷随时间变化的曲线。如图 5-5 所示。这曲线常用于制订发电设备的检修计划。机组检修应安排在负荷最小的时间段。

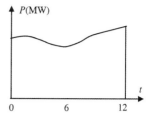

图 5-5 年最大负荷曲线

5.4 电力系统中性点运行方式

电力系统的中性点是指星形连接的变压器或发电机的中性点。

各国各级电力网中性点接地方式不完全相同。其考虑的因素有以下几个:

(1)电气一次设备的制造水平与电力系统的建设投资。

(2)电力系统的运行费用及故障的复杂程度。

(3)影响对二次设备,包括继电保护、通信、铁路信号、自动化等的适应性。

(4)影响电力系统非对称接地故障引起的工频过电压,进而影响保护设备的工作条件、电力系统的过电压水平和绝缘水平及稳定运行的允许条件。

我国电力系统中普遍采用的中性点运行方式有:中性点不接地、中性点经消弧线圈接地、中性点直接接地等三种。前两种接地方式,发生单相接地时的接地电流较小,故称为小电流接地系统;后一种接地方式,当发生单相接地时,其接地电流数值较大,故称之为大电流接地系统。此外,我国也开始采用中性点经电阻接地方式。以下对各种接地方式作一简要介绍。

5.4.1 中性点不接地的电力系统

我国 60kV 及以下的电力系统通常多采用中性点不接地运行方式。其正常运行时的电路图和向量图如图 5-6 所示。现假设三相系统的电压和线路参数都是对称的,把每相导线的对地电容用集中电容 C 来代替,并忽略相间分布电容。由于正常运行时三相电压 $\dot{U}_A$、$\dot{U}_B$、$\dot{U}_C$ 是对称的,所以,三相的对地电容电流 $\dot{I}_{C0}$ 也是对称的,三相的电容电流之和为零。

图 5-7(a)所示为发生一相(例如 A 相)接地故障的情况,此时,A 相对地电压降为零,而非故障相 B、C 的对地电压在相位和数值上均发生变化,即

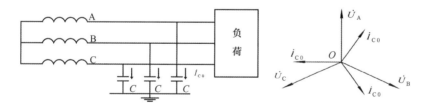

图 5-6 中性点不接地系统正常运行时的电路图和相量图

$$\left.\begin{aligned}\dot{U}'_A &= \dot{U}_A + (-\dot{U}_A) = 0 \\ \dot{U}'_B &= \dot{U}_B + (-\dot{U}_A) = \dot{U}_{BA} \\ \dot{U}'_C &= \dot{U}_C + (-\dot{U}_A) = \dot{U}_{CA}\end{aligned}\right\} \tag{5-1}$$

由图 5-7(b)相量图可知,当 A 相接地时,B 相和 C 相对地电压变为 $\dot{U}'_B$、$\dot{U}'_C$,其数值等于正常运行时的线电压,升高了 $\sqrt{3}$ 倍,$\dot{U}'_B$ 和 $\dot{U}'_C$ 的相位差变为 $60°$。如果单相接地经过一定的接触电阻(亦称为过渡电阻),而不是金属性接地,那么故障相对地电压将大于零而小于相电压,

非故障相对地电压将小于线电压而大于相电压。

由图 5-7(b)还可看出,在系统发生单相接地故障时,三相之间的线电压仍然对称,因此,用户的三相用电设备仍能照常运行,这也是中性点不接地系统的最大优点。在这里要指出,中性点不接地系统在发生单相接地后,是不允许运行很长时间的,因为此时非故障相的对地电压升高了 $\sqrt{3}$ 倍,很容易发生对地闪络,从而造成相间短路。因此,我国有关规程规定,中性点不接地系统发生单相接地故障后,允许继续运行的时间不能超过 2h,在此时间内应设法尽快查出故障,予以排除。否则,就应将故障线路停电检修。

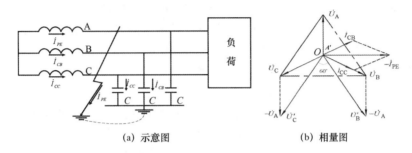

(a) 示意图   (b) 相量图

图 5-7   中性点不接地系统单相接地故障示意图和相量图

中性点不接地系统发生单相接地故障时,在接地点将流过接地电流(电容电流)。例如,A相接地时,A 相对地电容被短接,B、C 相对地电压升高了 $\sqrt{3}$ 倍,所以对地电容电流变为

$$\dot{I}_{CB} = \frac{\dot{U}'_B}{-jX_C} = \sqrt{3}\,\omega C\,\dot{U}_B \mathrm{e}^{j60°} \tag{5-2}$$

$$\dot{I}_{cc} = \frac{\dot{U}'_C}{-jX_C} = \sqrt{3}\,\omega C\,\dot{U}_B \tag{5-3}$$

接地电流 $\dot{I}_{PE}$ 就是上述电容电流的相量和,即

$$\dot{I}_{PE} = -\dot{I}'_{CB} + \dot{I}'_{cc} = -3\omega C\,\dot{U}_B \mathrm{e}^{j30°} \tag{5-4}$$

其绝对值为

$$I_{PE} = 3\omega C U_\phi = 3I_{C0} \tag{5-5}$$

$$I_{C0} = \omega C U_\phi$$

式中 I_{PE}——单相接地电流(A);

$\quad\quad U_\phi$——电网的相电压(kV);

$\quad\quad \omega$——电源的角频率(rad/s);

$\quad\quad C$——每组导线的对地电容(F);

$\quad\quad I_{C0}$——每相导线的对地电容电流(A)。

由式(5-5)可知,中性点不接地系统单相接地电流等于正常运行时每相对地电容电流的 3 倍。由于线路对地电容电流很难精确计算,所以,单相接地电流(电容电流)通常可按下列经验公式计算:

$$I_{PE} = \frac{(L_{oh} + 35L_{cab})U_N}{350} \tag{5-6}$$

式中 U_N——电网的额定线电压(kV);

$\quad\quad L_{oh}$——同级电网具有电的直接联系的架空线路总长度(km);

L_{cab}——同级电网具有电的直接联系的电缆线路总长度(km)。

在中性点不接地系统中,当接地的电容电流较大时,在接地处引起的电弧就很难自行熄灭。在接地处还可能出现所谓间歇电弧,即周期地熄灭与重燃的电弧。由于电网是一个具有电感和电容的振荡回路,间歇电弧将引起相对地的过电压,其数值可达$2.5\sim3U$。这种过电压会传输到与接地点有直接电连接的整个电网上,更容易引起另一相对地击穿,从而形成两相接地短路。

《交流电气装置的过电压保护和绝缘配合》(DL/T 620—1997)中对我国中性点不直接接地方式的适用范围作了如下规定。

(1) 3~10kV 不直接连接发电机的系统和 35kV、66kV 系统,当单相接地故障电容电流不超过下列数值时,应采用不接地方式。

① 3~10kV 钢筋混凝土或金属杆塔的架空线路构成的系统和所有 35kV、66kV 系统,10A。

② 3~10kV 非钢筋混凝土或非金属杆塔的架空线路构成的系统,分别如下:

a. 当电压为 3kV 和 6kV 时,为 30A;

b. 当电压为 10kV 时,为 20A;

c. 对于 3~10kV 电缆线路构成的系统,为 30A。

(2) 3~20kV 具有发电机的系统,发电机内部发生单相接地故障不要求瞬时切机时,如单相接地故障电容电流不大于表 5-3 所列允许值时,应采用不接地方式。

表 5-3　　　　　　　　　　发电机回路一相接地电容电流的允许值

序号	额定电压(kV)	额定容量(MW)	额定电压下一相接地电流允许值(A)
1	6.3	≤50	4
2	10.5	50~100	3
3	13.8、15.75	125~200	2
4	18、20	≥300	1

5.4.2　中性点经消弧线圈接地的电力系统

对 3~60kV 电网,当电容电流超过表 5-4 所列数值又需在接地故障条件下运行时,中性点应装设消弧线圈。发电机大于表 5-3 所列允许值时,也应采用消弧线圈接地方式,且故障点残余电流也不得大于该允许值。消弧线圈可装在厂用变压器中性点上,也可装在发电机中性点上。

表 5-4　　　　　　　　　　　3~60kV 电网电容电流

电网	电容电流
3~6kV 电网	30A
10kV 电网	20A
35kV 电网	10A

消弧线圈是一个铁心有气隙的可调电感线圈,其伏安特性相对来说不易饱和,它接在发电机或变压器中性点和地之间,如图 5-8(a)所示。由于装设了消弧线圈,当发生单相接地时,可形成与接地电流大小相近但方向相反的感性电流以补偿容性电流,从而使接地处的电流变得很小或接近于零,使电流易于自行熄灭,从而避免了由此引起的各种危害,提高了供电可靠性。

从图 5-8(b)可看出,例如 C 相接地时,中性点电压$\dot{U}_0$变为$-\dot{U}_C$,消弧线圈在$\dot{U}_0$作用下,

产生电感电流 $\dot{I}_L$(滞后于 $\dot{U}_0$ 90°),其数值为

$$I_L = \frac{U_C}{X} = \frac{U_\phi}{\omega L} \tag{5-7}$$

式中 U_ϕ——电网的相电压;

      L、X——分别为消弧线圈的电感和电抗。

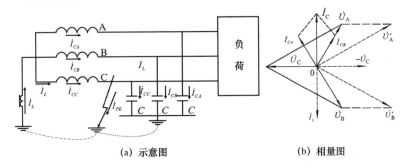

(a) 示意图   (b) 相量图

图 5-8   中性点经消弧线圈接地的系统单相接地故障示意图和相量图

由图 5-8(b)可看出,中性点经消弧线圈接地的电力系统发生单相接地故障时,非故障相电压仍可升高 $\sqrt{3}$ 倍,三相导线之间的线电压仍然平衡,电力用户可以继续运行。

中性点经消弧线圈接地时,可以有三种补偿方式。第一种选择消弧线圈时,使 $I_L = I_C$,称为全补偿,此时接地点电流为零,电弧不存在,但此时系统中感抗等于容抗时,电网将发生谐振,影响系统安全运行;第二种选择消弧线圈时,使 $I_L < I_C$,称为欠补偿,当电网运行方式改变而切除部分线路时,对地电容电流减少,有可能发展为全补偿方式,所以也很少被采用;第三种选择消弧线圈时,使 $I_L > I_C$,称为过补偿,在过补偿方式下,即使电网运行方式改变而切除部分线路时,也不致成为全补偿方式。若今后电网发展线路增加后,可以通过调整分接头防止发生全补偿。所以,消弧线圈宜采用过补偿的方式。

选择消弧线圈时,通常可按下式估算其容量:

$$W = 1.35 I_C \frac{U_N}{\sqrt{3}} \tag{5-8}$$

式中 W——消弧线圈的容量(kVA);

      I_C——接地电容电流(A);

      U_N——电网额定电压(kV)。

5.4.3   中性点直接接地的电力系统

图 5-9 为中性点直接接地的电力系统示意图。如果该系统发生单相接地故障,就是单相短路,线路上将流过很大的单相短路电流 $\dot{I}_k^{(1)}$,从而使线路上的继电保护装置迅速动作,使断路器跳闸切除故障部分,所以供电可靠性较差,一般须备以重合闸补救或双回线供电。

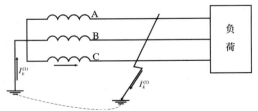

图 5-9   中性点直接接地的电力系统示意图

中性点直接接地电力系统发生单相接地时,中性点电位仍为零,非故障相对地电压不升高,因此输变电设备的绝缘水平只需按电网的相电压考虑,从而降低了绝缘费用。

随着电网电压等级的提高,输变电设备的绝缘部分的费用在总投资中的比重愈来愈大。尤其是超高压系统更为显著,如果中性点采用直接接地的方式,其绝缘水平下降得到的经济效益是十分显著的。所以,我国高压 110kV 及以上系统中性点均采用直接接地方式。

5.4.4　中性点经电阻接地系统

过去我国电厂中压系统和城市、农村电网一律采用不接地或经消弧线圈接地的方式。这种接地方式最大的优点就是当发生单相接地故障时不立即跳闸,有利于提高供电连续性和可靠性。这种接地方式在我国的配电网以架空线路为主、电源容量严重不足、负荷过重、供需矛盾尖锐的时期发挥了重要作用。这种方式特别适用于故障概率高,绝缘可自行恢复的以架空线路为主的配电网,例如农村配电网和中小城市城区电网,以及中小型火力发电厂的中压厂用电系统。

随着社会的发展,目前大城市城区配电网、大中型工矿企业配电网、中小型发电机电压配电网、大型火力发电厂的中压厂用电系统等,均以电缆供电为主。当发生单相接地时,由于接地电容电流较大,电弧不能自熄,这样,传统的接地方式就暴露了许多弊病:

(1)内过电压倍数比较高,可达 3.5～4 倍相电压。特别是间歇性电弧接地过电压和谐振过电压已超过了避雷器允许的承载能力,这对于具有大量高压电动机的工矿企业和火电厂,绝缘配合相当困难。

(2)由于消弧线圈的补偿作用,当发生单相接地故障时,零序电流不够大,使得零序保护动作不灵敏。

(3)单相接地故障下,在升高的稳态电压下运行时间在 2h 以上,不仅会导致绝缘早期老化,或在薄弱环节发生闪络,引起多点故障,酿成断路器异相开断,恶化开断条件。

(4)配电网的电容电流大增。这使补偿用消弧线圈容量很大。况且,运行中电容电流随机性的变化范围很大,采用跟踪范围有限的自动调谐,在机械寿命、响应时间、调节限位等方面也难以满足这种频繁地、适时地大范围调节的需要。另外,网络的扩展也有个过程,工程初期馈线较少,后期则会逐渐增多,消弧线圈容量也要随之相应扩大。

(5)电缆为非自恢复绝缘,发生单相接地必是永久性故障,不允许继续运行,必须迅速切断电源,避免扩大事故。消弧线圈在这种情况下不能充分发挥作用。

(6)有些配电网大量采用了对地绝缘水平为相电压级的进口电缆和工频试验电压为 28kV 的进口电气设备(国外配电网中性点多数为电阻接地或直接接地),应用于我国中性点非有效接地系统不够安全。

(7)无间隙氧化锌避雷器应用于中性点非有效接地系统,在单相接地故障状态下的事故率很高。只有给避雷器加设串联间隙或提高其持续运行电压,才能保证其安全运行。

(8)人身触电不立即跳闸,甚至因接触电阻大而发不出信号。长时间触电,人身安全难以保障。

因此,这就提出了改变传统的接地方式的要求,即越来越多配电网采用中性点经电阻接地方式。通过接地电阻释放弧光接地过电压的电磁能量,降低中性点的电位和故障相恢复电压的上升速度,从而减少了电弧重燃的可能性,抑制了过电压的幅值。使接地电流由容性向阻性发展,使真空断路器或其他开断设备不至于电弧重燃,迅速开断故障电流。采用电阻接地,可以限制接地电流在一定的范围内,即使得保护接地点不会因为流过强大的接地电流而严重烧损,又能满足继电保护的灵敏度要求。

《交流电气装置的过电压保护和绝缘配合》(DL/T 620—1997)中对我国中性点电阻接地方式的适用范围作了如下规定:

(1) 6~35kV 主要由电缆线路构成的送、配电系统,单相接地故障电容电流较大时,可采用低电阻接地方式,但应考虑供电可靠性要求、故障时瞬态电压、瞬态电流对电气设备的影响、对通信的影响和继电保护技术要求以及本地的运行经验等。

(2) 6kV 和 10kV 配电系统以及发电厂厂用电系统,单相接地故障电容电流较小时,为防止谐振、间歇性电弧接地过电压等对设备的损害,可采用高电阻接地方式。

(3) 高电阻接地的系统设计应符合 $R_0 \leqslant X_{c0}$ 的准则,以限制由于电弧接地故障产生的瞬态过电压。一般采用接地故障电流小于 10A。R_0 是系统等值零序电阻,X_{c0} 是系统每相的对地分布容抗。

(4) 低电阻接地的系统为获得快速选择性继电保护所需的足够电流,一般采用接地故障电流为 100~1000A。对于一般系统,限制瞬态过电压的准则是 $R_0/X_0 \geqslant 2$。其中 X_0 是系统等值零序感抗。

综上所述,我国的低电阻接地系统主要应用于 3~35kV 电缆为主,故障电容电流较大而又不宜采用电感补偿的系统。高电阻接地系统主要应用于故障电容电流较小、易出现电磁式电压互感器饱和导致的谐振以及间隙性电弧接地过电压等的 6~10kV 配电系统,或那些需要连续供电的特别重要用户,如厂用电系统,单相接地后不立即跳闸。所以,我国区分低电阻接地方式和高电阻接地方式的一个原则,在于前者发生接地后立即跳闸,而后者发生接地后不立即跳闸。低电阻接地方式和高电阻接地方式的特点如下:

(1) 中性点经低电阻接地方式的特点。低电阻接地方式的接地故障电流达 400~1000A 甚至更大,在配电网中选用中性点经低电阻接地属中性点有效接地方式。该方式有很多与大电流接地系统类同的特点,它的优点如下:

① 可自动清除故障,快速切断故障点,运行维护方便。

② 可使单相接地时工频电压的升高降低到 1.4p.u. 左右。如果按 $R_0/X_0 \geqslant 2$ 设计,则在大多数情况下,瞬态过电压不超过 2.5p.u. 对以电缆为主的系统可以选择较低的绝缘水平,以节约投资。此外,还可以消除谐振过电压和大部分断线过电压,避免使单相接地发展为相间故障。

③ 低电阻接地方式对电容电流的变化及电网发展的适应范围很大,即随着电网电容电流的变化,接地电流水平变化范围不大,并且可以获得快速选择性继电保护所需的足够电流,提高接地保护的灵敏性和选择性。

在配电网中选用中性点经低电阻接地方式的缺点如下:

① 中性点经低电阻接地的方式,如果以架空线为主的配电网单相接地时,跳闸次数会大大增加,如果未能实现环网供电或线路没有装设重合闸,则停电次数和时间将会增加,从而降低了供电可靠性。而对以电缆为主的配电网,因为其故障率低,这个问题并不突出。

② 通常,中性点经低电阻接地系统的短路电流降低得并不多,过大的故障电弧电流易酿成电缆火灾,扩大事故。过大的接地电流还会引起地电位抬高,对通信线路、电子设备和人身安全构成威胁。

③ 接地电阻流过的故障电流过大,消耗功率很大。对中性点接地电阻的动热稳定性应给以充分的重视,以保证运行的安全可靠。

（2）中性点经高电阻接地方式的特点。中性点经高电阻接地应属中性点非有效接地方式，该方式有很多与小电流接地系统类同的特点。由于中性点接地电阻大，单相接地故障电流很小（一般 <10A），电弧可以瞬间自行熄灭，也避免了由单相接地过渡到两相短路的事故。对单相永久性接地故障，在一定时间内可以带故障运行，避免了过多的跳闸现象，供电可靠性提高。由于单相接地故障点的电流很小，故障电流产生的危害也小，在人身和设备的安全性方面有较大优势。单相接地短路电流产生的电磁感应电动势值小，对邻近通信线路、信号系统的电磁干扰也小。

如果高电阻接地系统按 $R_o \leqslant X_\infty$ 的准则设计，可以限制由于电弧接地故障产生的瞬态过电压，瞬态过电压不超过 2.5 倍，并且不再有谐振过电压以及电压互感器熔丝熔断发生。

当发电机内部发生单相接地故障要求瞬时切机时，发电机的中性点可以采用高电阻接地方式，或经单相配电变压器（二次侧接高电阻）接地，以限制故障电流水平。

此外，高电阻接地系统中，可带电测量接地电容电流，并可检出和定位接地故障，不影响供电。

在配电网中选用中性点经高电阻接地方式与低电阻接地方式相比，其缺点如下：

① 单相接地时的健全相工频电压升高，及在此基础上发展的操作过电压均比较高，相对而言，绝缘水平较高。

② 当三相负荷不平衡时，系统中性点电位有偏移，三相电压不对称。

③ 中性点电位长期偏移会对中性点接地电阻动热稳定性提出苛刻的要求。

经高电阻接地主要用于 200WM 以上大型发电机回路和某些 6～10kV 配电网。

目前我国电力系统中性点运行方式大体如下：

（1）对于 6～10kV 系统，主要由电缆线路组成的电网，在电容电流超过 10A 时，均采用中性点经电阻接地，单相接地故障立即跳闸的接地方式。

（2）对于 110kV 及以上的系统，主要考虑降低设备绝缘水平，简化继电保护装置一般均采用中性点直接接地的方式。并采用送电线路全线架设避雷线和装设自动重合闸装置等措施，以提高供电可靠性。

（3）20～60kV 的系统，是一种中间情况，一般一相接地时电容电流不很大，网络不很复杂，设备绝缘水平的提高或降低对于造价影响不很显著，所以一般均采用中性点经消弧线圈接地的方式。

（4）1kV 以下的电网的中性点采用不接地的方式运行。但电压为 380/220V 的三相四线制电网的中性点，则是为了适应用电设备取得相电压的需要而直接接地。

国电南浔公司燃机发电机中性点采用高阻接地的方式，其目的是在电容、电抗回路中加入适当的阻尼，以限制发电机发生单相接地故障时，健全相的瞬时过电压不超过 2.6 倍相电压，同时限制接地故障电流小于 25A。电阻值按电阻消耗的功率等于发电机回路三相对地电容的功率选择。两台汽轮发电机中性点为不接地形式，在中性点处加装避雷器，以保护发电机在定子单相接地时能限制住接地电容电流值不受到电容电流的损坏。

国电南浔公司的主变为 SFFP-150000/121，高压侧采用经闸刀直接接地方式。高压厂用变压器为 SZ11-10000（10.5±8×1.25%/6.3kV），高压侧和低压侧均不接地。全部低压厂用变压器 6kV 不接地，0.4kV 中性点采用直接接地［装设零序电流互感器（保护型电流互感器）］。

主变压器中性点接地方式要求经湖州地调调度许可命令方可执行。#1、#2 主变压器送电操作前,应联系湖州地调调度,经调度许可后,合上♯1、♯2 主变压器中性点接地闸刀,主变带电后,根据调度的命令执行♯1、♯2 主变压器中性点接地闸刀的运行方式。

倒换变压器中性点接地隔离开关时,应先合上原不接地变压器中性点的隔离开关,再拉开原直接接地的变压器中性点的隔离开关,原则是保证电网不失去接地点。110kV 母线并列运行时,必须保证有一台主变中性点接地隔离开关合上;当 110kV 母线分列运行时,必须保证每一段 110kV 母线上有一台主变的中性点接地隔离开关合上。变压器由运行转检修时,应将中性点接地隔离开关拉开。

第6章　发电厂主要电气设备

6.1　发电厂电气设备概述

6.1.1　电气设备分类

为了满足生产的要求,发电厂中安装有各种电气设备,这些电气设备都是发电厂的重要组成部分。根据电气设备作用的不同,可将它们分为一次设备和二次设备。

1．一次设备

通常把生产、转换和分配电能的设备,如发电机、变压器和断路器等统称为一次设备。它们包括:

(1)生产和转换电能的设备。如发电机、电动机、变压器等。

(2)接通或断开电路的开关电器。如断路器、隔离开关、熔断器之类。

(3)限制故障电流和防御过电压的电器。如避雷器等。

(4)接地装置。

(5)载流导体。如裸导体、电缆等。

2．二次设备

对上述一次设备进行测量、控制、监视和起保护作用的设备统称二次设备,它们包括:

(1)仪用互感器。如电压互感器和电流互感器。

(2)测量表计。如电压表、电流表、功率因数表等。

(3)继电保护及自动装置。

(4)直流电源设备。如蓄电池等。

(5)信号设备及控制电缆等。

6.1.2　电气设备选择的一般条件

正确地选择电气设备是使电力系统安全、经济运行的重要条件。在进行电气设备选择时,应根据工程实际情况,在保证安全、可靠的前提下,力求技术先进和经济合理,同类设备应尽量减少品种。尽管电力系统中各种电气设备的作用和工作条件并不一样,具体选择方法也不完全相同,但对它们的基本要求却是一致的。电气设备要能可靠地工作,必须按正常工作条件进行选择,并按短路状态来校验热稳定和动稳定。

1．按正常工作条件选择

(1)额定电压和最高工作电压。所选电气设备允许最高工作电压 $U_{\max}$ 不得低于所接电网的最高运行电压 $U_{NS\max}$,即

$$U_{\max} \geqslant U_{NS\max}$$

一般电气设备允许的最高工作电压:当额定电压在 220kV 及以下时为 $1.15U_N$;额定电压为 $330 \sim 500$kV 时为 $1.1U_N$。而实际电网的最高运行电压一般不超过 $1.1U_{NS}$;因此,在选择电气设备时,一般可按照电气设备的额定电压 U_N 不低于装置地点电网额定电压 U_{NS} 的条件选择,即

$$U_N \geqslant U_{NS}$$

(2)额定电流。电气设备的额定电流 I_N 是指在额定周围环境温度 θ_0 下,电气设备的长期允许电流。I_N 应不小于回路在各种可能运行方式下的最大持续工作电流 $I_{\max}$,即

$$I_N \geqslant I_{max}$$

发电机、调相机和变压器回路的 I_{max} 为发电机、调相机或变压器的额定电流的 1.05 倍;若变压器有过负荷运行可能时,I_{max} 应按过负荷确定(1.3~2 倍变压器额定电流);母联断路器回路一般可取母线上最大一台发电机或变压器的 I_{max};母线分段电抗器的 I_{max} 应为母线上最大一台发电机跳闸时,保证该段母线负荷所需的电流,或最大一台发电机额定电流 50%~80%;出线回路的 I_{max} 除考虑正常负荷电流(包括线路损耗)外,还应考虑事故时由其他回路转移过来的负荷。

2. 按短路情况校验

(1)短路热稳定校验。短路电流通过电器时,电器各部件温度(或发热效应)应不超过允许值。满足热稳定的条件为

$$I_t^2 t \geqslant Q_k$$

式中　Q_k——短路电流产生的热效应;

　　I_t, t——电路允许通过的热稳定电流和时间。

(2)电动力稳定校验。电动力稳定是电器承受短路电流机械效应的能力,亦称动稳定。满足动稳定的条件为

$$i_{es} \geqslant i_{sh} \text{ 或 } I_{es} \geqslant I_{sh}$$

式中　i_{es}, i_{sh}——短路冲击电流幅值及其有效值;

　　I_{es}, I_{sh}——电器允许通过的动稳电流幅值及其有效值。

下列几种情况可不校验热稳定或动稳定:

① 用熔断器保护的电器,其热稳定由熔断时间保证,故可不校验热稳定。

② 采用有限流电阻的熔断器保护的设备,可不校验动稳定。

③ 装设在电压互感器回路中的裸导体和电器可不校验动、热稳定。

在进行短路情况校验时,短路种类一般选择三相短路。短路点选择在通过电器的短路电流为最大的地方。短路时间应按最严重的情况下开断短路电流所需时间确定。

6.2　开关电器中的电弧

开关电器切断电路,在分离的触头间不可避免地要产生电弧。电弧的一个特点是温度很高,常常超过金属的气化点;电弧的另一个特点是其由数量很多的正负带电质点形成的良导体,尽管触头已分离,但电流通过电弧继续流通,直到电弧完全熄灭后,电路才真正开断。所以若电弧长久不熄,其高温可能烧坏开关的触头,烧毁电气设备及导线电缆,还可能引起电路的弧光短路,甚至引起火灾和爆炸事故。因此在开关切断电路时,应采取各种有效的方法使电弧尽快熄灭。

研究电弧的产生和熄灭机理,是为了能迅速有效的熄灭电弧。开关电器都备有专门的灭弧装置,因此了解电弧理论、讨论电弧特性,可使我们更好地理解开关设备的结构特点和工作原理。

6.2.1　电弧的产生和熄灭

1. 电弧的产生

现以高压断路器为例来说明电弧的产生和维持过程。设断路器触头置于气体介质中,如六氟化硫(SF_6)气体,当断路器分闸时,其触头间的气体原先是绝缘的,气体从绝缘状态转变为导电状态,存在一个游离过程。游离就是使电子从围绕原子核运动的轨道中解脱出来,称为自由电子。触头之间的气体因为游离而形成大量的自由电子(带负电荷)和正离子(带正电荷),产生光和热,变为导电状态,这就是电弧。那游离过程是怎么产生和发展的呢?

在开关触头刚分离时,触头间的间隙很小,但电场强度很大,金属内部的电子在强电场的作用下被拉出来,形成强电场发射;当开关动、静触头分离时,触头间的接触压力及接触面积逐渐减小,接触电阻急剧增大,接触处剧烈发热,使阴极表面温度升高而发射电子,称为热电子发射。阴极表面发射出来的自由电子高速向阳极运动,在运动过程中,如果电子能够获得足够的动能,不断地与中性质点发生碰撞,

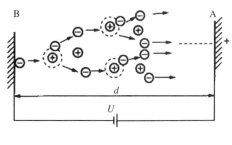

图 6-1 碰撞游离

碰撞时能够将中性原子外层轨道上的电子撞击出来,脱离原子核内正电荷吸引力的束缚,称为新的自由电子。新的自由电子又在电场中加速积累动能,去撞击另外的中性原子,产生新的游离,此过程愈演愈烈,如雪崩似进行着,如图 6-1 所示。此时在触头之间充满了大量的自由电子和正离子,在外电压的作用下,触头间的介质被击穿,形成电流,引起电弧,可见碰撞游离是产生电弧的主要因素。电弧的温度很高,可达几千甚至上万摄氏度,获得动能的质点之间相互碰撞,游离出自由电子和正离子,此即所谓热游离,热游离维持着电弧的燃烧。

2. 电弧的熄灭

在电弧中,发生游离的同时,还进行着使带电质点减少的去游离过程。去游离的主要方式是复合和扩散。

复合是异号带电质点彼此中和的现象,若能迅速冷却电弧,可减小离子的运动速度,加强复合过程。此外,增加气体压力,使离子间自由行程缩短,气体分子密度加大,也可使复合过程加强。扩散是带电质点从电弧内部溢出而进入到周围介质中的现象。扩散的作用可以使弧柱内的带电质点减少,有助于灭弧。

6.2.2 灭弧的方法

交流电弧比直流电弧容易熄灭,原因是交流电弧每半周要经过一次零值。当电弧经过零值时,电弧自然暂时熄灭,因此对交流电弧而言,不是电弧能否熄灭,而是电流过零后,弧隙是否会再击穿而重新燃弧的问题。大部分交流开关的灭弧方法都是利用了电流经过零值时电弧要暂时熄灭这一特点。根据上面所讨论的电弧现象和过程,在现代高低压开关电器中广泛采用的基本灭弧方有以下几种。

1. 利用良好的灭弧介质

电弧中的去游离强度,在很大程度上取决于电弧周围介质的特性。如介质的传热能力、介电强度、热游离温度和热容量。这些参数的数值越大,则去游离作用越强,电弧就越容易熄灭。六氟化硫(SF_6)具有很好的灭弧性能,其灭弧能力比空气约强 100 倍;若用真空(气体压力低于 133.3×10^{-4} Pa)作为灭弧介质时,其介质强度比空气约大 15 倍。采用不同介质可制造成不同类型的断路器,当前普遍使用 SF_6 断路器和真空断路器。

2. 采用特殊金属材料作灭弧触头

若采用熔点高、导热系数和热容量大的高温金属作触头材料,可以减少热电子发射和电弧中的金属蒸汽,抑制游离作用。常用的触头材料有铜钨合金和银钨合金等。

3. 提高断路器触头的分离速度

在高压开关中装有强力的操作机构,加快触头的分断速度,迅速拉长电弧,可使弧隙的电场强度骤降,弧隙电阻和电弧的表面积突然增大,电弧迅速冷却使离子的复合迅速加强,从而

加速电弧的熄灭。

4. 吹弧

在高压断路器中,吹弧是指利用各种结构形式的灭弧室,使高温分解的气体或具有很大压力的新鲜且低温的气体在灭弧室中按特定的通路吹动电弧,其作用是拉长和冷却电弧,加强扩散去游离而使电弧熄灭。吹动方向与弧柱轴线一致时,称为纵吹,如图 6-2(a)所示,吹动方向与弧柱轴线相垂直时,称为横吹,如图 6-2(b)所示。也有的高压断路器火弧室采用纵、横混合吹弧的结构,灭弧效果更好。

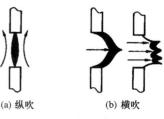

(a) 纵吹 (b) 横吹

图 6-2 吹弧方式

高压油断路器是利用电弧本身的能量来灭弧的,其吹弧能力与开断电流的大小有关,电弧电流越大,灭弧能力越强,它采用纵、横吹结合的方式吹弧。而压缩空气断路器是利用机械能将气体压缩,并利用高压力的压缩气体吹弧,通常采用纵吹的方式,吹弧能力与电弧电流大小无关,所以,该类断路器开断电路的性能稳定,但易发生截流现象。

5. 采用多断口灭弧

110kV 及以上的高压断路器,常采用多个相同形式的灭弧室串联的积木式结构,图 6-3 为双断口断路器示意图。

采用多断口串联,把电弧分割成段,在相等的触头行程下,多断口比单断口的电弧拉长了,去游离作用加强且分离速度加快,弧隙电阻迅速增大,介质强度恢复速度加快。每个断口上的恢复电压减小的倍数为断口数,由于加在每个断口的电压降低,使弧隙恢复电压降低,有利于熄灭电弧。

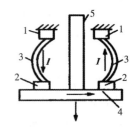

1—静触头;2—动触头;
3—电弧;4—导电横担;5—提升杆

图 6-3 双断口串联灭弧示意

采用多断口的断路器,由于连接两断口的导电部分对地分布电容的影响,断路器在开断位置时,各断口上的电压分配不均匀,影响断路器的灭弧能力。图 6-4 示出了双断口单相断路器在开断接地故障时的电压分布。其中,U 为电源电压,U_1、U_2 分别为两断口电压,C_d 为电弧熄灭后每个断口的等值电容,C_0 为中间机构箱与底座及大地间的等值电容,由图 6-4(b)可得

$$U_1 = \frac{C_d + C_0}{C_d + (C_d + C_0)} U$$

$$U_2 = \frac{C_d}{C_d + (C_d + C_0)} U$$

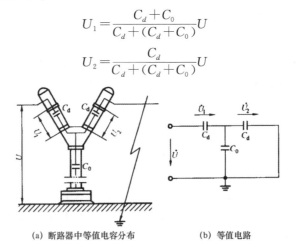

(a) 断路器中等值电容分布 (b) 等值电路

图 6-4 无并联电容的多断口断路器开断接地故障

通常，C_d 和 C_0 都只有几十皮法（pF），假定 $C_d \approx C_0$，则有 $U_1 = \dfrac{2}{3}U$，$U_2 = \dfrac{1}{3}U$，可见 $U_1 > U_2$，即第一断口比第二断口的工作条件恶劣。

为使电压均匀分配在各断口上，通常在每个断口上并联一个比 C_d、C_0 大得多的电容 C（C 为 $1000 \sim 2000\text{pF}$），其等值电路如图 6-5 所示。此时，电压分布为

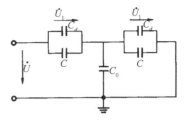

图 6-5　有并联电容的多断口断路器开断接地故障的等值电路

$$U_1 = \frac{(C_d + C) + C_0}{2(C_d + C) + C_0}U \approx \frac{U}{2}$$

$$U_2 = \frac{C_d + C}{2(C_d + C) + C_0}U \approx \frac{U}{2}$$

可见，当并联电容 C 足够大时，可使电压均匀地分配在各断口上，所以，C 称为均压电容。实际上，串联断口电容后，要做到电压完全均匀分配，必须装设电容量很大的均压电容，很不经济。工程中一般按照断口间的最大电压不超过均匀分布电压值的 10% 的要求来选择均压电容量。

6. 在断路器主触头两端加装低值并联电阻

如图 6-6 所示，断路器每相设主辅两个触头，Q1 为主触头，Q2 为辅助触头，图（a）为并联电阻 r 与主触头 Q1 并联后再与辅助触头 Q2 串联；图（b）为并联电阻 r 与辅助触头 Q2 串联后再与主触头 Q1 并联。断路器开断电路时，先将主触头 Q1 断开，产生电弧，由于在灭弧室主触头 Q1 两端加装了低值并联电阻（几欧至几十欧），使主触头间产生的电弧被分流或限制，而且使恢复电压由周期性振荡特性转变为非周期性，降低了恢复电压的上升速度和幅值，主触头上的电弧很快熄灭。主触头断开后，电阻 r 与电路串联，增加了电路的电阻，起限流和阻尼作用（$r > \omega L$），使接着断开的辅助触头 Q2 上的电弧也容易熄灭。合闸时，顺序相反，即辅助触头 Q2 先合上，然后再主触头 Q1 合上。

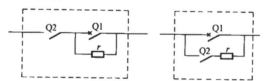

(a) 辅助触头Q2与主触头Q1串联　(b) 辅助触头Q2与主触头Q1并联

图 6-6　主触头 Q1 与辅助触头 Q2 的连接方式

7. 短弧灭弧法（利用灭弧栅）

这种方法常用于低压开关电器中，图 6-7 所示为低压开关中广泛用的灭弧栅装置。

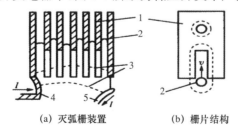

(a) 灭弧栅装置　　　(b) 栅片结构

1—灭弧栅片；2—电弧；3—电弧移动位置；4—静触头；5—动触头

图 6-7　利用金属灭弧栅灭弧

在触头间产生的电弧进入与电弧垂直放置的金属栅片内,将一个长电弧分割成一连串的短电弧。在交流电路中,利用近阴极效应,即当电流过零时,每个短弧的阴极都会出现 $150\sim250V$ 的介质强度,若有 n 片栅片,则整个灭弧栅总共有 $n\times(150\sim250)V$ 的介质强度,如果其超过触头上的电压,则电弧熄灭。

灭弧栅由许多带缺口的钢片制成,当断开电路时,动、静触头间产生电弧,由于磁通总是力图走磁阻最小的路径,因此对电弧产生一个向上的电磁力,将电弧拉至上部无缺口的部分,从而被栅片分割成一串短弧。

8. 利用固体介质狭缝灭弧

图 6-8 所示为狭缝灭弧原理。灭弧片由耐高温材料(如石棉水泥或陶土材料)制成,有多种形式,图 6-8(b)所示为最简单的直缝式,磁吹线圈与电路串联或并联。当触头断开而产生电弧后,在磁吹线圈磁场的作用下,对电弧产生电动力[图 6-8(c)],将电弧拉入灭弧片的狭缝中。狭缝限制了电弧直径,增加了弧隙压力,同时,电弧被拉长,并与灭弧片冷壁紧密接触,加强冷却作用,加强电弧内的复合过程,最终使电弧熄灭。

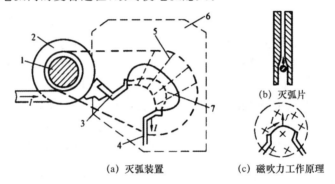

(a) 灭弧装置   (b) 灭弧片   (c) 磁吹力工作原理

1—磁吹铁心;2—磁吹线圈;3—静触头;4—动触头;5—灭弧片;6—灭弧罩,;7—电弧移动位置

图 6-8 狭缝灭弧原理

6.3 110kV GIS

国电南浔公司 110kV 户外 GIS 配电装置采用了西安西电开关电气有限公司生产的 126kV GIS 产品,型号为 ZF7A-126,整体技术参数见表 6-1。

表 6-1   **ZF7A-126/T3150-40 整体技术参数**

生产厂家		西安西电开关电气有限公司		ZF7A-126/T3150-40	
额定电压		kV		126	
额定频率		Hz		50	
额定电流		A		3150	
额定短路开断电流		kA		40	
额定短时耐受电流		kA		40	
额定短路持续时间		s		4	
额定峰值耐受电流		kA		100	
绝缘水平	额定短时工频耐受电压(1min)	相对地和相间	kV	230	275
		断口		230+35	275+40
	额定雷电冲击耐受电压(峰值)	相对地和相间		550	650
		断口		550+80	650+100

ZF7A-126/T3150-40 气体绝缘金属封闭开关设备是应用 SF_6 气体作为绝缘和灭弧介质的金属封闭式开关设备,主要用作变电站的电力设备和输电线路的控制、保护和测量。结构上采用了全三相共箱紧凑型 GIS,使涡流损耗大为降低。结构紧凑,占用空间小,整间隔运输,现场安装、调试周期短。GIS 所配断路器采用自能式灭弧室,开断能力强,燃弧时间短,电寿命长。断路器均配用了弹簧操动机构,可靠性高,维护工作量少,机械寿命长,符合"无油化"要求。选用了三工位隔离接地开关。隔离开关和接地开关集成一体,隔离和接地共用一个动触头,有三种位置,实现隔离和接地的机械互锁。采用铸铝合金的壳体和盖板,提高 GIS 的整体防腐性能。GIS 的外形简洁美观。GIS 主要由 SF_6 断路器、隔离开关、接地闸刀、快速接地闸刀、电流互感器、电压互感器、SF_6 充气套管及电缆终端等部件及就地控制柜(LCC 柜)和六氟化硫(SF_6)气体等单元组成。如图 6-9 所示。

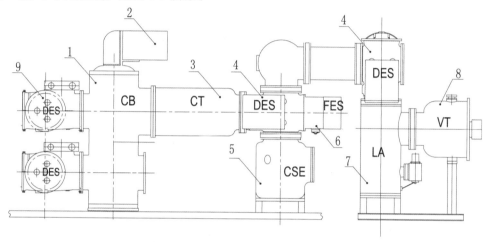

1—断路器;2—断路器机构;3—电流互感器;4—线路用三工位隔离开关;5—电缆终端;
6—快速接地开关;7—避雷器;8—电压互感器;9—母线用三工位隔离开关

图 6-9 ZF7A-126/T3150-40 GIS 组成元件结构示意图

ZF7A-126/T3150-40 的总体结构采用"积木式"结构,各主要元件均为标准的独立单元,根据国电南浔公司一次主接线的要求及运行的要求进行组装布置。除主要单元元件之外,还配备有控制柜、SF_6 监测系统等辅助设备。因此不仅可以实现电力线路的关合、开断、保护、测量及检修的目的,而且通过其监测控制系统可直接反映各元件的工作状态,实现就地及远方操作,与主控室保护屏连接后,还可实现自动跳闸和重合闸。

国电南浔公司 110kV 升压站设备规范见表 6-2。

表 6-2 110kV 升压站设备规范

1. 110kV GIS 断路器	
型号	LWG2-126/T2000-40
形式	户外、单断口、SF_6 气体绝缘
相数	3 相
额定频率(Hz)	50
额定电流(A)	2500
额定电压(kV)	126

续表

型号	LWG2-126/T2000-40
耐受电压(kV)	550
额定短时耐受电流(kA)	40(有效值)
额定短路持续时间(s)	3
额定峰值耐受电流(kA)	100(峰值)
额定雷电冲击耐受电压(kV)	550(相对地峰值)
	550(相间峰值)
	630(断口间峰值)
额定工频耐受电压(kV)	230(相对地有效值)1min
	230(相间有效值)1min
	265(断口间有效值)1min
制造商	西安西电开关电气有限公司

2. 110kV 三工位隔离闸刀

型号	GWG21-126/J2000-40
机构型号	CJA1-3
形式	户外、三相联动、SF₆气体绝缘
额定电压(kV)	126
额定电流(A)	2000
雷电冲击耐受相间、对地电压(kV)	550(峰值)
雷电冲击耐受断口间电压(kV)	630(峰值)
交流工频相间、对地耐受电压(kV)	230(有效值)
交流工频断口间耐受电压(kV)	265(有效值)
额定短时耐受电流(kA)	40(3s有效值)
额定峰值耐受电流(kA)	100(峰值)
开断容性电流能力(A)	0.5
开合母线转移电流的能力(A)	1600(恢复电压100V,300 次)
机械寿命	≥6000 次
制造厂	西安西电开关电气有限公司

3. 110 kV 快速接地闸刀

型号	JWG20-126/T40-100
机构型号	CTA4-1
形式	户外、三相联动、SF₆气体绝缘
额定工作电压(kV)	126
额定短时耐受电流(kA)	40(3s有效值)
额定峰值耐受电流(kA)	100(峰值)
额定关合电流(kA)	100(峰值)
雷电冲击相间、对地耐受电压(kV)	550(峰值)
雷电冲击断口间耐受电压(kV)	630(峰值)

续表

交流工频相间、对地耐受电压(kV)	230(有效值)
交流工频断口间耐受电压(kV)	265(有效值)
合闸时间(ms)	≤60
分闸时间(ms)	≤60
机械寿命	≥6000 次
额定关合电流下的操作次数	≥2 次
开断容性电流能力(A)	≥2
开断容性电压能力(kV)	≥6
开断感性电流能力(A)	≥80
开断感性电压能力(kV)	≥2
制造厂	西安西电开关电气有限公司
4. 主变及线路侧110kV侧避雷器	
型号	Y10W-108/281W
额定电压(kV)	126
持续运行电压(kV)	98
直流参考电压(kV)	≥186
压力释放电流(kA)	50(大)0.8(小)
制造商	西安西电开关电气有限公司
5. 110kV GIS 电压互感器	
型号	JSQX-110H
形式	户外、电磁式、SF_6气体绝缘、二次线圈为薄膜式环氧树脂绝缘
额定电压比	$110/\sqrt{3}/0.1/\sqrt{3}/0.1/\sqrt{3}/0.1$kV(母线，3 相)；$110/\sqrt{3}/0.1$kV(出线，单相)
额定输出容量	100VA/100VA/100VA(母线，3 相)；100VA(出线，单相)
精确级	0.2/0.5/3P(母线)；3P(出线)
雷电冲击耐受电压对地(kV)	630(峰值)
工频交流耐受电压对地(kV)	265(有效值 1min)
一次线圈对地(kV)	265
二次线圈对地(kV)	3
匝间(kV)	4.5
额定过电压倍数及持续时间(kV)	(在 $126/\sqrt{3}$ 时)
用于连续运行	1.2 倍
用于30s	1.5 倍
6. 主变出线 110kV 电流互感器	
型号	LMZH-126
相数	3 相
额定电压(kV)	126

续表

额定电流比(A)	1000/5
精确保护级	5P30
测量级	0.2S
额定输出容量	保护级60VA,测量级60VA

7.110kV GIS电流互感器

型号	LMZH-126
相数	3相
额定电压(kV)	126
额定电流比(A)	2000/5,1000/5
精确保护级	5P30
测量级	0.2S
额定输出容量	保护级50VA,测量级50VA
仪表保安系数	$Fs \leqslant 5$
雷电冲击耐受电压对地(kV)	630
交流工频耐受电压对地(kV)	265(有效值1min)
额定短时耐受电流(kA)	40(有效值3s)
二次绕组间及对地(kV)	3
匝间(kV)	4.5

6.3.1 高压断路器

高压断路器是发电厂最重要的电气设备之一,是结构最复杂、功能最完善、价格最昂贵的一类开关电器,在发电厂乃至整个电力系统中起着至关重要的作用。在正常运行时,高压断路器用来将高压电气设备或高压输电线路接入电路或退出运行,倒换电气接线的运行方式,起着控制电路的作用,此时,高压断路器接通和断开的是正常工作电流。在电力设备或线路发生故障时,高压断路器能与继电保护及自动装置配合,快速切除故障设备或故障回路,防止故障更一步扩大,起着保护作用,此时高压断路器断开的是短路电流。

6.3.1.1 高压断路器的基本结构和种类

高压断路器通断电路是由操动机构经过传动机构驱动两个金属触头(通常称动、静触头)的接触和分开而得以实现的,且必须保证可靠地熄灭电弧。

高压断路器的典型结构如图6-10所示。图中开断元件是断路器用来进行关合、开断电路的执行元件,它包括触头、导电部分及灭弧室等。触头的分合动作是靠操动机构来带动的。

根据断路器采用的介质不同,可以分为:油断路器、压缩空气断路器、SF_6断路器、真空断路器、自产气断路器、磁吹断路器。

6.3.1.2 高压断路器的技术参数

1. 额定电压(U_N)

标于铭牌上的正常工作线电压,最高可超过额定电压的15%。我国采用的额定电压等级有:3kV、6kV、10kV、35kV、110kV、220kV、330kV、500kV等。额定电压的高低影响断路器的外形尺寸和绝缘水平,电压越高,要求绝缘水平越高,外形尺寸越大。电压与海拔高度有关。

2. 额定电流(I_N)

标于铭牌上断路器长期连续工作的最大电流。电器长期通过 I_N 时,各部分发热温度不会超过允许值。额定电流的大小,决定断路器导电部分和触头的尺寸及结构。电流与环境温度有关。

3. 额定开断电流(I_{Nbr})

在额定电压下,断路器能可靠切断的最大短路电流周期分量的有效值,它表明了断路器的开断能力。

4. 额定关合电流(I_{Ncl})

表征断路器关合短路故障的能力。当电力系统存在故障时,高压断路器一合闸就会有短路电流通过,这种故障称为"预伏故障"。当高压断路器关合有预伏故障的设备或线路时,在动、静触头未接触前几毫米就发生预击穿,随之出现短路电流,给断路器关合造成阻力,影响动触头合闸速度及触头的接触压力,甚至出现触头弹跳、熔化、焊接以至断路器爆炸等事故。

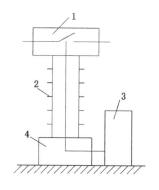

1—开断元件;2—绝缘支柱;
3—操动机构;4—基座

图 6-10　高压断路器典型结构简图

短路时,保证断路器能够关合而不致发生触头熔焊或其他损伤的最大电流,称为断路器的关合电流。其数值以关合操作时瞬态电流第一个最大半波峰值来表示,制造部门对关合电流一般取额定开断电流的 $1.8\sqrt{2}$ 倍,即

$$i_{Ncl}=1.8\sqrt{2}\,I_{Nbr}=2.55I_{Nbr}$$

断路器关合短路电流的能力与断路器操动机构的功率、断路器灭弧装置性能等有关。

5. t 秒热稳定电流(I_t)

指短路时断路器在 t s 内允许通过的最大电流。当断路器通过此电流时,其各部分发热不超过短时发热允许温度。它表示断路器能承受短路电流热效应的能力,高压断路器的铭牌上规定了一定时间(例如 4s)的热稳定电流值。通常以电流的有效值表示。

6. 动稳定电流(i_{es})

动稳定电流亦称极限通过电流。动稳定电流是指断路器在合闸位置时,允许通过的短路电流最大峰值。在通过这一电流后,不会因为电动力的作用而发生任何机械上的损坏。短路电流最大峰值以短路电流的第一个半波最大峰值来表示,即

$$i_{Ncl}=1.8\sqrt{2}\,I_{Nbr}=2.55I_{Nbr}$$

动稳定电流表示断路器对短路电流的动稳定性,它决定于导体部分及支持绝缘子部分的机械强度,并决定于触头的结构形式。

7. 全开断(分闸)时间(t_{ab})

分闸时间(也称全开断时间)是指断路器从接到分闸命令起到各相电弧完全熄灭为止的时间间隔,即

$$t_{ab}=t_{in}+t_a$$

式中　t_{in}——断路器固有分闸时间,指断路器从接到分闸命令到各相触头都分离的时间间隔;

t_a——燃弧时间,指断路器触头从分离燃弧到各相电弧完全熄灭的时间间隔。

全开断时间 t_{ab} 是表征断路器开断过程快慢的主要参数。高速动作的断路器 $t_{ab}<0.08$s;低速动作的断路器 $t_{ab}>0.12$s;中速动作的断路器 $t_{ab}=0.08\sim0.12$s。

那么,什么是短路时间呢?短路时间是指回路发生短路瞬间到短路结束的时间间隔。例如断路器开断单相电路时,各个时间的关系如图 6-11 所示,短路时间为

$$t_k = t_{pr} + t_{ab} = t_{pr} + t_{in} + t_a$$

式中　t_{pr}——继电保护装置动作时间。

8. 合闸时间(t_{cl})

合闸时间是指处于分闸位置的断路器,从接到合闸命令起到各相触头完全接触为止的时间间隔。电力系统一般分闸时间比合闸时间短。

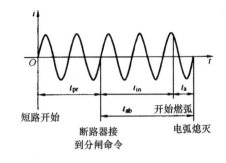

t_{pr}—继电保护动作时间;t_{in}—断路器固有分闸时间;
t_a—燃弧时间;t_{ab}—断路器全分断时间

图 6-11　断路器开断时间

9. 自动重合闸时间

我国规定断路器自动重合闸操作循环如下:

分—θ—合分

其中,分——分闸操作;合分——合闸后立即分闸的动作;θ——无电流间隔时间,标准值为 0.3s 或 0.5s。

6.3.1.3　国电南浔公司 110kV 断路器

国电南浔公司采用 LWG2-126/T2000-40(A)气体绝缘金属封闭开关设备用断路器,其技术参数见表 6-2。该断路器采取新颖的灭弧室结构,不仅能成功开断普通短路故障,而且能成功开断诸如失步故障、近区故障及开合电容器组及电抗器等电流。

1. 断路器外形

LWG2-126/T2000-40(A)断路器为立式、单断口、自能熄弧、水平出线方式,断路器机构箱同就地控制柜在同一柜内,左右隔开布置。三相共箱式,外形如图 6-12 所示。

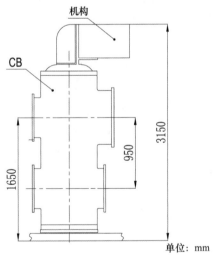

单位: mm

图 6-12　断路器外形

2. 断路器内导结构

LWG2-126/T2000-40(A)断路器内导结构如图 6-13 所示。

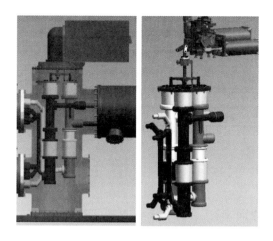

图 6-13　断路器内导结构

3. 灭弧室工作原理

LWG2-126/T2000-40(A)灭弧室结构如图 6-14 所示。

1) 关合操作过程

在操作机构的带动下,绝缘拉杆向上运动时,推动与之相连的活塞杆(1)、压气缸(4)、主动触头(6)、动弧触头(5)及喷口(7)随之向下运动,动弧触头(5)及主动触头(6)分别与静弧触头(9)及主静触头(8)接触并达到合闸位置。

2) 开断操作过程

在操作机构的带动下,绝缘拉杆向下运动时,带动压气缸(4)等零件向下运动,压缩 SF6气体;另外,电弧产生后会堵塞喷口(7)喉道,并且电弧的能量加热 SF6 气体,使其压力增加;这样,高温、高压的 SF6 气体通过喷口喉道吹向下游区,对电弧进行冷却,电弧在电流过零时熄灭;此后,只要断口间的绝缘恢复强度大于电压恢复强度,电流就被成功开断。

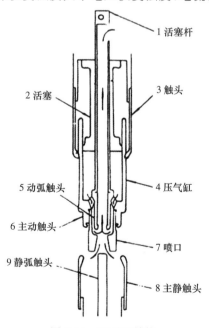

图 6-14　灭弧室结构

4. 弹簧操动机构工作原理

1) 分闸操作

断路器弹簧机构如图 6-15(a)所示,安装于主轴 A(d26)及主轴 B(d27)上的拐臂 A(d1)及拐臂 B(d25),由分闸弹簧(c2)施加顺时针方向旋转力。而旋转力由保持掣子(d2)及分闸触发器(d3)保持,因此,当跳闸磁铁(d4)此时被激磁时,触发器(d3)将反时针方向旋转,因而驱动灭弧室动触头部分向开断方向运动。图 6-15(b)表示分闸完成后的状态。

2) 合闸操作

如图 6-15(b)所示,与棘轮(d6)相连的合闸弹簧(c1)给凸轮轴(d7)施加顺时针方向的旋转力,该力由合闸掣子(d8)和合闸触发器(d9)保持,因此,当合闸电磁铁在此状态下被激磁时,合闸触发器(d9)将反时针方向旋转,合闸掣子将与安装在棘轮(d6)上的销子 B(d11)脱开,而固定于凸轮轴(d7)上的凸轮(d12)将顺时针旋转,而拐臂 A 及 B(d1、d25)将被驱动而逆时针方向旋转,同时,压缩分闸弹簧(c2),图 6-15(c)表示合闸完成后的状态,这时,销子 A(d5)已由跳闸掣子(d2)保持。

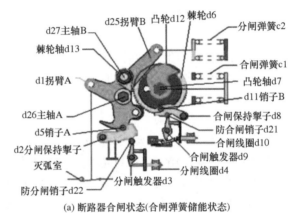

(a) 断路器合闸状态(合闸弹簧储能状态)

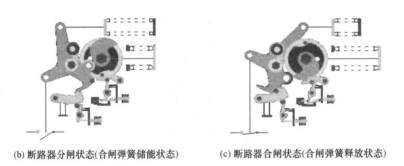

(b) 断路器分闸状态(合闸弹簧储能状态)　　　(c) 断路器合闸状态(合闸弹簧释放状态)

图 6-15　断路器弹簧机构

3) 防跳机构

在弹簧操动机构中,由电动机给合闸弹簧(c1)储能,合闸操作一完成,断路器合闸回路立刻断电,但是,如果合闸信号一直保持到弹簧储能完成,可以实现机械防跳。图 6-16 表示防跳机构原理。

(1) 合闸掣子(d8)保持合闸弹簧的储能状态,掣子由轴承支承在支架上,销子 B(d11)通过凸轮(d12)与合闸弹簧(c1)相连并带动负载,图 6-16(a)中已表明合闸弹簧储能的方向。合闸掣子(d8)由销子(d11)施加旋转力矩,并由合闸触发器(d9)保持,合闸触发器(d9)与合闸掣子(d8)的滚轮(d15)接触并由弹簧 A(d16)保持。

（2）当合闸信号触发合闸电磁铁(d10)时，铁心(d17)带动拐臂(d18)运动，推动合闸触发器(d9)逆时针旋转，解除与滚轮(15)的闭锁状态，这时，合闸掣子(d8)由于合闸弹簧(c1)释放而顺时针方向旋转，并同销子 B(d11)脱开，销子 B(d11)呈自由状态。合闸弹簧(c1)按合闸方向驱动，拐臂(d18)压紧防跳销子(d19)，与此同时，防跳销子(d19)压缩弹簧 B(d20)。

（3）由于合闸触发器(d9)的旋转，解除了滚轮(15)的闭锁状态，这时，滚轮(d15)作用于合闸触发器(d9)一个逆时针旋转力矩，并使其旋转，同时合闸触发器(d9)推动拐臂(d18)按顺时针方向旋转。

（4）合闸电磁铁(d10)断电时，由其中复位弹簧的作用而使铁心(d17)和拐臂(d18)恢复到正常位置。这个位置就是合闸完成位置。

（5）当合闸弹簧(c1)储能过程中，合闸掣子(d8)将逆时针方向旋转。储能完毕后，由合闸触发器(d9)保持，即恢复到图 6-16(a)状态。另一方面，合闸电磁铁(d10)从图 6-16(c)状态被激磁，在此位置，拐臂(d18)处于不能推动合闸触发器(d9)的状态。合闸电磁铁(d10)的激磁电流被辅助开关切断，防跳回路保持拐臂(d18)处于使合闸触发器(d9)不能逆时针转的位置。当合闸信号切除时，拐臂(d18)将返回到图 6-16(a)状态。当合闸信号再次接通时，合闸操作又开始。"一旦合闸指令解除，合闸操作就不能开始，除非再给合闸指令"——这就称之为"防跳机构"。

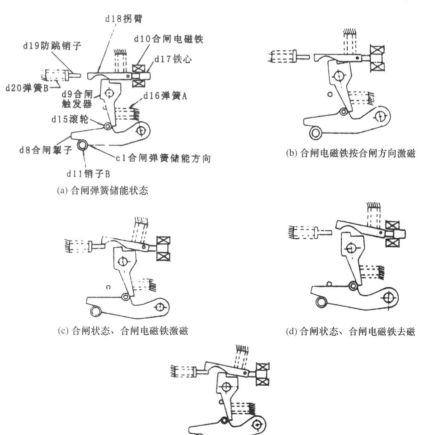

图 6-16　防跳机构原理

5. SF$_6$系统

图 6-17 所示为断路器的 SF$_6$ 气体监测系统,自封接头及带指针式密度继电器装在断路器的上部盖板上。当断路器气室 SF$_6$ 压力降低到补气值时,将在 LCP 柜和主控室同时发出 SF$_6$ 补气信号。而当 SF$_6$ 压力降到闭锁值时,将在主控室发出断路器操作闭锁信号。

CB 盖板　　指针式密度继电器
仪表接头
充气检查口

图 6-17　断路器的气体监测系统

6. 操 作

断路器须在完成充入 SF$_6$ 气体压力高于闭锁压力时方可操作。操作可分为电动远方主控室操作、就地控制柜操作和手动操作。其中手动操作方法如下:

1) 手动按钮操作

当断路器处于额定 SF$_6$ 压力时,可进行快速手动操作。见图 6-16,用手按动手动合闸按钮(d24)即可实现断路器合闸操作;按动手动分闸按钮(d23)即可实现断路器分闸操作。

注:在确认主回路已接地,控制回路断开,防分闸销子(d22)及防合闸销子(d21)已取掉的情况下方可手动操作。

2) 手动千斤顶操作(见图 6-18)

当断路器进行手动慢操作时,可用手动千斤顶(e3)进行分闸或合闸操作。逆时针旋转手动千斤顶(e3)时,完成断路器合闸操作;顺时针旋转手动千斤顶(e3)时,完成断路器分闸操作。

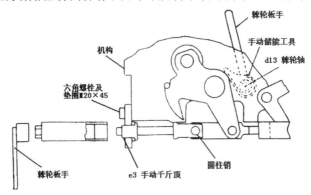

棘轮扳手
手动储能工具
d13 棘轮轴
机构
六角螺栓及垫圈Ⅲ20×45
棘轮扳手　　e3 手动千斤顶　　圆柱销

图 6-18　手动千斤顶操作

注:当断路器合闸状态进行手动分闸时,先卸下防止分闸销子(d22),并且确认防止合闸销子(d21)已取掉的情况下方可手动操作。

3) 合闸弹簧手动储能方式

即使在储能电动机没有电源的情况下,合闸弹簧(c1)也可以手动储能,方法是将六方扳头插入棘轮轴(d13)外露六方轴上,并使其顺时针方向旋转。

7．事故分析及日常维护

1) 维护与检修计划

断路器的维护及检修计划,参见表 6-3。临时检修的实施条件见表 6-4。定期检修项目见表 6-5。

表 6-3 维护和检修计划

检修类别	检修周期	说明
临时检修	—	当出现任何故障或者达到规定的操作次数时,必须对零部件进行临时检查
巡视检查	每日	巡视中检查运行设备外部有无异常
定期检修	每 3 年	检修时间较短,设备需停电,不回收气体。从外部检查每一部件有无异常,进行如除尘、除污垢以及加润滑剂等维修
正规检修	12 年	检修时间较长,设备需停电,回收气体。为保持设备性能,应彻底检查每一个零件,排除损坏或异常故障。应根据使用的次数、断路器的工作方式以及环境条件等适当缩短检修周期

表 6-4 临时检修的实施条件

序　号	确认必须进行临时检修的条件	
1	当在运行中发现异常情况时 当在大大超出正常条件运行时	
2	当操作次数达到 10000 次时	
3	开断次数	小电流操作 5000 次
		额定负载电流操作 5000 次
		额定短路开断电流 20 次

表 6-5 定期检修项目

序号	检查位置		检查项目	备注	a	b	c	d
1	操动机构	外观、总体	螺栓紧固状态		○	—	—	○
			基础螺栓紧固状态		○	—	—	○
			接地端子的紧固状态		○	—	—	○
			存在非正常响声		○	○	○	○
			存在锈蚀		○	○	○	○
		机构箱内部	检查零部件有无裂纹、损伤		—	—	—	○
		操动机构	在构件和连接件上涂润滑脂	参见表 6-12	—	—	○	○
			连接部位的轴用挡圈固定是否可靠,每个部位的螺栓是否松动		—	○	○	—
			测量凸轮与滚轮的间隙 G1	G1＝1.4±0.3	—	—	○	○
2	SF₆系统	本体	关、合 SF₆ 阀门气密性检查		○	—	—	○
			检查 SF₆ 密度计工作压力	额定压力:0.5 MPa	○	○	○	○
				闭锁压力:0.4MPa				

续表

序号	检查位置		检查项目	备注	a	b	c	d
3	控制系统	操作机构箱	操作计数器的工作状态		○	—	○	○
			接线端子的紧固状态		○	—	○	○
			控制回路绝缘电阻测量	≥2MΩ(用 500V 摇表测量)	○	—	—	○
			辅助开关触头检查	接触状态检查	○	—	○	○
			加热器接线有无断线	工作是否正常	○	—	○	○
			分、合闸线圈检查		○	—	○	○
			检查电磁铁心的间隙 G2、G3	分闸 G2=0.8～1.2,见图 6-19 合闸 G3=2.0～3.5,见图 6-20	—	—	○	○
			检查箱体内部的凝露,锈蚀及进入箱体的灰尘	如损坏,应予以更换	○	○	○	○
			防振橡胶的损坏		—	—	○	○
			门上橡胶条		—	—	○	○
			每一个部分螺栓的紧固状态		○	—	○	○
4	操作		分、合闸操作	是否正常	○	—	○	○

注:a.安装后现场检查;b.巡视检查;c.定期检修;d.正规检修;"○"进行项目检查;"—"不进行项目检查。

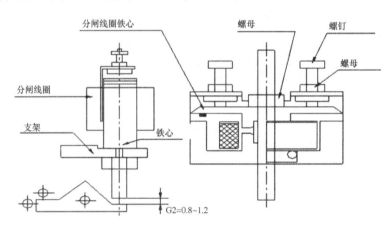

图 6-19　分闸线圈电磁铁心间隙 G2

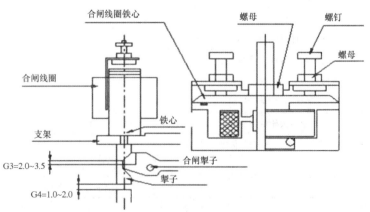

图 6-20　合闸线圈电磁铁心间隙 G3

2）检修

（1）检修中的注意事项

① 切断操作电源。

② 当检查设备内部或机构时，必须确认防止合闸销子（d21）和防止分闸销子（d22）已经插入；而当检修已经完成时，必须确认，两个销子均已拔出。

③ 必须检查罐体内部时，应切断主回路，断路器两端接地后，抽空外壳内 SF_6 气体，并充分通风，检测氧气浓度达 18% 以上，然后才能进行检修工作。

④ 使用指定的润滑脂（表 6-10），但不能将润滑脂涂敷到绝缘件上。

⑤ 已取下的"O"形圈，按规定必须更换为新的"O"形圈。

⑥ 液态密封胶应涂敷在"O"形圈和气体密封面的外侧（"O"形圈密封槽和"O"形圈接触面），见表 6-10。

⑦ 不得拆卸直动密封轴装配。

⑧ 完成内部检修后，应更换吸附剂，并及时抽真空。

⑨ 所有折装过的密封环节应进行气体泄漏检测。

⑩ 必须确认，检修前后，所有技术参数没有异常变化。

（2）专用工具

专用工具见表 6-6。

表 6-6　　　　　　　　　　　　　　专用工具

序号	工具名称	数量	简图	备注
1	喷口拆卸工具	1		供选用
2	触头拆卸工具	1		供选用
3	手动操作工具	1		附件
4	SF_6 充气工具	1		供选用

（3）灭弧室检修（建议在售后服务人员指导下进行）

① 确认 SF_6 气体已回收完毕后，方可打开盖板检查。

② 见图 6-21，卸下 M12 六角螺栓，并将静触头支持导体 b7 与静弧触头 b12 一起取下。这时如果发现静弧触头有微量磨损，直接按步骤⑤进行检修。

③ 如图 6-22 所示，插入喷口拆卸工具 e1 并拆下喷口 b14。

④ 使用弧动触头拆卸工具 e2，拆下动弧触头 b15。

⑤ 按图 6-22 所示相反顺序重新装配，注意事项如下：

a. 零件的磨损情况应同表 6-7 所列进行比较，如果判定已达到了更换标准，则磨损的零件应更换为新零件；

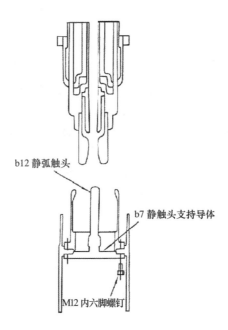

图 6-21　灭弧室检修

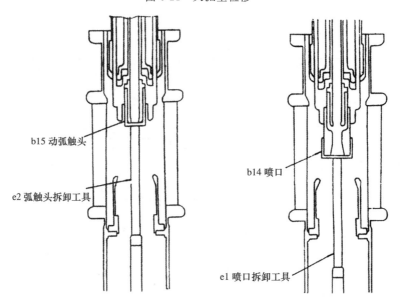

图 6-22　灭弧室装配

表 6-7　　　　　　　　　　　　　　　　开断部件更换标准

零　　件	更换标准
动弧触头（b15） 静弧触头（b12）	当顶端磨损超过 2mm，或者发现有大的变形情况时
喷口（b14）	当内径变大超过 1mm，或者发现烧损异常时

　　b. 当零件磨损轻微时，用细砂纸加以打磨并重新使用；

　　c. 清理触头，并在触头零件上涂敷专用润滑脂；

　　d. 当再次装配时，喷口（b14）随着紧固会逐步变得比较紧，但应继续紧固直到喷口变得宽

松,当喷口一旦宽松,就不要再加力矩,在装配及操作过程中,必须保持喷口清洁;

e. 灭弧室内部零件检修完后,应充分地清洁壳体。

（4）SF_6 气体密度计工作压力检查

由于 GIS 采用分散式控制,SF_6 气路按气隔单元在各自的监控装置进行监控,断路器 SF_6 密度计有两种安装方式,一种直接安装于断路器本体处,另外一种通过 SF_6 配管连接至 LCP 柜内,具体安装方式随具体工程。工作压力可通过表计直接读出。

（5）SF_6 气体的充入及补气操作

① 用充放气装置回收 SF_6 气体。当在正规检查中需要回收 SF_6 气体时,应使用充放气装置。进行这项工作的人员必须具备操作高压气体回收装置的资格。

② SF_6 压力控制。由于气密性状态始终由 SF_6 密度计开关监视,因此,在日常巡视中,不需要对 SF_6 压力进行特别检查。在完成现场安装和大修后,如果必须在超过 2 个月以上时期内测量 SF_6 压力,就应该每一周或每两周测量一次 SF_6 压力及环境温度,并做记录。以检查是否存在任何异常情况。

（6）气密性检查

① 用肥皂水检查气密性（图 6-23）。

② 真空检漏:

a. 断路器内部抽真空;

b. 关闭真空泵,将抽真空接头从自封接头拆除,根据规定放置 8h 以上;

c. 放置后,打开真空泵,连接抽真空接头与自封接头,再将断路器抽真空 1～2min;

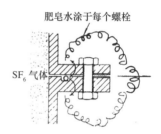

图 6-23　用肥皂水检查气密性

d. 停止抽真空,然后检查真空压力表上是否有超过 133Pa 的变化。

③ 用 SF_6 气体检漏仪检漏。对按上述①及②进行的整机检查结果加以比较,更进一步的高精度检测可按下述方法进行:

a. 将断路器充入 0.5MPa 的 SF_6 气体;

b. 用塑料薄膜将需检测部位包封起来,放置约 4h;然后用气体检漏仪进行检漏。

（7）缺氧情况下的工作

在断路器检修过程中,没有必要在壳体内工作,但将在缺氧情况下工作的有关规则列出,以供参考。

① 工作应在负责"缺氧危险工作"人员指导下进行。

② 在工作前后,确定工作人员的数量。

③ 检查氧气密度计、通风设备以及保护器材。

④ 禁止无关人员进入。

⑤ 对壳体进行有效通风,并记录氧气浓度。

⑥ 当氧气浓度大于 18% 而且通风良好的情况下可以开始工作。

⑦ 从工作开始到结束都应有值班人员在场,而且应有 2 人以上人员进行工作。

⑧ 从壳体中回收的 SF_6 气体瓶应搬离壳体,并且必须在主控室和现场产品上悬挂醒目的禁止分闸、合闸操作的警示牌。

（8）定期检修和大修时所必需的时间、工作人员及材料

在定期检修和大修时,所需要的时间（每一个单元）及人员如表 6-8 所示,所需要的检修工

具及材料列于表 6-9 及表 6-10。

表 6-8　　　　　　　　　　　　检修所需要的时间及人员

项　　目	有效工作时间(h)	工厂指导人员(人)	工人(人)
定期检修	4	1	1
大修	8	1	3

表 6-9　　　　　　　　　　　　检修工具

名　　称	内　　　　容				
专用工具	见表 6-7 所列工具				
通用工具及操作力矩值	工具名称	螺丝刀、M8-M24 扳手、一套棘轮扳手、一套棘轮扳头、老虎钳、卷尺、一套力矩扳手			
	力矩值	螺栓尺寸	M10	M12	M16	M20	M24
		力矩值(kg·cm)	280	480	1200	2200	3900
通用表计	兆欧表、试验台、操作时间测量仪				
辅助用品	橡胶管、真空表				

表 6-10　　　　　　　　　　　　检修所需的材料

材料名称	使用位置	类别		
		a	b	c
低温♯2 润滑脂	用于机械连接转动轴销处	0	0	△
微炭润滑脂	用于灭弧室触头	—	—	△
导电接触脂	用于所有铝与铝接触表面	—	—	△
密封胶	"O"形圈密封部位	—	—	△
"O"形圈	密封部位	—	—	△
吸附剂	断路器外壳	—	—	△
油漆	修饰性油漆	△	△	—
动弧触头	灭弧室	—	—	—
静弧触头	灭弧室	—	—	—
喷口	灭弧室	—	—	△
分、合闸线圈	弹簧操作机构	—	△	△
SF_6 气体(50kg)	气室内	△	△	△
酒精	用于清洗	0	0	0

注:△—根据检修要求必须要用;0—必需品;a—定期检修;b—正规检修;c—临时检修。

3)运行故障诊断指南

在运行中发现异常时,按表 6-11 所列进行排除。

表 6-11　　　　　　　　　　　　　　　异常诊断与对策

异常		可能原因	检查问题及对策
1	不能电动合闸	1.1 操作电源电压低	检查控制电压
		1.2 电气控制系统有问题	检查控制接线有无损坏,有无端子脱落,检查合闸线圈,SF_6 气体压力开关;辅助开关
		1.3 由于 SF_6 压力低使压力开关不动作	将 SF_6 压力补到额定压力
		1.4 其他原因	检查是否可以进行手动操作
2	不能手动合闸	合闸电磁铁机械故障	调整或更换
3	不能电动分闸	3.1 操作电源电压低	检查控制电压
		3.2 电气控制系统有问题	检查控制接线有无损坏,有无端子脱落,检查分闸线圈,SF_6 气体压力开关;辅助开关
		3.3 由于 SF_6 压力低使压力开关不动作	将 SF_6 压力补到额定压力
4	不能手动分闸	跳闸电磁铁机械故障	调整或更换
5	SF_6 压力降低	5.1 漏气	补气到额定压力,可以在运行中补气,在停电时检修漏气部位
		5.2 SF_6 压力开关故障	调整或更换

6.3.2 三工位隔离/接地开关

LWG2-126/T2000-40(A)气体绝缘金属封闭开关设备配用 GWG21-126/J2000-40 型三工位隔离/接地开关(DES),组合了隔离开关和检修用接地开关的功能。GWG21-126/J3150-40型三工位隔离开关的主要技术参数见表 6-2。

6.3.2.1 结构及工作原理

1. 总体结构

GWG21-126/J3150-40 型三工位隔离/接地开关按布置形式分母线用和线路用,都为三相共箱式结构。母线用三工位隔离/接地开关,结构见图 6-24,线路用三工位隔离/接地开关,结构见图 6-25。三工位隔离开关外壳上装有 SF_6 密度计、SF_6 充气阀门、操动机构等,机构箱上有隔离开关、接地开关位置指示器及端子排,见图 6-26。

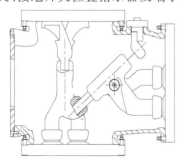

图 6-24　母线用三工位隔离开关

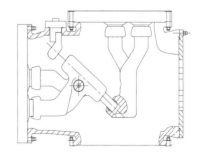

图 6-25　线路用三工位隔离开关

2. 工作原理

隔离开关和接地开关共用一个触头,可实现三种工况:隔离开关合＋接地开关分;隔离开关分＋接地开关分(中间工位);隔离开关分＋接地开关合。由于三位置开关装置的结构特点,可实现隔离开关和接地开关的机械联锁功能。因此,当接地开关接地后,既可从机械上保证隔

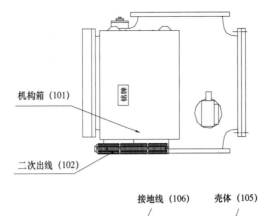

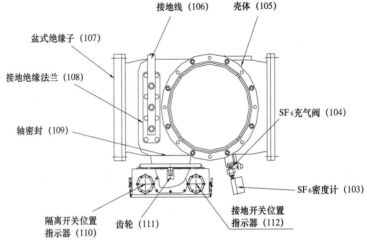

图 6-26　机构箱上结构指示

离开关必然断开,建立电气系统安全工作的绝缘距离,同时形成安全接地,进行检修段的工作。接地开关静触头通过绝缘子中心导体引出密封的壳体外,可方便地测量主回路电阻和测取开关信号。

3.内部结构

GWG21-126/J2000-40 型三工位隔离开关外壳内充有额定压力的 SF_6 气体,如图 6-26 所示,开关高电位部件由盆式绝缘子(107)绝缘、支撑、定位,接地开关静触头装配(204)由绝缘法兰(205)与壳体(105)支撑、分隔、定位,接地开关可用于主回路电阻的测量,及开关元件时间特性的测量等。传动部分是由操动机构的输出齿轮作旋转运动,带动齿轮(111)、绝缘拉杆(208)等零部件旋转,绝缘拉杆(208)又带动导体内的齿轮(202)同步旋转,齿轮(202)带动动触头(203)上齿条(201)运动,从而使三工位隔离开关动触头做往复直线运动来完成分合操作。

4.操动机构

GWG21-126/J2000-40 型三工位隔离开关配用 CJA1-2 电动机构,可手动操作或电动操作,其中电动操作既可从就地控制柜就地操作,也可从主控室远动操作。

6.3.2.2　操作及检修

1.操动机构操作及检修

1)操作机构参数及外形

CJA1 系列操作机构的参数见表 6-12。

表 6-12   CJA1 系列操作机构的参数

序号	参数名称		单位	数值
1	额定输出转矩		N·m	≥30
2	额定电压	电机	V	DC220/110
		控制回路	V	DC220/110
		加热器	V	AC220
3	电动机额定功率		W	400/200
4	电动机额定电流		A	3/6;1.6/3.2
5	加热器功率		W	25
6	电动合闸或分闸时间(额定电压)		s	≤4
7	机械寿命		次数	各10 000
8	机构重量		kg	65

注:电动合闸或分闸时间为操作信号起至机构合闸或分闸结束时间。

CJA1 系列操作机构的布置及外形结构见图 6-27。

2) 内部结构及主要组成部分

内部结构及主要组成部分见图 6-28。

3) 传动系统及动作原理

(1) 电动合闸

① 隔离开关电动合闸。警告:只有接地开关在分闸位置时,隔离开关才能够进行合闸操作(联锁见 167 页中(5)联锁装置小节)。

电机Ⅰ(201)通电逆时针旋转时,经过圆柱齿轮副(202)带动丝杠副(205)旋转,通过丝杠副中丝杠螺母上拨销拨动拨轮(212)逆时针旋转,拨轮(212)旋转时与丝杠(220)螺母上的拨销脱离),拨轮(212)直接带动主轴及主轴上的齿轮

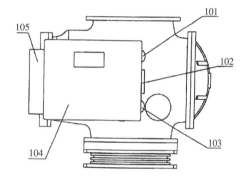

101—隔离开关位置指示器;102—手动操作孔盖板;
103—接地开关位置指示器;104—机构箱;105—端子排
图 6-27　CJA1 机构的外形图

(213)转动,齿轮(213)与三工位机构输出齿轮(214)啮合,即实现了机构扭矩输出。机构输出轴通过联轴器与三工位本体输入轴连接,可完成隔离开关合闸操作。

接近到合闸位置时,丝杠上丝杠螺母使合闸限位开关(204)切换,将合闸接触器及电机Ⅰ(201)相继断电,完成隔离开关合闸操作。

机构动作时,丝杠螺母上另一拨销拨动拨板(207)转动,通过一对锥齿轮(206)带动辅助开关(208)和三工位隔离开关的隔离分合器显示器(210)转动。

② 接地开关电动合闸。警告:只有隔离开关在分闸位置时,接地开关才能够进行合闸操作(联锁见 167 页中(5)联锁装置小节)。

电机Ⅱ(223)通电顺时针旋转时,经过一对圆柱齿轮(222)带动丝杠副(220)旋转,通过丝杠副中丝杠螺母上拨销拨动拨轮(212)顺时针旋转(拨动(212)旋转时与丝杠(205)螺母上的拨销脱离),拨轮(212)直接带动主轴及主轴上的齿轮(213)转动,齿轮(213)与三工位机构输出齿轮(214)啮合,即实现机构扭矩输出。机构输出轴通过联轴器与三工位本体输入轴连接,可完成接地开关合闸操作。

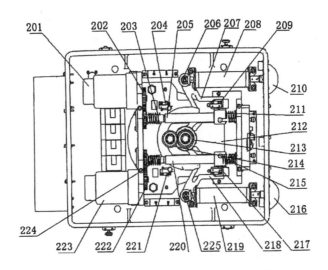

201—电机Ⅰ;202、222—圆柱齿轮副;203、224—合闸复位弹簧;204、221—合闸限位开关;205、220—丝杠副;206、225—锥齿轮;207、218—拨板;208、219—辅助开关;209、217—分闸限位开关;210—隔离开关分合闸指示器;211、215—分闸复位弹簧;212—拨轮;213、214—圆柱齿轮;216—接地开关分合指示器;223—电机Ⅱ

图 6-28　CJA1 系列型电动操作机构内部结构及传动系统

接近合闸到位置时,丝杠上丝杆螺母使合闸限位开关(221)切换,将合接触器及电机Ⅱ(223)相继断电,完成接地开关合闸操作。

机构动作时,丝杠螺母另一拨销拨动拨杆(218)转动,通过一对锥齿轮(225)带动辅助开关(219)和接地开关分合指示器(216)转换。

(2)电动分闸

三工位隔离开关、接地开头电动分闸时,各部分的运动过程与之对应的电动合闸运动过程基本相同,但运动方向相反。

分闸到位后,由分闸限位开关(209、217)控制分闸接触器及电机自动断电。

(3)手动合闸及分闸

机构手动合闸及分闸操作时,首先打开手动操作盖板(102),拔出拨销(303),向右(或左)拨动活门(305),活门(305)沿导向销(302)移动,到达预期位置时,限位销(301)自动卡住活门(305),使得活门(305)不能移动,将手动操作手柄(401)通过活门(305)孔插入,与丝杠轴(205、220)相连,摇转操作手柄(401)即可完成手动合闸或分闸的操作;合闸或分闸操作完成后,限位销(301)自动移出,拔出手动操作手柄(401),向左(或右)拨动活门(305)可到达初始位置,插入拨销(303),手动操作才结束。

手动操作时,当丝杠螺母在丝杠上运动至空程处时,发出"咔、咔"声响后,丝杠螺母不再向前运动,合闸操作时,通过合闸复位弹簧(203 或 204)施加的反向推力;分闸操作时,通过分闸复位弹簧(211 或 215)施加的反向推力,保证丝杠螺母与丝杠的螺纹部分可靠接触,并且为丝杠螺母的反向运动做好准备。

警告:

① 在手动分闸或合闸操作过程中,操作手柄(401)不允许取出,见图 6-29。

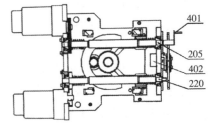

401—手动操作手柄;402—联锁电磁铁;
205、220—丝杠副
图 6-29　手动操作

② 机构只有隔离侧时,传动系统及动作原理参照"(1)隔离开关电动合闸""(2)电动分闸""(3)手动合闸及分闸"。

(4) 电气回路

本机构是 GIS 成套设备,机构的电气回路主要包含分、合控制回路、联锁回路、电机回路、加热器回路。

(5) 联锁装置

联锁装置见图 6-30。

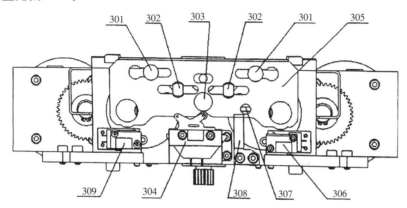

301—限位销;302—导向销;303—拔销;304—保险行程开关;305—活门;
306—联锁用微动开关;307—闭锁销;308—闭锁板;309—联锁用微动开关

图 6-30 联锁装置

联锁装置由联锁电磁铁(402)、微动开关(306 或 309)、活门(305)等组成。推动活门(305),微动开关(306 或 309)动作,其动合触头接通联锁回路,如果外部联锁条件满足要求,则连锁电磁铁吸合,这时活门(305)才能完全打开。活门(305)打开后,其必然推动微动开关(304)动作,最终切断电动控制回路。这时将手动操作手柄(401)插入丝杠方轴(205 或 220)后,即可安全进行手动操作。

① 在与其他元件如断路器等联锁条件不满足时,控制回路、联锁电磁铁(402)不能通电。联锁电磁铁(402)不通电时,活门(305)不能左右移动。此时既不能电动操作,也不能手动操作。

② 手动操作时,微动开关(306 或 309)由活门推动切换,微动开关(304)的动断触头切断分、合控制回路,以防止机构进行电动操作。

③ 拨动活门(305)可实现电动和手动互锁功能。

④ 限位开关(204、209、217、221)串联在合、分闸控制回路中,可以保证:

——电动操作后,合、分闸接触器自动断电;

——合闸控制回路与分闸控制回路不能同时接通。

警告:

隔离开关(或接地开关)和机构处于合闸位置,不能进行合闸操作;同理,隔离开关(或接地开关)和机构处于分闸位置,不能进行分闸操作。

(6) 维护

安装后投入运行前,巡视检查、定期检查的检查及维护项目参考表 6-13,需要进行的项目用"○"标出。

表 6-13　　　　　　　　　　**CJA1 电动机构检查及维护项目参考**

序号	项目	内容	安装后投入前	巡视检查	定期检查
1	锈蚀现象	生锈处进行除锈、涂漆、涂防锈等处理	◯		◯
2	接线状态	电器元件接线端子不应松动,固定端子各螺钉应拧紧	◯		◯
3	紧固件	各紧固螺栓、螺钉、螺母应拧紧不得松动	◯	◯	◯
4	分闸、合闸状态	确定铭牌的分、合显示正确	◯		◯
5	手动分、合操作	动作正常	◯		◯
6	联锁检查试验	按"(5)联锁装置"检查和试验	◯		◯
7	绝缘试验	用 500V 兆欧表按出厂检验项目测试绝缘电阻。控制回路、电机和加热器及其他回路与框架内绝缘电阻不小于 2MΩ	◯		◯
8	清扫	清扫机构箱内、外尘土及脏物	◯		◯
9	润滑	运动摩擦部位涂锂基润滑脂 ZL-1	◯	◯	◯/6 年

(7)故障诊断和排除

在操作过程中发现故障或异常时,可参照表 6-14 所列检查原因并处理。

表 6-14　　　　　　　　　　**CJA1 电动机构故障异常处理参考**

序号	故障或异常现象	可能原因	处理方法
1	电动机构不动作	控制回路电压降低或失压	提供正常电压
		控制或电机回路接线松动或断线	接好线,拧紧接线螺钉;更换断线的导线
		控制或电机回路接触器的触头接触不良或烧坏	清理、检修或更换有故障的触头
		接触器线圈断线或烧坏	更换接触器
		热继电器动作,切断了接触器线圈的回路	按动热继电器复位按钮
		外部联锁回路不通	检查外部联锁回路及有关设备。元件的连锁开关动作是否正常,检查有关设备、元件的状态是否满足外部联锁条件
2	手动操作不能动作	控制回路电压降低或失压,联锁电磁铁不动作	提供正常电压
		外部联锁回路不通,联锁电磁铁不动作	检查有关设备、元件的状态是否满足外部联锁条件;检查外部联锁回路及有关设备、元件的连锁开关动作是否正常
		联锁电铁线圈(402)断线或烧坏;联锁回路中微动开关(306 或 309)切换不正常或接线松动、断线等故障	更换线圈、微动开关,检查联锁回路
		操作于柄转动方向不对	按规定方向操作
		丝杠螺母在丝杠上空转	同丝杠螺母运动方向相同拨动丝杠螺母上导向销钉,同时按要求方向旋转操作手柄
3	手动活门打不开	机构分闸没有到位	手动将限位(301)销拔出,同时拔出拔销(303)即可拨动活门

2．本体检修

GWG21-126/J2000-40 型三工位隔离开关维修及检查参考表 6-15。

表 6-15 三工位隔离开关维修及检查参考

检修类别	检修周期	检修说明	检修条件
巡视检查	每日	巡视中检查运行设备元件外部有无异常	—
定期检修	每 3 年	在较短时间内随设备检修元件，需停电，但不回收气体，从外部检查每一个零部件有无异常，进行除尘、清理及机构润滑等维护	—
大修	12 年	在较长时间内设备需停电，为保持元件性能，彻底检查每一个零件，更换重要、损坏或异常的零部件。应根据三工位隔离开关使用的次数以及环境条件等适当调整和确定检修周期	—
临时检修	—	当出现任何故障或者操动机构达到规定的操作次数时，应对认为必须进行检修的元件进行临时检修	当在运行中发现异常情况时；当大大超出正常条件运行时；当机构操作次数达到 5000 次时

6.3.3 线路接地开关

国电南浔公司线路接地开关是 JWG20-126/T40-100 气体绝缘金属封闭开关，设快速接地开关（以下简称 FES），具有关合短路电流的能力，是一种重要的保护装置。其主要技术参数见表 6-2。

6.3.3.1 结构特征和工作原理

1．总体结构

JWG20-126/T40-100 型接地开关主要由接地开关、操动机构、连接机构组成，采用三相共箱式结构，配一台电动弹簧机构（CTA4），见图 6-31 所示。

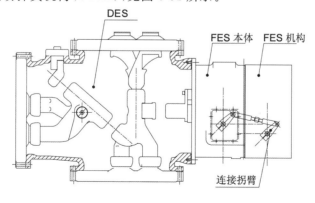

图 6-31 FES 结构

2．工作原理

接地开关内部结构见图 6-32 所示，接地开关通过操作机构，带动拐臂和连杆，通过密封轴使转轴产生旋转从而使动触头做往复运动实现分合闸。

由于快速接地开关具有关合短路电流的能力，所以，动触头的端部及静触头屏蔽罩端部皆为铜钨合金材料制成，在静触头座处装有弧触头。当快速接地开关合闸时，回路通过静触头、动触头以及接地端子连接到接地开关外壳上,达到主回路接地的目的。

图 6-32　接地开关内部结构

3. 操动机构

JWG20-126/T40-100 配用 CTA4 型电动弹簧操动机构,机构引出线使用了端子排。

6.3.3.2　操作及检修

1. CTA4 型电动弹簧操动机构操作及检修

CTA4 型电动弹簧操动机构技术参数见表 6-16。

表 6-16　　　　　　　　　　　　CTA4 型电动弹簧操动机构的技术参数

序号	项目		单位	技术数据	备注
1	机构额定电压	电机	V	DC220,AC220,DC110	
		控制回路	V	DC220,AC220,DC110	
		加热器	V	AC220	
2	电机(本身)额定电压		V	DC220,DC110	
3	电机额定功率		W	200	
4	电动机额定电流		A	1.6,3.2	
5	驱潮加热器功率		W	25	AC220V
6	合闸时间(额定电压)		s	≤8.0	含储能时间
7	分闸时间(额定电压)		s	≤8.0	含储能时间
8	机械寿命		次数	5 000	

注:电机回路装有桥式整流器,机构输入端施加的电压可为直流或交流,但电机本身只可施加直流电压。

1) CTA4 型电动弹簧操动机构及工作原理

CTA4 型电动弹簧操动机构外形见图 6-33。

安装板 5 与开关壳体相连。机构及机构箱 2 装于安装板上,安装板也是机构箱的组成部分。安装板侧装有通风窗 6,插接件 4 安装在安装板底板上,用于机构电气回路进出线。合、分闸位置指示器 3 的保护罩装在机构箱底板上,通过保护罩的透明窗口,可观察指示器中的指示件显示的机构的合闸或分闸位置。机构输出轴 1 同过拐臂与开关输入轴连接。

2) CTA4 型电动弹簧操动总体布置

CTA4 型电动弹簧操动机构内部结构及主要组成部分见图 6-34 和图 6-35。

CTA4 型电动弹簧操动机构采用夹板式结构,主要由支架(202~205)、传动元件(201)、储能单元(208)、控制单元(209)、分/合指示单元(207)及缓冲器(206)部分组成。

支架(202—205)由左侧板(202)、前侧板(203)、右侧板(204)及螺杆(205)组成;传动元件

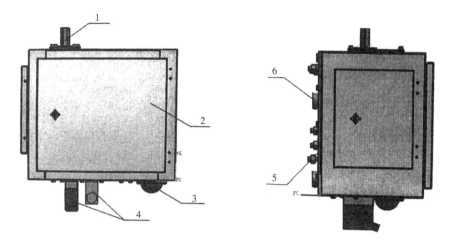

1—机构输出轴;2—机构箱;3—合、分闸位置指示器;4—插接件;5—安装板;6—通风窗

图 6-33 CAT4 系列机构外形

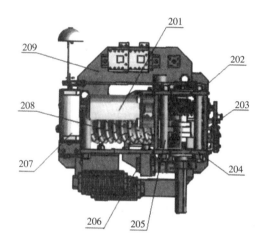

201—传动元件;202—左侧板;203—前侧板;204—右侧板;205—螺杆;206—缓冲器;
207—分、合闸指示单元;208—储能单元;209—控制单元

图 6-34 CAT4 系列机构正面

(201)由电机(301)、蜗杆(302)、蜗轮(303)组成;储能单元(206)由弹簧拉杆(304)、挂簧拐臂(305)、分/合弹簧(305)、弹簧导向筒组成。

CTA4 型电动弹簧操动机构的左侧板(202)、前侧板(203)、右侧板(204)由螺杆(205)等共5 根螺杆及螺母固定。左、右侧板间装有传动元件(201)、储能单元(206),左、右侧板外侧装有控制单元(209)、缓冲器(206),侧板顶端装有分/合指示单元(208)。机构输出轴(308)通过拐臂与开关本体相连。

3) TA4 型电动弹簧操动传动系统及动作原理

CTA4 型电动弹簧操动机构的传动系统及动作原理见图 6-34、图 6-35 和图 6-36。

(1) 电动合闸

见图 6-35 和图 6-36。电动合闸时,电机(301)通电,通过联轴器带动蜗杆旋转,蜗杆使蜗轮逆时针转动,与蜗轮合为一体的传动凸轮同时旋转,推动传动销(306)及空套在输出轴上的挂簧拐臂(305)由分闸位置开始同向转动,使操作弹簧(309)压缩储能。直至挂簧拐臂转动到

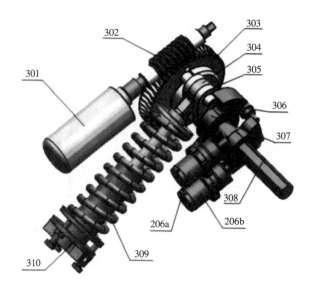

206a—合闸缓冲器;206b—分闸缓冲器;301—电机;302—蜗杆;303—涡轮;304—弹簧拉杆;
305—挂簧拐臂;306—传动销;307—输出凸;308—输出轴;309—储能弹簧;310—弹簧支座

图 6-35 CAT4 系列机构传动原理示意(分闸位置)

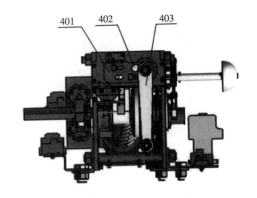

401—活门;402—活门手柄;403—手柄

图 6-36 CAT4 系列机构手动操作示意

与弹簧拉杆(304)成一直线(到达死点),储能达到最大值。上述储能过程中,输出轴不动作,输出凸轮(307)停留在图 6-35 所示分闸位置不转动。电机继续转动,传动销及挂簧拐臂过中(过死点),操作弹簧快速释放能量,通过弹簧拉杆(304)、传动销(305)、输出凸轮(307),带动输出轴逆时针快速转动。合闸接近到位时,缓冲器(206a)起缓冲作用。

(2)电动分闸

参见图 6-35。电动分闸时,各部分动作过程与合闸相同,只是转向与合闸相反。分闸时接近到位时,缓冲器(206b)起缓冲作用。分闸到位,传动系统各部分又返回到图 6-35 所示位置。

(3)手动合、分闸

参见图 6-35 和图 6-36,手动合、分闸操作时,首先通过活门手柄(402)使活门(401)向下移动,完全露出蜗杆端头四方轴,插入手摇工具(403)转动手柄,使储能弹簧(305)储能,当储能过死点后,操作弹簧释放能量快速合、分闸,动作过程与电动操作时相同。操作完毕,应卸下手摇工具。

在活门(401)后侧装有手动操作联锁装置,使该机构具有电动、手动操作互锁功能。

(4) 慢动作合、分闸

在机构或配用开关进行检查、调整或维修时,有时需要进行慢动作合闸或分闸(以下简称慢合或慢分)。慢合、慢分应手动,要使用图 6-37 中序号为 503、504、505 的三种附件。操作如下:

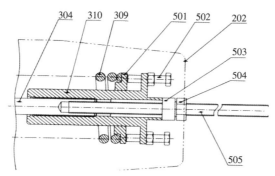

501—法兰;502—调整螺栓;503—垫块;504—螺母;505—螺杆
图 6-37　CAT4 系列机构手动慢分慢合操作附件装卸

卸下机构箱盖板 1。将螺杆(505)穿过弹簧支座(310)右端的孔拧入弹簧拉杆(304)的螺孔内,按图 6-37 所示装上垫块(503)及螺母(504),然后按上述[(3)手动合、分闸]进行手动储能。在储能临近死点前("死点"参见上述[(1)电动合闸]),转动螺母使垫块与弹簧支座靠拢,调整并在转动时始终保持垫块与螺母、弹簧支座之间的合计间隙为 1～1.5mm。接着继续转动手柄使挂簧拐臂(305)及弹簧拉杆(304)过中(过死点),直至弹簧释能,消除上述 1～1.5mm 间隙。接下来松退螺母(504),让弹簧慢速释放能量,带动主轴及输出轴转动,实现慢合或慢分。慢合、慢分到达某些位置,可能出现弹簧力不能克服的阻力而停止转动。可松退螺母,使垫块与螺母、弹簧支座间有不大于 1.5mm 的合计间隙,再转动手柄助力使主轴和输出轴转动。其后,仍应由弹簧推动慢合、慢分,直至合、分到位。

警告:为避免螺杆(505)意外脱出造成伤害或大行程释能损伤螺杆,应特别注意以下几点:

① 慢合、慢分前,应将螺杆(505)拧入弹簧拉杆(304)的螺孔底部,直至拧不动为止,并防止在慢合、慢分操作过程中螺杆发生转动。

② 在储能临近死点前(死点前约 20°起),以及手柄助力转动时,手柄应缓慢转动并保持垫块(503)与螺母(504)、弹簧支座(310)之间的合计间隙始终不大于 1.5mm。

4) 电气回路

CTA4 型电动弹簧操动机构用于 GIS 成套设备。机构的电气回路包含控制回路、电机回路和加热器回路。控制回路与电机回路的电压可以相同或不同,两者可使用同一电源,也可以分别使用各自的电源。加热器回路使用另外的电源供电。

5) 联锁

CTA4 型电动弹簧操动机构具有完善的联锁及防止误操作的功能。

① 相关的任何一台其他开关、断路器等设备的状态不允许本机构配用的开关操作,既不满足外部联锁条件时(此时,机构的外部联锁回路未连通),机构的电动操作控制回路和联锁电磁铁回路不能通电,即不能进行电动操作,也不能进行手动操作,从而实现本开关与相关的其

他开关和设备之间的电气联锁。

② 手动操作时,不能进行电动操作。

打开活门(401)手动操作时,SP1 开关已切断了电动操作控制回路,不能通电操作。

③ 机构合或分电动操作后,可自动断电。开关和机构处于合闸位置不能进行合闸操作,处于分闸位置不能进行分闸操作。

6）操作注意事项

（1）电动或手动操作前应确认事项

① 确认相关的其他开关、设备的状态,允许本机构及开关进行操作,即满足机构的外部联锁条件。

② 确认控制回路及电机回路电压正常。应保证在通电时,机构回路输入端的电压在额定电压的 85%～110% 之间。电压过低会引起操作不能进行或动作时间过长,引起电机过热或烧损,因而应注意提供正常的电压。

③ 如拆装检修机构,只有机构与开关相连后才能进行快速释能操作。

警告:机构不允许在不带负载(未与开关相连)的情况下进行储能空载操作(不允许快速释放弹簧能量),但可用类似[(4)慢动作合、分闸]的方法进行慢合、慢分检查。

（2）电动操作注意事项

① 电动操作前必须进行手动操作检查:即手动操作时,机构必须分、合到位后,才允许进行电动操作。

② 安装后投运前及维修时改接过电路接线后,尤其是改接过与电机、接触器相关的接线后,首次电动操作前都必须检查接线应正确,检查电机及机构转向应正确。应特别认真地检查电机及机构转向。

③ 发出电动操作指令后,应由机构自动完成操作及断电,在弹簧释能前,绝不允许人为切断电源。

④ 任何情况下,禁止手按合、分闸接触器进行电动操作(尤其是试操作)。

⑤ 电动合及分操作合计 5 次后,每次合与分或分与合操作之间的时间间隔不小于 30s。

（3）手动操作注意事项

① 手动操作时,机构必须分、合到位(参见[(3)手动合、分闸])。操作后取手动操作手柄。

② 控制回路无电进行手动操作时,应特别注意检查满足外部联锁条件(参见[(3)手动合、分闸])。

7）维护检修

维护检修的目的在于保证机构性能良好,尽早查出和修理不良之处,防止运行中发生故障。维护检修包括巡视检查、定期检查和临时检修。

（1）巡视检查

这是机构运行期间对机构状况进行的经常性检查,与 GIS 设备的巡视检查同期进行。

（2）定期检查

是保证机构一直处于正常状态、满足使用要求而定期进行的检查及试验,同时进行必要的维护、调整或修理。定期检查每三年进行一次。

（3）临时检修

这是在巡视检查中发现较严重的异常或不良现象,运行中或操作时出现故障或失误,需要及时进行的检查和修理。

临时检修主要检查和修理出现故障或异常的部位。

（4）检查维修项目

安装后投运前,巡视检查、定期检查的检查和维修项目见表 6-17。需要进行的项目用"○"标出。

表 6-17　　　　　　　　　　　　**CTA4 型电动弹簧操动机构检查维修项目**

序号	项目	内容	安装后投入前	巡视检查	定期检查
1	电气回路接线：电机及机构转向	按"投入运行前的检查试验"检查机构内外电气回路接线正确,符合机构和 GIS 电路图、接线图要求;检查电机及机构转向正确	○		○
2	接线状况	接线端子排及各电气元件接线不应松动,各端子螺钉应拧紧	○		○
3	紧固件	各紧固螺栓、螺钉、螺母应拧紧,调整部位螺钉、螺母应拧紧锁牢。巡视检查时,检查外部紧固件	○	○	○
4	加热器通电状态	巡视检查时,手摸每个机构箱底的安装板,温度略有升高,手感温热	○	○	○
5	合、分闸状态	检查合、分闸位置指示器显示的合、分闸位置正确	○	○	○
6	手动合、分闸	合、分各操作 3 次,动作正常	○		○
7	电动合、分闸操作	在控制电压和电机电压的额定值和 85％额定值下各进行合、分操作 5 次,动作正常。电气元件动作及切换正常。计数器动作正常,合、分一次,计数增加 1	○		○
8	联锁及闭锁检查试验	按"5)联锁"检查和试验,应满足其功能要求	○		○
9	绝缘试验	用 500V 兆欧表测试绝缘电阻。各电气元件及电气回路与机构支架间的绝缘电阻不小于 $2M\Omega$	○		○
10	清扫	清扫机构箱内外尘土、脏物	○		○
11	润滑	运动摩擦部位涂低温＃2 润滑脂	○		○

8）故障诊断与排除

CTA4 型电动弹簧操动机构出现故障或异常时,可参照表 6-18 检查原因并进行处理。

表 6-18   CTA4 型电动弹簧操动机构故障诊断和排除

序号	故障或异常	可能原因	处理措施
1	电机转向出错，出现强制限位通电堵转	电机正（ZH1，红色线）、负极引出线接线位置有误，与接触器有关的电路接线有误。首次电动操作前，未检查电机及机构转向	按电路图、接线图检查接线。重点检查电机正、负极引出线的接线位置以及与接触器有关电路的接线。纠正接线失误。改接线后首次电动操作前，按"投入运行前的检查试验"检查电机及机构转向
2	电动操作不能正常进行	控制或电机回路电压过低或失压	提供正常电压
		电气回路接线有误或接线松动	按电路图、接线图检查接线，拧紧接线螺钉
		电机转向不对。可能原因同本表中上一条	同本表中上条的处理措施
		控制或电机回路的开关，接触器的触头接触不良或损坏	清理、检修或更换有故障的触头或开关、接触器
		接触器线圈断线或烧坏	检修或更换线圈、接触器
		热继电器动作，切断了电动控制回路	热继电器复位，必要时，检查其动作原因并采取措施
		外部联锁回路不通	检查外部联锁回路有关设备、开关的状态是否满足外部联锁条件，检查其联锁用开关或触头是否完好、动作正常，检查联锁回路接线有无松动
		活门处于闭锁位置	滑动活门，恢复到电动操作位置
3	手动操作不能正常进行	控制回路电压过或失压，联锁电磁铁不吸合动作	提供正常电压
		外部联锁回路不通，联锁电磁铁不能通电	检查外部联锁回路有关设备、开关的状态是否满足外部联锁条件，检查其联锁用开关或触头是否完好、动作正常，检查联锁回路接线有无松动
		联锁电磁铁线圈断线或烧坏或接触器触头有故障	检修、更换联锁电磁铁、接触器，检修该回路

2. 本体的检修

当该接地开关机械操作次数达到规定值时（表 6-19），或当进行故障关合操作两次后，必须对触头进行检修。检修步骤如下：

① 回收该气室及与其相关气室的 SF_6 气体。

② 按照图 6-27 和图 6-28 拆下该接地导体与其壳体。

③ 检查静触头、动触头、屏蔽罩等内部零件状态是否良好。

④ 对烧损超过标准规定值的零部件换新的零部件。

⑤ 用无水乙醇擦干净其零部件和壳体内表面，绝缘件用丙酮擦洗。

⑥ 重新装配接地开关，调整连接机构。

⑦ 抽真空后，向壳体内填充 SF_6 气体至额定气压。

⑧ 气体检漏及微水试验。

⑨ 机械特性试验检查和机械操作检查。

⑩ 工频耐压试验。

表 6-19　　　　　　　　　　　快速接地开关规定操作次数

设备名称	工作状态	规定操作次数
快速接地开关	关、合短路电流	2
	分、合闸操作	5 000

6.3.4　GIS 的控制

6.3.4.1　概述

　　ZF7A-126 气体绝缘金属封闭开关设备(采用三工位隔离开关)用就地控制柜安装在 GIS 间隔单元底架上,通过电缆与安装在控制室的中心设备相连接,是 GIS 间隔内外各元件以及 GIS 与主控室之间电气联络的集中控制屏。就地控制柜外形如图 6-38 所示。

图 6-38　就地控制柜外形

6.3.4.2　主要功能

就地控制柜具有就地操作、信号传输、保护和中继等功能,具体内容如下:

① 实施 CB,DS,ES(FES)的就地操作。

② 监视 GIS 各元件的位置状态。

③ 监视 GIS 各气室 SF_6 气体密度及操作介质压力是否处于正常状态。

④ 实现 CB 电气防跳功能。

⑤ 实现 GIS 间隔之间的元件以及 GIS 间隔内元件的电气联锁及解锁。

⑥ 作为 GIS 各元件之间及 GIS 与主控室之间的中继端子箱,接收或发送信号。

⑦ 模拟母线显示一次主结线形式及运行状态。

⑧ 监视分、合闸控制回路。

⑨ 故障报警功能。

⑩ 接收远方命令并实现。

6.3.4.3 结构

1. 就地控制柜

就地控制柜外形见图 6-38 所示,内部布置见图 6-39 所示。

图 6-39 就地控制柜内部布置

2. 结构特点

① 就地控制柜采用正面双开门、背面不开门的结构,盘柜壳体的每扇门装有带钥匙的安全锁,只有在门锁好时,钥匙才能拔出。该柜结构紧凑,功能齐全,外形美观。

② 门面上的操作开关与模拟元件位置指示合为一体,使模拟母线显示的主接线更清晰。

③ 屏柜内、外各元件都有相应的铭牌表示。

④ 柜内装有照明灯,由限位开关控制,门开灯亮,门关灯熄,便于维护和管理。

⑤ 对 CB、DS/ES/FES 控制回路,位置指示器回路等分别设置了电源开关,提高了控制回路电源的可靠性。

⑥ CB、DS/ES/FES 回路分别由各自就地—远方选择开关控制,可以实现就地—程方控制。

⑦ 配置连锁—解锁选择开关,可以实现连锁、解锁控制。

⑧ 选择开关自带锁或置于柜内,可防止误操作。

⑨ 报警光字牌的故障指示灯显示清晰。

⑩ 柜底部有可拆卸的密封及接地装置的板,利于电缆的引入和固定。

6.3.4.4 主要元件及其用途

1. 门面上元件

① 光字牌:可以显示 SF_6 气体密度和操作介质压力是否正常及控制电源是否正常。

② 按钮开关:对光字牌的报警信号进行报警测试、报警确认。

③ 模拟母线:采用丝网印刷技术模拟主接线,使面板更美观。

④ 操作开关:采用带灯显示自复式转换开关,可以在现场进行 CB、DS、ES、FES 的操作,并通过红绿 LED 灯显示来反映各元件的分、合闸位置状态。

⑤ 选择开关:采用带锁自保持式转换开关,能完成就地-远方操作的转换、连锁—解锁操作的转换。

⑥ 铭牌：显示间隔编号和设备编号，与一次主接线图相符。

⑦ 带电显示器(图 6-40)：该装置显示器部分嵌入安装在现地控制柜门上，具有显示带电状态(灯光)，提供闭锁信号输出接点功能。感应传感器部分装设在 GIS 本体绝缘区内，与高压带电体不接触。

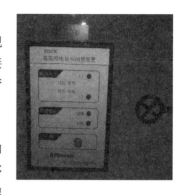

图 6-40　带电显示器

2. 柜内元件

① 自动开关：用于 CB、DS/ES(FES)回路，作为直流电源和交流电源回路子控制开关和回路保护开关，具有可靠性高、能够快速切断故障回路和迅速重新投入使用的特点。附带一对触点，可发出动作信号。

② 限位开关：作为照明灯的控制开关，门开灯亮，门关灯熄。

③ 保护开关：PT 二次侧的短路保护用自动开关。其附带的一对触点，可发出动作信号。

④ 加热器：由温湿度控制器控制，主要用以防潮。所以，一般应连续通电，并定期检查是否完好。

⑤ 控制元件：包括继电器、接触器、温湿度控制器、电阻等。

⑥ 其他元件：端子排及其他附件。

6.4　发电机出口断路器 GCB

6.4.1　发电机出口断路器概述

现在许多电厂的单元接线在发电机出口装设断路器，称为发电机出口断路器(Generator Circuit-Breaker，GCB)。GCB 的特点是动作快速，开断电流大，使电气设备运行更加可靠，同时也使电气接线运行方式更加灵活，大大方便了运行人员的操作及维护。

发电机出口断路器(GCB)的主要优点如下：

(1) 发电机组正常解列后的厂用电源是电网通过主变压器倒送电经厂高变提供，无论是机组启动还是停运，都无须进行厂用电切换操作。

(2) 当发电机内部故障或热力系统原因引起机组跳闸，GCB 自动断开，厂用电自动由主变厂高变倒入，可做到无扰动切换厂用电，各种厂用辅机不会因发电机跳闸而改变工作状态，厂用电的可靠性大为提高。

(3) 当主变或厂高变内部故障时(图 6-41)，GCB 可以快速切除故障电流，减少变压器爆炸起火的可能性。

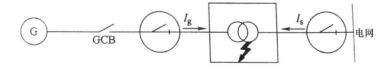

图 6-41　主变故障示意

6.4.2　GCB 的构成

以国电南浔公司 2×100MW 机组工程为例，其由 2 台 PG6111FA 型燃气轮发电机组、2 台余热锅炉、1 台抽凝式汽轮发电机组、1 台背压式汽轮机组组成。机组采用发变组扩大单元接线，以 110kV 电压接入系统。发电机出口设有断路器，发电机与主变压器用离相封闭母线相连接。

1. 燃机发电机出口断路器

国电南浔公司燃机发电机出口GCB采用阿尔斯通(中国)投资有限公司的KFG2型,它含断路器、隔离开关、接地开关、电流互感器和电压互感器和避雷器组合在一个封闭的外壳内。铝制外壳三相封闭相互独立固定在一个支架上,通过焊接的方式与离相封闭母线的外壳连接,断路器或隔离开关通过软连接与封闭母线导体连接。其外形和内部组成如图6-42所示。

KFG2型GCB的特点是:SF_6作为灭弧和绝缘介质,年泄漏率<0.5%;采用100%全弹簧操作机构,更稳定、更可靠;可安装在户内,也可安装在户外,相间距可调;可整体或分相运输,安装简单,调试轻松,可正常使用30年。

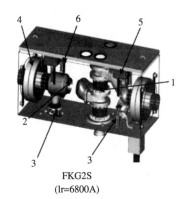

FKG2S
(lr=6800A)

1—断路器;2—隔离开关;3—接地开关;4—电流互感器;5—电压互感器;6—避雷器

图6-42　KFG2型GCB外观和内部组成

1) KFG2型GCB本体部分

六氟化硫气体断路器为原装进口专用发电机出口断路器,断路器技术参数如下:

最高电压:	24kV
额定频率:	50Hz
额定电流:	6600A(环境温度40℃)
发电机侧短路开断电流:	
交流分量有效值	40kA
直流分量有效值	≥130%
系统侧短路开断电流:	
交流分量有效值	63kA(up to 72kA)
直流分量有效值	≥75%
额定短路关合电流(峰值)	210kA
额定动稳定电流(峰值)	210kA
额定热稳定电流	63kA
额定短路持续时间	3s

KFG2型断路器采用了最先进的热效应灭弧措施,其短路电流开断能力得到极大提高,配备50nF电容的KFG2型发电机断路器可以开断高达75kA的短路电流。自能式灭弧技术也被应用于该断路器灭弧室的设计,电弧的能量被优化利用来灭弧,分闸操作所需的操作功得以极大降低,采用全弹簧形式的操作机构。一台KFG2型发电机断路器(3相)的充气量为6kg,

三相灭弧室通过导管连接,提供了一个连通的气室。一个带温度补偿的气体压力开关被装置在本体支架下面,同时在汇控柜内还设有一个压力计准确显示气体的压力,20°时,SF$_6$气体的额定气压为 0.85MPa(绝对压力),最低压力为 0.71MPa(绝对压力)。

FKG2 型发电机断路器采用 FK3-4 型全弹簧操动机构。FK3-4 型弹簧操作机构特点:可靠性高、稳定性高;免维护、免调试;噪声低、寿命长;三相联动,有操作计数器和机械位置指示器。其技术参数见表 6-20。

表 6-20　　　　　　　　　　　**FK3-4 技术参数**

弹簧	储能时间	<10s	
电机	功率	1750W	
	电压	220V CD	
线圈	功率	340W	
	电压	220V DC	110V DC
	电流	1.5A	3.1A

2)KFG2 型 GCB 辅助设备

(1)隔离开关

采用 SKG2 型隔离开关。该隔离开关操作采用电机(120-480V AC -3ph ,550W)驱动,可远程/就地操作,三相联动,技术参数见表 6-21。

表 6-21　　　　　　　　　　　**SKG2 型隔离开关技术参数**

额定最高电压	kV	24/17.5	
额定频率	Hz	50	
额定电流	A	8400	
额定峰值耐受电流	kA 峰值	179/210	
额定短时耐受电流	kA	63-72-80	
额定短路时间	s	3/2/2	
分闸时间	s	10/2(触头分离)	
合闸时间	s	10	
机械操作次数	次数	10000	
额定绝缘水平(海平面)		对地	断口间
额定工频耐受电压	kV	60	60
额定雷电冲击电压:1.2/50μs	kA 峰值	125	145

(2)接地开关

采用 MKG2 型接地开关。该接地开关采用电机(120~480V AC - 3ph,550W)驱动操作,可远程/就地操作,三相联动,技术参数见表 6-22。

表 6-22　　　　　　　　　　　　　MKG2 型隔离开关技术参数

额定最高电压	kV	24/17.5
额定频率	Hz	50
额定峰值耐受电流	kA(峰值)	195
额定短时耐受电流	kA	63-75-80
额定短路时间	s	3/2/2
分闸时间	s	10/2(触头分离)
合闸时间	s	10
机械操作次数	次数	10 000
额定工频耐受电压	kV	60
额定雷电冲击电压:1.2/50μs	kA(峰值)	145

（3）操作机构

隔离开关、接地开关的操动机构由交流 380V、功率为 550W 电机驱动。断路器、隔离开关、接地开关之间设计了可靠的机械和电气闭锁；可远程和就地控制，有机械位置指示器。CMK 操作机构结构如图 6-43 所示。

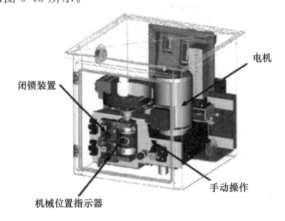

图 6-43　CMK 操作机构结构

（4）低压汇控柜

低压汇控柜在 GCB 中的位置示意图如图 6-44 所示。外壳为铝合金制造,防护等级 IP54。正面有电气操作的模拟接线图,还设有就地/远程控制的转换开关。

低压柜到发电机断路器各设备的内部接线在出厂前已完成,低压柜到中控室或者后台监控之间的接线由最终用户在现场完成。

（5）电容

GCB 安装有由环氧树脂材料制作而成 50nF 的电容,如图 6-45 所示。电容通常置于主变侧,固定在外壳的支架上,用于辅助开断系统侧较大的短路电流和较高的瞬态恢复电压,以保证 GCB 的短路切断容量。

（6）电流互感器、电压互感器和避雷器

GCB 中安装的电压互感器、电流互感器和避雷器见图 6-46 所示。

图 6-44 低压汇控柜在 GCB 中的位置示意

图 6-45 GCB 上的电容布置示意

(a) 电流互感器   (b) 电压互感器   (c) 避雷器

图 6-46 电流互感器、电压互感器和避雷器

2. 汽机发电机出口 GCB

断路器采用德国西门子公司的 3AH3 型断路器,采用真空作为绝缘介质和灭弧介质。真空断路器为西门子进口专用发电机出口断路器,是三相机械联动的组合式断路器。每套配备一组断路器操作机构,包括就地控制和远方控制回路,以及断路器正常运行所需所有的接线、接口和附件。断路器能与母线直接安装连接。汽机发电机 GCB 出口没有配置出口隔离闸刀。

1) 抽凝发电机出口断路器技术参数

最高电压:	12kV
额定频率:	50Hz
额定电流:	4000A(环境温度 40℃)
发电机侧短路开断电流:交流分量有效值	31.5kA
直流分量有效值	≥110%
系统侧短路开断电流: 交流分量有效值	63kA
直流分量有效值	≥75%
额定短路关合电流(峰值)	173kA
额定动稳定电流(峰值)	173kA
额定热稳定电流	63kA
额定短路持续时间	3s

抽凝发电机出口 GCB 设备配置见表 6-23。

表 6-23　　　　　　　　　　　抽凝发电机出口 GCB 设备配置

序号	名称	规范和型号	单位	数量	产地	生产厂家	备注
1	断路器	4000 63kA 3AH3	套	1	德国	西门子股份公司	
2	发电机侧接地开关	JN17	套	1	江苏	江苏科兴电器有限公司	
3	主变侧接地开关	JN17	套	1	江苏	江苏科兴电器有限公司	
4	发电机侧电流互感器	4000/5 5P20 /5P20/0.2Fs10 60VA/60VA/60VA LZZBJ9-12	只	9	大连	江苏靖江互感器厂	每相带 3 个二次绕组
5	主变侧电流互感器	4000/5 5P20/ 5P20 /0.2Fs10 60VA/60VA/60VA LZZBJ9-12	只	9	大连	江苏靖江互感器厂	每相带 3 个二次绕组
6	发电机侧电压互感器	$10.5/\sqrt{3}/0.1/$ $\sqrt{3}/0.1/3kV$ JDZX-10	只	6	大连	江苏靖江互感器厂	2 个二次绕组
7	主变侧电压互感器	$10.5/\sqrt{3}/$ $0.1/\sqrt{3}/0.1/3kV$ JDZX-10	只	3	大连	江苏靖江互感器厂	2 个二次绕组
8	发电机侧避雷器	HY5WD	只	3	四川	四川中光防雷科技股份有限公司	
9	主变侧避雷器	HY5WD	只	3	四川	四川中光防雷科技股份有限公司	
10	控制柜	1000 * 1800 * 2400 CX-10	套	1	上海	上海超希实业有限公司	
11	其他附属设备	电磁锁铜母排热缩套管二次元件大封板等	套	1	上海	上海超希实业有限公司	
12	短路连接器	ZJ-10Q	套	1	上海	上海超希实业有限公司	
13	发电机侧电容器	TG3-10	台/三相	1	江苏	南通江海电容器股份有限公司	
14	主变侧电容器	TG3-10	台/三相	1	江苏	南通江海电容器股份有限公司	

2）背压发电机出口断路器技术参数

最高电压：　　　　　　　　　　　　　12kV

额定频率：　　　　　　　　　　　　　50Hz

额定电流：　　　　　　　　　　　　　1000A（环境温度 40℃）

发电机侧短路开断电流：交流分量有效值　　25kA

　　　　　　　　　　　直流分量有效值　　≥110%

系统侧短路开断电流：　交流分量有效值　　　　　　63kA

直流分量有效值　　　　　　≥75％

额定短路关合电流(峰值)　　　　　　　　　　　　173kA

额定动稳定电流(峰值)　　　　　　　　　　　　　173kA

额定热稳定电流　　　　　　　　　　　　　　　　63kA

额定短路持续时间　　　　　　　　　　　　　　　3s

背压发电机出口 GCB 设备配置见表 6-24。

表 6-24　　　　　　　　　　背压发电机出口 GCB 设备配置

序号	名称	规范和型号	单位	数量	产地	生产厂家	备注
1	断路器	4000 63kA 3AH3	套	1	德国	西门子有限公司	
2	发电机侧接地开关	JN17	套	1	江苏	江苏科兴电器有限公司	
3	主变侧接地开关	JN17	套	1	江苏	江苏科兴电器有限公司	
4	发电机侧电流互感器	4000/5 5P20/ 5P20 /0.2Fs10 60VA/60VA/60VA LZZBJ9-12	只	9	大连	江苏靖江互感器厂	每相带 3 个二次绕组
5	主变侧电流互感器	4000/5 5P20/ 5P20 /0.2Fs10 60VA/60VA/60VA LZZBJ9-12	只	9	大连	江苏靖江互感器厂	每相带 3 个二次绕组
6	发电机侧电压互感器	$10.5/\sqrt{3}/0.1/$ $\sqrt{3}/0.1/3$kV JDZX-10	只	6	大连	江苏靖江互感器厂	2 个二次绕组
7	主变侧电压互感器	$10.5/\sqrt{3}/0.1/$ $\sqrt{3}/0.1/3$kV JDZX-10	只	3	大连	江苏靖江互感器厂	2 个二次绕组
8	发电机侧避雷器	HY5WD	只	3	四川	四川中光防雷科技股份有限公司	
9	主变侧避雷器	HY5WD	只	3	四川	四川中光防雷科技股份有限公司	
10	控制柜	1000＊1800＊2400 CX-10	套	1	上海	上海超希实业有限公司	
11	其他附属设备	电磁锁铜母排热缩套管二次元件大封板等	套	1	上海	上海超希实业有限公司	
12	短路连接器	ZJ-10Q	套	1	上海	上海超希实业有限公司	
13	发电机侧电容器	TG3-10	台/三相	1	江苏	南通江海电容器股份有限公司	
14	主变侧电容器	TG3-10	台/三相	1	江苏	南通江海电容器股份有限公司	

6.5　6kV 真空断路器

真空断路器是以真空作为绝缘和灭弧介质的。真空断路器要求的真空度在 $133.3 \times 10Pa^{-4}$（即 10^{-4} mmHg）以下。目前真空断路器主要使用于 $3 \sim 35$kV 的配电馈电用的配电装置中。

真空断路器主要有以下优点：

（1）因为真空状态下的击穿强度比较大，所以真空断路器的触头开距可以做得比较小，其尺寸和体积也就比较小。10kV 级真空断路器的触头开距只有 10mm 左右。因为开距短，可使真空灭弧室做得小巧，所需的操作功小、动作快。

（2）燃弧时间短，一般只有半个周波，故有半周波断路器之称。在真空中电弧熄灭得很快，真空断路器开断时触头烧损微小，可以开断多次而不用检修，适用于需要频繁操作的电路中。

（3）熄弧后触头间隙介质恢复速度快，对开断近区故障性能较好。

（4）由于触头在开断电流时烧损量很小，所以触头寿命长、断路器的机械寿命也长，检修和维护工作量少。

（5）体积小、重量轻。

（6）能防火防爆。

国电南浔公司的中压开关采用了施耐德公司制造的 HVX 系列真空开关（VACUUM CIRCUIT BREAKER），是以真空作为绝缘和灭弧介质。共有 HVX-12-31-20、HVX-12-31-12、HVX-12-31-06 三种型号，其中型号为 HVX-12-31-12 开关分别用于 6kV 的进线开关，型号为 HVX-12-31-06 的开关分别用于 6kV 的馈线开关，型号为 HVX-12-31-20 的开关用于 6kV 的联络开关。其技术参数见表 6-25。型号铭牌表示含义见图 6-47。

表 6-25　　　　　　　　　　HVX 系列真空开关技术参数

设备名称	金属铠装真空开关		
型号	HVX-12-31-12	HVX-12-31-20	HVX-12-31-06
服务对象	6kV 电源进线柜	6kV 开关联络柜	6kV 开关馈线柜
额定电压(kV)	12	12	12
额定电流(A)	1250	2000	630
额定频率(Hz)	50	50	50
开断电流(kA)	31.5	31.5	31.5
动稳定电流(kA)	80	80	80
4S 热稳定电流(kA)	31.5	31.5	31.5
冲击绝缘(kV)	75	75	75
工频耐压(kV)	42	42	42
最小/最大合闸时间(ms)	40/70	40/70	40/70
最小/最大分闸时间(ms)	30/60	30/60	30/60
寿命(次)	断路器在 10000 次以内免维护，超过 10000 次视具体情况作出相应维护		

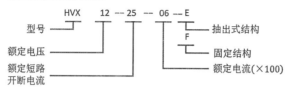

图 6-47　HVX 系列真空断路器铭牌含义

HVX 系列手车式真空断路器操作面板见图 6-48。

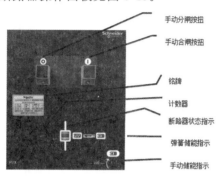

图 6-48　HVX 系列手车式真空断路器操作面板

图 6-49 所示为施耐德电气的 HVX 系列真空断路器的整体结构。

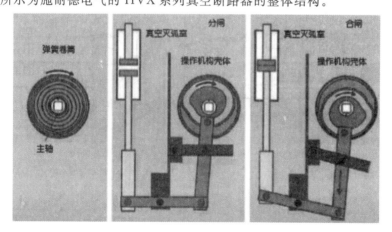

图 6-49　HVX 系列真空断路器的整体结构

　　操作机构采用单轴单盘簧操作机构,如图 6-50 所示,三相独立的凸轮输出,为真空灭弧室提供优良的特性配合。

图 6-50　HVX 系列手车式真空断路器单轴单盘簧操作机构

通过电动马达或手动的摇柄,在蜗旋盘簧上储存能量。真空灭弧室的合、分闸运动是由凸轮控制完成的,在完成合闸之后,弹簧自动重新储能,为一个完整的自动重合闸循环储存所需的能量。分闸保持机构有特殊的机构设计,吸收在快速合、分闸操作后的多余能量。操动机构具有电动和手动两种储能装置。储能完成后,其相应的闭锁机构防止误操作。传动机构一级输出和特有的轴承传动设计,最佳的传动效率,确保节能环保和机构稳定可靠。

下面介绍真空灭弧室的灭弧原理。在真空中,由于气体分子的平均自由行程很大,气体不容易产生游离,真空的绝缘强度比大气的绝缘强度要高得多。当断路器分闸时,触头间产生电弧,触头表面在高温下挥发金属蒸气,由于触头设计为特殊形状,在电流通过时,产生一磁场,电弧在此磁场力的作用下沿触头表面切线方向快速运动,在金属圆筒(即屏蔽罩)上凝结了部分金属蒸气,电弧在自然过零时就熄灭了,触头间的介质强度又迅速恢复。

图 6-51 所示为真空断路器螺旋槽形横向磁场触头结构。动、静触头形状和结构是相同的,每个触头做成圆盘形状,圆盘上开有螺旋形沟槽,称为外螺旋槽形触头。沟槽把触头分成许多个"翼",每个"翼"互相分离。圆盘触头中央有局部凹陷区,触头开断时,凹陷区迫使动、静触头之间的电流线成 π 形,如图 6-51(a)中虚线所示。刚开断时,电流线在图 6-51(a)中 a 的位置,电弧在靠近触头中心部位燃烧;但因受电流线产生的磁场作用,电弧受电动力推动向着圆盘外侧移动,达到位置 b。电弧在快速移动和旋转中被冷却,最后被熄灭。图 6-51(b)为下触头顶视图。

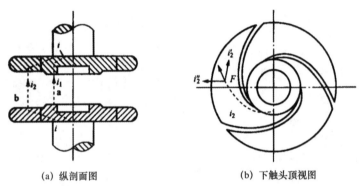

(a) 纵剖面图   (b) 下触头顶视图

图 6-51 真空断路器螺旋槽横向磁场触头结构

6.6 380V 空气开关

国电南浔公司采用 400VPC 开关柜和 MCC 电源开关柜,柜体均由江苏向荣集团有限公司制造,400VPC 电源开关和 MCC 电源开关均为 ABB 系列产品。燃机 MCC 开关柜采用扬州华强电气技术有限公司生产的低压抽屉式开关柜,MCC 低压开关采用施耐德电器有限公司产品。

6.6.1 Emax2 新型低压空气断路器

主厂房 PC 低压空气开关采用了 ABB(中国)有限公司生产的 Emax2 新型低压新型空气断路器,外形面板如图 6-52 所示。Emax2 是一款新型低压空气断路器,其额定不间断电流最高可达 6300A,以简便、高效方式进行有效控制。

1. 控制

新型 Emax 2 断路器独有的电能控制功能可以对其管理的电能进行监视,使其保持在用

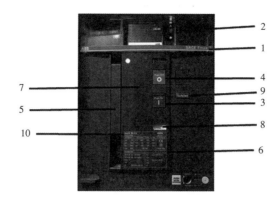

1—断路器商标及型号；2—Ekip 保护脱扣器；3—手动合闸按钮；4—手动分闸按钮；

5—手动弹簧储能操作手柄；6—电气额定参数；7—断路器分闸"O"或合闸"I"状态的机械指示；

8—弹簧储能或释放状态的指示；9—过电流脱扣器脱扣的机械指示；10—型号及序列号

图 6-52　Emax 2 低压空气开关面板

户设定的阈值之下。借助这一功能，能耗峰值可以得到有效控制，从而节省电费开支。可以按照需求在 Emax 2 上设置负载极限，由其控制所有下级断路器，而无须额外的监视系统。Emax 2 断路器配有新一代保护脱扣器，编程、读取更便捷。Ekip Touch 脱扣器可以精确测量功率和电能，保存最近的报警和异常事件编程以及测量值，从而预防电气系统故障，或必要时有效脱扣。

2．性能

Emax 2 断路器的设计精准，外形尺寸小巧紧凑，因此可以大大节省开关柜的安装空间和成本。Emax 2 系列断路器分为 4 种型号：E1.2、E2.2、E4.2 和 E6.2，其额定不间断电流最高可达 6300A，同时具有很高的短时耐受电流，再加上各种高效的保护功能，因此在所有应用场合都可确保完全选择性保护。

3．使用与安全

全系列的断路器都可分为固定式和抽出式两种类型。开关柜前端与带电部件之间有双重绝缘，可确保操作绝对安全可靠。电源接线采用上进线或下进线均可。所有重要信息都可在前面板的中心区域查看，从而快速识别断路器的状态：分闸、合闸、合闸准备就绪、弹簧已储能、弹簧已释能。维护简单、安全。前面板采用新型设计，主要附件可在前端直接操作维护，无须完全拆卸。

抽出式断路器通过专用的导轨插入、抽出，操作简便、灵活。摇入、隔离测试和摇出的每个位置都有专用的锁定机构锁定，确保操作准确无误。为进一步确保安全，当断路器的抽出部分抽出后，固定部分的安全遮板可以在前端锁定。上端子与下端子的安全遮板彼此独立，以便于检查维护。Ekip Touch 保护脱扣器配有大尺寸彩色触摸屏显示器，操作更加直观、安全。此外，Ekip Connect 应用程序可用于根据 DOC 软件的计算自动设置安全设备的参数。安装此应用程序后，Ekip 系列脱扣器便可以通过平板电脑、智能手机或手提电脑进行访问、编程。

脱扣器在断路器前端更换非常便捷。所有通信单元都可直接安装在端子盒，只需几步简单的操作。

6.6.2　MT 型空气断路器

燃机 MCC 开关柜采用扬州华强电气技术有限公司生产的低压抽屉式开关柜，MCC 低压开关采用施耐德公司的 Masterpact MT 断路器。

MCC 开关抽屉有五个位置，如图 6-53 所示。

① 工作位置：主开关合闸，控制回路接通，组件锁定。

② 分闸位置：主开关分闸，控制回路接通，组件锁定。

③ 试验位置：主回路断开，控制回路接通，组件锁定。

④ 抽出位置：主回路和控制回路均断开。

⑤ 隔离位置：抽出 30mm 距离，主回路及控制回路均断开，完成隔离。

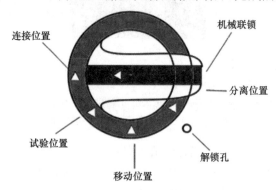

图 6-53　8E、12E、16E、24E 抽屉开关操作手柄位置

燃机抽屉式 MCC 开关操作注意事项：

① 抽屉底部应正确插入导向件后，才能向柜内推动，否则将会发生损坏抽屉或拉不出等不良现象。

② 开关从分闸位置到合闸位置的操作时先将操作手柄向里推进后再将手柄从"O"旋转到"I"即可，返回时，不需推动，只要将手柄"I"旋向"O"，放手后，手柄自动弹出。

③ 当主开关合闸后，联锁机构的手柄就不能操作。若遇特殊情况要打开门时：在开关右下角门上有一解锁孔，这是门的解锁机构。操作过程如下：当抽屉在工作位置时，如果要开门，则先将小盖拔出，然后用螺丝刀插入孔内向下移动锁扣即可开门，开门后务必将塑料小盖盖上，否则将破坏原有的防护等级。

6.7　互感器

6.7.1　互感器的作用

互感器包括电压互感器和电流互感器，是一次系统和二次系统间的联络元件。互感器的作用如下：

（1）将一次系统的高电压和大电流变换成标准的低电压（100V 或 $100/\sqrt{3}$ V）和小电流（5A 或 1A），用以分别向测量仪表、继电器的电压线圈和电流线圈供电，正确反映电气设备的正常运行参数和故障情况。

（2）能使测量仪表和继电器等二次侧的设备与一次侧高压设备在电气方面隔离，以保证人身安全及仪表安全。

（3）能使测量仪表和继电器等二次设备实现标准化、小型化、结构轻巧、便于屏内安装。

（4）能够采用低压小截面控制电缆，减少有色金属消耗量。

为充分发挥互感器的作用，对互感器的基本要求有以下几点：

（1）有足够的保证测量精确度的容量。

（2）有满足测量精度要求的变比（比差）。

（3）有满足测量精度要求的一、二相量误差（角度）。

6.7.2 电流互感器

1. 电磁式电流互感器的特点

目前电力系统中广泛采用的是电磁式电流互感器（以下简称电流互感器）。它的工作原理和变压器相似，但其使用方法与变压器完全不同。电流互感器的原理接线如图 6-54 所示。

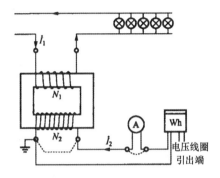

图 6-54 电流互感器原理接线图

电流互感器一次额定电流 I_{1N} 和二次额定电流 I_{2N} 之比，称为电流互感器的额定变流比。

$$K_I = \frac{I_{1N}}{I_{2N}} \approx \frac{N_2}{N_1}$$

式中 N_1 和 N_2——电流互感器一次绕组和二次绕组的匝数。

电流互感器二次额定电流通常为 1A 或 5A，设计电流互感器时，已将其一次额定电流标准化（如 100A，200A，…），所以电流互感器的变流比是标准化的。

电流互感器有以下特点：①电流互感器的一次绕组（原绕组）串联在电路中，并且匝数很少。因此，一次绕组中的电流完全取决于被测电路的一次负荷大小，而与二次电流无关。②电流互感器的二次绕组（副绕组）与测量仪表、继电器等的电流线圈串联，由于测量仪表和继电器等的电流线圈阻抗都很小，电流互感器的正常工作方式接近于短路状态。③电流互感器在运行中不允许二次侧（连接二次绕组回路）开路。原因如下：

电磁式电流互感器在正常工作时，依据磁动势平衡关系，有 $N_1\dot{I}_1 + N_2\dot{I}_2 = N_1\dot{I}_0$，一、二次电流相位相反，因此 $N_1\dot{I}_1$ 和 $N_2\dot{I}_2$ 相互抵消一大部分，铁心的剩余磁动势是励磁磁动势 $N_1\dot{I}_0$，数值不大。当二次回路开路时，二次去磁磁动势 $N_2\dot{I}_2$ 等于零。依据磁动势平衡关系，这时的励磁磁动势由较小数值 $N_1\dot{I}_0$ 猛增到 $N_1\dot{I}_1$，电磁式电流互感器的一次电流 $\dot{I}_1$ 完全被用来给铁心励磁，于是铁心中磁感应强度猛增，造成铁心饱和。铁心饱和致使随时间变化的磁通 ϕ 的波形由正弦波变为平顶波，如图 6-55 所示。图中画出了二次回路开路后的磁通 ϕ 及一次电流 i_1。在磁通曲线过零前后磁通 ϕ 在短时间从 $+\phi_m$ 变为 $-\phi_m$，$\mathrm{d}\phi/\mathrm{d}t$ 值很大。由于二次绕组感应电动势 e_2 正比于磁通的 ϕ 变化率为 $\mathrm{d}\phi/\mathrm{d}t$，因此在磁通急剧变化时，开路的二次绕组中将感应出很高的尖顶波电动势 e_2，其峰值可达数千伏甚至更高，这对工作人员的安全，对仪表和继电器以及连接电缆的绝缘都是极其危险的。同时，电磁式电流互感器二次回路开路时磁路的严重饱和还会使铁心严重发热，同时由于铁心存在剩磁，影响了电流互感器的精确度。所以，运行中的电流互感器二次回路严禁开路。为了防止电流互感器二次侧开路，电流互感器二次侧不允许装熔断器；对运行中的电流互感器，当需要拆开所连接的仪表和继电器时，必须先短接其二次绕组。

2. 电流互感器的准确级和额定二次负荷

1）准确度等级

所谓准确度等级是指在规定的二次负荷范围内，一次电流为额定值时的最大误差。我国

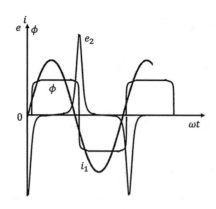

图 6-55　电流互感器二次回路开路时的磁通和二次电动势波形

电流互感器的准确度等级和误差限值如表 6-26、表 6-27 所列。对于不同的测量仪表,应选用不同准确级的电流互感器。例如:用于实验室精密测量,应选用 0.2 级的电流互感器;用于发电机、变压器、厂用电及出线等回路中的电度表,应选用 0.2 级或 0.5 级的电流互感器;用于监视各进出线回路中负荷电流大小的电流表可选用 1 级电流互感器。继电保护用的电流互感器的准确度等级常用的有 5P 和 10P。保护级的准确级是以额定准确限值一次电流下的最大复合误差 ε(%)来标称的[例如,5P 对应的 ε(%)=5.0],所谓额定准确限值一次电流,即一次电流为额定一次电流的倍数,也称为额定准确限值系数。即要求保护用的电流互感器在可能出现的短路电流范围内,其最大复合误差不超过 ε(%)值。

表 6-26　　　　　　　　　　　　　测量用电流互感器误差限值

准确度等级	电流误差 [在下列额定电流(%)时]				相位差[在下列额定电流(%)时]							
					±min				±crad			
	5	20	100	120	5	20	100	120	5	20	100	120
0.1	0.4	0.2	0.1	0.1	15	8	5	5	0.45	0.24	0.15	0.15
0.2	0.75	0.35	0.2	0.2	30	15	10	10	0.9	0.45	0.3	0.3
0.5	1.5	0.75	0.5	0.5	90	45	30	30	2.7	1.35	0.9	0.9
1	3.0	1.5	1.0	1.0	180	90	60	60	5.4	2.7	1.8	1.8

表 6-27　　　　　　　　　　　P 类及 PR 类电流互感器的误差限值

准确度等级	在额定一次电流下的电流误差(%)	额定一次电流下的相位差		额定准确限值一次电流下的复合误差 ε(%)
		±min	±crad	
5P、5PR	±1	60	1.8	5
10P、10PR	±3			10

2) 额定二次负荷

电磁式电流互感器的额定二次负荷包括额定容量 S_{N2} 和额定二次阻抗 Z_{N2},其中额定容量 S_{N2} 指电流互感器在额定二次电流 I_{N2} 和额定二次阻抗 Z_{N2} 下运行时,二次绕组输出的容量。由于电磁式电流互感器的额定二次电流为标准值(5A 或 1A),为了便于计算,有些厂家常提供电磁式电流互感器额定二次阻抗 Z_{N2}。

为了保证每一准确度等级的误差值不超过规定,要求电流互感器的二次负荷必须限制在规定变化范围内,不得超过额定容量 S_{N2}。如果电流互感器所带负荷超过额定二次负荷,则测量误差会超过规定,准确度等级也不能保证,必须降级使用。例如有一台 LFC-10 型电磁式电流互感器,0.5 级时二次额定阻抗 Z_{N2} 为 0.6Ω。如果二次侧所带负荷超过 0.6Ω,则准确度等级不能保证为 0.5 级,应降低为 1 级运行。这台电流互感器在 1 级运行时的 Z_{N2} 为 1.3Ω,如果二次侧所带负荷超过 1.3Ω,则降为 3 级运行。

3. 电流互感器的分类和型号

电流互感器的种类很多,可用不同方法进行分类:

(1) 按用途可分为测量用和保护用两种。而保护用电流互感器又分为稳态保护用(P)和暂态保护用(TP)两类。

(2) 按安装地点可分为户内式、户外式及装入式。35kV 及以上多为户外式;10kV 及以下多为户内式;装入式又称套管式,即把电流互感器装在 35kV 及以上的变压器或断路器的套管中,这种型式应用很普遍。

(3) 按安装方法可分为穿墙式和支持式。穿墙式装在墙壁或金属结构的孔中,可节约穿墙套管。支持式装在平面和支柱上。

(4) 按绝缘可分为干式、浇注式和油浸式。干式是用绝缘胶浸渍,适用于低压户内的电流互感器;浇注式是用环氧树脂浇注绝缘,目前仅用于 35kV 及以下的电流互感器;油浸式多为户外型。

(5) 按一次绕组匝数可分为单匝和多匝。单匝式结构简单、尺寸小、价廉,但一次电流小时误差大。回路中额定电流在 400A 及以下时均采用多匝式。

(6) 按高、低压耦合方式可分为电磁耦合式、光电耦合式、电磁波耦合式和电容耦合式。非电磁式电流互感器目前还处于研究和试验阶段,运行的可靠性有待在实践中检验。

电流互感器的型号、规格一般由文字符号和数字按以下方式表示:

$$\boxed{1}\ \boxed{2}\ \boxed{3}-\boxed{4}\ \boxed{5}-\boxed{6}\ \boxed{7}$$

其代表意义分别如下:

1——产品字母代号:L—电流互感器。

2——结构形式;F—多匝式;M—母线式;J—接地保护用;B—支持式;Q—绕组式;A—穿墙;D—单匝贯穿式;Y—低压用;C—瓷箱串级式。

3——绝缘方式;W—屋外式;C—瓷绝缘;S—塑料注射绝缘或速饱和型;Z—浇注绝缘;K—塑料外壳;G—改进型。

4——使用特点;B—保护用;D、P—差动保护用。

5——设计序号,用数字 1,2,3,…表示。

6——一次额定电压,kV。

7——特殊用途:B—防爆型;W—防污型;Q—结构代号。

例如:LDZB6-10Q 一次额定电压为 10kV,单匝贯穿式浇注绝缘保护用电流互感器,即指一次额定电压为 220kV、瓷箱串级屋外式电流互感器。

4. 电流互感器的接线方式

电流互感器的二次接线方式,根据不同的使用目的通常有如图 6-56 所示的几种形式。图 6-56(a)所示为单相接线,常用于测量对称三相负荷电路中的一相电流。图 6-56(b)所示为星形接线,可测量三相负荷电流,监视每相负荷不对称情况。图 6-56(c)所示为不完全星形接线,当只需取 A、C 两相电流时(例如三相两元件功率表或电能表),便可采用这种接线,流过公共导线上的电流为 A、C 两相电流的相量和,如图 6-56(d)所示相量图。

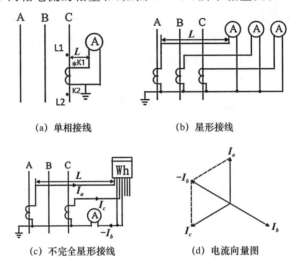

(a) 单相接线　　　　(b) 星形接线

(c) 不完全星形接线　　　　(d) 电流向量图

图 6-56　常用的电气测量仪表接入电流互感器的接线图

某些仪表(如功率表、电能表、功率因数表等)和某些继电器(如差动继电器、功率继电器等)的动作原理与电流的方向有关,因此要求在接入电流互感器后在这些仪表和继电器中仍能保持原来确定的电流方向。为了做到这点,在电流互感器的一次侧和二次侧端子上加注特殊标志,以表明它的极性。如图 6-56(a)所示,L1、L2 表示一次绕组的"头"和"尾",K1、K2 表示二次绕组的"头"和"尾"。常用的电流互感器都按减极性标示(国家标准)。所谓减极性,就是当一次绕组加直流电压,一次电流从 L1 流向 L2 时,二次侧电流从 K1 流出经过二次负载回到K2。对此,我们称 L1 和 K1、L2 和 K2 分别是同极性端子。在画图时同极性端子一般用"·"标志。对于功率表和继电保护装置来说,电流互感器的极性问题尤为重要,极性连接错误,可引起功率表读数错误或继电保护装置发生误动作。

5. 电流互感器的配置原则

(1) 为了满足测量仪表、继电保护、断路器失灵判断和故障录波等装置的需要,在发电机、变压器、出线、母线分段断路器、母联断路器、旁路断路器等回路中均装设具有 2~8 个二次绕组的电流互感器。对于大电流接地系统,一般按三相配置;对于小电流接地系统,依具体要求按二相或三相配置。

(2) 对于保护用电流互感器的装设地点应按尽量消除主保护装置的不保护区来设置。例如:若有两组电流互感器,且位置允许时,应设在断路器两侧,使断路器处于交叉保护范围之中。

(3) 为了防止支柱式电流互感器套管闪络造成母线故障,电流互感器通常布置在断路器的出线或变压器侧。

(4) 为了减轻发电机内部故障时的损伤,用于自动调节励磁装置的电流互感器应布置在发电机定子绕组的出线侧。为了便于分析和在发电机并入系统前发现内部故障,用于测量仪表的电流互感器宜装在发电机中性点侧。

国电南浔公司采用的电流互感器,其型号及参数见表 6-28 所列。

表 6-28　　　　　　　　　　　　**电流互感器型号和参数**

1. 燃机发电机出线端和中性点端电流互感器(各 4 只)	
型号	Lmz-10
形式	套管式
安装位置	发电机出口处和中性点处
一次电流(A)	6000
二次电流(A)	5
数量(只)	24
精度等级	5P20/5P20/5P20/0.2S(中性点侧) 5P20/5P20/0.2/0.2(出口侧)
额定容量	50VA(保护级)/30VA(测量级)
2. 燃机发电机中性点零序电流互感器(1 只)	
形式	套管式
安装位置	发电机出口中性点处
一次电流(A)	250
二次电流(A)	5
数量(只)	1
精度等级	5P10
中性点电阻	0.8Ω,276A-30S
3. 抽凝汽轮发电机侧电流互感器	
型号	LMZJ1-10Q
形式	母线式
最高电压(kV)	12
额定电流比	4000/5A
准确等级	5P20/5P20 /0.2Fs10
二次容量	60VA/60VA/60VA
额定动稳定电流(kA)	150
额定短时耐受电流 3s(kA)	63
雷电冲击耐受电压峰值(1.2/50μs)(kV)	105
1min 工频耐受电压(kV)	46
4. 汽机发电机中性点柜电流互感器	
准确等级	2×5P20,0.2S
额定电流比	1000/5A
二次容量	50VA
仪表安全系数 Fs	$\leqslant 5$
5. ♯1 主变低压侧电流互感器	
型号	LMZI1－10Q
形式	母线式
最高电压(kV)	12

续表

额定电流比	4000/5A	
准确等级	5P20/5P20 /0.2Fs10	
二次容量	60VA/60VA/60VA	
额定动稳定电流(kA)	150	
额定短时耐受电流 3s(kA)	63	
雷电冲击耐受电压峰值(1.2/50μs)(kV)	105	
1min 工频耐受电压(kV)	46	
6. 厂用变压器套管电流互感器		
台数	1	4
准确级	0.2S	5P30
电流比	800/5A	2000/5A
二次容量(VA)	50	50
仪表安全系数 Fs	≤10	-

6.7.3 电压互感器

1. 电磁式电压互感器的特点

电磁式电压互感器的工作原理、构造和连接方法都与变压器相同。其主要区别在于电压互感器的容量很小,通常只有几十伏安到几百伏安。图 6-57 所示为电压互感器原理接线图。

电压互感器与变压器相比,其工作状态有以下特点:①电压互感器一次侧的电压(即电网电压)不受互感器二次侧负荷的影响,并且在大多数情况下,二次侧负荷是恒定的;②电压互感器二次侧所接的负荷是测量仪表和继电器的电压线圈,它们的阻抗

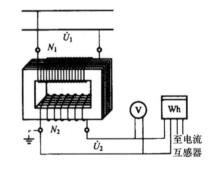

图 6-57 电磁式电压互感器原理接线图

很大,因此,电压互感器的正常工作方式接近于空载状态。必须指出,电压互感器一次侧不允许短路,因为短路电流很大,会烧坏电压互感器。同电流互感器一样,为了安全,在电压互感器的二次回路中也应该有保护接地点。

2. 电压互感器的变压比

电压互感器一次额定电压 U_{1N} 和二次额定电压 U_{2N} 之比,称为电压互感器的额定变压比。

$$K_U = \frac{U_{1N}}{U_{2N}} \approx \frac{N_1}{N_2}$$

式中　N_1,N_2——电压互感器一次绕组和二次绕组的匝数。

由于电压互感器一次额电压是电网的额定电压,业已标准化(如 3kV、6kV、10kV、35kV、110kV、220kV、330kV、500kV 等)。二次额定电压已统一为 100V(或 $100/\sqrt{3}$ V),所以,电压互感器的变压比也是标准化的。

3. 电压互感器的准确级和额定容量

电压互感器的准确级,是指在规定的一次电压和二次负荷变化范围内,负荷功率因数为额定值时,电压误差的最大值,我国电压互感器准确级和误差限值见表 6-29 所列。

表 6-29　　　　　　　　　　　　　　　　　电压误差和相位差限值

用途	准确度等级	误差限值			一次电压、频率、二次负荷、功率因数变化范围			
		电压误差	相位差		电压	频率范围	负荷	负荷功率因数
			±min	±crad				
测量	0.1	0.1%	5	0.15	80%～120%	99%～101%	25%～100%	0.8(滞后)
	0.2	0.2%	10	0.3				
	0.5	0.5%	20	0.6				
	1	1.0%	40	1.2				
	3	3.0%	未规定	未规定				
保护	3P	3.0%	120	3.5	5%～150% 或 5%～190%	96%～102%		
	6P	6.0%	240	7.0				
剩余绕组	6P	6.0%	240	7.0				

准确度等级为 0.2 级的电压互感器主要用于精密的实验测量。0.5 级及 1 级的电压互感器通常用于发电厂、变压所内配电盘上的仪表及继电保护装置中,对计算电能用的电能表应采用 0.2 级或 0.5 级电压互感器。3 级的电压互感器用于一般的测量和某些继电保护。

对应于每个准确度,每台电压互感器规定一个额定容量。在功率因数为 0.8(滞后)时,电压互感器的额定容量标准值为 10VA、15VA、25VA、30VA、50VA、75VA、100VA、150VA、200VA、250VA、300VA、400VA、500VA。对三相互感器而言,其额定容量是指每相的额定输出,即同一台电压互感器有不同的额定容量。如果实际所带二次负荷超过额定容量,则准确度要降低。

4. 电压互感器的分类和型号

电压互感器的种类很多,可用不同方法进行分类:

(1) 按工作原理可分为电磁式和电容式。

(2) 按安装地点可分为户内式和户外式。通常 35kV 以下制成户内式,35kV 以上制成户外式。

(3) 按相数可分为单相式和三相式。单相电压互感器可制成任何电压等级,而三相电压互感器则只限于 20kV 及以下电压等级。

(4) 按绕组数可分为双绕组式和三绕组式。三绕组电压互感器除有一个供给测量仪表和继电器的二次绕组外,还有一个附加二次绕组,用来接入监视电网绝缘状况的仪表和接地保护继电器。

(5) 按绝缘结构可分为干式、塑料浇注式、充气式和油浸式。干式电压互感器结构简单,无着火和爆炸危险,但体积大,只适用于 6kV 以下的户内配电装置;塑料浇注式电压互感器结构紧凑,尺寸小,无着火和爆炸危险,且使用维护方便,适用于 3kV～35kV 的户内配电装置;充气式电压互感器主要用于 SF_6 封闭式组合电器的配套;油浸式电压互感器绝缘性能好,主要用于 10kV 以上的户外配电装置。油浸式电压互感器按其结构可分为普通式和串级式。10kV～35kV 的电压互感器都制成普通式,它与普通小型变压器相似。110kV 及以上的电压互感器普遍采用串级式,其特点是:绕组和铁心采用分级绝缘,简化了绝缘结构;绕组和铁心都放在瓷箱中,瓷箱兼作高压出线套管和油管。因此,串级式可节省绝缘材料,减轻重量和体积。电压互感器的型号、规格一般由文字符号和数字按以下方式表示:

$$\boxed{1}\quad\boxed{2}\quad\boxed{3}\quad\boxed{4}\quad\boxed{5}-\boxed{6}\quad\boxed{7}$$

其代表意义分别如下：

1——产品字母代号：J—磁式电压互感器；Y—电容式电压互感器。

2——相数：D—单相；S—三相；C—单相串级式三绕组。

3——绝缘方式：J—油浸式；C—瓷绝缘；Z—浇注式；G—干式；R—电容分压式。

4——结构特点：J—接地保护；B—带补偿绕组；W—三相五柱铁心结构；F—测量和保护二次绕组分开。

5——设计序号，用数字 1,2,3,…表示。

6——一次额定电压，kV。

7——特殊用途：B—防爆型；W—防污型。

例如，YDR—220 型，即指一次额定电压为 220kV、单相电容分压式电压互感器。

5. 电压互感器的接线方式

在三相系统中需要测量的电压有线电压、相对地电压、发生单相接地故障时出现的零序电压。一般测量仪表和继电器的电压线圈都采用线电压，每相对地电压和零序电压则用于某些继电器和绝缘监察装置中。为了测量这些电压，电压互感器有各种不同的接线，图 6-58 所示为常见的几种接线方式。

图 6-58(a)所示只有一只单相电压互感器，用在只需要测量任意两相之间的线电压时，可接入电压表、频率表、电压继电器等。

图 6-58(b)所示为两只单相电压互感器接成的不完全星形接线(V/V 形)，用来接入只需要线电压的测量仪表和继电器，但不能测量相电压。这种接线广泛用于小接地电流系统中。

图 6-58(c)所示为三只单相三绕组电压互感器接成的星形接线，且一次绕组中性点接地。这种接法对于三相系统的线电压和相对地电压都可以测量。在小接地电流系统中，这种接法还可以用来监视电网对地绝缘的状况。

图 6-58(d)所示为三相三柱式电压互感器的接线，可用来测量线电压。这种电压互感器不能用来测量相对地电压，即不能用来监视电网对地绝缘。

在小接地电流系统中，广泛采用三相五柱式电压互感器。这种电压互感器的一次绕组是根据装置的相电压设计的，接成中性点接地的星形，基本副绕组也接成星形，辅助副绕组接成开口三角形，如图 6-58(e)所示。三相五柱式电压互感器既可以用来测量线电压和相电压，又可以监视电网对地绝缘状况和实现单相接地保护，而且比用三只单相电压互感器节省位置，价格也低廉，因此，在 20kV 以下的配电装置中，应优先采用这种电压互感器。

图 6-58(f)所示为电容式电压互感器的接线，主要适用于 110～500kV 中性点直接接地系统。

6. 电压互感器的配置原则

(1)母线。除旁路母线外，一般工作及备用母线都装有一组电压互感器，用于同期装置、测量仪表和保护装置。

(2)线路。35kV 及以上输电线路，当对端有电源时，为了监视线路有无电压、进行同期操作和设置重合闸，应装设一台单相电压互感器。

(3)发电机。一般装二组电压互感器。一组(△/Y 接线)用于自动调节励磁装置。另一组供测量仪表、同期装置和保护装置使用，该互感器采用三相五柱式或三只单相接地专用互感

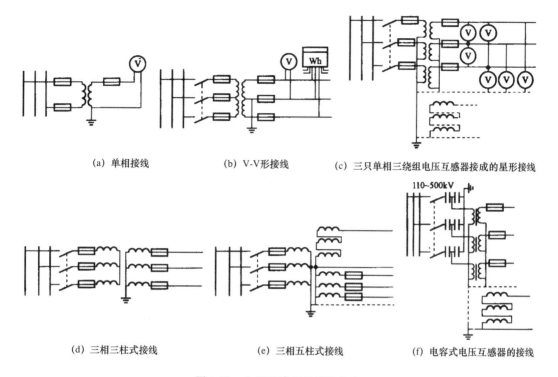

（a）单相接线　　　（b）V-V形接线　　　（c）三只单相三绕组电压互感器接成的星形接线

（d）三相三柱式接线　　　（e）三相五柱式接线　　　（f）电容式电压互感器的接线

图 6-58　电压互感器的接线方式

器,其开口三角形供发电机未并列入前检查接地之用。当互感器负荷太大时,可增设一组不完全星形连接的互感器,专供测量仪表使用。20万 kW 及以上发电机中性点常接有单相电压互感器,用于定子 100％接地保护。

（4）变压器。变压器低压侧有时为了满足同期操作和继电保护的要求,设有一组不完全星形接线的电压互感器。

国电南浔公司采用的电压互感器型号及参数见表 6-30 所列。

表 6-30 电压互感器型号和参数

1. 抽凝汽轮发电机侧电压互感器	
型号	JDZX9-10DJ
形式	单相环氧浇注式
最高电压(kV)	12
额定电压比(kV)	$10.5/\sqrt{3}/0.1/\sqrt{3}/0.1/\sqrt{3}$
容量(VA)	100
准确度等级	3P/ 3P,0.2/3P
接线组别	Y/Y/开口三角,Y/Y/Y
雷电冲击耐受电压峰值(1.2/50μs)(kV)	105
1min 工频耐受电压(kV)	46
2.抽凝汽轮发电机主变侧电压互感器	
型号	JDZX11-10A
形式	单相环氧浇注式
最高电压(kV)	12

续表

额定电压比(kV)	$10.5/\sqrt{3}/0.1/\sqrt{3}/0.1/3$
容量(VA)	100
准确度等级	3P/0.5
接线组别	Y/Y/开口三角
雷电冲击耐受电压峰值(1.2/50μs)(kV)	105
1min 工频耐受电压(kV)	46
3. 燃机发电机侧电压互感器	
型号	VTB 20-K
形式	单相环氧浇注式
最高电压(kV)	12kV
额定电压比(kV)	$10.5/\sqrt{3}/0.1/\sqrt{3}/0.1/\sqrt{3}$kV
容量(VA)	100VA
准确度等级	3P/3P,0.2/3P
接线组别	Y/Y/开口三角,Y/Y/Y
雷电冲击耐受电压峰值(1.2/50μs)(kV)	75
1min 工频耐受电压(kV)	42
4. #1/2 主变低压侧电压互感器	
型号	大全集团有限公司
形式	单相环氧浇注式
最高电压(kV)	12
额定电压比(kV)	$10.5/\sqrt{3}/0.1/\sqrt{3}/0.1/\sqrt{3}$kV
容量(VA)	100
准确度等级	3P/0.5
接线组别	Y/Y/开口三角
雷电冲击耐受电压峰值(1.2/50μs)(kV)	105
1min 工频耐受电压(kV)	46

6.7.4 互感器故障处理

根据机组运行规程规定,仅用互感器本身或回路故障,有可能使其馈线或发电机的继电保护或自动装置误动作。因而在进行故障处理时,应采取防止误动作措施。

(1)电压互感器或电流互感器冒烟、着火或有焦臭味,按照下列步骤处理:①隔离压变和流变电源;②隔离电源后按消防规程规定进行灭火。

(2)电压互感器熔丝熔断,应详细检查其外部无异常后,按下列步骤处理:①停用有关继电保护,防止继电保护、自动装置误动作;②将压变手车拉至"检修"位置,检查并更换熔丝;③如压变高压熔丝换上后再次熔断,应将该压变隔离交检修部门处理。

(3)发电机压变二次空开跳闸,按压变断线处理。

(4)母线压变低压开关跳闸或熔丝熔断,按下列步骤处理:①暂时停用有关保护及自动装置;②更换低压熔丝,如成功,恢复正常,若再次熔断,应查明原因;③合低压开关,如试合成功,恢复正常,若合不上或合上后再次跳闸,应查明原因。

6.8 避雷器

避雷器的作用是限制过电压以保护电气设备。避雷器的类型主要有保护间隙、阀型避雷器和氧化锌避雷器。保护间隙主要用于限制大气过电压,一般用于配电系统、线路和变电所进线段保护。阀型避雷器与氧化锌避雷器用于变电所和发电厂的保护,在 220kV 及以下系统主要用于限制大气过电压,在超高压系统中还将用来限制操作内过电压。

6.8.1 保护间隙

保护间隙一般由两个相距一定距离的、敞露于大气的电极构成,将它与被保护设备并联,如图 6-59 所示,适当调整电极间的距离(间隙),使其击穿放电电压低于被保护设在绝缘的冲击放电电压,并留一定的安全裕度,设备就可得到可靠的保护。保护间隙与被保护设备的连接如图 6-60 所示。

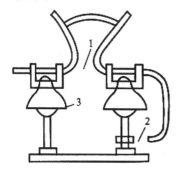

1—主间隙;2—辅助间隙;3—瓷瓶

图 6-59 角型保护间隙

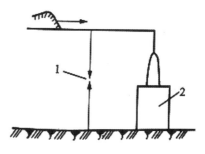

1—保护间隙;2—被保护设备

图 6-60 保护间隙与被保护设备的连接

当雷电波入侵时,主间隙先击穿,形成电弧接地。过电压消失后,主间隙中仍有正常工作电压作用下的工频电弧电流(称为工频续流)。对中性点接地系统而言,这种间隙的工频续流就是间隙处的接地短路电流。由于这种间隙的熄弧能力较差,间隙电弧往往不能自行熄灭,将引起断路器跳闸,这是保护间隙的主要缺点,也是其应用受限制的原因。此外,由于间隙敞露,其放电特性也受气象和外界条件的影响。

6.8.2 阀型避雷器

阀型避雷器分普通型和磁吹型两类。

1. 普通型阀型避雷器

普通型阀型避雷器由装在密封瓷套中的间隙(又称火花间隙)和非线性电阻(又称阀片)串联构成,阀片的电阻值与流过的电流有关,具有非线性特性,电流愈大电阻愈小,其伏安特性曲线如图 6-61 所示。

普通型避雷器的火花间隙由许多如图 6-62 所示的单个火花间隙串联而成。单个火花间隙的电极由黄铜板冲压而成,两电极间用云母垫圈隔开形成间隙,间隙距离为 0.5～1.0mm,这种间隙的伏秒特性曲线很平坦且分散性较小、性能较好。单个火花间隙的工频放电电压约为 2.7kV～3.0kV(有效值)。一般有若干个火花间隙形成一个标准组合件,然后再把几个标准组合件串联在一起,就构成了阀型避雷器的全部火花间隙。

普通型阀型避雷器的工作原理是在系统正常工作时,间隙将电阻阀片与工作母线隔离,以免由工作电压在阀片电阻中产生电流使阀片烧坏。由于采用电场比较均匀的间隙,因此其伏

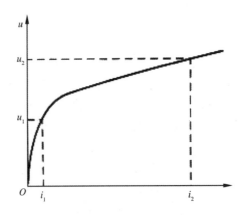

i_1—工频续流;u_1—工频电压;i_2—雷电流;u_2—残压

图 6-61　阀片的伏安特性

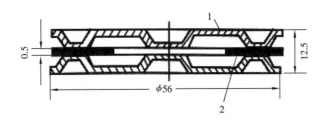

1—黄铜电极;2—云母垫圈

图 6-62　单个火花间隙

秒特性曲线较平,放电分散性较小,能与变压器绝缘的冲击放电特性很好地配合。当系统中出现过电压且其幅值超过间隙放电电压时,间隙击穿,冲击电流通过阀片流入大地,从而使设备得到保护。由于阀片的非线性特性,其电阻在流过大的冲击电流时变得很小,故在阀片上产生的残压将得到限制,使其低于被保护设备的冲击耐压,设备就得到了保护;当过电压消失后,间隙中由工作电压产生的工频续流仍将继续流过避雷器,工频续流被许多单个间隙分割成许多短弧,利用短间隙的自然熄弧能力使电弧熄灭,此续流是在工频恢复电压作用下,其值远较冲击电流为小,使间隙能在工频续流第一次经过零值时就将电弧切断。以后,间隙的绝缘强度能够耐受电网恢复电压的作用而不会发生重燃。这样,避雷器从间隙击穿到工频续流的切断不超过半个周期,而且工频续流数值也不大,继电保护来不及动作系统就已恢复正常。

2. **磁吹型阀型避雷器(磁吹避雷器)**

磁吹型避雷器的火花间隙也由许多单个间隙串联而成,但每个间隙的结构较复杂,利用磁场使每个间隙中的电弧产生运动(如旋转或拉长)来加强去游离,以提高间隙的灭弧能力。单个火花间隙的基本结构和电弧运动如图 6-63 所示,火花间隙是一对羊角状电阻,在磁场 H 作用下会产生电动力 F 使电弧拉长,电弧最终进入灭弧栅中,可达起始长度的数十倍。灭弧栅由陶瓷或云母玻璃制成,电弧在其中受到强烈去游离而熄灭,使间隙绝缘强度迅速恢复。

上述两类阀型避雷器,其阀片的主要作用是限制工频续流,使间隙电弧能在工频续流第一次过零时就熄灭。它们的电阻阀片都是金刚砂(SiC)和结合剂烧结而成,称为碳化硅阀片。普通型避雷器的阀片是在低温下烧结而成,非线性系数较低(约为 0.2),但通流容量小,不能承受持续时间较长的内过电压冲击电流;磁吹型避雷器的阀片,是在高温下烧结而成,非线性系数较高,但通流容量大,能用于限制内部过电压。

6.8.3 金属氧化物锌避雷器

金属氧化物避雷器(MOA)也称为氧化锌避雷器。它的非线性阀片主要成分是氧化锌(ZnO),加入少量金属氧化物,在高温下烧结而成。氧化锌阀片具有很好的伏安特性,其非线性系数 $a = 0.02 \sim 0.05$。图 6-64 示出了 SiC 避雷器、ZnO 避雷器及理想避雷器的伏安特性,以做比较。

与碳化硅阀型避雷器相比,金属氧化物避雷器有其明显的特点:

(1)保护性能好。虽然 10kA 雷电流下残压目前仍与碳化硅阀型避雷器相同,但后者串联间隙要等到电压升至较高的冲击放电电压时才可将电流泄放,而氧化锌避雷器在整个过电压过程中都有电流流过,电压还未升至很高数值之前不断泄放过电压的能量,这对抑制过电压的发展是有利的。

由于没有间隙,氧化锌避雷器在陡波头下伏秒特性上翘要比碳化硅阀型避雷器小得多,这样在陡波头下的冲击放电电压的升高也小得多。金属氧化物避雷器的这种优越的陡波响应特性(伏秒特性),对于具有平坦伏秒特性的 SF_6 气体绝缘变电所(GIS)的过电压保护尤为合适,易于绝缘配合,增加安全裕度。

(2)无续流和通流容量大。氧化锌避雷器在过电压作用之后,流过的续流为微安级,可视为无续流,它只吸收过电压能量,不吸收工频续流能量,这

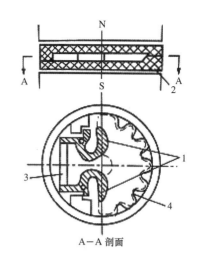

1—间隙电极;2—灭弧盒;3—并联电阻;4—灭弧栅
图 6-63 阀片的伏安特性

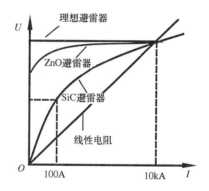

图 6-64 两种阀片的伏安特性比较

不仅减轻了其本身的负载,而且对系统的影响甚微。再加上阀片通流能力要比碳化硅阀片大 $4 \sim 4.5$ 倍,又没有工频续流引起串联间隙绕伤的制约,氧化锌避雷器的通流能力很大,所以,氧化锌避雷器具有耐受重复雷和重复动作的操作过电压或一定持续时间短时过电压的能力。并且进一步可通过并联阀片或整只避雷器并联的方法来提高避雷器的通流能力,制成特殊用途的重载避雷器,用于长电缆系统或大电容器组的过电压保护。

(3)无间隙。无间隙可以大大改善陡度响应,提高吸收过电压能力,以及可采用阀片并联以进一步提高通流容量;可以大大缩减避雷器尺寸和重量;可以使运行维护简化;可以使避雷器有较好的耐污秒和带电水冲洗的性能。有间隙的阀式避雷器瓷套在严重污秒或在带电水冲洗时,由于瓷套表面电位分布的不均匀或发生局部闪络,通过电容耦合,使瓷套内部间隙放电电压降低,甚至此时在工作电压下动作,不能熄弧而爆炸。

国电南浔公司配置的避雷器型号及参数如表 6-31 所列。

表 6-31 避雷器型号和参数

1. 主变中性点避雷器	
型号	Y1.5W-72/186
制造商	浙江日新电气有限公司
2. 燃机发电机出口避雷器	
形式	SDB-B/10.5
数量(只)	3
电容器	FWF 13.8/$\sqrt{3}$−0.5
3. 抽凝/背压汽轮机发电机侧避雷器	
形式	YH5WZ-17/45
避雷器额定电压(kV)	17
系统额定电压(kV)	10.5
4. 抽凝/背压汽轮机发电机主变侧避雷器	
形式	YH5WD-13.5/31
避雷器额定电压(kV)	13.5
系统额定电压(kV)	10.5
5. 抽凝/背压汽轮机发电机中性点柜避雷器	
形式	氧化锌避雷器
额定电压	12kV
持续运行电压	10.5kV
陡波冲击电流残压(2.5kA,峰值)	≤44kV
雷电冲击电流残压(峰值)	≤32kV
操作冲击电流残压(峰值)	≤27kV
2ms 方波通流容量 20 次	400A

1. 避雷器正常运行检查项目

(1) 瓷瓶、瓷套表面是否清洁,应无裂纹、破损及放电痕迹。

(2) 上、下引线接头应牢固无松散、断股或烧伤痕迹,无过热现象。

(3) 避雷器安装牢固,接地装置应完好,无松脱现象。

(4) 均压环无松动、锈蚀、歪斜的现象。

(5) 放电记录器密封应良好,并应注意动作记录器指示数的变化,并做好记录。

(6) 检查避雷器泄漏电流指示值应在规定范围,并做好记录,如泄漏电流超出允许范围,须联系检修部门检查原因。

(7) 氧化锌避雷器喷口处应无放电痕迹。

2. 异常天气避雷器的检查项目

(1) 雷雨时,不宜对户外避雷器进行巡视检查,雷雨后,应加强巡视,检查避雷器内部有无放电声及异常响声,放电记录器动作情况和避雷器外部有无瓷元件损坏及有无表面闪络现象,引线和接地线是否牢固无损。

(2) 大风天气应检查户外避雷器的摆动情况。

3. 避雷器的异常运行及处理

（1）运行中避雷器瓷套应无明显裂纹,如裂纹严重,应申请停运,更换合格的避雷器。

（2）避雷器发生瓷套爆炸、引线或接地线断线、内部有响声时,应停运,进行处理或更换新的避雷器。更换后的避雷器必须经试验合格,方可投入运行。

第 7 章　电气主接线

7.1　概述

为满足生产的需要，发电厂中安装有各种电气设备。电气设备通常分为一次设备和二次设备两大类。

① 一次设备——直接生产和分配电能的设备。主要包括发电机、变压器、断路器、隔离开关、限流电抗器、避雷器、载流导体等。

② 二次设备——对一次设备进行监视、测量、控制和保护的设备。主要包括仪用互感器、测量仪表、继电保护和自动装置等。

将一次设备按一定顺序连接起来的电路图称为电气主接线。它表明电能送入和分配的关系以及各种运行方式。主接线通常按规定的图形符号画成单线图（即以一条线代表三相电路），使接线图简单、清晰和明了。

电气主接线的确定，对发电厂电气设备选择、配电装置的布置、继电保护和控制方式的拟定都有密切关系。所以，它的确定是一个综合性的问题。对电气主接线的基本要求，概括地说，大致包括以下几点要求。

（1）运行的可靠性：主接线系统应保证对用户供电的可靠性，特别是保证对重要负荷的供电。

（2）运行的灵活性：主接线系统应能灵活地适应各种工作情况，特别是当一部分设备检修或工作情况发生变化时，能够通过倒换运行方式，做到调度灵活，不中断向用户的供电。在扩建时，应能很方便地从初期扩建到最终接线。

（3）主接线系统还应保证运行操作的方便以及在保证满足技术条件的要求下，做到经济合理，尽量减少占地面积，节省投资。

主接线设计是否合理，不仅关系到电厂的安全经济运行，也关系到整个电力系统的安全、灵活和经济运行。电厂容量愈大，在系统中的地位愈重要，则影响也愈大。因此，发电厂电气主接线的设计应综合考虑电厂所在电力系统的特点；电厂的性质、规模和在系统中的地位；电厂所供负荷的范围、性质和出线回路数等因素，并满足安全可靠、运行灵活、检修方便、运行经济和远景发展等要求。

主接线的基本形式可以概括地分为两大类：有汇流母线的接线形式和无汇流母线的接线形式。有汇流母线的接线方式有单母线接线、单母线分段接线、双母线接线、3/2 接线等；无汇流母线的接线方式有单元接线、桥形接线、角形接线等。各个发电厂的出线回路数和电源数不同，且每个回路所传输的功率也不一样。在进出线较多时（一般超过 4 回），为了方便电能的汇集和分配，常采用母线作为中间环节，可以使接线简单清晰、运行方便，有利于安装和扩建。但有了母线后，配电装置占地面积大，使用的断路器、隔离开关等设备增多。无汇流母线的接线使用的开关电器少，占地面积小，适于进出线回路少、不再扩建和发展的发电厂。

7.2　国电南浔公司电气主接线的接线方式与运行

国电南浔公司每套燃气-蒸汽联合循环的机组以发电机-变压器组接线方式，＃1 机组为：

燃机发电机单机额定功率 75MW,抽凝式汽轮发电机单机额定功率 38MW,经一台额定容量为 150MVA 三相三绕组变压器升压至 110kV,与 110kV 配电装置相连;♯2 机组为:燃机发电机单机额定功率 75MW,背压式汽轮发电机单机额定功率 10MW,经一台额定容量为 150MVA 三相三绕组变压器升压至 110kV,与 110kV 配电装置相连。

1. 110kV 系统接线

国电南浔公司 110kV 系统采用单母线分段接线方式,如图 7-1 所示,采用户外 GIS 配电装置。

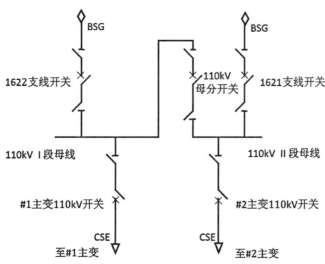

图 7-1　单母线分段接线

采用单母线分段接线时,重要用户可从不同母线段上分别引出两回馈线向其供电,保证不中断供电。单母线分段接线有单母线运行、各段并列运行和各段分列运行等运行方式。任一母线或母线隔离开关检修时,仅停该段,不影响其他段运行,减小了母线检修时的停电范围。任一段母线故障时继电保护装置可使分段断路器跳闸,保证正常母线段继续运行,减小了母线故障影响范围。

单母线分段接线的主要缺点是在任一段母线故障或检修期间,该段母线上的所有回路均需停电;任一断路器检修时,该断路器所带用户也将停电。这种接线广泛应用于中、小容量发电厂和变电所的 6~10kV 配电装置及出线回路数较少的 35~220kV 配电装置中。

正常情况下,塘城 1622 浔宝支线、♯1 主变接 Ⅰ 母运行;桥南 1624 浔宝支线、♯2 主变接 Ⅱ 母运行。110kV 系统母分开关在冷备用状态。特殊情况下,110kV Ⅰ 母带母分开关可向 110kV Ⅱ 母供电,同样,110kV Ⅱ 母带母分开关可向 110kV Ⅰ 母供电。

采用的 110kV 主接线设备是六氟化硫封闭式组合电器,国际上通常称为"气体绝缘金属封闭开关设备"(Gas Insulated Switchgear,GIS)。它采用六氟化硫作为绝缘介质,将断器、隔离开关、接地开关、TV、TA、避雷器、母线、电缆终端、进出线套管等高压电器元件有机地组合在金属壳体中。GIS 具有占地面积小、可靠性高、安全性强、维护工作量小等优点,被广泛地应用在高压配电设备中。

2. 发电机电压等级接线

如图 7-2 所示,这种接线方式是发电机和升压变压器直接连成一个单元,经断路器接至高压母线,发电机出口处只接有厂用电分支,不设母线,发电机和变压器的容量需要匹配,必须同时工作,发电机发出的电能直接经过主变压器送至电网。

当发电机容量不大时,可由两台发电机与一台变压器组成扩大单元接线,如图 7-3 所示,减少了变压器台数和高压侧断路器数目,并节省配电装置占地面积。但扩大单元接线的运行灵活性较差,例如,检修变压器时,两台发电机必须全停。

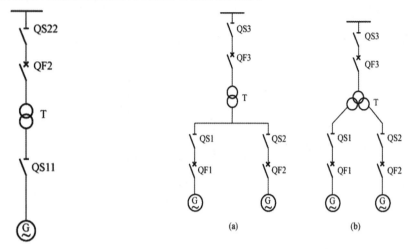

图 7-2 单元接线   图 7-3 扩大单元接线

国电南浔公司采用了发电机-分裂低压绕组变压器的扩大单元接线,如图 7-4 所示。发电机出线端经离相封闭母线接至主变压器低压侧,每台发电机出口均设置了断路器(GCB),以适应调峰运行的要求。采用分裂低压绕组变压器。

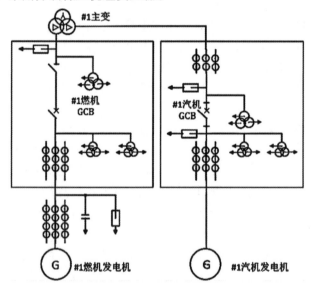

图 7-4 发电机-分裂低压绕组变压器的扩大单元接线

3. 升压站一次系统运行监视和调整

110kV 系统运行电压和功率监视:

(1) 110kV 系统正常运行电压按湖州地调颁布的电压曲线控制,110kV 系统最高允许运行电压为 121kV,正常运行电压应控制 104.5~121kV。

（2）110kV 系统运行电压超过规定允许值范围时,在发电机机端电压和定子电流不超限、功率因数不超过系统稳定限额的前提下,可调节发电机无功出力。当电压无法调整或调整困难时,应立即汇报调度。

（3）系统频率应保持在(50±0.2)Hz 范围内运行。

（4）110kV 线路应按调度下达的功率限额来控制负荷,当负荷超过允许限额时,应立即汇报调度。各线路允许功率限额具体以调度令为准。

7.3　110kV GIS 的典型操作

7.3.1　升压站操作基本原则

（1）设备检修完毕后,应按《安规》要求终结工作票,并应有检修人员对该设备可恢复运行的书面通知。恢复送电时,应对准备送电的设备所属回路进行认真详细的检查,检查回路应完整,设备清洁无杂物,工作场所无遗忘的工器具,无接地短路线,有关警告牌已收回,并符合运行条件。

（2）正常运行中凡改变电气设备状态的操作,必须有上级的命令。属于地调管辖的设备,必须在得到所属调度值班员的同意并得到操作命令后,才能进行操作,调度操作命令传达时,需录音,并进行登记,以备事后核实。

操作命令来源如下:

① 系统调度员的命令。

② 值长的命令。

（3）除了单一的操作外,其他所有改变电气设备状态的操作均应使用操作票,在进行操作时,应严格遵守发令、复诵、监护制度,任何操作项目完成后,均应按规定及时记录。

（4）设备送电前,必须将操作电源、报警监视电源、变送器辅助电源等投入,仪表和保护用的二次电压回路小开关投入。

（5）设备送电前,应根据调度命令、保护定值单或现场有关规定,投入所属保护装置,禁止设备无保护运行。

（6）110kV 系统一次设备的操作,正常应在 NCS 操作员站遥控操作,不允许在间隔层 LCD 或就地控制屏上操作。严禁采用短接二次端子、强制继电器(接触器)、手动机械(如手摇闸刀机构)的方法来操作开关和闸刀。网络不正常或设备调试等特殊情况下需在间隔层 LCD、就地控制屏操作时,必须经当值值长批准。雨雪、大风等恶劣天气以及 GIS 现场一次设备异常时,严禁在就地控制屏上进行操作。

（7）带同期闭锁装置的开关,必须经同期装置进行合闸。110kV 系统一次设备严禁擅自解锁操作。特殊情况下的解锁操作,必须根据防误管理制度规定执行。

7.3.2　升压站操作具体规定

1. 线路操作

（1）线路停送电操作必须按调度命令执行。

（2）110kV 线路的停电操作按线路开关、线路侧闸刀、母线侧闸刀顺序进行操作,送电顺序相反。

（3）线路开关在正常或事故处理时,NCS 线路测控屏内,测控回路五防投退开关均置"联锁"位置,同期投退开关置"强合"位置,操作开关及测控装置远方/就地切换开关均在"远方"位置,严禁擅自解锁操作。

（4）新建线路或检修后相位有可能变动的线路应先进行核相。

2．母线操作

（1）避免在母差保护停役时进行母线侧闸刀的操作。

（2）在进行母线操作时，应考虑对母差保护及线路、开关等潮流分布的影响，有关开关潮流不应大于允许值。

（3）停用母线压变时，应考虑对继电保护自动装置和表计的影响。

（4）母线复役充电时，尽可能使用母分开关，且开关必须有反映各种故障的速断保护。

（5）利用变压器对母线进行充电时，变压器中性点必须直接接地。

（6）向母线充电时，应注意防止出现铁磁谐振或因母线三相电容不平衡而引起的过电压。

（7）对 GIS 母线操作应保证 SF_6 的气压和密度在规定值以内。

（8）110kV 母线检修后充电，应测量电压互感器二次侧三相电压正常后，方可进行变压器、线路的倒闸操作。

（9）110kV 母线充电时，充电开关必须具有反映各种故障的快速保护；若用母分开关进行充电，应先投入母线充电过流保护，充电完毕后，必须及时退出充电过流保护。

3．变压器的操作

（1）变压器充电或拉停前，必须检查变压器各侧中性点接地是否完好。

（2）变压器充电前应检查电源电压，使充电后变压器各侧电压不超过相应分接头电压的 5％。

（3）变压器投入运行时，应先合电源侧开关，后合负荷侧开关；变压器停运时，应先断开负荷侧开关，后断开电源侧开关。不准用闸刀对变压器进行冲击。

（4）新投产或大修更换线圈后的变压器，投入正式运行前应在额定电压下冲击 5 次，并进行核相。有条件时，应尽量采用零起升压试验。

（5）110kV 主变压器分接头的调节操作，均由调度发布命令后，通知检修人员执行。

（6）变压器运行时，其各侧避雷器均不得退出运行。

4．零升、冲击合闸操作

（1）变压器、线路等设备在新安装后投入运行前和大修竣工后，应按有关规定进行全电压冲击，有条件时，应尽量采用零起升压的方式充电。

（2）变压器、线路等设备事故跳闸后恢复送电，可按有关规定进行全电压冲击试送，但有条件时，应尽量采用零起升压的方式充电。

（3）冲击合闸操作应注意以下问题：

① 冲击合闸开关应有足够的遮断容量，且故障跳闸的次数应在规定的次数内。

② 冲击合闸的开关保护装置应投入运行，必要时，在冲击合闸前可提高某些保护的灵敏度。

5．闸刀操作

（1）严禁用闸刀切断负荷电流及线路、变压器的充电电流。

（2）正常情况下，拉、合闸刀时必须检查回路开关在断开位置。

（3）设备停电，必须确认无电压才能合上接地闸刀或挂上接地线，操作时，必须严格执行倒闸操作的监护制度。

6．开关操作

（1）远方进行开关操作时，正常应在 NCS 操作员站遥控操作，不允许在间隔层 LCD 或就地控制屏上操作。在输入指令前,一定要先确认,无误后再发出指令。

（2）进行开关操作时,应监视相应的电压或电流有无变化和灯光信号是否正常。

（3）开关检修后投运前,应在检修或冷备用状态下进行一次远方分合闸试验,确认开关及其控制回路良好。

（4）开关自动跳闸后,应对开关及其一、二次回路进行全面的检查。

（5）正常运行中严禁就地分、合 110kV 开关,但当断路器远方操作失灵并且在紧急情况下,经允许可就地进行分闸操作。

（6）当运行中的开关出现操作机构故障以及 SF_6 气体压力下降超过规定时,首先应将开关改为非自动,禁止用该开关切断负荷电流,并尽快隔离进行处理。

7. 主变压器 110kV 侧中性点闸刀的操作规定

（1）当变压器需要停、送电操作时,应根据调度的命令先合上变压器中性点接地闸刀,然后才能进行变压器的停、送电操作,操作结束应汇报调度,根据调度的命令执行变压器中性点接地闸刀的运行方式。

（2）严禁主变压器在没有投入中性点接地闸刀的情况下带电操作主变 110kV 开关,保护动作除外。

8. 110kV 线路停电操作（以塘城 1622 浔宝支线为例）

（1）检查确认♯1 主变在空充状态。

（2）拉开塘城 1622 浔宝支线 110kV 开关。

（3）检查塘城 1622 浔宝支线 110kV 开关确已断开。

（4）拉开塘城 1622 浔宝支线线路闸刀。

（5）检查塘城 1622 浔宝支线线路闸刀确已断开。

（6）拉开塘城 1622 浔宝支线母线闸刀。

（7）检查塘城 1622 浔宝支线母线闸刀确已断开。

（8）断开塘城 1622 浔宝支线线路压变二次小开关 VT. Q1。

（9）合上塘城 1622 浔宝支线母线侧三工位接地闸刀。

（10）检查塘城 1622 浔宝支线母线侧三工位闸刀接地侧确已合上。

（11）合上塘城 1622 浔宝支线线路侧三工位接地闸刀。

（12）检查塘城 1622 浔宝支线线路侧三工位闸刀接地侧确已合上。

（13）断开塘城 1622 浔宝支线就地开关控制箱内下列小开关。

① 4Q1:塘城 1622 浔宝支线母线闸刀直流控制电源小开关;

② 4Q2:塘城 1622 浔宝支线线路闸刀直流控制电源小开关;

③ 4Q3:塘城 1622 浔宝支线线路接地闸刀直流控制电源小开关;

④ 7Q1:塘城 1622 浔宝支线 110kV 开关操作机构交流电源小开关;

⑤ 7Q2:塘城 1622 浔宝支线母线闸刀操作机构直流电源小开关;

⑥ 7Q3:塘城 1622 浔宝支线线路闸刀操作机构直流电源小开关。

9. 110kV 线路送电操作（以塘城 1622 浔宝支线为例）

（1）检查塘城 1622 浔宝支线 110kV 开关及线路工作票已终结,现场清洁,符合运行条件。

（2）检查塘城 1622 浔宝支线就地控制柜内远方/就地切换开关在"远方"位置。

（3）检查塘城 1622 浔宝支线就地控制柜内联锁投退选择开关在"联锁"位置。

（4）合上塘城 1622 浔宝支线就地控制柜内下列小开关:

① 4Q1:塘城 1622 浔宝支线母线闸刀直流控制电源小开关;

② 4Q2:塘城 1622 浔宝支线线路闸刀直流控制电源小开关;

③ 4Q3:塘城 1622 浔宝支线线路接地闸刀直流控制电源小开关;

④ 7Q1:塘城 1622 浔宝支线 110kV 开关操作机构交流电源小开关;

⑤ 7Q2:塘城 1622 浔宝支线母线闸刀操作机构直流电源小开关;

⑥ 7Q3:塘城 1622 浔宝支线线路闸刀操作机构直流电源小开关;

⑦ 8Q1:塘城 1622 浔宝支线就地控制柜柜内加热器电源小开关;

⑧ 8Q2:塘城 1622 浔宝支线开关、闸刀操作机构箱加热器电源小开关;

⑨ VT. Q1:塘城 1622 浔宝支线线路压变二次小开关。

(5) 拉开塘城 1622 浔宝支线线路接地闸刀。

(6) 检查塘城 1622 浔宝支线线路接地闸刀确已断开。

(7) 拉开塘城 1622 浔宝支线线路侧三工位接地闸刀。

(8) 检查塘城 1622 浔宝支线线路侧三工位闸刀接地侧确已断开。

(9) 拉开塘城 1622 浔宝支线母线侧三工位接地闸刀。

(10) 检查塘城 1622 浔宝支线母线侧三工位闸刀接地侧确已断开。

(11) 断开塘城 1622 浔宝支线线路压变二次小开关 VT. Q1。

(12) 检查塘城 1622 浔宝支线线路测控屏内转换开关位置及测控压板投运正常。

(13) 检查塘城 1622 浔宝支线 110kV 开关确已断开。

(14) 检查塘城 1622 浔宝支线线路闸刀确已断开。

(15) 检查塘城 1622 浔宝支线母线闸刀确已断开。

(16) 检查塘城 1622 浔宝支线 PSL 621UT 线路保护装置保护屏各部件运行正常。

(17) 检查塘城 1622 浔宝支线线路保护装置运行正常,保护压板投、退正确。

(18) 合上塘城 1622 浔宝支线母线闸刀。

(19) 检查塘城 1622 浔宝支线母线闸刀确已合上。

(20) 合上塘城 1622 浔宝支线线路闸刀。

(21) 检查塘城 1622 浔宝支线线路闸刀确已合上。

(22) 检查塘城 1622 浔宝支线保护屏 PSL 621UT 保护装置已经投跳闸,保护屏无异常信号,保护出口压板在连接位置。

(23) 检查塘城 1622 浔宝支线线路保护屏上重合闸装置已经投用。

(24) 检查集控室 NCS 监控画面上无异常报警信号。

(25) 在集控 NCS 操作台上合上塘城 1622 浔宝支线 110kV 开关。

(26) 检查塘城 1622 浔宝支线 110kV 开关确已合上。

10. 110kV Ⅱ段母线由 110kV Ⅰ段母线带联络开关供电的操作

(1) 检查 110kV 母分开关加热装置运行正常,弹簧已储能。

(2) 检查 110kV 母分开关就地控制柜内远方/就地切换开关在"远方"位置。

(3) 检查 110kV 母分开关就地控制柜内联锁投退选择开关在"联锁"位置。

(4) 检查 110kV 母分开关就地控制屏内电源小开关在合上位置。

(5) 检查 110kV 母分开关就地控制柜上无异常报警信号。

(6) 检查 110kV 母分开关测控屏内转换开关位置及测控压板投运正常。

(7) 将 110kV 母分过流保护屏内电源小开关合上。

（8）检查 110kV 母分过流保护屏内 8RLP1：母分开关充电过流保护投入压板在连接位置。

（9）检查 110kV 母分过流保护屏内 8CLP1：110kV 母分过流保护跳闸出口压板在连接位置。

（10）检查 110kV 母差保护屏内 1LP3：投母分开关互联压板在连接位置。

（11）检查 110kV 母差保护屏内 1C3LP1：母差保护动作 110kV 母分开关跳闸出口压板在连接位置。

（12）检查 110kV II 母接地闸刀确已断开。

（13）检查所有 110kV 间隔的 II 母侧闸刀均在断开状态。

（14）检查 110kV 母分开关 I 母侧三工位闸刀接地侧确已断开。

（15）检查 110kV 母分开关 II 母侧三工位闸刀接地侧确已断开。

（16）检查 110kV 母分开关确已断开。

（17）检查集控室 NCS 监控画面上无异常报警信号。

（18）合上 110kV 母分开关 I 母闸刀。

（19）检查 110kV 母分开关 I 母闸刀确已合上。

（20）合上 110kV 母分开关 II 母闸刀。

（21）检查 110kV 母分开关 II 母闸刀确已合上。

（22）在集控 NCS 操作台上合上 110kV 母分开关。

（23）检查 110kV 母分开关确已合上。

（24）检查 110kV II 母运行正常。

7.4　110kV GIS 的运行与维护

7.4.1　运行规程

（1）GIS 装置各气室的 SF_6 密度监视器内装有压力开关，密度指示表用于正常 SF_6 密度的监视，在 SF_6 密度监视器边上设有一充气口，用于对相应间隔的补气，正常时，该充气口处于关闭状态。

（2）GIS 装置中的气室压力正常为 0.50MPa（开关气室）和 0.40MPa（非开关气室）。当气室压力下降至开关气室 0.45 MPa、VT 气室 0.35MPa、其他气室 0.35MPa 时，SF_6 气体压力低报警，应联系检修补充 SF_6 气体至额定压力。当开关气室压力降低至 0.40MPa 时，闭锁开关操作，运行人员要作好事故预想准备。

（3）GIS 开关采用 CT20 型弹簧操动机构，分、合闸操作采用两个螺旋弹簧来实现。利用电动机给合闸弹簧储能，断路器在合闸弹簧的作用下合闸，同时使分闸弹簧储能，储存在分闸弹簧的能量使断路器分闸。合闸弹簧一释放，储能电机立刻给其储能，运行中，注意储能时间不应超过 15s。

（4）GIS 开关每运行 3 年或空载操作 1000 次时，应检查开关操作后有无 SF_6 气体泄漏，另外，须对开关的机械部分进行润滑处理。

（5）GIS 就地控制屏、闸刀和开关操作机构内均设有防潮加热器。加热器电源应长期投入，根据环境温度由恒温控制器自动投入或退出。

（6）GIS 开关故障跳闸后，应将故障相别和继电保护动作情况等记入"开关动作跳闸记录簿"。

7.4.2 110kV GIS 就地控制屏 LCP 运行

1. 110kV GIS 就地控制屏 LCP 编号

LCP1:南浔塘城 1622 浔宝支线 110kV 开关间隔就地控制屏。

LCP2:110kV Ⅰ母 PT 间隔就地控制屏。

LCP3:♯1 主变 110kV 开关间隔就地控制屏。

LCP4:110kV 母联开关间隔就地控制屏。

LCP5:110kV Ⅱ母 PT 间隔就地控制屏。

LCP6:♯2 主变 110kV 开关间隔就地控制屏。

LCP7:南浔桥南 1624 浔宝支线 110kV 开关间隔就地控制屏。

2. 110kV GIS 就地控制屏面板

(1) S430"就地/远方"控制方式选择钥匙开关。正常运行时,该选择开关应在"远方"位置,钥匙应拔出,此时,对应 GIS 设备只接受 NCS 监控屏远方控制命令;当该选择开关切至"就地"位置时,此时,对应 GIS 设备只接受就地控制命令,远方命令无效。

(2) 43IL 联锁投入开关:正常运行时,该选择开关应在"联锁"位置,钥匙应拔出,当需要解除闭锁时,必须征得值长同意,才能将 43IL 联锁投入开关切至"解锁"位置,此时,对应的 GIS 设备的电气闭锁解除。

(3) S52:开关、闸刀就地"分/停用/合"控制开关,与 S430"就地/远方"控制方式选择钥匙开关配合使用。

(4) 操作计数器,用于记录对应 GIS 开关动作次数。

7.4.3 升压站一次系统运行检查和操作

1. GIS 母线的检查

(1) 检查 GIS 系统三相母线的外部应完好、清洁、无破损裂纹、无放电声等现象。

(2) 检查各相相色标志无脱落。

(3) 气室 SF_6 压力正常,在绿色指示范围内。

(4) 夹紧螺栓螺帽无松动发热。

(5) 三相母线上的各引出线接线头牢固,接线片螺栓螺帽无松动现象。

(6) 母线和各联接金具无脱漆生锈,无损坏,接地铁片无脱漆生锈和断裂。

2. 开关的检查

(1) 检查开关位置指示器与实际运行位置相符。

(2) 检查开关室内 SF6 气体压力表的指示正常,在绿色范围内。

(3) 检查就地控制柜上光字牌是否亮;若亮,查明原因并记录。

(4) 检查就地控制柜"解锁/联锁"转换钥匙应在"联锁"位置。

(5) 检查就地控制柜中开关"远方/就地"转换钥匙应在"远方"位置。

(6) 检查开关控制柜内控制回路、电机回路、指示回路、报警回路、加热回路电源小开关应在合闸位置。

(7) 检查开关气室充气阀门无损坏,无漏气声。

(8) 检查机构箱内端子排端子应清洁、无拉弧痕迹,绝缘部分无烧焦现象。

3. 闸刀和接地闸刀的检查

(1) 检查闸刀测控装置监控系统无异常信号。

（2）检查操作机构是否良好。

（3）检查隔离闸刀、接地闸刀位置指示器指示应与实际运行位置相一致。

（4）检查隔离闸刀、接地闸刀"远方/就地"转换钥匙应在"远方"位置。

（5）检查气室气压正常，无漏气现象，内部无异常响声。

4. 电流（电压）互感器的检查

（1）各连接部分连接良好，无松动、发热现象。

（2）设备二次回路接线端子接触良好。

（3）电压互感器中性点及外壳接地良好。

（4）互感器运行声音正常，无发热现象。

5. 避雷器的检查

（1）引线连接牢固，接地线良好。

（2）瓷套及法兰清洁完整，无破损及放电痕迹。

（3）架构牢固无破损，均压环端正。

（4）避雷器内部无异常声音。

（5）检查避雷器泄漏电流和动作次数。

（6）当避雷器泄漏电流较前一天升高 10％ 以上时，应对其增加巡检次数，并汇报有关领导。

（7）注意：雷雨天气时，应尽量避免巡视室外的高压带电设备。

6. 风、雨、雪、雾天重点检查

（1）各瓷套、瓷瓶、瓷群有无严重电晕；各支持绝缘支座有无沿面放电现象。若有严重放电，应加强监视，及时汇报有关领导。

（2）通过观察各部件尤其是各连接处的积雪及冰雪融化情况，判断该处是否过热。

（3）各电气设备不应有过长冰溜。

（4）风雨天气，重点检查升压站内有无被风刮起的杂物等，各设备就地箱的箱门应紧闭，无漏水现象。

（5）雷雨期间，严禁接近户外氧化锌避雷器。

7.5　升压站 NCS 监控系统

7.5.1　概述

升压站网络监控系统（NCS）作为全厂控制系统的一个子系统，与 DCS 等其他系统一起构成完整的电厂自动化系统，形成对全厂的生产管理与发电控制。PS 6000＋电厂升压站网络监控系统的设计遵循 IEC61850/IEC61970 等国际标准，集 SCADA、图模库一体化、拓扑分析、一体化五防、操作票管理、程序化控制、保护信息管理、实现 AGC 和 AVC 的功能及仿真培训等高级应用于一体，为电厂升压站监控提供完整、成熟的解决方案。

7.5.2　NCS 结构和配置

（1）升压站监控系统（NCS）的结构是基于"分布式计算机环境"概念，网络结构为开放式分层，分布式结构。它包括两部分：站级控制层和间隔级控制层，均采用南瑞科技股份有限公司配套的系统。站级控制层为升压站所有设备监视、测量、控制、管理的中心，通过光缆与间隔级控制层相连。间隔级控制层主要由按电气单元独立配置的 I/O 测控单元及其屏柜组成，在站控层及网络失效的情况下，间隔级控制层仍能独立完成监控及远动通信功能。

（2）站控层操作员站两台计算机正常时，一台为主机，另一台为从机，主机负责操作功能，从机为监护功能，两台主机互相冗余，主机与从机在电源或通信系统异常时，具有自动切换功能，必要时，也可以进行人工切换。发生过通信网络异常情况或进行过 NCS 的维护工作后，应进行主、从机切换试验。站控层的各设备之间通过双以太网进行通信，采用光缆连接。数据处理及通信装置和数据网通信服务器所需信息直接来自间隔层设备。

（3）间隔层由按电气单元组屏的测控部件组成，具有交流采样、防误闭锁、同期检测、手动操作和液晶显示等功能。

7.5.3　NSC 的构架方式

网络监控系统(Networked Control System,简称 NCS)是指使用综合测控装置、通信接口设备、自动准同期装置、监控系统等实现对发电厂 110kV 升压站的监控和远动功能，并实现 NCS 与 DCS 的接口(如 AGC、AVC 部分)；同时实现升压站相关保护装置信息的收集与管理；其他智能设备指需进行规约转换再接入本系统的设备，如电能计量装置、直流系统、无功补偿装置、UPS 系统等。

后台监控系统中的数据库服务器主机操作员站一般配置 2 台，形成双机数据库以及应用服务热备用运行，充分保证了系统数据库的安全性。运行时分为值班机和备用机，当值班机故障时，系统自动进行切换，保证实时数据和服务功能不丢失。

7.5.4　站控层、间隔层测控屏的同期检测和操作功能

（1）升压站监控系统(NCS)不再设置独立的同期装置，而是将同期检测功能含在每个控制单元中，在间隔级控制层内完成，每条母线的电压以及线路电压都被固定接入到间隔单元中。

（2）监控系统具有"检同期""检无压"和"不检同期"及"按定值方式合闸"四个功能，其中"按定值方式合闸"也就是"检同期"方式合闸，断路器任一侧无电压时可选择"检无压"并由操作员确认后实现断路器合闸操作。在站级控制层和间隔级 I/O 测控单元同时具有软件实现对同期检测监督的功能，该软件对运行人员的操作步骤进行监测、判断和分析，以确定该操作是否合法、安全。若发生不合法操作，则对该操作进行闭锁，并告警和打印信息。

（3）为了防止误操作，在任何一种控制方式下都采用分步操作，即选择、校核、执行，每步操作有时间限制，并在站级控制层设置操作员口令和监护员口令。

（4）间隔层每台测控屏装置对应于一个断路器及与之有闭锁关系的闸刀、接地闸刀、线路或主变等组合设备单元进行控制。

7.5.5　升压站监控系统(NCS)的操作规定

（1）正常情况下的操作均应在 NCS 执行，间隔层、就地控制屏仅用于 NCS 故障情况下的事故处理。

（2）升压站系统设备在 NCS 监控画面操作前，均应在间隔层对应的每台测控屏装置上确认五防投退开关在"联锁"位置，线路开关的同期投退开关在"强合"位置，母分开关同期投退开关在"同期"位置，操作开关及远方/就地切换开关均在"远方"位置。

（3）在 NCS 的任何操作必须有操作人和监护人共同执行，严禁单人进行操作，操作权限密码应注意保密。

7.5.6　系统指标

1. 系统最大容量

系统数据点的容量为 750 000 个数据点。包括：接口厂站、设备、模拟量(YC)、状态量

（YX）、脉冲量（PC）、遥控量（YK）、遥调量（YT）、电能量、装置的定值信息、装置的软压板信息、计算点、SOE 量、事故追忆点等。

2. 测控精度

1）模拟量测量精度

交流电流、电压量：0.2%

直流电流、电压量：0.2%

功率、电度量：0.5%

频率：0.01Hz

2）脉冲输入量

允许脉冲宽度≥10ms

允许脉冲电平≤30V

事故顺序记录分辨率≤2ms

遥控动作成功率100%

3）有实时数据的画面整幅调出响应时间

画面调入≤2s

数据刷新≤1s（可设定）

数据处理速度：从数据采集到主站显示≤3s

遥调命令传输时间≤2s（可设定）

遥控命令选择、执行或撤销传输时间≤1s（可设定）

以太网结构，网络速率为 10/100Mbps

主备信道自动切换速率 300～64000bps

双机自动切换≤30s（可设定）

测量数据存档最小时间间隔为 1min，生存周期为 2 年

保护信息、事件记录、越限记录等，生存周期为 1 年

系统可用率 99.98%

系统平均无故障时间（MTBF）≥20000h

间隔层测控装置平均无故障时间（MTBF）≥40000h

I/O 模件 MTBF≥50000h

7.5.7　110kV 系统运行监视

（1）110kV 系统运行方式在 NCS 监控系统、GIS 就地控制屏上的显示应当一致。即各断路器与隔离开关在 NCS 监控系统、GIS 就地控制屏上的位置相同并与现场实际位置一致。

（2）操作系统中显示的各开关、闸刀控制（远控或就地）位置显示正常。

（3）各保护屏无异常告警信号。

（4）GIS 各就地控制柜无异常告警信号。

7.6　升压站系统异常及事故处理

7.6.1　升压站系统异常及事故处理的一般原则

（1）事故处理的原则：

① 尽快限制事故的发展，消除事故的根源并解除对人身和设备的威胁。

② 保证厂用电及主机正常运行，以防事故扩大。

③ 用一切可能的方法保持设备继续运行，以保证对负荷的正常供电，必要时，可在未直接受事故影响的机组上增加出力，调整运行方式，恢复正常运行。

④ 尽快对已停电的负荷恢复供电，对重要负荷应优先恢复供电。

（2）事故发生时，由值长统一指挥，各值班人员应坚守岗位进行事故处理和操作。

（3）在事故发生时，值班人员应根据下列顺序进行判断和处理：

① 根据表计指示的变化、继电保护动作情况和设备外部迹象，判断事故的全面情况。

② 正确判断事故的性质、地点和范围；必要时，应联系调度及有关变电所，询问有关事故的情况。

③ 如果对人身和设备有威胁时，应立即设法解除这种威胁，无法解除时，应停止设备的运行；如果对人身和设备没有威胁时，应尽快维持和恢复设备的正常运行。

④ 对所有未受到事故损害的设备应保持其正常运行，对于有故障设备，在判明故障部位和故障性质后，进行必要的处理，如果值班人员无力处理损坏的设备，应立即通知检修人员，在检修人员到来之前，运行人员应做好必要的安全隔离措施。

（4）处理事故时，必须迅速正确，不应慌乱、匆忙。在事故处理过程中，必须严格执行发令、复诵、记录、汇报制度，必须使用统一的调度术语，操作术语，内容应简明扼要，如对命令不清楚或不明确，应询问清楚。命令执行后，应立即亲自向发令人汇报，不得经第三者转达。

（5）发生事故时，应仔细注意各 NCS 监控屏上各设备参数和信号的指示，在控制室的值班员中，务必有人记录各项操作的执行时间（特别是先后次序）和与事故有关的现象。

（6）如事故发生在交接班时间，交班人员应留在自己工作岗位上处理事故，接班人员在交班值长的指挥下协同处理事故。待事故处理告一段落恢复正常运行后，由值长统一命令进行交接班。

（7）在发生事故时，只允许直接参加事故处理的人员和部门、公司有关领导人员进入和留在控制室内，其他人员必须撤离事故现场（经发电厂总工程师特许者例外）。

（8）事故处理时，值长有权召唤发电厂任何工作人员，各级工作人员必须按照值长的命令及时到达指定地点。

（9）上述事故处理的一般原则，在事故处理中应根据当时事故性质及具体情况掌握。

7.6.2 事故处理时的调度关系

（1）现场值班人员进行事故处理时，对系统运行有重大影响的操作，如改变电气接线方式，改变出力等，均应得到上级调度员的命令或许可后方可执行，如符合现场自行处理的事故，应一面自行处理，一面向调度作简明汇报，事后再作详细汇报。

（2）当发生事故或异常情况时，应迅速、正确地向调度作如下汇报：

① 异常情况、异常设备及其他有关情况；

② 事故跳闸开关（名称、编号）和跳闸时间；

③ 继电保护和自动装置动作情况；

④ 有关出力、电压和线路潮流变化情况；

⑤ 人身安全和设备损坏情况。

（3）下列操作，现场值班人员可不待调度命令自己进行：

① 将直接对人员生命安全有威胁的设备停电；

② 确知无来电的可能性，将已停电的设备隔离；

③ 运行中的设备有受损伤的威胁，根据现场规程的规定，加以停运或隔离。

（4）事故单位领导人有权向本单位的值班人员发布命令或指示，但不得与值长、调度命令相抵触。

（5）当调度电话联系失去后，应尽可能用一切方法恢复联系。

7.6.3　升压站系统异常及事故处理

1. 系统频率降低

现象：母线频率表指示偏离 49.8～50.2Hz 的运行范围。

处理：

（1）当频率超过 50.5Hz 时，可将机组出力降至最低技术出力，并汇报地调、省调。

（2）当频率降低，使得机组低频保护动作时，应确认低频保护动作机组解列或跳闸。跌至停机（解列）频率且在设定的时间内保护未动作，应手动将各发电机解列，并汇报调度。

2. 母线电压异常

现象：母线电压高于（或低于）最大（小）限值（具体以调度给出的年度电压控制限额为准）

处理：

（1）110kV 母线电压高时，在机组端电压不超低限、功率因数不超稳定极限的前提下，降低机组无功出力，直至进相运行（机组进相运行时，须得到当班调度的同意）。

（2）110kV 母线电压低时，严密监视发电机的定子电流，在定子电流不超限及机端电压正常的情况下，增加机组无功出力；同时还应监视线路的潮流情况，线路电流不得超限运行。当电压降低，机组无功达到满出力时，应立即汇报调度，请求系统调整，以制止电压进一步下降。

3. 系统振荡

引起系统振荡的可能原因：

（1）系统发生严重故障，超过稳定限额范围。

（2）故障时开关或继电保护拒动或误动，无自动调节装置（发电机强励）或装置失灵。

（3）大机组失磁后没有及时切除。

（4）多重故障。

（5）系统突失大电源或重要联络线。

（6）其他偶然因素。

系统振荡的现象：

（1）发电机电压表、电流表及功率表指针周期性剧烈摆动，机组发出与表计摆动节奏相适应的轰鸣声。

（2）联络线路功率表也周期性剧烈摆动，失去同期的机组和联络线的功率表全盘摆动。

（3）振荡中心附近的电压摆动最大，并周期性接近于零。

（4）失步发电机发出"嗡嗡"的异声。

处理方法：

（1）根据上述现象可判为系统发生振荡，应立即汇报调度。

（2）采取减少有功，增加无功方法，尽快恢复同期。

（3）将发电机的励磁控制方式切至"手动"方式，立即观察发电机组无功情况，自行尽量增大机组无功出力，但应监视发电机电压，不允许超过额定值的 5%，并注意各机组间的无功匹配。

（4）若振荡因发电机与系统失步造成，则应确认失步保护动作跳机，进行相应机组事故处理；若失步保护未动作，不得自行将机组解列。

(5) 若由于发电机失磁而引起系统振荡时,若机组失磁保护未动作,运行人员应立即将失磁的机组解列。

4. 线路故障开关跳闸

现象:

(1) 线路有、无功表计指示为零。

(2) 控制盘或 NCS 有声光和相应的光字牌报警。

(3) 故障线路所属开关跳闸,NCS 上开关指示闪烁。

处理:

(1) 值班人员应立即将×××线路,×××开关跳闸,保护、自动装置动作信号指示,表计指示情况汇报调度。

(2) 线路故障跳闸后,使联合循环机组甩负荷引起燃机、汽机及余热锅炉异常,此时,应按机组事故处理有关规定,在值长统一指挥下进行处理。

(3) 就地检查保护、自动装置动作情况,根据保护、自动装置动作情况,对故障线路所属一次系统设备作详细检查。将情况汇报调度,听候处理。

(4) 为了加强事故处理,可按调度命令对故障线路进行强送电,调度发布强送电命令前,值班人员必须对故障线路有关回路(包括 GIS 开关、闸刀、压变、流变、避雷器等)进行外部检查,确认无异常情况,并汇报调度。

(5) 线路事故跳闸后,经过强送电不成功或已确认有明显故障点,则可认为有永久性故障,值班人员可按调度命令将线路改检修。

5. 母线故障处理

现象:

(1) 母线电压、周波指示零,发电机强励可能动作。

(2) 控制盘或 NCS 有声光和相应的光字牌报警。

处理:

(1) 母线发生故障停电后,立即汇报调度。

(2) 若系统故障或继电保护误拒动、开关拒动等原因而使母线失去电源,值班人员应自行将失电母线上的开关全部断开。

(3) 根据保护、自动装置动作情况,对故障所属一次设备作外部检查,并将检查情况汇报调度。

(4) 若检查发现有明显故障点,则根据故障性质判断是否可以运行;若不能运行,应将故障点隔离,恢复向母线送电;无法隔离时,应将故障母线转检修。

(5) 若检查未发现明显故障点,可用线路开关向故障母线冲击,冲击正常,恢复该母线运行。若冲击又跳闸,应立即将失压母线转检修,有条件时,采用零起升压充电。

(6) 失电的原因若因保护误动造成,经总工程师批准,将引起误动保护停用,恢复失压的母线送电,将失压母线上的跳闸开关合上。

6. 通信中断时系统调度办法及事故处理

(1) 发电厂的处理安排,可维持目前出力水平不变,一切预先批准计划检修项目,此时都应停止执行。

(2) 发电厂的接线方式,应尽可能保持不变。

(3) 若线路故障,开关跳闸,造成联合循环机组甩负荷停机,应通过其他途径设法与调度取得联系,在值长统一指挥下处理,要求调度尽快恢复线路送电,使联合循环机组能尽快恢复并列运行。

7. 压变二次侧小开关跳闸

现象:

(1) 对应控制盘报警窗或 NCS 系统有声光和相应的光字牌报警。

(2) 若供线路保护回路 PT 二次侧小开关跳闸,则保护对应报警信号报警。

(3) 若供线路测量回路 PT 二次侧小开关跳闸,相应回路有功、无功指示消失或下降。

处理:

(1) 根据故障现象,查明跳闸的小开关。

(2) 将跳闸小开关试合一次,保护回路小开关试合前,应向调度申请,将保护改信号,若试合失败,则应通知有关继保专业人员,查明原因,并将相关保护退出。待故障消除后,再将保护恢复。

(3) 测量回路电压失去时,应通过监视相关设备指示来判断异常设备所在回路的潮流、电压真实情况;并记录电压回路失电时间,以便对相应电度表读数进行修正。

(4) 记录、复归电气就地控制盘及保护盘上报警信号。

8. 110kV 开关及闸刀异常现象的处理

1)断路器不能进行分、合闸操作的处理

(1) 检查跳、合闸继电器是否动作。

(2) 检查操作电源开关是否跳开。

(3) 电气控制系统故障(包括二次接线端子,开关辅助接点,跳合闸线圈等是否故障)。

(4) 检查机械操作机构是否良好,若不好,须作调整。

(5) 检查气体压力是否下降,若下降,应检查处理漏气处,补充气体。

2)隔离开关异常现象的处理

(1) 现象一:不能进行电动操作

a. 检查操作电源是否有故障。

b. 检查是否联锁动作。

c. 检查电磁继电器接头是否良好,导线是否断线,端子螺丝是否松动。

(2) 现象二:操作中途停止或不能自动停止

a. 检查连接部分有无机械障碍物,连接销子是否脱落。

b. 检查操作电源的电压在操作过程中是否下降(电源回路故障)。

c. 检查限位开关是否动作不良。

9. 升压站低压交流系统全停

现象:

监控屏上出现交、直流系统故障报警;NCS 上各开关均出现"交流电源消失"告警。

处理:

(1) 尽快查明失电原因,尽快恢复对网控楼 MCC 交流系统送电。

(2) 尽量减少开关、闸刀等设备的操作。

(3) 注意监视升压站两段 220V 直流母线电压的变化,当电压跌至 200V 时,应考虑拉停部分次要的直流负荷。

第 8 章 厂用电系统

8.1 概述

现代大容量火力发电厂要求其生产过程自动化和采用计算机控制,为了实现这一要求,需要有许多厂用机械和自动化监控设备为主要设备(汽轮机、锅炉、发电机等)和辅助设备服务,而其中绝大多数厂用机械采用电动机拖动,这些厂用电动机以及自动化监控、运行操作等设备的用电称为厂用电,厂用设备的供电系统称为厂用电系统。

厂用电系统的接线是否合理,对保证厂用负荷的连续供电和发电厂安全经济运行至关重要。由于厂用电负荷多,分布广,工作环境差和操作频繁等原因,厂用电事故在电厂事故中占有很大的比例。统计表明,不少全厂停电事故是由于厂用电事故引起的。因此,必须把厂用电系统的合理设计及安全运行提到应有的高度来认识。

根据厂用设备在发电厂生产过程中的作用以及供电中断对人身、设备、生产的影响,厂用负荷可分为以下四类。

(1)第Ⅰ类负荷:短时(手动切换恢复供电所需的时间)的停电可能影响人身或设备安全,使生产停顿或发电量大量下降的负荷。如:给水泵、凝结水泵、吸风机、送风机等。Ⅰ类厂用负荷应设置两个独立电源,采用自动切换。

(2)第Ⅱ类负荷:允许短时停电(几秒至几分钟),恢复供电后,不致造成生产紊乱的厂用负荷。如工业水泵、疏水泵、输煤设备等。对这类负荷,应采用两个电源供电,可采用手动切换。

(3)第Ⅲ类负荷:较长时间停电,不会直接影响生产的负荷。如修配车间、实验室和油处理等处的负荷。这类负荷一般由一个电源供电。

(4)事故保安负荷:在停机过程中及停机后一段时间内仍应保证供电的负荷,否则将引起主要设备的损坏,重要的自动控制失灵或推迟恢复供电,甚至可能危及人身安全的负荷称为事故保安负荷。根据对电源的不同要求,事故保安负荷又可分为以下三类:

① 直流保安负荷——如直流油泵等,由蓄电池供电。

② 交流不停电负荷——如实时控制用的电子计算机等,由交流不停电电源装置(UPS)供电。

③ 交流保安负荷——如盘车电动机等,平时由交流厂用电供电,失去厂用工作和备用电源时,交流保安电源应自动投入。交流保安电源通常采用快速自启动的柴油发电机组或由具有可靠的外部独立电源。

8.2 厂用电的接线方式和运行方式

8.2.1 厂用电的接线方式

厂用电设计应满足运行、检修和施工的要求,考虑全厂发展规划,妥善解决分期建设引起的问题,积极慎重地采用新技术、新设备,使厂用负荷可靠连续供电和灵活、经济运行,从而保证机组安全、经济、满发。厂用电接线应满足如下要求:

(1)各机组的厂用电系统应是独立的。一台机组的故障停运不应影响到另一台机组的正常运行,并能在短期内恢复供电。

（2）充分考虑正常运行中厂用工作变压器故障和机组启停过程中厂用供电要求。应配备可靠和迅速投入的备用电源或启动/备用电源,并应设法减少机组启停和事故时的切换操作,并且备用电源应能与工作电源短时并列(先投后切,不中断供电)。

（3）便于分期扩建和连续施工,不致中断厂用电的供给,特别注意公用负荷的供电,须结合远景规模,统筹安排,要便于过渡且少改变接线和更换设备。

（4）大型机组应设置足够容量的交流事故保安电源,当全厂停电时,可以快速启动投入,向保安负荷供电。

厂用电系统采用"按机组分段"的接线原则,即将厂用电母线按照机组的台数分成若干独立段既便于运行、检修,又能使事故影响范围局限在单台机组,不会导致过多干扰正常运行的机组。厂用电系统设备装置一般都采用可靠性高的成套配电装置,这种成套配电装置发生故障的可能性很小,因此,厂用高、低压母线采用接线简单、清晰,设备少、操作方便的单母线接线形式。

1. 6kV 厂用电接线

国电南浔公司每台机组设 1 台 10MVA 高压厂用变压器,高压厂变采用有载调压的双卷变压器,从汽机发电机至主变压器之间的封闭母线支接,作为每套 100MW 级机组 6kV 厂用母线的工作电源。厂用支接部分采用离相封闭母线,分支线上不设断路器或隔离开关。

高压厂变的 6kV 侧,采用共箱封闭母线引至主厂房 6kV 配电装置。6kV 厂用中压母线采用单母线接线,每套联合循环机组设一段 6kV 母线,为 200kW 及以上的电动机供电。全厂有两段 6kV 母线,命名为 6kV1 段厂用中压母线和 6kV2 段厂用中压母线。两段 6kV 厂用中压母线之间设有联络开关和联络闸刀。当 6kV1 段(2 段)厂用电源失去时,可通过厂用电快切装置,对 6kV2 段(1 段)中压母线进行供电。当♯1(♯2)高压厂变故障或者改检修时,6kV1段(2 段)厂用中压母线可由 6kV2 段(1 段)厂用中压母线通过联络开关供电。

因燃机和汽轮机发电机出口均装设了出口断路器,大大简化了厂用电切换程序。发电机组起、停的厂用电源是通过 110kV 主变倒送电经高压厂变获得,从机组启动直到发电机并网带负荷,反之从发电机减负荷到发电机解列停机,这整个过程都无须进行厂用电切换操作,只需操作发电机出口断路器,厂用电可靠性高,保证了机组厂用电系统的安全可靠运行。

主厂房 6kV 高压断路器柜采用金属铠装真空开关铠装开关柜。开关柜每回路配置了集回路模拟指示、带电指示及闭锁功能、温湿度数码显示、断路器分合闸状态指示、储能、接地开关指示、手车位置指示以及 RS 485 通信接口等功能于一体的智能型操作测量显示装置。开关柜配置了多功能电度表,测量信号(电流、电压、功率、电度)经 485 口通信上传到 DCS,测量信号刷新速度要求小于 1s。

6kV 高压厂用电系统中性点的运行方式为不接地方式。

2. 380V 厂用电接线

全厂 400V 厂用电系统采用 380/220V 中性点直接接地的三相四线制(接线),动力与照明合用一个电源供电。

低压厂用电系统采用动力中心(PC)和电动机控制中心(MCC)的供电方式,75kW 及以上电动机由动力中心(PC)供电,75kW 以下电动机由电动机控制中心(MCC)供电。

主厂房低压厂用负荷的供电方式按机组单元制接线的原则,即本机组低压厂用负荷由接自本机组 6kV 厂用中压母线的低压厂用变压器供电。400V PC 的低压母线成对出现,每段母线分别由 A 段和 B 段,通过低压厂变(公用变、厂前区变、水处理变等)供电,两段之间设联络开关,两台变压器互为备用。某一 400V PC 母线需经母线联络开关切换至另一低压厂变供电时,采用不停电切换方式,即合上母线联络开关,跳开选择的要停运的母线工作电源进线开关;恢复时也采用不停电切换,即合上工作电源进线开关后,延时自动跳开母线联络开关。400V MCC 的接线采用双回路供电方式,400V MCC 双投闸刀可进行停电切换,其中燃机 MCC、余热锅炉 MCC 为两路电源再通过一个电源自动切换装置采用不停电切换供电方式。

400VPC 开关柜和 MCC 电源开关柜柜体均由江苏向荣集团有限公司制造,400VPC 电源开关和 MCC 电源开关均为 ABB 系列产品。400V PC 的开关采用抽屉式空气开关,并配置了速断和长、短延时过流保护的 SSTD 装置,每一负荷馈线都设有供报警的接地保护装置。

8.2.2 厂用电系统运行方式

1. 6kV 中压厂用电系统的运行方式

(1)当机组主变和高压厂变正常运行时,6kV 中压厂用电系统由机组高压厂变供电;两段 6kV 厂用中压母线之间的联络闸刀在合上位置,联络开关在热备用状态。

(2)当 6kVⅠ段(Ⅱ段)厂用电源失去时,可通过厂用电快切装置,对 6kVⅡ段(Ⅰ段)中压母线进行供电。当♯1(♯2)高压厂变故障或者改检修时,6kVⅠ段(Ⅱ段)厂用中压母线可由 6kVⅡ段(Ⅰ段)厂用中压母线通过联络开关供电。

2. 燃气轮机组厂用电系统的运行方式

(1)燃气轮机组在启动、停机、正常运行或事故情况下,燃机厂用电系统均由燃机 400V MCC 母线供电。

(2)燃机 400V MCC 母线采用双回路供电方式,正常情况下,由燃机 400V MCC 工作电源开关供电;当燃机 400V MCC 工作电源失电时,自动切换至燃机 400V MCC 备用电源开关供电。

(3)燃机 400V MCC 母线工作电源开关与燃机 400V MCC 母线备用电源开关之间配有双电源切换系统,任何情况下,都是其中之一处于"合闸"状态,另外一个必定处于"断开"位置。

(4)燃气轮机组启动前,应对燃机 400V MCC 母线两电源开关进行切换试验,确保电源开关切换正常。

3. 汽轮机组厂用 400V PC、400V MCC 运行方式

(1)正常运行情况下,各低压厂变均投入运行,各 400V PC 采用分段运行方式,母线联络开关处于热备用状态。当任一段电源开关或低压厂变停用时,该段母线改由母线联络开关供电。

(2)厂用 MCC 运行方式

正常运行时,双电源进线的 MCC 仅由一路电源供电,不允许两个供电回路并列运行。

8.2.3 厂用电系统状态规定及操作基本原则

1. 6kV 厂用中压配电设备的状态规定

(1)运行状态:开关在合闸状态,开关小车在"工作"位置,控制电源小开关合上,控制回路插头在连接位置,各保护均投运。

(2)热备用状态:与运行状态仅区别于开关在断开状态。

(3)冷备用状态:开关在断开状态,开关小车在"试验"位置,控制电源小开关断开,控制回路插头在连接位置。

（4）检修状态:开关在断开状态,开关小车在"试验"位置,控制电源小开关断开,接地闸刀合上,同时根据检修工作需要增补其他安全措施。

2. 6kV 厂用中压母线的状态规定

（1）运行状态:母线工作（或备用）电源进线开关在"运行"状态,母线带电,母线控制电源投运,母线压变一侧熔丝送上,压变二次小开关合上,母线压变投运,母线低电压保护投入。

（2）冷备用状态:母线上所有负荷开关在"冷备用"或"检修"状态,母线电源进线开关在"冷备用"状态,其余同"运行"状态。

（3）检修状态:母线上所有开关均在"检修"状态,母线控制电源切除,母线压变退出运行,母线接地小车合上,同时根据检修工作需要增补其他安全措施。

3. 400V PC 配电设备的状态规定

（1）运行状态:开关在合闸状态,柜式开关在"运行"位置,控制电源小开关合上。

（2）热备用状态:与运行状态仅区别于开关在断开状态。

（3）冷备用状态:开关在断开状态,柜式开关在"试验"位置,控制电源小开关断开。对汽机各 MCC 电源开关还必须拉开对应的进线闸刀。

（4）检修状态:开关在断开状态,柜式开关在"检修"位置,控制电源小开关断开,同时根据检修工作需要增补其他安全措施。

4. 400V MCC 配电设备的状态规定

（1）运行状态:柜体一次连接触头在连接位置,空气开关和接触器均在合闸状态,控制熔丝送上。

（2）热备用状态:与运行状态仅区别于接触器在分闸状态。

（3）冷备用状态:柜体一次连接触头在连接位置,接触器和空气开关均在分闸状态。

（4）检修状态:空气开关和接触器均在分闸状态,控制熔丝取下或二次触头在分开位置,抽屉开关在"检修"位置,同时根据检修工作需要增补其他安全措施。

5. 400V PC、MCC 母线的状态规定

（1）运行状态:400V PC 母线工作电源开关或母线联络开关在"运行"状态,母线带电,母线控制总电源送上,母线压变投运;400V MCC 工作电源开关 A（或 B）在"运行"状态,对应的工作电源进线闸刀 A（或 B）在合闸状态,母线带电,母线压变投运。

（2）冷备用状态:400V PC 母线上所有开关及母线联络开关均处于"冷备用"状态;400V MCC 工作电源开关均处于"冷备用"状态,MCC 上各负荷开关均处于"冷备用"状态。

（3）检修状态:400V PC 母线上所有开关及母线联络开关均处于"检修"状态,母线控制总电源切除,母线压变退出运行,在检修母线上挂上临时接地线,同时根据工作需要增补其他安全措施;400V MCC 工作电源开关均处于"检修"状态,母线上各负荷开关均处于"检修"状态,母线压变退出运行,在检修母线上挂上临时接地线,同时根据工作需要增补其他安全措施。

6. 操作的一般原则

（1）设备检修完毕后,应按《安规》要求交回并终结工作票,并有检修人员书面通知;恢复送电时,应对准备恢复送电的设备所属回路进行认真详细的检查,检查回路的完整性,设备清洁无杂物,无遗忘的工具,无接地短路线,并符合运行条件。

（2）根据值长的操作命令,填写操作票后,才可进行操作。

（3）设备送电前,应将操作电源开关、仪表保护用的二次电压回路熔丝送上或小开关

合上。

(4) 设备送电前,应根据保护定值或现场有关规定投入有关保护装置,设备禁止无保护运行。运行中,调度管辖设备的保护停用,必须取得所属调度员的命令或同意;厂管辖设备的主保护停用,必须由总工程师批准,后备保护短时停用,则应有当班值长的批准。

(5) 带同期装置闭锁的开关,应在投入同期装置后方可进行合闸。

(6) 变压器投入运行时,应先合电源侧开关,后合负荷侧开关;停止运行则次序相反。禁止由低压侧向厂用变充电,不准用闸刀对变压器进行冲击。

(7) 新投产及大修后变压器在第一次投入运行时,应在额定电压下冲击合闸 5 次,并应进行核相。有条件时,应先进行零起升压试验。

7. 厂用配电装置的操作

(1) 燃机 400V MCC 正常电源和备用电源之间正常切换操作前,应确认燃机 MCC 开关电源切换控制器在"AUTO"位置,当工作电源开关自动跳闸后,另一侧电源开关自动合上。燃机 MCC 电源开关切换过程中若 PEECC 室内照明失去,检查♯1 燃机 220V 配电盘内配电变压器电源开关是否跳闸,若确已跳闸,应先断开配电变压器控制电源开关,将配电变压器电源开关复归后合上,再合上配电变压器控制电源开关。

(2) 厂用电系统 400V PC 母线电源切换采用不停电切换方式,某一 400V PC 母线需经母线联络开关切换至另一低压厂变供电时,采用不停电切换方式,即合上母线联络开关,延时跳开选择的要停运的母线工作电源进线开关;恢复时实现不停电切换,即手动合上工作电源进线开关后,延时自动跳开母线联络开关。

(3) 厂用电系统 400V MCC 的两电源之间的切换,均采用停电切换。断开 MCC 电源开关后,再进行闸刀切换。余热锅炉 400V MCC 两电源之间的切换通过电源切换开关进行。

(4) 厂用母线送电时,应先投用母线压变,然后合上母线电源开关,确认三相电压正常后,逐一合上负荷开关,逐级操作;停电则顺序相反。

(5) 对带有隔离闸刀的设备,在拉合闸刀前,必须检查开关在断开位置;拉合闸刀后,应检查闸刀的位置是否正确;正常情况下,禁止用 400V 配电装置闸刀切断负荷。

8.3 厂用变压器

厂用变压器的选择主要考虑厂用高压工作变压器和低压厂用变压器的选择。选择内容一般包括变压器的额定电压、台数、型式、容量和阻抗。

额定电压根据厂用电系统的电压等级和电源引接处的电压而确定。

工作变压器的台数与型式,主要与高压厂用母线的段数有关。

厂用变压器的容量,根据各厂的厂用负荷大小不同来选择,这与机炉类型、燃料种类和供水情况等有关。

现代发电厂各单元机组厂用电系统是独立的,当厂用工作变压器台数,以及公用负荷正常由谁负担确定后,统计各段母线所接负荷,按照主机满发的要求,便可选出各台高压厂用变压器的容量。

变压器的阻抗是选择厂用工作变压器的一个重要指标。厂用工作变压器的阻抗要求比一般动力变压器的阻抗大,这是因为要限制变压器低压侧的短路容量,否则将影响到开关设备的选择。一般要求变压器的阻抗应大于 10%。但是,阻抗过大,又将使厂用电动机自启动困难。

下面重点介绍厂用变压器容量选择问题。

8.3.1　厂用电负荷的计算

1. 厂用电负荷的计算原则

计算变压器的容量时,不但要统计变压器连接分段母线上实际所接电动机的台数和容量。还要考虑它们是经常工作的还是备用的,是连续运行的还是断续运行的。为了计及这些不同的情况,选出既能满足负荷要求又不致容量过大的变压器,所以又提出按使用时间对负荷运行方式进行分类。并常用下列名词来加以区分。

经常负荷——每天都要使用的电动机;

不经常负荷——只在检修、事故或机炉起停期间使用的负荷;

连续负荷——每次连续运转 2h 以上的负荷;

短时负荷——每次仅运转 10~120min 的负荷;

断续负荷——反复周期性地工作,其每一周期不超过 10min 的负荷。

变压器母线分段上负荷计算原则如下:

(1)经常连续运行的负荷应全部计入。如电动给水泵、循环水泵、凝结水泵、真空泵等电动机。

(2)连续而不经常运行的负荷应计入。如充电机、事故备用油泵、备用电动给水泵等电动机。

(3)经常而断续运行的负荷亦应计入。如疏水泵、空压机等电动机。

(4)短时断续而又不经常运行的负荷一般不予计算。如行车、电焊机等。

(5)由同一台变压器供电的互为备用的设备,只计算同时运行的台数。

除了考虑所接的负荷因素外,还应考虑以下因素:

① 自启动时的电压降;

② 低压侧短路容量;

③ 再有一定的备用裕度。

国电南浔公司主要厂用负荷表见表 8-1。

表 8-1　　　　　　　　　　　　　　主要厂用负荷表

名称	负荷类别	运行方式	备注
盘车电动机	保安	不经常、连续	
顶轴油泵	保安	不经常、短时	
交流润滑油泵	保安	不经常、连续	
高压启动油泵	保安	不经常、短时	
浮充电装置	保安	经常、连续	
热控 DCS 柜电源	保安	经常、连续	
UPS 装置	保安	经常、连续	
调压站	保安	经常、连续	
真空泵	I 类厂用负荷	经常、连续	
凝结水泵	I	经常、连续	
循环水泵	I	经常、连续	
高压给水泵	I	经常、连续	
备用给水泵	I	不经常、连续	
闭式循环冷却水泵	I	经常、连续	

续表

名称	负荷类别	运行方式	备注
空压机	Ⅱ	不经常、连续	
变压器冷却风机	Ⅱ	经常、连续	
通信电源	Ⅱ	经常、连续	
启动锅炉	Ⅱ	经常、连续	
燃气锅炉	Ⅱ	经常、连续	
补给水泵	Ⅱ	经常、连续	
辅机冷却水泵	Ⅱ	不经常、短时	
消防水泵	Ⅰ	经常、短时	
生活水泵	（Ⅱ）、Ⅲ	经常、连续	
冷却塔通风机	Ⅱ	经常、连续	
空调风冷泵	Ⅱ	经常、连续	
化学水处理	（Ⅰ）、Ⅱ	经常（或短时）、连续	
检修车间材料库	Ⅲ	经常、连续	大于 300MW 机组
电气试验室	Ⅲ	不经常、短时	为 Ⅰ
热工试验室	Ⅲ	不经常、短时	
起重机械	Ⅲ	不经常、短时	

2. 厂用电负荷的计算方法

厂用电负荷的计算方法常采用换算系数法，换算系数见表 8-2，容量按下式计算：

$$S= \sum (KP) \tag{8-1}$$

$$K=\frac{K_m K_L}{\eta \cos\varphi} \tag{8-2}$$

式中　S——厂用母线上的计算负荷（kVA）；

　　　P——电动机的计算功率（kW）；

　　　K——换算系数，可取表 8-2 所列的数值；

　　　K_m——同时系数；

　　　K_L——负荷率；

　　　η——效率；

　　　$\cos\varphi$——功率因素。

表 8-2　　　　　　　　　　　　　　　　　换算系数

机组容量（MW）	≤125	≥200
给水泵及循环水泵电动机	1.0	1.0
凝结水泵电动机	0.8	1.0
其他高压电动机及厂用低压变压器（kVA）	0.8	0.85
其他低压电动机	0.8	0.7

8.3.2　厂用变压器的容量

厂用电压器的容量必须满足厂用电负荷从电源获得足够的功率。因此，对厂用高压工作变压器的容量应按厂用电高压计算负荷的 110% 与厂用电低压计算负荷之和进行选择；而厂用电低压工作变压器的容量应留有 10% 左右的裕度。

（1）厂用高压工作变压器容量。当为双绕组变压器时,按下式选择容量：

$$S_T = 1.1S_H + S_L \qquad (8-3)$$

式中　S_H——厂用电高压计算负荷之和；

　　　S_L——厂用电低压计算负荷之和。

（2）厂用低压工作变压器容量。可按下式选择变压器容量：

$$K_\theta S \geqslant S_L \qquad (8-4)$$

式中　S——厂用低压工作变压器容量(kVA)；

　　　K_θ——变压器温度修正系数。一般对装于屋外或由屋外进风小间内的变压器,可取 K_θ =1,但宜将小间进出风温差控制在 10℃ 以内；对由主厂房进风小间内的变压器,当温度变化较大时,随地区而异,应当考虑温度进行修正。

国电南浔公司高压厂用变压器技术参数如表 8-3 所列。

表 8-3　　　　　　　　　　　　高压厂用变压器技术规范

设备命名编号		♯1 高压厂变
型号		SZ11-10000
型式		三相双绕组铜导体有载调压型户外油浸式降压变压器
制造厂		南通晓星变压器有限公司
额定容量（MVA）		10
额定电压（kV）		10.5±8×1.25％/6.3
调压范围		±10％
调压级数		17 级
额定电流（A）		549/916（高压/低压）
相数		3
频率（Hz）		50
结线组别		D_{d0}
短路阻抗		$U_d = 4\%$
空载损耗（kW）		10
负载损耗（kW）		41
空载电流（A）		3（额定电压）
允许温升（K）		绕组 65,油面 50
变压器重量（t）	器身吊重	12.81
	油重	6.57
	总重	27.1
	上节邮箱吊重	3.66
	运输重（带油）	23.63
噪声水平（dB）		75
冷却方式		自冷（ONAN）
变压器绝缘油牌号		克拉玛依♯25 变压器油
分接头切换方式		有载切换
2.绝缘水平（kV）		
高压绕组		105kV（雷电冲击耐受电压、全波）
低压绕组		75kV（雷电冲击耐受电压、全波）

国电南浔公司低压厂用变压器参数如表 8-4 所列。

表 8-4　　　　　　　　　　　　　　　低压厂用变压器技术规范

设备命名编号	型式	容量(kVA)	额定电压(kV)(高压/低压)	额定电流(A)(高/低压)	接线组别	阻抗电压	允许温升(℃)	接地方式
#1 低压厂变	干式AN/AF	2500/3500	6.3±2×2.5%/0.4	229/3608 321/5052	Dyn11	$U_k = 8\%$	115	直接接地
#2 低压厂变	干式AN/AF	2500/3500	6.3±2×2.5%/0.4	229/3608 321/5052	Dyn11	$U_k = 8\%$	115	直接接地
#1 公用变	干式AN/AF	1600/2240	6.3±2×2.5%/0.4	147/2309 205/3233	Dyn11	$U_k = 6\%$	115	直接接地
#2 公用变	干式AN/AF	1600/2240	6.3±2×2.5%/0.4	147/2309 205/3233	Dyn11	$U_k = 6\%$	115	直接接地
#1 厂前区变	干式AN/AF	800/1120	6.3±2×2.5%/0.4	73/1155 103/1617	Dyn11	$U_k = 6\%$	115	直接接地
#2 厂前区变	干式AN/AF	800/1120	6.3±2×2.5%/0.4	73/1155 103/1617	Dyn11	$U_k = 6\%$	115	直接接地
#1 水处理变	干式	1600	6.3±2×2.5%/0.4	147/2309	Dyn11	$U_k = 6\%$	115	直接接地
#2 水处理变	干式	1600	6.3±2×2.5%/0.4	147/2309	Dyn11	$U_k = 6\%$	115	直接接地

8.4　厂用电动机的自启动校验

厂用电系统中运行的电动机,当突然断开电源或厂用电压降低时,电动机转速就会下降,甚至会停止运行,这一转速下降的过程叫作惰行。若电动机失去电压以后,不与电源断开,在很短时间(一般在 0.5～1.5s)内,厂用电压又恢复或通过自动切换装置将备用电源投入,此时,电动机惰行尚未结束,又自动启动恢复到稳定状态运行,这一过程称为电动机的自启动。若参加自启动的电动机数量多、容量大时,启动电流过大,可能会使厂用母线及厂用电网络电压下降,甚至引起电动机过热,将危及电动机的安全以及厂用电网络的稳定运行,因此必须进行电动机自启动校验。若经校验不能自启动时,应采用相应的措施。

自启动校验的计算公式如下:

厂用高压母线电压 U_{*1}:

$$U_{*1} = \frac{U_{*0}}{1 + \dfrac{\left(K_1 \dfrac{P_1}{\eta\cos\varphi} S_0\right) x_{*t1}}{S_{t1}}} = \frac{U_{*0}}{1 + x_{*t1} S_{*H}} \tag{8-5}$$

式中　U_{*0}——厂用高压变压器电源侧电压的标幺值,采用无激磁调压变压器时,取 1.05;采用有载调压变压器时,取 1.1;

　　　K_1——高压电动机启动电流平均倍数,一般取 5;

　　　P_1——高压母线参加自启动的电动机功率;

$\eta\cos\varphi$——电动机的效率和功率因数乘积,一般取 0.8;

S_0——高压母线已带负荷值;

x_{*t1}——厂用高压变压器电抗标幺值;

S_{t1}——厂用高压变压器容量;

S_{*H}——厂用高压母线的合成负荷标幺值。

当厂用高压变压器采用分裂绕组变压器时,高压绕组额定容量为 S_{1N},分裂绕组额定容量为 S_{2N},即

$$S_{*H}\frac{K_1\dfrac{P_1}{\eta\cos\varphi}+S_0}{S_{2N}}=\frac{K_1P_1}{\eta S_{2N}\cos\varphi}+\frac{S_0}{S_{2N}} \tag{8-6}$$

$$x_{*t1}=1.1\times\frac{U_k(\%)}{100}\times\frac{S_{2N}}{S_{1N}} \tag{8-7}$$

厂用低压母线电压 U_{*2}:

假设低压母线带有负荷 S_2,厂用低压变压器容量为 S_{t2},由电压关系可得

$$S_2=\frac{P_2}{\eta\cos\varphi} \tag{8-8}$$

$$U_{*2}=\frac{U_{*1}}{1+\dfrac{K_2\dfrac{P_2}{\eta\cos\varphi}\times x_{*t2}}{S_{t2}}}=\frac{U_{*1}}{1+x_{*t2}S_{*L}} \tag{8-9}$$

$$S_{*L}=\frac{K_2P_2/(\eta\cos\varphi)}{S_{t2}}=\frac{K_2P_2}{\eta S_{t2}\cos\varphi} \tag{8-10}$$

$$x_{*t2}=1.1\times\frac{U_k(\%)}{100} \tag{8-11}$$

式中　S_{*L}——厂用低压母线的合成负荷标幺值;

x_{*t2}——厂用低压变压器电抗标幺值;

U_{*1}——厂用高压母线电压标幺值;

U_{*2}——厂用低压母线电压标幺值。

已求得的厂用母线电压 U_{*1} 和 U_{*2},应分别不低于电动机自启动要求的厂用母线电压最低值,如表 8-5 所列。

表 8-5　　　　　　　电动机自启动要求的厂用母线最低电压

名称	类型	自启动电压为额定电压的百分值
厂用高压母线	高温高压电厂	65%～70%[①]
	中压电厂	60%～65%[①]
厂用低压母线	由低压母线单独供电电动机自启动	60%
	由低压母线与高压母线串接供电电动机自启动	55%

注:①对于厂用高压母线,失压或空载自启动时取上限值,带负荷自启动时取下限值。

8.5　厂用电切换

8.5.1　6kV 厂用电快切装置

国电南浔公司采用 SID-8BT-A 实现工作电源和备用电源之间的快速切换。装置可以完

成事故切换、非正常工况切换及手动切换。每种切换都可选择不同的切换模式,并根据实际需要分别选择不同的切换准则。

发电机组对厂用电切换的基本要求是安全可靠。其安全性体现为切换过程中不能造成设备损坏,而可靠性则体现为提高切换成功率,减少备用变过电流或重要辅机跳闸造成锅炉汽机停运的事故。

1. 厂用电切换方式按启动原因分

1）事故切换

事故切换由保护接点启动。保护启动接点可并接进线纵差保护、发电机、变压器或发-变组保护出口接点。当事故切换启动后,先发跳开工作电源开关指令,在切换条件满足时(或经用户延时)发合上备用电源开关命令。切换模式可以选择串联。

2）非正常工况切换

非正常切换是自动进行的,包括以下两种情况:

① 母线失压启动:当母线电压低于整定值且时间大于所整定延时定值时,装置根据选定方式进行串联或同时切换。

② 工作电源开关误跳启动:因各种原因(包括人为误操作)引起工作电源开关误跳开,由工作电源断路器辅助接点启动装置,装置选择串联切换模式。

3）正常手动切换

手动切换是手动操作启动,而后自动进行的。在检测到就地手动切换信号,或接收到远方切换命令时,启动工作线路与备用线路之间的快速切换操作。

2. 厂用电切换按断路器动作顺序分

1）串联切换

首先跳工作电源,在确定工作开关跳开后,再合备用电源。母线断电时间至少为备用断路器合闸时间。此方法多用于事故切换。

2）并联切换

首先合备用电源,确定备用开关合上后,再自动跳开工作电源。注意此模式只能应用于正常手动切换。

3）同时切换

首先跳工作电源,在未确定工作开关是否跳开就发合备用电源命令。母线断电时间大于零而小于备用电源断路器合闸时间,可通过设定合闸延时定值来调整。

3. 厂用电切换按切换速度分

图 8-1 所示为典型的双进线供电系统。

1）快速切换

在切换启动瞬间,若母线与备用电源进线的角差、频差在定值范围之内,且母线电压不低于快切低压闭锁定值,则可以在启动瞬间进行"快速切换",立刻合闸。现场试验数据表明,母线电压和频率衰减的时间、速度主要和该段母线所带的负载有关,负载越多,电压、频率下降得越慢,而且下降的速率随着时间的推移不断呈加速下滑趋势。在最初 0.3s 之内,电压、频率下降的幅度较小,相角差在 60°内对于用电设备是安全的,因

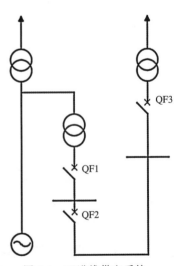

图 8-1 双进线供电系统

而若在此区间快速合闸,无疑是最佳选择。在频差平均为 1Hz 时,以开关固有合闸时间为 100ms 计算,母线与备用进线相量间夹角增大 36°,因而为确保快速切换成功,宜采用快速开关进行切换,且装置发合闸出口命令时,即时测得的角差应小于 20°,即快速切换角差定值设置为 20°。

快速切换的整定值有两个,即频差和相位差,在装置发出合闸命令前瞬间将实测值与整定值进行比较,判断是否满足合闸条件。

2) 残压切换

残压切换指当母线线电压衰减至小于或等于残压切换电压定值(20％～40％额定电压),且持续残压切换延时定值后实现的切换。残压切换作为切换的后备功能。当工作电源被保护切除后,如果因某种原因未能实施快速切换,则当母线电压衰减到某个允许值(整定值)时,再合上备用分支开关。其合闸时无须判断相角和频率差,这是一种非同步的切换方式。

残压切换虽能保证备用分支电源投入,但是由于停电时间过长,很多设备已自动或被低压保护切除,其他设备自启动条件恶化,生产工艺过程等都将受到较大影响。

8.5.2　国电南浔公司厂用电系统切换方式

1. 正常情况下手动同期切换方式

(1) 6kV 1 段厂用中压母线由♯1 高压厂变供电改由♯2 高压厂变供电。

(2) 6kV 1 段厂用中压母线由♯2 高压厂变供电改由♯1 高压厂变供电。

2. 事故情况下厂用中压母线联络开关快速自投方式

当主变压器或者高压厂变发生故障时,保护动作,跳闸继电器出口,跳开对应的 6kV 厂用中压母线的工作电源开关,中压母线的联络电源开关经快速同期鉴定后自动合上。

3. 事故情况下厂用中压母线联络开关慢速自投方式

若联络电源开关快速自投不成功,则经延时后甩掉 6kV 厂用中压母线上的全部电动机负荷,联络电源开关最后通过无压鉴定继电器来实现自投。

8.6　交流不停电电源系统(UPS 系统)

8.6.1　概述

交流不停电电源(AC UPS)系统是为计算机监控系统、数据采集系统,重要燃机、汽机、电气、余热锅炉保护系统,及重要电磁阀等负荷提供可靠的不停电交流电源。国电南浔公司采用的 UPS 整套装置是由青岛艾迪森科技股份有限公司生产,UPS 主机柜由美国艾迪森(LDC)公司制造生产。

8.6.2　机组 UPS 系统运行方式

(1) 两套联合循环机组各装设 1 台 60kVA 的 UPS 装置。每台 UPS 装置由整流器、逆变器、静态开关、隔离二极管等组成,输入和输出端均设隔离变压器。另设有一旁路(60kVA)电源,由隔离变压器、稳压器、备用电源开关及手动旁路开关等组成。正常运行时,由机组 400VMCC 向 UPS 主机的整流器供电,经整流器整流后输出直流电压送给逆变器,转换成交流 230V、50Hz 的单相交流电,向 UPS 主配电盘供电。

(2) 当 UPS 主机发生交流电源消失或整流器故障时,则由蓄电池经隔离二极管向逆变器供电。若此时主机中发生隔离二极管或逆变器故障时,静态开关自动切换至备用电源向 UPS 主配电盘供电。备用电源也由旁路电源供电。由于采用无接点切换,UPS 母线不会间断供电,旁路电源接至机组 400V MCC 上。

(3) 在自动切换备用电源运行时,当 UPS 主机交流电源恢复正常,且装置本身无故障时,能自动转换成整流器供电或直流供电方式运行。

(4) 当 UPS 装置主机需要维修时,可断开 UPS 主机交、直流电源开关、备用电源开关及 UPS 主机电源输出开关,通过手动旁路开关向 UPS 主配电盘不间断供电。

8.6.3 UPS 装置设备参数

1. UPS 装置型号:NMP31060-380/220/230-AR

额定容量:60kVA

输出电压:230V

输出频率:50Hz

功率因数 0.80

制造厂家:美国爱迪森(LDC)公司

2. 整流器

功率:60kW

额定输入电压:380VAC

输入电流:相电流 90.9A

输入最大允许电压变化范围:±95V

额定输出电流:260.8A

额定输出电压:380VAC

3. 逆变器

功率:54kW

直流输入范围:165~320VDC

输入电流:max363.6A

输出频率:50Hz±0.05%

输出电压:230V±1%

输出电流:260.8A

过载能力:$1.1I_n$ 连续

125%额定负荷 10min;

150%额定负荷 1min;

200%额定负荷 10s。

4. 静态开关

额定电压:1600V

最大连续额定电流:330A

最大瞬时电流有效值:9000A

极数:2

切换时间:0.4ms

连续额定输出时的最高环境温度:40℃

5. 隔离变压器

额定容量:60kVA

额定一次电压:380V

额定二次电压:230V

6. 旁路电源旁路调压器

额定容量:60kVA

输入电压范围(%):AC400V±15%

输出电压范围(%):AC230V±5%

旁路输入/输出频率:50Hz

7. 手动检修旁路开关

最大连续电流:350A

最大瞬时电流:50kA

额定电压:690VAC

8. 冷却系统

冷却方式:风冷式

冷却器数量:13 只

8.6.4 UPS 系统的操作检查与监视

1. UPS 装置投运前检查

(1) 有关检修工作已结束,工作票已终结,检修有可以投运的书面通知。

(2) 检查 UPS 装置主机柜内整流器输入端相序已核对,且正确,整流器输出极性与 230V 直流电源极性已核对。

(3) UPS 装置主机整流器、逆变器、静态开关及隔离变压器等主设备完好,柜内无杂物、无异味、外壳接地良好。

(4) UPS 装置主机柜内各冷却风扇电动机接线完整,风扇能正常盘动,无卡涩现象。

(5) 检查 UPS 装置各仪表、控制、信号、保护等二次设备接线良好,有关装置已做过功能试验,并确认其正常。

(6) 检查 UPS 装置主机柜内中除手动旁路开关在合上位置外,其余开关均在断开位置。

2. UPS 装置投入前的外部操作

(1) 合上主厂房 220V 直流配电盘 A 上 UPS 装置主机远方直流电源开关。

(2) 合上 UPS 装置主机远方交流电源开关。

3. UPS 装置主机投入运行,系统由手动旁路回路供电恢复至正常运行方式的操作

(1) 确认 UPS 旁路输入远方电源开关确在合上位置。

(2) 确认 UPS 旁路柜内 UPS 旁路输入电源开关在合上位置。

(3) 确认旁路电源稳压开关在"稳压"位置。

(4) 确认 UPS 主机手动旁路开关在合上位置。

(5) 检查 UPS 主机手动旁路开关回路供电正常。

(6) 确认 UPS 主机工作结束,现场清洁电源电压相序正确,设备符合运行条件,检修有可投运的书面通知。

(7) 合上 UPS 主机交流输入远方电源开关。

(8) 合上 UPS 主机直流输入远方电源开关。

(9) 合上 UPS 主机备用电源开关。

(10) 检查♯1 机 UPS 主机备用电源黄灯亮,♯1 机 UPS 主机旁路电源静态开关回路已

导通。

(11) 合上 UPS 主机电源输出开关。

(12) 断开 UPS 主机手动旁路开关。

(13) 合上♯1 机 UPS 主机直流输入开关,检查"BAT FAULT"灯熄灭。

(14) 合上♯1 机 UPS 主机交流输入开关,检查"INPUT"及"RECTIFIER"绿灯亮。

(15) 确认♯1 机 UPS 主机整流器工作正常,直流电压已建立。

(16) 在♯1 机 UPS 主机操作面板上按下逆变器启动开关"ON",几秒钟后,检查冷却风扇启动正常。

(17) 过约 30s 后,检查♯1 机 UPS 主机 LCD 面板上静态开关已自动切至逆变器供电,"INVERTER"绿灯亮。

(18) 确认♯1 机 UPS 主机输出电压、负载指示正常,显示面板上无异常报警。

(19) 检查 UPS 旁路柜上指示灯指示正常。

(20) 检查 UPS 装置旁路柜上旁路电源调压开关在"自动调压"位置,旁路电源开机方式切换开关"自动开机"位置。

4. UPS 主机退出运行,UPS 切换至手动旁路回路供电

(1) 确认 UPS 主机备用电源开关在合上位置。

(2) 在♯1 机 UPS 主机操作面板上按下逆变器停运开关"OFF",检查静态开关已自动切至旁路电源供电,旁路侧"RESERVE"黄灯亮。

(3) 断开 UPS 主机直流输入开关。

(4) 断开 UPS 主机交流输入开关。

(5) 合上♯1 机 UPS 主机手动旁路开关,检查 UPS 主机 LCD 面板上手动旁路开关指示黄灯亮。

(6) 断开 UPS 主机电源输出开关。

(7) 断开 UPS 主机备用电源开关。

(8) 断开 UPS 主机交流输入远方电源开关。

(9) 断开 UPS 主机直流输入远方电源开关。

(10) 检查 UPS 装置旁路柜上指示灯指示正常,电压及负载显示正常。

(11) 检查 UPS 装置旁路柜上旁路电源调压开关在"自动调压"位置,旁路电源开机方式切换开关在"自动开机"位置。

5. 正常运行时,旁路隔离稳压器退出运行

(1) 确认 UPS 主机运行正常。

(2) 确认 UPS 配电盘供电正常。

(3) 确认 UPS 主机手动旁路开关在断开位置。

(4) 断开 UPS 主机备用电源开关。

(5) 断开 UPS 旁路柜内 UPS 旁路输入电源开关。

(6) 将旁路电源稳压开关置"退出"位置。

(7) 断开 UPS 装置旁路输入远方电源开关。

(8) 检查 UPS 旁路柜,电源指示灯灭。

6. 旁路隔离稳压器投运,UPS 系统恢复正常运行方式

(1) 检查旁路隔离稳压器检修工作结束,现场清洁,检修有可投用的书面通知。

（2）合上 UPS 装置旁路输入远方电源开关。

（3）合上 UPS 旁路柜内 UPS 旁路输入电源开关。

（4）将旁路电源稳压开关置"稳压"位置。

（5）检查 UPS 旁路柜上电源指示灯亮，无异常报警。

（6）确认 UPS 主机手动旁路开关在断开位置。

（7）合上 UPS 主机备用电源开关。

（8）检查各开关指示灯与正常运行方式相符。

（9）检查 UPS 装置旁路柜上旁路电源开机方式切换开关在"自动开机"位置。

（10）检查 UPS 装置旁路柜上旁路电源调压开关在"自动调压"位置。

7. 操作注意事项

（1）当静态开关由旁路电源侧自动切换至逆变器侧位置时，或运行中主机停运后投用时，逆变器侧静态开关 LED 灯要延时 7s 后才会点亮，注意确认。

（2）投用逆变器，在 UPS 主机操作面板上按下逆变器启动开关"ON"，几秒钟后应检查冷却风扇启动正常。

（3）投用逆变器，在 UPS 主机操作面板上按下逆变器启动开关"ON"后，过 30s 左右，UPS 主机 LCD 面板上静态开关会自动切至逆变器供电，"INVERTER"绿灯亮。

（4）正常运行情况下，当 UPS 装置旁路输入远方电源短时失电再恢复时，只要 UPS 装置旁路柜面板上旁路电源开机方式切换开关在"自动开机"、旁路电源调压开关在"自动调压"位置，旁路电源会自动恢复至正常备用状态。

8. UPS 系统正常运行监视与检查

（1）UPS 装置主机输出电压为（230±1%）V，频率为（50±0.01%）Hz。

（2）UPS 装置无异声、异味。

（3）UPS 装置主机柜内各冷却风扇运转良好，各通风滤网完好，无堵塞现象。

（4）UPS 装置主机控制面板上运行指示灯正常，开关位置指示正确，无报警信号。

（5）检查 UPS 装置旁路柜无异声、异味，旁路柜上各指示灯指示正常，旁路输入、输出电压指示正确，面板上无异常报警。

8.6.5　UPS 系统异常及故障的处理

（1）当旁路电源发出故障报警时，集控室大屏报警画面上"UPS 系统故障"报警，主机面板上报警灯亮，运行人员带上 UPS 柜门钥匙，速到 UPS 现场，应检查确认 UPS 旁路柜上故障报警灯亮，UPS 旁路输入远方电源开关是否故障跳开，若远方电源开关正常，检查旁路柜内稳压器工作情况，若旁路柜内有异声或异味，请立即将 UPS 旁路柜远方电源开关断开，并马上联系检修人员，查明故障原因。

（2）当运行中发生主机逆变器故障停运时，集控室大屏报警画面上"UPS 系统故障"报警，应检查主机面板上报警灯亮，确认主机已停运，UPS 负荷已自动切至旁路电源供电，将故障的主机隔离后，根据报警的具体情况，通知检修人员检查逆变器故障原因，并处理。

（3）当运行中主机整流器输入电源故障或整流器输出直流电源太高时，集控室大屏报警画面上"UPS 系统故障"报警，确认 UPS 电源已由 230V 直流系统经二极管向逆变器供电，检查整流器交流输入远方电源开关和主机柜内整流器交流输入开关，查明整流器故障原因，尽快恢复正常。

（4）运行中若 UPS 主机出现"温度高"报警时，则应立即检查柜内冷却风扇运转情况，检查 UPS 主机柜进气口和出风口情况,检查柜内温度情况,若是通风堵塞所致,则应清除堵塞,若是风扇故障停用,立即通知检修人员进行处理。

8.7 厂用电系统运行监视

国电南浔公司厂用电系统运行监视各段母线电压指示值在规定范围内,三相电压平衡。各段母线电压上下限按表 8-6 所列执行。配有电流切换开关的负荷和电源馈线,应切换检查电流表指示,确认三相电流平衡。厂用电系统中各 230V 交流配电盘、UPS 及直流配电盘、照明配电盘均应保持在长期带电运行状态。

表 8-6　　　　　　　　　　　　　厂用电母线电压变动范围

母线额定电压	下限	上限
6kV	5.7kV	6.6kV
380V	361V	418V

8.8 厂用电系统事故处理

8.8.1 6kV 中压母线工作电源的事故切换

(1)当主变或高压厂变事故跳闸,引起 6kV 中压母线工作电源开关跳闸时,6kV 母线应自动快速切换至母线联络电源开关供电,切换完成后应检查母线电压正常。

(2)如果中压母线快速切换不成功时,则转入慢速切换(即同期捕捉切换、残压切换、长延时切换)。

(3)若慢速切换也失败,先确认中压母线上工作电源开关和所有电动机负荷开关均处于分闸状态,手动分闸所有变压器负荷开关,检查母线无故障信号,配合检修查明原因,确认母线绝缘合格。检查电子室发变组保护动作情况并做好完整记录,复归发变组保护动作出口继电器,再手动合上母线联络电源开关,并检查母线三相电压正常,根据需要恢复负荷。

8.8.2 高压厂变异常或故障

1. 现象

(1)大屏报警屏上有"高压厂变"相关报警。

(2)高压厂变油温及线圈温度异常升高。

(3)变压器油位降低。

(4)"瓦斯""差动"等相关保护动作报警,压力释放阀可能动作,发变组跳闸。

2. 处理

(1)点击"高压厂变报警",查看报警具体内容。

(2)若高压厂变油温及线圈温度异常升高,就地检查高压厂变运行情况,核对有关表计,检查变压器温度是否正常;若经处理仍无法恢复正常,则考虑将 6kV 一段厂用电切至 6kV 另一段母线供电。

(3)若变压器油位低,则应检查变压器是否漏油,各放油阀门是否关严。

(4)若轻瓦斯动作,通知试验人员取油样化验,另外联系检修人员检查瓦斯继电器是否有误动可能。

(5)若压力释放动作报警,应就地检查变压器本体,确认变压器运行情况,联系检修人员确认。

（6）若高压厂变故障引起中压母线工作电源失去，按 8.8.1 节"中压母线工作电源事故切换"的有关规定处理。

8.8.3 6kV 母线故障

1．现象

（1）大屏报警屏上有"6kV 厂用电故障报警"信号。

（2）CRT 上该段母线电压、有功功率、电流显示为 0，母线工作电源开关跳闸，开关上保护动作信号灯亮。

（3）失电母线带低电压保护的电动机开关全部跳闸。

（4）失电母线所带低压厂变失电，对应的 380V PC 母线失电。

2．处理

（1）点击"6kV 厂用电故障报警"信号，查看报警具体内容。

（2）确认有关备用辅机是否自启动，若未自启动，应抢合一次。

（3）若机组未跳闸，及时调整机组负荷及有关运行参数，维持机组稳定运行。

（4）若 UPS 工作电源、DC220V 充电器所在电源母线全部失电，则应检查 UPS 电源已自动切换至 DC220V 供电，DC220V 蓄电池电压正常，输出电流正常。失电母线恢复运行后，恢复 UPS、直流系统正常运行方式。

（5）检查保护动作情况，做好记录，等检修确认后复归报警。

（6）将故障母线改为"检修"状态，通知检修人员检查处理。

8.8.4 6kV 馈线单相接地故障

1．现象

（1）DCS 上有"6kV ××开关"零序保护动作报警信号。

（2）6kV 中压开关三相电压出现不对称。

（3）6kV 母线 PT 间隔上微机消谐装置上报警指示灯亮。

（4）6kV 中压开关小电流选线装置上出现接地报警信号。

（5）6kV 中压开关三相电源指示灯出现缺相情况，接地故障相电源指示灯灭。

2．处理

（1）检查 DCS 画面中各馈线零序电流保护动作情况。

（2）根据小电流接地选线装置选线情况判断故障间隔。

（3）检查保护动作情况，做好记录，等检修确认后复归报警。

（4）若发生接地的 6kV 中压开关未跳闸，根据负荷间隔情况及时调整运行方式，将发生接地的 6kV 中压开关断开，对该设备所属回路进行外部检查。

（5）若发生接地的 6kV 中压开关已经跳闸，对变压器类负荷开关，要检查确认该变压器低压侧 PC 电源进线开关也已经跳闸，该变压器所供 PC 母线失电，调整辅机和 MCC 母线运行方式，将故障开关改为"检修"状态，通知检修人员检查处理。

8.8.5 PC、MCC 接地

1．现象

（1）DCS 上有"400V ××开关"报警信号。

（2）就地开关室内所属 PC 母线上接地故障负荷电源开关保护装置上有接地故障报警信号。

(3)直接接地系统运行中的负荷电源开关回路出现接地,直接跳闸。

2．处理

(1)若接地故障是辅机负荷电源开关,确认已经跳闸,检查备用设备是否启动。

(2)若接地故障是MCC负荷电源开关,确认该负荷电源开关所带MCC母线已经失电,将失电MCC母线进线闸刀进行切换,合上该MCC母线另一侧电源开关。

(3)若接地故障是燃机或余热锅炉MCC负荷电源开关,确认燃机MCC或余热锅炉MCC母线已经自动切换至备用电源开关供电,母线电压正常。

(4)检查保护动作情况,做好记录,等检修确认后复归报警。

(5)对故障设备进行隔离,做好安措,通知检修处理。

8.9 直流系统

8.9.1 直流系统的作用和主要设备

直流系统是发电厂厂用电中最重要的组成部分,它应保证在任何事故情况下都能可靠和不间断地向其用电设备供电。主厂房的直流系统和网控楼的直流系统均由220V直流系统组成。220V直流系统主要为机组的控制、保护、测量、信号和直流电磁阀、机组的直流事故油泵UPS电源及集控室的事故照明等提供直流电源。

在直流系统中,采用使用交流电源的整流模块和蓄电池组作为直流电源。平时正常运行时,由整流模块供电,同时为蓄电池浮充电;事故情况下由整流模块和蓄电池同时供电或者在整流模块失去交流电源时由蓄电池供电。蓄电池组是一种独立可靠的电源,它在发电厂内发生任何事故,甚至在全厂交流电源都停电的情况下,仍能保证直流系统中的用电设备可靠而连续的工作。

8.9.2 国电南浔公司的直流系统和主要设备

1．主厂房220V直流系统

采用深圳奥特迅电力设备股份有限公司生产的ATC230M20系列电力用智能型高频开关直流电源系统,每台机组各设1组220V阀控免维护铅酸蓄电池,两台机组相互备用,不设端电池和降压措施,每组105只电池,8h放电容量为800Ah,每只蓄电池放电终止电压取1.80V,均衡充电电压2.25V。直流母线电压变化范围为192.6~246.1V。蓄电池充电装置采用高频开关电源,两组蓄电池配三套充电装置,每套充电装置配置$N+1$充电模块,额定输出电流为160A,充电器的交流电源来自380/220V PC段。220V直流系统接线为单母线分段,两线制,不接地系统。直流母线的短路电流按20kA考虑。每组220V直流母线配有能检测母线及各馈线接地故障的微机型绝缘监测装置,母线或馈线回路发生接地故障时,发出报警信号。每组220V直流系统配置一套微机监控系统。两组220V蓄电池布置在电控楼零米层蓄电池室内,直流屏和蓄电池充电装置布置在电控楼4.00m层电气设备间内。

2．网控楼220V直流系统

110kV网控楼继电器室内设2组220V、200Ah阀控免维护铅酸蓄电池,以满足继电保护装置主保护和后备保护由两套独立直流系统供电的双重化配置原则。每组蓄电池配1台充电器,蓄电池充电装置采用高频开关电源,配置$N+1$充电模块,其额定输出电流为120A。网控楼220V直流系统采用单母线分段接线。蓄电池组正常以浮充电方式运行。网控220V蓄电池、充电装置屏和直流屏布置在网控继电器室内。

3．燃机 125V 直流系统

（1）燃机 125V 直流系统由 2 组蓄电池、2 台充电器、8 只高频充电模块、直流母线和直流盘组成，每组蓄电池 750Ah，电压 125V。

（2）直流系统的 2 台充电器由燃机 MCC 母线上两路电源通过双电源切换开关供电。

（3）燃机 125V 直流系统为直流母线上的燃机各馈线如直流电动机，燃机发动机组保护、控制、操作、事故照明等提供直流电源。

8.9.3 国电南浔公司的直流系统技术参数及部分设备功能简介

1．直流系统参数

表 8-7 所列为国电南浔公司直流系统技术参数。

表 8-7　　　　　　　　　　　直流系统技术参数

1.主厂房及网控楼蓄电池		
	主厂房	网控楼
蓄电池型号	GFM-800E	GFM-200E
蓄电池型式	阀控铅酸蓄电池	阀控铅酸蓄电池
蓄电池容量(Ah)	800	200
蓄电池组数(组)	2	2
每组蓄电池个数(只)	105	105
制造厂/原产地	山东淄博火炬能源 有限责任公司	山东淄博火炬能源 有限责任公司
25℃时蓄电池浮充寿命(年)	12	12
蓄电池气体复合效率	＞96％	＞96％
外壳材料	ABS	ABS
每月自放电率	≤3％	≤3％
电池开路电压差(mV)	≤20	≤20
电解液吸附系统方式	AGM 隔板吸附	AGM 隔板吸附
单体电池额定电压(V)	2	2
单体电池浮充电电压(V)	2.24	2.24
单体电池均衡充电电压(V)	2.30～2.35	2.30～2.35
蓄电池正常浮充电电流(mA)	1600	400
蓄电池均衡充电时间(h)	24	24
蓄电池开阀压力(kPa)	10～49	10～49
蓄电池闭阀压力(kPa)	1～10	1～10
蓄电池内阻(Ω)	0.23	0.55
蓄电池间连接板电阻(Ω)	2.8×10^{-2}	2.8×10^{-2}
正极板厚度(mm)	4.4	4.4
负极板厚度(mm)	3.8	3.8
单体蓄电池外形尺寸(mm)	383×170×354	106×170×354
单体蓄电池重量(含酸)(kg)	50	13

续表

2. 燃机侧 125V 蓄电池	
型号	
每组蓄电池容量(Ah)	750
蓄电池组数	2 组
每组蓄电池个数	58 只
制造厂	

3. 主厂房及网控楼充电器		
	主厂房	网控楼
充电器数量(台)	3	3
充电器输入交流电源电压(V)	380 三相三线	380 三相三线
充电器输入交流电源频率(Hz)	50	50
充电器输入交流电源额定短路电流有效值	40kA,3s	40kA,3s
每台充电器额定输出电流(A)	160	120
220V 直流母线电压范围(V)	193~248	193~248
直流母线承受的额定短路电流有效值	20kA,3s	20kA,3s

4. 燃机侧 125V 充电器	
充电器数量(台)	2 台
充电器输入交流电源电压(V)	380 三相三线
充电器输入交流电源频率(Hz)	50
充电器输入交流电源额定短路电流有效值	
每台充电器额定输出电流(A)	120
125V 直流母线电压范围	

2. 部分设备功能简介

1) 高频开关

高频开关是采用高频功率半导体器件和脉宽调制(PWM)技术的新型功率变换技术。高频开关电源模块工作原理:三相交流输入电源经输入三相整流、滤波变换成直流,全桥变换电路再将直流变换为高频交流,高频交流经主变压器隔离、全桥整流、滤波转换成稳定的直流输出,其中各部分的作用如下:

(1)原边检测控制电路:监视交流输入电网的电压,实现输入过压、欠压、缺相保护功能及软启动的控制。

(2)辅助电源:为整个模块的控制电路及监控电路提供工作电源。

(3)EMI 输入滤波电路:实现对输入电源作净化处理,滤除高频干扰及吸收瞬态冲击。

(4)软启动部分:用作消除开机浪涌电流。

(5)信号调节、PWM 控制电路:实现输出电压、电流的控制及调节,确保输出电源的稳定及可调整性。

(6)输出测量、故障保护及微机管理部分:负责监测输出电压,电流及系统的工作状况,并将电源的输出电压、电流显示到前面板,实现故障判断及保护,协调管理模块的各项操作,并跟系统通信,实现电源模块的高度智能化。

主厂房 220V 直流系统每套充电装置设 20A 充电模块 10 个,网控楼 220V 直流系统每套充电装置设 20A 充电模块各 7 个。

2) 馈线状态检测模块

ATC1000MDA-R013300-T 型直流馈线状态检测模块的主要功能有:监测各馈线状态(空气开关事故跳闸)并将其上送至集中监控器,集中监控器内可显示故障支路号。本模块可独立设置,也可将本模块功能由集中监控器来完成。

馈线单元将直流电源通过负荷开关送至各用电设备的配电单元,各回路所用负荷开关为北京人民电器开关厂生产的专用直流开关,它可保证在直流负荷侧故障时可靠分断,容量与上、下级开关相匹配,以保证选择性。

3) 绝缘监测单元

配置了 ATCEZJ5-HL-Y 型微机直流绝缘监察选线装置。它主要用于监测直流系统电压及绝缘情况,在直流电压过、欠或直流系统绝缘强度降低等异常情况下发出声光报警,并将对应告警信息发至集中监控器。用于主分屏直流系统时,装置可设为主机或分机。

装置采用毫安级直流电流传感器,实时监测正负直流母线的对地电压和绝缘电阻。当正负直流母线的对地绝缘电阻低于设定的报警,自动启动支路巡检功能。支路巡检采用直流有源 CT,不需向母线注入信号。每个 CT 内含 CPU,被检信号直接在 CT 内部转换为数字信号,由 CPU 通过串行口上传至绝缘监测仪主机。采用智能型 CT,所有支路的漏电流检测同时进行,支路巡检速度快。

绝缘监测装置具有如下特点:

(1) 检测灵敏度高,不受系统对地电容影响。

(2) 系统的正、负母线对地绝缘均匀下降时,装置能准确测出。

(3) 系统的任一支路绝缘均匀下降时,装置能准确测出。

(4) 可记忆所有发生故障的支路号。

(5) 当有多条支路发生故障时,在排除一条支路故障后,装置自动识别,如仍有故障支路存在,装置会重新启动巡检。

(6) 抗干扰能力强,可靠性高。

4) 直流电源柜防雷

直流电源柜设有两级防雷,第一级(雷击浪涌吸收器)设在交流配电单元入口,第二级设在充电模块内。雷击浪涌吸收器具有防雷和抑制电网瞬间过压双重功能。相线与相线之间,相线与零线之间的瞬间干扰脉冲均可被压敏电阻和气体放电管吸收,当雷击浪涌吸收器故障时,其工作状态窗口由绿变红,提醒更换防雷模块。

5) BATM30B 智能型蓄电池在线监测系统

BATM30B 智能蓄电池组在线监测系统包括 MDF 系列放电控制模块、电池采样放电控制模块以及放电负载组成。静态放电时,能够自动严格稳流,在线测量每节电池的电压,面板液晶屏能够显示放电电流、电池组端电压、放电时间和累计放电容量;动态放电可测量电池的内阻;放电控制模块可以通过 RS485 和后台监控直接通信。其技术特点如下:

(1) 具备 RS485 通信功能,可与上位机配合实现集中监控。

(2) 电池组电压巡监功能,最多可以巡监 110 节电池端电压,电池规格可以是 2V、6V、12V,并可以设定电池端压上下限,进行超限报警。

(3) 放电时,严格恒流,恒流精度<1%。

（4）可以从 10％～100％任意设置静态放电电流。

（5）可以任意设置静态放电时间和放电截止电压，当放电达到设定时间或电池组端压降到设定电压时，放电自动停止。

（6）保护功能完善，具备放电控制模块过热保护、短路保护、输入反接和硬件欠压保护功能。

（7）提供常开干接点输入接口，提供外部事件触发停止放电。

（8）提供常开干接点输出接口，当动态放电终止时，触发输入断路器脱扣。

（9）动态放电负载内置，静态放电负载需外接。

6）蓄电池组

国电南浔公司主厂房及网控楼 220V 直流系统均采用山东淄博火炬能源有限责任公司生产的 GFM 型密封免维护固定型阀控式铅酸蓄电池。每台机设 220V 蓄电池组一组，每组 105 只，容量为 800Ah；网控 220V 蓄电池组两组，每组 105 只，容量为 200Ah。

密封免维护固定型铅酸蓄电池的复合机理如下：

密封电池采用内部复合机理，充电时，在正极产生的氧气通过在负极发生的氧化还原反应重新化合成水。在各种化学反应中间状态形成的硫酸铅，在充电电流的作用下永久地转化成活性物质，同时生成水分。这是一个水的分解和复合的完整过程。由于采用了高电位析氢的特种合金，从根本上抑制了氢气在负极的产生。因不正确操作和过充电造成的不能复合成水的过量气体将通过压力阀溢出。

关于蓄电池的几个概念：

（1）蓄电池的容量：是蓄电池蓄电能力的重要标志。一般用"安时"来表示。蓄电池容量的安时数就是蓄电池放电到某一最小允许电压的过程中，放电电流的安培数和放电时间的乘积。蓄电池的额定容量，是指蓄电池在充足电时以 10h 放电率放出的电量。

（2）蓄电池的放电率：蓄电池放电至终了电压的快慢称为蓄电池的放电率。可用放电电流的大小，或者放电到达终了电压的时间长短来表示。10h 率为正常放电率。

（3）蓄电池的自放电：充足的蓄电池，如若是放置不用，也会逐渐失去电量，这个现象称为蓄电池的自放电特性。

（4）蓄电池的浮充电流：是指蓄电池在浮充电方式下的充电电流。浮充电流数值虽不大，但因长期运行，浮充电流过大会过充电，造成蓄电池正极板脱落物增加而提前损坏；浮充电流过小则会欠充电，使负极板脱落物增加，以及硫化而造成电池容量降低。所以，为了使蓄电池经常处于良好状态，应认真进行监视和调节，使浮充电流的大小经常保持在要求值。

蓄电池的温度要求及放电数据：

温度太高将降低蓄电池的寿命，温度太低则影响蓄电池容量。蓄电池持续运行温度不得超过 45℃，短时运行温度不得超过 55℃。理想的运行温度为 20℃±5℃。单体电池表面温度偏差超过 5℃，应及时和制造厂联系。

温度与充电电压的关系：

温度在 15℃～25℃之间不必调整，如果温度持续在超出以上范围，则按 0.005V/℃的温度调整系数更改浮充电电压。

8.9.4　直流系统的运行方式

（1）燃机 125V 直流系统

① 燃机 125V 直流系统由 2 组蓄电池、2 台充电器、8 个高频充电模块、直流母线和直流配

电盘组成,每组蓄电池容量 750Ah,电压 125V。

② 直流系统的 2 台充电器由燃机 MCC380V 配电屏内两路电源通过双电源切换开关供电。

③ 燃机 125V 直流系统为直流母线上的燃机各馈线如直流马达,燃机发变组保护、控制、操作、事故照明等提供直流电源。

(2)♯1、♯2 机组各自设有单独的主厂房 220V 直流系统,为本单元机组提供可靠的直流电源。各配 1 组蓄电池,1 台充电器,另配置 1 台充电器作为公共备用。♯1、♯2 机直流母线之间设有联络开关,可相互切换,从而保证直流系统供电的可靠性。

① 正常运行时,主厂房两台机组 220V 直流系统两段母线分开运行,2 组蓄电池、2 台充电装置各自接入相应段直流电源母线,充电装置带该段母线上的直流负荷及对蓄电池组浮充电运行方式,母线联络开关在断开位置。

② 当任一直流系统的充电器故障时,可切换至备用充电器供电,当蓄电池或直流母线故障时,可通过母线联络开关,切换至另一段直流母线,由该段母线供电。任一充电装置可带两段直流母线同时运行。

(3)110kV 网控楼 220V 直流系统,设置 2 组蓄电池,3 台充电器和 2 段直流母线,直流母线之间设有联络开关,可相互切换,从而保证 110kV 网控楼直流系统供电的可靠性。

① 正常运行时,110kV 网控楼 220V 直流系统 2 段母线分开运行,2 组蓄电池、2 台充电装置各自接入相应段直流电源母线,充电装置带该段母线上的直流负荷及对蓄电池组浮充电方式运行,母线联络开关在断开位置。

② 当任一直流系统的充电器故障时,可切换至备用充电器供电,当蓄电池或直流母线故障时,可通过母线联络开关,切换至另一段直流母线,由该段母线供电。任一充电装置可带两段直流母线同时运行。

(4)正常运行情况下,蓄电池组与充电器并列运行,采用浮充方式。

(5)正常运行情况下,直流电源系统监控器和各段直流母线上的绝缘监测仪均投入运行。

(6)正常运行情况下,禁止将蓄电池组退出运行。

(7)事故放电后,对于蓄电池应马上进行充电,一般采用均充电方式。

(8)直流 125V 充电器运行状态:

① 浮充状态:

正常情况下,蓄电池组与充电器并列运行,采用浮充方式。

充电电压为 131V。

② 均充状态:

事故放电后,对于蓄电池应马上进行充电,一般采用均充方式。

充电电压为 136V。

(9)直流 220V 充电器运行状态(以 800AH 电池 105 节为例):

① 浮充状态:

a. 正常情况下,充电器处于该状态运行,充电电压为 236.2V(2.25V 浮充电压×105 节电池)。

b. 电池运行方式为“自动”时:当充电器交流输入电源失去,蓄电池放电超过 10min,同时有放电记录,系统再来电,自动进入均充状态,电流大小 80A(0.1C)。或当定期均充时限 2160h 到了,自动进入均充状态。

c. 电池运行方式为"手动"时,可强行转入均充状态。但当电池容量充满状态,即使手动强行转入均充,也会在预设时间(出厂设定为 3h,时间可设,但不能设为零)退出均充,转入浮充状态。

② 均充状态:

a. 充电电压为 246.7V(2.35V 均充电压×105 节电池)。

b. 电池运行方式为"自动"时:以整定的充电电流进行稳流充电,电压上升到均充整定值时,转入稳压充电,当充电电流小于 8A(0.01C)后延时一段时间(出厂设定为 3h,时间可设,但不能设为零),自动进入浮充状态。或当充电电流小于 8A(0.01C),自动进入浮充状态。

c. 电池运行方式为"手动"时,可强行转入浮充状态。但当电池容量亏损(监控器设定值)情况,即使手动强行转入浮充,也会马上退出浮充,转入均充状态(按照电池优先的模式)。

③ 电池"自动"及"手动"运行方式均需在监控器的监控下设置。

8.9.5　直流系统运行中的检查和维护

(1) 直流母线电压的检查。直流母线电压应正常,保持在 225V,允许在 220～230V 之间波动。蓄电池应经常处于浮充电方式,每个蓄电池的电压应为 2.15V,允许在 2.1～2.2V 范围内变动。

(2) 放电电流的检查。摸清负荷变化规律,随时注意充电及放电电流的大小,并做好记录。

(3) 电解液液面、温度和比重的检查。电解液的液面应经常高于极板上边 10～20mm。电解液(在运行中)的温度不得低于 10℃,不得高于 25℃,在充电过程中不得超过 40℃,在浮充电运行时,蓄电池的电解液比重一般应保持为 1.20～1.21(+15℃)。

(4) 电池电解液冒泡情况的检查。蓄电池在正常情况下,电解也会冒出细小气泡。

(5) 接头和连接导线的检查。经常检查各接头与导线连接是否紧密,有无腐蚀现象。

(6) 室温的检查。蓄电池室应保持适当的温度(10℃～30℃),并保持良好的通风和照明。

8.9.6　直流系统的正常运行监视、维护与检查

(1) 直流母线电压监视

如表 8-8 所列。

表 8-8　　　　　　　　　　　　　直流母线电压监视值

	浮充电压(V)	均充电压(V)
DC 125V 母线	131	136
DC 220V 母线	234	246

(2) 蓄电池组参数监视

① 蓄电池室正常温度应维持 10℃～30℃。蓄电池标准温度为 25℃。

② 125V 蓄电池每只电瓶浮充电压为 2.25V,均充电压为 2.35V。

③ 220V 蓄电池每只电瓶浮充电压为 2.25V,均充电压为 2.35V。

(3) 直流配电装置及充电器正常运行时的检查及维护

① 交流电源电压正常,交流输入电压平衡无缺相,运行指示灯指示正确,无保护动作和电源模块故障信号。

② 充电模块各部件无过热、无振动、无异声,风扇运行正常。

③ 设备各部分完好无损,盘内清洁、无杂物、无异味。

④ 直流母线及充电装置屏上各开关位置正确,指示灯指示正常。

⑤ 各直流母线电压指示值符合充电装置当时的运行状态,充电装置输出电流指示正常。

⑥ 充电装置屏面上无异常报警,母线配电屏上无接地报警信号。

（4）蓄电池组的正常检查与维护

① 蓄电池室温度应保持在正常范围内,室内暖通装置应能正常投、停。

② 蓄电池室内应保持清洁、干燥,照明充足,无强烈异味,消防设施完好。

③ 蓄电池容器应完整,无破损、无漏液、无膨胀、无过热、极板无弯曲。

④ 蓄电池各连接头应坚固无松动,连接线无过热、无腐蚀现象。

⑤ 蓄电池室内禁止吸烟,禁止明火作业,禁止使用大功率白炽灯。

⑥ 蓄电池维修人员每 3 个月对 125V、220V 蓄电池进行一次均衡充电,运行人员配合进行相应操作。

⑦ 每 2 年 1 次对蓄电池进行一次核对性充放电。

8.9.7　直流系统异常及故障处理

1. 充电器故障跳闸处理

1）现象

（1）大屏报警屏上显示"♯1 直流系统故障"信号。

（2）直流电源系统监控器上显示故障信息。

（3）充电器输出电流表指示到零。

（4）直流母线电压可能降低。

2）处理

（1）点击"♯1 直流系统故障"报警信号,查看具体报警内容。

（2）检查蓄电池及母线电压是否正常。

（3）停运故障充电器,投运备用充电器,以维持母线电压正常。

（4）查明故障原因,通知检修处理。

（5）若属交流开关跳闸,应查明原因后再投运。

2. 充电器中某个模块故障

1）现象

（1）大屏报警屏上显示"♯1 直流系统故障"信号。

（2）故障报警内容上显示"充电器模块故障"。

（3）直流电源系统监控器上显示具体的某个模块故障的故障信息。

（4）其他运行模块电流上升。

2）处理

（1）现场查看确认故障的模块。

（2）停用故障的模块,拉开故障模块分路小开关。

（3）注意其他运行模块的电流不超限。

（4）联系检修处理。

3. 直流母线电压异常

1）现象

（1）大屏报警屏上显示"♯1 直流系统故障"信号。

（2）故障报警内容上显示"直流母线电压异常"。

（3）母线电压表指示异常。

2）处理

（1）立即检查母线电压值，判断报警是否正确。

（2）检查是否启动大负载，有无过载、短路现象。

（3）检查蓄电池是否正常，充电器充电模块电源小开关是否跳闸。

（4）如果是充电器故障引起，应停运故障充电器，投运备用充电器，通知检修处理。

（5）母线电压恢复后检查系统运行正常。

4．直流母线短路、蓄电池出口短路

1）现象

（1）大屏报警屏上显示"♯1 直流系统故障"信号。

（2）故障报警内容上显示"直流母线电压异常"。

（3）短路处有强烈的电弧光，并冒火、冒烟。

（4）充电器跳闸，蓄电池组输出开关跳闸。

（5）直流母线电压表指示为 0，母线负载失压。

2）处理

（1）立即查找故障点，在故障点未找到之前，严禁将两段母线联络运行；按负载重要程度，分别将故障母线上的完好负载采用停电切换的方式切至另一段母线运行。

（2）检查母线及蓄电池系统，测量绝缘。若为母线故障，停用充电器和蓄电池组，并将母线转检修，联系检修处理。

（3）若经检查确证为蓄电池出口短路，停用蓄电池组，将两段母线联络运行。

（4）消除故障后恢复正常运行方式。

5．直流系统接地

1）现象

（1）大屏报警屏上显示"♯1 直流系统故障"信号。

（2）故障报警内容上显示"直流接地"。

CRT 上显示现场绝缘监视装置上有相关支路直流接地报警。

（3）现场绝缘监视装置上母线的对地电阻下降。

2）处理

（1）在绝缘监视装置查出是哪一路负载接地，查明接地性质，询问是否有辅机启动、直流回路有无工作。

（2）对接地回路进行外部检查，确证是否由于明显的漏水、漏汽所造成。

（3）及时通知电气或仪控专业人员到场，做好必要的安全措施后，将该回路停电，交由检修处理，请检修人员消除接地点。

第9章　输电线路的保护

9.1　继电保护基本概念

电力系统中的各种电气设备(如发电机、变压器、母线、线路等)运行时一般处于正常运行状态,但也可能出现故障(如各种类型的短路、断线等)或异常运行状态(如过负荷、过电压等)。在电力生产过程中一旦由于人为或自然等因素导致电气设备发生故障或出现异常运行状态时,应及时发现并采取相应的措施,防止故障或异常波及整个系统、保证系统中其他元件能正常运行。

9.1.1　继电保护的作用及任务

1. 继电保护作用

电力系统在运行中,最常见同时也是最危险的故障就是发生各种形式的短路。在发生短路时,可能产生以下后果:

(1)通过故障点的很大的短路电流和所燃起的电弧,使故障元件损坏。

(2)短路电流通过非故障元件,由于发热和电动力的作用,引起它们的损坏或缩短它们的使用寿命。

(3)电力系统中部分地区的电压大大降低,破坏用户工作的稳定性或影响工厂产品质量。

(4)破坏电力系统并列运行的稳定性,引起系统振荡,甚至使整个系统瓦解。

电力系统中电气元件的正常工作遭到破坏,但没有发生故障,这种情况属于异常运行状态。例如,因负荷超过电气设备的额定值而引起的电流升高(一般又称过负荷),就是一种最常见的不正常运行状态。由于过负荷,使元件载流部分和绝缘材料的温度不断升高,加速绝缘的老化和损坏,就可能发展成故障。此外,系统中出现功率缺额降低,发电机突然甩负荷而产生的过电压,以及电力系统发生振荡等,都属于不正常运行状态。

故障和不正常运行状态都可能在电力系统中引起事故。事故,就是指系统或其中一部分的正常工作遭到破坏,并造成对用户少送电或电能质量破坏到不能允许的地步,甚至造成人身伤亡和电气设备的损坏。

系统事故的发生,除了由于自然条件的因素(如遭受雷击)以外,一般都是由于设备上的缺陷,设计和安装的错误,检修质量不高或运行维护不当而引起的。因此,只要充分发挥人的主观能动性,正确地掌握客观规律,加强对设备的维护和检修,就可以大大减少事故的发生概率,把事故消灭在发生之前。

在电力系统中,除应采取各项积极措施消除或减少发生事故的可能性以外,故障一旦发生,必须迅速而有选择地切除故障元件,这是保证电力系统安全运行的最有效的方法之一。切除故障的时间常常要求小到十分之几秒甚至百分之几秒,实践证明,只有在每个电气元件上装设保护装置才有可能满足这个要求。

因此,为避免电力设备在故障时受到损坏,同时提高电力系统的运行稳定性,保证电力系统及其设备安全运行的最有效的方法之一,就是在每个电力设备上装设继电保护装置,该装置切除故障的时间可以小到几十毫秒到几百毫秒。

2. 继电保护装置

继电保护装置就是指能反应电力系统中电气设备发生故障或异常运行状态,并动作于断路器跳闸或发出信号的一种自动装置。电力系统继电保护一词泛指其相关的技术(原理设计、配置、整定、调试)、二次回路及相关控制设备等。

3.继电保护的任务

电力系统继电保护的基本任务是:

(1)当被保护的电力系统设备发生故障时,应该由该设备的继电保护装置迅速准确地给离故障设备最近的断路器发出跳闸命令,使故障设备及时从电力系统中断开,以最大限度地减少对电力系统设备本身的损坏,降低对电力系统安全供电的影响,并满足电力系统的某些特定要求(如保持电力系统的暂态稳定性等)。

(2)反应电气设备的异常工作状态,并根据异常工作状态和设备运行维护条件的不同(例如有无经常值班人员)发出信号,以便值班人员进行处理,或由装置自动地进行调整,或将那些继续运行会引起事故的电气设备予以切除。反应异常工作状态的继电保护装置允许带一定的延时动作。

9.1.2 继电保护分类

电力系统各电气元件之间通常用断路器连接,每台断路器都装有相应的继电保护装置,可以向断路器发出跳闸脉冲。实践表明,继电保护装置或断路器有拒绝动作的可能性,因而需要考虑后备保护。实际上,每一电气元件一般都有两类保护:主保护和后备保护,必要时,还另外增设辅助保护。

主保护:满足系统稳定性和设备安全要求,能以最快速度有选择性地切除被保护设备和线路的保护。

后备保护:当主保护或断路器拒绝动作时,动作于相应断路器以切除故障元件。后备保护分近后备和远后备两种。应当指出,优先采用远后备,当远后备不能满足要求时,才考虑采用近后备的方式。

远后备保护:主保护或断路器拒绝动作时,由相邻设备或线路切除故障的保护。

近后备保护:当本元件的主保护拒绝动作时,由本元件的另一套保护作为后备保护(它在主保护安装处实现)。

主、后备保护的保护范围如图 9-1 所示。

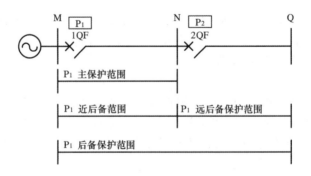

图 9-1 主、后备保护范围示意

9.1.3　对继电保护的基本要求

为了完成继电保护在电力系统中所担负的任务,每套动作于跳闸的继电保护装置在技术上必须同时满足可靠性、选择性、灵敏性和速动性的要求。这四个基本要求之间紧密联系,既矛盾又统一。

1. 可靠性

简单地讲,就是不拒动、不误动,它是对继电保护装置性能的最根本的要求。具体是指保护该动作时应可靠动作(依附性),不该动作时应可靠不动作(安全性)。

继电保护的可靠性主要由配置合理、质量和技术性能优良的继电保护装置以及正常的运行维护和管理来保证。任何电力线路或设备(发电机、母线、变压器等)都不允许在无继电保护的状态下运行。

继电保护的拒动和误动都会给电力系统造成危害。然而,提高继电保护不误动和不拒动的可靠性措施往往是矛盾的。通常的办法是根据电力系统结构的不同、电力设备在系统中地位的不同、误动和拒动危害程度的不同合理选择提高保护可靠性的不误动或不拒动的某方面。例如:220kV 及以上区域超高压电网,若电网联系比较紧密,系统备用容量较为充足,当保护误动作会引起电力设备的误切除,给电力系统造成的损失较小;但若保护拒动,将会造成电力设备的损害或引起系统稳定的破坏,造成大面积的停电事故。此时在保护配置时就应该更强调保护不拒动的可靠性。反之,若该区域电网在建设初期,由于电网联系薄弱,系统备用容量不够充足,单根输电线路的输送容量相对较大,切除一个元件就会对系统产生很大影响,此时防止误动的可靠性就显得更为重要。同理,对于母线保护,由于它的误动将给电力系统带来严重后果,此时应更强调保护不误动的可靠性。

目前我国电网一般要求 220kV 及以上电网的输电线路都装设两套工作原理不同、工作回路完全独立的快速保护装置,采取各自独立跳闸的方式提高保护不拒动的可靠性。当任一套继电保护装置拒绝动作时,能由另一套继电保护装置切除故障。

2. 选择性

简单地讲,就是尽可能跳开离故障点最近的断路器。具体是指保护装置动作时,仅将故障元件从电力系统中切除,使停电范围尽量缩小,以保证系统中的无故障部分仍能继续安全运行。当故障设备或线路本身的保护或断路器拒动时,才允许由相邻设备保护、线路保护或断路器失灵保护切除故障,这种越级跳闸仍具有选择性。

为保证对相邻设备有配合要求的保护和同一保护内有配合要求的两元件(如启动与跳闸元件或闭锁与动作元件)的选择性,其灵敏系数及动作时间,在一般情况下应相互配合。

3. 灵敏性

简单地讲,就是保护装置对其保护区内发生故障或异常运行状态的反应能力。具体是指在设备或线路的被保护范围内发生金属性短路时,保护装置应具有必要的灵敏系数。实际上,由于短路可能是非金属性的,且故障参数在计算中会存在一定的误差,因此要求灵敏系数大于1。各类保护的最小灵敏系数在《GB/T 14286—2016 继电保护和安全自动装置技术规程》中有具体规定,部分保护类型的灵敏系数要求如表 9-1 所列。

表 9-1 短路保护的最小灵敏系数

	保护类型	组成元件	灵敏系数	备注
主保护	带方向或不带方向的电流保护或电压保护	零序或负序方向元件	2	
	限时电流速断保护	电流元件	1.3~1.5	200km 以上线路不小于 1.3 50~200km 以上线路不小于 1.4 50km 以下线路不小于 1.5
	发电机纵差动保护	差流元件	2	
后备保护	近后备保护	电流电压元件	1.3~1.5	按线路末端短路计算
	远后备保护	电流电压元件	1.2	按相邻电力设备末端短路计算
辅助保护	电流速断保护	电流元件	>1.2	按正常运行方式下保护安装处短路计算

4. 速动性

简单地讲,就是指保护装置尽可能快地切除故障,其目的是提高系统稳定性,减轻故障设备和线路的损坏程度,缩小故障波及范围,提高自动重合闸和备用电源或备用设备自动投入的效果等。一般从装设速动保护(如高频保护、差动保护)、充分发挥零序接地瞬时段保护及相间速断保护的作用、减少继电器固有动作时间和断路器跳闸时间等方面入手来提高速动性。

速动性并不是指对于所有电力设备的保护,其动作的速度越快越好,因为动作迅速而又能满足选择性要求的保护装置,一般结构都比较复杂,价格较贵。因此保护的速动性一般应根据系统接线和被保护设备的具体情况,经技术、经济比较后确定。

故障切除时间等于保护装置和断路器动作时间的总和。保护(含快速保护)的动作时间区间为 0.01~0.12 s;断路器的动作时间(含快速断路器)区间为 0.02~0.15 s。

9.1.4 继电保护装置

1. 继电保护装置简介

一般情况下,实现继电保护功能的继电保护装置由三部分组成,分别为测量部分、逻辑部分、执行部分,其构成原理框图如图 9-2 所示。

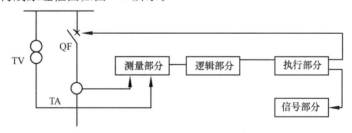

图 9-2 继电保护装置构成原理框图

测量比较部分是测量被保护元件在各种工作状态下的电流、电压量,由此还可间接测量或计算保护安装处的相位、功率方向或序分量其他各种电气量等。

逻辑判断部分的作用是根据测量比较部分输出的信息,包括各输出量的大小性质、出现的顺序或它们的组合等,与已给定的整定值进行比较或使保护装置按一定的逻辑程序工作,以确定是否需要输出瞬时或延时跳闸、报警信号到执行部分。

执行部分的作用是根据逻辑判断部分送来的信号,完成将跳闸命令送至断路器的控制回路、将报警信号送至报警信号回路等任务。

继电保护根据反应物理量的不同可分为非电量和电量两大类,最常见的反应非电量的保护为:瓦斯保护、温度保护、压力保护等。反映电量的继电保护又可分为以下几种情况:

(1) 按所反应的物理量分:电流保护、电压保护、方向电流电压保护、距离保护、工频变化量保护、纵联保护等。

(2) 按采集信号分:反应单端电气量的保护和反应两端电气量的保护。

(3) 按结构形式分:机电型保护、整流型保护、晶体管型保护、集成电路型保护、微机型保护。

微机型继电保护简称微机保护或数字式保护,自 20 世纪 80 年代我国开展微机保护研究以来,在电力系统中得到广泛应用,如截至 2004 年底我国 220kV 及以上电压等级的线路保护微机化率就已达 97.71%。目前无论是输电线路还是电力主设备的保护,都可以选用成套微机保护,因此要想掌握现代继电保护知识,需要了解继电保护原理及一定的微机保护硬、软件知识。

2. 微机保护简介

微机保护与传统的保护类型相比,最大的不同就是采用数字计算技术实现各种保护功能,它以微处理器为核心,根据数据采集系统所采集到的电力系统实时状态数据来检测电力系统是否发生故障或异常以及判断故障性质、范围等,并给出相应的是否需要跳闸或报警等判断的一种自动装置。

微机继电保护装置的硬件电路基本相同,主要包括数据采集系统(将 CT、PT 所测量的量转换成更低的适合内部 A/D 转换的电压量、±2.5V、±5V 或 ±10V)、低通滤波器、采样及 A/D 转换,数据处理、逻辑判断及保护算法的核心部件(包括 CPU、存储器、定时器/计数器、Watchdog 等),开关量输入/输出通道(人机接口和各种告警信号、跳闸信号及电度脉冲等)以及人机接口(通常为触摸按键、液晶显示等),电源(通常为逆变稳压电源,用以提供数据采集系统电源、开关量输入/输出、继电器逻辑电源等),通信接口(用于各厂家微机保护设备之间等)等部分。微机保护的硬件系统构成如图 9-3 所示。

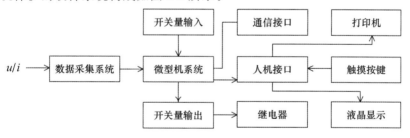

图 9-3　微机保护装置硬件系统

微机保护的软件从功能角度可以分为数字滤波、保护算法和保护逻辑三部分。数字滤波是微机保护中重要的一部分,根据不同保护原理的要求滤除不需要的频率分量,保留有用频率分量;微机保护的算法一般是采用滤波后的电气量进行分析、运算,微机保护的逻辑是采用算法中计算出的电气量通过预先设定的逻辑进行判断从而最终实现保护功能。微机保护中这三部分可以单独或同时完成。

9.1.5　继电器、保护元件

继电保护装置中的基本组成元件为继电器,它是一种自动动作的电器。当控制它的输入量达到一定数值时动作,对应的接点(触点)进行开或合的动作。继电器按反映的物理量不同,可分为电量和非电量两大类,反应电量的继电器可根据其在保护中的作用不同或结构型式不同分类,可分为机电型继电器、整流型继电器、晶体管继电器、集成电路型继电器、微机型继电器。反应非电量的典型继电器是用于油浸式变压器上的瓦斯继电器。

在微机保护广泛应用前,电力系统中的继电器主要是电磁型的。后来随着电子器件的发展,大部分反应电量的单个继电器的功能均可由微机保护实现,传统继电器实现的功能在微机保护装置中均可通过算法完成,此时单个独立存在的继电器概念逐步弱化。为叙述准确起见,后续部分将传统继电器及微机保护装置实现继电器功能的算法统称为保护元件。

常用的保护元件有:电流元件、电压元件、方向元件、阻抗元件等。

1. 电流元件

电流元件是反映电流幅值的增加而动作的元件。电流元件的动作判据为流入电流元件中的电流(I_k)大于电流元件的整定值(I_{set})。

2. 电压元件

电压元件有两种,分为过电压元件和低电压元件,它们分别反映电压幅值的升高或降低而动作。过电压元件的动作判据为流入电压元件中的电压(U_k)大于电压元件的整定值(U_{set})。

低电压元件的动作判据为流入电压元件中的电压(U_k)小于电压元件的整定值(U_{set})。

3. 阻抗元件

阻抗元件反映一般测量阻抗的降低而动作。

通常在复数阻抗平面上分析其动作特性,当测量阻抗位于动作区域内时,阻抗元件动作,位于动作边界上时,阻抗元件处于临界动作状态,位于动作区域外时,阻抗元件不动作。阻抗元件的方向性可由通过选取不同的动作特性元件来实现。

阻抗元件的动作判据较电流电压保护复杂,可用幅值比较或相位比较判据表达。

4. 方向元件

根据所选电气量的不同,一般判为正方向时开放保护,反方向时闭锁保护。常用的方向元件有反映相间短路的功率方向元件、负序功率方向元件、零序功率方向元件、工频变化量方向元件。

5. 差动元件

根据输入CT(电流互感器)的两端电流矢量差,当达到设定的动作条件时启动动作元件。保护范围在输入CT的两端之间的线路或设备(如发电机、电动机、变压器等)。

9.2 线路零序电流保护

当系统中主变压器中性点直接接地时,此电网称为中性点直接接地系统,又称大接地电流系统。在我国,110kV及以上电网称为中性点直接接地系统。

零序电流保护是指在大短路电流接地系统中发生接地故障后,就有零序电流、零序电压和零序功率出现,利用这些电气量构成保护接地短路的继电保护装置、原理及技术的统称。

9.2.1 单相接地时零序分量的分布及其特点

在大短路电流接地系统中发生接地故障后,参见图 9-4(a),零序电源在故障点,参见图 9-4(b),各零序量的分布规律如下:

(1)零序电压:参见图 9-4(b)和(c),故障点的零序电压最高,系统中距离故障点越远处的零序电压越低,变压器中性点接地处 $U_0=0$,其数值取决于测量点到大地间阻抗的大小。

(2)零序电流:参见图 9-4(b),零序电流的分布与中性点接地的多少及位置有关,其大小主要决定于送电线路的零序阻抗和中性点接地变压器的零序阻抗,而与电源的数目和位置无关。

（3）零序功率及电压、电流的相位关系：参见图 9-4(d)，短路点零序功率最大，越靠近变压器中性点接地处越小；对于发生故障的线路，两端零序功率方向与正序功率方向相反，零序功率方向实际上都是由线路流向母线的。

（4）保护安装处[图 9-4(a)中的 1 或 2]零序电压与电流的相位关系为

$$\dot{U}_{A0} = -\dot{I}_0' \cdot X_{T1 \cdot 0}$$

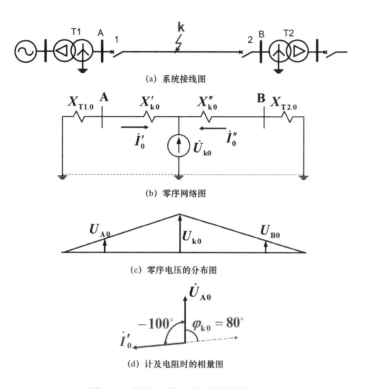

(a) 系统接线图

(b) 零序网络图

(c) 零序电压的分布图

(d) 计及电阻时的相量图

图 9-4　接地短路时的零序等效网络

9.2.2　零序电压、零序电流过滤器

1. 零序电压过滤器

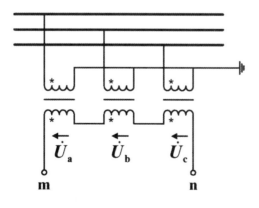

图 9-5　三个单相式电压互感器

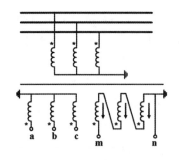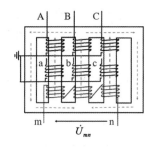

图 9-6　三相五柱式电压互感器

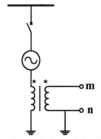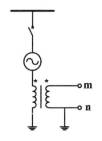

图 9-7　用于发电机中性点的电压互感器　　图 9-8　微机内部合成零序电压

在图 9-5～图 9-8 中，$\dot{U}_{mn}=\dot{U}_a+\dot{U}_b+\dot{U}_c=3\dot{U}_0$。

2．零序电流过滤器

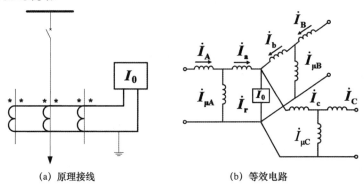

　　(a) 原理接线　　　　　　　　(b) 等效电路

图 9-9　零序电流过滤器

$$\dot{I}_0=\dot{I}_r=\dot{I}_a+\dot{I}_b+\dot{I}_c$$
$$=\frac{1}{n_{TA}}\left[(\dot{I}_A-\dot{I}_{\mu A})+(\dot{I}_B-\dot{I}_{\mu B})+(\dot{I}_C-\dot{I}_{\mu C})\right]$$
$$=-\frac{1}{n_{TA}}(\dot{I}_{\mu a}+\dot{I}_{\mu b}+\dot{I}_{\mu c})=\dot{I}_{unb} \tag{9-1}$$

该接线的特点是：不平衡电流小，接线简单。

9.2.3　零序电流保护的基本原理

1．零序Ⅰ段

(1) 躲下一个线路出口接地短路的最大三倍零序电流 $3I_{\max}$

$$I_{set}^{\mathrm{I}}=K_{ret}^{\mathrm{I}}\cdot 3\cdot I_{0\max}\qquad(K_{ret}^{\mathrm{I}}=1.2\sim1.3) \tag{9-2}$$

(2) 躲断路器三相触头不同时合闸而出现的最大三倍零序电流 $3I_{0unb}$

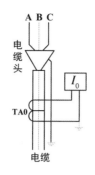

图 9-10 零序电流滤过器

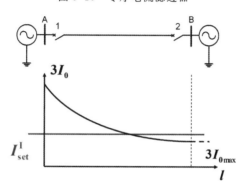

图 9-11 零序电流曲线及零序Ⅰ段整定原则

$$I_{set}^{I}=K_{ret}^{I} \cdot 3 \cdot I_{unb} \tag{9-3}$$

整定值应选上述二者中较大者。但有些情况下,在按条件(2)整定,定值较大,保护范围较小时,也可以采用在手动合闸以及三相自动重合闸时,使零序Ⅰ段带有一个小的延时(约 0.1s),这样就无须考虑条件(2)。

(3)当线路上采用单相自动重合闸时,按条件(1)、(2)整定,往往不能躲开非全相运行状态下又发生系统振荡时所出现的最大零序电流。按能躲开非全相运行状态下又发生系统振荡时所出现的最大零序电流整定时保护范围缩小,因此设置两个零序Ⅰ段保护:

灵敏Ⅰ段:按条件 1 或 2 整定。

不灵敏Ⅰ段:按条件 3 整定。

2. 零序Ⅱ段

(1)与相邻线路零序电流Ⅰ段配合:

$$I_{set2}^{II}=K_{ret}^{II} \cdot I_{set1}^{I}/K_{0 \cdot b} \tag{9-4}$$

(2)灵敏度校验:

按保护安装处短路计算,其灵敏系数应不小于 1.5。

(3)若不满足要求,可采用:

与相邻线Ⅱ段配合

$$I_{set2}^{II}=\frac{K_{ret}^{II}}{K_{ab}} \cdot I_{set1}^{I} \tag{9-5}$$

用两个灵敏度不同的Ⅱ段

改用接地距离保护

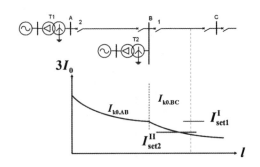

图 9-12　零序电流曲线及零序Ⅱ段整定原则

3．零序Ⅲ段

1）整定

（1）躲下级线路出口三相短路时流过保护装置的最大不平衡电流 $I_{unb \cdot max}$

$$I_{set}^{Ⅲ} = K_{ret}^{Ⅲ} \cdot I_{unb \cdot max}$$ （9-6）

式中　　　　　　　　$I_{unb \cdot max} = K_{np} \cdot K_{st} \cdot K_{er} \cdot K_{k \cdot max}$

（2）与下级线路零序Ⅲ段保护在灵敏度上配合

$$I_{set2}^{Ⅲ} = K_{ret}^{Ⅲ} \cdot I_{set1}^{Ⅱ} / K_{0 \cdot b}$$ （9-7）

2）灵敏度校验

$$K_{sen} = \frac{3 \cdot I_{0min}}{I_{set}^{Ⅲ}}$$ （9-8）

（1）作为近后备时，应按被保护线路末端接地短路时流过保护的最小三倍零序电流来校验，要求 $K_{sen} \geqslant 1.5$。

（2）作为远后备时，应按下级线路末端接地短路时流过保护的最小三倍零序电流来校验，要求 $K_{sen} \geqslant 1.2$。

9.2.4　方向性零序电流保护

$$\dot{I}_r = 3\dot{I}_0, \dot{U}_r = -3\dot{U}_0$$
$$\dot{I}_r = 3\dot{I}_0, \dot{U}_r = 3\dot{U}_0$$ （9-9）

本元件没有死区，零序功率方向元件的灵敏度校验：

$$K_{sen} = \frac{(3U_0 \times 3t_0)_{min}}{S_{0 \cdot op}}$$ （9-10）

要求 $K_{sen} \geqslant 1.5$。

9.2.5　对零序电流保护的评价

1．优点

（1）零序过电流保护的灵敏度高。

（2）受系统运行方式的影响要小。

（3）不受系统振荡和过负荷的影响。

（4）方向性零序电流保护没有电压死区。

（5）简单、可靠。

2．缺点

（1）对短线路或运行方式变化很大时，保护往往不能满足要求。

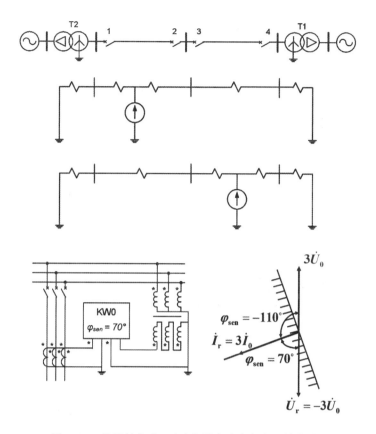

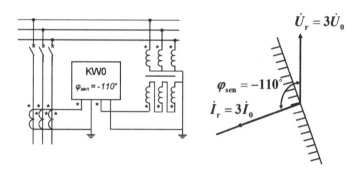

图 9-13　最灵敏角为 70°时的零序功率方向及其接线

图 9-14　最灵敏角为 $-110°$时的零序功率方向及其接线

（2）单相重合闸的过程中可能误动。

（3）当采用自耦变压器联系两个不同电压等级的电网时，将使保护的整定配合复杂化，且将增大第Ⅲ段保护的动作时间。

9.3　线路距离保护

距离保护是反映保护安装处至故障点的距离并根据距离的远近而确定动作时限的一种保护装置。

当短路点距保护安装处近时，其测量阻抗小，动作时间短；当短路点距保护安装处远时，其测量阻抗增大，动作时间增长，这样就保证了保护有选择性地切除故障线路。

距离保护主要用于输电线的保护，一般是三段或四段式。第一、二段带方向性，作为本线段的主保护,其中第一段保护线路的 $80\%\sim90\%$。第二段保护余下的 $10\%\sim20\%$,并作相邻母线的后备保护。第三段带方向或不带方向。有的还设有不带方向的第四段,作本线及相邻线段的后备保护。整套距离保护包括故障启动、故障距离测量、相应的时间逻辑回路与电压回路断线闭锁,有的还配有振荡闭锁等环节以及对整套保护的连续监视等装置。有的接地距离保护还配备单独的选相元件。也可以作为超高压线路的后备保护。

9.3.1　距离保护的基本原理与构成

1. 概念

距离保护是利用短路发生时电压、电流同时变化的特征,计算测量电压与电流的比值。该比值反应故障点到保护安装处的距离,如果短路点距离小于整定距离则保护动作,如图 9-15 所示。

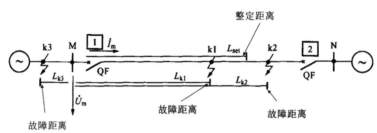

图 9-15　距离保护原理示意图

2. 测量阻抗及其与故障距离的关系

在距离保护中,定义保护安装处测量电压和测量电流的比值为测量阻抗,即

$$Z_m = \frac{\dot{U}_m}{\dot{I}_m}$$
(9-11)
$$Z_m = |Z_m| < \angle \varphi_m = R_m + jX_m$$

在电力系统正常运行时,U_m 近似为额定电压,I_m 为负荷电流,Z_m 为负荷阻抗,如图 9-17 所示。负荷阻抗的功率因数一般不小于 0.9,所以 Z_m 的幅值较大,阻抗角较小,一般不大于 $25.8°$。

电力系统发生金属性短路时,U_m 减小、I_m 增大。Z_m 变为短路点与保护安装处之间的线路阻抗 Z_k,与短路距离 L_k 成线性正比关系。因为输电线路的电抗参数一般远大于其电阻参数,所以此时 Z_m 的幅值较正常负荷为小,且阻抗角较大,如图 9-17 所示。此时

$$Z_m = Z_k = z_1 \cdot L_k = (r_1 + jx_1) \cdot L_k$$
(9-12)

式中　z_1——线路单位长度的正序阻抗;

　　　L_k——短路点到保护安装处的距离(km)。

所以,Z_k 还能反映短路点到保护安装处的距离 L_k,如图 9-16 所示。因此阻抗保护也称为距离保护。

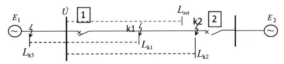

图 9-16　故障位置与距离保护的动作关系图

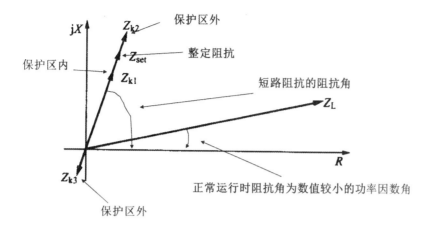

图 9-17　不同运行状态下的测量阻抗

如果能计算出 L_k 具体的数值,距离保护还具有测距的功能。

由于测量阻抗 Z_m 和整定阻抗 Z_{set} 均和输电线路的长度成正比,因此,判断故障距离 L_k 是否小于整定距离 L_{set},可以通过判断测量阻抗 Z_m 是否小于整定阻抗 Z_{set} 来实现。

3. 距离保护的基本原理

由于距离保护仅采用保护安装处一端的电气量构成保护,因此距离保护也是阶段式保护,与零序电流保护类似,也分为距离Ⅰ段、距离Ⅱ段、距离Ⅲ段。其中:

距离保护Ⅰ段:保护范围不伸出本线路,即保护线路全长的 80%～85%,瞬时动作。

距离保护Ⅱ段:保护范围不伸出下回线路Ⅰ段的保护区。为保证选择性,一般延时 Δt 动作。

距离保护Ⅲ段:按躲开正常运行时负荷阻抗来整定。

4. 距离保护的构成

(1) 启动部分:判别电力系统是否发生故障。

(2) 测量部分:核心部分,判断故障方向和距离并与预先设定的保护范围相比较,区内时动作。

(3) 振荡闭锁部分:防止振荡时保护装置误动。

(4) 电压回路断线部分:防止测量电压消失后保护装置误动。

(5) 配合逻辑部分:各部分逻辑配合及时序配合。

(6) 出口部分:包括跳闸出口及信号出口。

9.3.2　影响距离保护正确动作的因素

影响距离保护正确动作的主要因素有:短路点的过渡电阻、系统振荡(用振荡闭锁装置解决)、电压互感器二次回路断线(用断线闭锁装置解决)、保护安装处与短路点之间有分支线,电流互感器和电压互感器的误差、在 Y/△接线变压器后面发生短路、输电线路上的串联补偿电容等。

1. 短路点过渡电阻的影响

短路点的过渡电阻是指当相间短路或接地短路时,短路电流从一相流到另一相或从相导线流入地的途径中所通过的物质的电阻,包括电弧电阻与接地电阻等。相间短路时过渡电阻主要由电弧电阻构成。

过渡电阻的存在,使得距离保护的测量阻抗发生变化。一般情况下,会使保护范围缩短,有时也会引起保护的超范围动作,或反方向误动作。

过渡电阻对距离保护的影响,既可能在保护区内拒动,也可能在保护区外误动。

保护装置距短路点越近时,受过渡电阻的影响越大,同时保护装置的整定值越小,则相对地受过渡电阻的影响也越大。

距离元件在 R 轴正方向上动作特性所占面积越大,受过渡电阻的影响就越小。

2. 电力系统振荡的影响

电力系统振荡是指电力系统发生同步振荡或异步运行时,系统各点电压和电流的值做往复摆动,其相位角也随功角 δ 的变化而变化,即各点电压、电流和功率的幅值和相位都发生周期性变化。此时,保护感受到的阻抗也会周期性的变化,当其进入整定范围内时,保护就会发生误动作。

由于当振荡角 $\delta=180°$ 时,电力系统振荡在振荡中心处的电气量特征与三相短路相似,为使保护正确动作,必须要求振荡闭锁回路能够有效地区分系统振荡和三相短路这两种情况。两者之间的区别为:

(1)振荡时,电流和各点电压的幅值均做周期性变化,在 $\delta=180°$ 时最严重;短路时,短路电流和各点电压值在不计衰减时是不变的。

(2)振荡时,电流和各点电压幅值变化速度较慢;短路时,电流突然增大,电压突然降低,变化速度很快。

(3)振荡时,任一点电流和电压之间的相位关系都随 δ 变化而变化;短路时,电流和电压之间的相位关系是不变的。

(4)振荡时,三相完全对称,电力系统中没有负序分量;短路时,总要长期或瞬时出现负序分量。

电力系统振荡时距离保护 I、II 段要经振荡闭锁,但一般系统振荡周期为 0.5~3s,如果距离保护的 III 段的动作时限大于它,就不必经振荡闭锁。

3. 电压回路断线对距离保护的影响

当电压互感器二次回路断线时,距离保护将失去电压,这时阻抗元件失去电压而电流回路仍有负荷电流通过,可能造成误动作。

对断线闭锁装置的主要要求是:当电压互感器发生各种可能导致保护误动作的故障时,断线闭锁装置均应动作,将保护闭锁并发出相应的信号。

4. 分支电流对距离保护的影响

在高压电力网中,在母线上接有电源线路、负荷或平行线路以及环形线路等,都将形成分支线。其中,使测量阻抗增大的分支电流称为助增电流,使测量阻抗变小的分支电流称为外汲电流。

(1)助增电流的影响。由于助增电流的存在,使距离保护测量阻抗增大,保护区缩短,保护灵敏度降低。

(2)外汲电流的影响。由于外汲电流的存在,使距离保护测量阻抗减小,保护区伸长,可能造成保护的超范围动作。

(3)消除分支电流影响的措施。消除分支电流的影响主要是防止超范围动作,因此,在整定距离保护 II 段时,按照最小分支系数整定;为了确保保护的灵敏度,校验 III 段远后备的灵敏系数时,按照最大分支系数校验。

5．串联电容补偿对距离保护的影响

串联电容补偿虽然对电力系统有诸多有利之处,但是对距离保护来说却极为不利,大都表现在使保护范围大大缩短和反方向误动作。其防止措施如下:

（1）直线型阻抗继电器或功率方向继电器闭锁。

（2）用负序功率方向继电器闭锁。

（3）利用方向阻抗继电器的记忆作用实现闭锁。

6．其他影响因素

（1）短路电流中暂态分量的影响:使用滤波器以减小自由分量对距离保护的影响。

（2）电流互感器过渡过程的影响:选用高精度和良好饱和特性的电流互感器。

（3）电容式电压互感器过渡过程的影响:互感器在出厂时即保证在一次侧接地短路时,二次输出电压在额定频率的一个周期内衰减为小于短路前电压的 10%。

（4）输电线路非全相运行的影响:如果在非全相运行状态下距离保护不能正确动作,则应在进入非全相状态时使距离保护退出运行。

9.4　线路纵联保护的原理

9.4.1　纵差动保护基本原理

所谓输电线的纵联保护,就是用某种通信通道将输电线两端的保护装置中的电气量(如电流、功率的方向等)纵向联络,将两端的电气量比较,以判断故障在本线路范围内还是在线路范围外,从而决定是否跳开被保护线路对应的断路器。因此,理论上这种纵联保护具有绝对的选择性。

由于纵联差动保护只在保护区内短路时才动作,不存在与系统中相邻元件保护的选择性配合问题,因而可以快速切除整个保护区内任何一点的短路,因此,有时又将该保护称之为全线速动保护。

9.4.2　纵联保护的通道

为了把被保护线路一侧电气量的信息传输到另一侧去,需要利用通道。通道虽然只是传送信息的手段,但是采用不同的通道,输电线路纵连保护在装置原理、结构、性能和适用范围等方面就具有很大的差别。纵联保护的通道类型主要分为以下四种。

1．导引线通道

这种通道需要敷设通信电缆,且导引线越长,经济性和安全性就越低。

2．电力线载波通道

载波通道曾是纵联保护中应用最广的一种。载波通道由高压输电线及其加工和连接设备(阻波器、结合电容器及高频收发信机)等组成。高压输电线机械强度大,十分安全可靠。但是线路故障时,由于高频信号衰减增大,通道可能遭到破坏。因此,载波保护在利用高频信号时应使保护在本线路故障信号中断的情况下仍能正确动作。

3．微波通道

微波通道与输电线没有直接的联系,输电线发生故障时不会对微波通信系统产生任何影响。但是保护专用微波通信设备是不经济的,也同时考虑信号的衰落问题,因此在电力系统中应用不多。

4．光纤通道

光纤通道比传统的载波通道传输信息更加稳定可靠,具有频带极宽、抗电磁干扰、保密性强、传输损耗低等优点,是目前应用最广泛的通道之一。

9.4.3 纵联保护的分类

1. 纵联电流差动保护

利用输电线路两端电流之和(瞬时值或相量)的特征可以构成纵联电流差动保护。

2. 方向比较式纵联保护

利用输电线路两端功率方向相同或相反的特征可以构成方向比较式纵联保护。

3. 电流相位比较式纵联保护

利用两端电流相位的特征差异,比较两端电流的相位关系构成电流相位比较式纵联保护。

4. 距离纵联保护

利用阻抗元件代替功率方向元件构成,是由传统的阶段式距离保护和通信通道共同构成的。该模式可以简化主保护,但也带来了后备保护检修时主保护被迫停运的不足。

9.4.4 输电线路纵联差动保护的基本原理

该保护的原理实质上是基于基尔霍夫电流定律,具有良好的选择性,广泛应用在超高压输电线路发电机、变压器及母线等电气设备以实现主保护的功能。

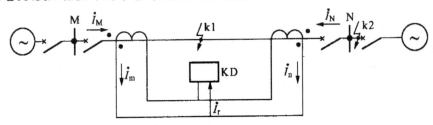

图 9-18 纵差动保护的基本原理图

由图 9-18 可知,在正常运行时,流过差回路(KD)的电流为

$$\dot{I}_m + \dot{I}_n = \frac{(\dot{I}_{L\cdot M} - \dot{I}_{\mu\cdot M})}{n_{TA\cdot M}} + \frac{(\dot{I}_{L\cdot N} - \dot{I}_{\mu\cdot N})}{n_{TA\cdot N}} = -\frac{1}{n_{TA}}(\dot{I}_{\mu\cdot M} + \dot{I}_{\mu\cdot N}) \approx 0 \qquad (9\text{-}13)$$

在外部故障(k2)时,流过差回路(KD)的电流为

$$\dot{I}_m + \dot{I}_n = \frac{(\dot{I}_{K2\cdot M} - \dot{I}_{\mu\cdot M})}{n_{TA\cdot M}} + \frac{(\dot{I}_{K2\cdot N} - \dot{I}_{\mu\cdot N})}{n_{TA\cdot N}} = -\frac{1}{n_{TA}}(\dot{I}_{\mu\cdot M} + \dot{I}_{\mu\cdot N}) \approx 0 \qquad (9\text{-}14)$$

式中:

① $\dot{I}_{L\cdot M}$、$\dot{I}_{L\cdot N}$ 分别为正常运行时流过 M、N 侧电流互感器的一次侧电流;

② $I_{\mu\cdot M}$、$I_{\mu\cdot N}$ 为 M、N 侧电流互感器的励磁电流;

③ $n_{TA\cdot M}$、$n_{TA\cdot N}$ 分别为 M、N 侧电流互感器的变化,且相等,令 $n_{TA\cdot M} = n_{TA\cdot N} = nTA$;

④ $\dot{I}_{K2\cdot M}$、$\dot{I}_{K2\cdot N}$ 分别为 K_2 故障时流过 M、N 侧电流互感器的一次侧电流。

由以上分析可知,在正常运行及外部故障时,流过差回路的电流上若忽略励磁支路的电流,则理论上为零;若不能忽略励磁支路上的电流,则实际上电流不为零,命名为不平衡电流($\dot{I}_{unb}$),工程上计算不平衡电流的稳态值时采用电流互感器的 10% 误差曲线进行计算,因此其大小与区外故障的短路电流的大小成正比。该不平衡在电流正常运行时很小,而在外部故障时有时会很大。

内部故障(k1)时流过差回路的电流为

$$\dot{I}_m + \dot{I}_n = \dot{I}_k$$

由上分析可知,在内部故障时,流过差回路的电流为两侧短路电流之和,此电流一般数值很大。

目前差动保护的实现有两种思路:一种是躲过正常及外部故障可能出现的最大不平衡电流 $I_{unb \cdot max}$,此时可以防止区外故障保护的误动,但对区内故障则降低了保护的灵敏度;另外一种是目前被广泛使用的带制动特性的差动保护,即设置一个动作电流 I_r 和一个制动电流 I_{res},在差动保护中动作电流起启动作用,当动作电流大于制动电流时,保护动作;而制动电流起制动作用,当制动电流大于动作电流时,保护被制动,即保护不动。然后设计差动电流随制动电流的增加而增加,由此构成带制动特性的差动保护。经典的动作电流和制动电流的方程如下:

$$I_r = |\dot{I}_m + \dot{I}_n|$$
$$I_{res} = \frac{1}{2} \cdot |\dot{I}_- - \dot{I}_n| \tag{9-15}$$

不同保护产品的动作电流和制动电流都有可能与上述有所不同。但带制动特性的差动保护与不带制动特性相比不仅提高了外部短路时不动作的可靠性,而且还提高了内部故障时保护的灵敏度。

9.4.5　电流差动保护的影响因素及对应措施

影响输电线路电流差动纵联保护正确动作的因素一般概括如下:

(1)电流互感器的误差和不平衡电流。

(2)输电线路的分布电容电流。

当输电线路的电压等级较低、线路较短时,分布电容较小,对输电线路两端电流影响不大,可以忽略其对电流差动保护的影响。

(3)负荷电流的影响。

传统的纵联线路差动保护比较的是线路两侧全电流,是非故障状态下负荷电流和故障电流的叠加,在一般的内部短路情况下,可以满足灵敏度的要求。但是,当区内故障发生大过渡电阻短路时,因为故障分量电流很小,故障电流和负荷电流相差不是很大,负荷电流为穿越电流,对两侧全电流大小相位都有影响,降低保护灵敏度,使得纵联电流差动保护允许过渡电阻能力有限。

针对上述因素,目前采用的措施有以下一些:

(1)采用型号相同、磁化特性一致、铁心截面较大的高精度电流互感器。

(2)若分布电容电流影响较大,可采用补偿工频电容电流的方法减小影响。

(3)可采用工频变化量构成动作量和制动量。

9.4.6　PSL 621UT 线路保护装置

PSL 621U 系列线路保护装置适用于 110kV 中性点直接接地系统输电线路,它包含完整的主、后备保护及重合闸功能,可实现全线速动,带有交流电压切换回路和三相跳合闸操作回路。

1. 典型功能配置

表 9-2 **PSL 621UT 典型功能配置表**

型号	纵联功能保护	后备及其他功能	备注
PSL 621UT	分相电流差动 零序电流差动 远跳和远传	三段式相间距离 三段式接地距离 四段式零序电流 两段式相过流	适用于三端线路

2. 装置主要性能

(1) 动作速度快,线路近处故障动作时间小于 15ms,线路远处故障全线速动时间小于 25ms。

(2) 可直接连接光纤通道,并具有远跳和远传功能。自动检测通道状态,通道故障时,自动闭锁光纤纵差保护。

(3) 具有双光纤通道,可灵活的根据现场运行方式适用于三端线路模式或两端光纤模式。

(4) 独特的 CT 饱和判别方法,能保证各种 CT 饱和时装置动作的可靠性。

(5) 完善的自动重合闸功能,可根据需要实现非同期、检同期、检无压等方式的重合闸。

(6) 强大的录波功能。

第 10 章　同步发电机、电力变压器保护

发电机、变压器是电厂最主要的两大电气设备,因此,针对设备在运行过程中可能出现的各种异常及故障运行方式,须装设完善的继电保护装置以满足选择性、速动性、灵敏性和可靠性的要求。

10.1　同步发电机的故障、不正常运行状态及其保护方式

发电机的安全运行对电力系统的稳定运行起着决定性的作用。发电机是一个旋转设备,它既要承受机械、热力的作用,又要承受电流、电压冲击的影响。因此在发电机的运行过程中,其定子绕组和转子回路均可能出现各种故障及不正常运行方式。

10.1.1　发电机的故障类型

定子绕组相间短路:相间短路电流及故障点的电弧,可损坏定子绕组的绝缘,烧坏绕组和铁心,甚至引发火灾。

定子绕组的匝间短路:定子绕组的匝间短路可分为相同分支的匝间短路和同相异分支的匝间短路。被短路的绕组将流过短路电流,引起故障处局部过热,绝缘破坏,并可能发展成单相接地故障和相间故障。

定子绕组的单相接地:是最常见的一种故障,通常是由于绝缘破坏使其绕组对铁心短接。发电机是中性点不接地或经消弧线圈接地的小接地电流系统。单相接地后其电容电流流过故障点的定子铁心,当此电流比较大或持续时间比较长时,会引起电弧灼伤铁心、破坏绕组的绝缘、铁心局部融化等现象,给修复工作带来很大困难。

发电机转子绕组一点接地和两点接地:转子绕组一点接地时,由于没有构成电流通路,所以对发电机本身并无危害,对发电机运行也无影响,但若不及时处理,再发生另一点接地由此转化为两点接地,则转子绕组一部分被短接,有可能使转子绕组和铁心烧毁,还可能因磁势不平衡而引起剧烈的机械振动。

失磁低励故障:转子回路失去励磁电流。发电机失磁分为完全失磁和部分失磁,是发电机的常见故障之一,失磁故障不仅对发电机造成危害,而且对系统安全也会造成严重影响。

10.1.2　发电机的不正常运行状态

由于发电机是旋转设备,加上一般发电机在设计制造时,考虑的过载能力都比较弱,一些不正常的运行状态将会严重威胁发电机的运行安全,因此对以下这些状态的处理也同样必须及时,准确。

(1) 外部故障引起的定子绕组过电流和超过额定容量运行的定子过负荷。

(2) 外部不对称短路或不对称负荷而引起的发电机负序过电流和负序过负荷。

发电机作为旋转元件,当其出现负序电流时,会产生一个反转的磁场,发电机的工作原理是其转子上加上一个励磁电流后产生磁场,随着转子的旋转,这个磁场会跟着转子一起旋转,磁场在定子绕组上感应势,产生三相交流电。三相交流电同样会合成一个旋转磁场,这个磁场在一般情况下转子磁场保持静止状态,对于负序电流,转子磁场正转,而定子负序电流所产生的这个磁场反转,磁场抵消,磁场很弱,机组振动。

(3) 过电压:调速系统惯性较大的发电机突然甩负荷引起的过电压。

(4) 失步:对发电机而言,转子转速下降,其频率下降,出现转子转速接近于发电机的谐振转速。发电机的转子转速和系统的额定转速由于发电机振荡导致失步。

(5) 由于励磁回路故障或强行励磁时间过长引起的转子过负荷。

(6) 过励磁:过励磁会使定子铁心中的磁场严重饱和,对 30 万 kW 以上的发电机组要考虑的,为了充分利用有色金属材料,也为了缩短转轴的长度,容易出现过励磁状态。

(7) 逆功率:与系统并列运行的发电机,失去原动机功率,但励磁仍存在,发电机变为电动机运行,从系统吸收功率,驱动原动机运转。逆功率对发电机本身危害不大,但可造成汽轮机转子叶片过热损坏、燃机轮机的齿轮损坏等后果。

(8) 发电机频率异常:发电机在非额定频率下运行,可能会引起共振,使发电机疲劳损伤,应配置频率异常保护。

(9) 发电机误上电(突然加电压):检测发电机在并网前可能出现的误合闸。

发电机在停运或盘车过程中,由于出口断路器误合闸,发电机定子突然加电压,会使发电机异步启动,给机组造成损伤,这种情况其主要危害有以下几点:

① 系统三相工频电压突然加在机端,使同步发电机处于异步启动工况,在异步启动过程中,发电机定子绕组电流很大;由于转子与气隙同步旋转磁场有较大的滑差,转子本体长时间流过差频电流,有可能烧伤转子;

② 突然误合闸引起的转子急剧加速,由于润滑油压太低(尚未准备并网运行),也可能使轴瓦损坏;

③ 在汽轮机不具备冲车条件时,转子突然加速,可能使汽轮机叶片断裂、损坏。

由此可见,发电机在盘车状态下误合闸是一种破坏性很大的故障。在这种情况下,发电机配备的差动保护、定子接地保护等主保护不可能动作;只有在发电机升压后,出口断路器误合产生非周期并列时,发电机差动保护才能动作。发电机配置的后备保护中逆功率、失磁保护、阻抗保护也可能动作,但时限较长,不能很好地对发电机组起到保护作用,因此需要配置发电机误上电保护。

(10) 启停机故障:发电机组在没有给励磁前,有可能发生了绝缘破坏的故障,若能在并网前及时检测,就可以避免大的事故发生。对于发电机组,具有启停机故障检测功能对发电机组的安全将十分有利。

10.1.3 发电机的常规保护配置

发电机的异常运行状态的危害不如发电机故障严重,但危及发电机的正常运行,特别是随着时间的增长,可能会发展成故障。因此为防患于未然也要装设相应的保护。

国电南浔公司的#1 及#2 汽轮机发电机保护配置的是南京南瑞继保有限公司的 PCS-985G 装置,1#及 2#燃机发电机保护配置的是 GE Consumer & Industrial 公司的 G60 装置,两套保护装置主要配置的保护如下。

1. 发电机差动保护(87G generator stator differential)

发电机定子绕组发生相间短路若不及时切除,将烧毁整个发电机组,会引起极为严重的后果,必须有两套或两套以上的快速保护反应此类故障。对于相间短路,国内外均装设纵联差动保护装置,瞬时动作于全停。

2. 发电机相间后备保护(51V Generator Voltage restraint overcurrent)

该保护发电机外部故障引起的过流,作为发电机相间短路的远后备。

该保护发电机过负荷或过流。

3. 发电机定子接地保护（64G 95％ Generator stator earth fault 95％）

发电机的中性点接地方式与定子接地保护的构成密切相关。国电南浔公司采用的是中性点经配电变压器高阻接地。

大容量汽轮发电机组应装设励磁回路一点及两点接地保护，在一点接地保护动作后投两点接地保护。

4. 发电机定子过负荷保护（51V Generator Voltage restraint overcurrent）

发电机对称过负荷通常是由于系统中切除电源、生产过程出现短时冲击性负荷、大型电动机自启动、发电机强行励磁、失磁运行、同期操作及振荡等原因引起的，会导致定子过热，但在转子中不会产生电流，不会过热。为了避免绕组温升过高，必须装设较完善的定子绕组对称过负荷保护，限制发电机的过负荷量。限制定子绕组温升，实际上就是要限制定子绕组电流，所以对称过负荷保护，就是定子绕组对称过电流保护。

定子过负荷保护反应发电机定子绕组的平均发热状况。该保护动作量同时取发电机机端、中性点定子电流。可分为定时限和反时限定子过负荷保护。

5. 发电机负序保护（46G Generator negative sequence）

定子绕组负荷不对称运行，会出现负序电流可能会引发电机转子表层过热，因此，应装设定子绕组不对称负荷保护（转子表层过热保护）。

6. 发电机失磁保护（40G Generator Loss of excitation）

也称为低励失磁保护，是指在励磁电流异常下降或消失时的保护，100MW 以上发电机应装设。对于不允许失磁运行的发电机，可在自动灭磁开关断开时，连跳发电机断路器。

7. 发电机电压异常保护（59G Generator overvoltage/27G Generator undervoltage）

用于发电机定子绕组电压异常现象保护。

8. 发电机逆功率保护（32R Generator sensitive directional power）

当发电机组在运行中主汽门关闭产生逆功率时，动作断开主断路器。

9. 发电机低功率保护（32R Generator sensitive directional power）

用于当主气门未完全关闭而发电机出口断路器未跳开时，发电机变成低功率输出状态的保护。

10. 发电机频率异常保护（81O Generator over-frequency/81U Generator under-frequency）

用于发电机低频、过频、频率累积的保护。

11. 发电机启停机保护（87/64/81）

用于在启停机过程中检测发电机绕组的绝缘变化。

发电机组在没有给励磁前，有可能发生了绝缘破坏的故障，若能在并网前及时检测，就可以避免大的事故发生。对于大型发电机组，具有启停机故障检测功能对发电机组的安全将十分有利。

12. 误上电（断路器突然加电压）保护（50/27 Breaker accidental energization）

检测发电机在并网前可能出现的误合闸。

在发电机在停运或盘车（低速旋转）状态下，由于出口断路器误合闸，发电机定子突然加电压，使发电机处于异步启动工况，此时由系统向发电机定子绕组倒送大电流。定子气隙同步旋转磁场和转子有较大滑差，在转子本体中感应差频电流，会引起转子过热而损伤。这是一种破坏性很大的故障。虽然在上述异常启动过程中，逆功率保护、失磁保护、阻抗保护也可能动作，但时限较长，因此需要有相应的专用保护迅速切除电源。

13. 发电机断路器失灵保护(50BF Breaker Failure)

当断路器拒动时,可跳开其他相关的断路器以保证设备安全。

14. 过激磁保护(24G Generator overfluxing)

为防止发电机励磁电流异常升高引起过磁通损坏铁心而装设的保护。

10.1.4 发电机保护的出口方式

按照故障和异常运行方式性质的不同,考虑机组热力系统和调节系统的条件,发电机及励磁保护装置分别动作于下列情况。

1. 燃机发电机保护动作出口情况(表 10-1)

表 10-1　　　　　　　　燃机发电机及励磁变保护动作出口情况表

保护名称及保护代号 \ 报警、跳闸出口情况	灭磁开关 41E	燃机发电机出口开关 52G	燃机	主变出口开关 52L	汽机发电机出口开关 52ST	中压母线工作电源开关 52UAT	备注
发电机差动保护(87G1)	跳	跳	跳				
发电机过励磁保护(24G1-1)							报警
发电机过励磁保护(24G1-2)	跳	跳					
发电机低电压保护(27G1-1)							报警
发电机低电压保护(27G1-2)	跳	跳					
发电机逆功率保护(32R1)	跳	跳					
发电机失磁保护(40G1)	跳	跳					
发电机负序保护(46G1-1)							报警
发电机负序保护(46G1-2)	跳	跳					
发电机过电压保护(59G1-1)							报警
发电机过电压保护(59G1-2)	跳	跳					
发电机低频保护(81U1-1)							报警
发电机低频保护(81U1-2)	跳	跳					
发电机高频保护(81O1-1)							报警
发电机高频保护(81O1-2)	跳	跳					
发电机反时限过流保护(51V1)	跳	跳					
95%定子接地保护 51GN1 (64G1)	跳	跳	跳				
发电机引线接地保护(64B1)	跳	跳		跳	跳	跳	
发电机突加电压保护(50/27)	跳	跳	跳	跳	跳	跳	
52G 开关失灵保护(50BF)	跳	跳		跳	跳	跳	
电压互感器回路断线监视(60VTS1)							报警
发电机定子温度高保护(49G-1)							报警
发电机定子温度高高保护(49G-2)							报警
发电机保护模块监视器故障(94GPM1)							报警
发电机转子一点接地保护(64F1-1)	跳	跳					
发电机转子二点接地保护(64F1-2)	跳	跳					

续表

报警、跳闸出口情况 保护名称及保护代号	灭磁开关41E	燃机发电机出口开关52G	燃机	主变出口开关52L	汽机发电机出口开关52ST	中压母线工作电源开关52UAT	备注
励磁变过负荷保护(50/51T-1)							报警
励磁变过流保护(50/51T-2)	跳	跳		跳	跳	跳	
励磁变超温保护(26Q-1_ET)							报警
励磁变超温保护(26Q-2_ET)	跳	跳					
励磁系统过流保护(50/76EX-1)							报警
励磁系统过流保护(50/76EX-2)	跳	跳					
励磁系统可控硅温度保护(94EX)	跳 75C°	跳 75C°					报警 65C°
励磁整流桥故障1(74RB1(1))							报警
励磁整流桥故障2(74RB2(1))							报警
励磁整流桥故障1&2(74RB1&2)	跳	跳					
励磁系统AVR保护 模块监视器故障(94AVR1&2)	跳	跳					
52G开关SF6压力低(63GCB-1)							闭锁跳闸
52G开关SF6压力低-低(63GCB-2)							
燃机故障(74GT/52GT)	跳	跳					

2. 汽轮发电机保护动作出口情况(表10-2)

表 10-2　　　　　　　　　汽轮发电机保护动作出口情况表

序号	保护类型	整定状态	动作出口
1	发电机差动保护		跳汽轮机、跳发电机出口开关、灭磁,启动52G失灵(全停)
2	发电机匝间保护		跳汽轮机、跳发电机出口开关、灭磁,启动52G失灵(全停)
3	发电机相间后备保护		跳机、跳发电机出口开关、灭磁,启动52G失灵(全停)
4	定子接地	95%	发信
		100%	跳汽轮机、跳发电机出口开关、灭磁,启动52G失灵(全停)
5	乒乓式转子接地	高定值	发信
		低定值	跳发电机出口开关、启动失灵、跳燃机(解列)
6	定子过负荷	定时限	发信
		反时限	跳发电机出口开关、灭磁,启动52G失灵
7	负序过负荷	定时限	发信
		反时限	跳发电机出口开关、启动52G失灵
8	失磁保护	高定值	发信
		低定值	跳发电机出口开关、启动失灵、跳燃机(解列)
9	失步保护		解列

续表

序号	保护类型	整定状态	动作出口
10	电压异常保护		跳机、跳发电机出口开关、灭磁,启动52G失灵(全停)
11	过励磁保护	定时限	
		反时限	
12	功率保护		跳机、跳发电机出口开关、灭磁,启动52G失灵(全停)
13	频率保护		
14	误上电保护		跳发电机出口开关
15	启停机保护		
16	GCB失灵保护		
17	CT断线		发信
18	PT断线		发信

3. 汽轮励磁保护动作出口情况(表10-3)

表10-3　　　　　　　　　　　　汽机励磁保护动作出口情况表

序号	代码	名称	动作出口
1	50EXT	励磁变速断保护	跳汽机发电机出口开关,解列灭磁
2	51EXT	励磁变过流保护	跳汽机发电机出口开关,解列灭磁
3	26ET1	励磁变绕组温度高高保护	跳汽机发电机出口开关,解列灭磁
4	26ET2	励磁变绕组温度高	报警

10.1.5　国电南浔公司发电机保护配置

国电南浔公司汽轮发电机保护的配置见表10-4。

表10-4　　　　　　　　　　　　#1、#2号汽轮发电机保护配置

序号	代码	定 值 名 称	现定值
1	87G	发电机差动保护投入	1
2		发电机匝间保护投入	0
3	51V	发电机相间后备保护投入	1
4	64G	发电机定子接地保护投入	1
5		发电机注入式定子接地保护投入	0
6	64R	发电机转子接地保护投入	1
7	49S	发电机定子过负荷保护投入	1
8	46G	发电机负序过负荷保护投入	1
9	40G	发电机失磁保护投入	1
10	78G	发电机失步保护投入	1
11	59G/27G	发电机电压保护投入	1
12		发电机过励磁保护投入	0
13	32R	发电机功率保护投入	1
14	81G	发电机频率保护投入	1

续表

序号	代码	定　值　名　称	现定值
15	87/64/81	发电机启停机保护投入	1
16	50/27	发电机误上电保护投入	1
17	50BF	发电机断路器失灵保护投入	1
18		励磁差动保护投入	0
19	50/51E	励磁后备保护投入	1
20	49E	励磁绕组过负荷保护投入	1
21		非电量保护投入	1
22		电压平衡功能投入	1
23		PT2 中线断线判别投入	1
24		其他　PT 中线断线判别投入	1
25		出口传动使能	0

国电南浔公司燃机发电机保护的配置见表 10-5。

表 10-5　　　　　　　　　＃1、＃2 号燃机发电机保护配置

序号	代码	定　值　名　称	现定值
1	87G	发电机差动保护投入	1
2		发电机匝间保护投入	0
3	51V	发电机相间后备保护投入	1
4	64G(95％)	发电机定子接地保护投入	1
5		发电机注入式定子接地保护投入	0
6		发电机转子接地保护投入	0
7		发电机定子过负荷保护投入	0
8	46G	发电机负序过负荷保护投入	1
9	40G	发电机失磁保护投入	1
10		发电机失步保护投入	0
11	59G/27G	发电机电压保护投入	1
12	24G	发电机过励磁保护投入	1
13	32R	发电机功率保护投入	1
14	81O/81U	发电机频率保护投入	1
15		发电机启停机保护投入	0
16	50/27	发电机误上电保护投入	1
17	50BF	发电机断路器失灵保护投入	1
18		励磁差动保护投入	0
19	5051ET	励磁后备保护投入	1
20		励磁绕组过负荷保护投入	0
21	27GN/GZ	发电机无电压鉴定	1

10.2　发电机的纵差动保护

发电机内部短路故障主要是指定子的各种相间和匝间短路故障,短路时,在发电机被短接的绕组中将会出现很大的短路电流,严重损伤发电机本体,甚至使发电机报废,危害十分严重。

发电机纵差动保护反映发电机定子绕组的两相或三相短路,是发变组保护中最重要的保护之一。它的特点是灵敏度高、动作时间短、可靠性高,能及时地切除发电机内部绝大部分短路性故障,因此是发变组保护首选的保护之一。但发电机完全纵差动保护不能反映匝间短路故障。目前发电机纵差动保护原理广泛采用的有比率制动式和标积制动式两种。

10.2.1　比率制动式纵差动保护

发电机纵差动保护原理与其他差动保护相同,图 10-1 示出了发电机纵差动保护单相原理接线,注意图中的极性标识,互感器一次侧极性分别为 P1、P2,图中用" * "表示,二次侧极性分别为 S1、S2,图中用" * "表示。图中以一相为例,规定一次电流 $\dot{I}_1$、$\dot{I}_2$ 以流入发电机为正方向。当正常运行以及发电机保护区外发生短路故障时,$\dot{I}_1$ 与 $\dot{I}_2$ 反相即有 $\dot{I}_1 + \dot{I}_2 = 0$,流入差动元件的差动电流 $I_d = \dot{I}_1' + \dot{I}_2' = 0$(实际不为 0,称为不平衡电流 I_{unb}),差动元件不会动作。当发生发电机内部短路故障时,在不计各种误差条件下,$\dot{I}_1$ 与 $\dot{I}_2$ 同相位,即有 $\dot{I}_1 + \dot{I}_2 = \dot{I}_k$,流入差动元件的差动电流将会出现较大的数值,当该差动电流超过整定值时,差动元件判为发生了发电机内部故障而作用于跳闸。

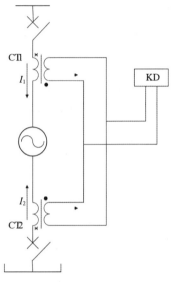

图 10-1　发电机纵差动保护原理图

上述原理的纵差动保护,为防止差动保护在区外短路时误动,差动元件的动作电流 I_d 应躲过区外短路时产生的最大不平衡电流 $I_{unb \cdot max}$,这样差动元件的动作电流将比较大,降低了内部故障时保护的灵敏度,甚至有可能在发电机内部相间短路时拒动。为了解决区外短路时不误动和区内短路时有较高的灵敏度这一矛盾,考虑到不平衡电流随着流过 CT 电流的增加而增加的因素,提出了比率制动式纵差动保护,使差动保护动作值随着外部短路电流的增大而自动增大。

设 $I_d = |\dot{I}_0' + \dot{I}_2'|$,$I_{res} = |(\dot{I}_1' - \dot{I}_2')/2|$,比率制动式差动保护的动作方程为

$$I_d \geqslant I_{d \cdot min}$$
$$I_d \geqslant I_{d \cdot min} + K(I_{res} - I_{res \cdot min}) \tag{10-1}$$

式中　I_d——差动电流(或称动作电流);

　　　I_{res}——制动电流;

　　　$I_{res \cdot min}$——最小制动电流(或称拐点电流);

　　　$I_{d \cdot min}$——最小动作电流(或称启动电流);

　　　d——制动特性直线的斜率。

上式对应的比率制动特性如图 10-2 所示。由上式可以看出,它在动作方程中引入了启动电流和拐点电流,制动线 BC 一般已不再经过原点,从而能够更好地拟合 CT 的误差特性,进一步提高差动保护的灵敏度。注意,以往传统保护中常使用过原点的 OC 连线的斜率表示制

动系数,而在这里比率制动线 BC 的斜率是 K ($K=\tan\alpha$)。

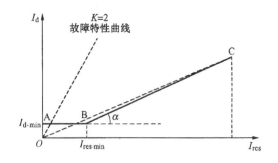

图 10-2　发电机纵差动保护比率制动特性

根据比率制动特性曲线分析,可见当发电机正常运行,或区外较远的地方发生短路时,差动电流接近为零,差动保护不会误动。而在发电机区内发生短路故障时,$\dot{I}_1$ 与 $\dot{I}_2$ 相位接近相同,差动电流明显增大,减小了制动量,从而可灵敏动作。当发电机内部发生轻微故障时,虽然有负荷电流制动,但制动量比较小,保护一般也能可靠动作。

比率制动方式差动保护是在传统差动保护原理的基础上逐步完善起来的,它有如下优点:①灵敏度高;②在区外发生短路或切除短路故障时躲不平衡电流能力强;③可靠性高。缺点是:不能反映发电机内部匝间短路故障。

10.2.2　标积制动式发电机纵差动保护

当发生区外故障电流互感器严重饱和时,比率制动的纵差动保护可能误动作。为防止这种误动作,利用标积制动构成纵差动保护,而且在内部故障时具有更高的灵敏度。

标积制动是比率制动的另一种表达形式。仍以图 10-1 所示电流流入发电机为正方向说明标积制动式纵差动保护的工作原理。由图所示,电流参考正方向,标积制动式纵差动保护的动作量为 $|\dot{I}_1+\dot{I}_2|^2$,制动量由两侧二次电流的标积 $|\dot{I}_1||\dot{I}_2|\cos\varphi$ 决定。其动作判据为

$$|\dot{I}_1+\dot{I}_2|^2 \geqslant -K_{res}|\dot{I}_1||\dot{I}_2|\cos\varphi \tag{10-2}$$

式中　φ——电流 $\dot{I}_1$ 和 $\dot{I}_2$ 的相位差角;

K_{res}——标积制动系数。

标积制动式差动保护动作量和比率制动式的基本相同,其差别就在于制动量。理想情况下,区外短路时,$\varphi=180°$,即 $\dot{I}_1=-\dot{I}_2=\dot{I}$,$\cos\varphi=-1$,动作量为零,而制动量达最大值 $K_{res}I^2$,保护可靠不动作,标积制动式和比率制动式有同等的可靠性。区内短路时,$\varphi\approx0$,$\cos\varphi\approx1$,制动量为负,负值的制动量即为动作量,即此时动作量为 $|\dot{I}_1+\dot{I}_2|^2+K_{res}|\dot{I}_1||\dot{I}_2|\cos\varphi$,制动量为零,大大地提高了保护动作的灵敏度。特别是,当发电机单机送电或空载运行时发生区内故障,因机端电流 $\dot{I}_1=0$,制动量为零,动作量为 $\dot{I}_2^2$,保护仍能灵敏动作。而比率制动式差动保护在这种情况下会有较大的制动量,降低了保护的灵敏度。

由此可见,标积制动式纵差动保护的灵敏度较高,作为发电机保护有利于减小保护死区。但其原理较比率制动式差动保护复杂,在微机型保护中是很容易实现的。在比率制动式差动保护不能满足灵敏度要求的情况下,可考虑采用标积制动式纵差动保护。

标积制动式差动保护原理在理论上可以从比率制动式推得,但由于在同等内部故障的条件下,标积制动式差动保护的动作量和制动量的差异要远比比率制动式的大,因此灵敏度更高。

10.2.3　G60 发电机差动保护特性曲线

该差动保护采用双斜率、双拐点的特性,其中拐点 K_1 段提高了内部故障的灵敏度,K_2 段提高了外部故障的选择性,且 B1、B2 段平滑过渡。

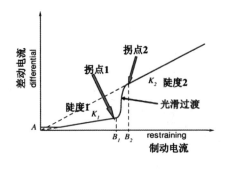

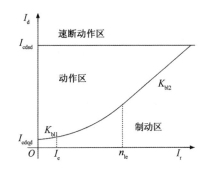

图 10-3　G60 发电机差动保护特性曲线　　　图 10-4　PCS-985G 发电机比率差动保护特性曲线

另外,对于 CT 变比不匹配的问题也可以自动修正,最大达 32 倍。适应各种类型的变压器接线组别,CT 全部接成星型,相位由继电器内部自动补偿,同时零序电流也自动补偿。

10.2.4　南瑞 PCS-985G 比例差动保护

1. 动作特性

该差动保护采用比率制动特性,其动作特性如图 10-4 所示。

保护的动作方程为

$$
\begin{cases}
I_d > K_{bl} \times I_r + I_{cdqd} & (I_r < n \cdot I_e) \\[4pt]
\quad K_{bl} = K_{bl1} + K_{blr} \times \left(\dfrac{I_r}{I_e} \right) \\[4pt]
I_d > K_{bl2} \times (_r - n \cdot I_e) + b + I_{cdqd} & (I_r > n \cdot I_e) \\[4pt]
\quad K_{blr} = (K_{bl2} - K_{bl1})/(2 \times n) \\[4pt]
\quad b = (K_{bl1} + K_{blr} \times n) \times n \cdot I_e
\end{cases}
\tag{10-3}
$$

$$
\begin{cases}
I_r = \dfrac{|\dot{I}_1 + \dot{I}_2|}{2} \\[8pt]
I_d = |\dot{I}_1 - \dot{I}_2|
\end{cases}
\tag{10-4}
$$

式中　I_d——差动电流;

　　　I_r——制动电流;

　　　I_{cdqd}——差动电流启动定值;

　　　I_e——发电机额定电流;

　　　$\dot{I}_1$——发电机机端电流;

　　　$\dot{I}_2$——发电机机中性点电流;

　　　K_{bl}——比率差动制动系数;

　　　K_{bl1}——起始比率差动斜率,定值范围为 0.05~0.15,一般取 0.05;

　　　K_{bl2}——最大比率差动斜率,定值范围为 0.30~0.70,一般取 0.5;

　　　n——最大比率制动系数时的制动电流倍数,装置内部固定取 4。

2. CT 饱和闭锁

故障发生时,保护装置先判断出是区内故障还是区外故障,如区外故障,投入 CT 饱和闭锁判据,当某相差动电流有关的任意一个电流满足相应条件,即认为此相差流由 CT 饱和引起,闭锁比率差动保护。

3．高值比率差动保护

为避免区内严重故障时 CT 饱和等因素引起的比率差动延时动作,装置设有一高比例和高启动值的比率差动保护,利用其比率制动特性抗区外故障时 CT 的暂态和稳态饱和,而在区内故障 CT 饱和时能可靠正确动作。稳态高值比率差动的动作方程如下:

$$\begin{cases} I_d > 1.2 \times I_e \\ I_d > I_r \end{cases} \tag{10-5}$$

其中,差动电流和制动电流的选取同上。

程序中依次按每相判别,当满足以上条件时,比率差动动作。

高值比率差动的各相关参数由装置内部设定,不需要用户整定。

4．差动速断保护

当任一相差动电流大于差动速断整定值时,瞬时动作于出口继电器。

5．差流异常报警

装置设有带比率制动的差流报警功能。

只有在相关差动保护控制字投入时(与压板投入无关),差流报警功能投入,满足判据,延时 10s 报相应差动保护差流报警,不闭锁差动保护,差流消失,延时 10s 返回。为提高差流报警的灵敏度,采用比率制动差流报警判据:

$$\begin{cases} dl > di\_bjzd \\ dl > kbj \times Ires \end{cases} \tag{10-6}$$

式中,dl 为差电流;di_bjzd 为差流报警门槛;kbj 为差流报警比率制动系数;$Ires$ 为制动电流。

6．CT 断线闭锁

装置设有开放式瞬时 CT 断线、短路闭锁功能。

对于正常运行中 CT 瞬时断线,差动保护设有瞬时 CT 断线判别功能。只有在相关差动保护控制字及压板均投入时,差动保护 CT 断线报警或闭锁功能投入。

内部故障时,至少满足以下条件中的一个:

(1)任一侧负序相电压大于 2V。

(2)启动后任一侧任一相电流比启动前增加。

(3)启动后最大相电流大于 1.2Ie。

(4)同时有三路电流比启动前减小。

而 CT 断线时,以上条件均不符合。因此,差动保护启动后 40ms 内,以上条件均不满足,判为 CT 断线。如此时"CT 断线闭锁比率差动投入"置 1,则闭锁差动保护,并发差动 CT 断线报警信号,如控制字置 0,差动保护动作于出口,同时发差动 CT 断线报警信号。

在发出差动保护 CT 断线信号后,消除 CT 断线情况,复位装置才能消除信号。

在发电机变压器组未并网前,CT 断线报警或闭锁功能自动退出。

通过"CT 断线闭锁差动"控制字整定选择,瞬时 CT 断线和短路判别动作后可只发报警信号或闭锁全部差动保护。当"CT 断线闭锁比率差动"控制字整定为"1"时,闭锁比率差动保护。

10.2.5 南瑞 PCS-985G 工频变化量差动保护

发电机内部轻微故障时,稳态差动保护由于负荷电流的影响,不能灵敏反应。因此为提高发电机内部小电流故障检测的灵敏度,还配置了发电机工频变化量比率差动保护,并设有控制字方便投退。

1. 工频变化量差动保护

工频变化量比率差动动作特性如图 10-5 所示。

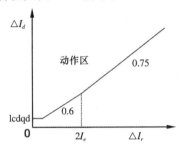

图 10-5　工频变化量比率差动保护动作特性

工频变化量率差动保护的动作方程为

$$\begin{cases} \Delta I_d > 1.25 \Delta I_{dt} \times \Delta I_{dth} \\ \Delta I_d > 0.6 I_r & I_r < 2I_e \\ \Delta I_d > 0.75 \Delta I_r - 0.3 \cdot I_e & I_r > 2I_e \\ \Delta I_r = |\Delta \dot{I}_1| + |\Delta \dot{I}_2| \\ \Delta I_d = |\Delta \dot{I}_2 + \Delta \dot{I}_2| \end{cases} \quad (10-7)$$

式中　ΔI_{dt}——浮动门坎,随着变化量输出增大而逐步自动提高,取 1.25 倍可保证门槛电压始终略高于不平衡输出,保证在系统振荡和频率偏移情况下,保护不误动作;

$\Delta \dot{I}_1$——发电机出口电流的工频变化量;

$\Delta \dot{I}_2$——发电机中性点电流的工频变化量;

ΔI_d——差动电流的工频变化量;

ΔI_{dth}——固定门坎;

ΔI_r——制动电流的工频变化量,取最大相制动。

2. 工频变化量差动保护逻辑(图 10-6)

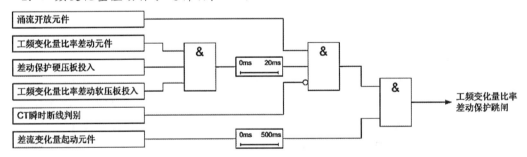

图 10-6　工频变化量比率差动保护动作逻辑框图

该保护设有带比率制动的差六报警功能、开放式瞬时 CT 断线、短路闭锁功能。

通过"CT 断线闭锁差动"控制字整定选择,瞬时 CT 断线和短路判别动作后可只发报警信号或闭锁差动保护。当"CT 断线闭锁比率差动"控制字整定为"1"时,闭锁比率差动保护。

10.3　发电机的相间后备保护

10.3.1　发电机相间后备保护的作用

　　发电机相间后备保护主要用作发电机外部相间短路及内部故障时的后备保护。当发电机外部故障时,流过发电机的稳态短路电流不大,有时甚至接近发电机的额定负荷电流,所以,发电机的过电流保护一般采用低电压启动或复合电压启动。其电流取自发电机中性点或机端的电流互感器,电压取自机端电压互感器的相间电压,在发电机并网前发生故障时,保护装置也能动作。在发电机发生过负荷时,过电流元件可能动作,但因这时低电压元件不动作,保护被闭锁。

10.3.2　发电机的后备保护方式

　　发电机的后备保护主要有低阻抗保护、低电压启动的过电流保护、复合电压启动的过电流保护等。

　　1. 低电压启动的过电流保护

　　发电机低电压启动的过流保护的电流继电器,接在发电机中性点侧三相星形连接的电流互感器上,电压继电器接在发电机出口端电压互感器的相间电压上,在发电机投入前发生故障时,保护也能动作。低电压元件的作用在于区别是过负荷还是由于故障引起的过电流。

　　2. 复合电压启动的过电流保护

　　复合电压启动是指负序电压和单元件相间电压共同启动过电流保护。在变压器高压侧母线不对称短路时,电压元件的灵敏度与变压器绕组的接线方式无关,有较高的灵敏度。

10.3.3　南瑞 PCS-985G 装置的发电机复合电压过流保护

　　复合电压过流设两段定值各一段延时。

　　1. 复合电压组件

　　复合电压组件由相间低电压和负序电压或门构成,有两个控制字(即过流Ⅰ段经复压闭锁,过流Ⅱ段经复压闭锁)来控制过流Ⅰ段和过流Ⅱ段经复合电压闭锁。当过流经复压闭锁控制字为"1"时,表示本段过流保护经过复合电压闭锁。

　　2. 电流记忆功能

　　对于自并励发电机,在短路故障后电流衰减变小,故障电流在过流保护动作出口前可能已小于过流定值,因此,复合电压过流保护启动后,过流组件需带记忆功能,使保护能可靠地动作出口。控制字"自并励发电机"在保护装置用于自并励发电机时置"1"。对于自并励发电机,过流保护必须经复合电压闭锁。

　　3. 经高压侧复合电压闭锁

　　控制字"经高压侧复合电压闭锁"置"1",过流保护不但经发电机机端 PT1 复合电压闭锁,而且还经主变高压侧复合电压闭锁,只要有一侧复压条件成立,就满足复压判据。

　　4. PT 断线对复合电压闭锁过流的影响

　　装置设有整定控制字(即 PT 断线保护投退原则)来控制 PT 断线时复合电压组件的动作行为。当装置判断出本侧 PT 断线时,若"PT 断线保护投退原则"控制字为"1"时,表示复合电压组件不满足条件;若"PT 断线保护投退原则"控制字为"0",当判断出本侧 PT 异常时,若复合电压组件仍满足条件,复合电压闭锁过流保护动作。

　　本保护的发电机 PT 断线报警采用的是各侧三相电压回路,PT 异常判别判据如下:

（1）正序电压小于 18V，且任一相电流大于 $0.04I_n$。

（2）负序电压 3U2 大于 8V。

发电机机端 PT、主变高压侧 PT 满足以上任一条件，延时 10s 发相应 PT 断线报警信号，异常消失，延时 10s 后信号自动返回。

10.4　发电机定子绕组单相接地保护

发电机定子绕组中性点一般不直接接地，而是通过高阻（接地变压器）接地、消弧线圈接地或不接地，故发电机的定子绕组都设计为全绝缘。尽管如此，发电机定子绕组仍可能由于绝缘老化、过电压冲击、机械振动等原因发生单相接地故障。由于发电机定子单相接地并不会引起大的短路电流，故不属于严重的短路性故障。

尽管发电机的中性点不直接接地，单相接地电流很小，但若不能及时发现，接地点电弧将进一步损坏绕组绝缘，扩大故障范围。电弧还可能烧伤定子铁心，给修复带来很大困难。由于大型发电机组定子绕组对地电容较大，当发电机机端附近发生接地故障时，故障点的电容电流比较大，影响发电机的安全运行；同时，由于接地故障的存在，会引起接地弧光过电压，可能导致发电机其他位置绝缘的破坏，形成危害严重的相间或匝间短路故障。

10.4.1　零序电压定子接地保护原理

发电机正常运行时三相电压及三相负荷对称，无零序电压和零序电流分量。假设 A 相绕组离中性点 α 处发生金属性接地故障，如图 10-7 所示，机端各相对地电动势为

$$\dot{U}_{AD} = (1-\alpha)\dot{E}_A$$
$$\dot{U}_{BD} = \dot{E}_B - \alpha\dot{E}_A \qquad\qquad (10\text{-}8)$$
$$\dot{U}_{CD} = \dot{E}_C - \alpha\dot{E}_A$$

式中，α 为中性点到故障点的绕组占全部绕组的百分数。

由相量图图 10-7(b)可以求得故障零序电压为

$$\dot{U}_{k0\alpha} = \frac{1}{3}(\dot{U}_{AD} + \dot{U}_{BD} + \dot{U}_{CD}) = -\alpha\dot{E}_A \qquad\qquad (10\text{-}9)$$

上式表明，零序电压将随着故障点位置 α 的不同而改变。当 $\alpha=1$ 时，即机端接地，故障的零序电压 $\dot{U}_{k0\alpha}$ 最大，等于额定相电压。

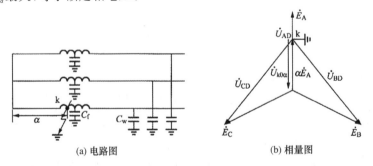

（a）电路图　　　　　　　　　　　　　（b）相量图

图 10-7　发电机定子绕组单相接地时的电路图和相量图

其中，C_f 为发电机各相的对地电容，C_w 为发电机外部各元件对地电容。

10.4.2　利用零序电压构成的发电机定子绕组单相接地保护

由上述分析可知：零序电压 3U0 随故障点位置 α 变化的曲线图，如图 10-8 所示。故障点

越靠近机端,零序电压就越高,可以利用基波零序电压构成定子单相接地保护。图中 U_{op} 为零序电压定子接地保护的动作电压。

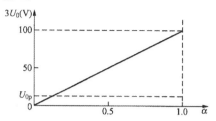

图 10-8　定子绕组单相接地时 $3U_0$ 与 α 的关系曲线

零序电压可取自发电机机端 PT 的开口三角绕组或中性点 PT 二次侧(也可从发电机中性点接地消弧线圈或者配电变压器二次绕组取得)。当保护动作于跳闸且零序电压取自发电机机端 PT 开口三角绕组时,需要有 PT 一次侧断线的闭锁措施。

产生零序电压 $3U_0$ 不平衡输出的因素主要有:发电机的三次谐波电势、机端三相 PT 各相间的变比误差(主要是 PT 一次绕组对开口三角绕组之间的变比误差)、发电机电压系统中三相对地绝缘不一致及主变压器高压侧发生接地故障时由变压器高压侧传递到发电机系统的零序电压。

由于发电机正常运行时,相电压中含有三次谐波,因此,在机端电压互感器接成开口三角的一侧也有三次谐波电压输出。因此为了提高灵敏度,保护需有三次谐波滤除功能。在发电机出口处发生单相接地时,$3U_0$ 电压为 100V;在中性点发生单相接地时,$3U_0$ 电压为 0V。因此,$3U_0$ 间接反映了接地故障点的位置。若 $3U_0$ 保护整定为 5V,则就保护了从机端开始的 95% 定子绕组,死区仅为 5%。

10.4.3　PCS-985G 装置的发电机定子接地保护

基波零序电压保护反应发电机零序电压大小。由于保护采用了频率跟踪、数字滤波及全周傅氏算法,使得零序电压对三次谐波的滤除比达 100% 以上,保护只反应基波分量。

基波零序电压保护设两段定值,一段为灵敏段,另一段为高定值段,延时可独立整定。

灵敏段基波零序电压保护,动作于信号。

灵敏段动作于跳闸时,还经主变高压侧零序电压闭锁,以防止区外故障时定子接地基波零序电压灵敏段误动,主变高压侧零序电压闭锁定值可进行整定。

高定值段基波零序电压保护,取中性点零序电压为动作量,高定值段可单独整定动作于跳闸。

10.5　发电机负序电流保护

10.5.1　发电机负序电流保护(转子表层过热保护)

1. 发电机长期承受负序电流的能力

发电机正常运行时,由于输电线路及负荷不可能三相完全对称,因此,总存在一定的负序电流 I_2,一般数值较小,但有些情况下,可达 $I_2 = (2\% \sim 3\%) I_n$(I_n 是额定电流)。发电机带不对称负荷运行时,转子虽有发热,当负序电流不大时,由于转子散热效应,其温升可不超过允许值,即发电机可以承受一定数值的负序电流长期运行。但负序电流值超过一定数值,则转子将遭受损伤,甚至遭受破坏。因此,发电机都要依其转子的材料和结构特点,规定长期承受的负序电流的限额,这一限额即发电机稳态承受负序电流的能力,用 $I_{2\infty}$ 表示。

长期承受负序电流的能力 $I_{2\infty}$ 是负序电流保护的整定依据之一。当出现超过 $I_{2\infty}$ 的负序电流时,保护装置要可靠动作,发出声光信号,以便及时处理。当其持续时间达到规定值,而负序电流尚未消除时,则应当切除发电机,以防止负序电流造成损害。

2. 发电机短时承受负序电流的能力

在异常运行或系统发生不对称故障时,I_2 将大大超过允许的持续负序电流值,这段时间通常不会太长,但因 I_2 较大,更需考虑防止对发电机可能造成的损伤。发电机短时间内允许负序电流值 I_2 的大小与电流持续时间有关。转子中发热量的大小通常与流经发电机的 I_2 的平方及所持续的时间 t 成正比。若假定发电机转子为绝热体,则发电机允许负序电流与允许持续时间的关系可用下式来表示:

$$I^2_{*.2}t = A \tag{10-10}$$

式中　$I^2_{*.2}$——以电机额定电流为基准的负序电流标幺值;

　　　　t——允许时间;

　　　　A——与发电机型式及冷却方式有关的常数。

A 值实际上就反映了发电机承受负序电流的能力,A 越大,说明发电机承受负序电流的能力越强。

A 值通常是按绝热过程设计计算的,但在有些情况下,可能偏于保守。因为一般只在很短时间内可不计及散热作用。而当 $I^2_{*.2}$ 较小,而允许持续时间较长时,转子表面向本体内部和周围介质散热就不能再予以忽略。因此在确定转子表面过热保护的负序电流能力判据时,再引入一个修正系数 K_2,即有下述判据:

$$\begin{cases} (I^2_{*.2} - K^2_2)t \geqslant A \\ K^2_2 = K_0 \cdot I^2_{*.2\infty} \end{cases} \Rightarrow \quad t \geqslant \frac{A}{I^2_{*.2} - K_0 I^2_{*.2\infty}} \tag{10-11}$$

发生不对称短路时,可能伴随较大的非周期分量,衰减的非周期分量在转子中感应出衰减的基波电流,增加转子的损耗和温升。对于大型机组,短路电流中的非周期分量所产生的影响比较显著,以 $I^2_{*.2}t \geqslant A$ 为判据的负序电流保护,在电流大、时间短(如小于 5s)的情况下并不能可靠地保障机组的安全,因此要求大型发电机及关设备要有完善的相间短路保护。

式(10-10)和式(10-11)两式都是讨论在某一恒定的 I_2 下对应的保护动作时间 t,实际上发电机承受的常常是变动的 I_2,例如强励动作使 I_2 快速增大,衰减又使 I_2 逐渐减小,模拟式的负序过负荷保护是无法反映这种 I_2 变动状态下的确切动作时间的,且转子的散热时间常数也难以确定。对微机保护的改动作判据为

$$\int_0^t I^2_{*.2}t \geqslant A \text{ 和 } \int_0^t (i^2_{*.2} - K_0 \cdot I^2_{*.2\infty})t \geqslant A \tag{10-12}$$

式中的积分是可以用软件实现的。

3. 转子表层负序过负荷保护的构成

为了防止发电机转子遭受负序电流的损害,国内外都要求装设与发电机承受负序电流能力相匹配的反限负序电流保护,如图10-9所示为一种负序电流保护的动作特性,由反时限和定时限两部分组成。

反时限部分动作特性在允许的负序电流曲线上面,是考虑到转子散热的影响,这种匹配方式可以避免在发电机还没有危险的情况下切除发电机。考虑到发电机机端两相短路时,另有专门的相间短路保护动作于切除故障,以及当 $I_2 > I_{2\infty}$ 且接近 $I_{2\infty}$ 时,又有信号段动作于声光信号,所以不必使保护装置的反时限特性动作范围向右侧延伸太多,参见图10-9中 t_2 附近

曲线。因此,在负序电流保护装置中,常把反时限特性的两端各割除一段。在大于 t_2 或小于 t_1 范围内为定限动作,大于 t_1 小于 t_2 范围内为反时限动作。

下限定时限特性按发电机长期允许的负序电流整定,$I_{dt}=K_k I_{*2\infty}$,I_{*2} 大于 I_{dt},保护定时限 t 动作于发信,以便运行人员采取措施。

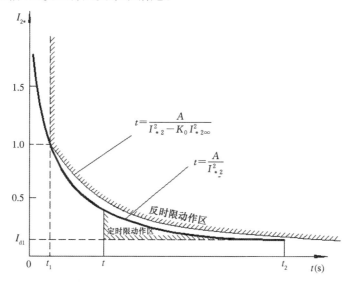

图 10-9　反时限负序电流保护的动作区

10.5.2　PCS-985G 装置的负序过电流保护

反时限保护由三部分组成:①下限启动;②反时限部分;③上限定时限部分。

上限定时限部分设最小动作时间定值。

当负序电流超过下限整定值 I_{2szd} 时,反时限部分启动,并进行累积。反时限保护热积累值大于热积累定值,保护发出跳闸信号。负序反时限保护能模拟转子的热积累过程,并能模拟散热。发电机发热后,若负序电流小于 I_{2l} 时,发电机的热积累通过散热过程慢慢减少;负序电流增大,超过 I_{2l} 时,从现在的热积累值开始,重新热积累的过程。

反时限动作曲线如图 10-10 所示。

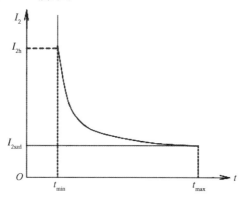

图 10-10　反时限负序电流保护动作曲线

反时限负序过负荷保护可选择跳闸或报警,跳闸方式为解列灭磁。

10.5.3　G60 负序过负荷保护的特点

保护分为定时限和反时限两部分，定时限部分动作于信号，反时限部分动作于跳闸。其中反时限部分设定最小动作时间和最大动作时间，最小动作时间用以防止切除外部故障引起的误动；最大动作时间用来限制当负序量很小时保护的最长动作时间。反时限动作特性由 $T=\dfrac{A}{I_2/I_n}$ 来决定，I_n 为发电机额定电流，由式可见，反时限部分为一折线。

当负序电流达到负序定时限的启动值时，定时限部分作用于发信号，用以提示运行人员进行处理，该值在整定时应低于反时限部分启动值，并保留一定预度。

10.6　发电机的失磁保护

10.6.1　发电机失磁运行及后果

发电机失磁故障是指发电机的励磁突然全部消失或部分消失。引起失磁的原因有转子绕组故障、励磁机（变）故障、自动灭磁开关误跳闸、半导体励磁系统中某些元件损坏或回路发生故障以及误操作等。各种失磁故障综合起来看，有以下几种形式：励磁绕组直接短路或经励磁电机电枢绕组闭路而引起的失磁；励磁绕组开路引起的失磁；励磁绕组经灭磁电阻短接而失磁；励磁绕组经整流器闭路（交流电源消失）失磁。

当发电机完全失去励磁时，励磁电流将逐渐衰减至零。由于发电机的感应电动势 E_d 随着励磁电流的减小而减小，因此，其电磁转矩也将小于原动机的转矩，因而引起转子加速，使发电机的功角 δ 增大。当 δ 超过静态稳定极限角时，发电机与系统失去同步。发电机失磁后将从电力系统中吸取感性无功功率。在发电机超过同步转速后，转子回路中将感应出频率为 f_g-f_s（其中，f_g 为对应发电机转速的频率，f_s 为系统的频率）的电流，此电流产生异步转矩。当异步转矩与原动机转矩达到新的平衡时，即进入稳定的异步运行。

当发电机失磁进入异步运行时，将对电力系统和发电机产生以下影响：

（1）需要从电力系统中吸收很大的无功功率以建立发电机的磁场。所需无功功率的大小，主要取决于发电机的参数（X_1、X_2、X_{ad}）以及实际运行时的转差率。汽轮发电机与水轮发电机相比，前者的同步电抗 X_d（$=X_1+X_{ad}$）较大，所需无功功率较小。假设失磁前发电机向系统送出无功功率 Q_1，而在失磁后从系统吸收无功功率 Q_2，则系统中将出现 Q_1+Q_2 的无功功率缺额。失磁前带的有功功率越大，失磁后转差就越大，所吸收的无功功率也就越大，因此，在重负荷下失磁进入异步运行后，如不采取措施，发电机将因过电流使定子过热。

（2）由于从电力系统中吸收无功功率将引起电力系统的电压下降，如果电力系统的容量较小或无功功率储备不足，则可能使失磁发电机的机端电压、升压变压器高压侧的母线电压、或其他邻近的电压低于允许值，从而破坏了负荷与各电源间的稳定运行，甚至可能因电压崩溃而使系统瓦解。

（3）失磁后发电机的转速超过同步转速，因此，在转子及励磁回路中将产生频率为 f_g-f_s 的交流电流，即差频电流。差频电流在转子回路中产生的损耗，如果超出允许值，将使转子过热。特别是直接冷却的大型机组，其热容量的裕度相对降低，转子更易过热。而流过转子表层的差频电流还可能使转子本体与槽楔、护环的接触面上发生严重的局部过热。

（4）对于直接冷却的大型汽轮发电机，其平均异步转矩的最大值较小，惯性常数也相对较低，转子在纵轴和横轴方向呈现较明显的不对称，使得在重负荷下失磁后，这种发电机的转矩、有功功率要发生周期性摆动。这种情况下，将有很大的电磁转矩周期性地作用在发电机轴系上,并通过定子传到机座上,引起机组振动,直接威胁着机组的安全。

（5）低励磁或失磁运行时,定子端部漏磁增加,将使端部和边段铁心过热。实际上,这一情况通常是限制发电机失磁异步运行能力的主要条件。

由于汽轮发电机异步功率比较大,调速器也较灵敏,因此当超速运行后,调速器立即关小汽门,使汽轮机的输出功率与发电机的异步功率很快达到平衡,在转差率小于 0.5% 的情况下即可稳定运行。故汽轮发电机在很小转差下异步运行一段时间,原则上是完全允许的。此时,是否需要并允许异步运行,则主要取决于电力系统的具体情况。例如,当电力系统的有功功率供应比较紧张,同时一台发电机失磁后,系统能够供给它所需要的无功功率,并能保证电力系统的电压水平时,则失磁后就应该继续运行;反之,若系统没有能力供给失磁发电机所需的无功功率,并且系统中有功功率有足够的储备,则失磁以后就不应该继续运行。

发电机应装设失磁保护,以便及时发现失磁故障,并采取必要的措施,如发出信号、自动减负荷、动作于跳闸等,以保证发电机和系统的安全。

考虑失磁对电力系统和发电机本身的危害,并不像发电机内部短路那样迅速地表现出来,另一方面,汽轮发电机突然跳闸,会给机组本身及其辅机造成很大的冲击,对电力系统也会加重扰动,因此,失磁后应首先采取切换励磁电源、切换厂用电源以及迅速降低原动机出力等措施,并随即检查造成失磁的原因并予以消除,使机组恢复正常运行,以避免不必要的事故停机。如果在发电机允许的时间内,不能消除造成失磁的原因,则再由失磁保护或由人工操作停机。

10.6.2 发电机失磁后的机端测量阻抗

发电机与无限大系统并列运行等值电路和相量图如图 10-11 所示。图中 $\dot{E}_d$ 为发电机的同步电动势;$\dot{U}_g$ 为发电机端的相电压;$\dot{U}_s$ 为无穷大系统的相电压;$\dot{I}$ 为发电机的定子电流;X_d 为发电机的同步电抗;X_s 为发电机与系统之间的联系电抗,$X_{\sum} = X_d + X_s$;ϕ 为受端的功率因数角;δ 为 $\dot{E}_d$ 和 $\dot{U}_s$ 之间的夹角（即功角）。根据电机学,发电机送到受端的功率 $S = P - jQ$（规定发电机送出感性无功功率时,表示为 $P - jQ$）分别为

$$P = \frac{E_d U_s}{X_{\Sigma}} \sin\delta \tag{10-13}$$

$$Q = \frac{E_d U_s}{X_L} \cos\delta - \frac{U_s^2}{X_{\Sigma}} \tag{10-14}$$

在正常运行时,$\delta < 90°$;一般,当不考虑励磁调节器的影响时,$\delta = 90°$ 为稳定运行的极限;$\delta > 90°$ 后,发电机失步。

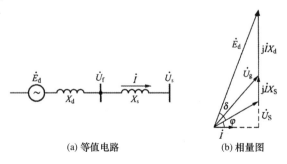

(a) 等值电路　　　　　(b) 相量图

图 10-11　发电机与无穷大系统并列运行

1. 发电机在失磁过程中的机端测量阻抗

发电机从失磁开始到进入稳态异步运行,一般可分为三个阶段。

1) 失磁后到失步前(等有功圆)

在此阶段中,转子电流逐渐减小,发电机的电磁功率 P 开始减小,由于原动机所供给的机械功率还来不及减小,于是转子逐渐加速,使 $\dot{E}_d$ 和 $\dot{U}_s$ 之间的功角 δ 随之增大,P 又要回升。在这一阶段中,$\sin\delta$ 的增大与 $\dot{E}_d$ 的减小相互补偿,基本上保持了电磁功率 P 不变。

与此同时,无功功率 Q 将随着 $\dot{E}_d$ 的减小和 δ 的增大而迅速减小,按式(2-33)计算的 Q 值将由正变为负,即发电机变为吸收感性的无功功率。

在这一阶段中,发电机端的测量阻抗为

$$Z_g = \frac{\dot{U}_g}{\dot{I}} = \frac{\dot{U}_s + j\dot{I}X_s}{\dot{I}} = \frac{\dot{U}_s\dot{U}_s}{\dot{I}\dot{U}_s} + jX_s = \frac{U_s^2}{S} + jX_s$$

$$= \frac{U_s^2}{2P} \times \frac{P - jQ + P + jQ}{P - jQ} + jX_s = \frac{U_s^2}{2P}\left(1 + \frac{P + jQ}{P - jQ}\right) + jX_s$$

$$= \left(\frac{U_s^2}{2P} + jX_s\right) + \frac{U_s^2}{2P}e^{j2\varphi} \tag{10-15}$$

如上所述,式(10-15)中的 U_s、X_s 和 P 为常数,而 Q 和 ϕ 为变数,因此它是一个圆的方程式,表示在复阻抗平面上如图 2-25 所示。其圆心 O' 的坐标为 $\left(\dfrac{U^2 MMs}{2P},\ X_s\right)$,半径为 $\dfrac{U_s^2}{2P}$。

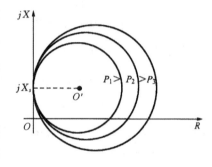

图 10-12 等有功阻抗圆

由于这个圆是在有功功率 P 不变的条件下做出的,因此称为等有功阻抗圆。由图 10-12 可见,机端测量阻抗的轨迹与 P 有密切关系,对应不同的 P 值有不同的阻抗圆,且 P 越大,圆的直径越小。

发电机失磁以前,向系统送出无功功率,ϕ 角为正,测量阻抗位于第一象限,失磁以后,随着无功功率的变化,ϕ 角由正值变为负值,因此测量阻抗也沿着圆周随之由第一象限过渡到第四象限。

2) 临界失步点(静稳阻抗边界圆)

对汽轮发电机组,当 $\delta = 90°$ 时,发电机处于失去静态稳定的临界状态,故称为临界失步点。此时可得输送到受端的无功功率为

$$Q = -\frac{U_s^2}{X_\Sigma} \tag{10-16}$$

式中,Q 为负值,表明临界失步时,发电机自系统吸收无功功率,且为一常数,故临界失步点也称为等无功点。此时,机端的测量阻抗为

$$Z_g = \frac{X_d + S_s}{j2}(1 - e^{j2\varphi}) + jX_s = -j\frac{X_d + X_s}{2} + j\frac{X_d + X_s}{2}e^{j2\varphi} + jX_s$$

$$= -j\frac{X_d - X_s}{2} + j\frac{X_d + X_s}{2}e^{j2\varphi} \tag{10-17}$$

由此可知,发电机在输出不同的有功功率 P 而临界失稳时,其无功功率 Q 恒为常数。ϕ 为变量,也是一个圆的方程,为以 jX_s 和 $-jX_d$ 两点为直径的圆,如图 10-13 所示。其圆心 O' 的坐标为$(0,-\dfrac{X_d-X_s}{2})$,半径为$\dfrac{X_d-X_s}{2}$。这个圆称为临界失步圆,也称静稳阻抗圆或等无功圆。其圆周为发电机以不同的有功功率 P 而临界失稳时,机端测量阻抗的轨迹,圆内为静稳破坏区。

3)静稳破坏后的异步运行阶段(异步阻抗圆)

静稳破坏后的异步运行阶段可用图 10-14 所示的等值电路来表示,按图 10-14 的电流正方向,机端测量阻抗应为

$$Z_g=-\left[jX_1+\frac{jX_{ad}\left(\dfrac{R_2}{s}+jX_2\right)}{\dfrac{R_2}{s}+j(X_{ad}+X_2)}\right] \qquad (10\text{-}18)$$

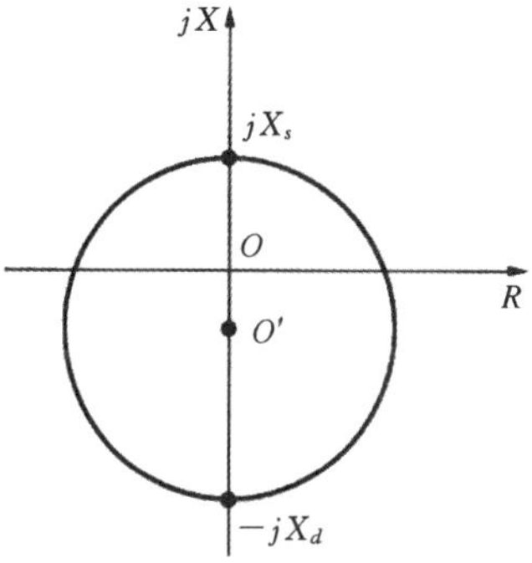

当发电机空载运行失磁时,转差率 $s\approx0$,$R_2/s\approx\infty$,此时,机端测量阻抗为最大:

$$Z_g=-jX_1-jX_{ad}=-jX_d \qquad (10\text{-}19)$$

图 10-13　临界失步阻抗圆

当发电机在其他运行方式下失磁时,Z_g 将随转差率增大而减小,并位于第四象限。极限情况是当 $f_g\to\infty$ 时,$s\to-\infty$,$R_2/s\to0$,Z_g 的数值为最小。此时,有

$$Z_g=-j\left(XM_1+\frac{X_2X_{ad}}{X_2+X_{ad}}\right)=-jX_d' \qquad (10\text{-}20)$$

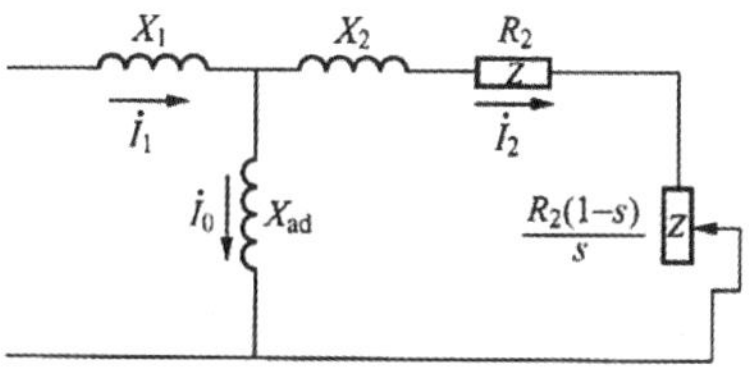

图 10-14　异步电机等值电路

综上所述,发电机失磁前在过激状态下运行时,其机端测量阻抗位于第一象限(如图 10-15 中的 a 或 a'点),失磁以后,测量阻抗沿等有功圆向第四象限移动。当它与静稳阻抗圆(等无功阻抗圆)相交时(b 或 b'点),表示机组运行处于静稳定的极限。越过 b(或 b')点以后,转入异步运行,最后稳定运行于 c(或 c')点,此时平均异步功率与调节后的原动机输入功率相平衡。

异步边界阻抗特性圆是以 $-\dfrac{1}{2}jX_d'$ 和 $-jX_d$ 两点为直径的,如图 10-15 所示,进入圆内表明发电机已进入异步运行。异步边界阻抗圆小于静稳极限阻抗圆,完全落在第三、四象限。所以在同一工况的系统中运行,若失磁保护采用静稳极限阻抗元件,在失磁故障时一定比采用异步边界阻

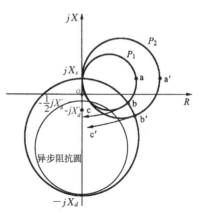

a——b——c 为P_1较大时的轨迹

a'——b'——c' 为P_2较小时的轨迹

图 10-15　发电机失磁后机端测量阻抗的变化轨迹

抗元件动作得更早。由于异步边界阻抗特性圆没有一、二象限的动作区，采用异步边界阻抗元件有利于减少非失磁故障时的误动概率。

2. 发电机在其他运行方式下的机端测量阻抗

为了便于和失磁情况下的机端测量阻抗（如图 10-16 中的 Z_{g4}）进行鉴别和比较，现对发电机在下列几种运行情况下的机端测量阻抗简要说明。

1）发电机正常运行时的机端测量阻抗

当发电机向外输送有功功率和无功功率时，其机端测量阻抗 Z_g 位于第一象限，如图 10-20 中的 Z_{g1}，它与 R 轴的夹角 $\varphi\phi$ 为发电机运行时的功率因数角。当发电机只输出有功功率时，测量阻抗 Z_{g2} 位于 R 轴上。当发电机欠激运行时，向外输送有功功率，同时从电力系统吸收一部分无功功率（Q 值变为负），但仍保持同步并列运行，此时，测量阻抗 Z_{g3} 位于第四象限。

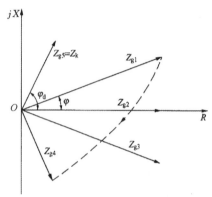

图 10-16　发电机在各种运行情况下的机端测量阻抗

2）发电机外部故障时的机端测量阻抗

当采用 0°接线方式时，故障相测量阻抗位于第一象限，其大小和相位正比于短路点到保护安装地点之间的阻抗 Z_k，如图 10-16 中的 Z_{g5}。如继电器接于非故障相，则测量阻抗的大小和相位须经具体分析后确定。

3）发电机与系统间发生振荡时的机端测量阻抗

根据图 10-17 系统振荡时机端测量阻抗的变化及其对保护影响的分析，当假定机端母线为无限大母线，即认为 $E_d = U_s$ 时，振荡中心位于 $\frac{1}{2} X_\Sigma$ 处。当 $X_s \approx 0$ 时，振荡中心即位于 $\frac{1}{2} X_d'$ 处，此时机端测量阻抗的轨迹沿直线 OO' 而变化，如图 10-17 所示。当 $\delta = 180°$ 时，测量阻抗的最小值 $Z_g = -j \frac{1}{2} X_d'$。

系统发生振荡时，即使 $X_s \approx 0$，振荡阻抗轨迹均不会进入异步边界阻抗圆，采用异步边界阻抗判据的失磁保护不可能误动。

4）发电机自同步并列时的机端测量阻抗

在发电机接近于额定转速，不加励磁而投入断路器的瞬间，与发电机空载运行时发生失磁的情况实质是一样的。但由于自同步并列的方式是在断路器投入后立即给发电机加上励磁，因此，发电机无励磁运行的时间极短。对此情况，应该采取措施防止失磁保护的误动作。

10.6.3　PCS-985G 装置的发电机失磁保护

PCS-985G 装置的失磁保护由以下四个判据组合完成需要的失磁保护方案。

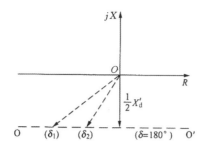

图 10-17　系统振荡时机端测量阻抗的变化轨迹

1）母线（机端）低电压判据

该低电压判据中的电压取自主变高压侧 PT；对于机端低电压判据，电压取自发电机机端 PT。

当主变高压侧 PT 断线时，闭锁母线低电压判据。

2）定子阻抗判据

可选择异步阻抗圆或静稳边界圆，阻抗电压量取发电机机端正序电压，电流量取发电机机端正序电流。

对于阻抗判据，可以选择与无功反向判据结合。

无功功率采用机端三相电压、发电机三相电流计算得到。

异步阻抗继电器的动作特性如图 10-18 所示。

3）转子低电压判据

该判据可直接采用转子电压或间接采用发电机的变励磁电压为判据。

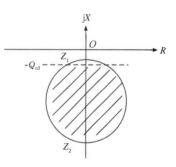

图 10-18　失磁保护异步阻抗圆

失磁故障时，该电压突然下降到零或负值，励磁低电压判据迅速动作（在发电机实际抵达静稳极限之前），失磁或低励故障时，该电压逐渐下降到零或减至某一值，变励磁低电压判据动作。低励、失磁故障将导致机组失步，失步后该电压和发电机输出功率做大幅度波动，通常会使励磁电压判据、变励磁电压判据周期性地动作与返回，因此低励、失磁故障的励磁电压组件在失步后（进入静稳边界圆）延时返回。

10.6.4　失磁保护转子判据

由各种原因引起的发电机失磁，其转子励磁绕组电压 u_f 都会出现降低，降低的幅度随失磁方式而不同。失磁保护的转子判据，便是根据失磁后 u_f 初期下降（以至到负）的特点来判别失磁故障。转子判据有整定值固定的转子判据和整定值随有功功率改变的转子判据两种。

10.6.5　PCS-985G 装置的发电机失磁保护逻辑

装置设由四段失磁保护功能，失磁保护Ⅰ段经母线电压低动作于跳闸；Ⅱ段经机端电压低动作于跳闸；Ⅲ段经较长延时动作于跳闸或发信。

失磁保护Ⅱ段投入，发电机失磁时，机端电压低于整定值，保护延时动作于跳闸。失磁Ⅱ段判据选择时，除了机端低电压判据外，定子阻抗判据建议投入。失磁保护Ⅲ段为长延时段。

10.6.6　G60 装置的双下抛圆失磁保护特性

G60 发电机失磁保护为两段式低励、失磁保护，设置两个下抛阻抗圆，不设转子低电判据。

Ⅱ段阻抗圆 2（大圆）动作边界按异步边界整定，以同步电抗为半径，从圆点下偏 $\frac{1}{2}X_d'$；Ⅰ

段阻抗圆1(小圆)以基准电抗值 Z_b 为直径,与纵轴的两个交点分别取为 $-\frac{1}{2}X'_d$ 和 $+\frac{1}{2}X'_d$,如图 10-19 所示。

在重负荷,>30%或更高负荷下发生失磁故障时,Ⅰ段和Ⅱ段都动作;在轻负荷下失磁时,则只有Ⅱ段动作。对于Ⅰ段动作应加一个延时(50ms)以便在 PT 断线时闭锁保护;Ⅱ段延时应较长,如 0.5~1.0s,以躲过系统振荡时阻抗轨迹的短时进入,防止误动。

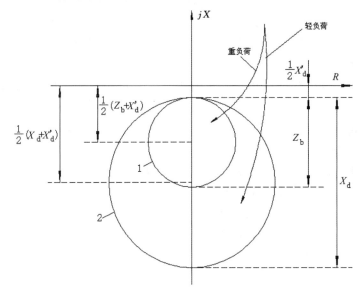

图 10-19　双下抛圆阻抗特性

G60 失磁保护出口逻辑如图 10-20 所示。

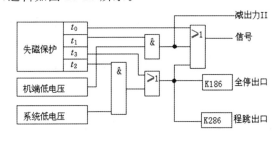

图 10-20　失磁保护出口逻辑

图 10-20 所示失磁保护的动作出口如下:

① 保护启动瞬时动作发信。

② 保护动作,在 t_1 时间内机端电压下降至规定值,保护动作于减出力。

③ 保护动作,在 t_2 时间内系统电压下降至规定值,保护动作于全停或程序跳闸。

④ 保护动作,经延时 t_3 无条件动作于全停或程序跳闸。

10.7　发电机的失步保护

10.7.1　发电机失步时的电气量特征

发电机失步涉及该机相对系统中所有发电机是否同步的问题,因此判定某机组是否失步,理论上应由系统全部发电机的运行参数决定,这就需要远动通道来完成。

这里仅讨论等效两机系统,即除所讨论的一机外,系统所有其他发电机组均归并等值为另一机,进一步将两机系统规范化,变成等效一机对无穷大系统,所以,有关失步保护也就只限于本机而言。

1. 对发电机失步保护的要求

(1) 能够尽快检出失步故障。显然,当扰动一出现,如果保护装置能够立即判断出来将发生非稳定振荡,并及时采取措施,是最理想的。因为这样就可以避免振荡过程的发生,或者可以把非稳定振荡转化为稳定振荡,至少也可以最大限度地缩短振荡过程,减轻振荡过程对电力系统的不利影响。然而,要做到在扰动出现时立即检出失步故障,常常是困难的。因此,通常要求失步保护在振荡的第一个振荡周期内能够可靠动作。

(2) 能检测加速失步或减速失步。失步保护动作后,应当根据被保护发电机的具体状况,采取不同措施,而不应当无条件地动作于跳闸。一般,对于处于加速状态的发电机,应当动作于快速降低原动机的输出功率。而处于减速状态的发电机,应当在发电机不发生过负荷的条件下,快速增加原动机输出功率。

(3) 失步保护应有鉴别短路与振荡的能力,当发生短路故障时,失步保护不应误动作。

(4) 失步保护应有鉴别失步振荡与同步振荡的能力,在稳定振荡的情况下,失步保护不应误动作。

(5) 失步保护应能区分振荡中心在发变组内部还是在外部,当振荡中心不在发变组内部时,应当经过预定的滑极次数后跳闸,而不是立即跳闸。

(6) 当动作于跳闸时,若在电势角 $\delta = 180°$ 时使断路器断开,则将在最大电压下切断最大电流,对断路器的工作条件最为不利,有可能超过断路器的遮断容量。因此,失步保护应避免在这一时机动作于跳闸。

2. 振荡及短路过程中机端测量阻抗轨迹

当被保护发电机电势 $\dot{E}_A$ 和系统等效电势 $\dot{E}_B$ 的大小保持不变(即不考虑各发电机励磁调节器的作用),只有夹角 δ 变化时,在阻抗平面上的非稳定振荡阻抗轨迹是一个圆,它以不断变化的功角变化率 $d\delta/dt$ 穿过阻抗平面,在阻抗平面上走过一段距离需要一定的时间。

当发生短路故障时,在短路瞬间,功角 δ 基本不变,而测量阻抗将由负荷阻抗突然下降为短路阻抗,这个过程可看作是跃变过程。

当发生稳定振荡时,振荡阻抗轨迹只是在阻抗平面上第一象限或第四限的一定范围内变化,而且功角变化率 $d\delta/dt$ 值较小。

我们可以用图 10-21 来说明非稳定振荡短路故障和稳定振荡情况下阻抗轨迹的上述差别。图中,假定发电机机正常工作于点 H,发生短路故障后,机端测量阻抗将由点 H 跃变到点 D,当故障切除后,机端测量阻抗就从点 D 跃变到点 G,如果动稳定不能保持,则机端测量阻抗轨迹将从点 G 沿圆 5(设 $KE_A/E_B > 1$)变化;如果能保持稳定,则当阻抗轨迹变化到某一点(例如 S 点)后,将向反方向摆动(轨迹 6)。

3. 失步测量阻抗的特点

$E_A = E_B$,测量阻抗轨迹为垂直于 Z_{AB} 的一条直线; $E_A > E_B$,测量阻抗轨迹为直线 $E_A = E_B$ 上部的圆弧; $E_A < E_B$,测量阻抗轨迹为直线 $E_A = E_B$ 下部的圆弧。

设 m 为保护安装处距系统 A 的阻抗占系统总阻抗 Z_{AB} 的百分数,当 $m < 1/2Z_{AB}$ 时,振荡中心位于保护装置的正方向,测量阻抗轨迹与 $+jx$ 轴相交;$m > 1/2Z_{AB}$ 时振荡中心位于保护装置的反方向,测量阻抗轨迹与—jx轴相交;$m=1/2Z_{AB}$时测量阻抗通过坐标原点,即保护安装处位于振荡中心。大容量发电机等效阻抗大,而系统等效阻相对较小,故发电机失步时的机端测量阻抗轨迹一般与+jx轴相交。

加速失步,即发电机工况,测量阻抗变化方向为从右至左;减速失步,即电动机工况,测量阻抗变化方向为从左至右。单台发电机失步一般为加速失步。

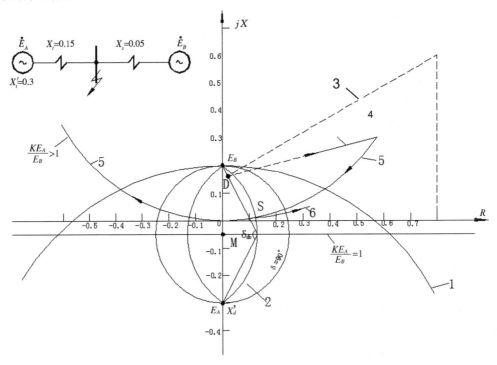

H—正常工作点;D—短路后阻抗相量末端;M—振荡中心;曲线 1—机端观测的静稳边界;曲线 2—动稳边界;曲线 3—短路后阻抗跃变;曲线 4—切除短路后阻抗跃变;曲线 5—非稳定振荡阻抗轨迹;曲线 6—稳定振荡阻抗轨迹

图 10-21 振荡及短路过程中机端测量阻抗轨迹

4. 双阻抗元件失步检测原理

根据上述特征,可以利用两个阻抗元件来检出非稳定振荡过程,用以鉴别非稳定振荡和短路故障、稳定振荡。现以双透镜动作特性(图 10-22)来说明阻抗元件构成的失步保护。

在非稳定振荡情况下,机端测量阻抗轨迹(如曲线 2),穿过 Z_1 和 Z_2 的动作区,由点 A_1 进入,点 B_1 穿出。穿过 A_1A_2、A_2B_2 和 B_2B_1 的时间分别为 Δt_1、Δt_2 和 Δt_3。当发生短路故障时,阻抗轨迹(如曲线 1)由正常工作点跃变到点 F,几乎是同时穿过 Z_1 和 Z_2 的动作边界,因此可以用 Δt_1(统计资料表明,系统最短振荡周期为 0.2s 左右)来鉴别短路故障,防止发生短路时误动作。动作特性 Z_2 按动稳边界整定,因此在稳定振荡时,阻抗轨迹(如曲线 3)只进入 Z_1 的动作区,而不会越过 Z_2 的动作边界,即只有 Z_1 动作,而 Z_2 不动作,以此来鉴别稳定振荡,防止在稳定振荡时误动作。

合理整定 B 点,可以使振荡中心接近机组或位于机组中心范围内时才动作。

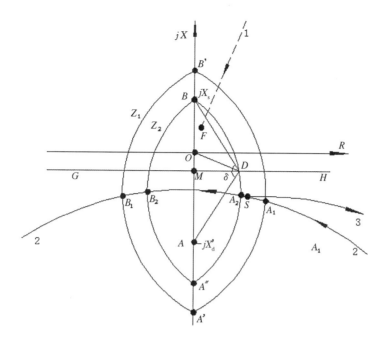

图 10-22　双透镜动作特性

10.7.2　PCS-985G 装置的失步保护特性

（1）保护采用三组件失步继电器动作特性如图 10-23 所示。

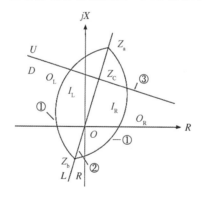

图 10-23　PCS-985G 装置的三组件失步保护的阻抗特性

第一部分是透镜特性，图中①，它把阻抗平面分成透镜内的部分 I 和透镜外的部分 O。第二部分是遮挡器特性，图中②，它把阻抗平面分成左半部分 L 和右半部分 R。

两种特性的结合，把阻抗平面分成四个区 OL、IL、IR、OR，阻抗轨迹顺序穿过四个区（$OL{\rightarrow}IL{\rightarrow}IR{\rightarrow}OR$ 或 $OR{\rightarrow}IR{\rightarrow}IL{\rightarrow}OL$），并在每个区停留时间大于一时限，则保护判为发电机失步振荡。每顺序穿过一次，保护的滑极计数加 1，到达整定次数，保护动作。

第三部分特性是电抗线，图中③，它把动作区一分为二，电抗线以上为 I 段（U），电抗线以下为 II 段（D）。阻抗轨迹顺序穿过四个区时位于电抗线以下，则认为振荡中心位于发变组内，位于电抗线以上，则认为振荡中心位于发变组外，两种情况下滑极次数可分别整定。

保护可动作于报警信号，也可动作于跳闸。

失步保护可以识别的最小振荡周期为 120ms。

（2）失步保护动作逻辑如图 10-24 所示。

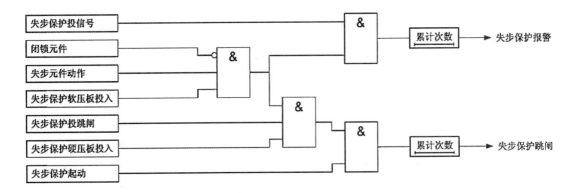

图 10-24　PCS-985G 装置的失步保护动作逻辑

10.7.3　G60 发电机失步保护特性(图 10-25)

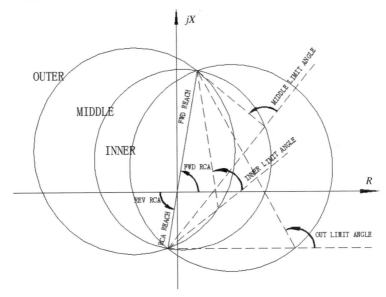

图 10-25　G60 失步保护阻抗特性

　　G60 失步保护测量发电机端正序阻抗,采用三段式阻抗元件:外圆、中圆、内圆,由时间元件来跟踪阻抗轨迹穿越阻抗元件的情况,检测判断失步工况。提供失步跳闸和振荡闭锁功能,失步跳闸可设定为瞬时或延时,延时功能可防止断路器过载。

　　通过控制字可将保护设定为 2 步式工作或 3 步式工作。如果最大负荷测量阻抗和外圆动作阻抗之间有足够大的间隙,则用 3 步式工作,此时外圆、中圆、内圆均在最大负荷测量阻抗和动作阻抗之内。采用 2 步式工作时,只用到外圆和内圆阻抗。

10.8　发电机的功率保护

10.8.1　逆功率概述

　　发电机逆功率保护动作于主汽门关闭而导致有功功率的逆向传送。当主汽门误关闭时或发电机并未从系统解列时,转子由于惯性接着旋转,这个时候会出现从系统吸收机械能,因此发电机就变成了同步电动机运行,从电力系统吸收有功功率。这种工况,对发电机并无危险。但由于汽轮机的鼓风损失,其尾部叶片有可能过热,导致汽轮机叶片与残留尾气剧烈摩擦过热而损坏汽轮机,造成汽轮机事故。因此发电机组不允许在这种状况下长期运行。

逆功率保护有两种实现方法。其一是反应逆功率大小的原动力,发电机变为电动机运行时逆功率保护动作跳开主断路器。发电机功率用三相电压、三相电流计算得到。另外一种是习惯上称为程序跳闸的逆功率保护。发电机在过负荷、过励磁、失磁等各种异常运行保护动作后需要程序跳闸时。程序跳闸的逆功率保护动作出口,先关闭汽轮机的主汽门,然后由程序逆功率保护经主汽门接点闭锁跳开发电机-变压器组的主断路器。在发电机停机时,可利用该保护的程序跳闸功能,先将汽轮机中的剩余功率向系统送完后再跳闸,从而更能保证汽轮机的安全。

该保护是反应发电机从系统吸收有功功率的决定动作时间的。

10.8.2 PCS-985G 装置的功率保护

1. PCS-985G 装置的逆功率保护

保护动作判据为 $P < -R \cdot P_{zd}$。

发电机功率用机端三相电压、发电机三相电流计算得到。

逆功率保护设两段时限,Ⅰ段发信号,Ⅱ段动作于停机出口。

逆功率保护定值范围为 $0.5\% \sim 50\% P_n$,P_n 为发电机额定有功功率。信号延时范围为 $0.1 \sim 25s$,跳闸为 $0.1 \sim 600s$。

逆功率保护逻辑图如图 10-26 所示。

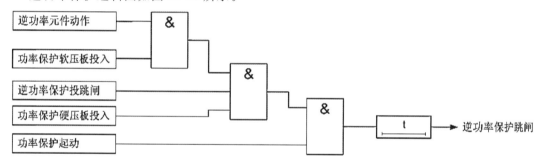

图 10-26　PCS-985G 发电机逆功率保护逻辑图

2. 发电机程序逆功率保护

发电机在过负荷、过励磁、失磁等各种异常运行保护动作后,需要程序跳闸时,保护先关闭主汽门,由程序逆功率保护经主汽门接点闭锁和机组断路器位置接点闭锁,延时动作于跳闸。

程序逆功率保护定值范围为 $0.5\% \sim 10\% P_n$,P_n 为发电机额定有功功率。

程序逆功率与逆功率的区别,简单地讲,就是逆功率是程序逆功率跳闸的启动条件。具体表现如下:

(1)逆功率除相关的软硬压板等需投入外,其动作条件就是逆功率继电器动作。

(2)程序逆功率是主汽门(注意不是调节汽门)关闭余汽做功后,发电机出现逆功率的情况下,有由主汽门的行程接点(保安油压低三取二)与逆功率继电器的动作电气接点共同启动"程序逆功率保护",即其动作条件有两个,缺一不可。

程序逆功率严格来讲是为实现程序跳闸而设置的动作过程,可以理解为一种停机方式。它的动作须同时满足逆功率定值达到和汽机主汽门关闭两个条件,才能出口。

在正常停机操作,当负荷降为零时,先关主汽门,然后启动程序逆功率保护使发电机停机。这样操作的目的是防止主汽门关闭不严,当断路器跳开后,由于没有电磁功率导致发电机的输入和输出功率不平衡,有可能造成汽轮机飞车。另外,当过负荷保护、过励磁保护、低励失磁保护等动作后,也应先关主汽门,等出现逆功率状态时就确信主汽门已经关闭,这时,逆功率元件动作,主断路器跳闸,这些情况下同样可避免因主汽门未关而断路器先断开引起灾难性"飞车"事故。

（3）如某厂曾因调节主汽门全部关闭而造成"逆功率保护"动作,但此时"程序逆功率保护"并未动作。

程序逆功率保护逻辑图如图 10-27 所示。

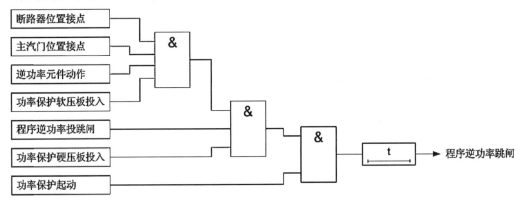

图 10-27 PCS-985G 发电机程序逆功率保护逻辑图

3. 发电机低功率保护

发电机低功率保护又称发电机零功率保护,也就是发电机组突然甩负荷(没有负荷)或者有功功率突然降得很低,或者由于输电线路故障导致发电机无法输出功率,此时会发生发电机组迅速超速、升压,使其他附属设备的工作不正常等,对机组安全十分不利,因此在这种情况下应对机组安全进行保护。

设一段发电机低功率保护,经"非紧急停机开入""主汽门关闭接点"闭锁。

低功率保护定值范围为 $0.5\% \sim 10\% P_n$,P_n 为发电机额定有功功率。

低功率保护逻辑图如图 10-28 所示,逻辑图中,紧急停机是指若发电机组发生严重危及人身或设备安全的故障(如发电机、励磁机内冒烟着火或发生氢爆炸;机组发生剧烈振动超过规定允许值等)时对发电机的紧急停机操作,开入是指输入的量为开关量。上述保护逻辑说明低功率元件动作的前提是:除各种开入量满足条件外,低功率元件和功率保护启动满足动作条件即可出口。

程序低功率保护与程序逆功率保护的主要区别在于机组关闭主汽门后,电气保护用于判断主汽门关闭的功率继电器动作幅值不同。程序跳闸逆功率动作于发电机逆功率,发电机处于同步电动机状态;正向低功率启动于发电机输出正向低功率,发电机处于发电机状态,并且发电机零功率、逆功状态也会动作。

4. 发电机低功率保护整定值

国电南浔公司♯1 及♯2 汽轮发电机的逆功率保护整定值如表 10-6 所列。

从表中可以看出,由于低功率定值为 $1.5\% P_n$,而逆功率的定值为负的 $2.8\% P_n$,因此,若逆功率保护动作时的功率为负值,则低功率保护也一定会动作。

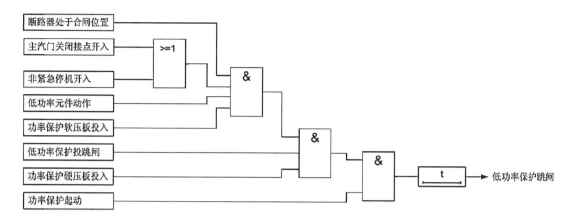

图 10-28　PCS-985G 发电机低功率保护逻辑图

表 10-6　　　　　　　　　　　　汽轮发电机逆功率保护整定值表

序号	定值名称	原定值	现定值	作用
1	逆功率定值		2.86％	
2	逆功率信号延时		15s	
3	逆功率跳闸延时		180s	
4	逆功率跳闸控制字	0000 - FFFF	00040039	全停
5	程序逆功率定值		2.86％	
6	程序逆功率延时		1.5s	
7	程序逆功率控制字	0000 - FFFF	00040039	需经主汽门接点闭锁全停
8	低功率定值		1.5％	
9	低功率延时		1.5s	需经主汽门接点闭锁
10	低功率跳闸控制字	0000 - FFFF	00040039	全停
	以下是运行方式控制字整定"1"表示投入,"0"表示退出			
1	低功率输出投入	0,1	1	

注:逆功率延时未经主汽门接点闭锁的,取 15s 发信,并且 180s(或按汽机厂家允许的逆功率时间)解列。否则取 1.5s 解列,不发信号。

10.8.3　G60 装置的功率保护

美国 GE 公司的 G60 微机保护中,逆功率保护动作特性为一直线,与无功功率无关,精度可达±0.001pu。

该保护元件的方向角可调且可以整定最小动作功率,如图 10-29 所示,其动作特性按下式确定:

$$P\cos\theta + Q\sin\theta > S_{\min} \tag{10-21}$$

式中　P——测量的有功功率;

　　　Q——测量的无功功率;

　　　θ——保护元件特性角(RCA)与矫正角(Calibration)之和。

加入矫正角是为了弥补 PT 和 CT 的角度测量误差，以获得更精确的保护整定值。RCA 角度 0°～359°可调，步长为 1°，Calibration 角度 0°～0.95°可调，步长为 0.05°。

因为功率方向元件的特性角 RCA 可调，且最小动作功率 S_{min} 可正可负，通过改变功率元件的特性角和最小动作功率的符号，我们可以得到多种不同的动作特性。如：

RCA＝180°、S_{min}＞0，为逆有功超低限特性。

RCA＝180°、S_{min}＜0，为正有功超低限特性。

RCA＝0°、S_{min}＞0，为正有功超高限特性。

RCA＝0°、S_{min}＜0，为逆有功超高限特性。

RCA＝90°、S_{min}＞0，为正无功超高限特性。

RCA＝270°、S_{min}＜0，为正无功超低限特性，等等。

对于逆功率保护，选择，RCA＝180°、S_{min}＞0，为逆有功超低限特性，如图 10-36(b)所示。

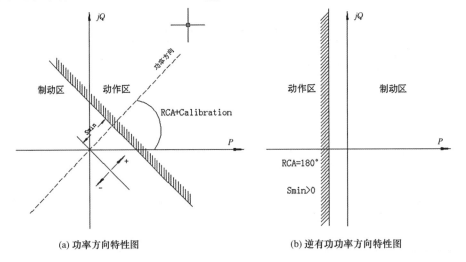

(a) 功率方向特性图　　　　　　　(b) 逆有功功率方向特性图

图 10-29　G60 发电机逆功率保护逻辑图

国电南浔公司燃机发电机的灵敏功率方向保护监测发电机的输出有功功率，分两段。分别为正向低功率保护(代码为 32L)和反向功率(逆功率)保护(代码为 32R)，其二次侧整定值分别为－0.007pu/0.5s 和 0.034/3s(pu 为标幺值)，此处定义逆功率为正。由此可见，本保护在发电机程序跳闸时，由于主汽门关闭导致的功率减少为零直至逆功率的过程中，也应为正向低功率保护先动作，然后反向功率保护后动作出口。

10.9　发电机的其他保护

10.9.1　发电机励磁回路接地保护(转子接地)

转子一点接地保护反映发电机转子对大轴绝缘电阻的下降。

转子绕组绝缘破坏常见的故障形式有两种：转子绕组匝间短路和励磁回路一点接地。发电机励磁回路一点接地故障很常见，而两点接地故障也时有发生。励磁回路一点接地故障，对发电机并未造成危害，如果发生两点接地故障，则将严重威胁发电机的安全。

最常用的转子接地保护有切换采样式一点接地保护。PCS-985G 装置的转子接地保护采用切换采样原理(乒乓式)，其工作电路如图 10-30 所示。

切换图中 S_1、S_2 电子开关，得到相应的回路方程，通过求解方程，可以得到转子接地电阻

R_g，接地相对位置 α(以百分比表示，负端为 0%，正端为 100%)。

一点接地设有两段动作值，灵敏段动作于报警，普通段可动作于信号也可动作于跳闸，报警延时和跳闸延时可分别进行整定。

转子一点接地保护逻辑图如图 10-31 所示。

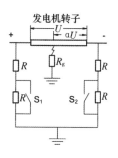

图 10-30　乒乓式转子接地保护原理示意图

10.9.2　发电机定子过负荷保护

定子过负荷保护反应发电机定子绕组的平均发热状况。保护动作量同时取发电机机端、中性点定子电流。

PCS-985G 装置的定子定时限过负荷保护配置一段跳闸、一段信号。国电南浔公司汽轮发电机保护仅投定时限信号。其逻辑如图 10-32 所示。

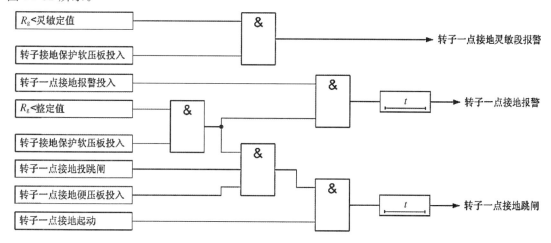

图 10-31　乒乓式转子一点接地保护逻辑图

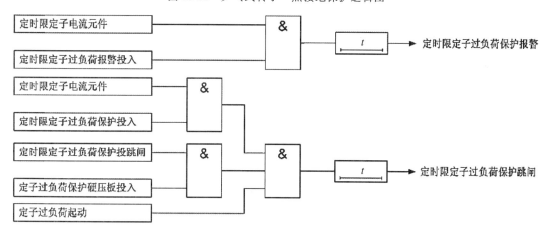

图 10-32　定时限过负荷保护逻辑框图

PCS-985G 装置的定子反时限过负荷保护由三部分组成：①下限启动部分；②反时限部分；③上限定时限部分。

上限定时限部分设最小动作时间定值。

当定子电流超过下限整定值 I_{szd} 时，反时限部分启动，并进行累积。反时限保护热积累值大于热积累定值，保护发出跳闸信号。反时限保护用于模拟发电机的发热过程同时不能模拟散热。当定子电流大于下限电流定值时,发电机开始热积累,如定子电流小于下限电流定值时,热积累值通过散热慢慢减小。

反时限定子过负荷动作曲线如图 10-33 所示。

反时限定子过负荷保护逻辑图如图 10-34 所示。

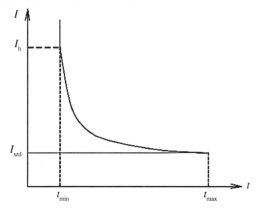

图 10-33　反时限过负荷保护动作曲线图

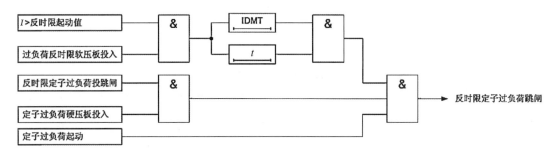

图 10-34　反时限过负荷保护逻辑框图

10.9.3　发电机电压异常保护

电压异常保护用于保护发电机各种运行情况下引起的定子过电压和低电压。发电机电压保护所用电压量的计算不受频率变化影响。

PCS-985G 装置的过电压保护逻辑图如图 10-35 所示。

过电压保护和低电压保护均反应机端三相相间电压,设置两段过电压保护跳闸段,其中过电压保护Ⅱ段可动作于发信号;设Ⅰ段低电压跳闸段,Ⅰ段低电压信号段。过电压保护Ⅱ段可用作空载过电压保护,经发电机组并网状态闭锁,在并网后自动退出。

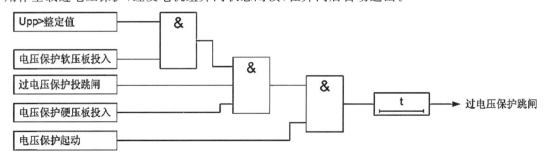

图 10-35　PCS-985G 装置发电机过电压保护逻辑图

低电压保护在发电机并网后投入,逻辑图如图 10-36 所示。

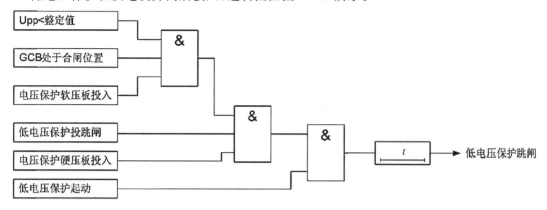

图 10-36　PCS-985G 装置发电机低电压保护逻辑图

G60 保护装置(以低电压元件作为停机鉴别元件)的突加电压保护逻辑如图 10-37 所示。

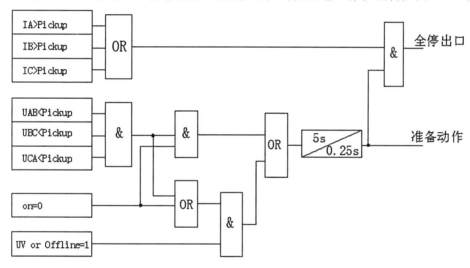

图 10-37　G60 保护装置的发电机低电压保护逻辑图

该保护主要用于保护发电机在盘车或减速时发生误合闸,还可以用来作为"同期失败"保护。

低压元件和发电机离线状态的逻辑配合有"与"和"或"的逻辑可供选择(由控制字"UV or Offline"选择)。当选择"或"逻辑时,同期失败保护投入。

三个低电压元件(线电压)均<Pickup 时,低电压条件满足;三相电流元件任何一相>Pickup 时,过电流元件条件满足;延时元件延时 250ms 返回,返回时间保证断路器跳闸过程的完成(类似于备自段装置的一次自投回路)。

发电机解列停机后,三相低电压条件满足,出口开关"on＝0"条件满足,延时元件延时 5s 后发出"准备动作"信号,提前做好跳闸准备。发电机停机状态时,始终保持"准备动作"状态,即停机状态下保护始终投入。

开关合闸后"on＝1",发电机在线,通过与门将低电压元件禁止,"准备动作"无效,将保护退出。

10.9.4 发电机频率保护

汽轮机的叶片都有一个自然振荡频率,如果发电机运行频率低于或高于额定值,在接近或等于叶片自振频率时,将导致共振,使材料疲劳。当达到材料不允许的程度时,叶片就有可能断裂,造成严重事故。材料的疲劳是一个不可逆的积累过程,所以汽轮机给出了在规定频率下允许的累计运行时间。低频运行多发生在重负荷下,对汽轮机的威胁将更为严重;另外,对极低频工况,还将威胁到厂用电的安全,国电南浔公司的燃机发电机和汽轮发电机装设有频率保护。

PCS-985G 装置的频率保护逻辑如图 10-38 所示。

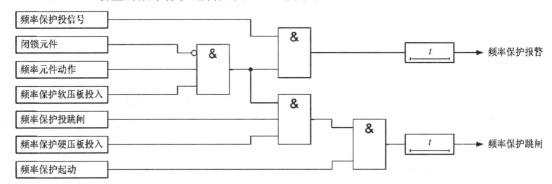

图 10-38　PCS-985G 装置的发电机频率保护逻辑图

G60 装置的频率保护逻辑如图 10-39 所示。

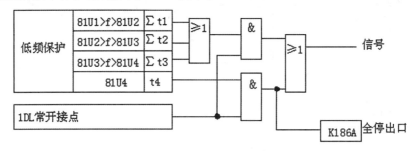

图 10-39　G60 装置的发电机频率保护逻辑图

10.9.5 发电机误上电(突然加电压)保护

误上电保护的形式有多种,其原理大同小异,主要区别在于发电机停机状态的鉴别元件,可采用低频元件,也可采用低电压元件,均辅以断路器的辅助触点。

PCS-985G 装置的误上电保护考虑以下三种情况:

(1) 发电机盘车时,未加励磁,断路器误合,造成发电机异步启动。

采用的两组 PT 均为低电压延时 t_1 投入,电压恢复,延时 t_2(与低频闭锁判据配合)退出。

(2) 发电机启、停过程中,已加励磁,但频率低于定值,断路器误合。

采用低频判据延时 t_3 投入,频率判据延时 t_4 返回,其时间应保证跳闸过程的完成。

(3) 发电机启、停过程中,已加励磁,但频率大于定值,断路器误合或非同期。

采用断路器位置接点,经控制字可以投退。判据延时 t_3 投入(考虑断路器分闸时间),延时 t_4 退出其时间应保证跳闸过程的完成。

误合闸保护同时取发电机机端、中性点电流。

发电机误上电保护逻辑图如图 10-40 所示。

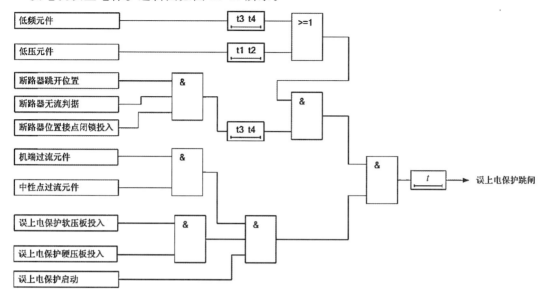

图 10-40　PCS-985G 装置的发电机误上电保护逻辑图

（1）发电机盘车时，未加励磁，断路器误合，造成发电机异步启动。

采用的两组 PT 均为低电压延时 t_1 投入，电压恢复，延时 t_2（与低频闭锁判据配合）退出。

（2）发电机启、停过程中，已加励磁，但频率低于定值，断路器误合。

采用低频判据延时 t_3 投入，频率判据延时 t_4 返回，其时间应保证跳闸过程的完成。

（3）发电机启、停过程中，已加励磁，但频率大于定值，断路器误合或非同期。

采用断路器位置接点，经控制字可以投退。判据延时 t_3 投入（考虑断路器分闸时间），延时 t_4 退出，其时间应保证跳闸过程的完成。

当发电机非同期合闸时，如果发电机断路器两侧电势相差 180°左右，非同期合闸电流太大，易造成断路器损坏，此时闭锁跳出口断路器，先跳灭磁开关，当断路器电流小于定值时，再动作于跳出口断路器。

高厂变低压侧断路器误合，也会导致发电机异步启动，高厂变侧断路器误合只经过低频判据闭锁。

误上电保护动作，跳开主断路器，若主断路器拒动，应启动失灵保护。误上电保护在发电机并网后自动退出运行，解列后自动投入运行。

G60 装置的误上电保护逻辑如图 10-41 所示。

10.9.6　发电机启停机

发电机启动或停机过程中，配置反映相间故障的保护和定子接地故障的保护。

对于发电机、变压器、厂用变、励磁变的故障，各配置一组差回路过流保护。对于发电机定子接地故障，配置一套零序过电压保护。

由于发电机启动或停机过程中，定子电压频率很低，因此保护采用了不受频率影响的算法，保证了启、停机过程中对发电机的保护。

启、停机保护经控制字整定，可以选择"低频元件闭锁"或"断路器位置接点闭锁"。

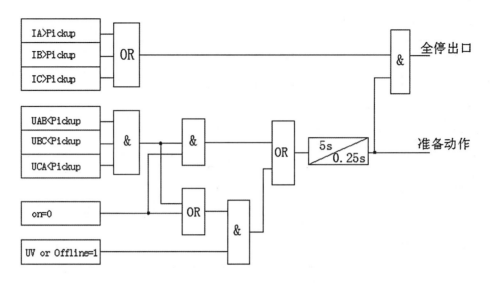

图 10-41　G60 装置的发电机误上电保护逻辑图

10.10　国电南浔公司发电机保护装置及特点

10.10.1　G60 保护装置

国电南浔公司燃机发电机保护装置采用的是 G60 发电机综合保护系统。它可以满足发电机保护应用的任何要求。G60 保护装置是美国 GE 公司生产的发电机的标准配置保护装置，它所保护的发电机容量最高可达 1000MW。G60 包括先进的自动化功能，广泛的 I/O 选择和配置并具有最大程度缩短发电机故障停机时间的特性。

该保护系统适用于由汽轮机、燃气轮机或水轮机驱动的任何容量的交流发电机。

1．保护装置简介

（1）该保护装置的主要优点：

① 发电机全功能保护能满足任何应用。

② 64 点采样/周波。

③ 提供有 CT 饱和判据的分相电流差动保护。

④ 完全支持多断路器配置方案（如环形母线和 1 个半断路器）——所具有的特性能够对外部故障提供可靠的保护动作。

⑤ 先进的自动化功能。

⑥ 提供双电源选择提高保护和控制可靠性。

⑦ 高效的信息访问——多种通信选择及多种规约选择。

⑧ 设计紧凑，减少安装空间——多功能设备集成保护和控制功能，可编程按钮、状态指示 LED 和通信接口。

⑨ 应用高速通信减少配线和安装成本——继电器间输入和输出交换实现继电器间交互。

⑩ 应用灵活性——多 I/O 选择、可编程逻辑、模块化设计，可满足用户特殊的具有个性化的应用要求。

⑪ 缩短系统事件分析时间并实现成本降低——事件顺序报告、录波、数据记录、IRIG-B 时间同步。

⑫ 内置 IEC 61850 规约——无须外部规约转换器。

（2）保护特点：

① 先进的故障和扰动记录（包含继电器动作信号，不再需要外部故障记录设备）。

② 综合了保护、控制、按钮、LED、通信接口，减少了安装空间。

③ 便于使用维护的可拔出插件、通用插件（减低备用成本）。

④ 支持串口、以太网接口及多种规约，使通信非常简便。

⑤ 利用继电器间的高速通信，大大减少了继电器间的接线及安装成本。

⑥ 可擦写的 FLASH 程序存储。

（3）该保护系统的保护和控制功能：

① 定子差动。

② 100％定子接地差动。

③ 后备距离。

④ 系统振荡闭锁及跳闸。

⑤ 同期检查。

⑥ 限制性接地故障。

⑦ 裂相保护。

⑧ 失磁，过激磁。

⑨ 逆功率和低正向功率。

⑩ 发电机不平衡。

（4）该保护系统的监视与测量：

① 测量：电流、电压、功率、电能、频率。

② 录波：每个周波 64 次采样，最多 64 次记录。

③ 事件记录：1024 个带时间标签的事件，0.5ms 数字输入扫描。

④ 数据记录：用户可选择采样速率，最多 16 个通道。

⑤ 用户可编程故障报告。

2．保护与控制功能简介

1）定子差动保护

高速定子差动保护用于快速清除定子相故障。该保护功能综合了技术先进的 CT 饱和检测算法，提高继电器应对严重的外部故障/扰动的能力。

2）100％定子接地

100％定子接地故障保护是由一种响应发电机机端和中性点处三次谐波不平衡的自适应电压差动特性实现的。响应发电机中性点侧电压的三次谐波欠电压功能可以作为本保护的补充或替代。

3）后备距离

该保护功能是针对系统未清除的故障提供延时保护及针对定子故障提供后备保护。该功能包括三段相间距离保护。此外，继电器还配备变压器补偿功能，保护范围可达升压变压器高压侧的故障点。

4）系统振荡检测

集成式失步跳闸和系统振荡闭锁保护功能使用两种或三种特性来跟踪正序阻抗轨迹以检测失步条件。该元件配备自适应扰动检测元件，且跳闸行为可编程（瞬时或延时）。

5) 限制性接地故障(RGF)

RGF(也称为零序差动)对低幅值电流故障提供灵敏接地故障检测。G60 的 RGF 保护功能是低阻抗的 RGF 保护功能,它采用了全新的算法,在克服稳定性问题和 CT 饱和的同时,它可以提供快速且灵敏的保护。

6) 裂相保护

裂相保护用于检测匝间故障。该保护的应用情况是发电机具有两个三相绕组,每个绕组都是独立地从发电机中引出,并且两个绕组采取并联连接方式。来自两个绕组的电流进行比较,如果出现差异,说明有匝间故障存在。这种故障不能够使用差动保护检测。

7) 失磁

G60 配有同步发电机失磁检测功能,可自动将发电机退出运行。失磁能够导致发电机损坏和(或)危害系统运行。保护继电器可以作为励磁系统的后备保护,大多数情况下,励磁系统包括小励磁限制器用于防止低励磁发生。G60 应用偏移姆欧特性来区分系统中可能存在的失磁和其他正常或异常情况。保护元件可提供两段阻抗保护并反应正序电压和电流。

8) 灵敏方向功率

方向功率元件可反应三相有功功率,它用于同步发电机或多台发电机组成的互连发电系统中作逆功率和低正向功率保护。该保护可通过整组星形连接的 VT 以及整组的三角形连接的 VT 测量三相功率。

9) 发电机不平衡

不平衡电流负序分量可导致二次谐波电流流入发电机转子,致使产生检测不到的过热,并因此可能对发电机造成严重的损坏。G60 满足 ANSI 标准,将发电机不平衡导致的热损坏危险降低到最低程度。

10) 过电流保护

IOC 和 TOC 功能用于相、接地和中性点保护。所提供的时间曲线包括 3 条 IEEE,4 条 IEC,4 条 GEIAC,I2t,定时限和 4 条用户可编程曲线。相延时过流功能使用电压制动。

11) 过激磁保护

通过带可编程反时限特性的 V/Hz 功能实现过激磁保护功能。

12) 异常电压频率保护

继电器提供过频率和欠频率、过电压和欠电压保护。

13) 频率变化率保护

G60 发电机保护系统包括 4 个频率变化率(df/dt)元件,这些元件针对系统的扰动情况通过甩负荷对系统提供保护,而且,这些元件还可以提供解列保护。这些元件通过对电压、电流和频率的检测来监视频率在各个方向上的变化率。

14) RTD 热保护

G60 发电机保护系统具有过温度保护功能,这是普通发电机保护不具备的特性。G60 发电机保护系统能够接收来自任何类型的外部电阻温度探测器(RTD)的信号并将其转换为所需要的数字格式。基于 RTD 过热的动作,如跳闸或告警,是与 Flex Element TM 特性配合完成的。Flex Element TM 操作数与 Flex Element TM 配合使用可进一步实现联锁或直接操作接点输出。

15) 最小化停机时间

G60 配有以下多种能够实现最小化发电机停机时间的功能:

① 双热互备用电源。

② 利用可抽出式模块实现快速故障排除和维护全面的自检功能。

③ 按照 ANSI 和 IEC 标准技术规范,保护已经通过严格的检测。

G60 发电机保护系统建立在一个通用的硬件平台之上,该平台已经过 7 余年的现场应用验证。

16) 同期检查

同期检查元件典型用于系统两部分被互连的情况,系统中至少有一个点需要通过一个或多个断路器的合闸进行连接。G60 提供所需的电压源输入、数字输入和输出,并提供监视电压幅值、相角和频率差元件,以执行对两个断路器的同期检查。G60 可以对相关断路器执行完全独立的控制。如果连接在一个自动化系统中,使用 G60 作为一个独立的同期检测元件辅助恢复过程。

10.10.2　PCS-985G 保护装置

国电南浔公司汽轮发电机保护装置采用的是 PCS-985G 发电机保护装置。该装置集成了发电机全套电量保护,适用于汽轮发电机、水轮发电机、燃汽轮发电机等,并满足电厂自动化的要求。硬件上人机接口友好、支持常规互感器或电子式互感器输入,支持电力行业多种通信标准,可根据工程需要,配置相应的保护功能。

1. 保护功能配置

可选择的保护功能装置如表 10-7 所列。

表 10-7　　　　　　　　　　　　发电机保护功能配置

序号	保护类型	段数	每段时限数
1	发电机纵差动保护	-	-
2	发电机工频变化量差动保护	-	-
3	横差保护	2	-
4	发电机纵向零序电压匝间保护	1	1
5	工频变化量方向匝间保护	1	1
6	自产纵向零序电压匝间保护	1	1
7	发电机复合过流保护	2	1
8	发电机相间阻抗保护	2	1
9	定子接地基波零序电压保护	2	1
10	三次谐波比率定子接地保护	1	1
11	三次谐波电压差动保护	1	1
12	注入式定子接地保护	2	1
13	转子一点接地保护	2	1
14	转子两点接地保护	1	1
15	定时限定子过负荷保护	2	1
16	反时限定子过负荷保护	-	-

续表

序号	保护类型	段数	每段时限数
17	定时限负序过负荷波阿虎	2	1
18	反时限负荷过负荷保护	-	-
19	失磁保护	3	1
20	失步保护	2(区内、外失步)	1(滑极次数)
21	过电压保护	2	1
22	低电压保护	1	1
23	发电机定时限过励磁保护	2	1
24	发电机反时限过励磁保护	-	-
25	逆功率保护	2	1
26	低功率保护	1	1
27	程序逆功率保护	1	1
28	低频保护	3	3
29	过频保护	2	1
30	启停机发电机差动保护	1	1
31	启停机零序电压保护	1	1
32	发电机低频过流保护	1	1
33	误上电保护	1	1
34	发电机断路器失灵保护	1	1
35	*电压平衡功能	-	-
36	*PT 断线判别功能	-	-
37	*CT 断线判别功能	-	-

注:发电机转子接地保护可选择"乒乓式原理"或"注入式低频方波式原理"。

*表示为异常报警功能。

2. 保护性能特征

(1)高性能的通用型硬件,实时计算。

(2)独立的启动组件:启动+保护动作"与门"出口跳闸方式,杜绝保护装置硬件故障引起的误动。

(3)强电磁兼容性。

(4)变斜率比率差动保护性能:比率差动的动作特性采用变斜率比率制动曲线。合理整定起始斜率和最大斜率的定值,在区内故障时保证最大的灵敏度,在区外故障时可以躲过暂态不平衡电流。为防止在 CT 饱和时差动保护的误动,增加了利用各侧相电流波形判断 CT 饱和的措施。

(5)工频变化量比率差动保护性能:工频变化量比率差动保护完全反映差动电流及制动

电流的变化量,不受正常运行时负荷电流的影响,可以灵敏地检测发电机内部轻微故障。同时,工频变化量比率差动的制动系数取得较高,其耐受 CT 饱和的能力较强。

(6) 异步法 CT 饱和判据性能:根据差动保护制动电流工频变化量与差电流工频变化量的关系,明确判断出区内故障还是区外故障,如判断出是区外故障,投入相电流、差电流的波形识别判据,在 CT 正确传变时间不小于 5ms 时,区外故障 CT 饱和不误动,区内故障 CT 饱和,装置快速动作。

(7) 高灵敏横差保护性能:采用了频率跟踪、数字滤波、全周傅氏算法,三次谐波滤过比大于 100。

(8) 相电流比率制动的功能:

① 外部故障时故障相电流增加很大,而横差电流增加较少,因此能可靠制动。

② 定子绕组轻微匝间故障时横差电流增加较大,而相电流变化不大,有很高的动作灵敏度。

③ 定子绕组发生严重匝间故障时,横差电流保护高定值段可靠动作。

④ 定子绕组相间故障时横差电流增加很大,而相电流增加也较大,仅以小比率相电流增量作制动,保证了横差保护可靠动作。

⑤ 对于其他正常运行情况下横差不平衡电流的增大,横差电流保护动作值具有浮动门槛的功能。

(9) 高性能定子匝间保护性能:采用了频率跟踪、数字滤波、全周傅氏算法,三次谐波滤过比大于 100。具有自产纵向零序电压匝间保护原理,实现不依赖匝间专用 PT 的定子匝间保护。

(10) 发电机定子接地保护性能:

① 采用了频率跟踪、数字滤波、全周傅氏算法,三次谐波滤过比大于 100。

② 基波零序电压灵敏段动作于跳闸时,采用机端、中性点零序电压双重判据。

③ 三次谐波比率判据,自动适应机组并网前后发电机机端、中性点三次谐波电压比率关系,保证发电机起停过程中,三次谐波电压判据不误发信号。

④ 发电机正常运行时机端和中性点三次谐波电压比值、相角差变化很小,且是一个缓慢的发展过程。通过实时调整系数(幅值和相位),使得正常运行时差电压为 0。发生定子接地时,判据能可靠灵敏地动作。

(11) 发电机注入式定子接地保护性能:

① 采用高性能数字滤波技术,精确计算定子接地电阻。

② 设有两段电阻定值,一段动作于信号,另一段动作于跳闸。

③ 零序电流保护不受 20Hz 电源影响,直接保护较严重的定子接地。

④ 可在发电机静止、启机、停机、空载、并网运行等各种工况下实现定子接地保护。

(12) 发电机乒乓式转子接地保护性能:直流输入采用高性能的隔离放大器,通过切换两个不同的电子开关,求解四个不同的接地回路方程,实时计算转子绕组电压、转子接地电阻和接地位置,并在保护装置液晶屏幕上显示出来。

(13) 发电机注入式转子接地保护性能:在转子绕组的正、负两端或其中一端与大轴之间注入一个低频方波电压,装置采集转子泄漏电流,实时求解转子对地绝缘电阻,注入方波电压由保护装置自产,保护反映发电机转子对大轴绝缘电阻的下降。该原理具有以下特点:

① 转子接地电阻的计算与接地位置无关,保护无死区。

② 转子接地电阻的计算精度高,不受转子绕组对地电容的影响。

③ 转子接地电阻的计算与励磁电压的大小无关,在未加励磁电压的情况下,也能监视转子的绝缘情况。

④ 灵活适应转子绕组引出方式,可选择单端或双端注入方式,对于双端注入方式,可测量转子接地位置。

(14) 发电机失磁保护性能:失磁保护采用开放式保护方案,定子阻抗判据、无功判据、转子电压判据、母线低电压判据、机端低电压判据,可以灵活组合,满足不同机组运行的需要。

(15) 发电机失步保护性能:失步保护采用三阻抗组件,采用发电机正序电流、正序电压计算,可靠区分稳定振荡与失步,能正确测量振荡中心位置,并且分别实时记录区内振荡和区外振荡滑极次数。

(16) PT 断线判据性能:发电机出口配置两组 PT 输入,任意一组 PT 断线,保护发出报警信号,并自动切换至正常 PT,不需闭锁发电机与电压相关的保护。具有基于比率制动特性的 PT 回路中线断线判别功能。

(17) CT 断线判据性能:采用可靠的 CT 断线闭锁功能,保证装置在 CT 断线及交流采样回路故障时不误动。

完善的事件记录功能可记录 64 次故障及动作时序,64 次故障波形,1024 次自检结果及1024次开关量变位。

10.11 变压器的故障与异常及其保护方式

10.11.1 电力变压器的故障

对于油浸式变压器而言,故障可分为油箱内故障与油箱外故障。

变压器内故障主要包括绕组相间短路、绕组匝间短路及中性点接地系统绕组地接地短路等。这些故障危害很大,因为短路电流产生的高温电弧不仅会烧毁绕组绝缘和铁心,还会使绝缘材料和变压器油分解而产生大量气体,有可能使变压器油箱局部变形、破裂,甚至发生油箱爆炸事故。因此,当变压器发生内部故障时,必须迅速将其切除。

变压器外部故障主要是变压器套管和引出线上发生的相间短路和接地短路。发生这类故障时,也应迅速切除变压器,以尽量减少短路电流对变压器的冲击。

10.11.2 电力变压器的异常

变压器的异常状态是指变压器本体未发生故障,但运行中外部环境变化后引起的变压器异常运行方式。主要表现如下:

(1) 外部短路引起的电流。

(2) 过负荷。

(3) 油箱漏油造成的油面降低。

(4) 变压器中性点电压升高或外部电压过高或频率降低等引起的过励磁。

10.11.3 电力变压器的保护配置

(1) 瓦斯保护

反映故障时,气体数量和油流速度的保护称为瓦斯保护。当变压器内部故障时,故障点局部高温使变压器油温升高,体积膨胀,油内空气被排出而形成上升气体。若故障点产生电弧,则变压器油和绝缘材料将分解出大量气体,这些气体自油箱流向储油柜。故障程度越严重,产生的气体越多,流向储油柜的油流速度越快。由于气体数量和油流速度能直接反映变压器故障性质和严重程度,故产生少量气体和气流速度较小时,轻瓦斯动作于信号;故障严重,油流速度高时,重瓦斯保护瞬时作用于跳闸。

轻瓦斯动作值的大小用气体容量大小表示。一般轻瓦斯保护的气体容积范围为 $20 \sim 300 \text{cm}^3$;气体容量的调整可通过改变重锤的力臂长度来实现。重瓦斯保护动作值的大小用油流速度大小来表示。

对油流的一般要求:自冷式变压器为 $0.8 \sim 1.0 \text{m/s}$,强油循环变压器为 $1.0 \sim 1.2 \text{m/s}$,120MVA 以上的变压器为 $1.2 \sim 1.3 \text{m/s}$。

(2) 纵差保护或电流速断保护

变压器纵差动保护是变压器的主保护,用于反映变压器绕组的相间短路故障、绕组的匝间短路故障、中性点接地侧绕组的接地故障及引出线的相间短路故障。发电厂中的主变压器(发电机-变压器组)、高压厂变、高压启备变均配置有纵差动保护。其保护原理都一样,所不同的主要是引入的电流量的位置和数目有差异。

(3) 变压器相间短路的后备保护

反映变压器外部相间短路并作为瓦斯保护和差动保护(或电流速断保护)的后备保护。该保护的构成方式多样,主要有以下几种:

① 简单过流保护。

② 低电压启动过流保护。

③ 后备阻抗保护。

④ 复合电压启动(方向)过电流保护。

⑤ 负序电流保护。

(4) 零序保护:反映中性点直接接地系统中变压器外部、内部接地短路的。

在电力系统中,接地故障是主要的故障形式,所以对于中性点直接接地电网中的变压器,都要求装设接地保护(零序保护)作为变压器主保护的后备保护和相邻元件接地短路的后备保护。

(5) 过负荷保护:反映变压器的对称过负荷。

变压器的过负荷电流在大多数情况下是三相对称的,过负荷保护作用于信号,同时闭锁有载调压。另外,过负荷保护安装地点,要能反映变压器所有绕组的过负荷情况。因此,双绕组升压变压器,过负荷保护应装设在低压侧(主电源侧)。双绕组降压变压器应装设在高压侧。一侧无电源的三绕组升压变压器,应装设在发电机电压侧和无电源一侧。三侧均有电源的三绕组升压变压器,各侧均应装设过负荷保护。单侧电源的三绕组降压变压器,当三侧绕组容量相同时,过负荷保护仅装设在电源侧;当三侧容量不同时,则在电源侧和容量较小的绕组侧装设过负荷保护。两侧电源的三绕组降压变压器或联络变压器,各侧均装设过负荷保护。

(6) 过励磁保护:反映频率降低和电压升高引起的铁心工作磁密过高。

由于目前的大型变压器设计中,为了节省材料,降低造价,减少运输重量,铁心的额定工作磁通密度都设计得较高,约在 $1.7 \sim 1.8 \text{T}$,接近饱和磁密($1.9 \sim 2 \text{T}$),因此,在过电压情况下,很容易产生过励磁。另因磁化曲线比较"硬",在过励磁时,由于铁心饱和,励磁阻抗下降,励磁电流增加得很快,当工作磁密达到正常磁密的 $1.3 \sim 1.4$ 倍时,励磁电流可达到额定电流水平。其次由于励磁电流是非正弦波,含有许多高次谐波分量,而铁心和其他金属构件的涡流损耗与频率的平方成正比,可引起铁心、金属构件、绝缘材料的严重过热。若过励磁倍数较高,持续时间过长,可能使变压器损坏。因此,装设变压器过励磁保护的目的是为了检测变压器的过励磁情况,及时发出信号或动作于跳闸,使变压器的过励磁不超过允许的限度,防止变压器因过励磁而损坏。

由于系统电压升高和频率降低对变压器过励磁具有同样的影响,且变压器铁心的工作磁密与 U/f 成正比,因此过励磁保护通常是反映 U/f 而动作的,根据不同情况选用定时限或反时限特性。过励磁保护反时限特性的整定,与变压器过励磁特性曲线相匹配,可通过控制字或压板选择是否跳闸。

10.11.4 国电南浔公司主变保护配置

国电南浔公司♯1、♯2 主变配置南瑞继保公司生产的 PCS-985T 电厂变压器保护。该装置可提供一台电厂变压器所需的全部电量保护,主保护和后备保护可公用同一电流互感器。这些保护包括:稳态比率差动、差动速断、零序比率差动保护、过激磁保护、复合电压闭锁过流、零序方向过流、零序过压、间隙零序过流、失灵联跳、高压电缆比率差动、高压电缆过流。另外,还包括一些异常告警功率,如过激磁报警、过负荷报警、启动冷却器、过载闭锁有载调压、差流异常报警、差动回路 CT 断线、CT 异常报警和 PT 异常报警。

根据上述功能及国电南浔公司设备的实际情况,国电南浔公司主变保护配置见表 10-8。

表 10-8 主变保护投入控制字定值

序号	定值名称	现整定
1	主变压器差动保护 87T 投入	1
2	高压侧相间后备保护 51VT 投入	1
3	高压侧接地保护 51TN 投入	1
4	高压侧间隙保护 51TNV 投入	1
5	低压燃机侧零序保护 59BN 投入	1
6	低压汽机侧零序保护 59BN 投入	1
7	差动保护 87AT 投入	1
8	高压侧速断保护 50VAT 投入	1
9	高压侧低电压过流 51VAT 投入	1
10	厂用 6kV 段限时速断 50AT 投入	1
11	厂用 6kV 段过流 51AT 投入	0

10.11.5 主变保护出口

全停 1:跳燃机(汽机)、发电机出口断路器、灭磁开关、主变 110kV 断路器及厂用 6kV 断路器、断路器合闸闭锁、闭锁厂用电切换。

全停 2:跳燃机(汽机)、发电机出口断路器、灭磁开关、主变 110kV 断路器及厂用 6kV 断路器、断路器合闸闭锁、切换厂用电。

全停 3:跳燃机(汽机)、发电机出口断路器、灭磁开关、主变 110kV 断路器及厂用 6kV 断路器、断路器合闸闭锁、切换厂用电。

主变具体保护动作出口见表 10-9~表 10-14。

表 10-9　　　　　　主变压器保护动作出口情况（主变及厂变保护 A 柜）

序号	保护类型	整定状态			动作出口
1	主变差动	投入			全停 2
2	主变复合过流	过流Ⅰ段			跳 110kV 母联开关
		过流Ⅱ段			全停 2
3	主变零序过流	Ⅰ段	t1		跳 110kV 母联开关
			t2		全停 2
		Ⅱ段	t1		跳 110kV 母联开关
			t2		全停 2
4	主变间隙零序电流电压	3GD 断开,保护投入			全停 2
5	非全相				
6	失灵连跳				延时 50ms 跳变压器各侧断路器
7	CT 断线				发信
8	PT 断线				发信
9	检修状态	退出			

表 10-10　　　　　　主变压器保护动作出口情况（主变及厂变保护 B 柜）

序号	保护类型	整定状态			动作出口
1	主变差动	投入			全停 2
2	主变复合过流	过流Ⅰ段			跳 110kV 母联开关
		过流Ⅱ段			全停 2
3	主变零序过流	Ⅰ段	t1		跳 110kV 母联开关
			t2		全停 2
		Ⅱ段	t1		跳 110kV 母联开关
			t2		全停 2
4	主变间隙零序电流电压	3GD(中性点接地开关)断开,保护投入			全停 2
5	非全相				
6	失灵连跳				延时 50ms 跳变压器各侧断路器
7	CT 断线				发信
8	PT 断线				发信
9	检修状态	退出			

表 10-11　　　　主变压器非电量保护动作出口情况（主变及厂变非电量保护柜）

序号	名称	整定状态	动作出口
1	主变重瓦斯	投入	全停 3
2	主变轻瓦斯	投入	发信
3	主变压力释放	投入	发信
6	主变绕组温度高	投入	发信
7	主变绕组温度高高	投入	发信
	主变油温高	投入	发信

续表

序号	名称	整定状态	动作出口
8	主变油温高高	投入	发信
9	主变油位异常	投入	发信
10	检修状态	退出	

表 10-12　　　　　高压厂变保护动作出口情况(主变及厂变保护 A 柜)

序号	保护类型	整定状态	动作出口
1	高压厂变差动	投入	全停 2
2	高压厂变复压过流	投入	全停 1
3	高压厂变高压侧速断	投入	全停 2
4	高压厂变低压侧过流	投入	跳 6kV 厂用断路器,闭锁厂用电切换
5	高压厂变低压侧速断	投入	跳 6kV 厂用断路器,闭锁厂用电切换

表 10-13　　　　　高压厂变保护动作出口情况(主变及厂变保护 B 柜)

序号	保护类型	整定状态	动作出口
1	高压厂变差动	投入	全停 2
2	高压厂变复压过流	投入	全停 1
3	高压厂变高压侧速断	投入	全停 2
4	高压厂变低压侧过流	投入	跳 6kV 厂用断路器,闭锁厂用电切换
5	高压厂变低压侧速断	投入	跳 6kV 厂用断路器,闭锁厂用电切换

表 10-14　　　　高压厂变非电量保护动作出口情况（主变及厂变非电量保护柜）

序号	名称	整定状态	动作出口
1	厂变重瓦斯	投入	全停 3
2	厂变轻瓦斯	投入	发信
3	厂变压力释放	投入	发信
4	厂变有载调压重瓦斯	投入	全停 3
5	厂变绕组温度高	投入	发信
6	厂变绕组温度高高	投入	发信
7	厂变油温高	投入	发信
8	厂变油温高高	投入	发信
9	厂变油位异常	投入	发信
10	厂变有载调压油位异常	投入	发信

10.12　变压器的纵差动保护

变压器纵差动保护(或差动保护)用于反映变压器绕组的相间短路故障、绕组的匝间短路故障、中性点接地侧绕组的接地故障及引出线的相间短路故障。

10.12.1　变压器差动保护基本原理

变压器差动保护的基本原理与发电机纵差动保护类似,图 10-42 示出了变压器纵差动保

护单相原理接线,注意图中的极性标识,互感器一次侧极性分别为 S1、P2,图中用"＊"表示,二次侧极性分别为 S1、S2,图中用"＊"表示。其中变压器 T 两侧电流 $\dot{I}_1$、$\dot{I}_2$ 流入变压器为其电流正方向。当变压器正常运行或外部短路故障时 $\dot{I}_1$ 与 $\dot{I}_2$ 反相,必有 $\dot{I}_1+\dot{I}_2=0$,若电流互感器 CT1、CT2 变比合理选择,则在理想状态下有 $I_d=|\dot{I}_1'+\dot{I}_2'|=0$(实际是不平衡电流),差动元件 KD 不动作。当变压器内部发生短路故障时,$\dot{I}_1$ 与 $\dot{I}_2$ 同相位(假设变压器两侧均有电源),必有 $\dot{I}_1+\dot{I}_1+\dot{I}_2=\dot{I}_k$(短路电流),于是 $\dot{I}_d$ 流过相应短路电流,KD 动作,将变压器从电网中切除。

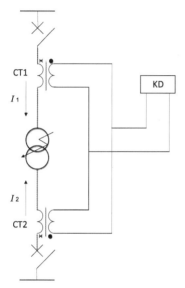

图 10-42　变压器差动保护接线原理

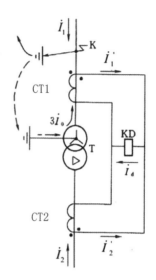

图 10-43　接地故障时的短路电流分布

可以看出,纵差动保护的保护范围是 CT1、CT2 之间的电气部分。为使纵差保护发挥应有性能,在接线上应注意以下几点:

(1) 由于变压器 Y_N、d 接线的关系,变压器两侧电流间存在相位差,保证正常运行或区外短路故障时 $\dot{I}_1$ 与 $\dot{I}_2$ 有反相关系,所以必须进行相位校正。

(2) 即使满足了区外短路故障时 $\dot{I}_1$、$\dot{I}_2$ 的反相关系,注意到变压器两侧 CT 变比的不同,为保证区外短路故障时差动元件电流尽量小,$|\dot{I}_1'|$ 应与 $|\dot{I}_2'|$ 相等,为此应进行幅值校正。

(3) Y_N 侧保护区外接地故障时,如图 10-43 中 K 点接地,零序电流 $3\dot{I}_0$ 仅在变压器一侧流通,流过电流互感器 CT1,为保证纵差保护不动作,$\dot{I}_1'$ 电流中应扣除相应的零序电流分量。

理论上,正常运行时流入变压器的电流等于流出变压器的电流,但是由于变压器内部结构、变压器各侧的额定电压不同、接线方式不同、各侧电流互感器变比不同、各侧电流互感器的特性不同产生的误差,以及有载调压产生的变比变化等,产生了一系列特有的技术问题。

10.12.2　变压器差动保护的不平衡电流

在正常运行及区外故障情况下,变压器差动保护的不平衡电流均比较大。其原因如下:

(1) 变压器差动保护两侧电流互感器的电压等级、变比、容量以及铁心和特性不一致,使差动回路的稳态和暂态不平衡电流都可能比较大。

（2）正常运行时的励磁电流将作为变压器差动保护不平衡电流的一种来源，特别是当变压器过励磁运行时，励磁电流可达变压器额定电流的水平。

（3）空载变压器突然合闸时，或者变压器外部短路切除而变压器端电压突然恢复时，暂态励磁电流的大小可达额定电流的 6～8 倍，可与短路电流相比拟。

（4）正常运行中的有载调压，根据变压器运行要求，需要调节分接头，这又将增大变压器差动保护的不平衡电流。

（5）由于变压器 Y_N，d 接线的关系，变压器两侧电流间存在相位差而产生不平衡电流。国电南浔公司保护中是将变压器三角形侧进行相位转换，星形侧保留原有相位，实现相位的校正。参见图 10-44。

（6）由电流互感器计算变比与实际变比不同而产生的不平衡电流。

另外，变压器差动保护还要考虑以下两种情况下的灵敏度：

（1）变压器差动保护能反映高、低压绕组的匝间短路。虽然匝间短路时短路环中电流很大，但流入差动保护的电流可能并不大。

（2）变压器差动保护应能反映高压侧（中性点直接接地系统）的单相接地短路，但经高阻接地时故障电流也比较小。

综上所述，差动保护用于变压器，一方面，由于各种因素产生较大或很大的不平衡电流，另一方面，又要求能反映轻微内部短路，变压器差动保护要比发电机差动保护复杂。

微机型的差动保护装置在软件设计上已充分考虑了上述因素。

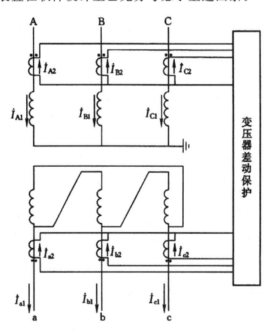

图 10-44　变压器相位校正示意图

10.12.3　比率制动差动的基本原理

1. 比率制动差动的基本原理

与发电机纵差动保护一样，为避开区外短路不平衡电流的影响，同时区内短路要有较高的灵敏度，理想的办法就是采用比率制动特性。

比率制动的差动保护是分相设置的，所以，双绕组变压器可取单相来说明其原理。如果以流

入变压器的电流方向为正方向,则差动电流为 $I_d = |\dot{I}'_1 + \dot{I}'_2|$。为了使区外故障时制动作用最大,区内故障时制动作用最小或等于零,用最简单的方法构成制动电流,就可采用 $I_{res} = |\dot{I}'_1 - \dot{I}'_2|/2$。

以 I_d 为纵轴,以 I_{res} 为横轴,比率制动的微机差动保护的特性曲线如图 10-45 所示,图中的纵轴表示差动电流,横轴表示制动电流,a、b 线段表示差动保护的动作整定值,a、b 线段的上方为动作区,a、b 线段的下方为非动作区。a、b 线段的交点通常称为拐点。c 线段表示区内短路时的差动电流 I_d。d 线段表示区外短路时的差动电流 I_d。

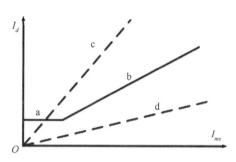

图 10-45　比率制动差动保护的特性曲线

2. 两折线比率制动特性

微机型变压器差动保护中,差动元件的动作特性最基本的是采用具有两段折线形的动作特性曲线,如图 10-46 所示。

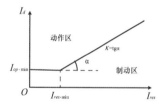

图 10-46　两折线比率制动
差动保护的特性曲线

在图中,$I_{op.min}$ 为差动元件起始动作电流幅值,也称为最小动作电流;$I_{res.min}$ 为最小制动电流,又称为拐点电流[一般取 $(0.5 \sim 1.0)I_{2N}$,I_{2N} 为变压器计算侧电流互感器二次额定计算电流];$K = \tan\alpha$ 为制动段的斜率。微机变压器差动保护的差动元件采用分相差动,其比率制动特性可表示为

$$\begin{cases} I_d > I_{op.min} & (I_{res} \leqslant I_{res.min}) \\ I_d > I_{op.min} + K(I_{res} - I_{res.min}) & (I_{res} > I_{res.min}) \end{cases} \tag{10-22}$$

式中　I_d——差动电流的幅值;

$\quad\quad I_{res}$——制动电流的幅值。

10.12.4　差动速断保护的基本原理

一般情况下,比率制动原理的差动保护能作为电力变压器主保护,但是在出现严重内部故障短路电流很大的情况下,它严重饱和使交流暂态传变严重恶化,它的二次侧基波电流为零,高次谐波分量增大,反映二次谐波的判据误将比率制动原理的差动保护闭锁,无法反映区内短路故障。

只有当暂态过程经一定时间,电流互感器退出暂态饱和,比率制动原理的差动保护才动作,从而影响了比率差动保护的快速动作,所以变压器比率制动原理的差动保护还应配有差动速断保护,作为辅助保护以加快保护在内部严重故障时的动作速度。差动速断保护是差动电流过电流瞬时速动保护。

10.12.5 PCS-985T 纵差动保护

1. 纵差比率差动保护

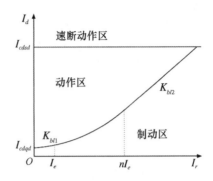

图 10-47　比率差动保护动作特性

该差动保护采用变斜率比率差动特性，如图 10-47 所示，其保护的动作方程为

$$
\begin{cases}
I_d > K_{bl} \times I_r + I_{cdqd} & (I_r < n \cdot I_e) \\
K_{bl} = K_{bl1} + K_{blr} \times \left(\dfrac{I_r}{I_e} \right) \\
I_d > K_{bl2} \times (I_r - n \cdot I_e) + b + I_{cdqd} & (I_r > n \cdot I_e) \\
K_{blr} = (K_{bl2} - K_{bl1})/(2 \times n) \\
b = (K_{bl1} + K_{blr} \times n) \times n \cdot I_e
\end{cases}
\tag{10-23}
$$

$$
\begin{cases}
I_r = \dfrac{1}{2} \sum_{i=1}^{m} |I_i| \\
I_d = \left| \sum_{i=2}^{m} I_i \right|
\end{cases}
\tag{10-24}
$$

式中　I_d——差动电流；

　　　I_r——制动电流；

　　　I_{cdqd}——稳态比率差动电流启动定值；

　　　I_e——变压器额定电流；

　　　K_{bl}——比率差动制动系数；

　　　K_{blr}——比率差动制动系数增量；

　　　K_{bl1}——起始比率差动斜率，定值范围为 0.05～0.15，一般取 0.10；

　　　K_{bl2}——最大比率差动斜率，定值范围为 0.50～0.80，一般取 0.7；

　　　n——最大斜率时的制动电流倍数，装置内部固定取 6。

2. 励磁涌流闭锁

励磁涌流判别通过控制字可以选择二次谐波制动原理或波形判别原理。国电南浔公司采用的是谐波制动原理，采用的是三相差动电流中二次谐波与基波的比值作为励磁涌流闭锁判据，推荐比值整定为 0.15。

3. CT 饱和时的闭锁

为防止在区外故障时 CT 的暂态与稳态饱和时可能引起的稳态比率差动保护误动作，装置采用各相差电流的综合谐波作为 CT 饱和的判据。故障发生时，保护装置利用差电流工频变化量和制动电流工频变化量是否同步出现，先判出是区内故障还是区外故障，如区外故障，

投入 CT 保护判据闭锁,可可靠防止 CT 饱和引起的
比率差动保护误动。

4. 高值比率差动保护

为避免区内严重故障时 CT 饱和等因素引起的
比率差动延时动作,装置设有一高比例和高启动值的
比率差动保护,只经过差电流二次谐波判别涌流闭锁
判据闭锁,利用其比率制动特性抗区外故障时 CT 的
暂态和稳态饱和,而在区内故障 CT 饱和时也能可靠
正确快速动作。

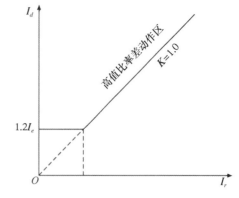

图 10-48　高值比率差动保护动作特性

程序中依次按相判断,当满足以上条件时,高值
比率差动动作。

另外,还包含了差动速断保护,当任一相差动电流大于差动速断整定值时,瞬时动作于出
口继电器。

5. 差流异常报警与 CT 断线闭锁

(1) 装置设有带比率制动的差流报警。只有在相关差动保护控制字投入时(与压板投入
无关),差流报警功能投入,满足判据,延时 10s 报相应差动保护差流报警,不闭锁差动保护,差
流消失,延时 10s 返回。

(2) 装置设有开放式瞬时 CT 断线、短路闭锁功能,通过"CT 断线闭锁差动"控制字整定
选择,瞬时 CT 断线和短路判别动作后可只发报警信号或闭锁全部差动保护。当"CT 断线闭
锁差动"控制字整定为"1"时,闭锁比率差动保护。

对于正常运行中 CT 瞬时断线,差动保护设有瞬时 CT 断线判别功能。只有在相关差动
保护控制字及压板投入时,差动保护 CT 断线报警或闭锁功能投入。在内部故障时,至少满足
下面条件中的一个:

启动后任一侧任一相电流比启动前增加;

启动后最大相电流大于 $1.2I_e$;

同时有三相电流比启动前减小。

而 CT 断线时,以上条件均不符合。因此,差动保护启动后 40ms 内,以上条件均不满足,
判为 CT 断线。如此时"CT 断线闭锁比率差动投入"置 1,则闭锁差动保护,并发差动 CT 断线
报警信号,如控制字置 0,差动保护动作于出口,同时发差动 CT 断线报警信号。

在发出差动保护 CT 断线信号后,消除 CT 断线情况,复位装置才能消除信号。

差动保护逻辑框图如图 10-49 所示。

10.13　变压器本体保护

变压器差动保护是电气量保护,在任何情况下都不能代替反映变压器油箱内部故障的温
度、油位、油流、气流等非电气量的本体保护。

变压器本体保护通常也称为非电量保护,主要包括变压器本体瓦斯保护、有载调压瓦斯保
护和压力释放保护,微机型变压器保护一般采用专门的非电量保护装置。

变压器非电量保护最重要的是瓦斯保护(也称气体保护)。在油浸式变压器油箱内发生故
障时,短路点电弧使变压器油及其他绝缘材料分解,产生气体(含有气体成分),从油箱向油枕
流动,反映这种气流与油流而动作的保护称为瓦斯保护。瓦斯保护的测量元件为瓦斯继电器,

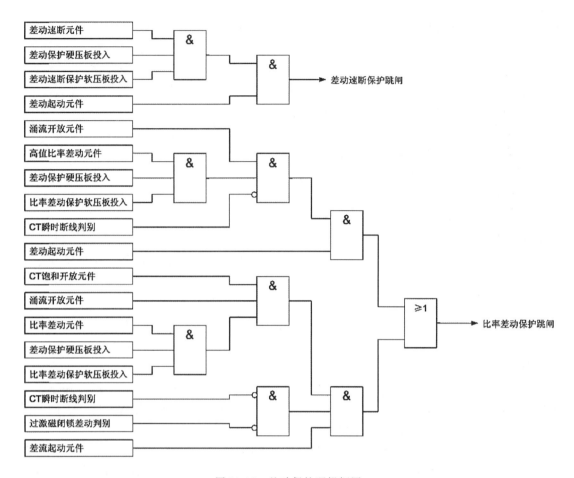

图 10-49　差动保护逻辑框图

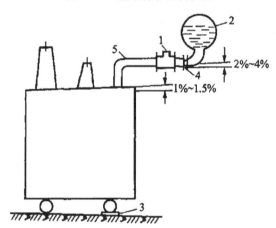

1—气体继电器;2—油枕;3—钢垫块;4—阀门;5—导油管

图 10-50　瓦斯继电器安装位置

瓦斯继电器安装于变压器油箱和油枕的通道上,为了便于瓦斯的排放,安装时需要有一定的倾斜度,连接管道有 2‰~4‰ 的坡度,如图 10-50 所示。

瓦斯继电器上触点为轻瓦斯触点,保护动作后发延时信号。继电器的下触点为重瓦斯触点,保护动作后要跳开变压器断路器。由于重瓦斯保护反映油流流速的大小而动作,而油流的流速在故障过程中往往很不稳定,所以,重瓦斯保护动作后必须有自保持回路,以保证断路器能可靠跳闸。

瓦斯保护能反映油箱内各种故障,且动作迅速,灵敏度高,特别对于变压器绕组的匝间短路(当短路匝数很少时),灵敏度好于其他保护。所以瓦斯保护目前仍然是大、中、小型变压器必不可少的油箱内部故障最有效的主保护。但瓦斯保护不能反映油箱外的引出线和套管上的任何故障。因此不能单独作为变压器的主保护,须与纵差动保护或电流速断保护配合使用。

本体重瓦斯、有载调压重瓦斯和压力释放保护有两种方法动作于跳闸。一种是将瓦斯保护接点接到非电量保护装置的开关量光隔输入端,然后通过非电量保护装置的出口继电器来实现保护的出口重动;另一种是把本体重瓦斯、有载调压重瓦斯和压力释放的信号逐一用重动继电器实现保护的出口重动。按照有关规范,后一种方法更好些,因为将重瓦斯和压力释放的动作信号逐一重动更加可靠,而且不易受干扰误动作,这时,非电量保护装置的微机只起采集信号和与外部系统通信的作用。非电量保护装置也可采集轻瓦斯信号。但在大多数的情况下,轻瓦斯告警可直接接入到监控系统或 RTU 中去,而不接入微机本体保护装置。

10.14　变压器的过电流保护和过负荷保护

为反映变压器外部相间短路故障引起的过电流以及作为差动保护和瓦斯保护的后备,变压器应装设反映相间短路故障的后备保护。根据变压器容量和保护灵敏度要求,相间后备保护的方式主要有:后备阻抗保护、复合电压启动(方向)过电流保护、低电压启动过流保护及简单过流保护等。而复合电压启动(方向)过电流保护应用最广。为防止变压器长期过负荷运行带来的绝缘加速老化,还应装设过负荷保护。

对于单侧电源的变压器,后备保护装设在电源侧,作纵差动保护、瓦斯保护的后备或相邻元件的后备。对于多侧电源的变压器,后备保护装设于变压器各侧。当作为纵差动保护和瓦斯保护的后备时,装设在主电源侧的保护动作后跳开各侧断路器,而且主电源侧的保护对变压器各电压侧的故障均应满足灵敏度的要求。变压器各侧装设的后备保护,主要作为各侧母线保护和相邻线路的后备保护,动作后跳开本侧断路器,如高厂变低压侧过流保护作为厂用母线的保护。此外,当变压器断路器和电流互感器间发生故障时(称死区范围),只能由后备保护反应。

10.4.1　复合电压启动(方向)过电流保护

复合电压启动部分由负序过电压元件与低电压元件组成。在微机保护中,接入微机保护装置的电压为三个相电压或三个线电压,负序过电压与低电压功能由算法实现。过电流元件的实现通过接入三相电流由保护算法实现,电压和电流相与构成复合电压启动过电流保护。

各种不对称短路时存在较大的负序电压,负序过电压元件将动作,一方面,开放过电流保护,当过电流保护动作后经过设定的延时动作于跳闸;另一方面,使低电压保护的数据窗的数据清零,使低电压元件动作。对称性三相短路时,由于短路初瞬间也会出现短时的负序电压,负序过电压元件将动作,低电压保护的数据窗的数据被清零,低电压元件也动作。当负序电压消失后,低电压元件可设定在电压达到较高值时才返回,三相短路后电压一般都会降低,若它低于低电压元件的返回电压,则低电压元件仍处于动作状态不返回。在特殊的对称性三相短路情况下,短路初瞬间不会出现短时的负序电压,这时只要电压降低到低电压元件的动作值,复合电压启动元件也将动作。

可采用两段两时限复合电压闭锁过电流保护,作为主变压器相间短路的后备保护。通过整定控制字可选择过流Ⅰ段、Ⅱ段经复合电压闭锁。

复合电压元件由相间低电压和负序电压或门构成,有两个控制字(即过流Ⅰ段经复压闭锁,过流Ⅱ段经复压闭锁)来控制过流Ⅰ段和过流Ⅱ段经复合电压闭锁。当经复压闭锁控制字为"1"时,表示本段过流保护经过复合电压闭锁。

对于自并励发电机,在短路故障后电流衰减会变小,故障电流在过流保护动作出口前可能已小于过流定值,因此,复合电压过流保护启动后,过流元件须带记忆功能,使保护能可靠动作出口。控制字中"电流记忆功能"在保护装置用于自并励发电机时置"1"。

主变过流保护不但经过主变高压侧复合电压闭锁,而且还可经低压侧发电机机端复合电压闭锁。当控制字"经低压侧复合电压闭锁"置"1"时,主变过流保护经低压侧复合电压闭锁。

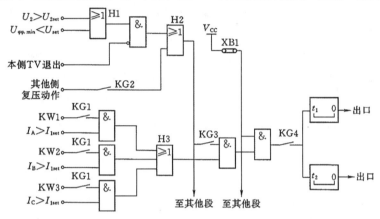

图 10-51　复合电压启动(方向)过电流保护逻辑框图(Ⅰ段)

图 10-51 示出了复合电压闭锁的(方向)过电流保护逻辑框图(只画出Ⅰ段,其他段类似,但最末一段一般不设方向元件控制)。图中或门 H1 的输出"1"表示复合电压已动作,U_2 为保护安装侧母线上负序电压,U_{2set} 为负序整定电压,$U_{\varphi\varphi, min}$ 为母线上最低相间电压;KW1、KW2、KW3 为保护安装侧 A 相、B 相、C 相的功率方向元件,I_A、I_B、I_C 为保护安装侧变压器三相电流,I_{1set} 为Ⅰ段电流定值。KG 为控制字,KG1 为"1"时,方向元件投入,KG1 为"0"时,方向元件退出。可以看出,各相的电流元件和该相方向元件构成"与"关系,符合按相启动原则;KG2 为其他侧复合电压的控制字,KG2 为"1"时,其他侧复合电压起到该侧方向电流保护的闭锁作用,KG2 为"0"时,其他侧复合电压不引入。引入其他侧复合电压可提高复合电压元件的灵敏度;KG3 为复合电压的控制字,KG3 为"1"时,复合电压起闭锁作用,KG3 为"0"时,复合电压不起闭锁作用;KG4 为保护段投、退控制字,KG4 为"1"时,该段投入,KG4 为"0"时,该段保护退出。XB1 为保护投、退硬压板。显然,KG1＝"1"、KG3＝"1"时为复合电压闭锁的方向过电流保护;KG1＝"1"、KG3＝"0"时为方向过电流保护;KG1＝"0"、KG3＝"0"时为过电流保护;KG1＝"0"、KG3＝"1"时为复合电压闭锁的过电流保护。

对多侧电源的三绕组变压器,一般情况下三侧均装设反映相间短路故障的后备保护,每侧设两段。其中高压侧的第Ⅰ段为复合电压闭锁的方向过电流保护,设有两个时限,短延时跳本侧母联断路器,长延时跳本侧或三侧断路器;第Ⅱ段为复合电压闭锁的过电流保护,设一个时限,可跳本侧断路器和三侧断路器。中压侧和低压侧的第Ⅰ段、第Ⅱ段均为复合电压闭锁的方向过电流保护,同样其中的第Ⅰ段设两个时限,短延时跳本侧母联断路器,长延时跳本侧、三侧断路器;第Ⅱ段也设两个时限,可跳本侧母联断路器和本侧或三侧断路器。根据具体情况由控制字确定需跳闸的断路器。

需要指出,电压互感器二次回路断线失压时,复合电压和方向元件要发生误动作,为此应设 PT 断线闭锁(图 10-51 中未画出)。判出 PT 断线后,根据整定的控制字可退出经方向或复合电压闭锁的各段过流保护,也可取消方向或复合电压的闭锁。当然,各段过流保护都不经方向元件控制和复合电压闭锁时,无须判 PT 断线。

方向元件的动作方向由控制字设定。当"过流方向指向"控制字为"0"时,动作方向设定为变压器指向系统为正方向,采用 90°接线时对应灵敏角为 135°,见图 10-52(a)。此时后备保护起到变压器外部本侧相邻元件(母线及出线)短路故障的后备作用;当"过流方向指向"控制字为"1"时,设定为母线指向变压器为正方向,采用 90°接线时对应灵敏角为 $-45°$,见图 10-52(b)。此时,后备保护起到变压器内部短路故障及其他侧相邻元件短路故障的后备作用。

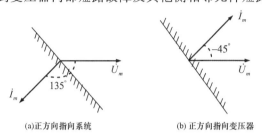

(a)正方向指向系统　　　　　　　(b) 正方向指向变压器

图 10-52　变压器方向元件的动作特性

10.14.2　PCS-985T 装置的相间后备保护

1. 高压侧相间后备

高压侧过流保护作为变压器、低压母线和分支故障的后备。包括过流速断和两段复合电压过电流定值,各一段延时。

1) 复合电压元件

复合电压元件由相间低电压和负序电压或门构成,有两个控制字来控制过流 I 段和过流 II 段经复合电压闭锁。当流经复压闭锁控制字为"1"时,表示本段过流保护经过复合电压闭锁。保护可经高压侧和低压侧复合电压闭锁。

如果选择"经低压侧复合电压闭锁",则低压侧任一分支电压满足复压定值,并且该分支电流大于 $0.04I_n(I_n=1A$ 或 $5A$,下同),复压判据满足;如果任一分支电流小于 $0.04I_n$,即使该分支电压满足复压定值,复压判据仍不满足;如果低压侧所有分支电流均小于 $0.04I_n$,则任一分支电压满足复压定值,复压判据满足。

2) PT 异常对复合电压元件的影响

装置设有 PT 断线整定控制字即"PT 断线保护的投退原则"来控制 PT 断线时复合电压元件的动作行为。当判断出本侧 PT 断线时,若"PT 断线保护的投退原则"控制字为"1"时,表示复合电压元件不满足条件;若"PT 断线保护投退"控制字为"0"时,表示复合电压元件自动满足条件,这样复合电压闭锁过流保护就变为纯过流保护。

3) 高压侧过流保护逻辑

见图 10-53 所示。

4) PT 断线判别原理

(1) 各侧三相电压回路 PT 断线报警

异常判据判别如下:

① 正序电压小于 18V,且任一相电流大于 $0.04I_n$。

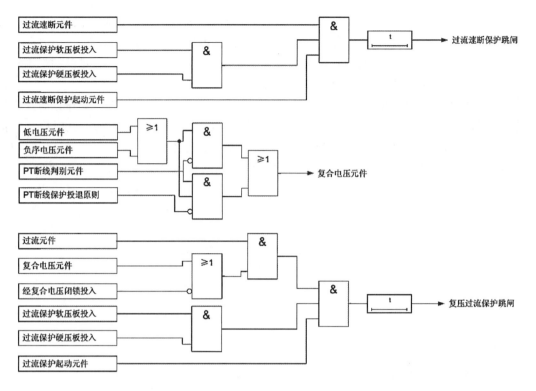

图 10-53　高压侧过流保护逻辑图

② 负序电压 3U2 大于 8V。

高压侧 PT 断线功能,满足以上任一条件延时 10s 发相应 PT 断线报警信号,异常消失,延时 10s 后信号自动返回;如果复合电压不选高压侧闭锁或零序过流不经方向闭锁,则不判高压侧 PT 断线。

(2)三相电压回路中线断线报警

动作判据如下:

① 正序电压 U1 大于 48V。

② 自产零序电压三次谐波大于 0.2 倍的基波。

PT 中线断线功能,满足以上判据延时 20s 发相应的 PT 中线断线报警信号,异常消失,延时 20s 后信号自动返回。

5)其他异常保护

高压侧后备保护设有过负荷报警、启动风冷(两段)、闭锁有载调压,可分别整定控制字来控制其投退。每段启动风冷动作后输出一副常开一副常闭接点,闭锁又在调压动作后输出一副常开一副常闭接点。

2. 高压侧失灵联跳

装置设有高压侧失灵联跳功能(图 10-54),用于母差或其他失灵保护装置通过变压器跳主变各侧的方式;当外部保护动作接点经失灵联跳开入接点进入装置后,经过装置内部灵敏的、不需要整定的电流元件并带 50ms 延时后条变压器各侧断路器。

10.15　变压器的接地保护

电力系统接地短路时,零序电流的大小和分布是与系统中变压器中性点接地的数目和位

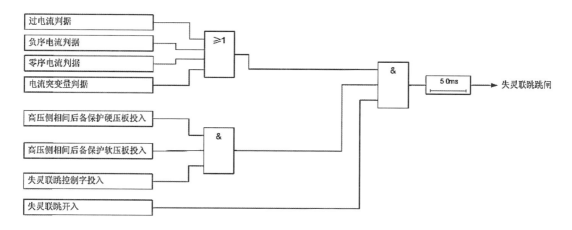

图 10-54　失灵联跳逻辑

置有很大关系的。通常,对只有一台变压器的升压变电所,变压器都采用中性点直接接地的运行方式。对有若干台变压器并联运行的变电所,则采用一部分变压器中性点接地运行的方式。因此,对只有一台变压器的升压变电所,通常在变压器上装设普通的零序过电流保护,保护接于中性点引出线的电流互感器上。

变压器接地保护方式及其整定值的计算与变压器的型式、中性点绝缘水平、接地方式及所连接系统的中性点接地方式密切相关。变压器接地保护要在时间上和灵敏度上与线路的接地保护相配合。

10.15.1　变压器接地保护的零序方向元件

普通三绕组变压器高压侧、中压侧中性点同时接地运行时,任一侧发生接地短路故障时,在高压侧和中压侧都会有零序电流流通,需要两侧变压器的零序电流保护相互配合,有时需要零序方向元件。对于三绕组自耦变压器,高压侧和中压侧除电的直接联系外,两侧共用一个中性点并接地,自然任一侧发生接地故障时,零序电流可在高压侧和中压侧间流通,同样需要零序电流方向元件以使变压器两侧的零序电流保护配合。双绕组变压器的零序电流保护,一般不需要零序方向元件。

10.15.2　变压器零序(接地)保护的配置

1. 中性点接地运行变压器的零序保护

当双绕组变压器中性点接地刀闸合上时,变压器直接接地运行,零序电流取自中性点回路的零序电流。零序电流保护原理参见图 10-55。通常接于中性点回路的电流互感器 TA 一次侧的额定电流选为高压侧额定电流的 1/4～1/3。

零序保护由两段零序电流构成。Ⅰ段整定电流(即动作电流)与相邻线路零序过电流保护Ⅰ段(或Ⅱ段)或快速主保护配合。Ⅰ段保护设两个时限 t_1 和 t_2,t_1 时限与相邻线路零序过电流Ⅰ(或Ⅱ段)配合,动作于母线解列或跳分段断路器,以缩小停电范围;$t_2=t_1+\Delta t$,断开变压器高压侧断路器。第Ⅱ段与相邻元件零序电流保护后备段配合;Ⅱ段保护也设两个时限 t_4 和 t_5,时限 t_4 比相邻元件零序电流保护后备段最长动作时限大一个级差,动作于母线解列或跳分段断路器;$t_5=t_4+\Delta t$ 断开变压器高压侧断路器。

为防止变压器接入电网前高压侧接地时误跳母联断路器,在母联解列回路中应串联高压侧断路器 QF_1 的动合辅助触点。

三绕组升压变压器高、中压侧中性点不同时接地或同时接地,但低压侧等值电抗等于零

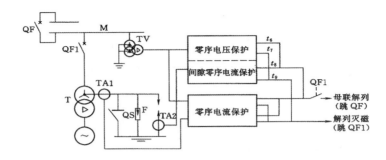

图 10-55　中性点有放电间隙的分级绝缘变压器零序保护原理图

时，装设在中性点接地侧的零序保护与双绕组升压变压器的零序保护基本相同。

2．中性点不接地运行的分级绝缘变压器零序保护

对分级绝缘的变压器，中性点一般装设放电间隙。中性点装设放电间隙的分级绝缘变压器的零序保护原理图如图 10-55 所示。当变压器中性点接地（QS 刀闸接通）运行时，投入中性点接地的零序电流保护；当变压器中性点不接地（QS 刀闸断开）运行时，投入间隙零序电流保护和零序电压保护，作为变压器中性点不接地运行时的零序保护。

电网内发生一点接地短路故障，若变压器零序后备保护动作，则首先切除其他中性点直接接地运行的变压器。倘若故障点仍然存在，变压器中性点电位升高，放电间隙击穿，间隙零序电流保护动作，经短延时 t_8（先跳开母联或分段断路器，经较稍长延时）t_9（取 $t_9 = 0.3 \sim 0.5\text{s}$）切除不接地运行的变压器；若放电间隙未被击穿，零序电压保护动作，经短延时 t_6（取 $t_6 = 0.3\text{s}$，可躲过暂态过程影响）将母联解列，经稍长延时 t_7（取 $t_7 = 0.6 \sim 0.7\text{s}$）切除不接地运行的变压器。

对于分级绝缘的双绕组降压变压器，零序保护动作后先跳开高压分段断路器或桥断路器；若接地故障出现在中性点接地运行的一台变压器，则零序保护可使该变压器高压侧断路器跳闸；若接地故障出现在中性点不接地运行的一台变压器侧，则须靠线路对侧的接地保护切除故障。此时，变压器的零序保护应与线路接地保护在时限上配合。

3．全绝缘变压器的零序保护

全绝缘变压器中性点绝缘水平较高，按规定装设零序电流保护外，还应装设零序电压保护。当发生接地故障时，若接地故障出现在中性点接地运行的一台变压器侧，则零序保护可使该变压器高压侧断路器跳闸；若接地故障出现在中性点不接地运行的一台变压器侧，再由零序电压保护切除中性点不接地运行的变压器。

当中性点接地运行时，投入零序电流保护，工作原理与图 10-55 所示相同。当中性点不接地运行时，投入零序电压保护，零序电压的整定值应躲过电网存在接地中性点情况下单相接地时开口三角侧的最大零序电压（要低于电压互感器饱和时开口三角侧的零序电压）。为避免单相接地时暂态过程的影响，零序电压带 $t_6 = 0.3 \sim 0.5\text{s}$ 时限。零序电压保护动作后，切除变压器。

10.15.3　PCS-985T 高压侧零序（方向）过流保护

本装置设置的零序过流保护，主要作为变压器中性点接地运行时接地故障后备保护。设有两段式定时限零序过电流保护（各两时限）和反时限零序过流保护，通过整定控制字可控制各段零序过流是否自产、是否经零序电压闭锁、是否经方向闭锁、是否经二次谐波闭锁。

1. 零序过流所采用的零序电流

装置分别设有"零序过流自产零序电流"控制字来选择零序过流各段所采用的零序电流。若"零序过流自产零序电流"控制字为"1"时,本段零序过流所采用的零序电流为自产零序电流;若"零序过流自产零序电流"控制字为"0"时,本段零序过流所采用的零序电流为外接零序电流。国电南浔公司选用的是自产零序电流。

2. 零序电压闭锁元件

装置设有"零序过流经零序电压闭锁"控制字来控制零序过流各段是否经零序电压闭锁,当"零序过流经零序电压闭锁"控制字为"1"时,表示本段零序过流保护经过零序电压闭锁。国电南浔公司该控制字为"0"。

3. 方向元件

装置分别设有"零序方向指向"控制字来控制零序过流各段的方向指向。当"零序方向指向"控制字为"1"时,方向指向变压器,方向灵敏角为 255°;当"零序方向指向"控制字"0"时,表示方向指向系统,方向灵敏度为 75°。同时装置分别设有"零序过流经方向闭锁"控制字来控制零序过流各段是否经方向闭锁。当"零序过流经方向闭锁"控制字为"1"时,本段零序过流保护经方向闭锁。方向元件的动作特性如图 10-56 所示。

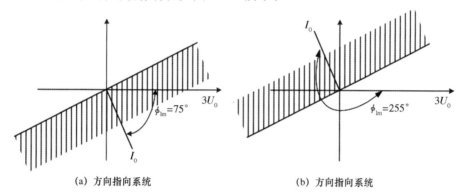

(a) 方向指向系统　　　　　(b) 方向指向系统

图 10-56　零序方向元件动作特性

需要说明的是,方向元件所用的零序电压固定为自产零序电压,电流固定为自产零序电流。

4. PT 异常对零序方向元件的影响

装置设有"PT 断线保护投退原则"控制字来控制 PT 断线时零序方向元件的动作。若"PT 断线保护投退原则"控制字为"1"时,当装置判断出本侧 PT 异常时,方向元件不满足;若"PT 断线保护投退原则"控制字为"0"时,当装置判断出本侧 PT 异常时,且方向元件不满足条件,零序方向过流保护就变为纯零序过流保护。

第 11 章　其他设备保护及自动装置

电厂中除发电机、变压器这两大电气设备外,还有各种电动机、各电压等级母线及各类开关等其他电气一次设备和维持电厂的正常运行的二次设备。这些一次设备相应的保护也需根据电压等级、容量等进行有效配置。

11.1　母线的故障及母线保护的装设原则

母线是发电厂、变电所中用于线路、变压器等电气设备之间连接并进行电能汇集和分配的元件。母线发生故障的概率较线路低,但故障的影响范围很大。这是因为母线上通常连有较多的电气元件,母线故障将使这些元件停电,从而造成大面积停电事故,并可能破坏系统的稳定运行,使故障进一步扩大,可见母线故障是最严重的电气故障之一,因此利用母线保护清除和缩小故障造成的后果,是十分必要的。

11.1.1　母线故障特点

母线故障大部分由绝缘子对地放电引起,开始阶段表现为单相接地故障,后发展为两相或三相接地短路。

11.1.2　装设母线保护基本原则

35kV 及以下母线一般不设专用母线保护,由电源侧元件的保护提供保护(电源侧元件的后备保护)。

110kV 及以上双母线和分段母线,为保证有选择切除任一组(一段)母线,使无故障组(段)继续运行,应装专用母线保护。

110kV 及以上单母线、35kV 重要母线,要求快速切除故障的设专用母线保护。

11.2　母线差动保护

11.2.1　母差保护的基本原理

为满足速动性和选择性的要求,母线保护都是按差动原理构成的。不管母线上元件有多少,实现差动保护的基本原则仍是适用的。

(1) 在正常运行以及母线范围以外故障时,在母线上所有连接元件中,流入的电流和流出的电流相等,或表示为 $\sum \dot{I}_{pi} = 0$。

(2) 当母线上发生故障时,所有与电源连接的元件都向故障点供给短路电流,而在供电给负荷的连接元件中电流等于零,因此 $\sum \dot{I}_{pi} = \dot{I}_k$ ($\dot{I}_R$ 为短路点的总短路电流)。

(3) 如从每个连接元件中电流的相位来看,则在正常运行以及外部故障时,至少有一个元件中的电流相位和其余元件中的电流相位是相反的,具体地说,就是电流流入的元件和电流流出的元件这两者的相位相反。而当母线故障时,除电流等于零的元件以外,其他元件中的电流则是同相位的。

母线保护应特别强调其可靠性,并尽量简化。对电力系统的单母线和双母线保护采用差动保护一般可以满足要求,所以得到广泛应用。

11.2.2　母线保护的死区

单母线分段接线中,对母线分段断路器来讲,如果母联两侧装设 2 组电流互感器(CT),交叉接线,则不存在死区;如果母联仅一侧装设 CT(敞开式布置设备大都采用此种方式),如图 11-1 所示,则存在死区。死区为分段断路器与 CT 之间,即当在分段断路器和 CT 之间发生故障时,对Ⅰ母差动来说为外部故障,Ⅰ母差动保护不动作;对Ⅱ母差动来说为内部故障,Ⅱ母差动保护动作,跳开Ⅱ母上的连接元件及分段断路器,但此时故障仍不能切除。

图 11-1　母线保护死区示意图

针对上述死区故障,即Ⅱ母差动保护动作,跳开Ⅱ母上的连接元件及母联,但故障仍不能切除的问题,在母差保护中专门设置了死区保护。死区保护在母差保护发出分段断路器跳令后,分段断路器已跳开而 CT 仍有电流,且在大差比例差动元件不返回的情况下,经一定延时,使Ⅰ母差动保护动作,最终切除故障。

11.2.3　PCS-915AL-G 数字式母线保护装置简介

PCS-915AL-G 型母线保护装置设有母线差动保护、母联死区保护、母联失灵保护及断路器失灵保护功能。

1. 保护性能

(1) 允许 CT 变比不同,各支路 CT 一次值可独立整定。

(2) 高灵敏比率差动保护。

(3) 成熟的自适应阻抗加权抗 CT 饱和判据。

(4) 完善的事件报文处理。

(5) 友好的全中文人机界面。

(6) 灵活的后台通信方式,配有双以太网口、双 RS-485 等通信接口。

(7) 支持电力行业标准 DL/T 667-1999(IEC60870-5-103 标准)的通信规约。

(8) 支持新一代变电站通信标准 IEC61850。

2. 差动保护原理

1) 启动元件

(1) 电压工频变化量元件:当两段母线任一相电压工频变化量大于门坎(由浮动门坎和固定门坎构成)时电压工频变化量元件动作。

(2) 电流工频变化量元件:当制动电流工频变化量大于门坎(由浮动门坎和固定门坎构成)时电流工频变化量元件动作。

(3) 差流元件:当任一相差动电流大于差流启动值时差流元件动作。

2) 比率差动元件

包含常规比率差动元件、工频变化量比例差动元件和故障母线选择元件。

(1) 常规比率差动元件的动作判据为

$$\left| \sum_{j=1}^{m} I_j \right| > I_{cdzd}$$

$$\left| \sum_{j=1}^{m} I_j \right| > K \cdot \sum_{j=1}^{m} |I_j| \tag{11-1}$$

式中　K——比率制动系数;

I_j——j 个连接元件的电流;

I_{dzd}——差动电流启动定值。

为防止在分段开关断开的情况下,弱电源侧母线发生故障时大差比率差动元件的灵敏度不够,因此比例差动元件的比率制动系数设高低两个定值:大差高值固定取 0.5,小差高值固定取 0.6;大差低值固定取 0.3,小差低值固定取 0.5。

当大差高值和小差低值同时动作,或大差低值和小差高值同时动作时,比例差动元件动作。

(2) 工频变化量比例差动元件:为提高保护抗过渡电阻能力,减少保护性能受故障前系统功角关系的影响,该保护除采用由差流构成的常规比率差动元件外,还采用工频变化量电流构成了工频变化量比率差动元件,与制动系数固定为 0.2 的常规比率差动元件配合构成快速差动保护。其动作判据为

$$\left| \Delta \sum_{j=1}^{m} I_j \right| > \Delta D \cdot I_T + D \cdot I_{dzd} \qquad (11-2)$$

$$\left| \Delta \sum_{j=1}^{m} I_j \right| > K' \cdot \sum_{j=1}^{m} | \Delta I_j | \qquad (11-3)$$

式中 ΔI_j——第 j 个连接元件的工频变化量电流;

$\Delta D \cdot I_T$——差动电流启动浮动门坎;

$D \cdot I_{dzd}$——差流启动的固定门坎,由 I_{dzd} 得出。

K' 为工频变化量比例制动系数,与稳态量比例差动类似,为解决不同主接线方式下制动系数灵敏度的问题,工频变化量比例差动元件的比率制动系数设高低两个定值:大差和小差高值固定取 0.65;大差低值固定取 0.3,小差低值固定取 0.5。当大差高值和小差低值同时动作,或大差低值和小差高值同时动作时,工频变化量比例差动元件动作。

(3) 故障母线选择元件动作判据为:

差动保护根据母线上所有连接元件电流采样值计算出大差电流,构成大差比例差动元件,作为差动保护的区内故障判别元件。

装置根据各连接元件的刀闸位置开入计算出各条母线的小差电流,构成小差比率差动元件,作为故障母线选择元件。当大差抗饱和母差动作(下述 CT 饱和检测元件二检测为母线区内故障),且任一小差比率差动元件动作,母差动作跳相关母线的联络开关;当小差比率差动元件和小差谐波制动元件同时开放时,母差动作跳开相应母线。

当一次系统两母线无法解列时,必须投入母线互联压板确定母线的互联运行方式。当元件在倒闸过程中两条母线经刀闸双跨,装置自动识别为互联运行方式。互联后两互联母线的小差电流均变为该两母线的全部连接元件电流(不包括互联两母线之间的母联或分段电流)之和。当处于互联的母线中任一段母线发生故障时,均将此两段母线同时切除(但实际动作于某条母线跳闸时还必须经过该母线的电压闭锁元件闭锁)。

当抗饱和母差动作,且无母线跳闸,为防止保护拒动,设置两时限后备保护段,其中第一时限切除有流且无刀闸位置开入的支路及电压闭锁开放的母联(分段)开关,第二时限切除所有支路电流大于 $2I_n$ 的支路,以最大限度降低对系统影响且尽可能减少不必要的切除。

另外,装置在比率差动连续动作 500ms 后将退出所有的抗饱和措施,仅保留比率差动元件($\left| \sum_{j=1}^{m} I_j \right| > I_{dzd}$,$\left| \sum_{j=1}^{m} I_j \right| > K \cdot \sum_{j=1}^{m} | I_j |$),若其动作仍不返回,则跳相应母线。这是为了防止在某些复杂故障情况下保护误闭锁导致拒动,在这种情况下母线保护动作跳开相应母线

对于保护系统稳定和防止事故扩大都是有好处的(而事实上,真正发生区外故障时,CT 的暂态饱和过程也不可能持续超过 500ms)。

3)CT 饱和检测元件

为防止母线保护在母线近端发生区外故障时 CT 严重饱和的情况下发生误动,该装置根据 CT 饱和波形特点设置了两个 CT 饱和检测元件,用以判别差动电流是否由区外故障 CT 饱和引起,如果是,则闭锁差动保护出口,否则开放保护出口。

11.2.4　PCS-923A-G 数字式充电过流保护装置简介

PCS-923A-G 装置为由微机实现的数字式分段开关的充电过流保护。装置功能包括两段充电相过流保护和一段充电零序过流保护,可经压板和软件控制字分别选择投退。

充电过流保护包括两段相电流过流保护与一段零序过流保护。当最大相电流大于充电过流Ⅰ段、Ⅱ段电流定值或者零序电流大于充电零序过流电流定值,且对应的保护功能投入时,分别经各自延时定值,保护发跳闸命令。保护动作逻辑如图 11-2 所示。

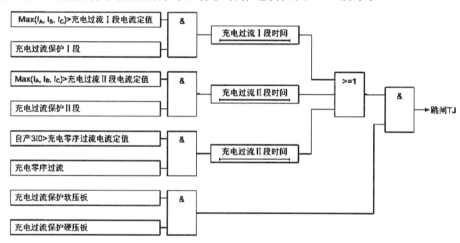

图 11-2　充电过流保护的动作逻辑

当保护中有元件动作时,即发跳闸命令;跳闸命令发出 40ms 后判是否有电流,若无电流,则跳闸命令返回。

11.2.5　国电南浔公司母差保护应用

1. 国电南浔公司母线保护配置

(1)国电南浔公司母线的接线方式为单母分段接线,分段断路器为 CB41(图 11-3),110kV 母线配置一套 PCS-915AL-G 数字式母线保护装置。

(2)母线保护的差动回路包括母线大差回路和各段母线小差回路。母线差动保护由分相式比率差动元件构成,母线大差是指除母联开关外所有支路和分段电流所构成的差动回路。某段母线的小差是指该段母线上所连接的所有支路(包括母联和分段开关)电流所构成的差动回路。母线大差比率差动用于判别母线区内和区外故障,小差比率差动用于故障母线的选择。

(3)国电南浔公司母线分段断路器配置一套完整、独立的充电过流保护装置 PCS-923A-G,由两段充电相过流保护和一段充电零序过流保护构成。

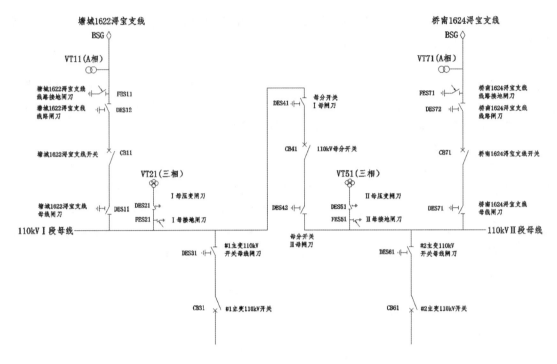

图 11-3 110kV 分段母线及分段开关示意图

2．保护状态规定

1）国电南浔公司 110kV Ⅰ母、Ⅱ母电流差动保护状态

共分跳闸、发信和停用三种。

（1）跳闸状态

保护类型	跳闸状态要求
110kV 母线保护 PCS-915AL-G	保护屏内母线保护装置直流电源开关 1K、保护装置交流电源开关 JK、Ⅰ母线交流电压输入开关 1ZKK1 和Ⅱ母线交流电压输入开关 1ZKK2 均送上，保护出口跳闸压板均在连接位置，保护投运压板均在连接位置

（2）发信状态

保护类型	发信状态要求
110kV 母线保护 PCS-915AL-G	保护屏内母线保护装置直流电源开关 1K、保护装置交流电源开关 JK、Ⅰ母线交流电压输入开关 1ZKK1 和Ⅱ母线交流电压输入开关 1ZKK2 均送上，保护出口跳闸压板在断开位置，保护投运压板均在连接位置

（3）停用状态

保护装置的交、直流电源开关断开，保护出口跳闸压板均在断开位置。

2）110kV 母线充电过流保护

有投入、停用和发信三种状态。

（1）投入：充电过流保护装置直流电源开关 8K 合上，保护装置交流电源开关 JK 合上，母分开关充电过流保护投运压板均在连接位置，保护出口跳闸压板均在连接位置。

（2）停用：充电过流保护装置直流电源开关 8K 断开，保护装置交流电源开关 JK 断开，母分开关充电过流保护投运压板在断开位置，保护出口跳闸压板在断开位置。

（3）发信：充电过流保护装置直流电源开关 8K 合上，保护装置交流电源开关 JK 合上，母分开关充电过流保护投运压板均在连接位置，保护出口跳闸压板均在断开位置。

3. 操作规定

110kV 母分开关操作时注意母差保护屏内保护压板的投退操作。110kV 母分开关的操作运行人员要严格按调度命令根据操作票进行操作，从冷备用改为运行，操作中要注意在 110kV 母差保护屏内将 1LP4：投母分开关分列运行压板置断开位置，将 1LP3：投母分开关互联压板置连接位置；从运行改为冷备用，操作中要注意在 110kV 母差保护屏内将 1LP3：投母分开关互联压板置断开位置，将 1LP4：投母分开关分列运行压板置连接位置。当母线分段运行时，未投"分列运行"压板，若设备发生故障，故障点在母分开关与母分开关 CT 之间，将会造成两段母线失压。若投入压板，仅造成故障母线失压。注意：压板投错，当事故发生时可能会引起事故范围扩大，造成严重后果。

11.3 断路器失灵保护

11.3.1 基本概念

所谓断路器失灵保护，是指当保护跳断路器的跳闸脉冲已经发出而断路器却没有跳开（拒绝跳闸）时，由断路器失灵保护以较短的延时跳开同一母线上的其他元件，以尽快将故障从电力系统隔离的一种紧急处理办法。

实现断路器失灵保护的方式很多，但最重要的是如何保证断路器失灵保护的安全性，因为断路器失灵保护的误动所造成的后果相当严重。

一般断路器失灵保护的原理是同时满足下面三个条件的：

（1）跳闸脉冲已经发出。

（2）断路器没有跳开。

（3）经延时故障依然存在，可用电流或母线电压来确定。

11.3.2 PCS-923-G 保护配置

该保护装置为由微机实现的数字式母联或分段开关的充电过流保护。装置功能包括两段充电相过流保护和一段充电零序过流保护等功能，可经压板和软件控制字分别选择投退。

11.4 低频低压减载

低频减载又称低周减载或自动按频率减负荷。

为了提高供电质量，保证重要用户供电的可靠性，当电力系统的大电源切除或故障跳闸后会引起发供电功率严重不平衡导致（有功功率缺额）频率、电压下降，此时根据频率、电压下降的程度，自动断开一部分用户，阻止频率、电压下降，以使频率、电压迅速恢复到正常值，这种装置叫自动低频、电压减负荷装置。它不仅可以保证对重要用户的供电，而且可以避免频率、电压下降引起的系统瓦解事故。

11.4.1 低频低压减载基本原理

根据电力系统的运行特性，系统中有功决定系统的频率运行水平，无功决定系统电压是否合格。系统运行频率和电压质量直接影响电力用户正常用电及电力系统安全稳定运行。

电网安全运行的第三道防线保护装置中,低频低压减载装置使用最为广泛,也是目前电力系统控制电压、频率水平的主流手段。

作为电力系统防御体系的最后一道防线,当系统发生频率异常、电压异常等事故时,采取切负荷的控制措施,防止系统崩溃,避免出现大面积停电,为保证系统安全稳定运行发挥了重要作用。减载装置应分散配置。

常规低频低压减载装置的主要功能是根据变电站内频率和电压降低的程度,低频、低压减载装置逐轮次动作,各轮次动作延时固定,最终使系统发、用电功率达到平衡,低频低压减载装置的减负荷总功率由系统最严重事故情况配置。

11.4.2　PCS-994B 装置

PCS-994 型频率电压紧急控制装置用于频率电压紧急控制。该装置同时测量同一系统的两段母线电压,PCS-994B 低频与低压减负荷各设 8 轮,还设置过频切机设置 5 轮,过压解列设置 1 轮,每轮的出口可通过出口矩阵整定。本装置出口配置可根据需要选择,常规跳闸一般配置 30 组出口,每组出口有 2 副接点。

1. PCS-994B 配置及功能

(1) 低频减负荷功能:在电力系统由于有功缺额引起频率下降时,装置自动根据频率降低值切除部分电力用户负荷,使系统的电源与负荷重新平衡。

(2) 低频加速切负荷功能:当电力系统功率缺额较大时,装置具有根据 df/dt 加速切负荷的功能,在切第一轮时可加速切第二轮或二、三两轮,尽早制止频率的下降,防止出现频率崩溃事故。

(3) 低压减负荷功能:在电力系统由于无功缺额引起电压下降时,装置自动根据电压降低值切除部分电力用户负荷,使系统电压恢复正常。

(4) 低压加速切负荷功能:当电力系统电压下降太快时,可根据 dU/dt 加速切负荷,尽早制止系统电压的下降,避免发生电压崩溃事故,并使电压恢复到允许的运行范围内。

(5) 该装置设有 df/dt、du/dt 闭锁功能,以防止由于短路故障、负荷反馈、频率或电压的异常情况可能引起的误动作。具有 PT 断线闭锁功能。

(6) 由于无功不足引起的三相电压下降是基本对称的,而且不会出现大的突变,所以该装置的低压元件是基于正序电压进行判别的,若负序电压大于 $0.15U_n$ 或正序电压有突变,均会闭锁低压减负荷。所以该装置不可用于故障解列。

(7) 过频切机功能:在电力系统由于有功过剩引起频率升高时,装置自动根据频率升高值切除部分机组,使系统的电源与负荷重新平衡。该装置过频切机功能设有 5 个基本轮。

(8) 过压解列功能:在电力系统由于无功过剩引起电压升高时,装置自动根据电压升高值解列。该装置过压解列功能设有 1 个基本轮。

(9) PT 异常报警:PCS-994B 配置情况见表 11-1。

表 11-1　　　　　　　　　　　　**PCS-994B 配置情况表**

功能	类型	轮数
低频减负荷	低频减负荷基本轮	5
	低频减负荷加速轮	2
	低频减负荷特殊轮	3

续表

功能	类型	轮数
低压减负荷功能	低频减负荷基本轮	5
	低频减负荷加速轮	2
	低频减负荷特殊轮	3
过频切机	过频切机基本轮	5
过压解列	过压解列基本轮	1

2. PCS-994B 装置的工作原理

（1）低频减负荷动作过程（基本轮按顺序动作）如图 11-4 所示。

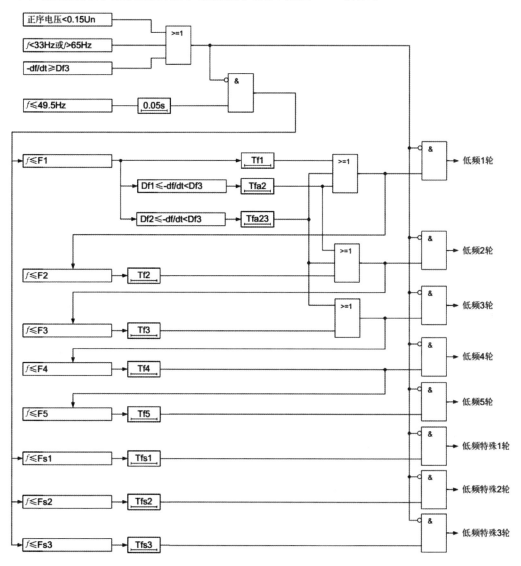

图 11-4　低频减负荷动作动作过程（基本轮按顺序动作）

（2）低频减负荷动作过程（基本轮独立动作）如图 11-5 所示。

图 11-4 及图 11-5 中,低频启动动作于开放低频减负荷功能。

$$f\leqslant 49.5H_z$$
$$t\geqslant 0.05s$$

其中,f 为系统频率。

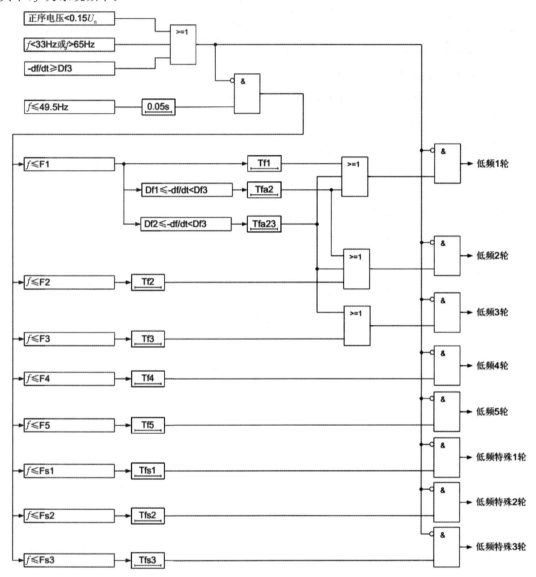

图 11-5　低频减负荷动作过程图（基本轮独立动作）

（3）低压减负荷动作过程（基本轮按顺序动作）如图 11-6 所示。

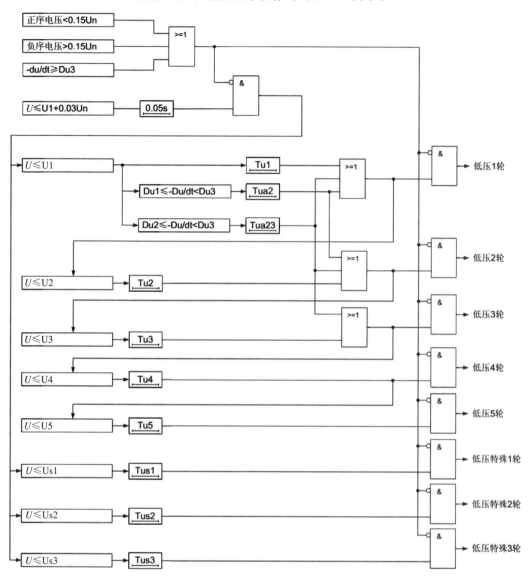

图 11-6　低压减负荷动作过程（基本轮按顺序动作）

（4）低压减负荷动作过程（基本轮独立动作）如图 11-7 所示。

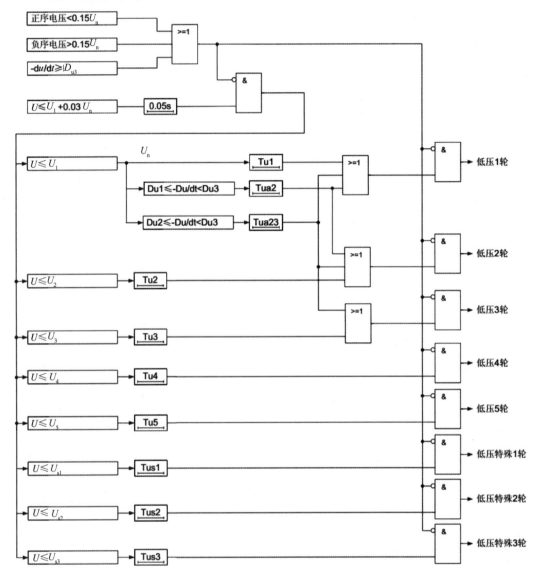

图 11-7　低压减负荷动作过程（基本轮独立动作）

图 11-6 及图 11-7 中，低压启动用于开放低压减负荷功能。

$$U \leqslant U_1 + 0.03U_n$$

$$t \geqslant 0.05s$$

其中，U 为正序电压，U_1 为低压第一轮定值，U_n 为额定电压。

（5）过频切机动作过程（基本轮按顺序动作）如图 11-8 所示。

图 11-8 中，过频启动时

$$f \leqslant 49.5H_z$$

$$t \geqslant 0.05s$$

其中，f 为系统频率。

（6）过频切机动作过程（基本轮独立动作）如图 11-9 所示。

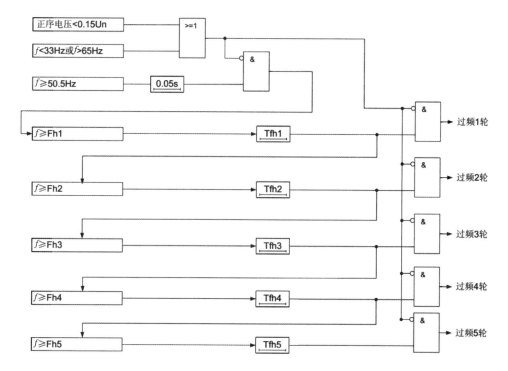

图 11-8　过频切机动作过程（基本轮按顺序动作）

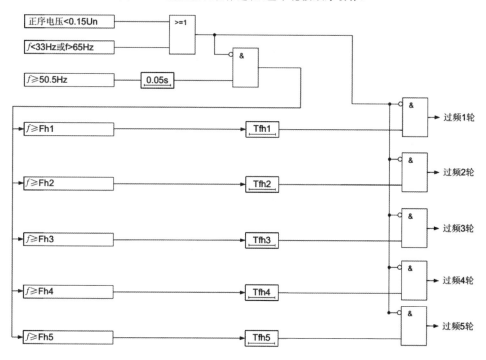

图 11-9　过频切机动作过程（基本轮独立动作）

（7）过压解列动作过程如图 11-10 所示。

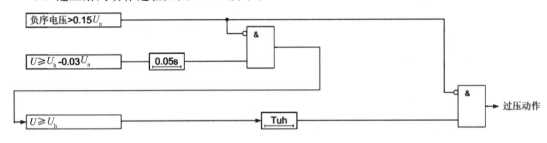

图 11-10　过压解列动作过程

11.5　失步解列

电力系统正常运行时,系统中的发电机保持同步运行,即发电机的转子都以相同的速度旋转。当系统遭受大的扰动后,发电机转速将出现差异,可能不能保持同步运行。此时为保持系统的稳定性,需要采取相关措施使得系统中的发电机保持相同的转速。如果仍无法保持发电机转速相同,则系统中的发电机之间将会发生失步振荡,导致系统大面积停电。为了避免这种情况的出现,应对失步的电力系统实施解列。电力系统失步解列是指当电力系统失步后,选择合适的解列地点,将不同转速的发电机分割在不同的电力孤岛中,使得同一个孤岛中的发电机之间保持相同转速。解列后的各个电力孤岛仍能独立运行,防止事故在系统中的进一步扩大。

11.5.1　失步解列的基本原理

1. 失步解列的基本原理

失步解列装置是通过接入电气量判别失步振荡,当超过规定振荡次数后,解列相关线路或发电机,防止事故进一步扩大,确保主网安全稳定运行。它与频率及电压紧急控制装置共同组成电力系统第三道防线。

解列装置的失步解列原理主要有:阻抗型失步解列判据,$U \cdot \cos\varphi$ 轨迹失步解列判据,视在阻抗解列角判据,电流型和电压型解列判据等。基于 $U \cdot \cos\varphi$ 的失步解列判据如下:

当系统发生失步振荡时,系统振荡中心电压 U_c 与功角 δ 之间存在确定的函数关系,可以利用振荡中心电压变化反映功角的变化。仍以图 11-11 的两机系统为例,并假设系统等值阻抗角为 $90°$。由推导可知

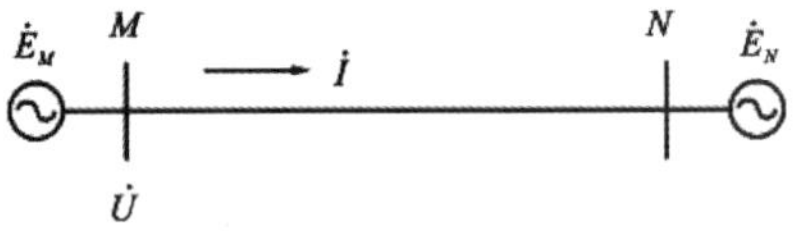

$$U_c = U \cdot \cos\varphi = E_M \cdot \cos\frac{\delta}{2} \qquad (11\text{-}4)$$

图 11-11　两机等值系统示意图

式中,U 为解列装置处电压;φ 为电压与电流相角差。

作为状态量的功角是连续变化的,因此,在失步振荡时,$\cos\varphi$ 也是连续变化的,且过零;在短路故障及故障切除时 $\cos\varphi$ 是不连续变化的;同步振荡时 $\cos\varphi$ 连续变化但不过零点。因此,可以基于量测 $\cos\varphi$ 区分失步振荡、短路故障和同步振荡。

上述分析是假定线路阻抗角为 $90°$,但实际系统中线路阻抗角不是 $90°$,为了保证基于 $U \cdot \cos\varphi$ 判别失步的准确性,可对角度进行补偿。

2. 失步解列装置的配置与发电机失步保护的关系

目前在实际工程中,失步解列装置是否应该配置,是根据仿真和计算得出的。通过大量离线仿真并结合实际故障经验,计算电网中有可能发生的严重故障,得到一个故障集,这些故障

会按照严重程度排序。严重的故障会导致电网的严重振荡,甚至于电网的电压崩溃,为了预防这些故障,会设置一些解列点,这些解列点有的在变电所,有的在厂站。具体到某电厂是否应当安装失步解列装置,应当综合考虑和仿真在各种运行情况和故障下,是否有可能造成破坏电网稳定性的风险,例如大型机组的断路器拒动后非全相运行,多回线杆塔发生多重故障时造成断路器遮断容量不够、系统振荡等。

发电机虽然自己有失步装置,但是是保护发电机本体轴系,减少发电机在失步运行的时候产生扭振损伤。两个装置虽然都是防止失步振荡的,但是原理和作用差别很大。

11.5.2　PCS-993E 装置

PCS-993E 型失步解列及频率电压紧急控制装置将电力系统失步解列功能和低频解列、低压解列、过压解列、过频解列或切机功能集中在同一个装置中。它可在电力系统失步时,做出解列、切机、切负荷或启动其他使系统再同期的控制措施;也可以在电力系统发生频率或电压稳定事故时,将联络线解列,隔离事故系统。过频切机设置 3 轮。

1. PCS-993E 型装置的主要功能

PCS-993E 型装置是利用 $U \cdot \cos\varphi$ 判别原理进行失步判别,以装置安装处测量电压最小值确定动作区域,其主要功能如下:

(1) 失步继电器利用 $U \cdot \cos\varphi$ 的变化轨迹来判断电力系统失步,利用装置安装处采集到的电压电流,通过计算 $U \cdot \cos\varphi$ 来反映振荡中心的电压,根据振荡中心电压的保护规律来区分失步振荡和同步振荡及短路故障。

(2) 将 $U \cdot \cos\varphi$ 的变化范围分为 7 个区,振荡发生时 $U \cdot \cos\varphi$ 逐级穿过。

(3) 失步继电器快跳段需要逐级穿越 7 个区域,慢跳段需要穿其中 4 个区域。

(4) 失步继电器快跳段可以测量 180ms 以上的失步周期,慢跳段可以测量 120ms 以上的周期,并且可以整定在失步后 N 个周期出口跳闸,N 的取值范围为 1~15。

(5) 可使用振荡过程中最低电压值来确定装置保护的范围,保证了相邻安装点之间失步解列装置的选择配合。

2. 装置启动元件

1) PCS-993B 的 $U \cdot \cos\varphi$ 启动继电器

$$U_{AC} \cdot \cos\varphi < U_T \tag{11-5}$$

其中,U_T 为启动门槛值。

满足上述条件装置启动,开放出口正电源。

2) 低频启动元件

$$f \geqslant FLdq(\text{低频启动定值})$$
$$t \geqslant 0.05s \tag{11-6}$$

3) 过频启动元件

$$f \geqslant FHdq(\text{过频启动定值})$$
$$t \geqslant 0.05s \tag{11-7}$$

4) 低压启动元件

$$U \leqslant ULdq$$
$$t \geqslant 0.02s(\text{低频启动定值}) \tag{11-8}$$

5）过压启动元件

$$U \geqslant UHdq（过频启动定值）$$
$$t \geqslant 0.02s$$

$$（11-9）$$

3. 基于 $U \cdot \cos\varphi$ 判别方式的失步继电器

电力系统失步时，一般可以将所有机组分为两个机群，用两机系统分析其特性。仍采用图 11-11 所示的两机系统，其等值系统的向量图为 11-12，取 E_n 为参考向量，使其相位角为 $0°$，幅值为 1；M 侧系统等值电势 E_M 的初相角为则 α（系统正常运行的功角 δ 为 α），则可得

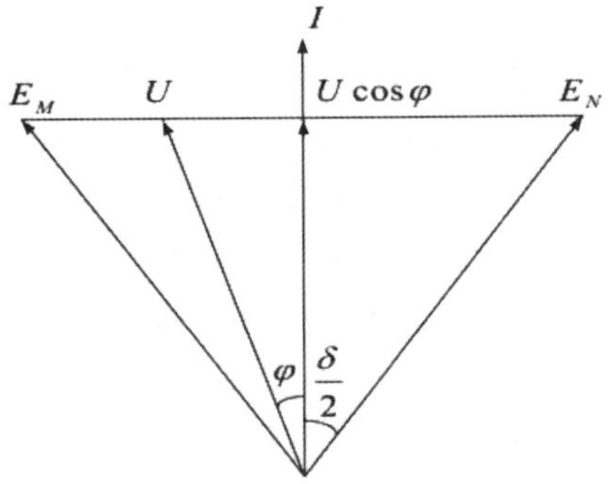

$$E_N = \cos(\omega \cdot t) \qquad （11-10）$$
$$E_M = \cos[(\omega + \Delta\omega) \cdot t + \alpha] \qquad （11-11）$$

两系统功角为

$$\delta = \Delta\omega \cdot t + \alpha \qquad （11-12）$$

振荡中心的电压为

图 11-12　两机等值系统向量图

$$U_c = U \cdot \cos\varphi = U \cdot \cos\frac{\delta}{2} = U \cdot \cos\frac{\Delta\omega \cdot t + \alpha}{2} \qquad （11-13）$$

当系统同步运行时，振荡中心电压不变，数值为

$$U \cdot \cos\frac{\alpha}{2}$$

当系统失步运行时，振荡中心电压呈周期性变化，振荡周期为 $180°$，即

若 $\Delta\omega$ 大于 0 时，即加速失步，δ 的变化趋势为 $0°—360°(0°)—360°$，振荡中心电压 U_c 的变化曲线如图 11-13（a）所示。

若 $\Delta\omega$ 小于 0 时，即减速失步，δ 的变化趋势为 $360°—0°(360°)—0°$，振荡中心电压 U_c 的变化曲线如图 11-13（b）所示。

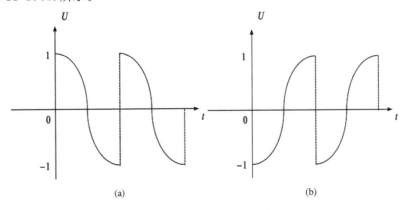

图 11-13　振荡中心电压变化曲线

由前面的分析可以看出，振荡中心电压与功角 δ 之间存在确定的函数，因此可以利用振荡中心电压 $U \cdot \cos\varphi$ 的变化反应功角的变化。作为状态量的功角是连续变化的，因此在失步振荡时，振荡中心的电压也是连续变化的，且过零；在短路故障及故障切除时振荡中心电压是不连续变化且有突变的；在同步振荡时，振荡中心电压是连续变化的，但不过零。因此可以通过振荡中心的电压变化来区分失步振荡、短路故障和同步振荡。

根据前面的分析可以得出,振荡中心电压在失步振荡时的变化规律:

加速失步时,电压的变化规律为 0—1—2—3—4—5—6—0;

减速失步时,电压的变化规律为 0—6—5—4—3—2—1—0。

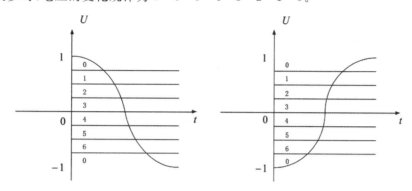

图 11-14　U 的变化规律

当振荡中心电压按照上述规律变化时,装置判断为失步,经整定延时周期后发出跳闸信号,将系统解列。

11.6　相量测量

电力系统同步相量测量装置(Phasor Measurement Unit,PMU)通过进行同步相量的测量和输出以及进行动态记录,完成在线连续不断地监视和测量发电机的功角和各母线电压、电流的幅值和相角的功能。在重要的变电站和发电厂安装 PMU 装置构建电力系统实时动态监测系统(Wide Area Measurement System,WAMS),通过调度中心主站实现对电力系统动态过程的监测和分析,从而可以进一步加强电力系统调度中心对电力系统的动态稳定监测和分析能力。近年来,由于世界上大停电事故频繁发生,极大地促进了电力系统 PMU 的推广应用。

PMU 的核心特征包括基于标准时钟信号的同步相量测量、失去标准时钟信号的守时能力、PMU 与主站之间能够实时通信并遵循有关通信协议。PMU 可直接测量电力系统任一瞬间的状态。它可提供同步精度为 $1\mu s$ 的正序电压和正序电流测量值,也可测量本地频率和频率变化率。它还可以测量谐波频率、负序或零序分量、相电压和相电流等。各 PMU 单元通过 GPS 对在同一时刻采集向量和功角,并在测量的参数上"贴上"时标,实时地向控制中心传送。

11.6.1　相量测量的基本原理

同步相量测量算法是 PMU 的核心,其算法的好坏决定了 PMU 的性能优劣,目前主要方法有:过零点检测法、离散傅立叶变换法(DFT)、卡尔曼滤波法、小波变换法等。实际常采用过零点检测法和离散傅立叶变换法(DFT)。过零点检测指的是在交流系统中,当波形从正半周向负半周转换,经过零位时,系统作出的检测。该方法原理简单、计算速度快、硬件实施容易、成本较低,但易受谐波与模拟电路相移干扰,在系统动态情况下测量结果较差,且无法测量幅值。离散傅立叶变换(DFT),是傅立叶变换在时域和频域上都呈离散的形式,将信号的时域采样变换为其离散时间傅立叶变换(DTFT)的频域采样。为了减少计算量,提高效率,通常采用快速傅立叶(FFT)来实现对电网电压和电流的基波幅值的测量分析。该算法可以很好地抑制谐波,但在系统频率偏移时存在频谱泄露、栅栏效应和动态情况下的 DFT 平均化问题。

卡尔曼滤波法的基本思想是:以最小均方误差为制约条件,对离散采样序列进行估计,求出前一时刻的状态变量估计值,并利用该估计值和当前采样点计算更新状态变量,再利用已更新的状态变量反求出当前采样点时刻的估计值。这种软件滤波的方法实时性较好,但其在相量相角测量中存在较大误差,且复杂的算法对硬件要求较高。

小波变换是一种新的变换分析方法,它继承和发展了短时傅立叶变换局部化的思想,同时又克服了窗口大小不随频率变化等缺点,能够提供一个随频率改变的时间-频率窗口。小波分析因运算繁复而影响了同步相量估计的速度,实时性不佳,此算法加重了 CPU 的负担。

11.6.2 同步相量测量 PCS-966 装置

PCS-996 系列同步相量测量系统由同步相量采集单元(PMU)和数据集中器(Phasor Data Concentrator,PDC)组成。PMU 的核心特征包括基于标准时钟信号的同步相量测量、失去标准时钟信号的守时能力、PMU 与 PDC 或主站之间的实时通信。PDC 用于将多个 PMU 的信息进行汇集,集中向主站上送,并可能具有本地存储相量数据的辅助功能。PMU、PDC 与WAMS 主站之间的通信应遵循标准通信协议 IEEE C37.118-2005。

1. 国电南浔公司 PMU 系统配置

PCS-996 同步相量测量系统由以下设备组成。

PCS-996A:用于变电站、发电厂的母线、线路和主变等电气量、开关量的采集和记录,并进行各电压、电流的幅值、相角及其线性组合功率等相关计算分析,同时将所测的电压基波正序相量一次值、电流基波正序相量一次值、频率偏差、频率变化率,实时传送到数据集中器从而上送主站。

PCS-996B:用于发电厂机组的同步相量测量,除具备 PCS-996A 所有的功能外还可采集、计算和记录发电机内电势、功角、机组励磁电压、电流、转速、调频等 4～20mA 的信号量,并输出 4～20mA 的信号量;可记录 PSS、AVR、调频动作等开关量。同时将所测的电压基波正序相量一次值、电流基波正序相量一次值、频率偏差、频率变化率、发电机内电势等量,实时传送到数据集中器从而上送主站。

PCS-996G:是与 PCS996A/B 相配套的数据集中器,可连接 8 台常规数据采集单元(PCS-996A),用于同步接收 PCS996A/B 装置上送的实时数据、动态数据、暂态数据以及事件响应,按照标准规约转发至各 WAMS 主站;并将接收的实时动态数据存储于装置 CPU 自带的128G 大容量存储设备中。

PCS-996G-ETB:数据集中器,用于数字化变电站,以以太网方式连接站内 PCS-996A-ETB 同步相量数据,并进行本地存储,同时与 WAMS 主站或监控系统通信,实时上送同步相量数据。PCS-996G 提供至少 4 个独立网络接口,可实现同时对 8 个以上的主站通信,通过扩展通信插件可实现对多个主站通信的要求。

PCS-9882:以太网交换机,同时具有光以太网口和电以太网口。

2. 国电南浔公司 PMU 装置功能

同步相量测量装置 PMU 可实现如下功能:

(1) 相量计算功能:

(a)计算相量的幅值和相角,例如:U_a,U_b,U_c,U_1,I_a,I_b,I_c,I_1,E_q。

(b) 计算模拟量,例如:P,Q,f,$\mathrm{d}f/\mathrm{d}t$。

(c) 监视开关量,例如:刀闸位置,保护动作信号,PSS 动作信号。

(2) 实时通信功能:通过 C37.118 规约向 PDC 或主站实时传输相量数据。

(3) 暂态录波功能:当有电气量或开关量触发时,可触发暂态录波,遵循 COMTRADE1999

标准。

3. 发电机功角测量算法

发电机功角 δ 指的是发电机内电势 $\dot{E}_q$ 和机端正序电压 $\dot{U}$ 之间的相位差。功角测量的基本算法有下面几种。

(1) 应用发电机电气参数和机端电压、电流相量计算发电机内电势和功角。

虚拟计算电势：

$$\dot{E}_Q = \dot{U} + (r + jx_q)\dot{I} \qquad (11\text{-}14)$$

发电机内电势：

$$\dot{E}_q = \dot{E}_Q + j(x_d - x_q)\dot{I}_d \qquad (11\text{-}15)$$

对于隐极机(汽轮机组), $x_d = x_q$, 所以

$$\dot{E}_q = \dot{E}_Q \qquad (11\text{-}16)$$

(2) 直接采集转子键相脉冲来测量发电机内电势相角及功角,方法如下:

根据同步发电机的基本原理和特点,可以通过转子位置信号与机端电压过零时刻测量发电机的功角。当发电机空载时,机端电压 $\dot{U}$ 与内电势 $\dot{E}_q$ 同相位,键相脉冲信号由安装在发电机上的传感器发出,转子每旋转一周输出一个键相脉冲信号,此时测量机端电压过零时刻与键相脉冲时刻之差,即获得固定的角差 θ (称为转子初相角)。机组并网后,测量机端电压过零时刻与键相脉冲时刻对应的角差并扣除 θ, 即是功角 δ, 如图 11-15 所示。

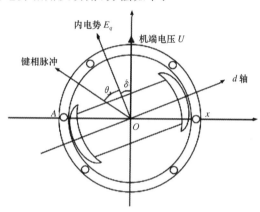

图 11-15　发电机功角测量原理

4. 转子初相角测量算法

初相角指的是键相脉冲信号与内电势 $\dot{E}_q$ 之间的相位差 θ。只要测出了相位差 θ, 就可以在任何时刻(包括稳态和暂态过程)根据键相脉冲信号相位减去 θ 得到内电势 $\dot{E}_q$ 的相位。

当发电机处于稳态运行状态时(空载状态、带负载状态均可),采用电气量法可计算得到 $\dot{E}_q$ 的相位。此时,将 PCS-996B 装置关电重启,装置即自动完成初相角测试。

同时应注意在初相角测试前,应保证发电机电压信号、电流信号、脉冲信号均正常。应检查发电机交轴、直轴电抗参数已正确设定。否则,测得的初相角可能出现偏差。

5. 暂态录波与动态录波

1) 暂态录波启动方式

PCS-996 同步相量测量装置具有多种暂态录波启动方式:

① 交流电压各相和零序电压突变量启动。

② 交流电流各相和零序电流突变量启动。

③ 线路相电流变化越限启动。

④ 交流电压过限启动。

⑤ 正、负序分量启动。

⑥ 频率越限与变化率启动。

⑦ 开关量启动。

⑧ 低频振荡启动。

⑨ 手动启动、远方启动。

2) 动态录波

PCS-996 同步相量测量装置每分钟记录一个动态数据文件,每个动态数据记录文件由 CFG-1 配置信息及 1min 的实时数据帧组成。

PCS-996 同步相量测量装置采用可能的最高传输速率作为记录速率,对于 50Hz 系统,记录速率为 100 帧/s;对于 60Hz 系统,记录速率为 60 帧/s。

装置的存储容量可以保证动态录波数据的保存容量不少于 14 天。

11.7 电动机的故障及不正常运行状态

在发电厂厂用机械中大量采用异步电动机,但是,在厂用大容量给水泵和低速磨煤机等设备上,则采用同步电动机。根据《继电保护和安全自动装置技术规程》(GB/T 14285—2006)之 4.13.1 款中规定,对电压为 3kV 以上的异步电动机和同步电动机可能产生的故障及异常运行方式应装设相应的保护。

电动机保护应力求简单、可靠。对电压在 500V 以下的电动机,特别是 75kW 及其以下的电动机,广泛采用熔断器或自动空气开关来保护相间短路和单相接地保护,用磁力启动器或接触器中的热继电器作为过负荷和两相运行保护。当不能采用熔断器时,才考虑装设专用的保护。

11.7.1 电动机的故障和不正常运行状态

1. 电动机的故障

电动机的主要故障是定子绕组的相间短路(包括引线电缆的相间短路故障),其次是单相接地故障以及一相绕组的匝间短路。

2. 电动机的不正常运行状态

(1) 过负荷。

(2) 相电流不平衡。

(3) 低电压。

(4) 对同步电动机还有异步运行和失磁等。

11.7.2 电动机的保护配置

定子绕组的匝间短路会破坏电动机的对称运行,并使相电流增大。最严重的情况是,电动机的一相绕组全部短接,此时,非故障相的两个绕组将承受线电压,使电动机由过电压而遭到损坏。理论分析表明,电动机匝间短路故障时,由于负序电流的出现,电动机出现制动转矩,转差率增大,使定子电流增大;与此同时,电动机的热源电流增大,使电动机过热。当然,短路匝数很小时,产生的负序电流也很小,定子电流增大以及过热也是不大的。但是,故障点电弧要损坏绝缘甚至烧坏铁心。因此,电动机绕组的匝间短路故障是一种较为严重的故障。然而到目前为止,还没有简单完善的反应匝间短路的保护装置,所以,一般不装设专门的匝间短路保护。

1. 相间短路保护

定子绕组的相间短路故障对电动机来说是最严重的故障,不仅会引起绕组绝缘损坏、铁心烧毁,甚至会使供电网络电压显著降低,破坏其他设备的正常工作,所以应装设反应相间短路故障的保护。

对一般高压电动机则应装设两相式电流速断保护,以便尽快地将故障电动机切除。

容量在 2MW 以下的电动机装设电流速断保护(保护宜采用两相式);容量在 2MW 及以上或容量小于 2MW 但电流速断护灵敏度不满足要求的电动机装设纵差动保护。保护装置动作于跳闸。

2. 接地短路保护

定子绕组单相接地对电动机的危害程度取决于供电网络中性点接地方式以及单相接地电流的大小。

对于小接地电流系统中的高压电动机,若发生接地故障,当接地电容电流大于 5A 时,就会烧坏线圈和铁心。电源变压器中性点直接接地,一相接地构成单相短路,短路将烧坏设备等。

在 380/220V 三相四线制供电网络中,由于电源变压器低压侧的中性点是直接接地的,所以电动机应装设单相接地保护,动作于跳闸。

对高压电动机,供电变压器中性点可能不接地或经消弧线圈接地,视具体情况单相接地保护装置动作于跳闸或信号;当供电变压器中性点经电阻接地时,单相接地保护装置动作于跳闸。

对于 3~6kV 电动机,因电网中性点不接地,只有当接地电流大于 5A 时,才装设单相接地保护设置。单相接地电流在 10A 以下时,保护可带延时动作于跳闸,也可带延时动作于发信号;单相接地电流 ≥10A 时,保护延时动作跳闸。

3. 过负荷保护

供电电压降低和频率降低时,电动机转速下降引起过负荷。

对于生产过程中容易发生过负荷的电动机,根据其负荷特性,保护延时动作于信号或跳闸;对于启动和自启动困难,需防止启动或自启动时间过长的电动机,保护延时动作于跳闸。

4. 低电压保护

电动机的供电电压过低时,电动机的驱动转矩随电压平方降低,电动机吸取电流随之增大,供电网络阻抗上压降相应增大,为保证重要电动机的运行,在次要电动机上装设低电压保护。不允许自启动的电动机也应装设低电压保护。低电压保护动作于跳闸。

5. 相电流不平衡保护

相电流不平衡主要是由于电动机运行过程中三相电流不平衡或运行过程中发生两相运行。

对于容量 ≥2MW 的电动机,可采用负序过电流保护作为相电流不平衡保护,保护动作于信号或断路器跳闸。它可作为主保护的后备保护。

同步电动机除上述保护装置外,还应考虑装以下反应异常运行状态的保护。

6. 失步保护

同步电动机的励磁电流的减小、供电电压的降低均导致同步电动机的电磁转矩减小,当电磁转矩最大值小于机械负荷的制动力矩时,同步电动机将失去同步。失步后,同步电动机转速下降,从而在启动线圈和励磁回路中感应出交变电流,产生异步转矩,逐步转入异步运行。在异步运行期间,由于转矩交变,所以转子转速和定子电流发生振荡,严重时可能引起机械共振和电气共振,导致同步电动机的损坏,故需装设失步保护。

失步保护动作后,可作用于再同步控制回路;如不能再同步或不需要同步,则失步保护可动作于跳闸。

失步保护原理可以用反应转子回路出现交流分量,反应定子电流电压相位变化,反应定子过负荷等构成。

7. 失磁保护（同步）

同步电动机失磁或部分失磁，可能导致电机失步并转入异步运行，所以失步保护可反映失磁的情况。对于负荷变动大而又是用反应定子过负荷构成失步保护时，应增设失磁保护，延时动作于跳闸。

同步电动机的失磁检测可用接于励磁回路内的低电流元件来实现。注意到同步电动机在正常运行情况下一般发出感性无功功率，在失磁后吸取感性无功功率，因此，根据无功功率方向的改变可判别失磁，即用功率方向继电器可检测出来。

8. 非同步冲击保护

仅对于不允许非同步冲击影响的电动机装非同步冲击保护。

由于在同步电动机上，还设有强行励磁装置，在供电电压降低到一定程度时，自动将励磁电压加到顶值；为避免电源中断后再恢复时造成对同步电动机的冲击，还设有非同步冲击保护。

保护可反应功率方向、频率降低、频率下降速度等动作；也可由有关保护和自动装置连锁动作。

11.8 电动机的相间短路保护

11.8.1 电流速断保护

容量在 2MW 以下电动机相间短路故障的主保护，为了能够反应电动机与断路器间连线上的故障，电流互感器应尽可能靠近断路器。图 11-16(a)所示为两相星形接线，图 11-16(b)所示为两相电流差接线。

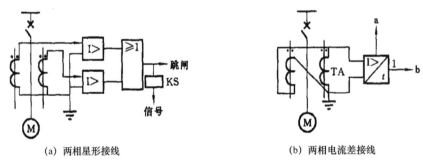

(a) 两相星形接线　　　　　　　　　　(b) 两相电流差接线

图 11-16　电动机电流速断保护原理接线图

通常，对于不易过负荷的电动机，宜采用图 11-16(a)所示接线方式；对于易过负荷的电动机，宜采用图 11-16(b)所示接线方式，其中保护的速断部分 a 用作相间短路保护，反时限部分 b 用作过负荷保护。

电流速断保护的动作电流 $I_{op.r}$ 可由下式确定：

$$I_{op.r} = \frac{K_{rel} \cdot K_{com}}{K_{TA}} I_{st \cdot max}$$ (11-17)

式中　K_{rel}——可靠系数；

　　　K_{com}——接线系数；

　　　K_{TA}——电流互感器变比；

$I_{st\cdot max}$——电动机启动电流周期分量的最大有效值。

要求保护的灵敏度大于等于 2。

11.8.2　纵差动保护

电动机容量在 5MW 以下时,纵差动保护采用两相式接线:在 5MW 以上时,采用三相式接线,以保证一点在保护区内另一点在保护区外的两点接地时快速跳闸。纵差动保护原理接线如图 11-17 所示。

差动继电器 KD 的动作电流应躲过电动机额定电流 I_N,即

$$I_{op\cdot r} = \frac{K_{rel}}{K_{TA}} I_N \tag{11-18}$$

式中　K_{rel}——可靠系数。

出口继电器 KM 应带 $0.1 \sim 0.2$s 延时,以躲过电动机启动时的非周期分量的影响。

要求保护的灵敏度大于等于 2。

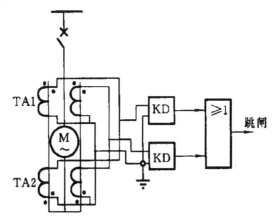

图 11-17　电动机纵差动保护原理接线图

11.9　电动机的单相接地保护

电动机($3 \sim 6$kV)的单相接地保护原理接线如图 11-18 所示,其中 TAN 为零序电流互感器,取出零序电流。

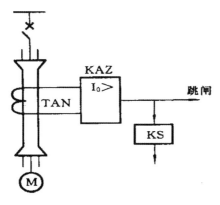

图 11-18　电动机单相接地保护原理接线图

零序电流继电器 KAZ 的动作电流为

$$I_{op.r} = \frac{K_{rel}}{K_{TA}} \cdot 3 I_{\propto . \max}$$ (11-19)

式中　K_{rel}——可靠系数，取 4～5；

　　　$I_{\propto . \max}$——外部单相接地短路时，流过保护的最大电容电流。

接地保护的灵敏度校验：

$$K_{sen} = \frac{3 I_{\propto . max}}{K_{TA} \cdot I_{op.r}} \geqslant 2$$ (11-20)

式中　$3 I_{\propto . \max}$ 为最小运行方式下电动机出口发生单相接地短路时，流过保护的接地电容电流。

11.10　电动机的异常运行状态保护

11.10.1　电动机的过负荷保护

电动机的过负荷保护一般采用反时限特性，这是考虑到一般电动机都有一定的过载能力，通过的过载电流越小，允许的时间越长。

电动机过载电流与允许工作时间的关系是一条反时限特性曲线。如果用反时限过电流继电器作为电动机的过负荷保护，其反时限特性曲线与电动机允许过载的时间特性相配合。是十分合理的过载保护。

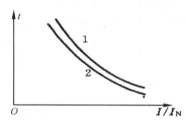

图 11-19　电动机的过负荷特性和保护动作特性

电动机的过负荷允许时间与过负荷倍数 I/I_N 间的关系可用下式表示：

$$t = T \frac{\alpha - 1}{\left(\dfrac{I}{I_N} \right)^2 - 1}$$ (11-21)

式中　t——电动机发热时间常数，一般取 300s；

　　　α——系数，取 1.3。

可以看出，t 与 I/I_N 的关系（即过负荷特性）呈反时限特性，如图 11-19 中曲线 1 所示。为与曲线 1 相配合，保护的动作特性应低于曲线 1，如图 11-19 中曲线 2 所示。

11.10.2　电动机的低电压保护

电动机的低电压保护一般设两个时限，以较短时限（一般为 0.5s）跳不很重要的电动机，以较长时限（一般为 9～10s）跳重要电动机。

11.10.3　相电流不平衡保护

相电流不平衡保护主要由反映负序电流动作的电流继电器、延时动作的瞬时返回时间继电器和信号继电器组成。若希望相电流不平衡保护有较高的灵敏度，也可采用反时限特性的负序电流保护。

11.11　微机小电流接地选线

11.11.1　概述

小电流接地系统是指中性点不接地系统、中性点经消弧线圈接地系统和中性点经电阻接地系统。在我国,110kV 以下电压等级的电网中,一般都采用这种接地方式。

目前国内流行的三种选线原理分别是功率方向法、谐波分析法(即群体比幅比相法)与信号注入法。

(1)功率方向法:采用判断每条线路的零序电流的功率方向来确定故障线路,这种方法从原理上讲就做不到 100% 的准确率,可能出现一条线路接地,判断多条线路或一条都判断不出的结果。目前,这种方法常被综合自动化系统中分布采样单元或功率方向继电器采用。

(2)谐波分析法:采用单相接地后零序稳态信号的群体比幅比相法,由于比幅比相时采用的是相对原理,因此,这种方法从理论上讲不存在死区,不受运行方式及接地电阻的影响,可以做到 100% 的准确率。其选线方案的有效性已得到充分证明,但对于 CT 不平衡导致的零序电流,这种方法不能有效解决。

(3)信号注入法:虽然接线简单,不需零序 CT 回路,但由于注入信号大小及方法的限制一般主要用于 10kV 及以下电压等级系统中。另外,探头的灵敏度和可靠性易受各种外界因素影响,再者,综合自动化及无人值守站的使用有些不便。

11.11.2　BW-ML196H 系列微机小电流接地选线装置

该装置适用于 380V～66kV 中性点不接地或经消弧线圈接地或经电阻接地的发电厂、变电站。在系统中架空出线上必须装三相 CT,电缆出线时套装零序 CT,PT 有开口三角零序电压输出。当系统出现单相接地故障时,该装置能准确判断出是哪一条接地线路接地,并指示打印,选线准确率达 100%。

本装置采用谐波分析法,结合暂态过程的小波分析法与暂态过程的零序能量法,采用微机实现智能选线方法。其工作原理如下:

当小电流系统发生单相接地时,故障线路零序电流为其他非故障线路零序电流之和,原则上它是这组采样值中最大的,但由于 CT 误差、信号干扰以及线路长短差别很大,有可能在排序时排到第二、第三,但不会超出前三,这一步为初选,所采用的原理是相对概念(在现行运行方式下,取前三个最大的)。第二步,在前三个信号里,采用相对相位概念即电流之间的方向或电流与电压之间的超前与滞后关系,进一步确定是前三个中哪一个故障,或是母线故障,相对的相位关系允许角度误差在 ±85° 之间,而零序电流二次侧幅值可在 1～1000mA 之间变化。由于采用双重判据,而且使用的都是相对原理,克服了运行方式变化、接地电阻及线路长短的影响,并且不需整定。

小波分析法利用接地初始时的一段波形来分析。每条线路,由于长短不一,阻抗值不同导致暂态过程中零序电流所含的谐波分量不同。线路越短,高频分量越多。小波分析法提取某一频率段的谐波分量后,各支路的零序电流分布也满足上述结论。而且,突出的优点是,这种分析法能克服消弧线圈和 CT 不平衡的影响,这是因为,消弧线圈在暂态过程中还未起作用,而 CT 不平衡电流分量已被滤去(选择频段时去掉基波分量)。但小波分析法在稳态时要同谐波法和能量法相结合。整个装置工作过程如下:

系统无单相接地故障时,装置处于监视状态,液晶屏显示当前日期与时间。当 PT 开口三角输出零序电压大于整定值(出厂设置为 30V)时,表示系统发生单相接地,启动 CPU 进行数据的收集、滤波、排序、判断,经过多次综合分析后,将接地故障信息(如接地开始时间、故障线路号、故障持续时间等)送液晶屏显示、打印,并将判断结果送继电器或串口输出。

11.12 电弧光保护

在 110kV 变电站的中低压母线一般不配置母线保护,近年来,为了有效抑制变电站中低压母线开关设备损坏及母线和断路器故障引起主变压器损坏的发生,越来越多的变电站中低压开关柜配置电弧光保护。通过弧光保护装置可以快速地切除故障点,保证系统的安全稳定运行。

11.12.1 基本概念

电弧是放电过程中发生的一种现象,当两点之间的电压超过其工频绝缘强度极限时就会发生。当适当的条件出现时,一个携带着电流的等离子产生,直到电源侧的保护设备断开才会消失。空气在通常条件是很好的绝缘体,但由于温度的升高或者其他外部因素的作用,其化学和物理特性发生改变时,它可能变成通电的导体。

只要两端的电压提供的能量足以补偿热损耗并维持适当的温度条件,电弧将会持续发生。如果电弧被拉长和冷却,维持它的必要条件缺失进而熄灭。类似地,如果电路两相发生短路也可以产生电弧。短路是两个不同电压的导体发生低阻抗的连接,形成低阻抗的导电体(例如:金属工具遗忘在柜子的母排上、错误的连接或动物闯入柜子内,这些都是各种潜在的可能)一旦形成短路,会引起很大的短路电流值,其大小取决于电路的特性。

主配电柜或大型的电气设备(如变压器或发电机)附近短路能量高而且有故障产生时的电压也很高。在开关柜内产生电弧光的主要因素有以下一些:

(1) 使用了不良性能的导电体。

(2) 绝缘材料的损坏(包括:裂痕、进水、老化等)。

(3) 人体或其他物品意外地接触到带电的物品。

(4) 操作过程中的失误或者设计或安装错误。

(5) 元件损坏、没有良好的维修和保养设备。

(6) 过电压。

(7) 电网结构的改变(系统容量增大、电缆应用增多)。

在开关柜发生弧光故障的时候,弧光会以 300m/s 的速度爆发并摧毁途中的任何物质。弧光一旦出现,只要系统不断电,弧光就会一直存在。要想最大限度地减少弧光的危害、保护操作人员不受伤害并降低财产损失程度,就必须有一种安全、迅速而有效的电弧光保护。

11.12.2 RIZNER-EagleEye 光电式电弧光保护系统

由上述分析可知,在开关柜抽屉内,弧光可以迅速地在 10ms 内达到 3m 远,因此要想最大程度降低损失,时间是个最主要的因素。RIZNER-EagleEye 电弧光保护系统输出跳闸信号时间小于 1ms,即使在安装或者维护的时候,也能保护操作人员的安全。

11.13 测控装置

11.13.1 基本概念

测控装置集保护、测量、控制、监测、通信、事件记录、故障录波、操作防误等多种功能于一体。既可以配合完成电站控制、保护、防误闭锁和当地功能,还可以独立成套完成 110kV 及以下中小规模无人值守变电站的成套保护和测量监控功能;既可以就地分散安装,也可以集中组屏,是构成变电站、发电厂厂用电等电站综合自动化系统的基础装置。

11.13.2　WDZ-5200 系列保护测控装置

WDZ-5200 系列保护测控装置适用于 35kV 及以下电压等级的发电厂等工业企业用户,集保护、测量、计量、控制、通信于一体,组态化功能设计。

WDZ-5200 系列保护测控装置包括以下型号:

WDZ-5211 线路保护测控装置

WDZ-5212 线路光纤差动保护测控装置

WDZ-5213 分布式差动保护装置

WDZ-5214 充电保护测控装置

WDZ-5215 短线路综合保护测控装置

WDZ-5222 电容器保护测控装置

WDZ-5226 电抗器综合保护测控装置

WDZ-5231 电动机差动保护装置

WDZ-5232 电动机保护测控装置

WDZ-5233 电动机综合保护测控装置

WDZ-5234 变频电动机差动保护装置

WDZ-5235 同步电动机保护测控装置

WDZ-5237 变频电动机保护测控装置

WDZ-5241 变压器差动保护装置

WDZ-5242 变压器保护测控装置

WDZ-5243 变压器综合保护测控装置

WDZ-5244 三卷变差动保护装置

WDZ-5271 电压互感器保护测控装置

WDZ-5273 电压并列装置

WDZ-5274 分布式单元

WDZ-5276 备用电源自投保护测控装置

WDZ-5283 线路测控装置

WDZ-5287 多直流测控装置

WDZ-5288 多电流测控装置

11.14　电磁式电压互感器消谐

11.14.1　电磁式电压互感器谐振的原因

在中性点不接地的电力系统中,PT 谐振是出现最为频繁和造成事故最多的一种内因过电压现象,它严重影响配电网的安全运行。

电磁式电压互感器因其内含铁磁材料,呈现出感抗特性,因此在电力系统承受大扰动(如发生单相接地故障等)或操作(如空充母线或空投变压器等)时,电压互感器励磁特性有可能进入饱和区,导致非线性现象的出现。因此,在中性点不接地系统中的线路和设备的对地电容与互感器的感抗之间有可能形成特殊的单相或三相共振回路,进而激发持续、高幅值的过电压。

运行经验表明,在中性点不接地系统中,电磁式电压互感器引起的铁磁谐振现象是一种常见的故障,经常引起运行中的电压互感器烧毁及高压熔丝频繁烧断、母线失压、相关设备相间绝缘击穿、一相或两相限流电阻爆炸等事故,严重威胁电力系统的安全运行。因此,预防电压互感器谐振是至关重要的。

防止和消除谐振的措施主要有以下两大类。

一是改变谐振参数,破坏谐振产生条件。

如:对空载母线充电中产生的谐振,可以采用投入空载线路的方法,改变其谐振的条件;装设消弧消谐选线及过电压保护综合装置能对各类过电压进行限制,可提高系统运行的安全性及供电的可靠性;采用消谐装置,在电压互感器的一次侧中性点上串接非线性电阻。

二是接入阻尼电阻,增大回路的阻尼效应。

在电压互感器中性点回路中加装阻尼电阻或使用零序互感器,并且使用容量大、线性度高的电压互感器。这种方法实际上是增大电压互感器的伏安特性曲线的线性区域,降低因诱发因素而使电压互感器饱和的概率,从而达到消除谐振现象的目的。

也可在 PT 零序回路中装设二次微机消谐装置。

另外,需要引起运行人员关注的是,电压互感器谐振引起的母线失压往往会被误判为电压互感器故障或是变电所内母线系统发生接地故障。

11.14.2 TZY-TX2000B-S 微机消谐装置

TZY-TX2000B-S 微机消谐装置对 PT 开口三角电压(即零序电压)进行循环检测,正常情况下,该电压很小,装置内的大功率消谐元件处于阻断状态,对系统无任何影响。当系统处于故障工况时(零序电压大于 30V 门限),该装置对开口三角电压分析计算,判断当前故障状态。如果出现某种频率的铁磁谐振,则按程序设定瞬间启动消谐元件予以消除,并显示、保存故障信息,若动作后谐振未消失,则判定为永久性故障,随即发出谐振报警信号。在此状态下,装置脱离对该段母线的监控,直到复归时间到后,再恢复对该段母线的监控;如果是单相接地故障,装置给出指示和告警($3U_0$ 报警),并记录存储相关信息。

11.15 发电机的自动并列

11.15.1 同期并列的概念

将一台单独运行的发电机投入到运行中的电力系统参加并列运行的操作,称为发电机的并列操作。同步发电机的并列操作,必须按照准同期方法或自同期方法进行。如果,盲目地将发电机并入系统,将会出现冲击电流,引起系统振荡,甚至会发生事故,造成设备损坏。

在下列情况下,均要对发电机进行同步操作,将发电机组安全可靠,准确快速地投入系统:

(1)发电厂经常进行的操作。

(2)系统正常运行时,负荷增加,备用机组迅速投入系统。

(3)系统事故时,会失去部分电源,也要求将备用机组快速投入电力系统以制止系统的频率崩溃。

一般同期的方法有两种:准同期并列(一般采用)、自同期并列。

准同期并列操作就是将待并发电机升至额定转速和额定电压后,满足以下四项准同期条件:①相序相同;②压差为零;③频差为零;④角差为零时,操作同期点断路器合闸,使发电机并网。

准同期并列的优点:

在正常情况下,并列时产生的冲击电流比较小,对系统和待并发电机均不会产生什么危害。

准同期并列的缺点：

因同期时需调整待并发电机的电压和频率，使之与系统电压、频率接近，这就要花费一定时间，使并列时间加长，不利于系统发生事故出现频率缺额时及时投入备用容量。

自同期并列操作，就是将发电机升速至额定转速后，在未加励磁的情况下合闸，将发电机并入系统，随即供给励磁电流，由系统将发电机拉入同步。

自同期并列的优点：

操作简单、并列迅速、易于实现自动化。

自同期并列的缺点：

冲击电流大、对电力系统扰动大，不仅会引起电力系统频率振荡，而且会在自同期并列的机组附近造成电压瞬时下降。

自同期并列只能在电力系统事故、频率降低时使用。因其结构简单，在中小型机组中有使用。

11.15.2　准同期并列的原则

同步发电机组并列时应遵循如下原则：

（1）并列断路器合闸时，冲击电流应尽可能地小，其瞬时最大值一般不超过 1～2 倍的额定电流。

（2）发电机组并入电网后，应能迅速进入同步运行状态，其暂态过程要短，以减少对电力系统的扰动。

11.15.3　准同期并列的常用术语

1. 脉动电压

脉动电压用 u_Δ 表示，是指断路器 QF 两侧间电压差。

当发电机电压 $\dot U_G$ 与系统电压 $\dot U_S$ 幅值相等且 $\varphi_1=\varphi_2=0$ 时，断路器 QF 两侧间电压差为：

断路器 QF 两侧间电压差 ΔU 为

$$u_\Delta=U_G\sin(\omega_G t+\varphi_1)-U_S\sin(\omega_S t+\varphi_2)==2\cdot U_G\cdot\sin\left(\frac{\omega_G-\omega_S}{2}\right)\cdot\cos\left(\frac{\omega_G+\omega_S}{2}\right)$$

$$(11\text{-}22)$$

$$u_\Delta=U_\Delta\cdot\cos\left(\frac{\omega_G+\omega_S}{2}\right) \tag{11-23}$$

u_d 波形可以看成是幅值为 U_Δ、频率接近于工频的交流电压波形。

2. 频率差与滑差

频率差：$f_\Delta=f_G-f_S$

滑差角速度简称滑差

$$\omega_\Delta=\omega_G-\omega_S$$
$$\omega_\Delta=2\pi f_\Delta \tag{11-24}$$

3. 脉动周期

$$T_\Delta=\frac{2\pi}{\omega_\Delta} \tag{11-25}$$

11.15.4　准同期并列的条件

1. 理想条件

（1）待并发电机电压相序与系统电压相序相同。

（2）待并发电机电压与并列点系统电压相等。

(3) 待并发电机的频率与系统的频率基本相等。

(4) 合闸瞬间发电机电压相位与系统电压相位相同。

满足理想条件并列时的冲击电流等于零,并且并列后的发电机与电网立即进入同步运行,不发生任何扰动现象,但在实际操作中,三个条件很难同时满足。

2. 实际条件

(1) 若并列时,仅存在电压幅值差 U_Δ,即

$$\omega_G = \omega_S, \delta_\Delta = \delta_G - \delta_S = 0, U_\Delta = U_G - U_S \neq 0 \tag{11-26}$$

则冲击电流最大值为

$$i''_{h.\max} = \frac{0.8 \times \sqrt{2} \cdot (U_G - U_S)}{X''_d} = \frac{2.55 \cdot U_d}{X''_d} \tag{11-27}$$

式中　U_G——发电机电压有效值;

　　　U_S——电网电压有效值;

　　　X''_d——发电机直轴次暂态电抗。

由于 $i''_{h.\max}$ 与 $\dot{U}_G$ 夹角为 90°,所以,由电压幅值差产生的冲击电流主要为无功冲击电流,发电机电压高于系统电压时,则发电机输出无功功率;反之,发电机从系统吸收无功功率。

冲击电流的电动力对发电机绕组产生影响,由于定子绕组端部的机械强度最弱,所以须特别注意对它所造成的危害。由于并列操作为正常运行操作,冲击电流最大瞬时值限制在 1～2 倍额定电流以下为宜。为了保证机组的安全,我国曾规定压差冲击并列电流不允许超过机端短路电流的 1/20～1/10。据此,得到准同期并列的一个条件:电压差 ΔU 不能超过额定电压的 5%～10%。现在一些巨型发电机组更规定在 0.1% 以下,即希望尽量避免无功冲击电流。

(2) 若并列时,仅存在相角差 δ,即

$$\omega_G = \omega_S, \quad \Delta U = U_G - U_S = 0, \quad \delta = \delta_G - \delta_S = 0 \tag{11-28}$$

则冲击电流最大值为

$$i''_{h.\max} = \frac{2.55 \cdot U_2}{X''_q} \cdot 2 \cdot \sin\frac{\delta}{2} \tag{11-29}$$

式中　U_S——电网电压有效值;

　　　X''_q——发电机交轴次暂态电抗。

当相角差较小时,因为 $i''_{h.\max}$ 与 $\dot{U}_G$ 的夹角为 0°,所以,由电压相角差产生的冲击电流主要为有功电流分量,并列后发电机与电网即有有功功率的交换,若 $\delta_G > \delta_S$,发电机超前电网,机组立即带有功负荷,反之,则电网带大电动机,对机组和电网均产生冲击。因此,发电机并列时应选择发电机电压稍高于系统电压。

(3) 若并列时,频率不相等,即

$$\Delta U = U_G - U_S = 0, \quad \omega_G \neq \omega_S, \quad \delta = \delta_G - \delta_S \neq 0$$

此时,待并发电机进入同步运行的暂态过程。当发电机组与电网间进行有功功率交换时,如果发电机的电压 $\dot{U}_G$ 超前电网电压 $\dot{U}_S$,发电机发出功率,则发电机将制动而减速。反之,当 $\dot{U}_G$ 落后 $\dot{U}_S$ 时,发电机吸收功率,则发电机将加速。所以,交换功率的方向与相角差 δ 的正负有关。

进入同步状态的暂态过程与合闸时滑差角速度 $\omega_{\Delta 1}$ 的大小有关。当 $\omega_{\Delta 1}$ 较小时,到达最大相角 3 点时的 ω_3 较小,可以很快进入同步运行。当 $\omega_{\Delta 1}$ 较大时,如图 11-20 所示,则需经历较长时间振荡才能进入同步运行(如果 $\omega_{\Delta 1}$ 很大,3 点超出 180°,则将导致失步)。所以,滑差大,

暂态过程长,滑差小,暂态过程短。

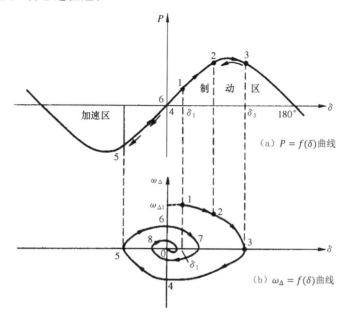

（a）$P = f(\delta)$曲线

（b）$\omega_\Delta = f(\delta)$曲线

图 11-20　发电机并列后的暂态过程示意

11.15.5　微机型自动准同期装置原理及整定

为了使待并发电机组满足并列条件,自动准同期装置设置了三个控制单元。

（1）频差控制单元。它的任务是检测$\dot{U}_G$与$\dot{U}_S$间的滑差角速度ω_Δ,且调节发电机转速,使发电机电压的频率接近于系统频率。

（2）电压控制单元。它的功能是检测$\dot{U}_G$与$\dot{U}_S$间的电压差,且调节发电机电压$\dot{U}_G$使它与$\dot{U}_S$间的电压差值小于规定允许值,促使并列条件的形成。

（3）合闸信号控制单元。检查并列条件,当待并机组的频率和电压都满足并列条件,合闸控制单元就选择合适的时机,即在相角差δ_Δ等于零的时刻,提前一个量发出合闸信号。

在准同期并列操作中,合闸信号控制单元是准同期并列装置的核心部件,所以,准同期并列装置原理也往往是指该控制单元的原理。其控制原则是当频率和电压满足并列条件的情况下,在$\dot{U}_G$与$\dot{U}_S$要重合之前发出合闸信号。在两电压相量重合之前的信号称为提前量信号,装置的逻辑结构图如图 11-21 所示。

按提前量的不同,准同期装置可分为恒定越前时间和恒定越前相角两种。

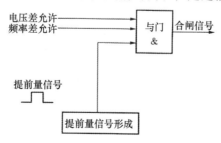

图 11-21　合闸信号控制逻辑

微机型(数字型)自动准同期装置的一般具有以下特点:

(1) 对待并发电机自动调频、调压,自动精确合闸。

(2) 一般都对多个对象进行并列操作。不需要外加任何转换开关和选线设备,装置可以实现自动切换。

(3) 自动识别同期并列对象,每个对象参数独立设置。

(4) 可设定转角度数,不需安装转角变。

(5) 一般不仅考虑了并网时的频差,还考虑了其变化率(通常说的加速度),同时还采用了合闸角的预测技术,因此可以保证在频差压差合格的第一个滑差周期将待并侧在无相差的情况下并入电网。

(6) 装置可确保在需要时不出现逆功率并网和无功进相。

(7) 具备过压保护功能,一旦机组电压出现超出给定的过压值时(过压值可根据用户要求进行整定),立即输出持续降压信号,并闭锁加速控制回路,直至机组电压恢复正常为止。

(8) 装置完成并网操作后将自动显示断路器合闸回路实际动作时间,并保留最近的 8 次实测值,可作为断路器工况稳定与否的信息。

11.15.6　SID-2AS 微机同期装置

SID-2AS 微机同期装置的功能有以下一些:

(1) 装置可供发电机或线路并网复用,具备自动识别并网性质的功能。

(2) 可以整定的同期参数和装置参数有:允许压差、允许频差、待并侧 PT 二次实际额定电压、系统侧 PT 二次实际额定电压、过电压保护值、低电压闭锁值、系统侧 PT 二次电压应转角、允许功角、单侧无压合闸确认、无压侧选择、双侧无压合闸确认、同期对象类型、同频阈值、断路器合闸时间、均压控制系数、均频控制系数、自动调压功能选择、自动调频功能选择、同频调频脉宽、并列点代号、设备号、通讯波特率、装置控制方式、语言选择、装置输出方式、装置允许同期时间等。

(3) 装置以精确严密的数学模型,确保差频并网(发电机对系统或两解列系统间的线路并网)时捕捉第一次出现的零相角差,进行无冲击并网。

(4) 装置在发电机并网过程中按模糊控制理论的算法,对待并机组频率及电压进行控制,确保最快最平稳地使频差及压差进入整定范围,实现快速的并网。

(5) 装置具备自动识别差频或同频并网功能。在进行线路同频并网(合环)时,如并列点两侧功角及压差小于整定值时,将立即实施并网操作,否则进入等待状态,并向上级调度传送遥信信号。

(6) 装置能适应 PT 二次电压为相电压 57.7V 或线电压 100V,或直接接入 AC220V 电压,并具备转角功能。

(7) 发电机差频并网过程中出现同频时,装置将自动给出加速控制命令,消除同频状态。

(8) 装置可确保在需要时不出现逆功率并网和无功进相。

(9) 具备过压保护功能,一旦机组电压出现超出给定的过压值时(过压值可根据用户要求进行整定),立即输出持续降压信号,并闭锁加速控制回路,直至机组电压恢复正常为止。

(10) 装置完成并网操作后将自动显示断路器合闸回路实际动作时间,并保留最近的 8 次实测值,可作为断路器工况稳定与否的信息。

装置同期的工作流程如图 11-22 所示。

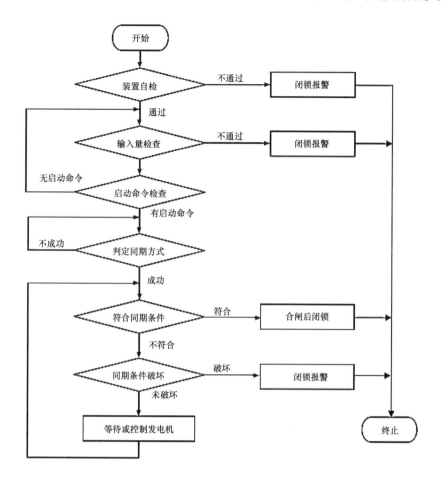

图 11-22　装置同期流程图

SID-2AS 微机同期装置整定参数见表 11-2。

表 11-2　　　　　　　　　　　　SID-2AS 微机同期装置整定值

序号	参数名称	原整定	现定值
1	允许压差		±5%
2	允许频差		+0.15Hz
3	待并侧额定电压		57.7V
4	系统侧额定电压		57.7V
5	过电压保护值		$115\%U_N$
6	低压闭锁值		$85\%\ U_N$
7	系统侧应转角		00.00°
8	同频同期允许功角		18.00°
9	单侧无压合闸		投
10	无压侧选择(指单侧无压合闸方式)		系统
11	双侧无压合闸		退
12	同期对象类型		差频
13	同频阈值		低

续表

序号	参数名称	原整定	现定值
14	断路器合闸时间		80ms
15	均压控制系数 K_v		0.50 注
16	均频控制系数 K_f		0.50 注
17	自动调压		投
18	自动调频		投
19	同频调频脉宽		50
20	并列点代号		根据现场命名
21	设备号		根据现场命名
22	通信波特率		9600
23	装置控制方式		现场
24	语言选择		中文
25	装置输出方式		控制
26	装置允许同期时间		5min

第 12 章　自动控制基础和 Mark VIe DCS 简介

国电南浔公司配置了 2 台燃气-蒸汽联合循环发电机组,全厂工艺流程示意图如图 12-1 所示。机组采用分轴式结构,每台机组包含一台 PG6111FA 型 6F 级燃气轮机、一台发电机 (与燃机配套)、一台余热锅炉、一台蒸汽轮机、一台发电机(与汽轮机配套)和相关的辅助设备。 整个工艺系统结构复杂,设备众多,控制质量要求非常高,必须借助于先进的自动化技术来保 障机组运行的安全性和经济性。联合循环机组的自动化技术包含自动检测、自动控制、自动报 警和自动保护四大部分,各部分的作用如下:

自动检测:通过自动化仪表实现热力设备、旋转机械设备、电气设备、化学处理设备运行过 程中监控参数的测量。自动检测产生的热工参数、运动参数、电气参数等是判断发电机组运行 状况的基本依据,是实现发电过程自动控制、自动报警和自动保护的基础。

自动控制:利用自动控制装置实现发电过程设备和系统的自动运行,以使机组达到更高的 安全性和经济性。自动控制可分为自动调节和顺序控制两大类型。

自动报警:当机组运行参数发生异常,超过警戒值时,自动报警系统和装置通过文字和声 光发出警报信息,提醒运行人员注意,以便能够尽快进行故障处理。

自动保护:当机组的重要运行参数达到设定的阈值时,自动保护系统通过关停相关设备和 系统避免造成更大的影响和危害,以保障设备和人身安全。

上述四个部分相互配合和协调,共同实现电站主、辅设备和公用系统的全面监控。其中自 动控制是机组正常运行时最主要的控制手段。

12.1　自动控制的基本概念

12.1.1　自动控制的定义、组成和方框图

1. 自动控制的定义和组成

自动控制就是指在无人直接参与的情况下,利用外加的设备或装置(简称控制装置),使机 器、设备或生产过程(称为被控对象)的工作状态或参数(称为被控量)按预定的规律动作或 运行。

控制装置和被控对象按一定的连接方式组成的系统称为自动控制系统,如图 12-2 所示。

2. 反馈控制的概念

把控制系统的输出量送回到输入端,并与输入量相比较产生偏差的过程,称为反馈。

反馈是自动控制系统中最基本的连接方式,此时的系统称为反馈控制系统。在反馈控制 系统中,控制装置对被控对象施加的控制作用与被控量的反馈信息有关,用被控量与给定值的 偏差来控制被控对象,实现被控量的校正。

3. 控制系统的方框图

控制系统的组成可以用方框图来描述,反馈控制系统的方框图如图 12-3 所示。

方框图中,系统的每一个组成部分(或称环节)用一个方框代表,环节间用带箭头的作用线进 行连接,表示环节之间的信号传递关系,箭头方向代表作用方向。一个环节所接受的作用称为该 环节的输入量,输入量在该环节中引起的变化称为输出量。符号 $\otimes$ 是加法器(又称综合器),进入 加法器的信号不标注正、负符号,则默认为做加法运算;标注为"一"号,则进行减法运算。

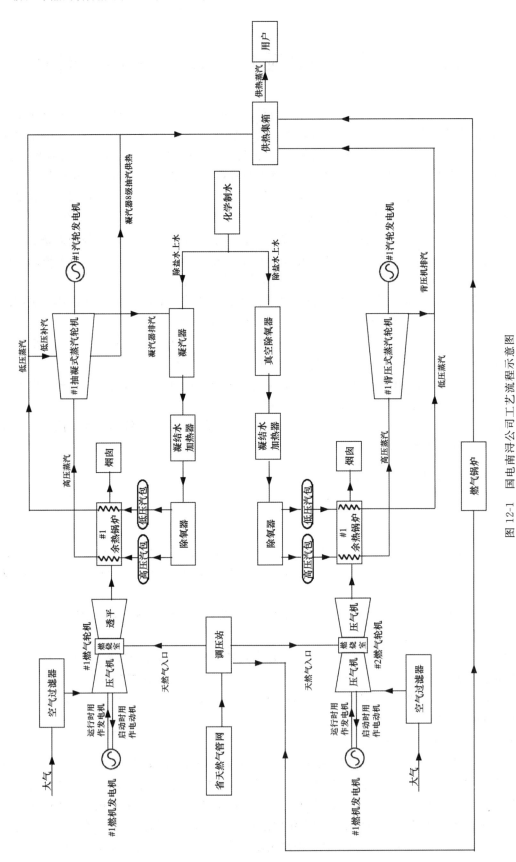

图 12-1 国电南湖公司工艺流程示意图

图 12-2　控制系统示意图

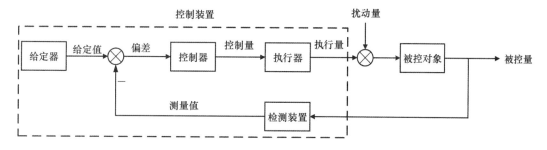

图 12-3　典型反馈控制系统方框图

方框图中各环节的定义如下：

• 给定器：用于给出与期望的被控量相对应的系统输入量，是产生系统控制指令的装置；

• 控制器：又称调节器，它接受检测装置送来的被控量变送值，与给定值作比较后生成偏差信号，并按一定的控制规律运算出控制信号送至执行器；

• 执行器：接受控制器送来的控制信号，改变被控介质的大小，从而将被控变量维持在所要求的数值上或一定的范围内；

• 检测装置：对被控量进行传感和变送，将其转换成能与给定值进行偏差运算的信号量；

• 被控对象：需要被控制的设备或生产过程。

给定器、控制器、执行器和检测装置合在一起统称为控制装置。

方框图中各变量的定义如下：

• 给定值：期望被控量达到的值，又称为参考输入；

• 偏差：给定值与测量值之差；

• 控制量：控制器的输出值；

• 执行量：执行器的输出值，用以产生使被控变量保持一定数值的物料或能量；

• 扰动量：除控制变量以外，作用于被控对象并引起被控变量变化的一切因素；

• 被控量：表征设备或过程的运行状态且需要加以控制的参数；

• 测量值：检测装置的输出值。

4．PID 控制器

在实际工业应用中，最典型的反馈控制规律为比例（Proportional）、积分（Integral）、微分（Differential）控制规律，简称 PID 控制律，又称 PID 调节律，此时的控制器称为 PID 控制器（或 PID 调节器）。PID 控制器结构简单，使用中不需精确的系统模型，因而成为目前工业领域应用最为广泛的控制器。

PID 控制器的数学表达式为

$$u(t) = K_p \left[e(t) + \frac{1}{T_1} \int_0^t e(t) + T_d \frac{\mathrm{d}e(t)}{\mathrm{d}t} \right] \tag{12-1}$$

其传递函数为

$$G_C(s) = K_p \left[1 + \frac{1}{T_i s} + T_d s \right] \quad （理想微分 PID） \tag{12-2}$$

或
$$U_C(s) = K_p\left[1 + \frac{1}{T_i s} + \frac{K_d T_d s}{T_c s + 1}\right] \quad \text{(实际微分 PID)} \tag{12-3}$$

式中 $e(t)$——给定值与反馈值的偏差信号；

        $u(t)$——控制信号，即 PID 控制器的输出；

        K_p——比例增益；

        T_i——积分时间常数；

        T_d——微分时间常数；

        T_c——实际微分环节的惯性时间常数；

        K_d——实际微分环节的增益。

PID 控制器的方框图如图 12-4 所示。

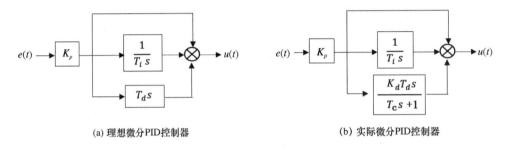

(a) 理想微分PID控制器   (b) 实际微分PID控制器

图 12-4　PID 控制器方框图

三种调节规律的作用如下：

• 比例调节：控制作用正比于偏差信号。比例调节的特点是快速、及时，但扰动作用后，调节系统最终不能完全消除系统偏差，属稳态有差调节。

• 积分调节：控制作用的变化速率正比于偏差信号，即控制量是偏差对时间的积分。只要偏差存在，控制作用便不断改变，最终可以消除偏差，属稳态无差调节。

• 微分调节：控制作用正比于偏差信号的变化速率(微分)。微分调节具有对被控过程的预测作用，可以改善动态性能。因为稳态时微分作用为零，所以微分作用不影响稳态偏差。

PID 控制将 P、I 和 D 三种控制作用进行线性叠加，其中比例控制是最基本的控制作用，它保证了反馈控制系统的稳定性和快速性；积分控制可消除稳态误差，但会使系统的稳定性降低；适当的微分控制可减小超调，加快系统的响应，但不能过大，且不适用有高频或幅度较大干扰的场合。在实际使用中，可根据被控对象的特点和控制性能的要求，采用 P、PI、PD 和 PID 控制。

PID 控制效果的好坏与 K_p、T_i、T_d(实际微分还包括 T_c、K_d)参数的选择密切相关，需要根据被控过程的特点和变化特性，整定出合适的控制器参数值，才能使控制系统达到预定的控制效果。当被控对象的特性随负荷的不同有较大变化时，需要采用变参数 PID，以保证在不同负荷下都能达到预期的控制要求，比如余热锅炉中的高压汽包水位变比例控制。

12.1.2　自动控制系统的分类

自动控制系统有多种分类方式，可以按给定值、环节的连接形式、信号的类型、元件的特性、输入输出变量的数量和控制规律等等来分。在电站控制系统中常用的分类形式有以下三种。

1．按给定值的变化特性分类

按给定值的不同分为定值(又称恒值)控制系统、随动控制系统和程序控制系统。

(1)定值控制系统:给定值是恒定不变的或一段时间内保持不变,被控量以一定的精度接近给定值。如余热锅炉汽包水位的控制。

(2)随动控制系统:给定值为未知的时间函数或随其他不确定的参数而变,要求被控量跟随给定值的变化。

(3)程序控制系统:给定值为预先设定好的函数,如启动阶段的 IGV 控制。

2．按控制系统是否形成闭环分类

控制系统可分为开环控制系统和闭环控制系统。

(1)开环控制系统:信号从输入至输出是单方向(自左向右)传递的,系统的输出只受输入(给定值或扰动值)的控制,形成开环结构,如图 12-5 所示。开环控制结构简单,但易受各种扰动的影响,控制精度相对较低。

图 12-5　开环控制系统方框图

(2)闭环控制:信号从输入端至输出端后又反向传递至输入端,形成闭合回路,其结构如图 12-3 所示。

3．按控制要求的多样性和结构的复杂性分类

控制系统可分为简单控制系统和复杂控制系统。

(1)简单控制系统是由一个控制器、一个执行器、一个检测装置、一个给定值和一个被控量组成的单闭环控制系统,图 12-3 所示的系统即为简单控制系统的方框图,它适用于相对简单、易于控制的被控对象,比如余热锅炉的高压给水调节阀前后差压控制。

(2)复杂控制系统是针对某些特定的控制要求、某些难控的对象或为了取得更好的控制效果而设计出来的控制系统。联合循环发电机组中常用的复杂控制有前馈控制、串级控制、前馈反馈控制、前馈串级控制、比值控制、分程控制、选择性控制、解耦控制等。

12.1.3　自动控制系统的性能要求

1．动态和稳态

控制系统正常工作时有动态和稳态两种状态。

对于定值控制系统,当控制系统输入(包括扰动)无变化时,整个系统达到平衡态,即系统中各个环节的动作不变化,输出相对静止的状态被称为稳态。

处于稳态的系统接收到扰动,稳态被破坏,各个环节开始动作,输出量发生变化,一直到建立下一次稳态之间的过程称为动态。

2．动态特性和稳态特性

动态过程又称过渡过程或瞬态过程,是指系统在典型输入信号作用下,其输出量从初始状态到最终状态的响应过程。系统的动态过程提供了系统在稳定性、响应速度及阻尼等方面的信息,图 12-6 所示为阶跃信号作用下几种典型的动态过程。

系统在动态过程中表现出的性质和特点称为动态特性。

稳态指系统在典型输入信号作用下,当时间 t 趋于无穷时,系统输出量的表现方式。系统在稳态下表现出的性质和特点称为稳态性能。

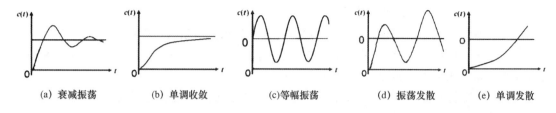

图 12-6　典型动态过程的阶跃响应曲线

3. 性能指标

控制系统有稳定、快速、准确、鲁棒、节能等方面的要求,简称稳、准、快、壮、省,其中稳、准、快是最基本的三项要求,其意义如下:

- 稳定性:要求系统是稳定的并具有一定的稳定裕度,它是系统能连续工作的前提;
- 动态质量:要求系统的动态响应快速且变化平稳;
- 稳态精度:要求系统的稳态误差满足设计的要求。

通常用控制系统在单位阶跃输入下随时间变化的过程来定义性能指标,并评判控制系统的表现。下面以衰减振荡过程为例,说明各项指标的意义,如图 12-7 所示。

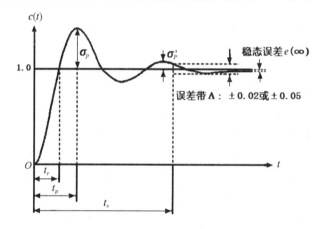

图 12-7　性能指标示意图

- 上升时间 t_r:阶跃响应从 0 首次上升到终值所需的时间。对于单调收敛过程[图 12-6(b)]也可以定义为响应从终值的 0.1 倍上升到 0.9 倍所需的时间;
- 峰值时间 t_p:阶跃响应超过其终值到达首个峰值所需时间;
- 调节时间 t_s:阶跃响应到达并保持在终值的 ±2% 或 ±5%(误差带 Δ)内所需的最短时间;
- 超调量 σ_p 及超调百分比 $\sigma_p\%$:阶跃响应的最大峰值与终值的差称为超调量,$\sigma_p = t_p - y(\infty)$;超调量 σ_p 与终值的百分比称为超调百分比:

$$\sigma_p\% = \frac{y(t_p) - y(\infty)}{y(\infty)} \times 100\%; \tag{12-4}$$

- 衰减率 ψ:第一个波的波幅与第三个波的波幅之偏差与第一个波的波幅之比,即

$$\psi = \frac{\sigma_p - \sigma_p'}{\sigma_p};$$

- 稳态误差 e_{ss}:被控量终值与给定值之差(准确性指标)。

在性能评价中,上升时间 t_r、峰值时间 t_p 可以评价系统的初始响应速度,调节时间 t_s 反映了整体响应速度和阻尼程度的综合情况,这三项指标均为快速性指标。超调量 σ_p 可以评价系统阻尼程度和动态偏差,稳态误差 e_{ss} 反映了系统的稳态精度,这两项指标均为准确性指标。衰减率 ψ 表达了系统趋于稳定的能力,为稳定性指标,一般保持在 $0.75\sim0.9$ 之间较好。对强调平稳性的系统,衰减率 ψ 可在 $0.98\sim1.2$ 之间取值。

在实际控制系统中,稳、准、快三类指标往往很难同时满足,并且相互之间有一定的制约关系,例如,为保证系统有足够的精度,要求系统的开环放大倍数越大越好,但开环放大倍数的大小,却受制于闭环系统的稳定性。确定指标时,要根据生产过程的不同特性和工艺要求,在准确性、快速性和稳定性之间进行权衡,做合理的取舍,使控制系统的综合性能达到最佳。

12.1.4 燃气轮机的基本控制要求

燃气轮机的主要性能指标(常规要求)如下:

(1) 转速控制:稳态精度为 $\pm0.2\%$。加减载时,允许转速变化不超过 $\pm2\%$,载荷突变 50% 或以上时,转速变化不超过 $\pm3\%$。

(2) 功率控制的精度为 $\pm0.3\%$。

(3) 排气温度限制(基本负荷)的控制精度为 $\pm0.5\%$。

燃气轮机的特性是整个控制系统各个组成部分的综合表现,包括了传感元件、放大机构和燃料调节机构等。由于这些实际使用的元件和机构中都存在着一定程度的不灵敏区,因而也就存在着不灵敏度。整个控制系统不灵敏度(也叫迟缓率)的大小取决于传感元件、放大机构等不灵敏度的大小。

燃气轮机转速控制系统不灵敏度的计算公式为

$$\varepsilon = \Delta n / n_0$$

式中,Δn 为燃气轮机转速控制系统不灵敏区所对应的转速差额,n_0 为额定转速。

不灵敏度是控制系统的一个重要的质量指标,通常是越小越好。过大的 ε 会使动态过程变坏,甚至引起控制系统的不稳定,一般 ε 不能大于 0.5%。

12.2 燃气-蒸汽联合循环机组中的典型控制策略

燃气-蒸汽联合循环机组的被控对象既包括燃气轮机、余热锅炉和蒸汽轮机三大主设备,还包括许多辅助设备和系统,如冷却和密封空气系统、燃料系统、润滑油系统、除氧器系统、余热锅炉旁路系统等,被控对象数量众多,特性复杂,在控制系统中除了部分采用简单反馈(图12-3)和开环控制(图12-4)外,更多是采用复杂控制方案,以保证各种工况下控制品质的要求。以下介绍几种常用的复杂控制系统。

12.2.1 前馈控制系统

前馈控制是直接根据扰动量进行的控制。扰动量是控制量变化的依据,控制量不受被控量反馈信号的影响,其方框图如图 12-8 所示。前馈控制系统中不形成回路,故属于开环控制系统。前馈控制速度快,控制及时,但若环节特性变化或有其他扰动时,控制精度会受到影响。

12.2.2 反馈-前馈控制系统

在图 12-3 所示简单反馈的基础上,增加对主要扰动的前馈控制,形成前馈-反馈复合控制系统,其方框图如图 12-9 所示。

系统中,前馈控制用于快速消除确定性扰动量的影响,反馈控制既可克服其他干扰的作用,又可保证被控量的控制精度,比如燃机排气温度控制。

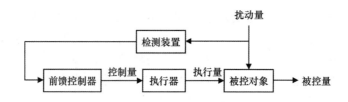

图 12-8　前馈控制系统方框图

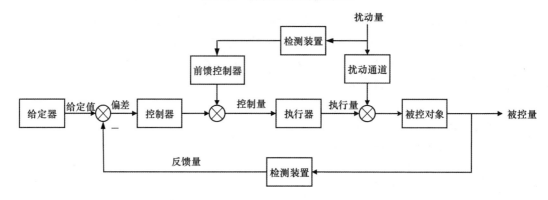

图 12-9　反馈-前馈控制系统方框图

12.2.3　串级控制系统

当对象的滞后和时间常数很大，或干扰作用强而频繁，或负荷变化大，或非线性较强，而系统对控制质量要求又较高时，可采用串级控制，如余热锅炉高压过热蒸汽温度控制。

串级控制系统的方框图如图 12-10 所示。系统中，两个调节器串联起来工作，构成双闭环控制系统。前一个调节器称为主调节器，它所控制的变量称主变量（主参数），即工艺控制指标；后一个调节器称为副调节器，它所检测和控制的变量称副变量（副参数），是为了稳定主变量而引入的辅助变量。

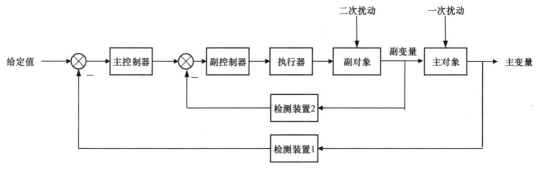

图 12-10　串级控制系统方框图

串级控制系统能实现以下功能：

- 减少控制通道的时间常数，改善过程的动态特性，提高控制系统的质量；
- 增大系统的工作频率，加快系统的响应速度；
- 迅速克服进入副回路的二次扰动；
- 部分消除系统非线性的影响，增强对负荷变化的适应性。

要到达以上效果，需要合理地选择控制系统的副变量，并整定好主、副控制器。

12.2.4 串级-前馈控制系统

当串级控制系统的一次扰动剧烈或频繁时,可增加对此类扰动的前馈控制,构成前馈-串级控制系统,比如汽包水位的三冲量串级-前馈控制。前馈-串级控制系统的方框图如图 12-11 所示。

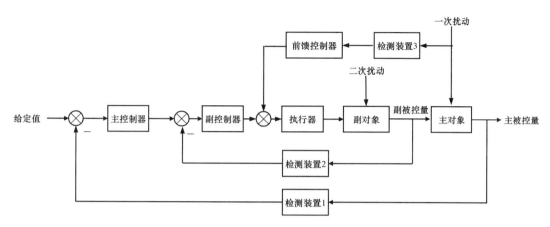

图 12-11 前馈-串级控制系统方框图

前馈控制可以快速消除一次扰动对系统的影响,串级控制能加快响应速度、有效克服二次扰动、减少非线性特性的影响,两者的结合能大大提高系统的控制质量。

12.2.5 比值控制系统

当需要保持两种及以上的物料量为某种比例关系时,需要采用比值控制系统,例如燃料燃烧时需保持合适的空燃比。常用的比值控制系统有单闭环比值控制、双闭环比值控制和变比值控制三种。

1. 单闭环比值控制系统

单闭环比值控制系统的方框图如图 12-12 所示。

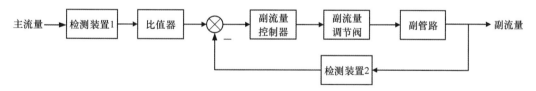

图 12-12 单闭环比值控制系统方框图

比值器根据主流量的变化按比例关系形成副流量的给定值,控制副流量以设定的比例跟随主流量而变。该比值系统结构简单,能够克服单闭环内的各种扰动的影响,但主、副流量之和不确定,适用于负荷变化不大的场合。

2. 双闭环比值控制系统

双闭环比值控制系统的方框图如图 12-13 所示。它以单闭环比值控制为基础,增加了主流量的定值控制,可以避免出现主流量波动大、变化快而副流量难以跟随的情况。另外,还可改变主流量的设定值实现负荷的变化,使主、副流量之和保持确定值。该控制方案适用于主流量可控,比值控制精度要求较高的场合。

3. 变比值控制系统

当主、副流量之比不是常数,而是根据另一个参数的变化来修正时,需要用到变比值控制

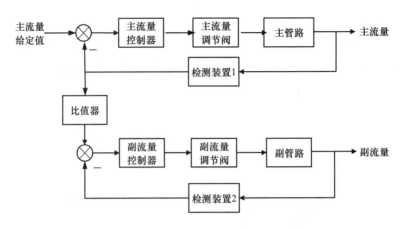

图 12-13 双闭环比值控制系统方框图

系统,串级变比值控制是其中的一种,其方框图如图 12-14 所示。

串级控制的内回路为一个比值控制系统,主控制器的输出形成一个变化的比值给定值,通过改变副流量的大小,使实际主副流量之比跟随变化的比值给定值,最终保证主被控量达到预定目标。

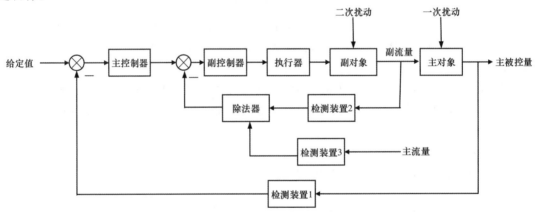

图 12-14 串级变比值控制系统方框图

12.2.6 选择性控制系统

选择性控制系统也叫超驰控制系统,又称自动保护系统或软保护系统,它是把生产过程中对某些参数的限制条件所构成的逻辑关系叠加到正常的自动控制系统上去的组合式控制方案。选择性控制系统的方框图如图 12-15 所示。

控制系统包括正常控制和取代控制两大部分,由选择器根据系统运行工况来选择起作用的控制回路。当相关的被控参数均在安全范围内时,选择器选通正常控制回路。当系统的某个被控参数超过预先设定的安全限值时,选择器选择取代控制回路,通过取代控制器的调节作用使超限的被控参数恢复到安全范围,此后,选择器重新选通正常控制回路。这种通过选择器的自动切换使控制系统在正常和异常情况下均能工作的控制系统称为选择性控制系统。

12.3 国电南浔公司 Mark VIe DCS 简介

国电南浔公司 2 台 6F 级燃气-蒸汽联合循环机组的控制平台采用的是 GE 公司的 Mark VIe 一体化控制系统,它是 GE 公司 SPEEDTRONIC 燃气轮机控制盘的最新系列。SPEED-

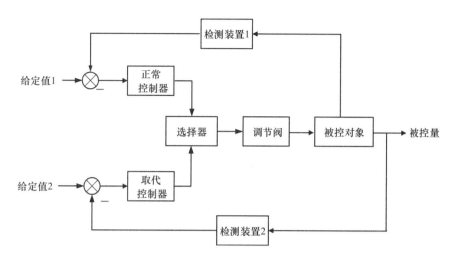

图 12-15 选择性控制系统方框图

TRONIC 控制系统从最早的 MARK Ⅰ 系列开始,经历了 MARK Ⅱ、MARK Ⅱ＋ITS、MARK Ⅳ、MARK Ⅳ＋、MARK Ⅴ、MARK Ⅴ＋、MARK Ⅵ至 Mark VIe 系列的发展,通过几十年来对控制系统软硬件的不断完善,系统的功能不断增强,使用范围也得到很大扩展,Mark VIe DCS 除了用于燃气轮发电机的控制外,目前已扩大到汽轮发电机、余热锅炉及其他辅助设备和系统的控制,控制系统在功能性、可靠性和灵活性上也得到很大的提升。采用一体化 DCS 可以最大限度地减少系统间的硬接线接口,简化系统配置,便于系统维护和设备管理,提高全厂的可靠性。

12.3.1 控制系统总貌

国电南浔公司两台机组控制系统的配置如图 12-16 所示。

主机 DCS 的被控对象包括燃机系统、余热锅炉系统、汽机系统、电气系统和公用系统,各部分的控制器通过交换机接入对应的网络,在集控室实现对 2 台机组的全面监控。此外,启动锅炉房设置了远程 IO 柜,化水车间在现场另设有电子室,两者均通过光纤连接到主机公用 DCS 系统内。控制器和服务器通过高速数据通路传递数据,实现各系统信号的高速共享。

12.3.2 Mark VIe DCS 网络结构

Mark VIe DCS 设置了三级数据通信网络,分别是 PDH 网、UDH 网和 IONET 网,如图 12-17 所示。

1. PDH(Plant Data Highway)

PDH 称为厂级数据高速公路网,它是一个对外开放的网络系统,它将 HMI(Human Machine Interface)服务器(操作员站、工程师站)、历史数据站、OPC 站、打印机及其他计算机用户联网,这些设备不能与 Mark VIe 的控制器直接连接,只能通过 UDH 与其通信。

PDH 采用 TCP/IP(Transfer Control Protocol/Internet Protocol,传输控制协议/网际协议)通信协议,其通信方式为广播式,具有载波监听、多路访问/碰撞检测 CSMA/CD(Carrier Sence Multiple Access /Collision Detection)功能,允许共享一条传输线的多个站点随机访问传输线路,各站点平等竞争,使用 32 位 CRC(Cyclic Rendundancy Check,循环冗余校验)的误码校验技术。网络速度为 100Mb/s,最多可支持 1024 个节点,当采用双绞线时最长可传输 100m,采用光缆时最长可传输 2000m。

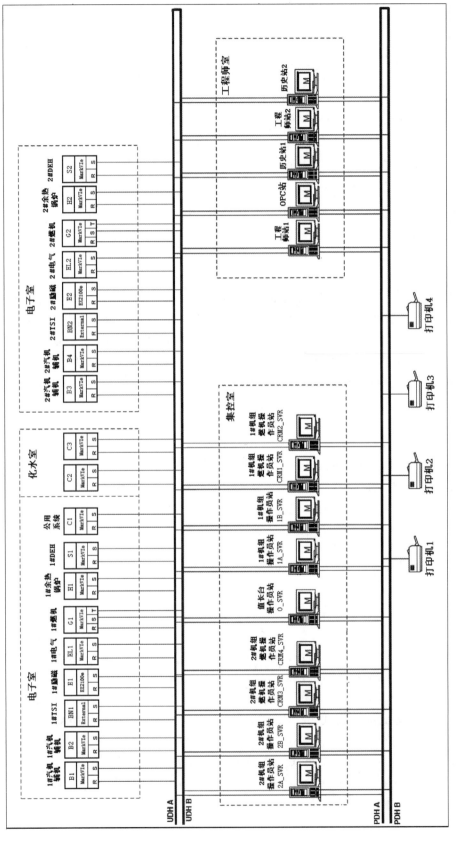

图 12-16　国电南阳公司一体化 DCS 控制系统配置示意图

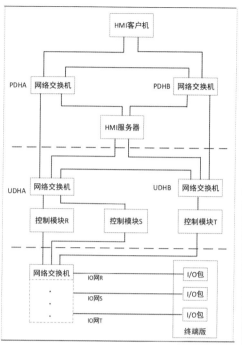

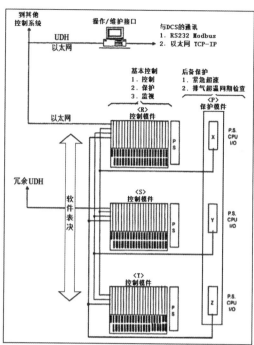

(a) 三层网络示意图　　　　　(b) 三重冗余下的通讯结构

图 12-17　Mark VIe DCS 的网络通信系统连接图

PDH 可使 Mark VIe DCS 与非 GE 供货的 DCS、PLC 等其他控制设备之间进行数据通信。PDH 支持与 DCS 通信的协议有 Ethernet TCP-IP GSM、Ethernet TCP-IP Modbus slave 和 RS232/485 ModbusRTU。其中，Ethernet TCP-IP GSM 协议可传输就地高分辨率报警、SOE 时间标记、事件驱动消息、周期数据包等。

2. UDH(Unit Data Highway)

UDH 称为机组级数据高速公路网,用于控制器与 HMI 服务器之间的通信。它不直接对外界开放,只能通过服务器或 PDH 对外界通信。UDH 是一个以太网,采用以 UDP/IP(User Datagram Protocol/Internet Protocol,用户数据报协议/国际协议)协议标准为基础的 EGD(Ethernet Global Data,以太网全球数据)协议。

由于励磁 EX2100e、静态启动器 SFC 均兼容 Mark VIe 控制系统的实时网络协议(EGD),因此也可以直接利用网线连接到 UDH 上,通过公用的工程师站进行配置,相当于一个通用的控制器,实现与 Mark VIe 控制器高速端与端对等通信。

与 PDH 一样,UDH 的网络控制方式为广播式,使用 CSMA/CD 技术,误码校验方法也是 32 位 CRC,可与 GPS(Global Position System,全球定位系统)实现时钟同步,精度可达 $\pm 1ms$。支持节点的类型主要有控制器、PLC、操作员站、工程站。网络速度为 10Mb/s 或 100Mb/s,当采用双绞线时最长可传输 100m,采用光缆时最长可传输 2000m。

UDH 虽然支持不同控制器之间的通信,但每个控制回路都在各自的控制器内完成。为了确保可靠性,Mark VIe 控制器之间以及来自其他 DCS 的跳闸指令都通过硬接线连接。UDH 和 PDH 之间是基于 CIMPLICITY 图形界面和 Windows 操作系统的服务器,这些服务器作为就地/远程的操作员站或工程师站,用于人机通信以及控制维护。

3. IONET

IONET 采用了 IEEE 802.3 100 Mbit 的全双工以太网网络,可以配制成单、双重或三重冗余结构,每个网络(红、蓝、黑)都是一个独立的 IP 子网,专用于 Mark VIe 控制系统内控制处理器、保护模块以及扩展模块间的通信,是系统内部的通信总线。IONET 采用主/从式通信结构,最多可支持 16 个节点,使用 32 位 CRC 的误码校验技术,采用同轴电缆时最长可传输185m,采用光缆时最长可传输 2000m。

IONET 使用 ADL(asynchronous drives language)以太网数据交换协议,不可编程,能有效提高 Mark VIe 的安全性,保护系统不受病毒的侵害。IONET 上的所有通信信号都是确定的 UDP/IP 包,采用全交换全双工模式,可以避免在非交换以太网中可能出现的冲突。网络中采纳了用于精确时钟同步化协议的 IEEE 1588 标准,以便对帧和时间、控制器以及 I/O 模块进行同步化处理,这种同步化为网络提供了高级的信号流控制功能。

12.3.3 Mark VIe DCS 的硬件配置

Mark VIe DCS 的硬件包括控制站、交换机及通信网络、人机界面(Human Machine Interface,简称 HMI)等设备。

1. 控 制 站

Mark VIe DCS 的控制站由控制柜或控制柜加 I/O 扩展柜组成,图 12-18 所示为国电南浔公司控制柜的实例。

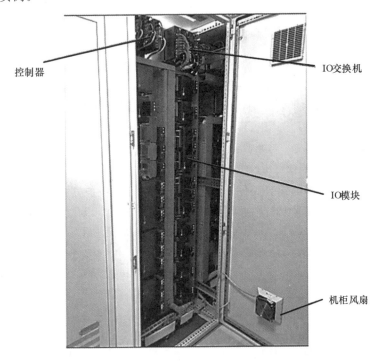

图 12-18　控制柜实例

控制柜的上方安装了电源、控制器、I/ONet 交换机等模块,I/O 模块安装在这些模块的下方,机柜风扇可以安装在机柜门的上部或下部。当控制系统的 I/O 数量较多时,可增加 I/O 扩展柜。

1) 控制站内的冗余配置方式

国电南浔公司的 Mark VIe 控制站根据控制器和 I/O 模块冗余方式的不同,在配置上分为三重冗余(Triple Module Redun-dancy,简称 TMR)和双重冗余(Double Module Redun-dancy,简称 DMR)两种方式,如图 12-19 所示。燃机控制站采用了三重冗余方式,其他控制站均为双重冗余。

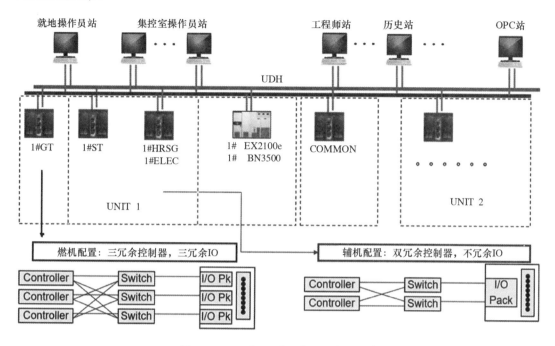

图 12-19　三重、双重冗余配置方式示意图

（1）三冗余控制站

三冗余控制站中控制器、I/O 模块及交换机的连接如图 12-20 所示。

控制柜中布置有三个控制器,分别称为 R 控制器、S 控制器和 T 控制器,通过三个 I/ONet 与 I/O 模块相连。也可配置三重冗余的保护控制器,分别称为 X 控制器、Y 控制器和 Z 控制器。三重冗余控制站对关键控制及保护参数采用了三取二表决和软件容错（SIFT）技术,其测

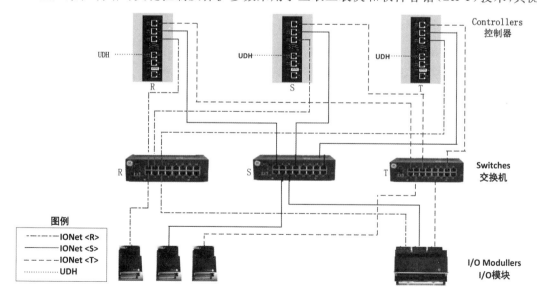

图 12-20　三重冗余控制站内通讯连接示意图

量传感器信号采用三重冗余,并由三个处理器分别表决;系统的输出信号对关键电磁阀以及继电器进行三取二表决,对其余的触点输出信号在逻辑输出处进行表决;对伺服阀量信号则采用取中方法,这些措施可以有效地防止控制系统的误动。

(2)双冗余控制站

双冗余控制站中控制器、I/O 模块及交换机的连接如图 12-21 所示。控制柜中布置有两个控制器,分别称为 R 控制器和 S 控制器,通过两个 I/ONet 交换机与 I/O 模块相连。

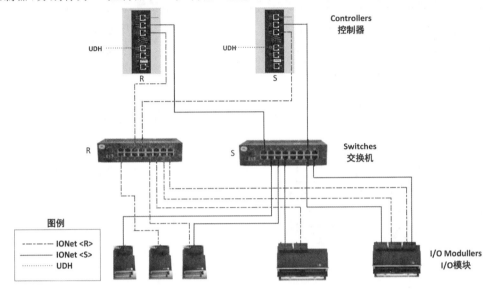

图 12-21　双重冗余控制站内通信连接示意图

2)控制器

Mark VIe 控制器是一个运行应用程序代码的模块,采用实时多任务的 QNX ® Neutrino ® 操作系统,适用于高速、高可靠性的工业应用。控制器是控制系统的核心,所有关键的控制运算、操作顺序控制和主要的保护功能均由该模块来实现。

Mark VIe 采用了新型的 UCSBH4A 控制器,与之前的控制器相比,UCSBH4A 控制器可直接用 U 盘下载程序,操作更为方便快捷。该模块及其前面板如图 12-22 所示。

控制器的核心为 UCSBCPCI 处理器版,其上配有一个 650MHz 的 Celeron 处理器、128MB 的 DRAM、两个 100Mbit 以太网接口(用于与 UDH 连接)以及一个串行口。模块中还包括一个安装在基板上的 EPMC PCI 夹层卡(PMC),PMC 带有 32KB 闪存支持的非挥发性 RAM(NVRAM)、三个 100Mbit 以太网口(用于接入三个 IONET 交换机)、温度传感器(用于检测风扇耗散)以及以太网物理层监视硬件(用于时间的精确同步化)。

图 12-23 显示了两种不同冗余方式下安装的控制

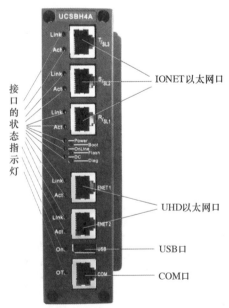

图 12-22　UCSB 控制器模块图

器。当一个机柜上安装了多个控制器时,需借助 UDH 网络进行通信。

(a) 双冗余控制器模块　　　　　(b) 三冗余控制器模块

图 12-23　两种冗余方式下的控制器

与传统控制器 I/O 模块位于背板不同,Mark VIe 控制器一般不带有 I/O 应用程序。所有 I/O 网络都与控制器相连,控制器可以为这些网络提供所有冗余输入数据,这种软、硬件体系结构能够确保当控制器因为维护或故障而断电时不会丢失任何应用程序的输入点数据。

3) 电源模块

Mark VIe 控制系统的供电由 PDM 电源模块提供,该模块可分成 24VDC、125VDC、115/230VAC 等多种控制电源输入,并可转换成 28VDC 供 I/O 包的电源。PDM 带有电压监视功能,在模块失电时会发出报警信号至监控系统。

4) IONet 交换机

图 12-24 所示为 Mark VIe 中典型的 16 通道 10/100Mbps IONet 交换机,用于连接控制器和 IO 模块,实现两者的通信。该交换机为非托管、全交换和全双工型,符合工业应用规范和环境要求,适用于工业实时控制系统的通信,可在关键的输入扫描期间内提供数据缓冲和流量控制,防止信息冲突。

图 12-24　16 通道 ESWBIONet 交换机

5) I/O 网络(IONet)

I/O 网络是专有的、用途特殊的以太网,它们只支持 I/O 模块和控制器,其连接方式如图 12-25 所示。

IONet 是 C 类网络,为带有不同子网地址的独立网络。控制器的 IONet IP 主机地址是固定的。I/O 包的地址由 ToolboxST 分配,控制器会通过动态主机配置协议(DHCP)服务器自动地把地址分配给 I/O 包。系统通过电缆颜色编码来减小串接的危险,分配的电缆或者 RJ45 罩如下。

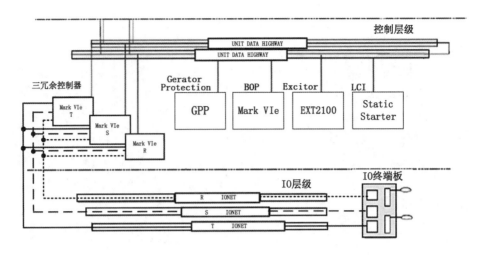

图 12-25 三冗余 I/O 网络示意图

短虚线:用于 IONet 1(R 网络);

长虚线:用于 IONet 2(S 网络);

实线:用于 IONet 3(T 网络)。

所有在控制器或者 I/O 模块上设置的 IONet 端口都会连续发送数据,系统对出现故障的电缆、交换机或者电路板部件进行即时检测。如果发生故障,控制器或者 I/O 模块会产生诊断警报。

IONet 设备通过控制器内的 DHCP 来分配 IP 地址。提交给 DHCP 的主机标识是由存储在终端板 EEPROM 上的电路板类型以及序列号信息给出的。因为主机标识是终端板的一部分,所以可以在不更新工具箱或者控制器通信标识的情况下更换 I/O 模块。

6)I/O 模块

I/O 模块安装在控制柜或 I/O 扩展柜中,分成通用和专用两大类。通用 I/O 模块可同时用于涡轮控制和其他过程控制。专用 I/O 模块能与涡轮上特定的传感器及制动装置直接连接,可以减少对检测装置的干扰,消除潜在的单点故障,提升设备运行的可靠性。此外,这类模块可以直接诊断设备的工作状态,形成设备性能诊断数据,简化了维护工作量,提高设备维护的工作效率。

Mark VIe I/O 模块包括三个基本部件:终端板、终端块以及 I/O 包,图 12-26 给出了两种典型的 I/O 模块。

(1)终端板

终端板安装在 I/O 机架上,它用于终端块的 I/O 接线,为 I/O 包提供连接器和唯一的电子 ID 码,同时对输入信号进行隔离和保护。

终端板分两种类型:S 型和 T 型,如图 12-27 所示,可实现单工、双工以及三重冗余(TMR)输入。

S 型板的每个 I/O 点都带有一套螺丝,可对单个 I/O 包设定信号条件并对信号进行数字化处理。T 型 TMR 板通常将输入扇出到三个独立的 I/O 包,完成对三个 I/O 包的输出表决。

(2)I/O 包

I/O 包配有一个通用处理器板和一个数据采集板,该采集板对相连的设备来说具有唯一性。I/O 包带有一个 266MHz 的处理器,它对输入或输出信号进行数字化处理和运算,并与

(a) 单个I/O模块　　　　(b) TM RI/O模块

图 12-26　典型的 I/O 模块

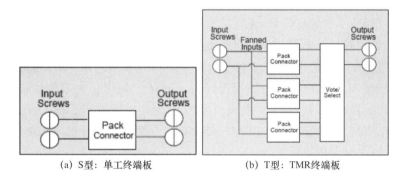

(a) S型：单工终端板　　　　(b) T型：TMR终端板

图 12-27　两种终端板示意图

Mark VIe 控制器进行通信。

I/O 包通过数据采集板上的特殊电路和处理器板上运行的软件实现故障检测功能。如果同时连接了多个网络接口,I/O 包会同时向这些接口接收或发送信号。

每个 I/O 包会在接收到相关请求后向主控制器发送识别信息(ID包),包括 I/O 板的编码号、硬件修订版本、板条码序列号、固件编码号以及固件版本。I/O 包的处理器板和数据采集板的额定工作温度为 $-30℃\sim65℃$($-22℉\sim149℉$),并带有自由对流降温功能。I/O 包带有一个温度传感器,其精确度在 $\pm2℃$($3.6℉$)的范围之内。数据库内含有每个 I/O 包的温度信息,异常时形成报警信号。

Mark VIe 中用到的典型 I/O 模块有以下几种:

• PDM (Power Distribution Module)配电模块:分为核心配电和支路配电两类,前者为机柜中的端子板和主电源进行配电,后者为机柜中的单个交流和直流电路进行配电。

- PRTD 热电阻输入模块:处理 8 路三线制热电阻输入信号,支持单工型。
- PTCC 热电偶输入模块:可以处理 12 个热电偶输入,两个包可以处理 TBTCHlC 端子板上的 24 个输入。在 TMR 模式的 TBTCHlB 端子板中,三个包使用 3 个冷端。
- PAIC 模拟量输入输出模块:配合 TBAI(TMR 型)端子板,处理 10 路模拟量输入信号以及 2 路模拟量输出信号,可实现内/外供电方式下二、三、四线制信号的连接,通过跳线开关 J1A—J10A 选择输入信号为电压/电流输入方式;通过跳线开关 J0 选择 4~20mA 或附加硬件选择 0~200mA 输出。
- PAOC 模拟量输出模块:配合单工型 TBAO 端子板,提供 8 路 0~20mA 电流环路输出及一个模拟/数字转换器。
- PDIA 离散输入模块:处理 24 路开关量输入(DI)信号。
- PDOA 离散输出模块:处理 24 路开关量输出(DO)信号。
- PSVO 伺服控制块:与伺服阀配套,实现其阀位控制。
- PVIB 振动监测器:接受并处理 13 路振动及位移信号。端子板 TVBA 为地震(位移)、加速度等类型的探头提供了直接接口,并为每个输入信号提供信号滤波及防干扰保护。通过附加连接器(9 插脚或 25 插脚),可与 Bently Nevada 3500 振动检测系统通信。端子板前 8 路支持振动信号中,4 路支持位置信号,最后 1 路支持相位信号。模块对振动探头供电,测量信号经 A/D 转换处理后送至控制器,用来产生振动、偏心、轴向位移信号。当振动探头的输出信号超限时,会产生报警或跳闸信息。
- PPRO 燃机保护包:PPRO 和相连的端子板构成了一个独立的备用超速保护系统。它具有检测功能,可接收 4 种速度信号,包括基本超速、加速、减速等。当检测到问题时,PPRO 会使脱扣板上的备用脱扣继电器动作继而启动主控设备的脱扣。
- PTUR 燃机专用主脱扣模块:该包插入到 TTURHlC 输入端子板,可处理四速传感器输入、发电机电压输入、主轴电压和电流信号、8 个 Geiger Mueller 火焰传感器以及到主断路器的输出,实现超速停机和同步功能。配合 TRPG 超速停机输出端子板,通过控制 3 路跳闸线圈的带电/失电实现停机控制。与 TREG 继电器端子板一起控制相应的跳闸线圈,实现机组正常停机保护以及紧急停机保护。

(3)终端块

终端块用于接入 I/O 端子信号,与端子板对应,也分 T 型板和 S 型板两种,如图 12-28 所示。

T 型板配有两个 24 点挡板类可拆卸的 I/O 安装端子,每个点可以接入横截面积为 3.0mm²(♯12AWG)的信号线,通过铲形或环形接线片实现 300V 的绝缘。此外,其接线端带有紧固夹,可以与裸线直接连接。

S 型板配有一个可实现单工或双工冗余系统的 I/O 安装端子,其尺寸是 T 型板的一半,有可拆卸和不可拆卸两种,采取标准的底座式安装或 DIN 导轨式安装。S 型板的每个点可以接入一根横截面面积为 2.05mm²(♯12AWG)或者两根横截面面积为 1.63mm²(♯14AWG)的信号线,每点都带有 300V 的绝缘。

终端块的左侧设有一个屏蔽条,可以连接到金属底座实现直接接地,还可把各个终端块的接地线统一连接到机柜的接地条上,以保证安全接地。

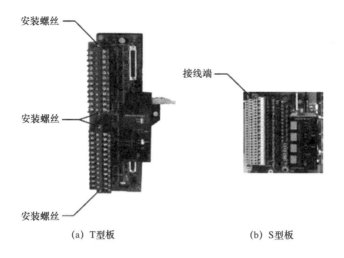

(a) T型板　　　　　　　　　　　(b) S型板

图 12-28　两种不同类型的终端块

2. 人机接口（HMI）

人机接口是实现机组监视和操作的人机交互计算机系统，其上装有数据公路的通信驱动和 CIMPLICIYTY 专用操作显示软件。

Mark VIe HMI 分为有 SERVER 和 VIEWER 两种，两者的不同为：

HMI SERVER 工作于 UDH 层，含有项目文件 ＊.GEF 和系统数据库 SDB，配置有 EGD 协议，可以与 MARK VIe 控制器直接通信和交换数据。

HMI VEWER 工作于 PDH 层，接收来自 HMI SERVER 的数据。

UDH 上至少需配有一个 HMI SERVER，每个 HMI SERVER 设有单独的 IP 地址。机组可以配置若干个 HMI VEWER 用于运行人员的操作，国电南浔公司有限公司两台机组在集控室设置了 13 台 HMI，9 台为 Mark VIe DCS 的 HMI，2 个台 NCS HMI，1 台启动锅炉 HMI 和 1 台热网 HMI。

SERVER 和 VIEWER 通过以太网连接。HMI SERVER 收集 UDH 的数据，并通过 PDH 与浏览器通信。运行人员在 CIMPICITY 图形显示设备上浏览机组运行实时数据和报警信息，并发出操作命令。HMI 可以与单个数据公路相连，也可以使用冗余网络接口模块连接到两个数据公路上，以增加通信网络的可靠性。

12.3.4　Mark VIe 控制系统的软件

Mark VIe 控制系统的专用软件包括组态软件 ToolboxST 和监视画面软件 CIMPLICITY 两类。控制系统的 HMI 或工作站（ Work Station ST）均在 Window7 操作系统下运行，网络信息交换采用客户端-服务器结构。

1. ToolboxST 组态软件

ToolboxST 主要安装在工程师站，可实现 Mark VIe DCS 硬件组态、控制程序组态、修改及下装、实时过程和逻辑数据查询、逻辑强制、历史数据采集、趋势及跳闸报告等功能，所有对 Mark VIe 的设置均通过 ToolboxST 来完成，如生成报警清单、IO 清单、控制常数等报表信息，配置和监视 I/O 通道的功能，实时查看参数的趋势，了解系统运行情况等。

在 ToolBoxST 中，应用软件按顺序运行，以功能块和梯形图格式显示动态数据。热控人员能够添加、删除或更改控制逻辑及执行顺序、I/O 赋值和微调常数，如图 12-29 所示。

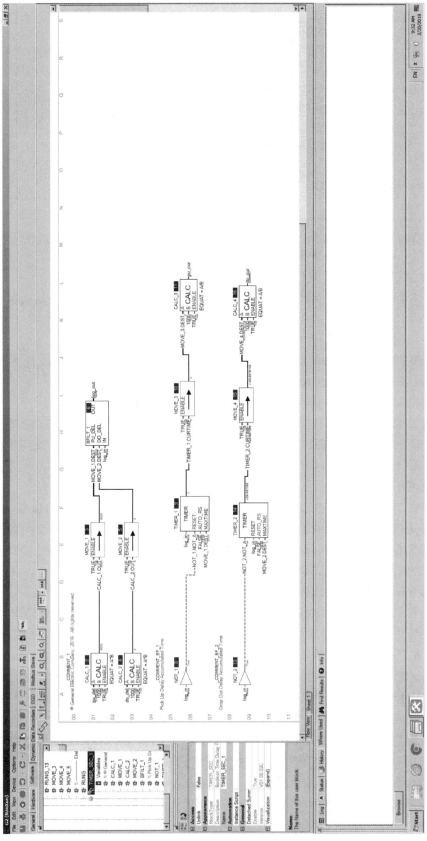

图 12-29　ToolboxST 中控制逻辑的组态

软件还提供布尔(数字)量的强制、模拟量的强制和以应用软件运行速率或帧速率生成趋势等功能,如图 12-30 所示。

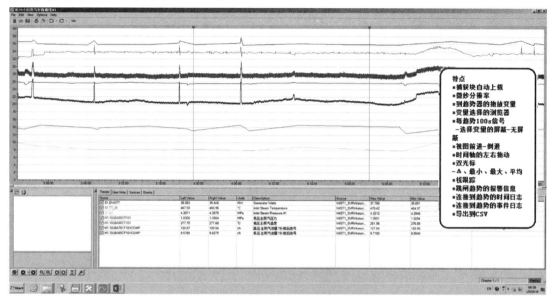

图 12-30　ToolboxST 中趋势图的编辑

ToolBoxST 软件使用多级别的密码保护,可以在系统运行时修改应用软件,并将软件下载到控制器,而不需要重新启动主处理器。在冗余控制系统中,每个控制器中的应用软件是一样的,所以,维护人员面对的是同一个程序。控制系统自动将下载的修改后的软件发送到冗余控制器,诊断系统监视着控制器之间的任何差异,所有的应用软件都存储在控制器的非易失性存储器中。

2. CIMPLICITY 软件

CIMPLICITY 软件是基于 Windows 操作系统的组态软件,采用三层结构:Server、Viewer 和 Industrial Controllers Server 来完成数据的采集、处理和分发,Viewer 与 Server 相连,获得用来显示的和控制的数据,Industrial Controllers 则与硬件设备对应,提供驱动接口。CIMPLICITY 软件内部采用多线程技术和 CS 体系,以 SQL Server 为后台数据库,通过组态工具方便完成数据自动登录和维护。CIMPLICITY 软件支持 OLE 和 OPC 技术,便于在开发中引入第三方软件和设备。

在 Mark VIe 控制系统中 CIMPLICITY 为操作员提供了图形客户端,最主要功能是读取 Mark VIe 的数据(过程数据、报警、事件)供操作员监视并接受操作员的指令传送给 Mark VIe,可以看作是 UDH 上的一个网络 I/O 节点。

在 HMI 上,操作员可以对机组设备进行各种操作,并监视各机组的所有运行参数。当设备报警条件被触发,系统会发出自动报警,并在 HMI 监视器上显示出来,如图 12-31 所示。

运行人员在任何一个画面上都可以右键点击"add to trend"观察该画面上所有点的趋势图,查看变量的变化过程。为了便于对机组的运行工况进行监视,CIMPLICITY 设置了完善的报警处理功能。对故障状态的系统(过程)报警,由控制器以帧速率打上时间标签,传送到 HMI 报警管理系统。对机组运行中重要的事件顺序记录(SOE),由于 I/O 组件以 1ms 的速度打上时间标签。报警信息可以按照标识符、资源、设备、时间和优先级进行排序,操作员能为

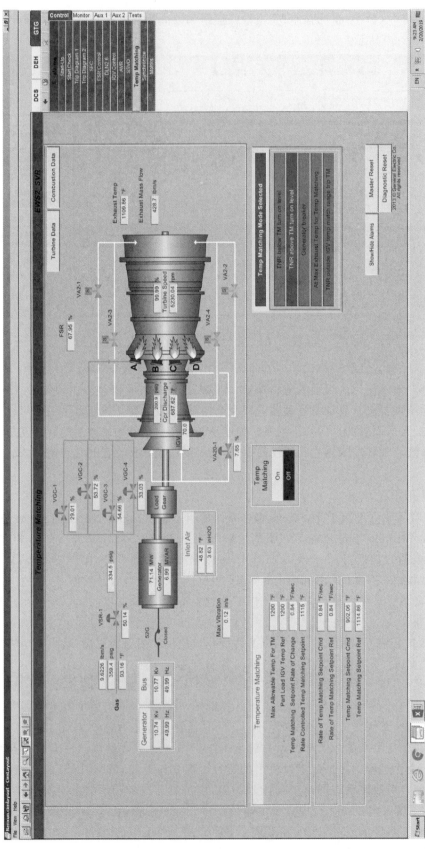

图 12-31　燃机操作界面

报警信息添加注释，或将特定的报警信息链接到操作画面中。系统对标准的报警/事件日志可存储 30 天，并按照时间顺序或按照发生频率进行排序。另外，还设置了跳闸历史记录，可存储最后 30 次跳闸的主要控制参数和报警/事件。

CIMPLICITY 提供了编辑功能，在相应的文件下找到 g 开头的 cm 文件，右键点击 Cmd，可以进行功能编辑，添加想要监视的参数或者增加组态，还可以通过 ∗.navbar 文件添加画面到相应的目录下。

12.4　Mark VIe DCS 运算模块简介

掌握 Mark VIe DCS 运算模块的应用是分析控制系统功能和进行控制逻辑组态的基础。经过多年的发展，Mark VIe DCS 提供的运算模块数量越来越多，功能越来越丰富，能满足联合循环机组的各种常规的、先进的控制要求。下面介绍本机组控制逻辑中常用的、典型的运算模块。

12.4.1　运算模块的分类和功能

Mark VIe DCS 的运算模块是封装好的运算子程序，可分成基本运算功能块、SBLIB 基本程序块和宏文件三大类。

1. 基本运算模块

常用的基本运算模块有真逻辑、假逻辑、取反逻辑、存储逻辑、计时器、计数器、最大值、最小值、加、减、乘、除、开方、积分器、微分器、滞后等，其功能说明如表 12-1 所列。

表 12-1　　　　　　　　　　　　基本运算模块功能说明

序号	图符	功能	说明
1	La（常开触点）	真逻辑（常开触点）	当逻辑信号 La 为假（La＝0）时，该触点保持断开；当逻辑信号 La 为真（La＝1）时，该触点闭合
2	Lb	假逻辑（常闭触点）	当逻辑信号 Lb 为假（Lb＝0）时，该触点保持闭合；当逻辑信号 Lb 为真（Lb＝1）时，该触点断开
3	Lc	存储逻辑（线圈）	存储和记忆 Lc 的状态。当逻辑信号 Lc 为假（Lc＝0）时，该线圈不得电，线圈所控制的触点保持初始状常，即常开触点断开、常闭触点闭合态；当逻辑信号 Lc 为真（Lc＝1）时，线圈得电，线圈所控制的所有触点进行状态切换，即常开触点闭合，常闭触点断开
4	Ld	非逻辑（逻辑取反）	输出 Ld 信号的反逻辑信号。当 Ld 为真（Ld＝1）时，输出假信号；当逻辑信号 Ld 为假（Ld＝0）时，输出真信号
5	TMV-Time Delay　LA　LD　KD　final　TD　curr　TD　dt	计时器	本模块为得电延时计时器模块。KD 是设定的时间值，TD 为当前时间值。当 LA 为真（LA＝1）时，TD 开始计时；当 TD＝KD 时，LD 为真（LD＝1）。该模块的作用是将输入逻辑信号 LA 延时 KD 时间后再输出

续表

序号	图符	功能	说明
6	CTV-Event Counter（CLR、KG、EG、EV 输入，LG、CG 输出）	计数器	KG 是设定的计数值,EG 为边界条件,EV 为最后逻辑状态识别符,LG 为计数状态输出,CG 表示目前的计数值。当 EV 为"1"触发 CG 计数一次,EV 为"0"以及何时回"0",对 CTV 没有影响。当 EV 再次由"0"变为"1",则 CG 计数再增加 1 次,即为 2。如此反复,直到 CG＝KG,LG 输出为"1"。CLR 为清除信号,它使 CG 和 EG 复位
7	SET AND LATCH / RESET（La、Lb 输入，Lc 输出）	置位和闭锁/复位器	La、Lb、Lc 均为逻辑信号。当 Lb 为"0"时,La 的正跳变使输出逻辑信号 Lc 置"1",此后若 La 又由"1"跳变到"0",输出逻辑 Lc 保持为"1"不变,形成锁存状态(LATCH)。Lb 由"0"到"1"的正跳变才能使输出 Lc 复位到"0",并同样具有锁存作用,即 Lb 的负跳变不能改变 Lc＝0 的状态。整个逻辑关系如下: (1)La 的正跳变使 Lc 设置为"1",并保持不变; (2)Lb 的正跳变使 Lc 复位为"0",并保持不变; (3)La、Lb 的负跳变对 Lc 值不起作用
8	MAX SEL（多路输入，C 输出）	最大值选择器	输出信号 C 等于各个输入信号中的最大值
9	MIN SEL（多路输入，C 输出）	最小值选择器	输出数字信号 C 等于各个输入数字信号中的最小值
10	MAD SEL（多路输入，C 输出）	中间值选择器	输出数字信号 C 等于各个输入数字信号中的中间值
11	A、B 输入，C 输出（加法符号，+、+）	加法	A、B 为输入信号,输出 C＝A＋B
12	A、B 输入，C 输出（符号，+、-）	减法	A、B 为输入信号,输出 C＝A－B
13	A、B 输入，C 输出（×符号）	乘法	A、B 为输入信号,输出 C＝A×B
14	A÷B（A、B 输入，C 输出）	除法	A、B 为输入信号,输出 C＝A÷B
15	SQRT（A 输入，H 输出）	开平法	A 为输入信号,$H＝\sqrt{A}$

续表

序号	图符	功能	说明
16	A ── Z^{-1} ── B	取上次采样值	A、B 都是数字信号,B(n)= A(n−1),B 的本次采样值是 A 的上次采样值,该环节的脉冲传递函数为:W(z)=z^{-1}
17	CLAMP Max Min ── J	钳位	输出 J 被钳制在输入值的最大值和最小值之间。与中间值模块的功能相似
18	A + ⊗ + C Z^{-1} ── B	数字积分	A、B 和 C 均为数字信号,其关系为:C(n)=B(n-1),B(n)=A(n)+C(n)=A(n)+B(n−1),而 B(n−1)=A(n−1)+B(n-2),以此类推可得:B(n)=$\sum$A(i),即本次输出 B(n)等于输入 A 的本次采样值及其之前历次采样值的综合,形成数字积分运算
19	A + ⊗ − C Z^{-1} ── B	数字微分	A、B 和 C 均为数字信号,输出 C 的本次采样值等于输入 A 的本次采样值减去 A 的上次采样值,即其关系为:C(n)=A(n)−A(n−1),是一个采样周期时间间隔内 A 值的增量,代表此时刻输入数字信号 A 的变化率
20	A B La ── ITC B/(1+As) Reset OUT=B ── C	滞后	通常称为 TC 段,或一阶惯性环节,是一种双精度乘法和累加器; 当 Reset=1 时,C=B; 当 Reset=0 时,输出量 C 是在 A 时间常数内按照指数函数的变化规律最终达到 B 值,即 C=B(1−$e^{\frac{-t}{A}}$)
21	B A>B A ── C	大于比较器	输入 A 和 B 是数字信号,输出 C 是逻辑信号。若 A>B,则 C 为"真",否则为"假"
22	B A<B A ── C	小于比较器	输入 A 和 B 是数字信号,输出 C 是逻辑信号。若 A<B,则 C 为"真",否则为"假"
23	B A=B A ── C	等于比较器	输入 A 和 B 是数字信号,输出 C 是逻辑信号。若 A=B,则 C 为"真",否则为"假"
24	B A≥B A ── C	大于等于比较器	输入 A 和 B 是数字信号,输出 C 是逻辑信号。若 A≥B,则 C 为"真",否则为"假"

2. SBLIB 基本程序快

Mark VIe DCS 在后缀为 m6b(＊ ＊ ＊.m6b)的应用程序文件中提供了一些特定的功能块,此类算法模块的模板如图 12-32 所示。

完整的算法模块由模块名称、输入输出引脚、模块图形、执行顺序、引脚的交叉引用说明等组成。

SBLIB 程序块库中常用的运算模块有:数学运算块、布尔驱动块、比较块、最大-最小值选择块、传送块、线性插值块、定时块、计时块等,它们可以非常方便地实现综合性的运算和控制功能。

图 12-32　模块示例

1) 基本逻辑运算块

与、或、非三种基本逻辑运算的图符如图 12-33 所示。

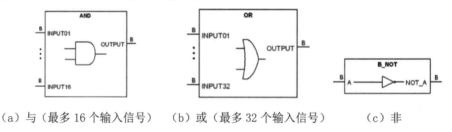

（a）与（最多 16 个输入信号）　（b）或（最多 32 个输入信号）　（c）非

图 12-33　与、或、非运算块图符(B 表示信号为布尔量)

在组态图中,简化为图 12-34 所示的图符。

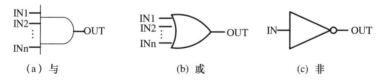

（a）与　　　　　　　（b）或　　　　　　（c）非

图 12-34　简化的与、或、非运算块图符

2) 数学运算块

加、减、乘、除四种基本代数运算的简化图符如图 12-35 所示。

(a)加　　　　(b)减　　　　(c)乘　　　　(d)除

图 12-35　加、减、乘、除运算块图符

3)"RUNG"逻辑顺序控制功能块

该功能块的图符、输入输出变量的意义和应用实例如图 12-36 所示。

图 12-36(c)中的逻辑运算功能为：A、B 信号之"与"再跟 C 进行"或"，当 L63IP_L OK 及 L63IP_H OK 两个信号均为 1，或者有 True 信号时，输出信号 L3STEAM_OK 为 1。

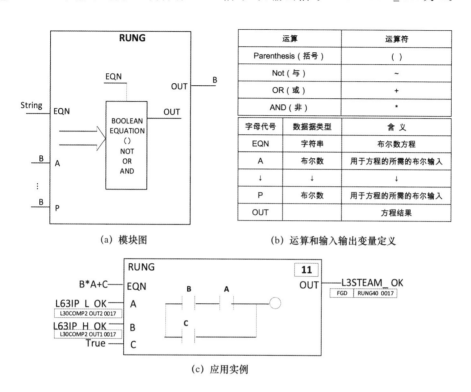

(a) 模块图　　(b) 运算和输入输出变量定义

(c) 应用实例

图 12-36　"RUNG"功能块图

4）"COMPARE"比较功能块

该功能块的图符、输入输出变量的意义如图 12-37 所示。

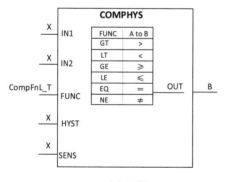

(a) 图例　　(b) 比较功能块字母含义

图 12-37　"COMPARE"功能块图

表 12-2   **比较模块说明**

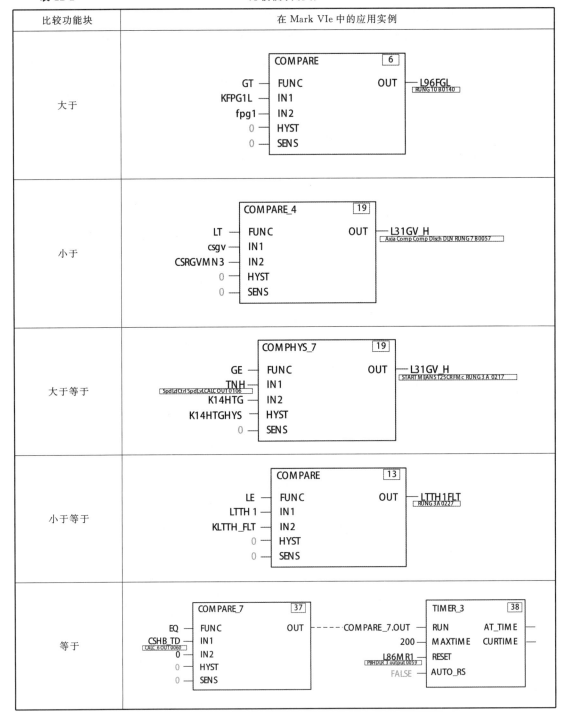

比较功能块	在 Mark VIe 中的应用实例
大于	
小于	
大于等于	
小于等于	
等于	

5)"SELECT"选择功能块

该功能块的图符、输入输出变量的意义和应用实例如图 12-38 所示。

6)"SELECTOR"选择器功能块

该功能块的图符、输入输出变量的意义和应用实例如图 12-39 所示。

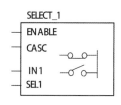

(a) 模块图

字母代号	数据类型	含义
ENABLE	布尔数	块使能逻辑
CASC	布尔数	默认选择
IN1	任何	第一个输入变量
SEL1	布尔数	选择第一个输入作为输出

(b) 输入输出变量定义

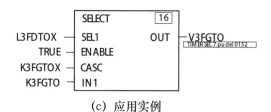

(c) 应用实例

图 12-38　"SELECT"功能块图

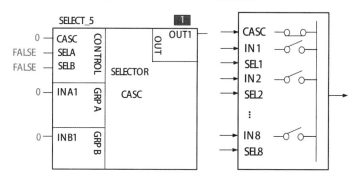

(a) 模块图

字母代号	数据类型	含义
ENABLE	布尔数	块使能逻辑
CASC	布尔数	默认选择
IN1	任何	第一个输入变量
SEL1	布尔数	选择第一个输入
↓	↓	↓
INn	任何	第 n 个输入变量
SELn	布尔数	选择第 n 个输入
OUT	任何	输出变量

(b) 输入输出变量定义

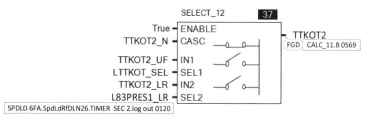

(c) 应用实例

图 12-39　"SELECTOR"功能块图

7）"CALC"计算器功能块

计算器功能块用于完成基本数学运算,包括各种代数运算、三角函数运算、幂函数、指数函数运算等,数学运算方程式用在 EQUAT 端口输入的字符串来表达。

该功能块的图符、输入输出变量的意义如图 12-40 所示。

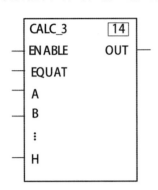

字母代号	数据类型	含义
ENABLE	布尔数	块使能逻辑
A	任何数	方程中使用的操作数
B	任何数	方程中使用的操作数
C	任何数	方程中使用的操作数
↓	↓	↓
H	任何数	方程中使用的操作数
EQUAT	布尔数	数学运算方程式+-*/∧,ABS、SQR、COS、SIN 等
OUT	任何	方程输出

(a) 模块图　　　　　　　　　　(b) 输入输出变量定义

图 12-40　"CALC"功能块图

"CALC"计算器功能块在 Mark VIe 中的应用实例如图 12-41。

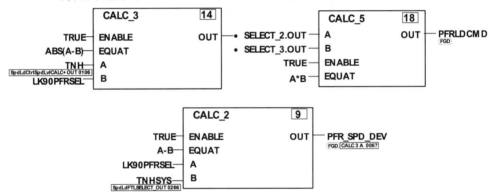

图 12-41　"CALC"功能块的应用实例图

图 12-40 中的 14 号模块完成 A、B 之差的绝对值运算,18 号模块是求 A 和 B 的乘积,9 号模块是 A 减 B 运算。

8）"COUNTER"计数器

该功能块的图符、输入输出变量的意义如图 12-42 所示。

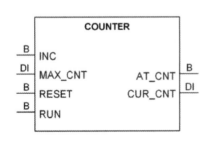

字母代号	数据类型	含义
INC	布尔数	在信号的上升沿触发计数值加 1
MAX_CNT	实数	最大计数值
RESET	布尔数	复位
RUN	布尔数	运行
AT_CNT	布尔数	计数器达到最大计数值
CUR_CNT	实数	当前计数值（总是≤最大计数值）

(a) 模块图　　　　　　　　　　(b) 输入输出变量定义

图 12-42　"COUNTER"功能块图

"COUNTER"计数器在 Mark VIe 中的应用如图 12-43 所示。

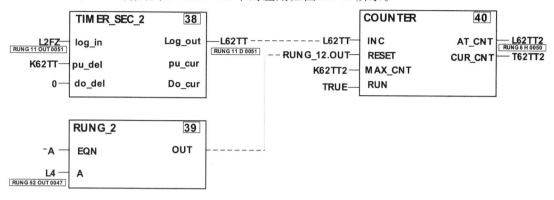

图 12-43　"COUNTER"功能块的应用实例图

9)"DPYSTAT1"显示状态发生器

该功能块的图符、输入输出变量的意义如图 12-44 所示。

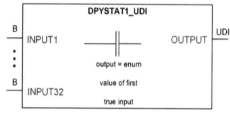

(a)　图例

字母代号	数据类型	含义
INPUT1	布尔数	输入信号 1
↓	↓	↓
INPUT32	布尔数	输入信号 32
OUTPUT	无符号双整数	输出值

(b)　输出输出信号说明

图 12-44　"DPYSTAT1"功能块图

"DPYSTAT1"模块显示输入信号中第一个为"1"的信号的序号值,实现首出信号记录。

"DPYSTAT1"显示状态发生器在 Mark VIe 中的应用如图 12-45 所示。

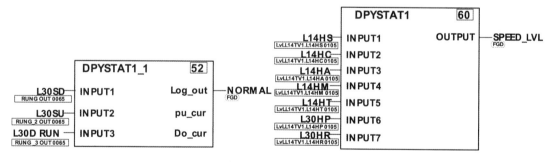

图 12-45　"DPYSTAT1"功能块的应用实例图

10)"PULSE"脉冲发生器

该功能块的图符、输入输出波形如图 12-46 所示。

脉冲发生器用于产生一个事先设定宽度的脉冲信号,配合控制信号的逻辑运算。

"PULSE"脉冲发生器在 Mark VIe 中的应用如图 12-47。

11)"Pushbutton"按钮脉冲发生器

该功能块的图符如图 12-48 所示。

12)"MEDIAN"带使能的中位选择器

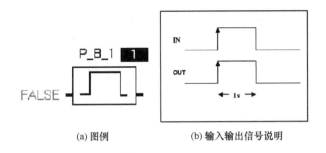

(a) 图例　　　　　　　　　　(b) 输入输出信号说明

图 12-46　"PULSE"功能块图

图 12-47　"PULSE"功能块的应用实例图

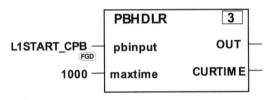

图 12-48　"Pushbutton"功能块的图例

该功能块的图符、输入输出信号的说明如图 12-49 所示。

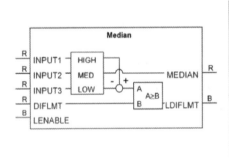

字母代号	数据类型	含义
INPOUT1	实数	输入变量 1
INPOUT2	实数	输入变量 2
INPOUT3	实数	输入变量 3
DIFLMT	实数	最大到最小差值极限
LENABLE	布尔数	块使能逻辑
MEDIAN	实数	中值选择输出值
LDIFLMT	布尔数	最大到最小差值超出极限逻辑

(a) 图例　　　　　　　　　　(b) 输出输出信号说明

图 12-49　"MEDIAN"功能块图

带使能的"MEDIAN"中位选择器在 MarkVIe 中的应用如图 12-50 所示。

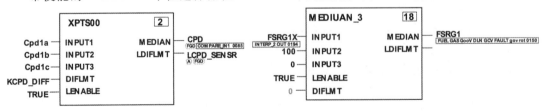

图 12-50　"MEDIAN"功能块的应用实例图

13）"MOVE"变量移动功能块

该功能块的图符、输入输出信号的说明和应用实例如图 12-51 所示。

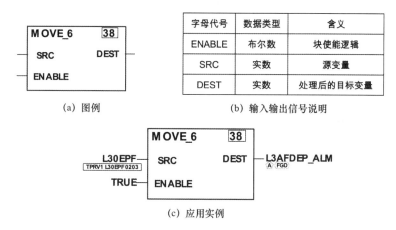

字母代号	数据类型	含义
ENABLE	布尔数	块使能逻辑
SRC	实数	源变量
DEST	实数	处理后的目标变量

(a) 图例　　　　　　　(b) 输入输出信号说明

(c) 应用实例

图 12-51　"MOVE"功能块图

14）"延时"功能块

该功能块的图符如图 12-52 所示。

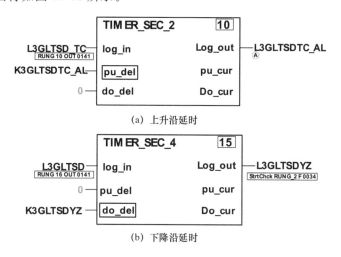

(a) 上升沿延时

(b) 下降沿延时

图 12-52　"延时"功能块图例

15）"线性插值"功能块

该功能块的图符、输入输出信号的说明如图 12-53 所示。

在＊＊＊.m6b 应用程序文件中,还配备了另一个称为 TURBLIB 的透平程序块库,可满足透平控制的特定要求,例如 XVLVO01(伺服阀输出算法)、FPRGV3(速比/截止阀基准和 PI 回路算法)、GSRV_FAULT(速比/截止阀故障检测)、FSRV2(燃料行程基准的变化速率控制算法)、TCSR-GVV3(进口可转导叶控制基准)等。

这些专用功能块是用 SBLIB 程序块库中的功能块连接而成的,形成了一类比较复杂的程序块,其中有一些功能程序块对用户是不开放的。

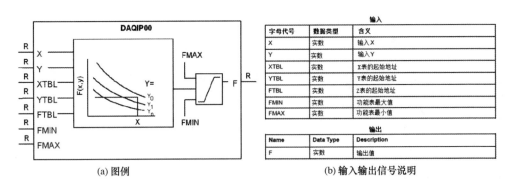

	输入	
字母代号	数据类型	含义
X	实数	输入 X
Y	实数	输入 Y
XTBL	实数	X 表的起始地址
YTBL	实数	Y 表的起始地址
FTBL	实数	Z 表的起始地址
FMIN	实数	功能表最大值
FMAX	实数	功能表最小值

	输出	
Name	Data Type	Description
F	实数	输出值

(a) 图例   (b) 输入输出信号说明

图 12-53　"线性插值"功能块图

3. 宏文件

在＊.m6b 文件中,宏文件是由多个基本功能块组成的具有特定功能的宏(Macro),也可以称为宏文件,以宏定义(Macro Definitions)和模块定义(Module Definitions)的形式存放在宏和模块库中,用户可以方便地引用。部分宏需要口令才能查看。

1) PID_MA 控制块

PID_MA 控制块是负反馈调节中用到的综合控制模块,其图例如图 12-54 所示。

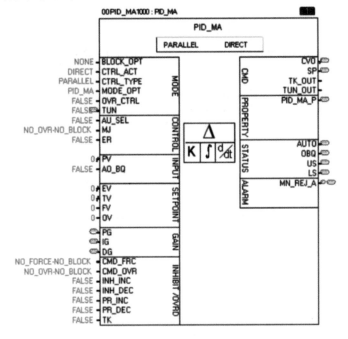

图 12-54　PID 控制块图例

PID_MA 模块是将 PID 控制和 MA(手动/自动)站功能组合起来的综合性功能块,可以对其进行正、反作用和串联、并联式结构的设置。经 PID 运算后的输出可以被超驰命令、优先权命令和禁止命令按优先级从高到低的顺序所取代,其大小被限制在预先设定的高限和低限之间。该模块输入、输出信号的意义如表 12-3、表 12-4 所列。

表 12-3　　　　　　　　　　　　**PID_MA 模块输入信号说明**

输入信号 功能分类	输入信号名称、 数据类型和作用	可选内容	
		名称	功能
MODE （控制方式）	BLOK_OPT（无符号整数，枚举式）：输出方式选择	NONE	由运行人员操作 CVO，本选项不影响模块的正常运行
		LOCK	实现阀位 CVO 的软件锁定功能
		POS	提供阀位的位置反馈
		LOCK-POS	锁存方式＋位置反馈
	CTRL_ACT（无符号整数，枚举式）：控制器作用选择	DIRECT	正作用（PV-SP）
		REVERSE	反作用（SP-PV）
	CTRL_TYPE（无符号整数，枚举式）：PID 运算方式选择	SERIES	按串联结构形式进行 PID 运算：$$OUT = K_p\left[e(t)+\frac{1}{\tau}\int e(t)\cdot dt\right]\left[1+D\frac{\mathrm{d}}{\mathrm{d}t}e(t)\right]$$
		PARALLEL	按并联结构形式进行 PID 运算：$$OUT = K_p[e(f)]+\frac{1}{\tau}\int e(t)\cdot dt + D\frac{\mathrm{d}}{\mathrm{d}t}e(t)$$
	MODE_OPT（无符号整数，枚举式）：功能方式选择	PID	仅有 PID 控制功能
		MA	仅有手自动站功能
		PID_MA	同时具有手自动站和 PID 控制功能
		PID_MA_EXT	具有外部设定的 PID_MA
		PID_MA_EXT_CASC	外部设定值来自串级控制器的 PID_MA
		PID_MA_REM	具有远程设定的 PID_MA
		PID_MA_REM_CASC	远程设定值来自串级控制的 PID_MA
		MA_EXT	HMI 设定失效时的远程设定手动站
	OVR_CTRL（布尔量）：超驰控制选择	NO_OVR−NO−BLOCK	无超驰，且无超驰闭锁
		OVR−NO_BLOCK	超驰有效，且无超驰闭锁
		NO_OVR−BLOCK	无超驰，且超驰闭锁
	TUN（布尔量）：PID 整定功能选择。当此端口的输入信号为 true 时，启用此功能；为 false 时，此功能不启用 		每个 PID_MA 面板都有一个"整定"按钮，只有输入了正确的安全登录信息后，整定按钮才显现（当功能块在 MA 方式时，整定按钮为不可见）。整定功能启动后，它将打开一个嵌入了趋势功能的窗口，其中包含了需要整定的所有变量，可以在此窗口上启用和禁用整定功能。启用后，用户可以更改整定参数和 PID 控制块的模式，允许改变输出和设定点来完成 PID 参数整定

续表

输入信号 功能分类	输入信号名称、 数据类型和作用	可选内容	
		名称	功能
CONTROL	AU_SEL(布尔量)		选择自动方式
	MJ(无符号整数,枚举式)		拒绝手动
	ER(布尔量)		已使能 PID 外部复位
INPUT	PV(实数)		PID 的被控量
	AO_BQ(布尔量)		输出信号质量差
SETPOINT (设定值)	EV(实数)		PID 外部复位值
	TV(实数)		PID 跟踪值
	FV(实数)		强制值
	OV(实数)		超驰命令
GAIN (P、I、D 增益)	PG(实数)		PID 的比例增益
	IG(实数)		PID 的积分增益
	DG(实数)		PID 的微分增益
INHIBIT/OVRD (闭锁/超驰)	CMD_FRC(无符号整数)		强制命令
	CMD_OVR(无符号整数)		超驰命令
	INH _INC(布尔量)		闭锁增
	INH_DEC(布尔量)		闭锁减
	PR_INC(布尔量)		优先增
	PR_DEC(布尔量)		优先减
	TK(布尔量)		跟踪有效
CMD (命令)	CVO(实数)		控制器输出
	SP(实数)		SP 值输出
	TK_OUT(布尔量)		PID 内部跟踪已使能
	TUN_OUT(布尔量)		PID 在整定模式已使能
PROPERTY(特性)	PID_MA_P(布尔量)		PID 和 MA 站自动和手动 SP 值
STATUS (状态)	AUTO(布尔量)		自动方式
	OBQ(布尔量)		输出信号质量差
	US(布尔量)		PID 输出达到上限
	LS(布尔量)		PID 输出达到下限
ALARM(报警)	MN_REJ_A(布尔量)		"手动拒绝"报警

表 12-4   PID_MA 模块输出信号说明

输出信号功能分类	信号名称和数据类型	功能说明
CMD	CVO(实数)	控制器输出
	SP(实数)	SP 值输出
	TK_OUT(布尔量)	PID 内部跟踪已使能
	TUN_OUT(布尔量)	PID 在整定模式已使能
PROPERTY	PID_MA_P(布尔量)	PID 和 MA 站自动和手动 SP 值
STATUS	AUTO(布尔量)	自动方式
	OBQ(布尔量)	输出信号质量坏
	US(布尔量)	PID 输出达到上限
	LS(布尔量)	PID 输出达到下限
ALARM	MN_REJ_A(布尔量)	"手动拒绝"报警

PID_MA 模块的应用实例如图 12-55 所示。

两个 PID_MA 模块构成串级控制,PID_MA_1 的控制方式可设置成 PID、PID_MA、PID_MA_REM 和 PID_MA_EXT,其输出作为 PID_MA_2 的设定值;PID_MA_2 的控制方式可设置成 PID_MA_EXT_CASC 和 PID_MA_REM_CASC 方式。PID_MA_2 的非自动状态信号触发 PID_MA_1 的跟踪功能,以实现手自动的无扰切换。

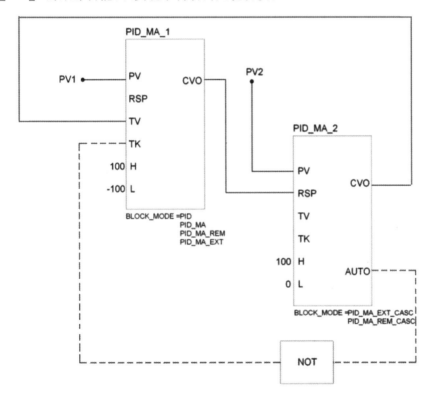

图 12-55   PID_MA 在串级控制中的应用

2) PI 控制器

PI 控制器的图例如图 12-56 所示,其输入输出信号的说明如表 12-5 所列。

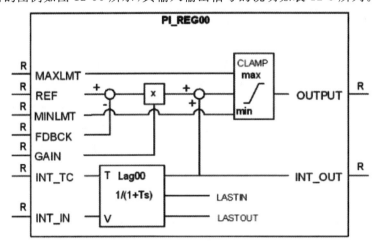

图 12-56　PI 控制器图例

表 12-5　　　　　　　　　　　**PI_REG00 模块输出信号说明**

信号类型	信号名称	数据类型	说明
输入	MAXLMT	实数	控制输出的最大限值
	MINLMT	实数	控制输出的最小限值
	REF	实数	参考值/设定值
	FDBCK	实数	反馈值
	GAIN	实数	比例增益
	INT_TC INT_TCINT_TC	实数	积分时间常数
	INT_IN	实数	积分单元的输入
输出	OUTPUT	实数	调节器输出
	INT_OUT	实数	积分单元输出

PI_REG00 模块的计算公式为

$$OUTPUT = (REF - FDBCK) * GAIN + \frac{INT\_IN}{1 + INT\_TC * S} \tag{12-4}$$

模块按比例积分运算所确定的速率使输出不断递增而逐步趋于参考值(即给定值)。比例作用由参考值 REF 与反馈值 FDBCK 的偏差乘以比例增益 GAIN 后计算得到,积分作用由一阶惯性环节来近似,时间常数为 INT_TC(以秒表示),积分作用与比例作用相加,再经最大、最小值限幅后输出。

燃机主控制系统中功率限制燃料行程基准 FSRDW 的运算采用了 PI_REG00 模块,如图 12-57 所示。

3)"TIMER"计时器

计时器模块的图例和输入输出信号的意义如图 12-58 所示。

计时器模块由_MENG_F(浮点数存储器)、_MOVE_L(逻辑信号传送模块)、_BFILT(滤波器)、_MOVE_F(浮点数传送模块)与_TIMER(基本计时器)等多个标准程序块组合而成的

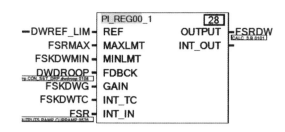

图 12-57 PI_REG00 模块应用实例

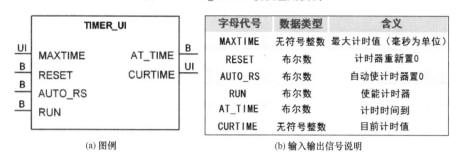

(a) 图例   (b) 输入输出信号说明

图 12-58 "TIMER"功能块图

宏(MACRO)程序块。这种组合好的宏计时程序块功能丰富,使用方便,包含"得电延时"和"失电延时"计时两种功能。实际应用中,可以选择使用两种功能,也可以选择其中之一。

4)特殊的功能块

特殊的功能块包括如:允许分散度、CA_CRT 计算、FSR 计算、IGV 温控计算等,在后面的控制功能分析中将予说明。

12.4.2 Mark VIe 算法模块的信号引用

输入输出引脚交叉引用示例如图 12-59 所示。

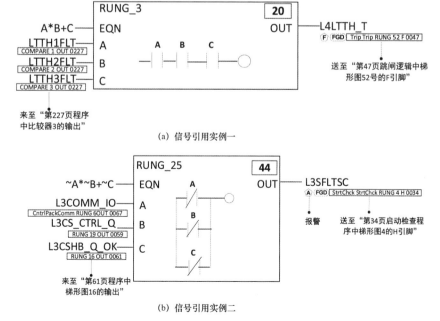

(a) 信号引用实例一

(b) 信号引用实例二

图 12-59 引脚交叉引用实例

在 Mark VIe DCS 中,逻辑信号的名称以字母 L 开头,如 L4(主保护允许信号)、L83SUFI(点火信号)、L86TXT(排气超温遮断)等。

传送至 Mark VIe 的开关量、模拟量信号,如:位置信号、压力信号、温度信号等,在模块输入中用小写字母表示,如图 12-60 所示。

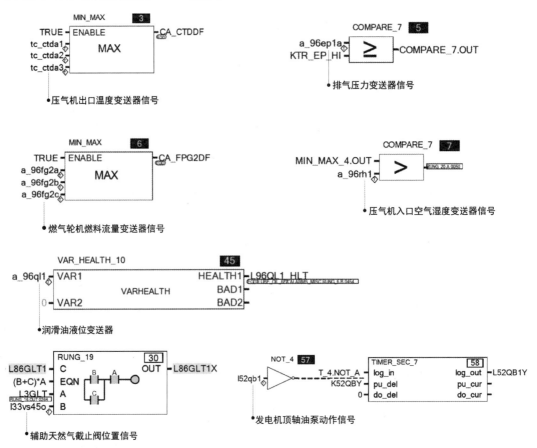

图 12-60　就地传至 Mark VIe 的开关量、模拟量信号

Mark VIe 至就地设备的控制信号,如电磁阀的控制信号、点火信号等,在模块输入中也用小写字母表示,如图 12-61 所示。

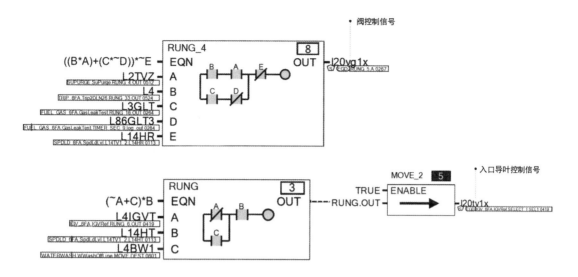

图 12-61　Mark VIe 至就地设备的控制信号

第 13 章 燃气轮机的控制

Mark VIe 燃气轮机控制系统能实现燃气轮机及其相关辅助设备的全自动控制。冷态情况下,燃机从盘车开始,经过清吹和点火,再提速至额定转速,同期并网后,升负荷至设定值,整个过程均可通过自动控制系统来完成,运行人员无须干预,或只需要少量干预。停机过程同样如此。在燃机负荷的调整过程中,控制系统自动计算所需的燃料量,控制燃机的转速、排气温度和输出功率等参数,同时将燃气轮机热通道各部件的热应力维持在安全范围。

Mark VIe 燃气轮机控制系统包括主控制系统、顺序控制系统、压气机进口可转导叶 IGV 控制系统、压气机入口抽气加热 IBH 控制系统和气体燃料控制系统、保护系统等主要部分,它们相互配合,共同实现燃气轮机的监测、控制和保护。

13.1 燃气轮机主控制系统

燃气轮机主控制系统也称为燃料量控制系统,是燃机控制中最重要的系统,它由以下 8 项控制功能构成:

- 启动控制(Start up);
- 转速控制(Speed);
- 加速度控制(Acceleration);
- 温度控制(Temperature);
- 输出功率控制(Dwatt);
- 压气机压比控制(Compressor Ratio);
- 停机控制(Shutdown);
- 手动控制(MAN)。

可将上述每项控制功能看成一个大的控制功能块或者控制子系统,它们各自输出相应的燃料行程基准 FSR(Fuel Stroke Reference)指令,分别如下:

- 启动控制燃料行程基准 FSRSU;
- 转速控制燃料行程基准 FSRN;
- 温度控制燃料行程基准 FSRT;
- 加速控制燃料行程基准 FSRACC;
- 停机控制燃料行程基准 FSRSD;
- 压气机压比控制燃料行程基准 FSRCPR;
- 功率限制燃料行程基准 FSRDWCK;
- 手动控制燃料行程基准 FSRMAN。

任何时刻只有一个控制功能块的输出能作为最终的燃料行程基准 FSR 去控制实际的燃料量,控制逻辑通过一个"最小值选择逻辑"来判断哪个功能块的输出可以作为燃料控制系统的输入,如图 13-1 所示,采用最小值可确保燃气轮机始终在最安全的方式下运行。

13.1.1 启动控制系统

燃机的正常启动由顺序控制系统中的启动控制和主控系统的启动控制来完成。顺序控制系统实现相关设备的启停控制,主控系统完成燃料、转速、温度等参数的调节。运行人员首先

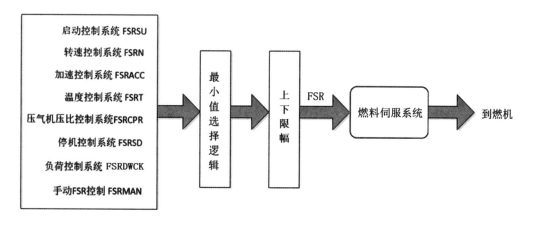

图 13-1 控制原理简图

通过操作画面选择操作指令键,下达启动命令,顺序控制系统及保护系统检查准备启动的允许条件、复位遮断闭锁、启动辅助设备(如液压泵、燃料开闭式阀等),控制启动机(静态启动变频装置 SFC)把燃机带到点火转速,继而点火,再判断点火成功与否,随后进行暖机、加速,在达到一定转速后关闭启动机,直到燃机达到运行转速,完成启动程序。主控系统的启动控制以开环控制方式实现从点火开始直到启动程序完成(全速空载)的燃料量调节,其 FSR 的变化规律如图 13-2 中的曲线所示。

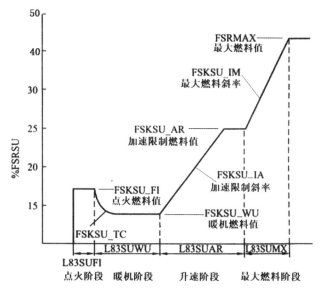

图 13-2 FSRSU 变化曲线

　　燃料量在燃机启动过程中会有很大的变化,其最大值和最小值分别受限于压气机喘振(或透平超温)和零功率,该上、下限值还会受到燃机转速变化的影响,在脱扣转速时其范围最窄。燃料量若按上限控制则启动速度最快,但可能会使燃机温度变化剧烈,产生较大的热应力,导致材料热疲劳而缩短设备的使用寿命,这一点对重型燃气轮机尤为重要。用于发电的重型燃气轮机对启动时间的要求并不太高,因此其启动过程中一般选择偏低的燃料控制目标值,整个变化过程偏缓,热应力相对较小,以减轻燃机的热疲劳。

　　FSR 启动逻辑控制如图 13-3 所示,启动燃料行程准则 FSRSU 的运算由 FSRSUV1 模块来实现,如图 13-4 所示,该模块输入和输出信号的含义如表 13-1 所列。

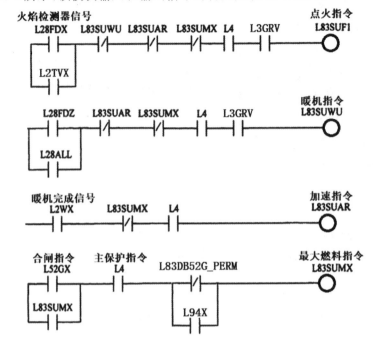

图 13-3 FSR 启动控制逻辑

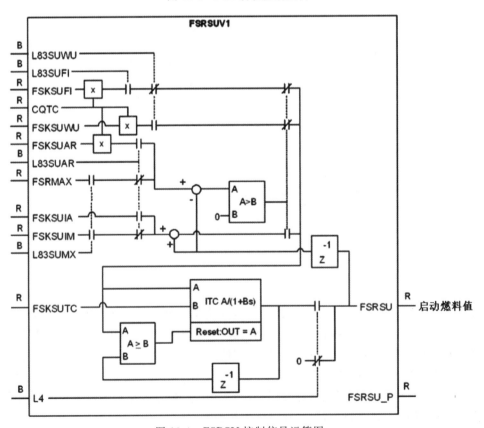

图 13-4 FSRSU 控制信号运算图

表 13-1　　　　　　　　　　　　　　FSRSU 控制功能块信号说明

端口	信号名称	数据类型	信号说明
输入	L83SUWU	布尔量	FSRSU 暖机逻辑指令
	L83SUFI	布尔量	FSRSU 点火逻辑指令
	FSKSUFI	实数	FSRSU 点火燃料值
	CQTC	实数	压气机空气流量温度校正系数(0.9～1.25)
	FSKSUWU	实数	FSRSU 暖机燃料值
	FSKSUAR	实数	FSRSU 加速燃料值
	L83SUAR	布尔量	FSRSU 加速逻辑指令
	FSRMAX	实数	FSR 最大值
	FSKSUIA	实数	加速斜率,%FSR/s
	FSKSUIM	实数	最大燃料斜率,%FSR/s
	L83SUMX	布尔量	FSRSU 最大燃料逻辑指令
	FSKSUTC	实数	FSRSU 滞后环节时间常数
	L4	布尔量	主保护逻辑信号
输出	FSRSU	实数	启动燃料行程基准

图 13-3 中,当主保护允许逻辑 L4 为"假"时,四个逻辑运算层输出的控制信号均为零,FSRSU 被钳制在零位。只有当 L4 为"真"时,才对相关条件进行运算,输出对应的控制信号。

当清吹结束后,若点火条件满足(L2TVX=1),燃气速比阀已开(L3GRV=1),图 13-3 中第一层逻辑使点火指令 L83SUFI 置 1,燃机进入到点火阶段。

图 13-4 中,点火指令 L83SUFI 使其控制的常开触点闭合,点火燃料值 FSKSUFI(设定为 28.87%FSR)与压气机气流温度系数 CQTC 相乘后的修正值通过惯性环节赋给 FSRSU,以建立点火 FSR 值。

点火指令 L83SUFI 同时使点火计时器 L2F 开始点火计时。若点火计时器 L2F 的计时时限到(点火持续时间 K2F 一般为 30s 或 60s),燃烧器未能建立稳定的火焰,则会发出点火失败报警并切断燃料供给。

当燃烧Ⅰ区和Ⅱ区任意一区在 10s 内至少两个火焰探测器检测到火焰,且其火焰强度指示＞50,则说明点火成功,燃烧室中已经建立了稳定的火焰值,L28FDX=1,暖机计时器 L2W 开始计时,延时 2s 后,触发 L83SUWU;或当Ⅰ区的 4 个火检探头均检测到火焰并维持 2s,四个火焰强度指示＞50,L28ALL=1,也可使 L83SUWU 置 1。该信号再使第一层逻辑中的 L83SUFI=0,表明点火过程结束,进入暖机阶段。

在图 13-4 中,L83SUWU=1 使暖机燃料值 FSKSUWU(设定为 16.89%FSR)与压气机气流温度系数 CQTC 相乘后的修正值被送至惯性环节 ITC,控制 FSRSU 按惯性特性从点火值降至暖机值,以建立暖机 FSR,此后燃机开始暖机过程。在暖机期间,FSRSU 值保持不变,转速缓慢增加,使处于冷态的燃机逐渐被加热,持续 20s 暖机结束。

暖机完成后,信号 L2WX=1,图 13-3 中的第三层逻辑使启动加速逻辑 L83SUAR=1。图 13-4 中所示受其控制的四个伪触点动作,其中图下部的常开触点闭合,使 FSKSUIA 控制常数(设定为 0.05%FSR/s)作为斜升速率进入积分器的输入端,FSRSU 的输出在暖机值的基础上逐渐增加,燃机进一步加速。控制常数 FSKSUAR(设定为 27.32%FSR)规定了 FSRSU 积分斜升的上限值。一旦达到该值，图 13-4 中上部比较器条件成立，使 RESET 置 1，受控触点动作切断了积分器的输出，FSKSUAR 的常数值作为 FSRSU 输出。

在图 13-3 中的第四层逻辑中，当有合闸指令后，L83SUMX 置为 1。随着其伪触点的动作，上部比较器将置 0，又可以通过积分器输入斜升量，使 FSRSU 继续上升，其斜升速率为 FSKSUIM（设定为 5%FSR/s），一直斜升到 FSRSU 输出达到控制常数 FSRMAX 给定的最大 FSR，至此启动控制系统自动退出控制。

从图 13-3 逻辑控制原理图可知：L83SUFI、L83SUWU、L83SUAR 和 L83SUMX 四个信号在同一时刻只有一个可能为"真"，它们有互锁功能，可以保证四个控制信号有序输出，使 FSRSU 能按预先设定的启动曲线分阶段改变燃料值。例如，第一层逻辑中伪线圈 L83SUFI 左侧有常闭触点 L83SUWU、L83SUAR 和 L83SUMX，当这三个触点中任意一个为"真"时，L83SUFI 必为"假"，实现了信号的互锁。

13.1.2 转速控制

转速控制系统是燃气轮机最基本的控制之一，控制方式分为有差转速（Droop Speed）控制方式和无差转速（Isochronous Speed）控制两种。带动交流发电机时应选用有差转速控制方式，驱动压缩机或泵时可选用无差转速控制方式。当燃机处于转速控制时，操作画面上的控制方式将显示"DROOP SPEED"或"ISOCH SPEED"。

有差转速控制采用比例控制规律，即 FSR 的变化正比于给定转速 TNR 与实际转速 TNH 之差，即

$$FSRN \propto (TNR - TNH) \tag{13-1}$$

TNR 又称为转速基准 Speed Reference。

有差转速控制的运算原理如图 13-5 所示。

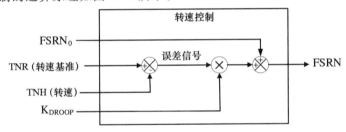

图 13-5　有差转速控制原理图

信号的运算关系为

$$FSRN = (TNR - TNH) \times K_{DROOP} + FSRN_0 \tag{13-2}$$

式中　$FSRN$——有差转速控制的输出 FSR；

$FSRN_0$——燃机全速空载的 FSR 值，通常以控制常数的形式存入存储单元；

K_{DROOP}——决定有差转速控制不等率 δ 的控制常数。

上式即为比例控制规律：

$$FSRN - FSRN_0 = (TNR - TNH) \times K_{DROOP} \tag{13-3}$$

当 $FSRN = FSRN_0$ 时，$TNH = TNR$，即转速基准 TNR 正好就是空载时的转速 TNH。当 FSRN 由 $FSRN_0$ 值变到额定负荷值 FSRNe 时，转速的变化是额定负荷下的 TNR-TNH，由此可得出有差转速控制的不等率 δ 为

$$\delta = TNR - TNH = (FSRN_e FSRN_0) \div K_{DROOP} \tag{13-4}$$

有差转速控制的静特性曲线如图 13-6 所示。转速基准 TNR 信号增减时,静态特性曲线作上下平移。若轮机尚未并网,则燃机转速 TNH 随之变动,此时 TNH＝TNR。若燃机已经并网,则 TNR 变化会改变燃机出力,TNR 上升,出力就增加,TNR 下降,出力就减小,故将 TNR 称为转速负荷基准。

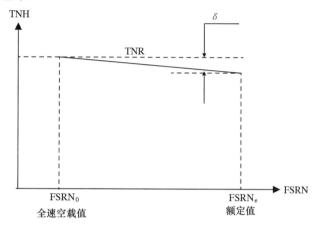

图 13-6　有差转速控制的静特性

转速基准值 TNR 的运算过程如图 13-7 所示。

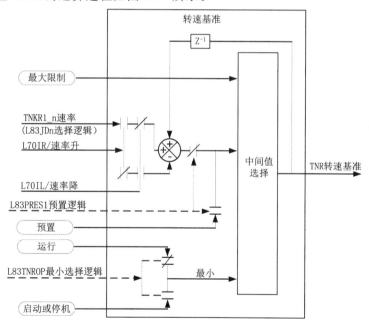

图 13-7　TNR 转速基准运算

中间值选择门有四个输入信号为常量信号,它们的作用如下:

最大限制(MAXLIMIT):该常量设置了 TNR 的上限。通常定为 107%(TNKR3),以保证在 δ＝4% 的时候,即使电网为盈功率(频率高达 103%),该燃机仍然可发出全功率。在做机组超速试验时,则要把此上限提高到 111.5%,以便在空载时燃机可以把转速升高到这个数值。

预置：由 L83PRES1 的逻辑状态决定是否选择 PRESET（预置）。若逻辑 L83PRES1＝1，则切除积分器，将常数 TNKR2 或 TNKR7（均为 100.3%）赋给 TNR。100.3% 的预置值是用于准备并网的转速。一般情况下，电网频率的额定值为 100%，超出的 0.3% 是为了防止并网后电网频率的波动造成发电机出现逆功率。

第三、第四个输入为 OPERATING（运行）和 STARTUP（启动/停机）常数，它设置了 TNR 的最小限值。OPERATING 是 95%（对应 TNKR4），STARTUP 是 0（对应 TNKR5），由逻辑 L83TNROP 来选择。若 L83TNROP＝1，则 0 作为 TNR 的下限，进入中间值选择门，表示从 0% 转速起，转速控制就可以介入 FSR 控制。运行状态 L83TNRO＝0，此时 95% 输入中间值选择门作为 TNR 的下限，95% 的下限可以保证即使电网欠功率（频率低到 95%），仍能通过 TNR 把轮机负荷降到零。

除了上述 4 个输入以外，还有一些输入信号是由操作人员根据需要来设置的，它们可以改变 TNR 的升降速率。

从图 13-7 可以看到，由 Z^{-1} 和加法器组成的数字积分器将根据 L83JDn 选择逻辑决定采用 TNKR1_n 中的某一个值作为积分速率常数，即通过不同的逻辑选择不同的积分速率常数。燃机典型的 TNR 变化速率如表 13-2 所列。

表 13-2   TNKR1_n 速率值

n	0	1	2	3	4	5	6	7	8	9	10	11
TNKR1_n	1	0.003	0.011	0.044	0.0055	0.022	0.133	0.083	0.063	0.01	0.022	0.0016

L70R/RAISE 和 L70L/ LOWER 决定积分的方向。当 L70R＝1，L70L＝0 时，积分值上升，TNR 值逐渐增加；当 L70R＝0，L70L＝1 时，积分值下降，TNR 值逐渐减小。当 L70R 与 L70L 都为"0"时，积分中止，TNR 值保持不变。中间值选择门可以使升降速率导致的 TNR 变化被限制在最大、最小限值以内。

有差转速控制 FSRN 是通过 FSRN_CSD 算法模块来实现的，如图 13-8 所示，算法中各信号的意义如表 13-3 所列。

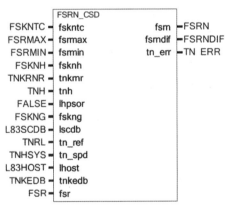

图 13-8   转速控制 FSRN 的运算模块

表 13-3 **FSRN 控制功能块信号说明**

端口	信号名称	数据类型	信号说明
输入	FSKNTC	实数	全速空载燃料行程准则常数
	FSRMAX	实数	最大燃料行程准则
	FSRMIN	实数	最小燃料行程准则
	FSKNH	实数	高压透平转速超驰控制比例增益
	TNKRNR	实数	高压透平转速超驰控制设定值
	TNH	实数	高压透平转速
	LHPSOR	实数	高压透平转速超驰控制选择信号
	FSKNG	实数	FSRN 比例增益
	L83SCDB	布尔量	有死区的转速误差选择信号
	TNRL	实数	转速基准值
	TNHSYS	实数	转速实际值
	L83HOST	布尔量	超速试验模式选择
	TNKEDB	实数	转速误差的死区值
	FSR	实数	燃料行程准则
输出	FSRN	实数	有差转速控制 FSR
	FSRNDI	实数	FSRN 指令与实际 FSRN 的差值
	TN_ERR	实数	转速误差

在 FSRN_CSD 模块中,FSRN ＝ f(FSR)＋f(tnref－tnspd),其中,tnref 为转速基准 TNRL,tnspd 为燃机实际运行转速,f()为运算函数。通过对机组实际运行数据进行分析,可以近似取 f(FSR)≈FSR,f(tnref－tnspd)≈tnref－tnspd。

FSRN_CSD 的转速基准值 TNRL 需要通过计算得出。在燃机全速空载时,为保证机组顺利并网,燃机转速基准为设定值 TNKR1 ＝ 100.3％。燃机负荷的增减将触发 L70R 或 L70L,通过相应的加减负荷率即可计算出相应负荷下的转速控制基准 TNR,由此可算出转速基准值 TNRL:

$$TNRL ＝ TNR－DWDROOP$$

式中,DWDROOP 为燃机负荷有差调节值,它等于燃机实际负荷(dwatt)乘以负荷有差增益(dwkdg),即:DWDROOP ＝ dwatt×dwkdg

13.1.3 加速控制

加速控制将转子角加速度信号 TNHA 与给定的基准值 TNHAR 进行比较,若 TNHA＞TNHAR,则通过减小加速控制燃料行程准则的 FSRACC 来降低燃机的加速度。若 TNHA≤TNHAR,则不断增大 FSRACC,直至加速控制退出燃料控制。

加速控制本质上是角加速度限制系统,对稳态和减速过程不起作用,它只在转速增加的动态过程中通过调整燃料量将燃机的加速度控制在安全范围,具体表现为以下两种。

(1)在燃机突然甩负荷阶段防止动态超速

在燃机甩负荷后的动态过程中,初期燃机转速变化较小,FSRN 减少幅度有限,但此时角加速度很大,加速控制通过运算后输出较小的 FSRACC 值,使之被 FSR 最小值选择门选中,快速减小 FSR,以避免燃机动态超速。

（2）在启动过程中限制燃机的加速率，以减小热部件的热冲击

如果没有加速控制，转速控制将在启动过程中以控制常数组 TNKR10 决定的速率斜升 TNR(直到 TNH 到达 95%)，此时，转速控制系统输出 FSRN 为

$$FSRN=(TNR-TNH)\times FSKRN2+FSKRN1 \tag{13-5}$$

式中，FSKRN1＝19.3632%FSR，它是燃机全速空载时的 FSR 值。若 TNH 完全跟随 TNR 的变化，则 FSRN＝FSKRN1。实际中由于转子惯性的影响，TNH 总是落后于 TNR，因此启动过程中 FSRN 总是大于 FSKRN1。在燃机到达额定转速的 97% 左右时，由 FSRSU 或 FS-RN 经最小值选择后的 FSR 将大大超过 FSKRN1，使燃机具有较大的加速度，温度比空载时有较大提高。当燃机达到额定转速后，TNR 的斜升立即停止，FSR 将回到全速空载值，温度相应下降，前后温度的剧烈变化将给燃机造成较大的热冲击。

有加速控制后，可通过限制加速度来延缓到达运行转速前的加速过程，间接地抑制了这个过程的温度上升，缓和了启动结束阶段的温度变化。加速控制的输出信号 FSRSU 在暖机值 FSKSUWU (16.89% FSR)的基础上以 FSKSUIA(0.05%FSR/S)的速率斜升到 FSKSUAR (27.32%FSR)，此后再以更高的速率 FSKSUIM (5%FSR/S)继续斜升。

加速控制的运算过程如图 13-9 所示，各信号的说明如表 13-4 所列。

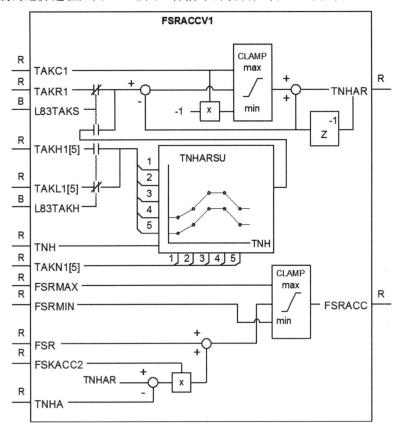

图 13-9　加速度控制燃料行程准则运算图

表 13-4　　　　　　　　　　　　　**FSRACCV1 控制功能块信号说明**

端口	信号名称	数据类型	信号说明
输入	TAKC1	实数	升/降速率
	TAKR1	实数	启动加速度限制值
	L83TAKS	布尔量	将启动加速度限制值从 TAKR1 切换至插值值
	TAKH1[5]	实数	启动加速度插值值
	TAKL1[5]	实数	启动加速度插值值
	L83TAKH	布尔量	选择 TAKHn 至 TAKLn
	TNH	实数	高压透平轴转速
	TAKN1[5]	布尔量	转速插值边界
	FSRMAX	实数	最大燃料行程准则
	FSRMIN	实数	最小燃料行程准则
	FSR	实数	燃料行程准则
	FSKACC2	实数	增益(%/s)/(%/s)
	TNHA	实数	高压透平加速度
输出	TNHAR	实数	高压透平加速度给定值
	FSRACC	实数	加速度控制燃料行程准则

1. 加速控制燃料行程准则 FSRACC 的运算

FSRACC 是图 13-9 右下角钳位器 CLAMP 的输出,该钳位器有三个输入信号,分别如下:

(1) FSRMAX:为最大燃料行程准则,取 100%FSR;

(2) FSRMIN:为最小极限 FSR 值,是根据启停过程各个不同阶段所给定的限制曲线经过压气机进气温度修正系数 CQTC 修正后的输出,大约在 17%FSR 左右。设置最小 FSR 极限的目的是防止动态过程中燃烧室因缺失燃料而熄火;

(3) 运算输出:

$$FSRACC = (TNHAR - TNHA) \times FSKACC2 + FSR \qquad (13-6)$$

式中,FSKACC2 为加速控制增益系数,定值为 10。

转速信号 TNH 经微分后形成加速度信号 TNHA,它和加速基准 TNHAR 在减法器相减,形成加速度偏差:

$$\Delta\omega = TNHAR - \frac{\Delta TNH}{\Delta t} \qquad (13-7)$$

在燃机未进入加速前,即转速的上升速率未超出加速基准 TNHAR 时,其角速度增量值 $\Delta\omega > 0$,则 FSR 的增量为正:

$$\Delta FSR = FSKACC2 \times \Delta\omega > 0 \qquad (13-8)$$

此时,加法器的输出值大于原有值,即 FSRACC>FSR,从而使得加速控制系统退出控制状态。

当燃机的加速度大于加速基准 TNHAR 时,$\Delta\omega < 0$,$\Delta FSR < 0$,有 FSRACC<FSR,根据 FSR 最小值原理,此时加速控制投入运行,再次把 FSR 值压低,直到新的 $\Delta\omega$ 等于零或大于零为止。

2. 高压透平加速度给定值 TNHAR 的运算

启动过程中,L83TAKS=1,加速准则 TNHAR 是根据燃机转速 TNH 的变化按插值的方法来产生的,图 13-9 中 TNH/TNHAR 的插值点如表 13-5 所示。

表 13-5 TNH/TNHAR 插值点

n	0	1	2	3	4
TAKNn	40%	60%	75%	95%	100%
TAKLn	0.155%	0.155%	0.29%	0.29%	0.155%

根据表 13-5 可连成一条折线,根据当前的转速值得出对应的加速基准 TNHAR。由折线的变化过程可看出,当燃机接近全速时,THNAR 被减少,从而可避免全速空载时的超调;一旦启动达到全速,L83TAKS=0,TNHAR 被限定为常数 TAKR1(1%/s),以防止甩负荷后的超速。

参数 TACK1 为定值 0.06,加速基准 TNHAR 运行区间被 MAX/MIN 算法模块限制在 $-6\%/s \sim 6\%/s$ 之间。

13.1.4 温度控制

燃气轮机的透平气缸和转子在启停过程中承受着剧烈的热应力变化,负荷稳定时热部件均工作在高温环境中。由于这些热部件的强度余量有限,高温下透平叶片及其密封材料的强度还会随着温度的上升而降低,因此,燃机运行时必须对透平的工作温度加以限制。

温度控制的作用是根据透平温度来调节燃气轮机燃料量,防止高温通道部件被烧坏。由于燃气轮机透平初温较高(1100℃以上),检测其温度较困难,所以通常利用容易检测的排气温度作为被控量来控制燃气轮机的工作温度,同时考虑压气机入口温度的影响构成综合性的温控基准。Mark VIe 设置的温度控制根据燃机排气温度信号与温控基准比较的结果去改变温度控制燃料行程准则(FSRT)。温度控制的具体作用如下:

(1) 当排气温度超过温控基准时,FSRT 投入运行,减少燃料量,直到排气温度降到温控基准为止,所以温度控制系统本质上是最高温度限制系统;

(2) 与超温保护共同作用,当排气分散度超过定值时发出报警,机组一旦进入温度控制,便会停止负荷增加,以确保工作温度不上升。

1. 排气温度的检测和计算

6FA 型燃气轮机安装了 21 根 K 型热电偶来测量排气温度,如图 13-10 所示,编号为 TT-XD-1—TT-XD-21(对应深色的编号部分)。这些不锈钢铠装热电偶安装在排气扩散区域,呈圆形、筒状分布。径向向外扩散的高速气流会流经这些热电偶,其温度被传感出来。这些温度传感器信号通过屏蔽电缆接入端子板,再分送到 Mark VIe 的〈R〉、〈S〉、〈T〉控制器中。

控制器提供了冷端补偿和热电偶异常的状态信号,通过软件冷端补偿计算后得出反映排气温度的 TTXD 向量。例如,编号为 1,4,7,…,19 的热电偶信号接入〈R〉控制器,成为 TTX-DR 向量;编号为 2,5,8,…,20 的热电偶信号接入〈S〉控制器,成为 TTXDS 向量;编号为 3,6,9,…,21 的热电偶信号接入〈T〉控制器,成为 TTXDT 向量。

为了增加可靠性,排气温度信号 TTXD 需经过特定的处理以得到排气平均温度计算信号 TTXM,温度信号处理的基本方法如图 13-11 所示。

〈R〉、〈S〉、〈T〉控制器把自身的热电偶信号和通过数据交换网络取得的另外两台控制器的热电偶信号,按实际编号的顺序从 1,2,3,…,21 进行排序,得到向量 TTXD1。再按温度值从高到低顺序排列形成向量 TTXD2,剔除其中小于控制常数 TTKXCO(例如,取值 500℉)的信号,以避免计算误差(所有小于 TTKXCO 信号均存在测量故障)。剔除故障信号后的热电偶信号组成新的向量进入下一个功能块,经去掉一个最高值和一个最低值的处理,在最后一个模块中对剩余的温度信号进行算术平均,最终得到排气温度信号 TTXM。

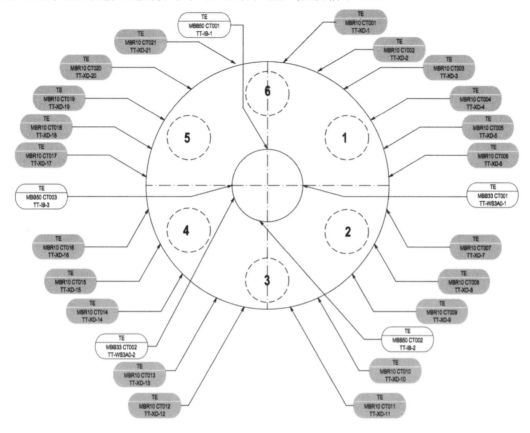

图 13-10　排气温度测点布置图

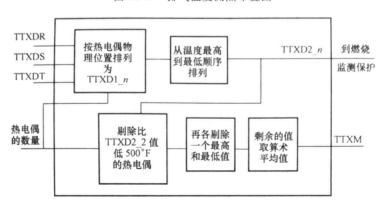

图 13-11　排气温度信号处理方框图

2. 温度控制参考值计算

温度控制参考值主要包含两个部分,一个是从燃机排气温度测计算出来的温度控制参考值 CA_ISO_REF,另一个是从压气机进口温度测计算出的温度控制参考值 CA_FSR_TFMX。

1) CA_ISO_REF 的计算

ISO_REF 的计算涉及等温控制线 T_{ISO}、主温控线 T_{RP} 和备用温控线 T_{SR},如图 13-12 中所示。

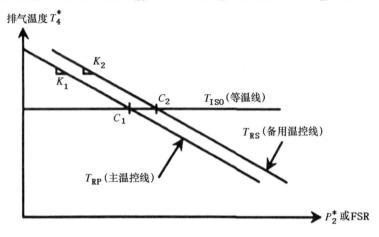

图 13-12 T_{RP} 和 T_{RP} 变化趋势图

等温线的设定值为常数,它限定了燃机排气温度的上限值,Mark VIe 将该常数设置为 649℃(即 1200 ℉)。

主温控线 T_{RP} 是根据当前压气机的排气压力值 P_2^* (即 CPD)计算出来的温度控制基准值,计算公式为

$$T_{RP} = T_{ISO} + K_1 * (B_1 - P_2^*) \tag{13-9}$$

式中,K_1、B_1 为常数。

主温控线 T_{RP} 随着 P_2^* 的增加而降低,即随着压气机排气压力的增大,P_2^* 偏置的温度参考值逐渐降低。

备用温控线 T_{SR} 是 FSR 偏置的温度参考值,它是根据当前燃机的 FSR 值计算出的温度控制基准值,计算公式为

$$T_{ST} = T_{ISO} + K_2 \times (B_2 - FSR) \tag{13-10}$$

式中,K_2、B_2 为常数。

T_{SR} 随着 FSR 的增加而降低,即随着燃料气量的增加,FSR 偏置的温度参考值逐渐降低。

2) CA_FSR_TFMX

CA_FSR_TFMX 是根据当前压气机入口温度值 TFIRE 计算出的温度控制参考值,计算公式为

$$CA\_FSR\_TFMX = K_3 + TFIREMX\_BIAS \tag{13-11}$$

式中,K_3 为增益常数;TFIREMX_BIAS 为偏置,它由 IGV 开度决定。当 IGV 开度小于 76°时,取 10;当 IGV 开度大于等于 76°时,该偏置=(86-当前开度)×0.1932。

3) 温度控制参考值 T_R 的计算

温度控制参考值 T_R 的计算原理如图 13-13 所示。

CA_ISO_REF、CA_FSR_TFMX 和 T_{MX} (温度控制基准的最大值)两个信号进入小值选择器形成燃机排气温度的参考值 T_R。

T_{AR}、T_{RS} 温控线计算中的增益系数 K_1、K_2 及偏置 B_1、B_2 不是固定的常数,是根据压气机的特性,采用在不同的压比范围内分段线性得出的值。温控线的算法中还考虑了外界因素变化对燃机排气温度的影响,如根据压气机 IBH 阀开度的计算的补偿量等。

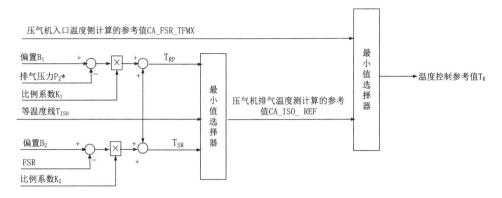

图 13-13　排气温度参考的运算原理

3. 温度控制指令 FSRT 的运算

温度控制指令 FSRT 是通过近似 PI 控制来实现的,其运算过程如图 13-14 所示。

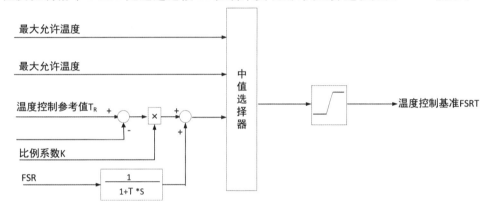

图 13-14　FSRT 算法简图

温度控制参考值 T_R 和燃机排气温度 TTXM 的偏差乘以比例增益,得到比例控制作用,再叠加 FSR 的近似积分,形成 PI 控制量,其计算公式为

$$\text{FSRT} = K \times (T_R - \text{TTXM}) + \text{FSR}/(1 + T \times s) \tag{13-12}$$

式中,K 是比例增益;T 是时间常数;s 是拉氏算子。

该 PI 控制信号与最大和最小允许温度信号进入中值选择器,再经速率限制器,最终得到温度行程准则 FSRT。

13.1.5　停机控制

正常停机是通过 HMI 的启动页面选择 STOP 操作键而给出停机信号 L94X。如果发电机断路器是闭合的,一旦给出 L94X 信号,转速/负荷基准 TNR 开始以正常速率下降以减少 FSR 和负荷,直到逆功率继电器动作使发电机断路器开路。此后 FSR 将逐步下降到最小值 FSRMIN,FSRMIN 应做到让燃机下降到 20%TNH,触发熄火保护,从而关闭燃料截止阀,切断燃料。

在停机过程中由于燃料的减少和切断,使得燃机的热通道部分受到温度变化的冲击而产生应力。跟启动过程一样,升温和降温速度过快同样会影响机组部件的使用寿命,因此要通过控制停机过程燃料行程准则 FSRSD 的递减速率来合理控制热应力的大小。

停机控制燃料行程准则 FSRSD 的运算如图 13-15 所示,图中输入输出信号的说明如表13-6 所列。

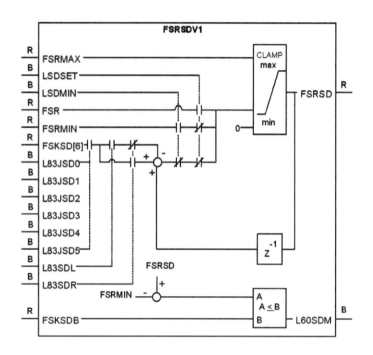

图 13-15　FSRSD 的运算图

表 13-6　　　　　　　　　　FSRSD 控制功能块信号说明

端口	信号名称	数据类型	信号说明
输入	FSRMAX	实数	最大燃料行程准则
	LSDSET	布尔量	将 FSRSD 预置为当前 FSR 指令
	FSR	实数	燃料行程准则
	LSDMIN	布尔量	将 FSRSD 预置为 FSRMIN 指令
	FSRMIN	实数	最小燃料行程准则
	FSKSD[6]	实数	停机 FSR 速率控制数组，%FSR/SEC
	L83JSD0	布尔量	停机 FSR 选择速率 0
	L83JSD1	布尔量	停机 FSR 选择速率 1
	L83JSD2	布尔量	停机 FSR 选择速率 2
	L83JSD3	布尔量	停机 FSR 选择速率 3
	L83JSD4	布尔量	停机 FSR 选择速率 4
	L83JSD5	布尔量	停机 FSR 选择速率 5
	L83SDL	布尔量	降低 FSRSD 逻辑信号
	L83SDR	布尔量	升高 FSRSD 逻辑信号
	FSKSDB	实数	FSRSD 斜升死区
输出	FSRSD	实数	停机燃料行程准则
	L60SDM	布尔量	FSRSD 为 FSRMIN 逻辑信号

　　由图 13-12 中 FSRSD 的运算过程可以看出，FSRSD 的渐变速率 FSKSDn 分为 5 段，分别由信号 L83JSD1—L83JSD5 来控制，典型值如表 13-7 所列。

L83JSDn	0	1	2	3	4	5
FSKSDn	0.101%	0.101%	5%	1%	0.101%	1%

表 13-7　　　　　　　　　　　　　　　　FSRSD 的典型值

正常停机的 FSRSD 变化曲线如图 13-16 所示,由信号 L83JSD3、L83JSD4、L83JSD5 来选择对应的 FSRSD 渐变速率。

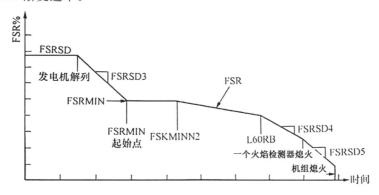

图 13-16　FSRSD 变化曲线

当系统发出正常停机指令时,停机逻辑将使 L83SDL 为真、L83SDR 为假,此时 L83JSD3 为真,系统选择 FSKSD3 值输入至积分器,使 FSRSD 以 1.0%FSR/SEC 的速率连续下降,直到输出值几乎等于最小值 FSRMIN 为止,控制逻辑再使 L83JSD3 为假,抑制 FSKSD3 的输入。

假如燃机在一定的转速下还没有熄火,则控制逻辑会使 L83JSD4 为真,允许 FSKSD4 的值输入,系统按 0.1%FSR/SEC 的速率下降,直到任意一个火焰检测器给出熄火信号,经过 1s 延时使 L83JSD5 为真,FSKSD5 的值输入到积分器,FSRSD 以 1.0%FSR/SEC 的速率快速下降。

当主保护为真时,L83JSD2 为真,系统选择 5%FSR/SEC 的 FSKSD2 输入到积分器,此时因为失去主保护,出现遮断,系统应以较快的速率增加 FSRSD,使得 FSRSD 退出控制,FSR 也将被钳制为零。

13.1.6　压气机压比控制

压气机压比控制的原理如图 13-17 所示。

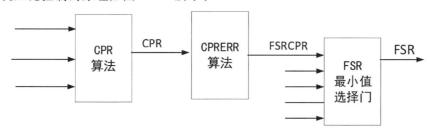

图 13-17　压气机排气压力控制算法简图

由压气机的进气压降、大气压、压气机排气压力和一些控制常数可计算得出实时压比值,其计算公式为

$$CPR = (CPD + AFPAP \times CPKRAP) / [(AFPAP - AFPCS/CPKRPC) \times CPKRAP]$$

(13-13)

式中　AFPAP——大气压力(实测或者采用常数),单位为 inHg;

AFPCS——进气系统总压压差，单位为 inH_2O；

CPD——压气机排气压力，单位为 $psi(lb/in2)$。

根据计算出压比的偏差量：

$$CPRERR＝CPRLIM－CPR－CPKERRO \tag{13-14}$$

式中　CPR——由压气机排气压力 CPD 计算得出的压气机压比；

CPKRAP——控制常数，大气压基准值，单位为 lb/in（一般为 0.4912）；

CPKRPC——单位制转换系数，数值为 $13.608inH_2O/inHg$；

CPRERR——压比的偏差量。

进一步计算出压气机排气压力控制的 FSRCPR 限制值：

$$FSRCPR＝(CPRERR＋CPKFSRO)×CPKFSRG＋FSRTC \tag{13-15}$$

式中　CPRLIM——计算得出的压比极限值；

CPKERRO——压气机压比偏差的偏置值（控制常数）；

CPKFSRO——压气机压比极限的 FSR 偏置值（控制常数）；

CPKFSRG——压气机压比极限的 FSR 增益值（控制常数）；

FSRTC——FSR 随 CPKFSRTC 的渐变时间常数值（控制常数）。

如果压气机运行时出现排气压力偏高，可能会导致燃烧温度过高，此时 CPREER 将下降，甚至变为负值，式(13-15)中计算得到的 FSRCPR 也将随之下降，从而限制了燃料供应量，防止超温的出现，同时也实现了对压气机的保护。

13.1.7　输出功率控制

在同期并网以后，如果功率变速器出现故障，输出功率控制将对 FSRDWCK 加以限制，采用降低 FSR、减少燃料的方法来限制输出功率，其运算过程如图 13-18 所示。

并网后，当测量到输出功率大于 DWKFLT(2MW)时，说明功率变送器输出正常，此时 L3DWBBOOK 信号为"真"。在后续的运行中，一旦出现功率变送器异常，且在 5s 内不能恢复正常，就不再允许使用 FSR_LAST（即当时的 FSR）输出，而是把控制常数 FSRKDWCK 所设定的 30%FSR 作为新的 FSRDWCK 的值，迫使 FSR 最小值选择门放弃 FSRT 或者 FSRN 的控制，转而选择更低的 FSRDWCK，从而达到限制输出功率的目的。

13.1.8　手动 FSR 控制

运行人员可以通过操作界面手动控制 FSR，通常只在控制器故障或调试的场合下才使用手动 FSR 控制。

图 13-19 所示为手动 FSR 控制算法，表 13-8 所列为其信号说明。

表 13-8　　　　　　　　　　　　　FSRMAN 控制功能块信号说明

端口	信号名称	数据类型	信号说明
输入	FSRMAX	实数	最大燃料行程准则
	KRMAN1	实数	FSRMAN 斜率，%FSR/s
	MANCMD	实数	手动 FSR 指令准则
	L43FSRS	布尔量	将手动 FSR 预置为当前 FSR 的逻辑信号
	FSR	实数	燃料行程准则
输出	L60FSRG	布尔量	FSR 已偏离最大值
	FSRMAN	实数	手动燃料行程准则

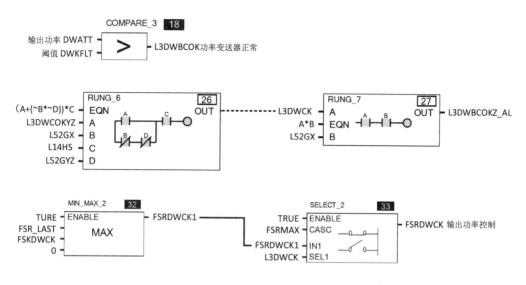

图 13-18　输出功率限制的运算原理

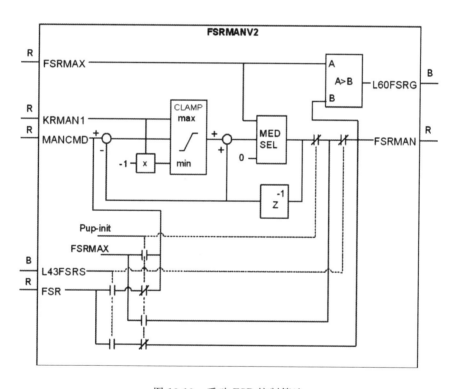

图 13-19　手动 FSR 控制算法

中间值选择门 MED SEL 的输出为 FSRMAN。它的输入信号有 3 个,其中 FSRMAX(最大值)和 0 构成 FSRMAN 的最大和最小极限。第三个输入信号为手动控制信号,通常为中间值。一旦 FSRMAN<FSRMAX,手动控制的 FSRMAN 参与控制 FSR,此时,比较器 A>B 成立,L60FSRG 逻辑置 1,发出报警信号。

CLAMP 功能块用于限制手动控制时的增减速率,它将控制常数 KRMAN1 的正、负值作为上、下限,使手动控制指令 MANCMD 的增减变化速率限制在上、下限范围。

在通电过程 pup－init 为"真"时,联动的 5 个伪触点同时动作,切断手动命令的输出,并将 FSRMAX 作为 FSRMAN,保证手动方式完全退出控制。

当 FSR 预置开关逻辑 L43FSRS 为"真"时,相应的 3 个伪触点同时动作,把当前输入的 FSR 作为控制信号输出,同时还把它作为手动控制 FSR 指令输送到减法器,达到限制 FSR 变化率的目的。

13.1.9 FSR 最小值选择门

图 13-20 所示为 FSR 控制信号的运算过程。8 个控制子系统输出各自的燃料行程基准,分别为 FSRSU、FSRN、FSRACC、FSRSD、FSRMAN、FSRCPR、FSRDWCK、FSRT(包括 CA_FSR_ISO 和 CA_FSR_TFMX)。这些信号在 FSR_CMBC_2 模块中先进行取小运算,再跟 FSR 的最大值 FSRMAX 和最小值 FSRMIN 作中值运算,输出 FSR 计算信号 CA_FSRCMBC。该信号再经 RSLEW 切换模块和 RAMP 斜坡信号转换模块的处理,最终输出 FSR 控制指令。

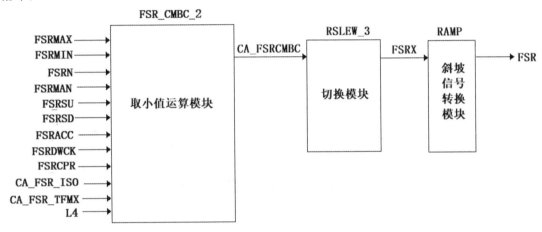

图 13-20　FSR 最小值选择门运算块

FSR 最小值选择门使同一时刻仅有一个燃料行程基准输出,保证了上述各子控制系统的协同配合。

FSR 的输出还与保护逻辑 L4 有关,当 L4 为真时,FSR 正常输出。一旦燃机出现任何原因的遮断,系统会退出主保护,L4 为假,最小值选择门的输出被遮断,FSR 立刻被钳制到 0,以确保切断燃料,立刻停机,保证机组的安全。

下面以启动控制为例,说明 FSR 最小值选择门的信号处理过程。图 13-21 所示为机组启动过程中燃机负荷、转速、IGV 开度、排气流量和排气温度的变化曲线。

在燃气轮机的点火阶段,主控系统的启动控制功能起作用,其他控制功能的燃料行程准则未被最小值门选中,因为:

(1)点火阶段转子尚由启动装置驱动,转速增加不会太快,FSRACC＝FSRMAX,加速控制处于退出状态。

(2)燃机点火排气温度还很低,FSRT＝FSRMAX,温度控制处于退出状态。

(3)在启动过程中没有停机信号,FSRSD＝FSRMAX,停机控制处于退出状态。

(4)非手动情况下,FSRMAN＝FSRMAX,手动控制退出。

(5)压气机压比极低,所以 FSRCPR≈FSRMAX,压气机压比控制处于退出状态。

(6)启动期间发电机不可能有负荷 FSRDWCK＝FSRMAX,功率控制处于退出状态。

在暖机阶段,转速低、加速度、排气温度均低,只有 FSRSU 进入控制。

暖机以后,开始仍由 FSRSU 按启动加速速率提升 FSR,排气温度 TTXM 和转速 TNH 随之上升,该阶段 TNH 的上升过程近似于直线。当 TNH 上升到 98% 左右时,FSR 上升速率已较启动控制的启动加速上升速率低,使 FSRSU 退出控制。此后是转速控制或加速控制的复杂过程。升速完成后,转速便停在 100.3%,此时,加速控制的 FSRACC=FSRMAX,加速立即停止,退出控制,而 FSR 转至转速控制,FSR 降下来,稳定在全速空载值上,等待并网。

并网运行时,启动控制处于 FSRMAX,加速控制紧跟着转速控制且恒比 FSRN 大 0.4%,因此处于退出状态,进入控制的是转速控制和温度控制。在出力(输出功率)不太高的情况下,排气温度达不到温控基准,温控系统退出控制作为备用,由转速控制系统控制运行。增加转速/负荷基准就可以增加出力,直到温度控制的 FSRT<FSRN,转速控制系统便退出控制,机组的输出功率被温控所限。

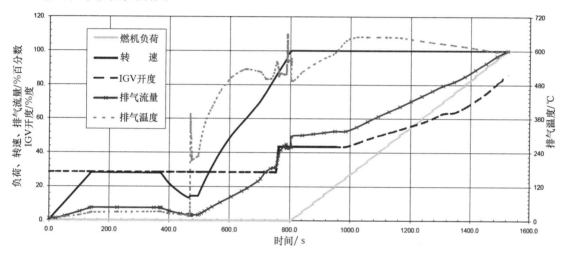

图 13-21　启动过程主要参数的变化曲线

13.2　IGV、IBH 和燃料控制

压气机进口导叶(Inlet Guide Vane,IGV)控制、压气机入口抽气加热(Inlet Bleed Heat)控制和燃料控制是燃气轮机控制中三个重要的伺服随动控制系统,它们均属于闭环伺服调节系统,通过把各自的控制基准值转换成相应阀门的动作来实现控制要求。

13.2.1　IGV 控制系统

GE 6FA 燃气轮机的压气机采用了可变进口导叶系统 VIGV(Variable Inlet Guide Vane),它根据燃机运行工况的不同,通过改变入口导叶的进气角度来改变流通面积,进而控制压气机的进气流量,以实现不同阶段下的排气温度要求,并保证压气机及燃机的安全。

1. IGV 控制系统的主要功能

IGV 控制系统有以下几个主要功能:

(1)在机组启动、停机过程中起到防止压气机喘振的作用。

(2)在燃气轮机联合循环的运行中,通过调节进口可转导叶 IGV 的开度,调节燃气轮机的排气温度,实现 IGV 温度控制,以满足联合循环变工况运行时余热锅炉对进口烟气温度的要求,提高联合循环机组运行经济性。

（3）在联合循环机组的启动、停机过程中，通过调节进气可调导叶的开度，调节燃气轮机的排气温度，实现燃气轮机排气温度与蒸汽轮机汽缸温度的匹配。

（4）对采用干式低氮氧化物燃烧室的机组，在加负荷时通过减少 IGV 最小全速角的设定值和对进气加热，来扩大预混燃烧的运行范围。

2. IGV 的液压系统

可转导叶的执行机构是一整套液压系统，导叶的开度自动根据控制系统的指令进行调整。液压系统的组成如图 13-22 所示。

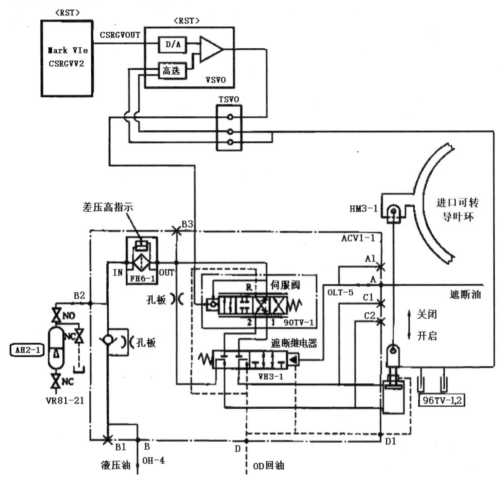

图 13-22　IGV 系统组成示意图

系统包括 HM3-1 进口可转导叶、90TV-1 进口可转导叶伺服阀、VH3-1 进口可转导叶跳闸阀（又称遮断阀）、FH6-1IGV 伺服阀液压油回路滤网、96TV-1/2 进口可转导叶位置反馈、AH2-1IGV 液压油储能器及 VR81-21IGV 液压油压力释放阀等部件。蓄能器在液压油系统泄漏或液压油泵断电情况下提供能量，及时关闭可转导叶，防止压气机损坏，保护压气机。

正常启动时，IGV 保持在全关位置 29°，一直持续到额定转速（修正转速），这时 IGV 开始开启。在全速空载时，IGV 开启到最小全速位置 54°。当发电机断路器闭合时，压气机放气阀和 IGV 配合动作，以维持压气机喘振裕度。IGV 的最大开度为 86°。

3. IGV 控制基准的计算

IGV 控制基准的算法框图如图 13-23 所示，由 ＊ ＊ ＊. M6B 文件的应用程序 CSP 软件完成。

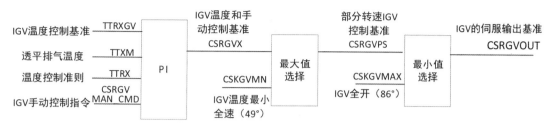

图 13-23　IGV 控制基准算法

IGV 控制基准输出信号 CSRGVOUT 被送到控制器，与 96TV（LVDT）来的位置反馈信号进行比较，其差值推动执行机构把 IGV 调整到理想位置。

1）IGV 温控基准 TTRXGV

图 13-24 所示为 IGV 温控基准的算法，从图中的运算过程可以看出，它是一个 CPD 偏置的 IGV 温控线，与主控系统的温控线非常相似，只是在最小门后要减去一个死区带（2℉）才作为 IGV 温控基准 TTRXGV 信号输出。

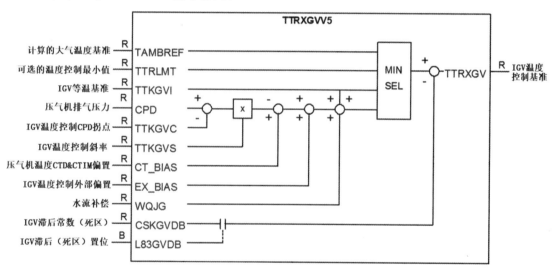

图 13-24　IGV 温度控制基准的计算

2）部分转速 IGV 控制基准 CSRGVPS

部分转速 IGV 控制基准的算法如图 13-25 所示。

其中包含了修正转速 TNHCOR 的计算，其计算公式为

$$TNHCOR = TNH \times \sqrt{\frac{CQKTC\_RT}{460℉CYIM}} \tag{13-16}$$

部分转速 IGV 控制基准 CSRGVPS 的计算公式为

$$CSRGVPS = CSKGVP2 \times (TNHCOR - CSKGVP1) \tag{13-17}$$

CSKGVP1 是 IGV 开启的起始点（理论值），为 81.1%，CSKGVP2 是 IGV 开启的速率，通常为 6.42°/%。部分转速 IGV 控制的角度范围在 29°～54°之间，它不影响 54°～86°的全开范

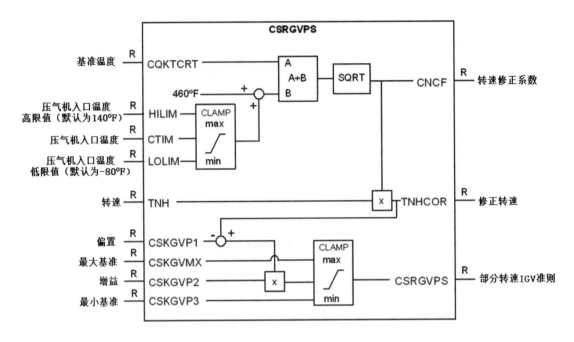

图 13-25　部分转速 IGV 控制基准的计算

围。只有在 CSRGVX（部分转速基准）＞CSKGVMN（IGV 温控基准），才可以继续开启到 86°。

根据转速计算出在额定转速前所要求的 IGV 角度基准 CSRGVPS,送至图 13-23 所示的算法中,参与伺服基准输出的计算。

4. IGV 的动作过程

在启动和停机过程中,对可转导叶进行 IGV 温度控制,使燃气轮机透平的排气温度保持在允许的最高水平,以提高联合循环在部分负荷时的热效率。当燃机转速到 8.4％时,IGV 角度从 21°开至 29°,经过清吹、点火等程序,直至燃机转速到达 90％左右时,IGV 开度开至 54°。随着机组转速的上升,机组进入到全速空载工作状态,经过机组并网,排气温度上升,受 IGV 温控的控制,IGV 开度由 54°关小至 41.5°。

燃气轮机排气温度与汽轮机进汽室金属温度的匹配在热态启动和冷态启动过程中所采取的措施是不同的。

机组热态启动时,为了让较高的燃气轮机排气温度与较高的汽轮机进汽室金属温度相匹配,IGV 开度维持在 41.5°不变,机组负荷逐步增加。一旦燃气轮机排气温度与汽轮机进汽室金属温度完成匹配,即可进行汽轮机冲转。当汽轮机初始加负荷结束后,燃气轮机的负荷就可以进一步增加。在燃机负荷升至 40％左右时,IGV 开度随着负荷的增加逐渐增至最大角度 86°。

机组冷态启动时,为了让较低的燃气轮机排气温度与汽轮机较低的进汽室金属温度相匹配,在燃气轮机并网带初负荷后,采用投入燃气轮机排气温度匹配模式使 IGV 角度开大,从而控制较低的排气温度。IGV 开度的大小取决于汽轮机进汽室的金属温度高低。一旦燃气轮机排气温度与汽轮机进汽室金属温度匹配,汽轮机满足冲转条件则开始冲转、暖机,直至转速至 3000r/min,汽轮机并网带初始负荷。当汽轮机初负荷暖机完成,通过缓慢提高燃气轮机温度匹配设定值使 IGV 关小,当 IGV 关小至 41.5°后,燃气轮机温度匹配模式退出,预选负荷模式投入,燃气轮机进一步加负荷。当负荷达到 40% 额定值左右时,IGV 开度随着负荷的增加逐步增加到最大开度 86°。

燃机达到全速前,若 IGV 的 CSGV(IGV 实时角度)与 CSRGV(IGV reference)相差 5°(LK86GVA)时,系统将发出报警。若相差 7.5°(LK86GVT),则会因 IGV 无法跟随基准 CSRGV 而跳闸。

在采用 DLN2.6 燃烧技术的机组中,通过调整进口可转导叶的角度来控制压气机进气量,达到燃烧方式的切换。

13.2.2　压气机入口抽气加热 IBH 控制系统

1. 压气机入口抽气加热系统的作用

压气机入口抽气加热系统的作用如下:

(1) 在环境温度较低时,将部分压气机排气循环至压气机进口,防止低温造成压气机进口处结冰;

(2) 在带有 DLN2.0+ 及以上燃料喷嘴的燃气轮机中,IBH 系统具有防喘、扩展 DLN 燃烧室预混燃烧工作范围和限制压比超限的作用。

2. 压气机入口抽气加热系统的执行机构

压气机入口抽气加热控制(IBH)采用了一套气动伺服调节机构,系统由手动隔离阀、进气加热控制阀、压力传感器及控制阀的气动回路组成,如图 13-26 所示。

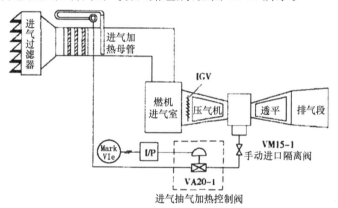

图 13-26　进气加热系统

抽气加热系统从压气机排气缸抽出一部分高温、高压空气,通过一个手动隔离阀和气控调节阀,引入安装在进口消音器下游的加热管道,对压气机进口空气进行加热。在阀门 100% 全开的状态下,通过该阀门的抽气量最多占压气机排气量的 5%。一般来说,抽气口选择在压气机末级出口处引出。

压气机抽气的执行机构是一个 4~20mA 的气动伺服执行器 65EP-3,它控制 VA20-1 阀达到要求的开启位置。其位置反馈是由另一个 4~20mA 的变送器测量后返回到 Mark VIe 轮控盘中,可以实现位置故障的监测。另外还配备了机械行程极限位置(100% 行程的)限位保护开关。

将压气机排气温度信号 CTD 作为进口抽气加热空气的温度信号,同时采用压力变送器来测量 VA20-1 控制阀进口压力或压降。再根据制造厂提供的阀门曲线与行程特性,计算出不同的阀门开度时的加热空气的质量流量,而控制阀的进口压力和压降是压气机进口可转导叶开度的函数。

3. 压气机入口抽气加热控制的计算原理

抽气加热控制的计算原理如图 13-27 所示。

图 13-27　压气机入口抽气加热计算原理

进气加热控制阀的开度由伺服输出 CSRIHOUT 来控制,它受控于防冰进气加热控制基准 CSRAI、手动给定点基准 CSRMAN、干式低 NOX 进气加热控制基准 CSRDLN 和压气机工作极限基准 CSRPRX。压气机工作极限控制基准同时输出 CSRPR,在快速负荷变化时或在进气抽气加热有故障时,用燃气轮机 CPR(压气机压比)燃料控制基准去限制燃料量,对压气机压比进行保护。

4. DLN 入口抽气加热控制

干式降 NO_x(DLN2.6)燃烧系统采用预混模式运行,空气和燃料在燃烧前先进行混合。预混模式下,当机组处于排气温度控制时,系统通过调整压气机空气流量使燃烧温度保持恒定。

在额定的 IGV 最小全速角运行时,若投入了 IGV 温控,燃机大约在 70% 负荷以后才能进入预混模式。在低于额定的 IGV 最小全速角运行时,若投入了 IGV 温控,可以使预混模式运行范围扩展到较低的负荷,大约为 40%～50% 负荷,此时会导致压气机喘振裕度减小。此外,IGV 角度的减小将引起较大的压降和空气流的总温度下降,增加了第一级静叶片结冰的可能性。

为了采用低于 IGV 最小全速角的 IGV 温控来扩展预混燃烧范围,同时避免压气机接近于喘振边界,压气机在设计时抽取其总排气量的 5% 在压气机入口处与入口气流进行混合,形成了从压气机排气抽气到入口的再循环方式,它可使压气机的工作点远离其设计喘振的边界,从而也排除在第一级静叶处形成结冰的条件。

入口抽气加热的控制采用了 PI 控制器,反馈信号为计算得出的压气机抽气信号,控制信号是根据一些可能参与的进气抽气加热基准值选取的最大值,系统通过 VA20-1 控制阀来实现抽气流量的调节。

5．入口防冰叶片加热控制

若环境温度低于 4.44℃（40.0 ℉）,并且压气机进口温度和露点温度之差（过热度）小于 5.6℃（10.0 ℉）时,为了防止冰冻,当操作员按下进气防冰按钮,系统将启动进口抽气加热功能,在进气过滤器和入口弯头挡板处采取防冰措施。

防止入口叶片结冰的方法之一是采用抽取压气机排气去加温进气气流的再循环法,将压气机排气的抽气量和入口空气流量构成控制入口露点温度（ITDP）的一个函数。

为了优化运行状态,进气防冰加热控制采用对露点温度的比例积分闭环控制,以便维持入口空气温度在高于露点的安全温度范围,避免了低于 0℃ 可能出现的冷凝结冰现象。该防冰函数还配置了一个偏置量,在湿度传感器出现故障的时候作为一个环境温度的备用基准值。

露点传感器位于进口过滤器下游。环境温度热电偶安装在进口抽气加热总管上游。差压开关监控进口过滤器压降是否超出范围,压降过大说明已发生冻结,即触发一个报警,警告操作员有结冰现象。压气机抽气加热母管位于进口空气过滤器下游。在进口位置需要安装遮风雨装置以防雪防冻,使防冻系统更好地发挥效能。

此外,系统还提供了入口叶片加热的手动控制功能,操作员可以从 Mark VIe HMI 给 VA20－1 控制阀发出手动命令。

6．压气机运行极限保护

从压气机的通用特性曲线可知,压气机必须运行在其极限压比 CPRLIM 之下,而极限压比又是 IGV 角度、经温度修正过的折合转速 TNHCOR 的函数。在极冷的大气温度、较小的 IGV 角度、较高的燃气初温、较低热值的燃料组分以及燃烧室水/蒸汽的喷注量等多种因素的影响下,压气机的压比可能会接近设计的极限值,因此需要设置压气机压比超限保护功能。

在 GE 6FA 机组的运行中,系统为压气机压比设置了三道超限保护:

（1）用 IGV 温度控制去抑制压比:当燃气初温超限时迫使 IGV 开大,IGV 开大将增加压气机运行的喘振裕度。该方法是压气机工作极限保护的间接方法。

（2）利用抽气加热进气对压气机压比进行保护:在机组的增负荷运行中,当压气机压比达到它的工作极限基准时,打开抽气加热控制阀。

（3）在负荷快速变化时或进气抽气加热有故障时,用燃气轮机 CPR（压气机压比）燃料控制基准作为备用限制措施去限制燃料量,对压气机压比进行保护。

13.2.3　气体燃料控制

PG6111FA 型燃气轮机使用天然气燃料,采用了干式低氮氧化物 DLN2.6 燃烧室,以提升燃烧和环保效益。燃料控制系统的作用是将天然气燃料调整到适当的压力、温度和流量后输送到燃烧室进行燃烧,以满足燃气轮机启动、升速、加负荷和停机的所有要求。

1．DLN2.6 燃烧室

6FA 燃气轮机的燃烧系统由 6 个环形布置的逆流式 DLN2.6 燃烧室组成,属于并联分级燃烧形式。每个燃烧室配有 6 个燃料喷嘴,五外一内布置的燃料喷嘴装在燃烧室端盖上并伸入到火焰筒中,相邻燃烧室由联焰管相联。♯4、♯5 燃烧室上各自装有 1 个伸缩式电极火花塞用于对燃料放电起燃。♯1、♯2 燃烧器各布置一个紫外线式火焰监测器,♯6 燃烧器布置有两个同类型的火检。

燃烧室的冷却空气取自压气机排气,从压气机排气缸出来的压缩空气包围在过渡段外面,大部分空气进入燃烧室的导流套,小部分空气进入过渡段冷却孔对其进行冷却。进入燃烧室的空气分为两部分,通过火焰筒上的流量孔的空气参与正常燃烧;从火焰筒上的冷却孔进入的空气是为了冷却火焰筒本身。火焰监测器采用闭式冷却水冷却。

每个 DLN 2.6 燃烧室有四种燃料喷嘴,其管路布置如图 13-28 所示。

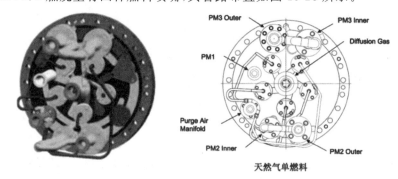

图 13-28　DLN2.6 燃烧室喷嘴布置示意图

6 个喷嘴为径向布置,其中 1 个喷嘴位于中心,用 PM1(预混合 1)表示。两个靠近交叉管的外部喷嘴用 PM2(预混合 2)表示,其余三个外部喷嘴用 PM3(预混合 3)表示,PM1、PM2、PM3 每个喷嘴都可作为一个完全预混合燃烧器使用。另一个燃料通道位于预混合喷嘴上游的空气流中,围绕燃烧室,称为第四燃料管(QUAT),配有 15 个小的喷嘴,如图 13-29 所示。

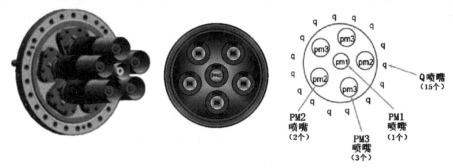

图 13-29　燃烧室不同类型的喷嘴示意图

2. 燃烧控制系统的工作原理

燃烧控制系统控制 DLN2.6 多喷嘴预混合式燃烧器的燃料分配,每个燃烧室燃料喷嘴的燃料流量分配均经过计算,以达到机组负荷要求和燃机最佳排放。

燃料管路系统如图 13-30 所示,由进口滤网、燃料速比截止阀(VSR-1)、燃料控制阀(VGC-1、VGC-2、VGC-3、VGC-4)以及燃料压力传感器、温度传感器、燃料输送支管和喷嘴等部件组成。所有部件组装在一个模块上,并封闭在燃气轮机旁的气体燃料小室,燃料输送管道和燃料喷嘴装在燃气轮机本体内。

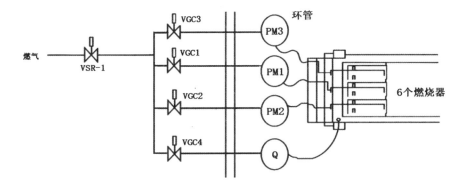

图 13-30　♯1 机组燃烧控制系统主要执行器

气体燃料控制系统的组成如图 13-31 所示。

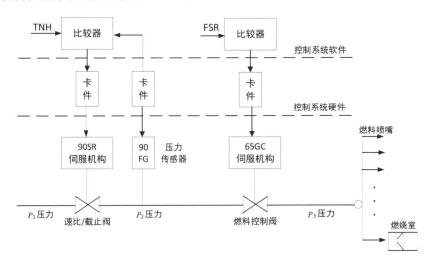

图 13-31　气体燃料控制系统组成示意图

　　燃料量由燃料速比阀 SRV(Speed Ratio/Stop Valve)(也称速比截止阀,对应图 13-30 中的 VSR-1)和气体燃料控制阀(Gas Control Valve,对应图 13-30 中的 VGC1—VGC4)控制,速比阀和各个燃料控制阀串联在一起,共同调节进入燃烧室的天然气流量。控制系统在机组运行的不同阶段,通过燃料供应集管(PM1、PM2、PM3、QUAT)及燃料控制阀控制各路燃料供给之间的比例,实现低氮燃烧,同时根据透平转速和负荷的变化,不断地改变阀门开度,调节进入燃烧室的总燃料流量的大小。

　　燃料控制系统有两个控制回路:其一是由 TNH 到速比/截止阀的控制回路;其二是由 FSR 到燃料控制阀的控制回路。

　　速比/截止阀 SRV 使阀后压力 P_2 维持在给定值,这个给定值正比于转速 TNH,因此,速比阀的调整保证了在全速空载以后无论机组的输出功率是多少,压力 P_2 都能维持恒定不变。该阀门还兼具截止阀的作用,在遮断机组时通过电液系统及时切断燃料的供应。

　　燃料控制阀 GCV 的开度正比于主控系统输出的 FSR,该阀设计成超临界流动,流经阀门的流量与背压 P_3 无关,并且阀芯的特殊型线使得通流面积变化与其开度成正比。

　　在气体燃料温度不变的情况下,通过燃料控制阀的流量 q_{fg} 正比于 $P_2 \times$ FSR,即

$$q_{fg} \propto FSR \times TNH \tag{13-18}$$

3. 速比阀和燃料阀的执行机构

1) 气体燃料速比/截止阀的执行机构

气体燃料速比/截止阀执行和控制回路如图 13-32 所示。

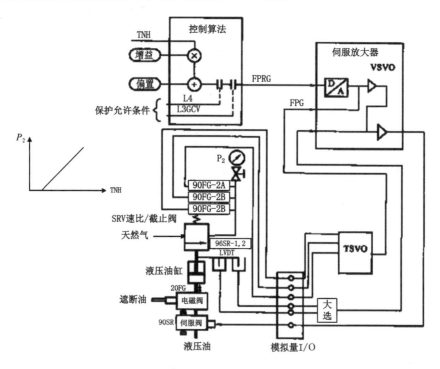

图 13-32 气体燃料速比/截止阀控制回路

燃气轮机转速信号 TNH 在软件中乘以适当增益常数加上偏置量形成 FPRG,经硬件处理实现 D/A 转换。压力传感器 90FG 测量 P_2 压力,按规定的正比关系转换成 FPG 模拟量。根据此硬件中的输出信号作为速比/截止阀的控制信号。

另一方面,压力 P_2 采用的是压力-位置串级控制策略,压力反馈信号和速比/截止阀的位置反馈信号构成串级控制主被控量和副被控量。速比/截止阀的阀位经 LVDT 测量并转换成位置量的模拟信号反馈到硬件电路,FPRG 与 FPG 在第一级运算放大器 PI 前进行比较,如果存在差异则不断改变其输出(阀位基准),直到这个差值消失为止。第一级 PI 的输出与阀位反馈信号再在第二级 PI 前比较,若有差别则不断改变其输出,直到此差别消失。速比阀的位置则随两级 PI 输出而变,稳态 FPG=FPRG,实现了 $P_2 \propto TNH$ 的控制,如图 13-32 左边所示的 P_2 与 TNH 的关系曲线。

速比阀兼作为截止阀,其液压执行器单侧进油,液压驱动开启阀门。关闭阀门则是依靠弹簧推动。遮断时通过 20FG 电磁阀使遮断油泄压,卸去液压执行器油缸的油压,从而速比/截止阀在弹簧力的推动下立即关闭。

2) GCV 气体燃料控制阀的执行机构

气体燃料控制阀使用带有裙边的蝶形体阀芯和文丘里型阀座。由于设计时已经考虑到在所有工况下,确保燃料控制阀前后的天然气压比总是满足小于临界压比的条件,因而流过燃料控制阀的天然气流量与阀门前后的压力降无关,仍是阀前压力 P_2 和阀门行程的函数。速比阀负责调节燃料控制阀前的压力 P_2，燃料控制阀根据控制系统的燃料行程基准 FSR 联合速比阀共同调节供给燃气轮机的总燃料量。气体燃料控制阀执行回路如图 13-33 所示。

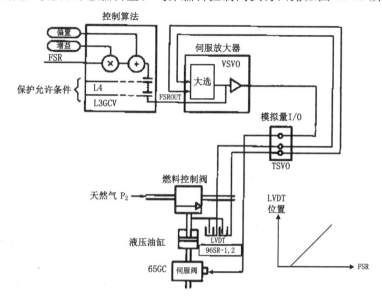

图 13-33　气体燃料控制阀控制回路

燃料量控制采用单回路负反馈控制。FSR2 乘以适当增益常数再叠加调零偏置后成为 FSROUT，作为气体控制阀的阀位基准进入 VSVO 卡。90GC-1、2 两个 LVDT 测量出的阀位反馈信号也进入 VSVO 卡，在此经最大值选择，选出大的位置信号，在 PI 运算放大器前与 FSROUT 比较。如果存在着差值，则 VSVO 卡将改变送到电液伺服阀的输出电流驱动液压执行器，直到此差值消失为止，此时可实现图 13-33 右下角所示的 FSR 和燃料控制阀开度的静态关系。

速比/截止阀和气体燃料控制阀联合控制的结果使气体燃料流量正比于 FSR2 和 TNH 的乘积。

4. 燃料吹扫系统

1）燃料吹扫系统的作用

吹扫系统的主要作用为：当燃料控制阀关闭时，为了防止其下游管道天然气堆积，甚至出现燃烧回流使燃烧室的燃料喷嘴烧坏，需要对关闭的燃料控制阀下游管路和喷嘴进行一定时间的吹扫和冷却。燃料气喷嘴的吹扫空气来自压气机抽气，提供吹扫空气的管路系统称为燃料气吹扫管路系统。采用 DLN2.6 燃烧室的燃气轮机，在 VGC-1、VGC-2、VGC-3 和 VGC-4 燃料控制阀后的燃气管道中都接入了吹扫管道。

2）燃料吹扫系统主要设备和功能

来自压气机排气 AD6 接口的吹扫空气分为四路：三路分别通往燃料气喷嘴流道（PM1、PM2、PM3），另一路通往燃料喷嘴流道（QUAT）。

当流经某一气体燃料喷嘴的燃料停止流动时，就要启动对该燃料气喷嘴流道的吹扫。通过抽气支管将压气机排气导入气体燃料管，吹扫气体燃料喷嘴，以保证气体燃料支管及其相连的管道里不再集聚易燃气体，并使燃料喷嘴得到冷却。

13.3　燃气轮机顺序控制系统

顺序控制系统用于完成燃气轮机、发电机及其励磁系统、静态启动器以及其他相关辅助设备和系统的自动启停控制,它与主控制系统相配合,共同实现燃气轮机组的一键启停,或者少量的人工干预。顺序控制本质上是燃机运行规程的程序化实现,它能减少人工操作失误的影响,有效地提升了燃气轮发电机组的自动化水平。

13.3.1　启动顺序控制

启动顺序控制通过对燃气轮机启动过程中出现的大量时间和条件进行运算实现对机组运行工况的判别,并根据启动运行规程的要求,发出相关设备的启停指令,最终使机组稳定在预先设定的负荷值。

启动程序发出的各控制指令首先要依赖于当前燃机转子的转动速度,因而转速的正确检测在启动过程中是至关重要的。燃机采用电涡流式磁性传感器测量转速,当转速达到各个关键值时,将分别发出一系列控制指令,使相应电磁阀、风机和泵动作。这些关键的"转速级"常用的有下列四个:

14HR:零转速(0.14％额定转速)。当轴转速低于 L14HR(启动信号)释放值或在没有转动时 L14HR 触发(故障保安),逻辑允许信号使离合器开始带电,开始燃机的盘车程序。

14HM:最小转速(13.5％额定转速)。最小转速表示燃机达到了允许点火的转速,在点火器点火之前需完成清吹。在停机过程中,L14HM 使最小转速逻辑置"0",提供了燃机停机后再启动的允许逻辑信号。

14HA:加速转速(50％额定转速)。L14HA(加速信号)的触发值为 TNKl4HAl(典型值为额定转速的 50％),释放值为 TNKl4HA2(控制常数典型值为额定转速的 46％)。L14HA可用于燃气轮机排气热电偶开路的跳闸逻辑。

14HS:运行转速(95％额定转速)。L14HS(启动完成信号)的触发值为 TNKl4HSl(典型值 95％),释放值为 TNKl4HS2(控制常数典型值为 94％)。L14HS 为"真",表明启动程序已完成,从而使燃气轮机燃烧器由 PM2 切至 PM1 运行,允许发电机同期,启动排气框架风机88TK。L14HS 为"假"将停运排气框架风机。

燃气轮机的自动启动过程是由启动程序控制和主控制系统中启动控制共同作用的结果。前者从启动开始给出顺序控制逻辑信号,后者从燃机点火开始控制燃料命令信号 FSR 值。

正常启动控制的流程图如图 13-34 所示。

13.3.2　正常停机程序控制

正常停机亦称热停机(Fired Shutdown)不同于燃机点火前(冷拖期间的)停机又区别于故障时的紧急停机。

当主控制选择停机并开始执行时将产生一个 L94X 信号。此时如果发电机线路断路器在闭合状态,则转速/负荷给定点 TNR 开始下降,以正常速率减少 FSR 和负荷。一旦 Mark VIe中的逆功率继电器动作,则立即断开发电机断路器。随之转速基准 TNR 继续下降,转速也逐渐下降直到额定转速的常数设定值时(一般在 20％～46％之间),14HA 释放,FSR 箝位到零,关闭燃料截止阀,切断燃料供应,熄火,燃气轮机进入惰走。

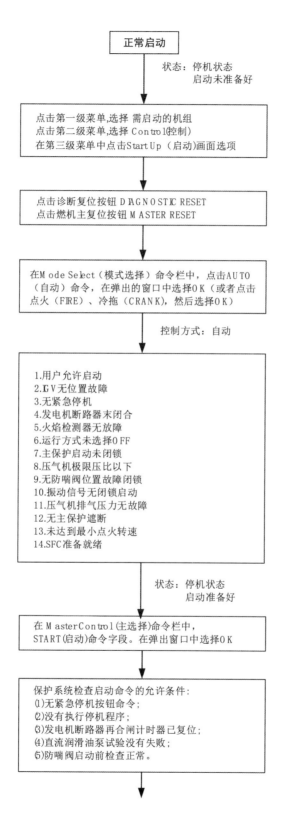

图 13-34 燃机正常启动流程图(一)

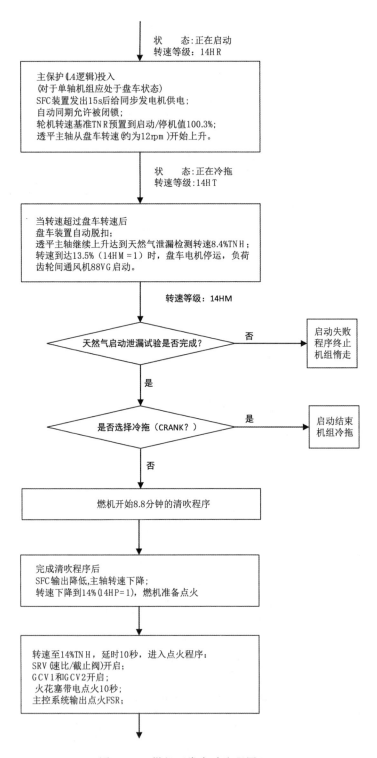

图 13-34　燃机正常启动流程图（二）

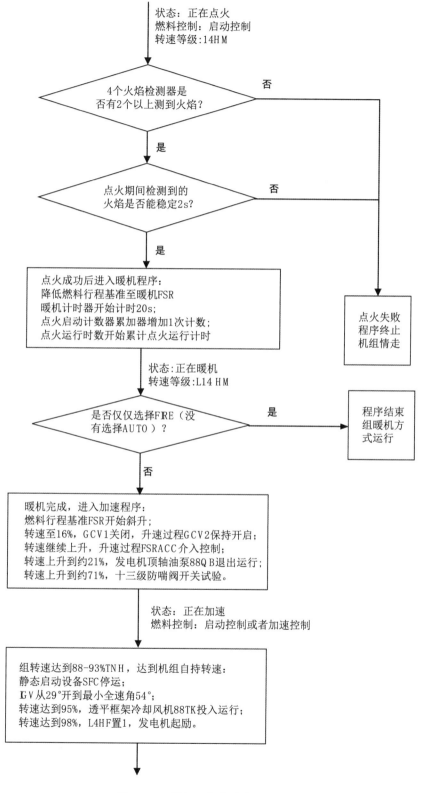

图 13-34 燃机正常启动流程图(三)

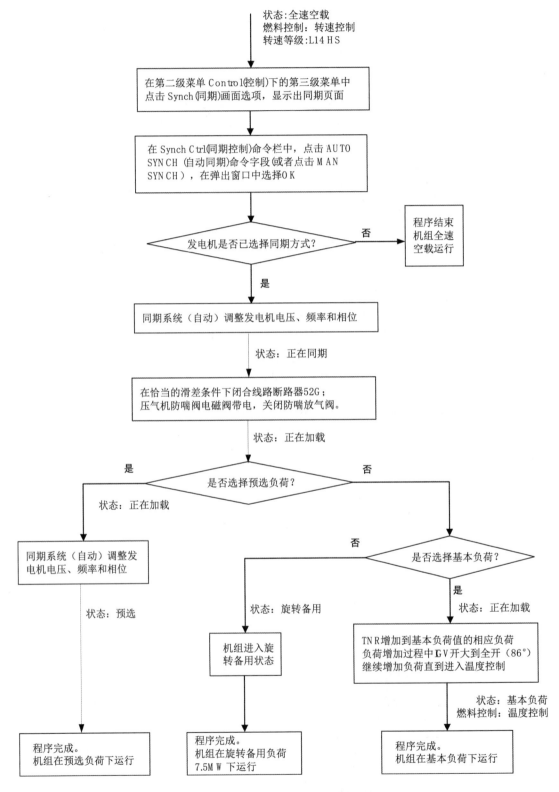

图 13-34 燃机正常启动流程图(四)

正常停机控制的流程逻辑图如图 13-35 所示。

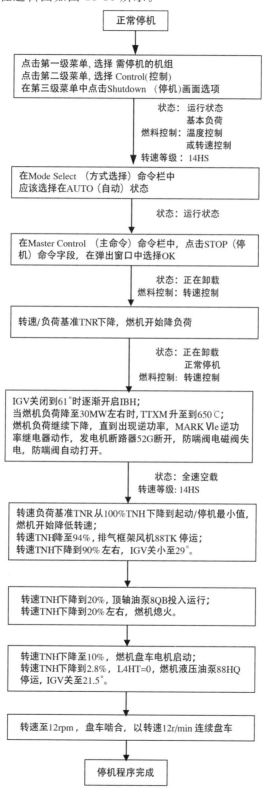

图 13-35 燃机正常停机流程图

13.4 燃气轮机保护系统

13.4.1 Mark VIe 保护系统概况

Mark VIe 保护系统是保障机组安全运行的重要手段。当燃气轮发电机组由于种种原因出现异常时,运行参数会偏离正常范围,此时保护系统发出报警并指示故障原因,提醒运行人员及时采取措施,尽可能在不停机的情况下排除故障,使机组恢复正常运行。当机组出现重大故障时,保护系统在报警的同时,通过使机组跳闸来保护设备和人身安全。保护系统独立于其他控制系统,以避免因控制系统故障而影响保护装置的正确动作。

1. Mark VIe 保护系统的内容

Mark VIe 为 GE 6E 机组配置了多项保护功能,包括:超速保护、(排气)超温保护、振动保护、熄火保护、燃烧监测保护、危险气体泄漏保护、压气机喘振保护、紧急超速和发电机同期及同期检查等,其中超速保护、超温保护、振动保护、熄火保护、燃烧监测保护是主要保护功能。

2. 保护系统的类型

保护系统类型很多,从引发保护动作时工况复杂性的不同,保护系统可分为单一状态保护和综合性状态保护。单一状态保护针对的是简单的、易于判别的、确定性的参数超限保护,如润滑油压力过低、润滑油母管温度过高等。综合性状态保护针对的是复杂的、综合性的故障信息,如超速、透平超温、燃烧监测和熄火等,它们需要对大量的状态信息进行多重运算来得到工况信息。按保护信号运算实现方式的不同可分为软保护和硬保护,软保护是利用 Mark VIe 的控制模块和保护回路对各种监测信息进行逻辑运算,得出保护触发指令。硬保护是利用机械装置或电气元件来构建保护运算功能,直接作用于燃机部件(如速比阀 VSR),实现燃料的快速切断。

3. 输出表决以尽可能减少机组紧急遮断时的误动和拒动。

1)燃料伺服阀的三线圈表决

Mark VIe 为燃料伺服阀配置了三线圈输出自动补偿功能,其原理如图 13-36 所示。燃料伺服阀具有三个独立的线圈,〈R〉、〈S〉、〈T〉控制器的输出通过伺服阀实现三个电流的叠加,每个线圈的电流小大均受到限制,使两个输出信号电流之和可以抵消第三个信号出现的不正常电流。

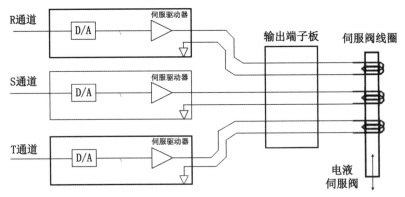

图 13-36 伺服电流输出的叠加

假设燃气轮机在温度控制状态下满负荷运行时〈S〉控制器发生了故障,致使它的输出电流达到最大,控制系统有增加燃料驱动的趋势。实际中,燃气轮机的燃料也会稍有增加,引起的电流变化会稍微超过〈R〉、〈T〉上的给定值,随之〈R〉、〈T〉控制器会改变它们的输出电流,减少燃料量。〈R〉、〈T〉控制器输出的总量将会超过由〈S〉产生的故障信号,两个输出之和扣除故障通道的输出后,将维持总的输出电流不变,从而恢复到原来应有的燃料。这种伺服输出补偿性表决运算可以有效排除〈S〉故障对机组所产生的影响,由于所引起的燃料波动的瞬态变化值较小,因此不会使表决后的信号产生明显的变化。

主伺服阀三个独立的电流信号驱动三线圈伺服执行机构,它用磁通量叠加的方法将 3 个电流信号相加。当检测到伺服驱动器或伺服线圈发生故障时,保护系统会断开自灭式继电器的触点,保证使控制卡件不会因伺服阀的故障而遭受损坏,同时进行报警。

2）4～20mA 输出的表决

4～20mA 模拟量输出表决如图 13-37 所示,它采用了 2/3 电流共用电路叠加原理将三个 4～20mA 信号表决出一个电流值。当检测到 4～20mA 输出发生故障,保护系统就断开自灭式继电器的触点。

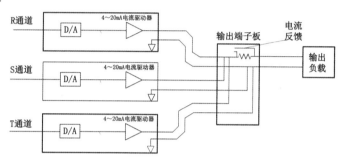

图 13-37　4～20mA 输出表决

3）继电器触点输出的硬件表决

当系统发生故障需要遮断停机时,〈R〉、〈S〉、〈T〉三个控制器的输出会通过三个独立的继电器触点进行 2/3 表决,如图 13-38 所示。如果〈R〉〈S〉〈T〉中任何 2 个或全部 3 个输出出现"遮断",则系统输出"遮断"信号,信号运算的逻辑关系为

$$继电器输出＝R×S＋S×T＋T×R \qquad (13-19)$$

式中,"×"表示逻辑"与";"＋"表示逻辑"或"。

采用 2/3 的硬件表决可以克服由于〈R〉〈S〉〈T〉控制器中的任意一个控制器出现故障造成机组的停机,从而提高了燃气轮机-发电机组的可利用率。

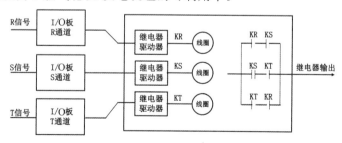

图 13-38　硬件输出表决

13.4.2　Mark VIe 主要保护功能介绍

1. 超速保护

燃气轮机的转动部件在高速旋转时会产生很大的离心力,其大小正比于转速的 2 次方,当转速增高时,由于离心力所造成的应力将会迅速增加。转动部件的允许转速通常设计为小于

"额定转速+20%",一旦转速高于此值,应力就接近于额定转速时的 1.5 倍,如果转速继续升高,就可能导致燃气轮机严重损坏,因此,每台燃气轮机装设了电子超速保护装置,当汽轮机主轴转速超过设定值时(一般规定为额定工作转速的 1.10~1.12 倍)保护系统动作,迅速切断燃气轮机的燃料,使其停止运转。

电子超速保护的信号处理过程如图 13-39 所示。燃气轮机 Mark VIe 控制系统配备了三个控制用测速传感器以及三个保护用测速传感器,这种双重三冗余测速使燃气轮机转速的检测更可靠,准确性更高。

Mark VIe 控制系统的三重冗余 R、S、T 控制器将从转速传感器来的信号输入到 TTUR 端子板,经由 VTUR I/O 卡处理,再通过 TRPG(或者 TREL、TRES)表决后输出遮断信号驱动遮断电磁线圈。

在三重冗余的 X、Y、Z 保护模块中,TPRO 端子板接收另外三个转速传感器的检测信号,经 VPRO 卡处理,再通遮断卡 TREG(或者 TREL、TRES)完成电磁线圈输出信号的硬件表决,并驱动这些遮断电磁线圈。

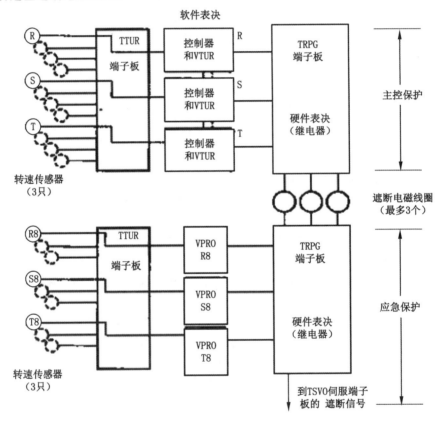

图 13-39　超速保护信号处理示意图

2. 超温保护

超温保护用于防止燃气轮机因过分燃烧而引起的热部件超温损坏,属于燃气轮机的后备保护,只在温度控制功能发生故障时起作用。正常运行时,系统通过测量和控制排气温度 T_4 来间接控制透平前温 T_3。当燃烧温度达到限值时,排气温度控制功能会采取控制燃料量的方式来降低温度。但是,在某些故障情况下,排气温度和燃料量可能超过控制限值,当实际温度高于温度控制基准约 14℃ 时，超温保护系统将发出超温报警，为避免温度进一步上升，系统会对燃气轮机采取减负荷措施。如果温度再进一步升高，超过温度控制基准约 22℃，燃气轮机将跳闸。

1）超温保护的报警和遮断曲线

Mark VIe 超温保护的报警和遮断曲线如图 13-40 所示。

大气温度的变化会使透平前温 T_3 和排气温度 T_4 的关系发生改变，例如，当大气温度升高时，压气机出口压力会降低，为了维持 T_3 恒定不变，T_4 温度要适当提升。当大气温度降低时，压气机出口压力相应增大，为了维持 T_3 恒定不变，T_4 温度要适当降低。因此，当大气温度变化时，为了保持 T_3 的恒定且不超过限定值，需要用压气机出口压力来修正 T_4，构成 T_4 的温控基准线 TTRXB。

在一定的大气温度下，燃气轮机的温控功能可通过排气温度 T_4 维持透平初温 T_3 在额定参数以内，此时的排气温度和压气机出口压力处于温控基准线 TTRXB 的某个点上。当大气温度升高时，该点在温控系统的作用下沿温控基准线左上方移动；当大气温度升高时，该点在温控系统的作用下沿温控基准线右下方移动。为了防止温控功能发生故障使透平初温 T_3 失控而超出安全范围，系统设置了 TTKOT3、TTKOT2、TTKOT1 三道超温保护线。

TTKOT3 报警线：由温控基准线 TTRXB 向上平移一个 TTKOT3 常数（通常为 25℉）形成的报警线。当温控功能故障使透平前温 T_3 上升时，在相同的压气机出口压力下，排气温度 T_4 会比正常温控基准所确定的值高，当它高于"温控基准＋ TTKOT3"时，保护系统发出超温报警信号。

TTKOT2 遮断线：由温控基准线 TTRXB 向上平移一个 TTKOT3 常数（通常为 40℃）形成的报警遮断保护线。当温控功能故障使透平前温 T_3 上升时，在相同的压气机出口压力下，排气温度 T_4 会比正常温控基准所确定的值高，当它高于"温控基准＋ TTKOT2"时，保护系统发出遮断逻辑信号。

TTKOT1 遮断线：由 TTKOT2 常数和温控基准线 TTRXB 水平线对应值之和构成的遮断保护线，它不受 CPR 或 FSR、DWATT 偏置温控线数值大小的影响。

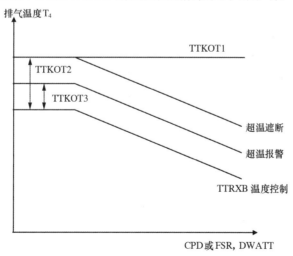

图 13-40　MARK-VIe 超温保护

2）超温保护逻辑

超温保护的逻辑运算过程如图 13-41 所示。

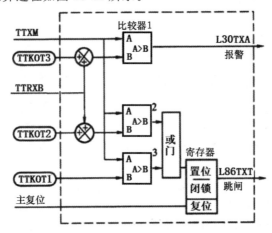

图 13-41 超温保护的逻辑运算

超温报警信号 L30TXA 的运算:将排气温度(TTXM)与报警和跳闸温度设定点进行比较。当排气温度(TTXM)超过温度控制基准(TTRXB)加报警裕度(TTKOT3)时,输出报警信号 L30TXA,报警系统显示"EXHAUST TEMPERATURE HIGH（排气温度高）"信息。如果温度降至设定点以下,报警将自动复位。

超温跳闸信号 L86TXT 的运算:当排气温度(TTXM)超过温度控制基准(TTRXB)加跳闸裕度(TTKOT2),或超过等温线跳闸设定点(TTKOT1)时,发出超温跳闸信号 L86TXT。超温跳闸功能将闭锁,显示"EXHAUST OVERTEMPERATUER TRIP"信息,透平将通过主保护电路跳闸。该跳闸功能被闭锁后,需要主复位信号为真才可复位和解锁跳闸信号。

3. 振动保护

由于燃气轮机轴系结构复杂,运行中引发振动的原因非常多,因此需要设置完善的振动监测和保护系统,以避免燃气轮机运行时振动过大引发的严重事故。

1）振动对燃气轮机安全性的影响

燃气轮机是高速旋转的机械设备,其振动大小直接关系到燃气轮机轴系的安全,振动对燃气轮机安全性的影响体现在以下几个方面。

（1）振动对燃气轮机本体的影响

燃气轮机在高速运转时,若振动较大,有可能使压气机或透平的叶片产生断裂或使转子和外壳、动叶和静叶发生碰擦,给机组带来重大损伤。为了保障机组运行的安全性,必须限制机组的振动,并设置相应的振动保护系统。

（2）振动对测速元件的影响

燃气轮机的测速通常采用磁性测速传感器,通过频率-电压转换电路形成与转速成正比的脉冲电压信号。由于磁性测速传感器的磁钢和齿轮的间隙很小,当机组的振动较大时,此间隙会变得忽大忽小,可能会引起数据转换的失误,出现"丢转速"的现象,即测量到的指示转速比实际转速偏低,造成转速控制系统失准。在超速保护系统中,实际转速比指示转速偏高就更加危险。因此,机组的振动不能过大,以便确保磁性测速传感器和检测电路指示正确。

（3）振动对轴承和轴系的影响

振动过大会影响轴承和轴承油膜的稳定性,使油膜发生涡动或振荡,影响润滑效果,严重时使转子和轴承产生碰磨,激发接触谐振和啸声,破坏轴系结构。

（4）振动对危急遮断系统的影响

当轴振动较大时,可能引起危急遮断器误动,降低保护系统的可靠性。

2）振动测点的布置

GE 6FA 燃气轮机转子由位于两端的、装在轴承壳内的两个滑动轴承来支撑,称为♯1、♯2轴承,它们均为可倾瓦轴颈轴承,转子的轴向推力由双面轴向推力瓦轴承自行平衡。♯1轴承箱位于压气机进气口处;♯2轴承箱位于透平排气框架中,由于该处温度高,因此设有轴承冷却风机对♯2轴承进行冷却和密封。轴承的润滑由润滑油系统来保障。

为了监测燃气轮机的振动,系统在♯1、♯2轴承及其轴瓦的相应位置布置了共 8 个振动测点,如图 13-42 所示。轴承振动采用的是地震式振动传感器,属于接触式速度型传感器。轴瓦振动采用的是电涡流传感器,属于非接触式位移型传感器。♯1 轴承振动的测点为 39V-1A、39V-1B,♯2 轴承振动的测点为 39V-2A、39V-2A。轴瓦振动的测点布置在面对轴瓦相互垂直的两个方向,称为 X 方向和 Y 方向,测点分别为 39VS-11、39VS-12、39VS-21、39VS-22。

3）Mark VIe 的振动保护系统

Mark VIe 的振动保护系统由几个独立的通道组成。图 13-43 为振动保护系统的原理图,振动传感器信号通过 TVIB 端子板,经输入/输出模拟量转换及功率放大后再进入 A/D 转换器,其输出分送到〈R〉、〈S〉、〈T〉的 VVIB 处理卡。

Mark VIe 通过以下 4 种途径来实现燃机的振动保护。

（1）传感器失效报警

当振动传感器发生短路、开路或其他故障时,测得的实际振动值将为零或远远低于机组正常工作时的某个振动数值（该定值以 SHORT 表示）,通过图 13-43 中所示的第一个比较器使 L39VF 置 1,可以判别为传感器发生故障。

图 13-44 所示为位移型振动传感器的监测算法模块 XVIBM00。

当模块中的振动输出健康状态信号 HLTH1 为 FALSE,或因 L39VFnX、L39VFnY 的探头故障使状态信息 FLT2 为 TRUE 时,模块"输出振动传感器故障"信号 PRBFLT,L39VFnX、L39VFnY 中的 nX、nY 表示 n 号轴承 X 方向和 Y 方向的探头。

速度型传感器的振动监测算法模块为 L39VV11-Vibration Level Detection,运算原理与 XVIBM00 类似。

若振动传感器成组不能工作,或任何一组振动传感器均故障或不能投入使用时,保护系统发出传感器失效报警,并发出燃机自动停机指令 L39VD2。

（2）燃气轮机组振动大报警

机组运行时,振动值可以大于 SHORT 值,但不能过大,其限值（将该常数记为 ALARM,正常情况下等于 12.7mm/s）需根据燃机的结构和机组的运行要求来定。当实际振动值大于限制值 ALARM 时,图 13-41 中的第 2 个比较器使 L39VA 信号置 1,经过 1s 延时,发出振动大报警,此时机组仍可以运行。当振动值恢复正常,即小于 ALARM 后,L39VA 置 0,报警信号消失。

（3）燃气轮机组振动大自动停机

若机组运行时振动值过大,轴承振动同组中两只或以上达到停机值 20.8mm/s 时,经过 1s 延时,保护系统采取自动停机措施。在自动停机前,保护系统会先进行报警,要求运行人员主动执行正常停机操作。

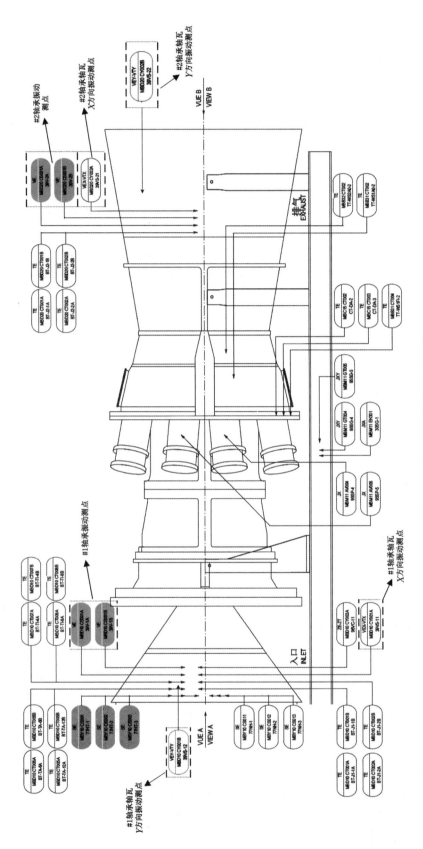

图 13-42　GE 6FA 振动测点布置图

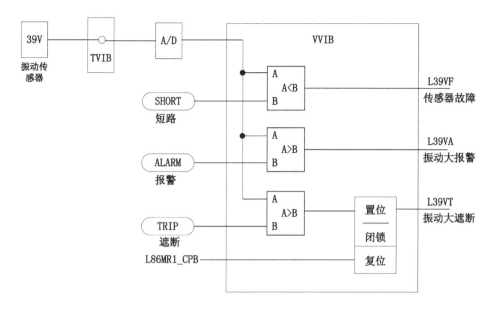

图 13-43　Mark VIe 振动保护系统原理图

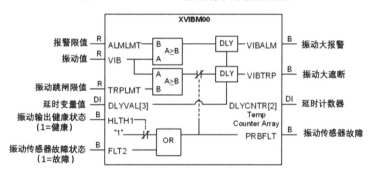

图 13-44　振动监测模块

　　自动停机是比遮断跳闸更温和一些的处理方式,尤其是在高负荷运行时,紧急遮断会给机组带来很大的冲击,燃机的高温部件将受到热应力剧变的影响,同时还会波及相关的辅助设备,使整个机组的寿命降低,因此,对振动传感器的失效或振动值未达到危险值时,可采用自动停机来保护机组。

　　(4) 燃气轮机组振动大跳闸

　　当轴承振动同组中两只或以上传感器达到跳闸值,或者轴承振动同组中一只传感器达到跳闸值,另一只达到报警值,并且与其相邻的振动传感器也达到了报警值,系统发出振动大跳闸指令。GE 6FA 燃机的振动遮断值设为 25.4mm/s。

　　图 13-41 中,当振动值大于 25.4mm/s 时,第 3 个比较器的输出通过"置位/闭锁和复位"模块,输出振动大遮断指令 L39VT。

　　4. 熄火保护

　　燃气轮机的性能和可靠性与燃烧室有着密切联系。燃烧室出口局部温度过高会引起透平叶片的过热甚至烧损;燃烧的不稳定会导致熄火;燃烧组织不好会使效率降低,同时在火焰筒和透平叶片工作表面会产生积碳;火焰筒壁面上积碳会影响冷却,造成过热变形甚至开裂;透平叶片上的积炭将使叶片气动性能变坏,降低透平效率,并会造成转子平衡不好,导致燃气轮机振动增大。熄火保护在燃烧室火焰异常时对机组进行遮断,保证燃烧设备和机组的安全。

1) 火焰检测器

火焰检测器为熄火保护提供燃烧工况判别信息,其灵敏性和可靠性对保护系统有很大的影响。

(1) 火焰检测器的布置

GE 6A 机组设置了 4 个紫外线式火焰检测器,分别布置在♯1、♯2、♯6 燃烧室,其中♯1、♯2 燃烧室各布置了一个,♯6 燃烧器布置了 2 个。

(2) 火焰检测器的信号处理

紫外式火焰检测器通过感受燃烧器火焰中的紫外线来判别火焰状况。

图 13-45 所示为一种常规的火焰检测器处理电路。火焰传感器是一个铜阴极检测器,用以检测紫外线。因为它需用 350V 的直流工作电压,所以电源先由振荡器将 28V 的直流电压逆变为高压的交流电压。再经整流器将高压交流电整流滤波后产生 350V 的高压直流电以供给紫外线传感器作为电源用。燃烧室有火焰时,紫外线传感器(28FD)就会探测到火焰,其铜阴极检测器呈现导通的状态(在没有火焰时,其呈断开的状态)。+350V 的直流电压经电阻和二极管给电容器 C2 充电;当电容器上的电压足够高时,比较放大器的输出电压相应升高到足以使三极管导通,从而逻辑信号 FL1 转为"0",指示出火焰已经存在。

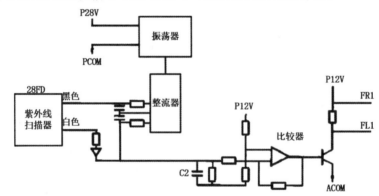

P28V—28V 的直流电源电压;PCOM—电源地线;FR1—输出信号;
P12V—12V 的直流电源电压;ACOM—模拟量地线;FL1—输出的逻辑信号

图 13-45 简化的火焰检测通道

图 13-46 所示为一种较新的火焰检测电路。+335VDC 电压由每一个三冗余保护卡件和高选卡件来供应。该直流电压通过电阻 R 给电容 C 充电。火焰传感器的击穿电压为紫外光强度的单值函数,所以给电容充电达到击穿电压值所需的时间与火焰强度成反比。一旦传感器连续导通,电容很快放电殆尽。由于传感器的两端失去了电压,导通状态也就中止了。此后,供电电源再次向电容器充电,直至电容电压重新达到传感器的击穿电压。这种过程周而复始,于是产生交替通断的频率信号。在每一个卡件上分别测量出这个频率值。当出现的频率高于由 I/O 配置文件中所设定的阈值,便确认火焰已经建立。

图 13-46 所示的检测电路具备了频率测量功能,其频率的高低就直接反映了火焰强度的大小。但是,一旦其紫外传感器出现短路或开路,频率计将测量不到交替充放电的周期变化,频率为零,通道会输出无火焰(No Flame)的信号。而在图 13-45 所示的检测电路中,当传感器开路时才输出无火焰,短路时仍会指示火焰的存在。

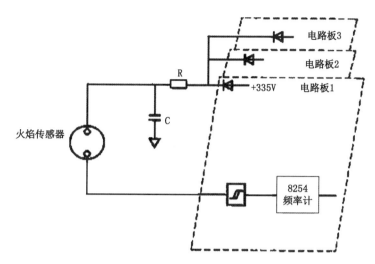

图 13-46　含有火焰强度测量的检测通道简图

2）火焰检测系统

火焰检测系统的方框图如图 13-47 所示，4 个火焰检测通道的逻辑信号 L28FDn 同时送到燃机的控制和保护系统，在机组启停和运行过程中监视燃烧器点火或燃烧状况，提供燃烧室熄火报警或遮断保护。

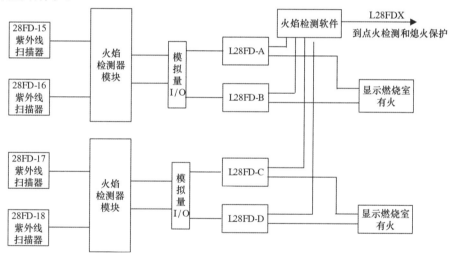

图 13-47　火焰检测系统方块图

熄火保护在机组的不同运行阶段提供不同的保护不同，具体如下。

（1）启动阶段

当燃气轮机低于启动过程最小点火转速时，所有通道都应该指示出"无火焰"，如没有满足这个条件，燃气轮机将不能启动。

在燃气轮机正常启动过程的点火期间，监视燃烧室是否点燃是非常重要的。如果燃烧室内已经喷入燃料而又没有能够及时点燃，应立即报警或跳闸停机，以免燃料积聚在燃烧室或透平内发生爆燃。当 4 个火焰检测器中如果有 2 个检测到火焰的存在并且能够稳定 2s 以上，就认为点火已经成功，启动程序就继续进行下一步，进入燃气轮机 20s 的暖机过程，否则认为点火失败，此时必须停机以后重新启动，才能进入点火程序。

（2）正常运行时

当启动程序完成以后的正常运行中,如果出现一个检测器指示无火焰,会出现"火焰检测器故障"并发出报警,但燃气轮机将继续维持运行。当有两个以上火焰检测器都指出"无火焰"时,熄火保护动作机组跳闸。

（3）停机阶段

熄火延时保护(L94XZ):燃机停机时(L94X＝1),燃机发电机解列 8min 后,若 L94X 仍然为 1(TNH＞10％),熄火延时保护动作,燃机跳闸。

火焰筒火焰消失(L2CANT):燃机停机解列后(L94SD＝1),四个火焰检测器中有 1 个失去火焰,判断为火焰筒火焰消失,燃机跳闸。

低转速火焰保护(L2RBT):燃机停机解列后(L94SD＝1),燃机转速＜20％后,若燃机仍未熄火,低转速火焰保护动作,燃机跳闸;燃机停机解列后(L94SD＝1),四个火焰检测器中有 3 个失去火焰,燃机跳闸。

燃机熄火保护(L83RB):与低转速火焰保护 L2RBT 的要求相同。

5. 燃烧监测保护

为了提高效率,燃气轮机透平前温 T_3 越来越高,PG6111FA 燃气轮机的透平前温达到了 1370℃。燃机在如此高的透平前温运转一段时间以后,燃烧室或者过渡段等热部件可能会发生破裂、损坏等故障,这些故障难以直接实时检测,只能采用测量透平排气温度 T_4 的间接方法来判断其工作状态。当燃烧室破裂、燃烧不正常时,或者当过渡段破裂引起透平进口温度场不均匀时,均会引起透平的进口流场和排气温度流场出现严重不均匀现象,因此,可以通过监测排气温度场是否均匀间接地预报燃烧系统是否发生异常。

通常采用在排气通道上均匀布置多个热电偶测温元件来监测燃机的排气温度场。理想情况下,这些热电偶所测得的排气温度数据应完全相同,但实际运行中,这些温度值会存在偏差,这个偏差被称为燃机排气温度分散度。

1）燃烧监测计算模块

GE 6FA 燃气轮机在排气通道上安装了 21 根均匀分布的热电偶。机组在稳定正常运转时,排气温度场是不均匀的,各热电偶的读数会有所差别,因此要设置一个合理的标准来确定机组在正常情况下各热电偶测量结果的允许温度差,称之为允许分散度 Sallow,用符号 S_{ALLOW} 表示。实际分散度一旦超出这个规定值,就认为测温仪器或机组运行不正常。

排气温度的允许分散度需随工况而变化,因为不同运行工况下透平前温 T_3 和排气温度 T_4 是不同的,排气温度的不同也影响到分散度的不同。排气温度高,相应的热电偶所测量到的排气温度的偏差也大;相反,排气温度低,热电偶在不同地点所测量到的排气温度的偏差值就小。因此,Mark VIe 保护系统用压气机的出口温度来表征机组工况变化时排气温度的变化,压气机出口温度也作为计算排气温度允许分散度的主要依据之一。

机组在稳态时,允许分散度是一个常数,机组在增减负荷时,允许分散度应叠加上一个偏置,以避免在机组燃烧变换化时防止因实际分散度增大而误跳机。

排气温度分散度算法如图 13-48 所示。

图中各符号所表示的物理量分别如下:

CTDA—压气机出口温度;

TTKSPL1—压气机出口温度的上限值;

Max—表示是最大值即上限;

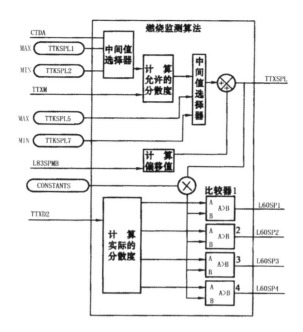

图 13-48　燃烧监测保护原理(排气温度分散度算法)

TTKSPL2—压气机出口温度的下限值；

Min—最小值即下限；

TTXM—透平出口的平均排气温度；

TTKSPL5—允许分散度的上限值；

TTKSPL7—允许分散度的下限值；

TTXSPL—允许的分散度；

L83SPMB—燃烧监测使能故障；

TTXD2—透平出口的实际排气温度；

TTXSPL—允许分散度；

L60SP1—燃烧故障报警和条件遮断 1；

L60SP2—燃烧故障报警和条件遮断 2；

L60SP3—燃烧故障报警和条件遮断 3；

L60SP4—燃烧故障遮断；

CONSTANTS—计算用常数。

允许分散度的计算公式为

$$TTXSPL = TTXM \times TTKSPL4\text{-}CTDA \times TTKSPL3 + TTKSPL5 \qquad (13\text{-}20)$$

式中，TTKSPL4 一般取 0.12～0.145，TTKSPL3 取 0.08，TTKSPL5 取 30℉。

压气机排气温度 CTDA 经图 13-46 中所示第一个中间值选择器后被限制在上限 TTK-SPL1 和下限 TTKSPL2 之间，其输出送至"计算允许分散度"模块作为计算排气温度允许分散度的依据。在计算允许分散度时，还需用到透平的平均排气温度 TTXM。为保证安全，对允许分散度的计算结果也进行了箝位处理，通过第二个中间值选择器将其限定在上限 TTK-SPL5 和下限 TTKSPL7 之间。该中间值选择器的输出经偏置修正后形成机组此时运行工况下允许的排气温度分散度值 TTXSPL，它作为排气温度是否异常即燃烧正常与否的判别依据。

2)Mark VIe 燃烧监测的原理

机组正常运行时,Mark VIe 的燃烧监测模块接收来自热电偶的排气温度信号,对全部排气温度数值按大小先排队。

计算出最高排气温度和最低排气温度之差分散度 S_1 送至图 13-46 所示比较器 1 和 2 的 A 端。

计算出最高排气温度和第二低排气温度之差 S_2 送至图 13-46 所示比较器 3 的 A 端。

计算出最高排气温度和第三低排气温度之差 S_3 送至图 13-46 所示比较器 4 的 A 端。

对实际排气温度的分散度和允许的排气温度分散度进行比较,以判别燃烧是否正常。

在计算分散 S_1、S_2、S_3 时,为了防止某个热电偶故障输出不正常的高温度值引起燃烧检测保护的误报警和误遮断,还可以采用次高(第二高)的温度值参与计算,以提升保护系统的可靠性。

3)Mark VIe 燃烧监测保护

排气温度分散度的限制如图 13-49 所示。图中,S_{ALLOW} 为允许的排气温度分散度,K_1、K_2、K_3 为常数,典型值分别取 1.0,5.0,0.8。

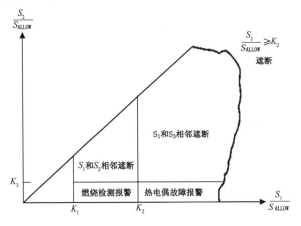

图 13-49　排气温度分散度的限制

(1)排气热电偶故障报警

如果最大排气温度分散度与允许分散度之比 S_1/S_{ALLOW} 超过了常数 K_2,即排气温度的分散度是允许值的 5 倍以上,说明热电偶测得的温度值不在正常的温度值范围,判断为热电偶发生故障,发出热电偶故障报警逻辑信号 L30SPTA。

(2)燃烧故障报警

若燃烧不正常情况,使排气温度的分散度 S_1 超过了允许的分散度 S_{ALLOW},即图 13-49 中的横坐标 S_1/S_{ALLOW} 大于 K_1 的值,说明发生了燃烧失常,输出燃烧失常报警。

(3)排气温度分散度高遮断

利用 S_1、S_2、S_3 这三个实际分散度的值与允许分散度的值进行比较,并根据这三个低点是否存在相邻关系产生三种遮断跳机的保护。

① 第一种分散度遮断跳机保护

第一种分散度遮断保护必须同时满足 $S_1/S_{ALLOW} \geqslant 1$、$S_2/S_{ALLOW} \geqslant 0.8$、$S_1$ 与 S_2 相邻三个条件。

保护原理:均匀分配安装在排气通道上的热电偶测温元件如果测量到的排气温度最低点与次低点是相邻的,且所计算的分散度 S_1 和 S_2 又超出了相应的允许值,说明在此区域内排气温度明显低于正常值。而这种现象极有可能是由于某个燃烧器或过渡段破损造成的,因此应立即跳机以避免故障扩大。

② 第二种分散度遮断跳机保护

第二种分散度遮断保护必须同时满足 $S_1/S_{ALLOW} \geqslant 5$、$S_2/S_{ALLOW} \geqslant 0.8$、$S_2$ 与 S_3 相邻三个条件。

保护原理：当排气分散度 S_1 的值是允许分散度的值的 5 倍以上时，逻辑认为这个排气温度最低点的热电偶元件出现了故障。在这种情况下，如果排气分散度次低点与第三低点仍然处于相邻位置，同时排气分散度次低点超出了允许值，说明排气温度次低点与第三低点热电偶元件所处的位置是一个不正常的低温区，同时考虑到有一个热电偶元件出现故障，为了保护设备的安全，发出跳机指令。

③ 第三种分散度遮断跳机保护

第三种分散度遮断跳机保护仅需满足一个条件：$S_3/S_{ALLOW} \geqslant 1$。

保护原理：当排气分散度 S_3 超出允许分散度之后，说明均匀分配安装在排气通道上的热电偶测温元件测量到了三个不相邻的非正常低温区，这种情况下无论是排气温度元件故障造成的还是其他原因造成的对机组安全运行均造成重大威胁，因此需立即发出跳机指令。

4）燃烧监测保护的退出

燃烧监测系统的作用是监测排气温度热电偶和燃烧系统的故障，典型如因清吹或燃烧喷嘴磨损或堵塞引起的燃料分布不均匀以至燃烧室熄火、燃烧室或过渡段破裂引起的透平进、排气场不均匀等。当燃气轮机处于正常启停机阶段或机组加减负荷等不稳定的工况时，燃料量处于调整变化状态，此时若投入燃烧监测系统，易引起机组频繁报警甚至跳闸，所以需将燃烧监测系统保护退出，以免保护误报警和误动作。待机组处于正常运行阶段后可再投入燃烧监测保护。

6. 火灾检测与保护系统

火灾检测与保护系统由火灾检测和灭火系统两部分组成。

火灾保护系统的功能：自动检测火灾，给操作者发出火灾报警，启动紧急停机程序和关停通风机等操作，使用二氧化碳气体熄灭火灾，同时保持二氧化碳浓度，防止复燃，也允许手动释放二氧化碳。

安装火灾保护系统的部位有：燃气轮机、负荷齿轮箱、燃气轮机♯2 轴承区域、润滑油模块和天然气模块，如图 13-50 和图 13-51 所示。

1）燃气轮机火灾检测系统

燃气轮机火灾检测系统由各隔间的火灾探测器、初续放喷射系统、气动喇叭及报警器组成。

燃气轮机组每个需防火的隔间都配有火灾探测器，可及时探测到火情。每一探测器的线路都连接到消防控制盘上，必须是 A 和 B 两只探测器都探测到火情，两个接点都通电闭合时，才能排放 CO_2。PG6111FA 型燃气轮机组划分为三个独立的火灾保护区域，分为 Ⅰ 区、Ⅱ 区和 Ⅳ 区。每个区都配备火灾探测和控制装置。初续放喷嘴、启动喇叭及报警器装在隔间各部位都易于看到和听到的地方。

Ⅰ 区：负荷隔间和透平隔间

负荷隔间通过隔板与透平隔间隔离。每个区域都带有独立通风系统。燃气轮机隔间带有 10 个火灾检测器、4 个初始排放喷嘴和 4 个持续排放喷嘴。透平隔间两侧门外侧的罩壳上都带有手动释放按钮。负荷隔间内有 4 个火灾检测器、2 个初始排放喷嘴和 2 个持续排放喷嘴。

Ⅱ 区：♯2 轴承区域

♯2 轴承区域包含排气机架内缸以及轴承箱周围的扩压器。

♯2 轴承区域内有 4 个火灾检测器、一个初始排放喷嘴和一个持续排放喷嘴。

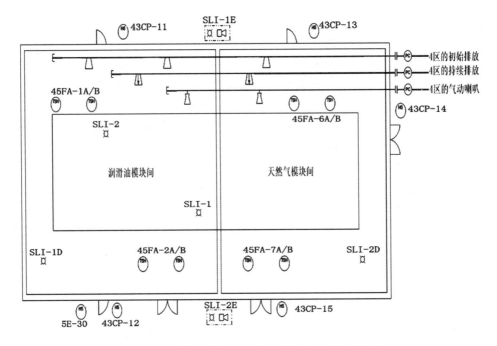

图 13-50　润滑油模块和天然气模块火灾保护系统图

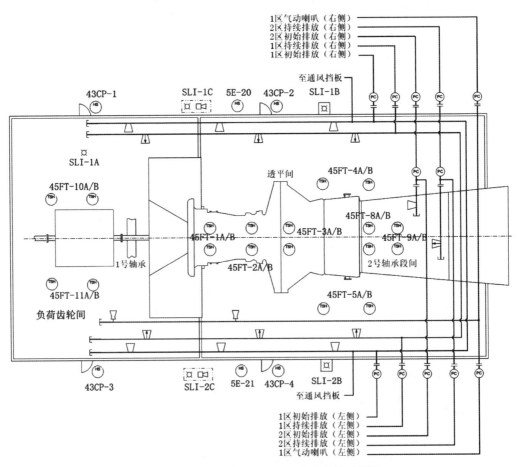

图 13-51　负荷齿轮间和透平间火灾保护系统图

Ⅳ区:辅助模块

辅助模块包括 2 个独立隔间:润滑油隔间和气体燃料隔间。2 个隔间均由隔板分开,并且都带有独立的通风系统。每个隔间门的外侧罩壳上都带有手动释放按钮。

润滑油隔间和气体燃料隔间内各有四个火灾检测器、初始排放喷嘴和持续喷放喷嘴。

火灾探测系统由以下几个热开关探测器组成,如表 13-4 所列,按照 2 选 2 表决自动发布消防信号。

表 13-4　　　　　　　　　　　火灾探测系统热开关探测器组成表

按照燃气轮机类型所需的火灾探测器数量	位置
4 个探测器,163℃	负荷齿轮间
10 个探测器,316℃	燃气轮机室
4 个探测器,163℃	天然气模块间/润滑油模块间
4 个探测器,316℃	♯2 轴承区域

火灾探测器按照双环布置。单环通电:火灾预警;二环通电:火警,燃气轮机跳闸并释放二氧化碳。

2) 燃气轮机灭火系统

燃气轮机灭火的方法是将机组隔间内空气中的氧含量从 21% 的大气正常体积浓度降低到制止燃烧所必需的浓度,通常在 15% 的体积浓度以下。

燃气轮机灭火系统采用二氧化碳灭火系统。一旦发生火情,它将 CO_2 从储罐输送到所需的燃气轮机隔间。此储罐位于机组底盘外的模块上,储罐内装有饱和二氧化碳。与机组互联的管道将 CO_2 从模块输送到燃气轮机隔间,接入底盘内的 CO_2 管道,并通过喷嘴排放。

二氧化碳灭火系统有两个独立的分配系统:一个是初始排放,另一个是持续排放。触发后的一段时间内有足够量的 CO_2 从初始排放系统流进燃气轮机隔间,迅速地集聚起灭火所需的浓度(通常为 34%),然后有持续排放系统逐渐地添加更多的 CO_2 以补偿隔间泄漏,保持 CO_2 浓度(通常为 30%)。CO_2 的流量由每个隔间的初始和持续排放管的管径及排放喷嘴的喷口尺寸控制。初始排放系统的喷口大,可迅速排放 CO_2,以便快速达到灭火所需的 34% 浓度。持续排放系统喷口较小,允许有较慢的排放速率,能长时间地保持灭火浓度,以减少重燃的可能。

第 14 章　汽轮机、余热锅炉及辅机控制

14.1　汽轮机 DEH 控制系统

14.1.1　DEH 的组成与功能

1. 供油系统

本机汽轮机供油系统一部分是由主油泵向汽轮发电机组各轴承提供润滑油及调节保安系统提供压力油;另一部分是主油泵通过滤油器向 DEH 中电液伺服阀供油。本机组推荐采用国标 GB 11120-2011 中规定的 L-TSA46 汽轮机油,在冷却水温度经常低于 15℃情况下,允许用 GB 11120-2011 中规定的 L-TSA32 汽轮机油来代替。

1) 低压供油系统

主要包括主油泵,注油器 Ⅰ,注油器 Ⅱ,主油泵启动排油阀,高压交流油泵,交、直流润滑油泵,油箱,冷却器,滤油器,润滑油压力控制器及过压阀等。

离心式主油泵由汽轮机主轴直接带动,正常运转时主油泵出口油压为 1.6MPa,出油量为 3.0m³/min,该压力油除供给调节系统及保安系统外,大部分是供给 2 只注油器的。2 只注油器并联组成,注油器 Ⅰ 出口油压为 0.10~0.15MPa,向主油泵进口供油,而注油器 Ⅱ 的出口油压为 0.12MPa,经冷油器、滤油器后供给润滑油系统。

机组启动时,应先开低压润滑交流油泵,以便在低压的情况下驱除油管道及各部件中的空气。然后再开启高压交流油泵,进行调节保安系统的试验调整和机组的启动。在汽轮机启动过程中,由高压交流电动油泵供给调节保安系统和通过注油器供给各轴承润滑用油。为了防止压力油经主油泵泄走,在主油泵出口装有逆止阀。同时还装有主油泵启动排油阀,以使主油泵在启动过程中油流畅通。当汽轮机升速至额定转速时(主油泵出口油压高于电动油泵出口油压),停用电动油泵,由主油泵向整个机组的调节保安和润滑系统供油。在停机时,可先启动高压电动油泵,在停机后的盘车过程中再切换交流润滑油泵。

为了防止调节系统因压力油降低而引起停机事故,所以当主油泵出口油压降低至 1.27MPa时,由压力开关使高压交流油泵自动启动投入运行。

当运行中发生故障,润滑油压下降时,由润滑油压力控制器使交流润滑油泵自动启动,系统另备有一台直流润滑油泵,当润滑油压下降而交流润滑油泵不能正常投入工作时,由润滑油压力控制器使直流润滑油泵自动启动,向润滑系统供油。

正常的润滑油压力为 0.08~0.15MPa。油压降低时,要求小于 0.055MPa,交流润滑油泵自动投入;小于 0.04MPa,汽轮机跳闸,直流润滑油泵自动投入;小于 0.015MPa,停盘车装置。

机组正常运行时,电动辅助油泵都应停止运行,除非在特殊情况下,允许启动投入运行。

在润滑油路中设有一个低压油过压阀,当润滑油压高于 0.15MPa 左右即能自动开启,将多余油量排回油箱,以保证润滑油压维持在 0.08~0.15MPa 范围内。

油动机的排油直接引入油泵组进口,当甩负荷或紧急停机引起油动机快速动作时,不致影响油泵进口油压,从而改善了机组甩负荷特性。

2) 电液伺服阀供油系统

电液伺服阀及 AST 电磁阀和 OPC 电磁阀的供油是由母管压力油路通过一台双联滤油器

过滤后提供的,以保证较高的滤油精度。

2. 调节保安系统

本机调节保安系统的组成按其功能可分为主汽门自动关闭器、危急遮断及挂闸组合装置、伺服执行机构、机械液压保安系统及机械超速装置。

1)主汽门自动关闭器

主汽门自动关闭器功能原理如图 14-1 所示,机组挂闸后产生启动油,打开主汽门自动关闭器。停机时通过安全油的泄放切断启动油,并泄掉自动关闭器的油缸腔室中的油,使主汽门快速关闭。主汽门活动试验电磁阀正常不带电,得电时接通油缸上、下腔室,压力油经由上腔室逐渐泄放,实现主汽门缓慢关闭,可用于做主汽门活动试验。

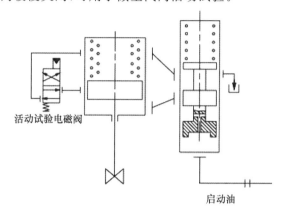

图 14-1 主汽门自动关闭器功能原理

2)危急遮断及挂闸组合装置

危急遮断及挂闸组合装置的功能原理如图 14-2 所示,该装置由壳体、启动滑阀、挂闸滑阀、挂闸电磁阀、OPC 电磁阀组、AST 电磁阀组等组成。挂闸电磁阀得电建立复位油,在无安全油时,对挂闸滑阀进行复位,挂闸滑阀由复位油压下后,压力油经过挂闸滑阀节流孔建立起安全油,同时安全油对挂闸滑阀进行自锁,在复位油消失后保持挂闸滑阀位置不变。

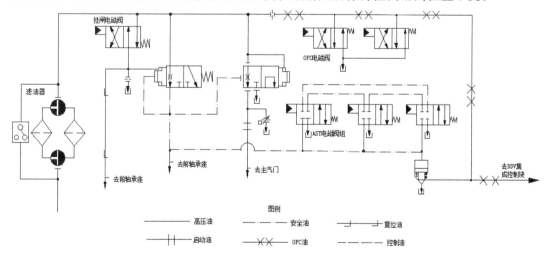

图 14-2 危机遮断及挂闸组合装置功能原理

安全油建立后,压下启动滑阀建立启动油,打开主汽门自动关闭器。在停机时安全油泄掉,通过启动滑阀切断启动油,并泄掉自动关闭器的油缸腔室中的油,使主汽门快速关闭。通过调整可调节流孔的大小可以缓慢泄放启动油,调整启动油压,用于做主汽门严密性试验。

OPC 电磁阀组和 AST 电磁阀组是由两个并联的 OPC 电磁阀和三冗余的 AST 电磁阀组成,AST 电磁阀是失电动作,OPC 电磁阀是得电动作。OPC 电磁阀接收 OPC 信号,动作时只泄放 OPC 油,只关闭调节汽门。AST 电磁阀组采用三取二配置,接受不同来源的停机信号(即 ETS 系统停机信号),至少两个电磁阀失电动作,才能卸掉安全油,进而卸掉启动油、OPC油和控制油,关闭主汽门,调节汽门等,切断汽轮机进汽而使其停机。保护信号来源可以是转速超限,轴向位移超限,轴振超限,润滑油压降低,轴承回油温度高或瓦温高等保护信号,也可是手控开关停机信号等。

3)伺服执行机构

伺服执行机构主要包括电液伺服阀,油动机。

电液伺服阀为 MOOG 公司的电磁比例阀,DDV 电液伺服系统如图 14-3 所示。油动机错油门滑阀上下分别作用压力油,其上部作用面积是下部的一半,上部油压与主油泵出口油压相同,下部油压通过错油门套筒一动态进油口进油,并通过外部一可调节流孔排油,并形成基本流量平衡建立控制油,同时其油压为压力油的一半左右,该油称为脉动控制油。DEH 发出的阀位指令信号,经伺服放大器后,DDV 伺服阀将电信号转换成脉动控制油压信号,控制动态进油,直接控制油动机带动调节汽阀以改变机组的转速或功率。在油动机移动时,带动 LVDT 位移传感器,作为负反馈与阀位指令信号相加。当两个电信号相平衡时,伺服放大器的输出就保持原稳定值不变,这时,DDV 阀回到原平衡位置,保持脉动控制油不变,油动机就稳定在一个新的工作位置。系统中可调节流孔用来调整油动机错油门的偏置。

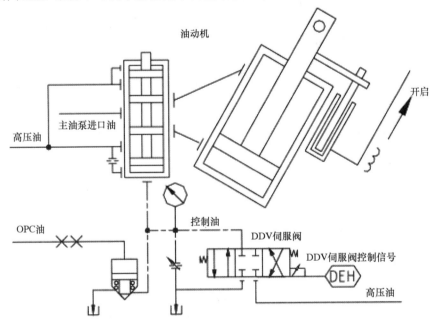

图 14-3 DDV 电液伺服执行机构

4) 机械液压保安系统及机械超速装置

机械液压保安系统及机械超速装置由危急遮断及复位装置、喷油试验装置、喷油试验阀、危急遮断器和危急遮断油门组成,如图 14-4 所示。

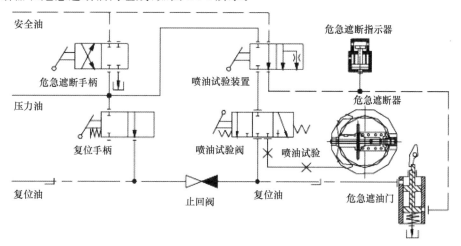

图 14-4　机械液压保安系统及机械超速装置

(1) 机械超速保护装置

机械超速保护装置由危急遮断器、危急遮断油门组成。

危急遮断器采用飞环式,当机组转速升至 3300～3360r/min 时,飞环因离心力增大克服弹簧力而飞出撞击危急遮断油门的挂钩,使其脱扣,保安油泄放,关闭主汽门和调节汽门。转速降到 3000r/min 左右时危急遮断器复位,此时可以对危急遮断油门进行复位。

(2) 喷油系统

喷油系统由喷油试验装置、喷油试验阀组成,可实现机组在正常运行的情况下进行喷油试验而不导致机组停机。

喷油试验装置是用于隔离危急遮断油门以进行喷油试验的装置。当拉出喷油试验装置手柄时,危急遮断油门中的安全油由压力油经节流孔形成模拟安全油。此时可以进行喷油试验,危急遮断油门动作不影响机组的运行。在完成喷油试验后,推入喷油试验装置手柄,切换至正常位置。需要注意的是,正常运行时,喷油试验装置手柄应处于正常位置,否则危急遮断油门将不起作用。

喷油试验阀通过内部滑阀位置的变换完成喷油试验和对危急遮断油门的复位。慢慢拉出喷油试验阀的手轮,压力油即充入危急遮断器飞环,当机组转速在 2800r/min 左右时,飞环应飞出使危急遮断油门动作,此时危急遮断指示器应指示“遮断”。按入喷油试验阀推块,建立复位油对危急遮断油门进行复位,此时危急遮断指示器应指示“正常”。需要注意的是,喷油试验阀只在喷油实验装置处于试验位置时才能正常工作。

(3) 危急遮断及复位装置

手拍危急遮断手柄即手动打闸,主汽门、调节汽门关闭,危急遮断指示器指示“遮断”,复位前,须拉出危急遮断手柄。

拉出复位手柄,建立复位油。此时复位危急遮断油门和挂闸滑阀,建立安全油。安全油正常后,危急遮断指示器指示“正常”。

5）机组紧急停机

当DEH数字控制器发出停机信号,或当汽机某些监视参数超过规定值时,均使电磁阀动作而使机组紧急停机。如果机组发生其他故障,运行人员认为必须停机,或正常情况下需停机时,可以现场手拍装在前轴承座端面上的危急遮断装置的遮断手柄或在集控室手动按下远程停机按钮。在远程停机信号发出后,机组没有安全停下来之前不得切除保护电源,若远程停机后为确保更加安全可靠,须现场手拍危急遮断装置遮断手柄。

14.1.2　DEH主要画面说明

1.启动画面

DEH的启动画面如图14-5所示。

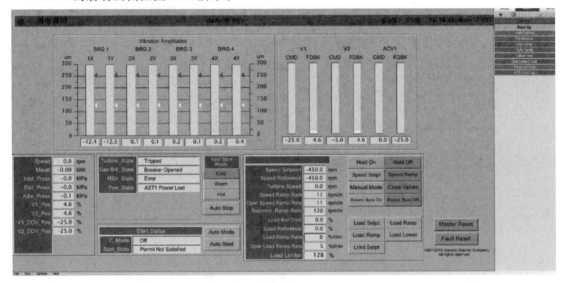

图 14-5　DEH 的启动画面

对启动画面中各按钮的功能说明如下:

Master Reset 按钮:汽机挂闸按钮。

Fault Reset 按钮:卡件诊断报警确认按钮。

Manual Mode/Auto Mode 按钮:选择此次启动方式是操作员输入转速目标值,升速率;还是 DEH 系统根据汽机状态,按照预先设置好的"冷态""温态"或"热态"升速曲线,控制机组按该曲线自动完成冲转、升速、3000r/min定速全部过程。实际中一般使用 manual 模式,auto 模式不使用。

Speed Setpt 按钮:转速目标值设定。

Speed Ramp 按钮:升速率设定。

Extern. Sync On 按钮:当机组转速到达 3 000r/min 后,机组同期由同期控制盘完成,Extern. Sync On 按钮投入后,DEH 接受同期盘升速/降速开关量信号控制机组转速。一旦机组并网,Extern. Sync On 自动退出。

Hold On 按钮:Auto 方式时,转速到达目标转速后保持;Manual 方式时,转速保持在当前值。

Hold Off 按钮:解除保持。注:机组同期时,须解除保持。

Close Valves 按钮:点击该按钮,所有调门关闭,可用于摩擦检查。

Load Setpt 按钮：负荷目标值设定（%）。

Load Ramp 按钮：变负荷率设定（%/min）。

Load Raise/Load Lower 按钮：增/减负荷目标值。

Limit Setpt 按钮：负荷限制器设定。

需要指出，Load Control 部分为功率开环控制，即给出机组一个百分数的流量设定值，调门开到位后，机组具体带多少功率，因当前汽温、汽压等参数的不同而变化。负荷保持/解除保持同样使用 Hold On/Hold Off 按钮。

表 14-1 列出了启动画面中各英文显示信息的含义。

表 14-1　　　　　　　　　　　　DEH 启动画面中英文信息的含义

英文信息	中文含义	英文信息	中文含义
Speed Setpoint	转速目标值	Gen Brk_State	并网开关状态
Speed Reference	转速当前给定值	MSV_State	主汽门状态
Turbine Speed	汽机转速	Power_State	机柜柜电源状态
Speed Ramp Rate	升速率	Speed	汽机转速
Oper Speed Ramp Rate	操作员升速率设定值	Mwatt	汽机功率
Recomm. Ramp Rate	汽机状态对应的升速率	Inlet_Press	主汽压力
Load Ref Cmd	负荷目标值（%）	Extr_Press	抽汽压力
Load Reference	负荷当前给定值（%）	Adm_Press	补汽压力
Load Ramp Rate	变负荷率（%/min）	V1_Pos	高调开度
Oper Load Ramp Rate	操作员设定变负荷率（%/min）	V2_Pos	旋转隔板开度
Load Limiter	负荷限制器定值	V1_DDV_Pos	高调 DDV 阀阀芯位置
Turbine_State	汽机状态	V2_DDV_Pos	旋转隔板 DDV 阀阀芯位置

2. 机组控制画面

DEH 的机组控制画面如图 14-6 所示。

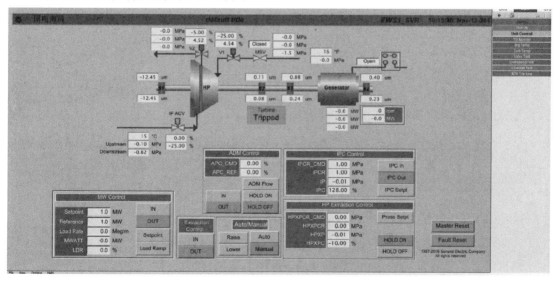

图 14-6　DEH 的机组控制画面

<IPC Control>部分为机组主汽压力控制回路，以操作员设定作为给定值，以实际主汽压为反馈，调节控制机侧主汽压力。

IPC Control 下按钮：

IPC IN 按钮：主汽压力控制投入

IPC OUT 按钮：主汽压力控制退出

IPC Setpt 按钮：主汽压力控制目标设定值（MPa）

IPC Control 下显示：

IPCR_CMD：主汽压力目标值（MPa）

IPCR：主汽压力当前给定值（MPa）

IP：主汽压力当前值（％）

IPC：主汽压力回路控制输出值（％）

<HP Extraction Control>部分为抽汽压力控制。通过回转隔板调门控制抽汽压力。抽汽控制未投入时，回转隔板处于完全通流状态。

HP Extraction Control 下按钮：

IN/OUT 按钮：抽汽投入/退出按钮

Auto/Manual 下按钮：

Auto/Manual 按钮：抽汽自动/手动模式选择按钮

Raise/Lower 按钮：手动方式时，增/减抽汽控制门（回转隔板）开度，调节抽汽压力。

（抽汽自动方式时，使用下面按钮功能。）

Press Setpt：抽汽压力目标值设定（MPa）

Hold On 按钮：抽汽压力给定值保持

Hold Off 按钮：抽汽压力给定值保持解除

HP Extraction Control 下显示：

HPXPCR_CMD：抽汽压力目标值（MPa）

HPXPCR：抽汽压力当前给定值（MPa）

HPXP：抽汽压力（MPa）

HPXPC：抽汽压力回路控制输出值（％）

<ADM Control>部分为低压补汽控制。

ADM Control 下按钮：

IN/OUT：补汽投入/退出按钮

ADM Flow：补汽调节门开度目标值设定（％）

HOLD ON：补汽调节门开度保持

HOLD OFF：补汽调节门开度保持解除

ADM Control 下显示：

APC_CMD：补汽调节门开度目标值（％）

APC_REF：补汽调节门开度当前给定值（％）

3. 跳机信号汇总画面

跳机信息汇总画面如图 14-7 所示。

画面中各跳机信息的含义如下：

① L12H，软件 110％超速跳机。

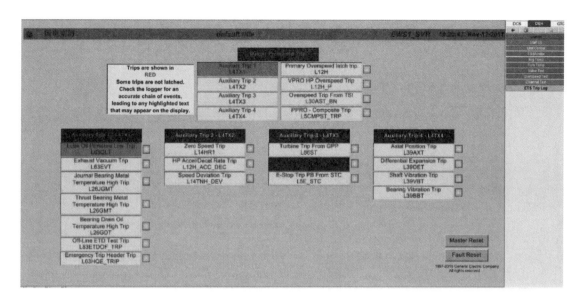

图 14-7　DEH 的跳机信息汇总画面

② L12H_P,硬件 110.2% 超速跳机。

③ L5CMPST_TRP,硬件综合保护跳机。

④ L63QLT,润滑油压低跳机。

⑤ L63EVT,凝汽器真空低跳机。

⑥ L63HQE_TRIP,安全油压压头低跳机。

⑦ L26GMT,推力轴承温度高跳机。

⑧ L26JGMT,支持轴承温度高跳机。

⑨ L26GDT,轴承回油温度高跳机。

⑩ L5E_STC,柜门按钮打闸跳机。

⑪ L5E_CCR,操作员台按钮打闸跳机。

⑫ L86ST,发电机故障跳机。

⑬ L5E_DCS1,DCS 锅炉 1 来跳机。

⑭ L5E_DCS2,DCS 锅炉 2 来跳机。

⑮ L39AXT,轴向位移大跳机。

⑯ L39VBT,大轴振动大跳机。

⑰ 30AST_BN,TSI 来超速跳机。

4. 超速试验画面

超速试验画面如图 14-8 所示。

画面中各种试验的含义如下:

OPC Overspeed Test:103% OPC 超速试验。点击 Test On 按钮,汽机转速自动上升,转速上升至 103% 调门关下,控制转速稳定在 3000r/min。

Primary Overspeed Test:110% 电超速(软件超速)试验。点击 Test On 按钮汽机转速自动上升,转速上升至 110% 汽机跳闸。

Emergency Overspeed Test:110.5% 后备电超速(硬件超速)试验。点击 Test On 按钮汽机转速自动上升,转速上升至 110.5% 汽机跳闸。

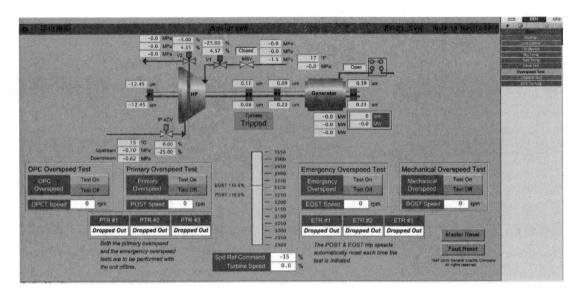

图 14-8　DEH 的超速试验画面

Mechanical Overspeed Test:机械超速试验。点击 Test On 按钮汽机转速自动上升,转速上升至机械飞锤动作点汽机跳闸。

在试验进行中如遇异常均可点击该试验下 Test Off 按钮中断试验。

在任何情况下,汽机转速超过 113%(3390r/min),为安全起见,DEH 将无条件发出超速跳闸指令遮断汽机。

14.2　余热锅炉控制系统

14.2.1　高压系统控制

1. 高压汽包水位控制

高压汽包水位通过改变高压给水调节阀的开度即改变进水量进行调节,当水位过高时,通过开紧急放水电动阀作为水位保护的手段。高压汽包水位控制系统的主要特征如下:

(1) 测量汽包水位的变送器为三冗余配置,并进行压力补偿、比较和选择。

(2) 经温度补偿后的给水流量得出总给水流量;经温度和压力补偿后的蒸汽流量用作主蒸汽流量。

(3) 当启动和低负荷时,汽包水位采用单冲量调节,当蒸汽参数稳定、给水流量允许时,汽包水位采用三冲量调节(图 14-9)。水位单冲量调节时,给水调节阀的调节只跟汽包水位有关;水位三冲量调节时,水位调节阀的调节跟给水流量、蒸汽流量和汽包水位均有关,拥有更高的调节灵敏性。两种水位控制模式的切换条件为,当给水流量>30t/h 且高压给水气动调阀处于自动方式时,高压给水水位调节气动阀由单冲量转为三冲量调节;当给水流量<25t/h 且高压给水气动调阀处于自动方式时,高压给水水位调节气动阀由三冲量转为单冲量调节。在两种模式相互切换时,水位控制系统均应保持稳定和无扰动。

(4) 控制系统的特性保证给水流量与负荷指令成线性关系。

(5) 汽包水位(经压力补偿的变送器信号,并综合考虑电接点水位计信号)达到高二值(相对于 0 水位,即正常水位以上 127mm,延时 3s)时,联锁打开汽包紧急放水电动阀直至汽包水位低于高一值(相对 0 水位,即正常水位以上 77mm,延时 3s)关闭。汽包水位达到高一值、低

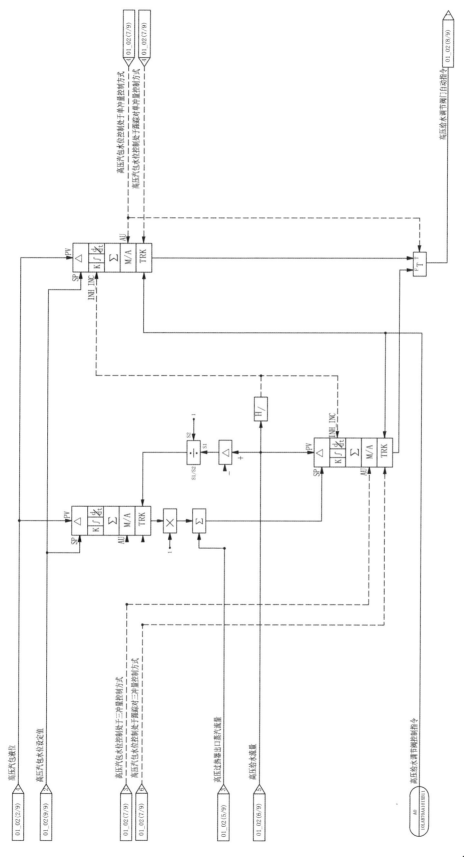

图 14-9　高压汽包水位调节控制逻辑图

一值、高二值、低二值时,均有报警信号输出。

2. 高压过热蒸汽温度控制

在高压过热器 1 与高压过热器 2 之间设置有喷水减温器,其作用在于通过喷水控制高压过热蒸汽的终端温度。在机组启动或有载过程中,当蒸汽温度达到设定值时,调节减温水调节阀的开度,同时手动打开减温水隔离电动阀。随着燃气轮机的负荷和排气温度的增加,高压过热蒸汽出口温度也将增加,此时增大减温水调节阀的开度,增加喷水量以控制过热蒸汽出口温度;如果燃气轮机的负荷变化,需要减小减温水的流量,此时应减小减温水调节阀的开度以控制过热蒸汽出口温度。过热蒸汽温度允许在一定范围内波动,当低于最低控制要求设定值时,应关闭减温水调节阀并手动关闭相应的减温水隔离电动阀。

高压过热蒸汽控制系统的主要特征如下:

(1)高压过热蒸汽温度控制系统采用串级控制(图 14-10),其中主回路的反馈量为高压蒸汽温度,副回路的反馈量为减温器出口蒸汽温度。

(2)考虑锅炉运行不同的工况引起负荷与初始喷水需求关系的偏移,过热蒸汽减温器出口温度设定值具有一个合适的修正系数,使其在控制范围内自动随机组负荷增加而增加,而不至于过早喷水。在低负荷、汽机跳闸时,要求严密关闭喷水回路的相关阀门。

3. 高压排污控制

1)连续排污

高压汽包连续排污主要是根据炉水的品质控制电动阀的开关。启动期间,在锅炉汽包水位膨胀结束前该电动阀可参与汽包的水位调节;当汽包水位膨胀结束后,通过打开该电动阀实现高压汽包的连续排污。运行人员可在监视画面上根据炉水品质开关该电动阀。

2)定期排污

高压蒸发器定期排污主要是排除蒸发器可能的残渣和提高省煤器的循环流量。在锅炉启动时打开定期排污电动阀,当汽包压力上升到设定值时,手动关闭该阀门。高压蒸发器定期排污电动阀的开启时间和频率由发电厂水处理专业工程师根据某些特殊不溶物(如氧化铁等杂质)成分而定。在运行中排出大量的水会对化学控制、锅炉水位和其他运行参数产生负面影响。

4. 高压主蒸汽启动排汽

(1)该阀门的调整应按照保持温升速度进行,当主蒸汽压力及温度达到设定值时(此时逐步进入蒸汽管道暖管或汽轮机冲转工作),逐步调节启动排汽电动阀直至关闭。

(2)当主蒸汽走汽轮机旁路时,采用调节高压主蒸汽旁路电动阀的方式以保持锅炉的温升速率。

5. 疏水球阀控制

1)高过一级减温器入口疏水电动球阀

(1)自动打开条件:高压主蒸汽流量<12.6t/h,或疏水器上的测点温度与高过减温器出口运行压力相对应的饱和蒸汽温度的温差<13.9℃。

(2)自动关闭条件:高压主蒸汽流量>25.2t/h,且疏水器上的测点温度与高过减温器出口运行压力相对应的饱和蒸汽温度的温差>27.8℃。

2)高过一级减温器出口疏水电动球阀

(1)自动打开条件:高压主蒸汽流量<12.6t/h,或疏水器上的测点温度与高过减温器出

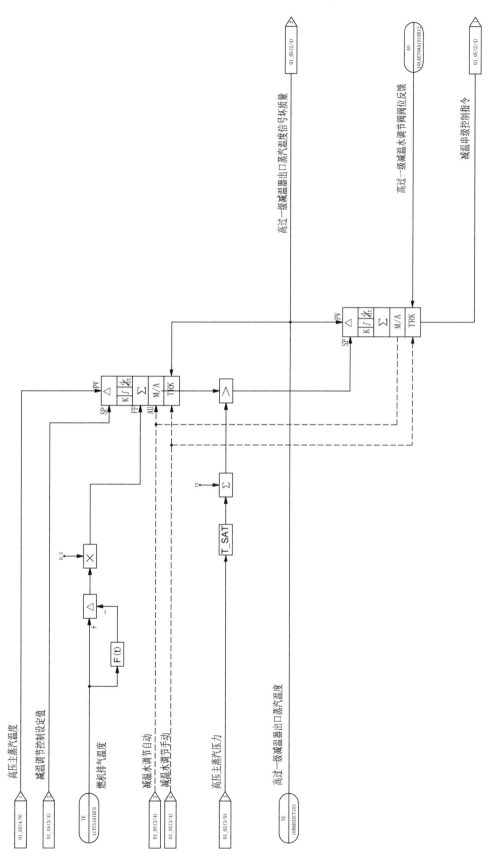

图 14-10　高压过热蒸汽温度控制逻辑图

口运行压力相对应的饱和蒸汽温度的温差＜13.9℃。

(2)自动关闭条件:高压主蒸汽流量＞25.2t/h,且疏水器上的测点温度与高过减温器出口运行压力相对应的饱和蒸汽温度的温差＞27.8℃。

3)高压主蒸汽疏水电动阀

(1)自动打开条件:高压主蒸汽流量＜12.6t/h,或疏水器上的测点温度与高压主蒸汽运行压力相对应的饱和蒸汽温度的温差＜13.9℃。

(2)自动关闭条件:高压主蒸汽流量＞25.2t/h,且疏水器上的测点温度与高压主蒸汽运行压力相对应的饱和蒸汽温度的温差＞27.8℃。

14.2.2 低压系统控制

1. 低压汽包水位控制

低压汽包水位主要通过改变低压给水调节阀的开度进行调节,当水位过高时通过开紧急放水电动阀作为水位保护的手段。低压汽包水位控制系统的主要特征如下:

(1)测量汽包水位的变送器为三冗余配置,可进行比较和选择。

(2)经温度补偿后的给水流量得出总给水流量;经温度和压力补偿后的蒸汽流量用作主蒸汽流量。

(3)启动和低负荷时,汽包水位采用单冲量调节,当蒸汽参数稳定、给水流量允许时,汽包水位采用三冲量调节(图 14-11)。水位单冲量调节时,汽包水位调节阀调节只跟汽包水位有关;水位三冲量调节时,汽包水位调节阀调节跟给水流量、蒸汽流量、汽包水位有关,具有更高的调节灵敏性。两种水位控制模式的切换条件为,当低压给水流量＞3t/h且低压给水气动调节阀处于自动方式,低压给水水位调节气动阀由单冲量转为三冲量调节;当低压给水流量＜2.5t/h且低压给水气动调节阀处于自动方式,低压给水水位调节气动阀由三冲量转为单冲量调节。在两种模式相互切换时,水位控制系统均应保持稳定和无扰动。

(4)控制系统的特性保证给水流量与负荷指令成线性关系。

(5)汽包水位(综合考虑电接点水位计信号)达到高二值(相对于 0 水位,即正常水位以上127mm,延时 3s)时,联锁打开汽包紧急放水电动阀,直至汽包水位低于高一值(相对于 0 水位,即正常水位以上 77mm,延时 3s)关闭。汽包水位达到高一值、高二值、低一值、低二值时,均有报警信号输出。

(6)低压汽包水位调节阀位于低压省煤器出口,为确保两班制运行停炉保温过程中省煤器的安全,因此在停炉时要求该调节阀保持一个最小开度,防止在低流量工况下省煤器出口汽化。

2. 低压排污控制

1)连续排污

低压汽包连续排污主要是根据炉水的品质来控制阀门的开度。启动期间,在锅炉汽包水位膨胀结束前可参与汽包的水位调节,当汽包水位膨胀结束后保持一定的开度。运行人员可在监视画面上根据炉水品质开关该电动阀的开度。锅炉正常运行时,连续排污阀一般保持开启。

2)定期排污

低压蒸发器定期排污主要是排除蒸发器可能的残渣和提高省煤器的循环,在锅炉启动时打开该阀门,当汽包压力上升到设定值时,阀门关闭。中压蒸发器定期排污电动阀的开启时间和频率由发电厂水处理专业工程师根据某些特殊不溶物(如氧化铁等杂质)成分而定。在运行中排出大量的水会对化学控制、锅炉水位和其他运行参数产生负面影响。

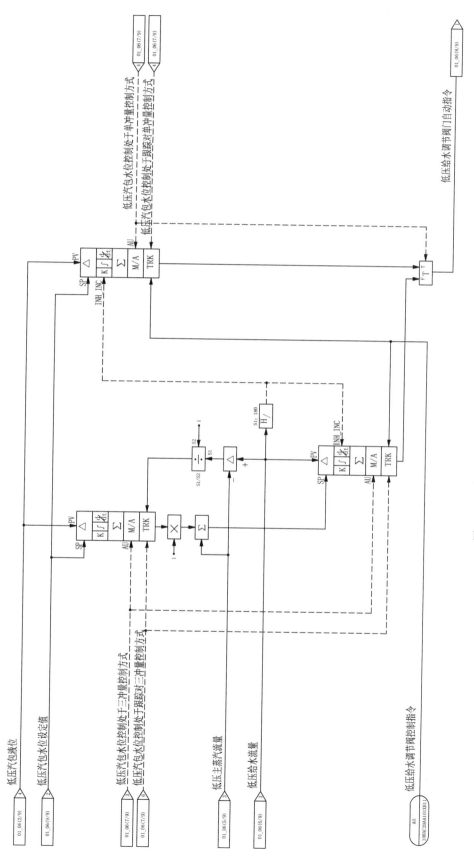

图 14-11　低压汽包水位调节控制逻辑辅图

3．低压主蒸汽启动排汽

该阀门的调整应按照保持低压系统的温升速度进行,当低压汽包压力达到设定值时,即可关闭。

4．疏水球阀控制

低压过热器集箱疏水由低压过热器疏水电动阀控制。

(1)自动打开条件:低压主蒸汽流量<0.719t/h。

(2)自动关闭条件:低压主蒸汽流量>1.438t/h。

14.2.3 除氧系统控制

1．除氧水箱水位控制

除氧水箱水位主要通过改变凝结水给水调节阀的开度进行调节,当水位过高时通过开除氧水箱紧急放水电动阀作为水位保护的手段。除氧水箱水位控制系统的主要特征如下:

(1)测量除氧水箱水位的变送器为三冗余配置,可进行比较和选择。

(2)经温度补偿后的凝结水给水流量得出总给水流量。

(3)除氧水箱水位采用单冲量调节(图 14-12)。

(4)控制系统的特性保证凝结水给水流量与负荷指令成线性关系。

(5)除氧水箱水位达到高二值(相对于 0 水位,即正常水位以上 500mm,延时 3s)时,联锁打开除氧水箱紧急放水电动阀直至除氧水箱水位低于高一值(相对于 0 水位,即正常水位以上 400mm,延时 3s)关闭。除氧水箱水位达到高一值、高二值、低一值、低二值时,均有报警信号输出。

(6)除氧水箱水位调节阀位于给水加热器出口,为确保两班制运行停炉保温过程中给水加热器的安全,因此在停炉时要求该调节阀保持一个最小开度,防止在低流量工况下给水加热器出口汽化。

2．除氧器排污控制

除氧器会进行定期排污。除氧蒸发器定期排污主要是排出蒸发器可能的残渣和提高给水加热器的循环流量。在锅炉启动时打开除氧蒸发器定期排污电动阀,当除氧器压力上升到设定值时,关闭该阀门。该阀门的开启时间和频率由发电厂水处理专业工程师根据某些特殊不溶物(如氧化铁等杂质)成分而定。在运行中排出大量的水会对化学控制、除氧水箱水位和其他运行参数产生负面影响。

3．不凝汽排气

锅炉启动时打开不凝汽排气电动阀,在实际运行过程中,可根据水质的含氧量适当调整此阀门的开度。

14.2.4 高压给水泵控制

单台锅炉配有 2 台变频器调速给水泵(一运一备)。2 台给水泵通过公共出口连接输送水至一台锅炉,总是有一台泵工作,另外一台泵在备用状态。一旦运行的泵停运而锅炉仍在运行状态,则必须自动切换到该锅炉的备用泵。

1．给水压差调节

高压给水泵主要通过变频器来调节高压给水泵的转速,以实现对给水压差(给水泵出口压力与高压汽包压力之差)的控制。该控制系统采用单回路控制,如图 14-13 所示。

2．高压给水泵启动允许条件

(1)除氧水箱液位不低于-100mm。

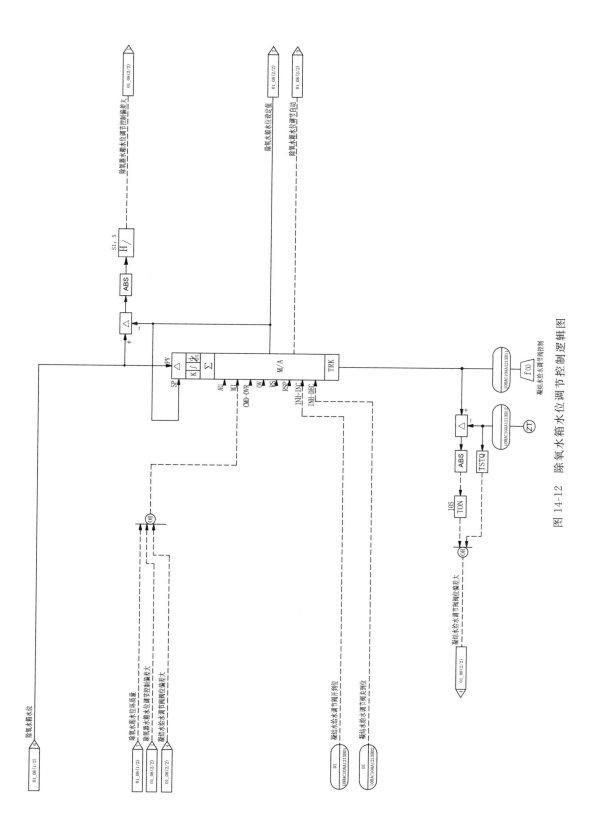

图 14-12　除氧水箱水位调节控制逻辑图

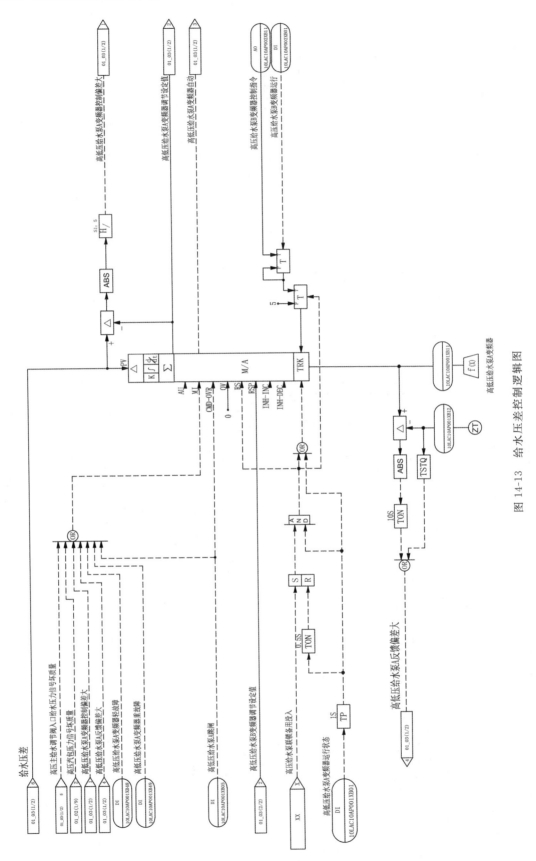

图 14-13 给水压差控制逻辑图

（2）高压给水泵电机驱动端轴承温度正常（<90℃）。

（3）高压给水泵电机非驱动端轴承温度正常（<90℃）。

（4）高压给水泵驱动端轴承油池温度正常（<100℃）。

（5）高压给水泵非驱动端轴承油池温度正常（<100℃）。

（6）高压给水泵入口给水压力>0.15MPa。

（7）高压给水泵出口电动阀在关状态且再循环调节阀开状态，或高压给水泵备用联锁已投入。

（8）无高压给水泵变频器跳闸信号。

3. 高压给水泵自动启动条件

（1）高压给水泵备用联锁已投入，另一台高压给水泵断路器跳闸。

（2）高压给水泵备用联锁已投入，给水母管压力低（<2MPa）。

必须确认备用的高压给水泵在工频热备用状态，若处于变频状态则不具备自动启动能力。

4. 高压给水泵保护停止条件

（1）高压给水泵电机驱动端径向轴承温度达高Ⅱ值（≥95℃）。

（2）高压给水泵电机非驱动端径向轴承温度达高Ⅱ值（≥95℃）。

（3）高压给水泵驱动端轴承油池温度达高Ⅱ值（≥110℃）。

（4）高压给水泵非驱动端轴承油池温度达高Ⅱ值（≥110℃）。

（5）除氧水箱水位低（≤−600mm）。

（6）高压给水泵出口给水流量低。

给水流量低的判断逻辑为：①高压给水泵工频运行时，出口流量<35t/h，判断为给水流量低；②高压给水泵变频运行时，高压给水泵跳闸流量与变频器频率的关系为如表 14-2 所列的 3 段函数。

表 14-2　　　　　　　　　　变频运行时高压给水泵跳闸流量与变频器频率关系

变频器频率（Hz）	跳闸流量（t/h）
15	15
15	15
21	21
35	35

5. 高压给水泵变频器由自动跳至手动条件

（1）高压给水调节阀入口给水压力坏点。

（2）高压汽包压力坏点。

（3）给水压差设定值与反馈偏差>5MPa。

（4）高压给水变频器指令与反馈偏差>10Hz。

（5）变频器重故障。

（6）变频器轻故障。

（7）变频器退出运行。

14.2.5 凝结水加热再循环泵控制

单台锅炉配有 2 台定速凝结水再循环泵(一运一备),用来维持管束的温度高于酸露点。泵站一般由再循环泵、隔离阀、止回阀等组成,位于给水加热器出口,用于将经预热的水在管束内再循环。再循环泵采用从管束入口的热电阻信号来调节再循环流量至足够水平而保持加热器管壁温度始终高于酸露点。

1. 给水加热器出口给水温度调节

给水加热器出口给水温度通过改变凝结水再循环泵出口给水调节阀的开度控制,采用单回路控制系统(图 14-14)。

2. 凝结水加热再循环泵启动允许条件

(1) 至少一台凝结水泵运行。

(2) 凝结水给水电动阀在开状态。

(3) 凝结水加热再循环泵出口给水调节阀开($\geqslant 5\%$)。

(4) 凝结水加热再循环泵驱动端轴承温度正常($\leqslant 90℃$)。

(5) 凝结水加热再循环泵非驱动端轴承温度正常($\leqslant 90℃$)。

(6) 无凝结水加热再循环泵跳闸信号。

3. 凝结水加热再循环泵自动启动条件

凝结水加热再循环泵备用联锁投入时,另一台凝结水加热再循环泵运行泵跳闸。

4. 凝结水加热再循环泵跳闸条件

(1) 凝结水加热再循环泵运行,且凝结水加热再循环泵出口给水调节阀开度<2%,延时 5s。

(2) 两台凝结水泵均跳闸,延时 5s。

(3) 凝结水加热器进口电动阀关闭。

(4) 凝结水加热再循环泵驱动端轴承温度$\geqslant 100℃$。

(5) 凝结水加热再循环泵非驱动端轴承温度$\geqslant 100℃$。

14.2.6 主烟囱挡板控制

1. 系统描述

锅炉主烟囱的烟气挡板需在燃气轮机排气进入锅炉前 100%打开,此信号作为燃气轮机启动的必要条件,否则将会损坏锅炉护板,特别是烟气侧的膨胀节更容易损坏。

当燃机转速<100r/min 后,烟囱挡板才允许关闭。当需要关闭烟气挡板时,为防止误操作,应在 DCS 操作界面上确认后,烟气挡板方可执行关闭程序。

2. 系统操作

由于主烟囱的烟气挡板考虑了机械联锁开启和执行机构操作开启,因此执行机构的开关限位是没有限制的,可以 360°任意开启,但是操作的限制应根据烟气挡板的开/关到位限位开关或位置反馈信号确定。

3. 保护逻辑

当主烟囱的烟气挡板没有完全打开,随着燃气轮机出口烟气的不断进入,可能导致烟气压力的增大,当压力高于设定值时,此时机组应跳闸。

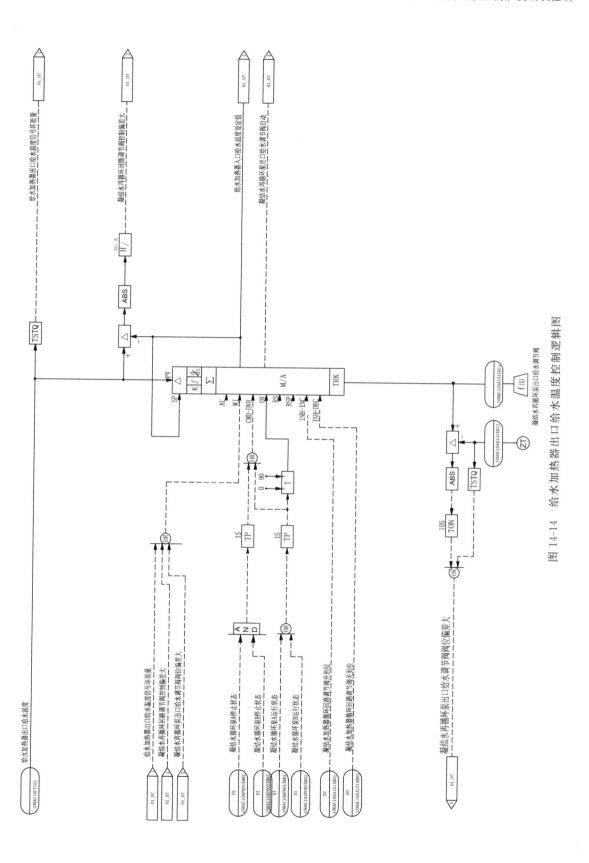

图 14-14 给水加热器出口给水温度控制逻辑图

14.3　机组辅机控制系统

14.3.1　循环水系统

1. 循环水泵

1）启动允许条件(与)

(1) 循环水泵滤网后水池液位≥3.2m。

(2) 循环水泵电机上轴承温度≤85℃。

(3) 循环水泵电机下轴承温度≤85℃。

(4) 凝汽器循环水进、出口 A 侧电动阀开状态或进、出口 B 侧电动阀开状态。

(5) ♯1 机至冷却塔 ABC 回水电动阀任一开。

2）跳闸条件

循环水泵运行 60s 后,循环水泵出口液控阀阀位小于 15%,且无开反馈,延时 3s。

3）联锁启动条件(以循环水泵 A 为例)

(1) 循环水泵 A 第一备用投入条件(或):

① 循环水泵 B 或 C 运行 120s 后,循环水供水母管压力<0.08MPa,延时 3s。

② 循环水泵 B 或 C 跳闸。

(2) 循环水泵 A 第二备用投入条件:运行循环水泵跳闸,第一备用循环水泵未启动。

2. 循泵水泵出口阀

(1) 循环水泵 A 运行后,该阀自动开。

(2) 循环水泵 A 停运后,该阀自动关。

3. 冷却塔风机

1）启动允许条件(与)

(1) 冷却塔风机减速箱润滑油油温≤85℃。

(2) 冷却塔风机减速箱润滑油油位≥10mm。

(3) 冷却塔风机减速箱箱体振动≤6mm/s。

2）跳闸条件(或)

(1) 冷却塔风机减速箱润滑油油温≥90℃。

(2) 冷却塔风机减速箱润滑油油位≤0mm。

(3) 冷却塔风机减速箱箱体振动≥7mm/s。

4. 辅机冷却水泵

1）启动允许条件(与)

(1) 循环水泵滤网后水池液位≥3.2m。

(2) 辅机冷却水泵电机前、后轴承温度≤85℃。

(3) 辅机冷却水泵出口电动阀关到位或另一台辅机冷却水泵运行。

2）跳闸条件(或)

(1) 辅机冷却水泵运行 60s 后,出口电动阀关状态。

(2) 循环水泵滤网后水池液位≤2.2m。

3）联锁启动条件(或)

(1) 联锁投入,运行辅机冷却水泵跳闸。

（2）联锁投入，另一台辅机冷却水泵运行 60s 后，♯2 机循环水供水母管压力≤0.08MPa。

5. 辅机冷却水泵出口电动阀

（1）允许关条件：辅机冷却水泵停运。

（2）自动开条件：

① 一台辅机冷却水泵运行，投入联锁，备用辅机冷却水泵出口电动阀自动开；

② 辅机冷却水泵启动，出口电动阀自动开。

（3）自动关条件：辅机冷却水泵停运。

14.3.2　开式冷却水系统

1）♯1、♯2 机冷油器滤水器进口电动阀

允许关条件：冷油器滤水器旁路电动阀开启。

2）♯1、♯2 机冷油器滤水器出口电动阀

允许关条件：冷油器滤水器旁路电动阀开启。

3）♯1 机冷油器滤水器旁路电动阀

允许关条件：冷油器滤水器进口电动阀开启且冷油器滤水器出口电动阀开启。

自动开条件：冷油器滤水器压差＞50kPa。

4）♯2 机冷油器滤水器旁路电动阀

允许关条件：冷油器滤水器进口电动阀开启且冷油器滤水器出口电动阀开启。

自动开条件：冷油器滤水器压差＞0.1MPa。

5）♯1、♯2 机开式水电动滤水器进口电动阀

允许关条件：开式水电动滤水器旁路电动阀开启。

6）♯1、♯2 机开式水电动滤水器出口电动阀

允许关条件：开式水电动滤水器旁路电动阀开启。

7）♯1、♯2 机开式水电动滤水器旁路电动阀

允许关条件：开式水电动滤水器进口电动阀开启且开式水电动滤水器出口电动阀开启。

8）♯1、♯2 机冷油器冷却水出口调节阀

（1）由自动跳至手动的条件：

① 冷油器冷却水回水温度坏点；

② 冷油器出油温度设定值与反馈偏差＞30℃；

③ 冷油器冷却水出口调阀指令与反馈偏差＞50%，延时 5s。

④ 该阀故障。

（2）超驰开条件：♯2 机冷油器出油温度大于 45℃，该阀超驰开至 100%（♯1 机无超驰开条件）。

14.3.3　闭式冷却水系统

闭式冷却水系统的控制主要包括：闭式冷却水膨胀水箱水位控制；闭式冷却水泵及进出口阀连锁控制。

1. ♯1、♯2 机闭式冷却水膨胀水箱水位调节

♯1、♯2 机闭式冷却水膨胀水箱的水位分别通过改变♯1、♯2 机闭式冷却水膨胀水箱补水调节阀的开度进行控制，均采用单回路控制（图 14-15）。

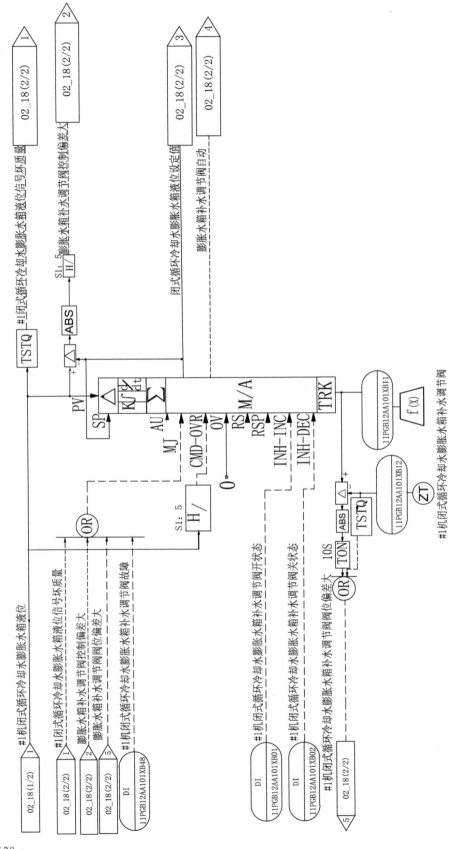

图 14-15　#1 机闭式循环冷却水膨胀水箱水位控制逻辑图

2.♯1、♯2 机闭式水泵

1）启动允许条件（与）

（1）闭式循环冷却水膨胀水箱液位≥500mm。

（2）闭式循环冷却水泵进口电动阀开到位且闭式水回水母管电动阀开。

（3）闭式循环冷却水泵出口电动阀关到位，或另一台闭式循环冷却水泵运行。

（4）闭冷器 A 侧闭式水进、出口门全开，或 B 侧闭式水进、出口门全开。

（5）闭式冷却水泵电机前、后轴承温度正常，即＜70℃（♯2 机为 80℃）。

2）跳闸条件（或）

（1）闭式水箱水位≤300mm。

（2）闭式泵运行 60s 后，出口门关。

（3）闭式泵在运行状态且其出口阀关。

3）自动启动条件（或）

（1）闭式水泵备用联锁投入，且运行泵跳闸。

（2）闭式水泵备用联锁投入，运行泵运行 60s 后，闭式水母管压力＜0.3MPa。

3.♯1、♯2 机闭式水泵进口电动阀

（1）关允许：闭式泵停止，其进口阀允许关。

（2）自动开：一台闭式水泵运行，备用联锁投入，备用泵进口电动阀自动开。

4.♯1、♯2 机闭式水泵出口电动阀

（1）关允许：对应闭式水泵停止（♯2 机闭式水泵出口电动阀无允许关条件）。

（2）自动开（或）：

① 闭式水泵运行，其出口阀自动打开；

② 一台闭式水泵运行，备用联锁投入，备用泵出口电动阀自动开；

（3）自动关：闭式泵停运，其出口自动关。

5.♯1、♯2 机闭式水冷却水箱补水调节阀

由自动跳至手动条件（或）：

（1）闭式水箱水位坏点。

（2）闭式水箱水位设定值与反馈偏差＞1000mm。

（3）闭式水箱水位调节阀指令与反馈偏差＞100％，延时 5s。

（4）该阀故障。

14.3.4　凝结水系统及凝结水补给水系统

凝结水系统及凝结水补给水系统的控制主要包括：凝汽器热井水位控制；凝结水再循环流量控制；凝结水母管压力控制；凝结水泵及进出口阀门连锁控制。

1.相关自动调节系统

凝结水热井水位通过改变凝结水补水调节阀的开度进行调节；凝结水母管流量通过改变凝结水再循环调节阀的开度进行调节；凝结水母管压力通过凝结水泵转速变频调节。这些自动调节系统均为单回路控制系统，较为简单，在此就不赘述。

2.♯1 机凝结水泵

1）启动允许（与）

（1）凝汽器液位≥660mm。

（2）凝泵出口电动阀关且再循环阀开度≥50%，或另一台凝泵已运行。

（3）凝结水泵进口电动阀开到位。

（4）凝结水泵推力轴承温度＜80℃。

（5）凝结水泵电机上轴承温度正常，即＜80℃。

（6）凝结水泵电机下轴承温度正常，即＜80℃。

（7）凝泵无跳闸信号存在。

（8）轴加进出口阀开，或轴加旁路电动阀开。

2）跳闸条件（或）

（1）凝汽器液位＜450mm。

（2）凝结水泵运行60s后，出口电动阀关闭状态，延时3s。

（3）凝结水泵推力轴承温度测点1、2均＞85℃。

（4）凝结水泵工频运行90s后，凝结水母管流量≤50t/h，延时30s。

（5）凝结水泵变频运行90s后，凝结水母管流量低于跳闸流量，延时30s。

跳闸流量说明：凝结水泵变频运行时，凝结水泵变频频率与跳闸流量关系为2段函数，具体关系如表14-3所列。

表14-3　　　　　　　　　　凝结水泵变频频率与跳闸流量关系

变频器频率（Hz）	跳闸流量（t/h）
0	27
25	27
50	50

3）联锁启动条件（或）

（1）凝结水泵备用联锁投入，且运行凝结水泵跳闸。

（2）凝结水泵备用联锁投入，凝结水泵运行60s后出口压力≤1.5MPa，延时2s，备用凝结水泵联锁启动。

3．#2机凝结水泵

1）启动允许（与）

（1）真空除氧器液位≥0mm。

（2）凝泵出口电动阀关且再循环阀开度≥50%，或另一台凝泵已运行。

（3）凝结水泵进口电动阀开到位。

（4）凝结水泵推力轴承温度＜75℃。

（5）凝结水泵电机上轴承温度正常＜80℃。

（6）凝结水泵电机下轴承温度正常＜80℃。

2）跳闸条件（或）

（1）真空除氧器液位≤-800mm。

（2）凝结水泵运行60s后，出口电动阀关闭状态，延时3s。

（3）凝结水泵运行，进口电动阀关闭，延时3s。

（4）凝泵运行90s后，凝结水再循环调阀开度＜10%，且凝结水母管流量＜50t/h，延时15s。

3）联锁启动条件(或)

(1) 凝结水泵备用联锁投入,且运行凝结水泵跳闸。

(2) 凝结水泵备用联锁投入,凝结水泵运行 60s 后出口压力≤1.6MPa,延时 3s,备用凝结水泵联锁启动。

14.3.5　辅助蒸汽系统

1. 辅汽至♯1 汽机均压箱调节阀由自动跳至手动的条件

(1) 辅汽至♯1 机均压箱压力坏点。

(2) 辅汽至♯1 机均压箱压力设定值与反馈偏差>30kPa。

(3) 辅汽至♯1 机均压箱调阀指令与反馈偏差>10%,延时 5s。

2. 辅汽至♯2 机真空除氧器调节阀由自动跳至手动的条件

(1) 辅汽至♯2 机真空除氧器辅助蒸汽压力坏点。

(2) 辅汽至♯2 机真空除氧器压力设定值与反馈偏差>30kPa。

(3) 辅汽至♯2 机真空除氧器调节阀指令与反馈偏差>10%,延时 5s。

3. ♯2 余热锅炉除氧器至♯2 机真空除氧器调节阀由自动跳至手动的条件

(1) ♯2 余热锅炉除氧器至♯2 机真空除氧器压力坏点。

(2) ♯2 余热锅炉除氧器至♯2 机真空除氧器压力设定值与反馈偏差>30kPa。

(3) 该调阀指令与反馈偏差>10%,延时 5s。

14.4　蒸汽旁路压力/温度控制

14.4.1　旁路系统概述

为了便于机组启停、事故处理及特殊要求的运行,解决低负荷运行时蒸汽轮机与余热锅炉特性不匹配的矛盾,在高、低压主蒸汽系统上均设置了旁路系统。所谓旁路系统,是指余热锅炉所产生的蒸汽在来到蒸汽轮机的主汽阀前,部分或者全部绕过蒸汽轮机,通过旁路阀后直接排入凝汽器的系统。

设置旁路系统的主要目的是:在机组启动过程中,控制汽包升温/升压速率;在机组正常运行过程中,旁路处于跟踪状态,协助汽轮机调门控制汽包压力不超压;在机组跳闸时,通过旁路限制压力升高。

本机组不设置旁路烟囱,设置 100%余热锅炉容量的气动高压旁路装置 1 套以及 100%余热锅炉容量的气动低压旁路装置 1 套。本机组采用高压旁路(高压蒸汽)和低压旁路(低压蒸汽)二级并联气动旁路系统装置,高压旁路系统装置由气动高压旁路阀(高旁阀含减温器)、气动喷水调节阀、气动喷水隔离阀等组成;低压旁路系统装置由气动低压旁路阀(低旁阀含减温器)、气动喷水调节阀、气动喷水隔离阀等组成。高低压旁路的减温水均来自凝结水泵出口。

14.4.2　旁路系统作用及运行方式

机组在各种工况下启动时,投入旁路系统控制锅炉蒸汽温度使之与汽机汽缸金属温度较快地匹配,从而缩短机组启动时间,减少汽机循环寿命损耗,实现机组的最佳启动。当汽轮机临时降负荷或者快速降负荷的时候,旁路装置保持余热锅炉能正常连续运行。

当汽轮机快速降负荷或者余热锅炉产生的蒸汽量突增时,旁路装置应实现压力释放功能,避免余热锅炉安全阀起跳,避免蒸汽工质损失。旁路装置满足当汽轮机的出力小于余热锅炉的最小出力时的运行要求。旁路装置满足当 1 台燃气轮机超过 100%负荷运行的要求。当汽轮机故障跳机时,旁路装置应投入运行,确保机组安全停机。

14.4.3　旁路系统性能要求

旁路系统设备性能保证满足对旁路系统装置的各项功能的要求。旁路系统设备在调节规定的技术条件下应能正常工作,所有阀门的设计参数须依据阀门可能出现的最高工作压力和最高工作温度设计,并满足调节中的强度设计参数。

旁路系统设备性能满足机组在各种工况下(包括启动、正常运行、甩负荷时),能自动或手动(遥控操作)快速启闭,能够经受快开/快关运行工况。旁路装置采用气动控制。执行机构开启或关闭时间不大于 3s(开度 0~100%)。旁路装置具备下列保护功能。

1.　旁路对主蒸汽管系的安全保护功能

(1) 高旁阀全开条件(或):

① 交叉运行判断为♯1 余热锅炉带♯1 汽机,♯1 燃机负荷>19MW,♯1 汽轮机跳闸或♯1 汽机发电机甩负荷,且没有高旁快关条件,高压旁路快开至 100%;

② 交叉运行判断为♯2 余热锅炉带♯1 汽机时,♯2 燃机负荷>19MW,♯1 汽轮机跳闸或♯1 汽机发电机甩负荷,且没有高旁快关条件,高压旁路快开至 100%。

(2) 低旁快开条件:低压蒸汽压力>1.25MPa。

2.　旁路对凝汽器的安全保护功能

(1) 高旁阀快关条件(或):

① 高旁阀后温度高于 200℃;

② 凝汽器真空值>-50kPa;

③ 凝汽器保护动作。

(2) 高旁阀快关条件(或):

① 高旁阀后温度高于 200℃;

② 凝汽器真空值>-50kPa;

③ 凝汽器保护动作。

旁路装置的自控系统保证当主蒸汽运行压力、温度超过或低于设定值时,旁路装置能自动打开或关闭,并按机组运行情况进行压力、温度自动调节,直至恢复至正常值。

3.　旁路装置具有下列联动保护手段

(1) 旁路喷水调节阀打不开,则旁路阀关闭。

(2) 当旁路阀快速关闭时,其喷水调节阀则同时或延后关闭,并自动闭锁温度自控系统。

(3) 旁路阀快速打开时,其喷水调节阀同时或延后开启。

旁路装置的出口流量 Q 在 10%~100%变化范围内可实现理想调节。减温减压器应具有良好的调节性能,在调节范围内压力和温度的调节偏差不大于 1%。减温减压系统的压力、温度控制在 DCS 内实现。旁路装置设有必要的报警信号。

旁路阀不另设专门支承装置,执行机构对于阀座的连接方位可旋转,旁路装置能承受因蒸汽冲击或管道膨胀而引起的振动。高低压旁路阀还应能承受相连管道所传来的力和力矩。其中,高旁阀出口管道材质取用 15CrMoG;低旁阀出口管道材质为 20,旁路装置的压缩空气气源压力为 0.45~0.8MPa(g)。

14.4.4　旁路装置技术参数

旁路系统的技术参数如表 14-4 所列。

表 14-4　　　　　　　　　　　旁路系统的技术参数

阀门	介质参数名称	单位	年平均工况	强度设计参数
高压旁路阀	入口蒸汽压力	MPa(a)	4.9	5.8
	入口蒸汽温度	℃	470	490
	入口蒸汽流量	t/h	127	
	出口蒸汽压力	MPa(a)	0.6	
	出口蒸汽温度	℃	160	
	出口流量	t/h	157.8	
高压喷水调节阀及隔离阀	入口减温水压力	MPa(g)	2.0	2.5
	入口减温水温度	℃	60	100
	计算流量	t/h	30.8	
低压旁路阀	入口蒸汽压力	MPa(a)	1.2	1.9
	入口蒸汽温度	℃	275	290
	入口蒸汽流量	t/h	10	
	出口蒸汽压力	MPa(a)	0.6	
	出口蒸汽温度	℃	~266	
	出口流量	t/h	10	

14.4.5　高压旁路压力控制

机组在汽轮机进汽前的启动过程中,通过高压旁路将主蒸汽返回到凝汽器,构成工质的循环。随着燃气轮机负荷的增加,余热锅炉产生的主蒸汽也随之升温、升压,高压旁路减压阀调节主蒸汽的压力。当主蒸汽流量足够大,并且其压力、温度参数达到汽轮机进汽要求时,主蒸汽调节阀开启,部分主蒸汽进入汽轮机做功,汽轮机出力随着进汽流量的增加而逐步提高,此时高压旁路仍然承担着主蒸汽压力的调节任务,并随汽轮机进汽量的增加而自动关小。

高压旁路压力控制为单回路 PID 控制,图 14-16 给出了 #1 机高压旁路压力设定值生成逻辑,图 14-17 给出了 #1 机高压旁路阀的控制逻辑。高压旁路压力控制要求如下:机组启动时,当高压蒸汽压力达到要求(2.0~2.5MPa),手动打开高压旁路阀,或者设定压力开启高压旁路阀,并控制维持在该压力下。当高压蒸汽的参数和品质满足汽轮机进汽要求后,汽轮机挂闸,操作员开启汽轮机主汽阀,开始冲转,MARK-VIe 发指令操作开启高压调节阀。随着汽轮机的进汽,旁路阀前压力会下降,旁路阀逐渐自动关闭,维持阀前压力在 2.0~2.5MPa。当旁路压力调节阀关闭到最小开度约 10% 后,高压主蒸汽压力可以选择进入进口压力控制(IPC)方式。DCS 收到汽轮机进入 IPC 方式指令后(还需满足汽机负荷 >10MW 且旁路全关),旁路压力的设定值为当前实际高压蒸汽压力加上 0.35MPa,这样便可以保证高压旁路阀在机组正常运行过程中处于关闭状态。当汽轮机退出 IPC 方式、发电机开关断路器跳开或机组跳闸后,旁路的压力设定值立即改变为当前蒸汽压力值,以便快速打开旁路阀。

14.4.6　高压旁路温度控制

当主蒸汽通过高压旁路时,用喷水减温阀调整减温水的流量,来控制高压旁路出口的蒸汽温度。控制系统采用前馈-反馈控制结构(图 14-18)。其中反馈控制为单回路的 PID 控制,其温度设定值为高压旁路阀后压力下的饱和温度加上 16.67℃,反馈值为实际的高压旁路阀后蒸汽温度,其最高值和最低值分别为 188.3℃ 和 145℃。

14.4.7　低压旁路压力、温度控制

低压旁路压力控制也是单回路的 PID 控制,其控制逻辑如图 14-19 所示。低压旁路温度控制原理同高压旁路。

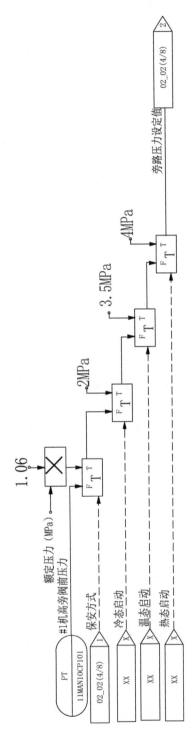

图 14-16　#1 机高旁压力设定值生成逻辑图

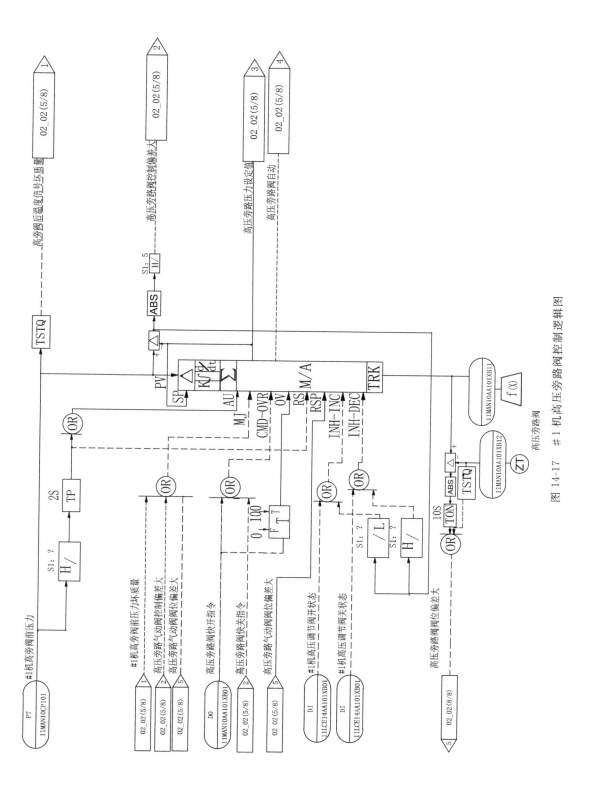

图 14-17　#1 机高压旁路阀控制逻辑图

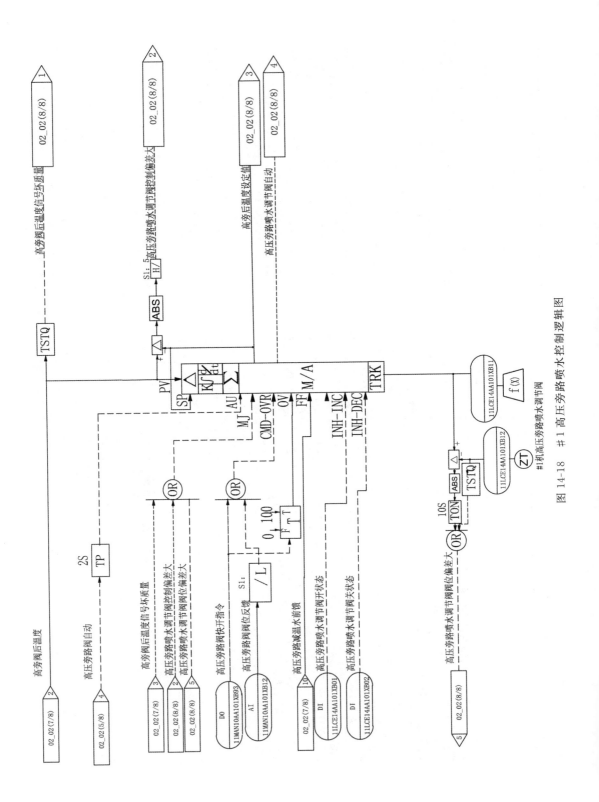

图 14-18 #1 高压旁路喷水控制逻辑图

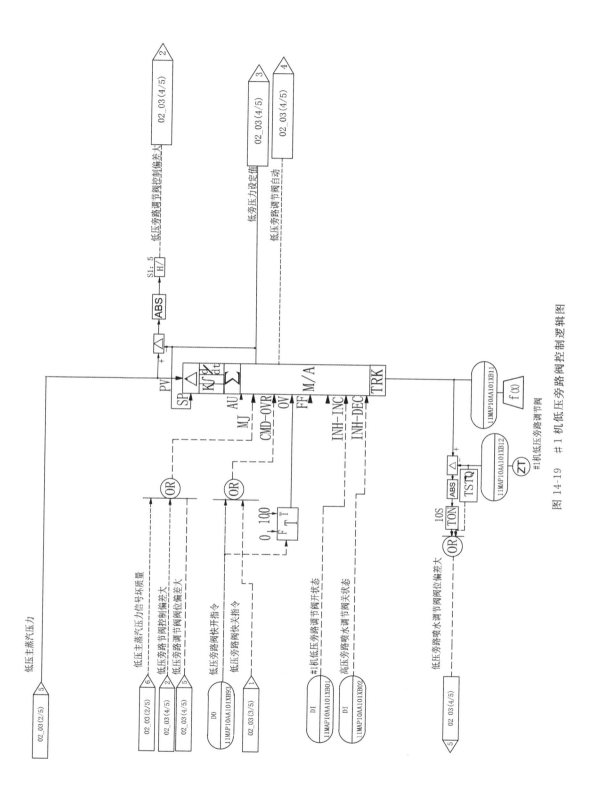

图 14-19　#1 机低压旁路阀控制逻辑图

14.5 联合循环机组的联锁保护

14.5.1 余热锅炉跳闸保护项目

余热锅炉跳闸保护项目如表 14-5 所列。

表 14-5　　　　　　　　　　　余热锅炉跳闸保护项目

序号	保护项目	结果
1	高压汽包液位高Ⅲ(＋178mm),延时 3s	跳闸保护动作,汽轮机跳闸
2	高压汽包液位低Ⅲ(－655mm),延时 3s	跳闸保护动作,燃机跳闸
3	低压汽包液位高Ⅲ(＋178mm),延时 3s	保护动作,汽轮机跳闸;如保护拒动,则应手动停机
4	低压汽包液位低Ⅲ(－370mm),延时 3s	跳闸保护动作,燃机跳闸
5	除氧水箱液位高Ⅲ(＋600mm),延时 3s	跳闸保护动作
6	除氧水箱液位低Ⅲ(－600mm),延时 3s	跳闸保护动作
7	高压主蒸汽温度高Ⅲ(482mm),延时 3s	跳闸保护动作
8	高压主蒸汽压力高Ⅲ(5.68MPa),延时 3s	跳闸保护动作
9	低压主蒸汽温度高Ⅲ(293mm),延时 3s	跳闸保护动作
10	低压主蒸汽压力高Ⅲ(1.89MPa),延时 3s	跳闸保护动作

14.5.2 汽轮机跳闸保护项目

1. 抽凝式汽轮机跳闸保护项目

抽凝式汽轮机跳闸保护项目如表 14-6 所列。

表 14-6　　　　　　　　　　抽凝式汽轮机跳闸保护项目

序号	保护项目	结果
1	凝汽器真空低至－61kPa(3 取 2)	AST 电磁阀动作,汽轮机跳闸
2	轴向位移大超过＋1.3mm 或－0.7mm	AST 电磁阀动作,汽轮机跳闸
3	润滑油压低至 0.04MPa(3 取 2)	AST 电磁阀动作,汽轮机跳闸
4	DEH 停机	AST 电磁阀动作,汽轮机跳闸
5	就地手动手动按下紧急停机按钮	汽轮机跳闸,主汽门及调门关闭
6	集控室手动按下紧急跳闸按钮	AST 电磁阀动作,汽轮机跳闸
7	电超速 110%(3 取 2)	AST 电磁阀动作,汽轮机跳闸
8	机械超速	汽轮机跳闸,主汽门及调门关闭
9	任一轴承或推力瓦回油温度＞75℃ (4 个轴承回油,两个推力轴承瓦回油)	AST 电磁阀动作,汽轮机跳闸
10	任一轴承金属温度＞110℃(4 个轴承温度测点)	AST 电磁阀动作,汽轮机跳闸
11	推力轴承工作瓦金属温度高(10 取 3)	AST 电磁阀动作,汽轮机跳闸
12	任一轴承振动大至 0.254mm(4 个轴振测点)	AST 电磁阀动作,汽轮机跳闸
14	差胀值＋4.5mm 或－3.5mm	AST 电磁阀动作,汽轮机跳闸
15	DEH 失电	AST 电磁阀动作,汽轮机跳闸
16	余热锅炉跳闸(液位高Ⅲ)	AST 电磁阀动作,汽轮机跳闸
17	发变组保护动作	AST 电磁阀动作,汽轮机跳闸

2. 背压式汽轮机保护跳闸项目

背压式汽轮机跳闸保护项目如表 14-7 所列。

表 14-7　　　　　　　　　　　　背压式汽轮机跳闸保护项目

序号	保护项目	结果
1	发变组保护动作	AST 电磁阀动作,汽轮机跳闸
2	轴向位移大超过＋1.3mm 或－0.7mm	AST 电磁阀动作,汽轮机跳闸
3	润滑油压低至 0.04MPa(3 取 2)	AST 电磁阀动作,汽轮机跳闸
4	DEH 停机	AST 电磁阀动作,汽轮机跳闸
5	就地手动手动按下紧急停机按钮	汽轮机跳闸,主汽门及调门关闭
6	集控室手动按下紧急跳闸按钮	AST 电磁阀动作,汽轮机跳闸
7	电超速 110％(3 取 2)	AST 电磁阀动作,汽轮机跳闸
8	机械超速	汽轮机跳闸,主汽门及调门关闭
9	任一轴承或推力瓦回油温度>75℃ (4 个轴承回油,两个推力轴承瓦回油)	AST 电磁阀动作,汽轮机跳闸
10	任一轴承金属温度>110℃(4 个轴承温度测点)	AST 电磁阀动作,汽轮机跳闸
11	推力轴承工作瓦金属温度高(10 取 3)	AST 电磁阀动作,汽轮机跳闸
12	任一轴承振动大至 0.254mm(4 个轴振测点)	AST 电磁阀动作,汽轮机跳闸
13	任一瓦振达≥0.08mm(4 个瓦振测点)	AST 电磁阀动作,汽轮机跳闸
14	DEH 失电	AST 电磁阀动作,汽轮机跳闸
15	余热锅炉跳闸(液位高Ⅲ)	AST 电磁阀动作,汽轮机跳闸

14.5.3　机组 BTG 大连锁保护

联合循环机组装设有如下的 BTG 大连锁保护:

(1) 燃机发电机跳闸,燃机跳闸,燃机发电机解列,燃机全速空载。

(2) 燃机跳闸触发燃机发电机跳闸,同时触发汽轮机跳闸,通过程跳逆功率保护触发汽轮发电机跳闸。

(3) 燃机全速空载触发汽轮机跳闸,通过程跳逆功率保护触发汽轮发电机跳闸。

(4) 余热锅炉水位Ⅲ高,触发汽轮机跳闸;余热锅炉水位Ⅲ低,触发燃机跳闸,汽轮机跳闸。

(5) 汽轮机跳闸通过程跳逆功率保护触发汽轮发电机跳闸,其中真空低引起的汽轮机跳闸,燃机跳闸。

(6) 汽轮机跳闸且负荷大于 25％且高或低旁阀位小于 5％延时 5s,燃机跳闸。

(7) 汽轮机发电机跳闸触发汽轮机跳闸。

第 15 章　联合循环机组 APS 简介

15.1　APS 技术概述

15.1.1　APS 技术发展的必要性

　　燃气-蒸汽联合循环机组的设备数量多、容量大、运行参数高和控制系统结构复杂,对运行人员的操作和管理水平提出了更高要求。在机组运行特别是机组启动和停运过程中,如果光靠运行人员手动操作,不仅容易发生误操作事故,而且极大地影响了机组运行的安全性和经济性。机组自启停控制系统(automatic power plant startup and shutdown system,APS)是实现机组启动和停止过程自动化的系统,其优势在于可以提高机组启停的正确性、规范性,减轻运行人员的工作强度,缩短机组启停时间,从整体上提高机组的自动化水平。

　　APS 可以使机组按照规定的程序启停设备,不仅大大简化了操作人员的工作,减少了出现误操作的可能,提高了机组运行的安全可靠性,同时也缩短了机组启动时间,提高了机组的经济效益。因此,对发电机组自启停控制技术进行研究和应用,提高机组的运行效率和经济性,成为近年来电厂热工自动化和自动控制技术的研究热点之一。

　　APS 对发电机组的控制是通过电厂常规控制系统和上层控制逻辑共同实现的。在没有投入 APS 的情况下,常规控制系统独立于 APS 实现对电厂的控制;在 APS 投入时,常规控制系统给 APS 提供支持,实现对电厂的自动启停控制。

15.1.2　APS 技术发展现状

　　国内燃气-蒸汽联合循环机组引进之初,燃机均为一键启动,余热锅炉则通过 DCS 控制系统分步进行启动,并未包含整套联合循环机组的自动启停控制系统。究其原因主要有三:其一,未整体引进联合循环机组,往往主机采用燃机厂家系统,余热锅炉及大部分辅机采用其他厂家系统,不同控制系统间的通信需要解决接口问题;其二,辅机设备可控性差,整体自动化程度未达到相应水准;其三,国内联合循环机组启停次数较少,对 APS 的需求不强烈。

　　随着电网对联合循环机组的调峰要求提高,一些电厂的年启停次数达 500 多次,对 APS 技术的市场需求变得十分强烈,部分电厂开始进行 APS 改造。在此背景下,第二批打捆招标的一些机组把 APS 作为工程亮点,开始大力发展联合循环 APS,例如北京的四大热电中心、天津陈塘庄等电厂均设计 APS。APS 的研究和应用是一项复杂的工程,涉及主辅机设备招标、DCS 厂家的配合、设备可控水平、电厂管理等方面。表 15-1 给出了国内联合循环机组 APS 的使用情况。从表中可以看到,大部分未达到设计效果。在目前投产的机组中,国华北京燃气热电 APS 项目是比较成功的,该项目 APS 的控制范围涵盖全厂主要设备,工况适应性好,程序构架灵活,程序可靠性高,将国内 APS 水平推到一个新的高度。相信今后投产的联合循环机组 APS 功能会越来越完善。

表 15-1　　　　　　　　　　　　　国内联合循环机组 APS 应用情况

技术特征	应用情况
覆盖范围	一般不涉及化学制水、压缩空气等系统
断点设置	受电网制约，一般设置启动、并网和解列断点
适用工况	90%的电厂无法实现冷热温态均适应
灵活性	程序架构往往无法适应全工况，程序使用灵活性和启动速度不能同时满足
自动控制调节特性	受调试时间限制和电厂运营管理模式影响，多数电厂自动控制调节特性有待完善
可靠性	多数电厂受工艺系统和设备可靠性的限制，手动参与多
经济性	多数电厂 APS 程序经济性差

15.1.3　APS 技术实现过程

1. 项目设计阶段

在项目设计阶段，对工艺系统的设计要考虑全程控制、全程投入的要求，增加必须的测点和控制手段，从一次检测元件、仪表到成套控制系统应能满足 DCS 的整体控制水平、接口和配置要求，还应确保工艺系统设计和设备招标均能满足各个工艺系统从空载到正常安全运行的要求，配合机组实现自启停功能。

2. APS 方案设计

依据机组运行规程、机组启动和停止操作票、主机和辅机使用和操作说明以及工艺系统投入和退出要求，编写自启停控制系统总体框架方案，包括按机组启动过程或停运过程将工艺系统划分成若干个功能组，功能组的设计，断点的划分，自启停上层管理逻辑的设计、功能组的划分和设计、特殊功能组的设计、模拟量全程控制回路设计，以及自启停控制系统和各个控制系统的衔接。

3. APS 控制系统组态

APS 方案确定后，可开始控制系统的组态。针对不同的 DCS 硬件设备，组态的风格不同，但规定的自启停控制功能必须实现。画面的组态要能满足机组启动和停运期间机组安全运行的要求。在画面中看到断点执行过程中设备的动作情况，监视执行过程中一些重要的参数，在设备故障的情况下及时报警，保证机组的运行安全。

4. APS 控制系统仿真试验

检查 APS 相关子功能组逻辑和设备级的控制逻辑组态是否符合设计要求和实际工艺要求；检查与 APS 相关的 MCS、TCS、DEH、全程给水控制等系统是否符合设计要求；对 APS 进行静态仿真试验，确保 APS 逻辑正确，执行步骤符合工艺要求，检查方案和逻辑组态的正确性；检查 APS 的操作画面，对 APS 的每一个断点操作、允许条件、执行过程及反馈条件、跳步等画面进行一一检查，确定是否齐全、适用。

5. APS 控制系统调试

对 APS 相关的 DCS 组态逻辑、APS 的每一个断点、每一个执行步的执行逻辑和状态反馈逻辑进行检查，确保正确无误；给各电动门送电，在操作员站对各电动门进行开启操作，确保执行机构的可操作性；在此基础上进行 APS 的投运。首次整组启动 APS 的断点调试建议采用单步执行的方式，第二次及以后的启动采用顺控连续执行方式。投运中密切监视系统的动作情况，如系统没有按预定的程序动作，则迅速将系统切回手动模式，并重新检查系统；如系统故障能迅速消除,则待系统故障消除后,将系统继续投运;如系统故障无法迅速消除,则将系统退出。

15.1.4 APS 的总体框架

APS 实施火电厂生产过程的管理和控制,其组织结构采用金字塔形的分层结构,如图 15-1 所示。整个组织结构总体上分为四层结构,即机组控制级、功能组控制级、功能子组控制级和单个设备控制级。

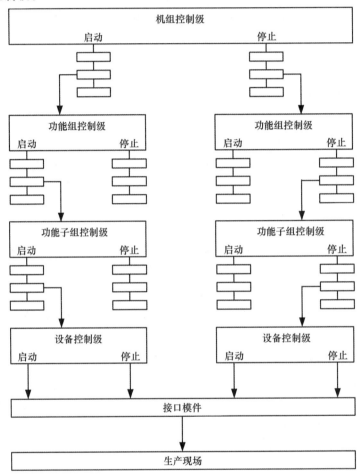

图 15-1　机组自启停系统的层次结构

机组控制级执行最高级的控制任务,包括启动方式的预先选择和协调,有冷态、温态、热态、极热态四种启动方式;整个电厂"启动"和"停止"程序的管理;基于 CRT 的操作界面;运行方式的切换等。

功能控制级又可细分为功能组控制、功能子组控制和子回路控制三个层次。它和机组控制系统相连,接受上级控制或同级控制系统的指令自动启动或以手动方式启动。其中功能组接受机组控制级的激励信号,决定什么时间哪个功能子组需投运和进入备用状态,运行本功能组内设备的"启动"和"停止"程序。功能子组接受来自功能组的激励信号,决定什么时间哪个子回路需投入运行,运行本功能子组内所控设备的"启动"和"停止"程序。功能子回路接受功能子组来的命令,将子回路控制设定为要求的运行方式,运行设备的"启动"和"停止"程序。功能组控制的操作方式可以手动操作,也可以接受自动指令。

单个设备控制级接受功能组或功能子组控制级来的命令,与生产过程直接联系。它的任务是:接受生产过程中的各种模拟量和开关量信号,并进行信号处理和分配;进行报警等限值的监视、计算功能;过程和设备的保护和连锁;所有执行机构以及控制操作信号的产生和转化等。单个设备的控制包括开环控制和闭环控制。

采用这种分层的控制方式,每一层的任务明确,层和层之间的接口界限明确,同时,各层之间的联系密切可靠。

15.2　APS 系统举例

本节将介绍国电南浔公司燃气-蒸汽联合循环机组 APS 系统的设计方案。以下首先给出该 APS 的总体框架,然后给出 APS 启动和停机各断点的执行条件及步序。

15.2.1　APS 启动与停机总体架构

国电南浔公司的燃气-蒸汽联合循环机组的 APS 分为启动和停止两种模式,分别实现机组自动启动和自动停机过程的控制。机组启动过程设计有 4 个断点,具体为:机组启动准备断点;燃机启动并网及锅炉升温升压断点;汽机冲转及并网断点;机组升负荷断点。每个断点又细分成几个功能组完成断点功能。APS 启动过程总体架构如图 15-2 所示。机组停机过程也设计有 4 个断点,具体为:机组减负荷断点;燃机打闸断点;余热锅炉停炉断点;机组停运断点。每个断点也细分成几个功能组完成断点功能。APS 停机过程总体架构如图 15-3 所示。

15.2.2　APS 启动功能设计

1. 机组启动准备断点

机组启动准备断点主要完成机组启动前的所有准备工作,包括从启动循环水开始,到余热锅炉上水完成,冷态清洗合格,将所有启动前的工作准备完毕,下一步即是燃机启动步骤。

机组启动准备断点的启动许可条件包括两个方面:其一,机组启动前所有需要检查的内容已检查完毕;其二,机组启动前所有需要人工确认的内容均已确认。具体启动许可条件如下:

(1) 确认无影响联合循环机组启动的工作票,如有及时押回。

(2) 确认联合循环机组相关热工信号、测点均正常投入,无影响机组启动的强制信号。

(3) 确认全厂消防系统处于良好的备用状态,消防稳压泵运行正常,消防水压力>0.6MPa。

(4) 在 DCS、NCS 画面中检查 110kV 户外 GIS 升压站及主变、高压厂变相关设备正常,检查 6kV 厂用电系统正常,检查 380V 厂用电系统正常。

(5) 就地巡检确认机组 UPS 系统正常,确认主厂房及网控楼 220V 直流系统正常,确认燃机 110V 直流系统正常。

(6) 确认燃机发电机定子及转子绝缘合格,燃机发电机及其励磁系统处于热备状态。

(7) 确认汽机发电机定子及转子绝缘合格,汽机发电机及其励磁系统处于热备状态。

(8) 确认联合循环机组各辅机绝缘良好且已送电。

(9) 确认化学制水系统正常备用,工业水池、除盐水箱液位正常。

(10) 确认冷却塔池水位正常(1.5~2.1m)。

(11) 确认"燃机启动前准备"操作票已完成。

(12) 确认"余热锅炉排污扩容系统投运前检查"操作票已完成。

(13) 确认"余热锅炉高低压蒸汽系统投运前检查"操作票已完成。

(14) 确认"疏水扩容器投运前检查"操作票已完成。

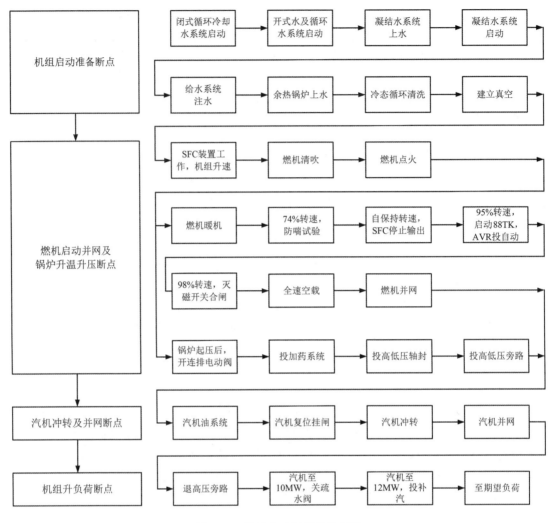

图 15-2　APS 启动过程总体框架

（15）确认"真空系统检查与投运"操作票中检查部分已完成。

（16）确认"汽机轴封蒸汽系统检查与投运"操作票中检查部分已完成。

（17）确认汽机高低压蒸汽系统、抽汽系统各气动疏水阀前手动阀已开启,各疏水器前手动阀已开启。

（18）确认全厂压缩空气系统已运行,系统运行正常,压缩空气母管压力＞0.6MPa;空压机一台运行,连锁备用已投入。

（19）确认工业水系统运行正常,工业水压力＞0.2MPa。

（20）确认燃机油质合格,燃机盘车已连续投入 4h 以上,系统运行正常,润滑油母管压力＞0.16MPa,油箱油位正常,油箱负压＜－2551Pa,润滑油母管温度≤54℃。

（21）确认♯1 汽机油质合格,汽机盘车已连续投入 24h 以上,系统运行正常,润滑油母管压力＞0.1MPa,油箱油位正常,油箱负压＜－250Pa,润滑油母管油温在 35℃～45℃之间。

（22）确认燃机两条天然气支路的关断阀都已开启。

（23）确认调压站进口天然气压力＞3.0MPa。

以上条件满足后,即可启动该断点,该断点的执行步序如下:

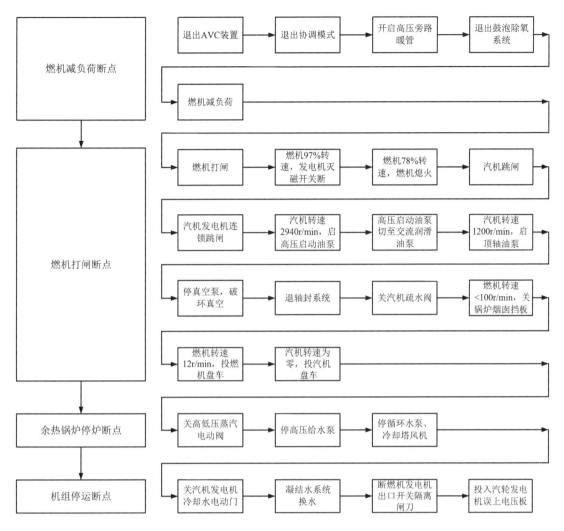

图 15-3　APS 停机过程总体框架

第一步:启动闭式循环冷却水系统启动功能组,投入闭式循环冷却水系统。

第二步:启动开式水及循环水系统启动功能组,投入开式水及循环水系统。

第三步:启动凝结水系统上水功能组,实现凝结水系统的注水,包括进行凝汽器上水、凝结水管道注水和除氧器上水。

第四步:启动凝结水系统启动功能组,完成凝结水系统的启动。

第五步:启动给水系统注水功能组,完成给水系统注水。

第六步:启动余热锅炉上水功能组,进行高低压汽包上水。

第七步:启动余热锅炉冷态清洗功能组,对锅炉进行冷态循环清洗。

第八步:启动两台真空泵,关闭真空破坏门,建立真空,将真空破坏阀水封注水至正常水位并检查真空泵冷却水回水流量正常。

以上步序执行后,机组启动前的所有准备工作均已完成,下一步即可启动燃机。该断点的执行完成条件主要包括:

(1)有闭式水泵运行。

(2)有循环水泵运行。

（3）有凝结水泵运行。

（4）有高压给水泵运行。

（5）凝汽器真空、水位正常。

（6）除氧器水位正常。

（7）高、低压汽包水位正常。

（8）锅炉水质合格。

（9）燃机、汽机盘车正常。

该断点涉及的功能组包括：闭式循环冷却水系统启动功能组；开式水及循环水系统启动功能组；凝结水系统上水功能组；凝结水系统启动功能组；给水系统注水功能组；余热锅炉上水功能组；余热锅炉冷态清洗功能组。

2. 燃机启动并网及锅炉升温升压断点

燃机启动并网及锅炉升温升压断点主要完成从燃机启动到汽机冲转前的所有工作，包括燃机启动、清吹、点火、升速及并网带负荷，余热锅炉升温升压，直至蒸汽达到汽轮机冲转条件。

上一断点(机组启动准备断点)的执行完成条件即为该断点的启动许可条件。该断点的执行步序如下：

第一步：确认燃机防喘阀试验和直流油泵启动试验正常。

第二步：变频器启动 SFC 系统开始工作，机组开始升速；转速达 8.4％额定转速时，IGV 开至 29°；转速至 13.5％额定转速时，停运盘车电机。

第三步：燃机转速达 28％额定转速时，调用燃机清吹功能组，开始 8.8min 的清吹。

第四步：清吹结束后，燃机开始降速；燃机转速降至 14％额定转速时，调用燃机点火功能组，燃料速比阀、燃料控制阀开启，点火成功。

第五步：调用燃机暖机功能组，开启 20s 暖机程序，暖机结束后，燃机进入加速状态。

第六步：当燃机达到 74％转速时，确认防喘阀试验正常。

第七步：当燃机转速达到自保持转速(86％～93％额定转速)时，SFC 停止输出，确认相应开关及闸刀动作正常；IGV 自动开大至 54°。

第八步：当燃机转速达到 95％额定转速时，启动一台 88TK，励磁 AVR 开至自动模式。

第九步：当燃机转速达到 98％额定转速时，灭磁开关 41E 合闸，之后确认机端电压正常。

第十步：燃机达到全速空载后，全面检查燃机各系统运行正常；检查 motor 画面所有运行的电机均在 lead 位。

第十一步：调用燃机发电机并网功能组，燃机发电机出口断路器合闸，燃机自动带上初始负荷 8MW，保持燃机发电机滞相运行，注意功率因数变化情况。

第十二步：燃机点火后，锅炉开始升温升压，当高低压汽包起压后开启各自的连排电动阀进行排污。

第十三步：当高压汽包压力＞0.6MPa 时，投入高压系统的取样；当低压汽包压力＞0.3MPa时，投入低压系统的取样；取样系统投入后，根据在线仪表显示的水质情况调整氨泵、磷酸三钠泵加药频率。

第十四步：开启汽机高、低压轴封进汽滤网放水手动阀，微开均压箱至高、低压轴封手动阀。

第十五步：开启主汽至轴封系统供汽调节阀，开启主汽至轴封调节阀后疏水气动阀，对汽机均压箱、高压轴封母管、低压轴封母管进行暖管。

第十六步:当均压箱温度>120℃时,全开均压箱至低压轴封手动阀,投入汽机低压轴封。

第十七步:投入低压轴封后,启动一台轴加风机,确认轴加负压值<-7.5kPa,投入备用联锁;全开均压箱至高压轴封手动阀,投入高压轴封。

第十八步:关闭高、低压轴封进汽滤网放水手动阀;调节主汽至轴封系统供汽调节阀,维持均压箱压力 35kPa;确认凝结水至低压轴封温度调节阀投入自动,温度设定值 150℃;确认高压轴封压力 35kPa 左右,低压轴封压力 30kPa 左右。

第十九步:当高压汽包的压力升高到 1.0MPa 时,关闭高压过热蒸汽管路的疏水阀;当低压汽包的压力升高到 0.5MPa 时,关闭低压过热蒸汽管路的疏水阀。

第二十步:凝汽器真空值<-60kPa 后,投入高、低压旁路系统,高旁设定压力为 2.0~2.5MPa,高旁阀后温度设定为 100℃~110℃;低旁设定压力为 0.7MPa;高压、低压旁路投入时,旁路调节阀开度要大于 15%,以免冲刷泄漏。

第二十一步:燃机并网后,当高压蒸汽压力升至 2.0~2.5MPa,温度升至 300℃~350℃时,汽轮机准备冲转。

以上步序执行后,燃机启动并网及余热锅炉升温升压的所有工作均已完成,下一步即可进行汽轮机冲转。该断点的执行完成条件主要包括:

(1)燃机发电机已并网。

(2)锅炉水质正常。

(3)汽机高低压轴封系统投入且正常。

(4)机组高低压旁路投入且正常。

(5)高压过热器蒸汽管路疏水阀、低压过热器蒸汽管路疏水阀均已关。

该断点涉及的功能组包括:燃机清吹功能组;燃机暖机功能组;燃机发电机并网功能组;汽机高、低压轴封系统功能组。

3. 汽机冲转及并网断点

汽机冲转及并网断点主要完成从汽机冲转到汽机发电机并网带初负荷间的所有工作,包括汽机挂闸、冲转、升速、暖机,直至汽机发电机并网带初负荷。

该断点执行的启动许可条件如下:

(1)汽机盘车运行正常,盘车电流为 8.4A 左右,偏心度稳定且不超过原始值的 110%(<77μm);汽机上下缸、内外缸温差<41℃。

(2)均压箱压力为 35kPa,高压轴封压力为 35kPa,低压轴封压力为 30kPa 左右,低压轴封母管温度 150℃左右。

(3)凝汽器真空值<-85kPa;低压缸喷水调节阀投入自动,设定温度 50℃。

(4)润滑油母管压力>0.1MPa,母管油温 35℃~42℃,油温调节阀投入自动,投运冷油器的冷却水手动阀已开启;顶轴油母管油压>15MPa,就地检查汽机♯1/♯2 轴承顶轴油进油压力 10MPa 左右。

(5)汽机侧高低压蒸汽管道疏水阀、本体各气动疏水阀、抽汽管道各气动疏水阀均已开启。

(6)汽机发电机冷却水电动阀已开启。

(7)高旁投入自动 local 方式,设定压力 2.0~2.5MPa,高旁阀后温度<150℃;低旁投入自动,设定压力为 0.7MPa,凝汽器低旁接口温度<60℃。

(8)高、低压汽包水位-200mm 至 0 之间,热井水位 800~1400mm 之间。

(9) 循环水系统运行正常,一台循泵运行,冷却塔风机一至两台运行。

该断点的执行步序如下:

第一步:确认主汽门前电动阀关闭。

第二步:启动高压启动油泵,停运交流润滑油泵,确认汽机油系统运行正常。

第三步:开启汽机主汽门前电动阀;该阀开启后确认余热锅炉带汽机运行判断已建立。

第四步:汽机复位挂闸,检查就地调速保安油系统正常;检查汽机主汽门开启,主汽门关限位开关已脱开。

第五步:DEH 画面设定升速率 120r/min,目标转速设定 600r/min,点击"HOLD OFF"。检查主汽调门开启,汽机转速上升,当转速>4.6r/min,检查盘车已脱扣;升速过程中关注高压旁路的开度调节,保持主蒸汽压力稳定。

第六步:汽机转速升至 600r/min,暖机 5min,同时检查汽轮机各参数正常,就地倾听汽轮机各轴承声音正常,无金属摩擦声。

第七步:汽轮机 600r/min 暖机结束后,控制汽机升速率 240r/min,目标转速 3000r/min。

第八步:汽轮机转速达 1250r/min 时,检查确认顶轴油泵自动停运,备用联锁正常。在顶轴油泵停运后,注意监视润滑油系统压力正常,机组各轴承振动、回油温度正常。

第九步:当汽机转速至 2980r/min,确认主油泵出口压力大于 1.6MPa 时确认高压启动油泵联锁停止,手动投入备用联锁。

第十步:汽机 3000r/min 暖机 5min。

第十一步:全面检查汽机汽缸总胀、差胀、转子偏心、转速、汽缸温度、油温、油压、轴承温度、真空、油箱油位、凝汽器水位、汽温、汽压等重要参数显示正常。记录全速空载状态下各轴振的数值。

第十二步:调用汽机发电机并网功能组,执行汽机发电机自动准同期并网操作,并网后发电机自动带初负荷,调整发电机的无功,保持发电机滞相运行。

第十三步:退出汽机发电机启停机、误上电压板。

该断点的执行完成条件主要包括:

(1) 汽机转速大于 2950r/min,延时 1min。

(2) 汽机发电机已并网。

该断点涉及的功能组包括:汽机冲转功能组、汽机并网功能组。

4. 机组升负荷断点

机组升负荷断点主要完成从汽机发电机带初负荷到机组带期望负荷间的所有工作,包括并网后收旁路、暖机、投运汽机补汽,直至机组带期望负荷。

该断点执行的启动许可条件为:汽机发电机初负荷暖机完毕。

该断点的执行步序如下:

第一步:汽机并网后,缓慢关闭高压旁路,同步开启汽机调门,使主蒸汽压力、温度稳定;汽机加负荷的速率控制在 0.3MW/min。

第二步:高旁全关后,汽机低负荷暖机 15min;暖机过程中,逐步提高燃机的温度匹配值,同步调节锅炉侧的减温水,使主蒸汽温度稳定,直至温匹完全退出。

第三步:暖机过程中,关注汽机上下缸、内外缸温差,若温差>55℃,适当延长暖机时间。

第四步:低负荷暖机结束后,燃机加负荷;燃机加负荷时,同步开大汽机调门,控制主蒸汽压力稳定,主蒸汽温升率<2℃/min,升负荷率控制在 0.3MW/min。

第五步:当汽机负荷＞10MW,关闭汽机侧各疏水阀。

第六步:当汽机负荷＞12MW,确认汽机补汽投运条件满足:高压进汽压力与补汽压力之比大于 2.0、补汽阀压力在 0.3～0.8MPa 范围内、补汽阀前蒸汽与补汽口汽缸壁温度之差不大于±42℃,并投入汽机低压补汽。

第七步:汽机补汽投入后,视缸温、振动情况,燃机继续加负荷,控制温升率＜2℃/min,上下、内外缸温差＜55℃,主蒸汽压力同步上升,汽机升负荷率控制在 0.3MW/min。

第八步:视具体情况启动第二台循环水泵和第三台冷却塔风机;视具体情况停运一台真空泵,投入备用联锁。

第九步:汽机加负荷结束,调门可放手动模式,也可投入 IPC 控制,维持调门开度不大于 60％。

第十步:投入汽机鼓泡除氧系统。

第十一步:联合循环机组带至期望负荷。

该断点的执行完成条件主要包括:

(1) 各系统运行参数正常。

(2) 各辅机联锁已投入。

(3) CCS 投入且正常。

15.2.3　APS 停机功能设计

1. 燃机减负荷断点

燃机减负荷断点主要完成从退出 AVC 装置到燃机负荷接近 0 之间的所有工作。

该断点执行的启动允许条件如下:

(1) 汽机交流润滑油泵、直流润滑油泵、顶轴油泵、盘车电机处于正常备用状态。

(2) 机组的抽汽供热系统已推出。

(3) 汽机主汽供轴封汽源热备用正常。

(4) 高、低压旁路在自动状态。

该断点的执行步序如下:

第一步:退出机组 AVC 装置。

第二步:开启高压主蒸汽至轴封调节阀后气动疏水阀,微开高压主蒸汽至轴封压力调节阀暖管。

第三步:开启高压旁路疏水进行暖管,温度＞200℃后关闭。

第四步:若机组处于协调模式,退出协调模式。退出协调时关注燃机预选负荷指令的变化,及时修改,防止协调撤出后对机组造成大的扰动。

第五步:退出汽机鼓泡除氧系统。

第六步:执行燃机自动停机程序。

第七步:燃机减负荷的过程中,手动或通过 IPC 设定方式关小汽机调门。在汽机负荷降低过程中,关注轴封压力,及时调整高压蒸汽至轴封压力调节阀。当汽机调门关小时,关注主蒸汽压力,控制汽机侧主蒸汽压力＜4.9MPa,蒸汽压力 4.9MPa 以下,不开启高压旁路;低压补汽压力 0.8MPa 以下,不开启低压旁路;若高压蒸汽压力上升快,适当开启高旁调节。

第八步:停机过程中,视汽机负荷停运一台循泵和一台冷却塔风机。

该断点的执行完成条件主要包括:

(1) AVC 已退出。

(2) 机组不在协调模式。

(3) 高压旁路、低压旁路均在自动状态。

(4) 汽机疏水阀全开。

(5) 燃机负荷低于 5MW。

2. 燃机打闸断点

燃机打闸断点主要完成从燃机负荷接近零到燃机、汽机投盘车的所有工作,包括燃机 GCB 跳开、燃机熄火、汽机跳闸、燃机和汽机惰走,直至燃机和汽机盘车投入。

上一断点(燃机减负荷断点)的执行完成条件即为该断点执行的启动允许条件。

该断点的执行步序如下:

第一步:当燃机负荷接近零,确认燃机发电机低功率保护动作,燃机 GCB 跳开,4 个防喘放气阀全开,燃机转速降至 97%,灭磁开关断开。

第二步:确认燃机在 78%转速左右熄火。检查燃机燃料控制阀、速比阀关闭,IGV 关至 29°。

第三步:燃机熄火后,确认汽机联锁跳闸,否则手动打闸;检查高压主汽门、调门关闭,汽机侧防进水气动阀全部联锁开启;确认余热锅炉高压蒸汽减温水电动阀、调节阀关闭。

第四步:确认汽机负荷降至 0,汽机发电机联锁跳闸,汽机 GCB、灭磁开关联跳,汽机转速开始下降。

第五步:当汽机转速降至 2940r/min,确认高压启动油泵联锁启动,润滑油母管压力正常(>0.1MPa)。

第六步:高压启动油泵启动,确认系统运行正常后,将高压启动油泵切至交流润滑油泵运行,同时撤出高压启动油泵的备用联锁。

第七步:当汽机转速降至 1200r/min,确认选定的顶轴油泵联锁启动,顶轴油压正常;就地确认汽机♯1/♯2 轴瓦顶轴进油压力正常(10MPa 左右)。

第八步:当汽机转速<600r/min,停运真空泵,开启真空破坏阀。

第九步:当真空值>-50kPa 时,确认高低压旁路调节阀联锁关闭并闭锁开启;高压主蒸汽管路疏水阀、高压旁路疏水阀、低压补汽疏水阀、♯1 机抽汽管道疏水阀 1/2/3 联锁关闭并闭锁开启。

第十步:当真空降至-2kPa 时,退出轴封系统运行。确认主蒸汽至轴封压力调节阀、均压箱溢流阀、高压主蒸汽至轴封调节阀后气动疏水阀关闭。

第十一步:当真空至 0,关闭汽机疏水系统画面中所有疏水气动阀。

第十二步:燃机转速降至 10%r/min,检查燃机盘车电机自启动正常。

第十三步:当燃机转速<100r/min,关闭余热锅炉烟囱挡板。

第十四步:当燃机转速至 12r/min,检查盘车齿轮自动啮合并开始连续盘车运行,记录机组从熄火到盘车电机投入的惰走时间。

第十五步:汽机转速降到 0 且就地确认转子静止后,投运汽机盘车,检查投运正常,记录惰走时间、转子偏心及盘车电流。

该断点的执行完成条件主要包括:

(1) 燃机投盘车。

(2) 燃机发电机解列。

（3）汽机投盘车。

（4）汽机发电机解列。

3. 余热锅炉停炉断点

余热锅炉停炉断点主要完成从燃机、汽机投盘车到余热锅炉停炉的所有工作。

上一断点（燃机打闸断点）的执行完成条件即为该断点执行的启动允许条件。

该断点的执行步序如下：

第一步：当汽机真空至 0 后，关闭余热锅炉侧高、低压蒸汽电动阀，关闭汽机侧电动隔离阀，关闭高低压汽包连排。

第二步：高低压汽包水位上至＋100mm，停运高压给水泵。

第三步：停运循环水泵和冷却塔风机，开启♯1/♯2 机循环水联络门，运行一台辅机冷却水泵。

该断点的执行完成条件主要包括：

（1）高压给水泵均已停运。

（2）循环水泵均已停运。

（3）冷却塔风机均已停运。

（4）余热锅炉侧高低压蒸气电动阀已关闭。

（5）汽机侧电动隔离阀已关闭。

4. 机组停运断点

机组停运断点主要完成从余热锅炉停炉到机组全面停运的所有工作。

上一断点（余热锅炉停炉断点）的执行完成条件即为该断点执行的启动允许条件。

该断点的执行步序如下：

第一步：关闭汽机发电机冷却水电动门。

第二步：汽机解列后，开启机侧各疏水阀，及时调节各凝结水用户的温度，关注凝结水温度，当凝结水温＞50℃，进行凝结水系统换水，换水过程中，关注凝汽器液位。

第三步：确认燃机 IGV 关至 19.5°。

第四步：断开燃机发电机出口开关隔离闸刀。

第五步：投入汽轮发电机启停机、误上电压板。

该断点的执行完成条件主要包括：

（1）汽机发电机冷却水电动门已关闭。

（2）凝结水系统换水已完成。

（3）燃机 IGV 已关至 19.5°。

（4）燃机发电机出口开关隔离闸刀已断开。

参考文献

[1] 汤蕴璆.电机学[M].5版.北京:机械工业出版社,2014.

[2] 胡志光.发电厂电气设备及运行[M].北京:中国电力出版社,2015.

[3] 华东六省一市电机工程(电力)学会.电气设备及其系统[M].2版.北京:中国电力出版社,2007.

[4] 胡虔生,胡敏强.电机学[M].北京:中国电力出版社,2005.

[5] 肖鸿杰,宋金煜,王如玫,等.电机学[M].2版.北京:中国电力出版社,2015.

[6] 广东惠州天然气发电有限公司.大型燃气-蒸汽联合循环发电设备与运行——电气分册[M].北京:机械工业出版社,2014.

[7] 胡志光.火电厂电气设备及运行技术[M].北京:中国电力出版社,2011.

[8] 潘贞存.电气设备与运行[M].北京.中国电力出版社,2014

[9] 上海闸电燃气轮机发电有限公司.燃气轮机运行值班员培训教材[M].北京.中国电力出版社,2013.

[10] 交流电气装置的过电压保护和绝缘配合[S].DL/T 620-1997.

[11] 贺家李.电力系统继电保护原理[M].2版.北京:中国电力出版社,2010.

[12] 崔家佩,孟庆炎,陈永芳,等.电力系统继电保护与安全自动装置整定计算[M].北京:中国电力出版社,1993.

[13] 中华人民共和国国家标准化委员会.继电保护和安全自动装置技术规程 GB 14285-2006[S].北京:中国标准出版社,2006.

[14] 韩笑.电力系统继电保护[M].北京:机械工业出版社,2014.

[15] 张保会,尹项根.电力系统继电保护[M].2版.北京:中国电力出版社,2015.

[16] 高亮,罗萍萍,江玉蓉.电力网继电保护及自动装置[M].北京:机械工业出版社,2014.

[17] 高亮.发电机组微机继电保护及自动装置[M].2版.北京:中国电力出版社,2015.

[18] 杨平,翁思义,王志萍.自动控制原理——理论篇[M].3版.北京:中国电力出版社,2016.

[19] 章素华.燃气轮机发电机组控制系统[M].北京:中国电力出版社,2013.

[20] 刘蕾,刘尚明.某燃气轮机控制系统改造调试研究[J].热力透平,2017,46(4):279-283.

[21] 章褆,任鑫.S109FA 联合循环燃气轮机温度控制分析[J].燃气轮机技术,2010,23(1):34-38.

[22] 李玉杰,黄雪成.9E 燃气轮机 Mark VIe 控制系统紧急保护存在的问题和对策[J].发电设备,2016,30(1):68-70.

[23] 富兆龙,刘志勇,张琨鹏,等.PG9171E 型燃气轮机温度控制分析[J].中国电力,2015,48(2):31-36.

[24] 清华大学热能工程系动力机械与工程研究所,深圳南山热电股份有限公司.燃气轮机与燃气-蒸汽联合循环装置(上、下)[M].北京:中国电力出版社,2017.

[25] 时海刚.燃气-蒸汽联合循环发电机组运行技术问答热工仪表及控制[M].北京:中国电力出版社,2016.

［26］ 姚秀平.燃气轮机与联合循环［M］.2 版.北京:中国电力出版社,2017.

［27］ 中国华电集团公司.大型燃气-蒸汽联合循环发电技术丛书——控制系统分册［M］.北京:中国电力出版社,2009.

［28］ 王亚平.三菱 F 级二拖一联合循环机组 APS 研究与应用［D］.北京:华北电力大学,2017.

［29］ 潘凤萍,陈世和,陈锐民,等.火力发电机组自启停控制技术及应用［M］.北京:科学出版社,2011.

［30］ 陈卫.超(超)临界机组自启停控制技术［M］.北京:中国电力出版社,2016.